Diva Marília **Flemming**   Mirian Buss **Gonçalves**

Cálculo A

Funções, limite, derivação e integração

6ª EDIÇÃO
REVISTA E AMPLIADA

© 2007 by Diva Marília Flemming e Mírian Buss Gonçalves

Todos os direitos reservados. Nenhuma parte desta publicação poderá ser reproduzida ou transmitida de qualquer modo ou por qualquer outro meio, eletrônico ou mecânico, incluindo fotocópia, gravação ou qualquer outro tipo de sistema de armazenamento e transmissão de informação, sem prévia autorização, por escrito, da Pearson Education do Brasil.

Gerente editorial: Roger Trimer
Editora sênior: Sabrina Cairo
Editor de desenvolvimento: Marco Pace
Editora de texto: Eugênia Pessotti
Preparação: Ângela Maria Cruz
Revisão: Silvana Gouveia
Capa: Alexandre Mieda
Editoração Eletrônica: ERJ Composição Editorial e Artes Gráficas Ltda.

Dados Internacionais de Catalogação na Publicação (CIP)
(Câmara Brasileira do Livro, SP, Brasil)

Flemming, Diva Marília
  Cálculo A: funções, limite, derivação, integração /
Diva Marília Flemming, Mirian Buss Gonçalves.
— São Paulo: Pearson Prentice Hall, 2006.

  ISBN 978-85-7605-115-2
  1. Cálculo I. Gonçalves, Mirian Buss. II. Título.

06-7319   **Índices para catálogo sistemático:**   CDD-515
                 1. Cálculo: Matemática 515

Direitos exclusivos cedidos à
Pearson Education do Brasil Ltda.,
uma empresa do grupo Pearson Education
Avenida Santa Marina, 1193
CEP 05036-001 - São Paulo - SP - Brasil
Fone: 11 2178-8609 e 11 2178-8653
pearsonuniversidades@pearson.com

Distribuição
Grupo A Educação
www.grupoa.com.br
Fone: 0800 703 3444

Sumário

Prefácio xi

1 Números Reais 1
- 1.1 Conjuntos Númericos 1
- 1.2 Desigualdades 2
- 1.3 Valor Absoluto 3
- 1.4 Intervalos 5
- 1.5 Exemplos 6
- 1.6 Exercícios 10

2 Funções 12
- 2.1 Definição 12
- 2.2 Exemplos 12
- 2.3 Contra-Exemplos 13
- 2.4 Definição 13
- 2.5 Exemplo 14
- 2.6 Exemplo 14
- 2.7 Exemplos 14
- 2.8 Gráficos 14
- 2.9 Operações 17
- 2.10 Exercícios 20
- 2.11 Funções Especiais 24
- 2.12 Funções Pares e Ímpares 29
- 2.13 Funções Periódicas 29
- 2.14 Função Inversa 30

2.15	Algumas Funções Elementares	31
2.16	Aplicações	43
2.17	Exercícios	53

3 Limite e Continuidade 60

3.1	Noção Intuitiva	60
3.2	Definição	66
3.3	Exemplos	67
3.4	Proposição (Unicidade do Limite)	68
3.5	Propriedades dos Limites	68
3.6	Exercícios	72
3.7	Limites Laterais	76
3.8	Exercícios	79
3.9	Cálculo de Limites	80
3.10	Exercícios	83
3.11	Limites no Infinito	84
3.12	Limites Infinitos	87
3.13	Exercícios	93
3.14	Assíntotas	95
3.15	Limites Fundamentais	99
3.16	Exercícios	103
3.17	Continuidade	106
3.18	Exercícios	112

4 Derivada 115

4.1	A Reta Tangente	115
4.2	Velocidade e Aceleração	118
4.3	A Derivada de uma Função num Ponto	121
4.4	A Derivada de uma Função	121
4.5	Exemplos	122
4.6	Continuidade de Funções Deriváveis	126
4.7	Exercícios	127
4.8	Derivadas Laterais	128
4.9	Exemplos	129
4.10	Exercícios	132
4.11	Regras de Derivação	133
4.12	Exercícios	138
4.13	Derivada de Função Composta	139

4.14	Teorema (Derivada da Função Inversa)	143
4.15	Derivadas das Funções Elementares	145
4.16	Exercícios	159
4.17	Derivadas Sucessivas	163
4.18	Derivação Implícita	165
4.19	Derivada de uma Função na Forma Paramétrica	167
4.20	Diferencial	173
4.21	Exercícios	176

5 Aplicações da Derivada 179

5.1	Taxa de Variação	179
5.2	Análise Marginal	185
5.3	Exercícios	191
5.4	Máximos e Mínimos	193
5.5	Teoremas sobre Derivadas	197
5.6	Funções Crescentes e Decrescentes	199
5.7	Critérios para Determinar os Extremos de uma Função	201
5.8	Concavidade e Pontos de Inflexão	205
5.9	Análise Geral do Comportamento de uma Função	208
5.10	Exercícios	215
5.11	Problemas de Maximização e Minimização	218
5.12	Exercícios	224
5.13	Regras de L'Hospital	226
5.14	Exercícios	232
5.15	Fórmula de Taylor	233
5.16	Exercícios	239

6 Introdução à Integração 240

6.1	Integral Indefinida	240
6.2	Exercícios	246
6.3	Método de Substituição ou Mudança de Variável para Integração	247
6.4	Exercícios	250
6.5	Método de Integração por Partes	252
6.6	Exercícios	255
6.7	Área	256
6.8	Distâncias	258
6.9	Integral Definida	259

6.10	Teorema Fundamental do Cálculo	264
6.11	Exercícios	269
6.12	Cálculo de Áreas	272
6.13	Exercícios	278
6.14	Extensões do Conceito de Integral	279
6.15	Exercícios	290

7 Métodos de Integração ... 293

7.1	Integração de Funções Trigonométricas	293
7.2	Integração de Algumas Funções Envolvendo Funções Trigonométricas	296
7.3	Integração por Substituição Trigonométrica	306
7.4	Exercícios	309
7.5	Integração de Funções Racionais por Frações Parciais	312
7.6	Exercícios	325
7.7	Integração de Funções Racionais de Seno e Cosseno	326
7.8	Integrais Envolvendo Expressões da Forma $\sqrt{ax^2 + bx + c}$ $(a \neq 0)$	329
7.9	Exercícios	333

8 Aplicações da Integral Definida ... 335

8.1	Comprimento de Arco de uma Curva Plana Usando a sua Equação Cartesiana	335
8.2	Comprimento de Arco de uma Curva Plana Dada por suas Equações Paramétricas	339
8.3	Área de uma Região Plana	340
8.4	Exercícios	344
8.5	Volume de um Sólido de Revolução	346
8.6	Área de uma Superfície de Revolução	354
8.7	Exercícios	359
8.8	Coordenadas Polares	360
8.9	Comprimento de Arco de uma Curva dada em Coordenadas Polares	373
8.10	Área de Figuras Planas em Coordenadas Polares	375
8.11	Exercícios	379
8.12	Massa e Centro de Massa de uma Barra	381
8.13	Momento de Inércia de uma Barra	387
8.14	Trabalho	391
8.15	Pressão de Líquidos	397
8.16	Excedentes de Consumo e Produção	401
8.17	Valores Futuro e Presente de um Fluxo de Renda	405
8.18	Exercícios	407

Apêndice A — Tabelas..........413
Identidades Trigonométricas..........413
Tabelas de Derivadas..........413
Tabela de Integrais..........414
Fórmulas de Recorrência..........415

Apêndice B — Respostas dos Exercícios..........417

Bibliografia..........449

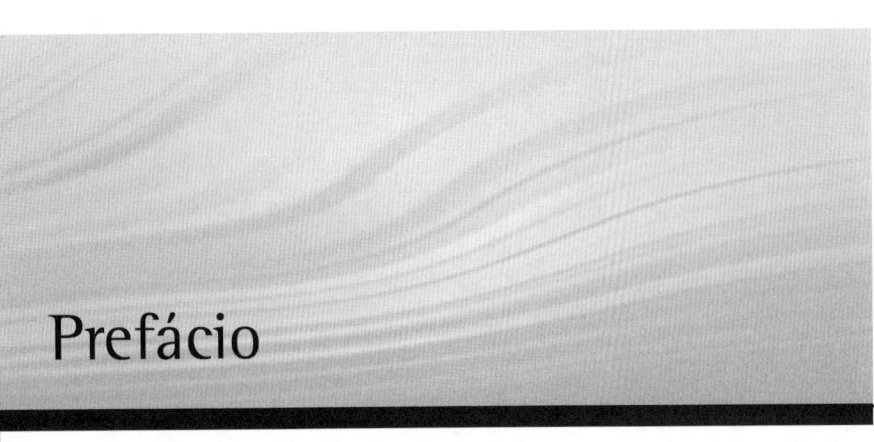

Prefácio

A primeira edição deste livro foi lançada em 1987 pela Editora da Universidade Federal de Santa Catarina, tendo alcançado, logo a seguir, uma aceitação muito grande da comunidade acadêmica, tanto de professores quanto de alunos.

Muitas contribuições e sugestões foram recebidas pelas autoras nos anos que se seguiram, motivando o lançamento de uma edição revista e ampliada, em 1992, numa parceria das editoras Makron Books e Editora da UFSC.

O advento da utilização das novas tecnologias no ensino motivou as autoras a procederem uma nova revisão e ampliação do texto. Surge, assim, esta 6ª edição, lançada pela Editora Pearson Education.

Basicamente, esta nova edição diferencia-se das anteriores pela inserção de aplicações do estudo de funções em diversas áreas, com destaque para a economia. Também são introduzidos alguns novos conteúdos, como integrais impróprias. Além disso, são propostas novas abordagens para alguns conteúdos, considerando o uso das novas tecnologias, e propostos diversos exercícios para serem resolvidos com recursos computacionais.

Outra novidade desta edição é o site de apoio com conteúdo adicional para professores e alunos. Neste endereço (sv.pearson.com.br), os professores obtêm o manual de soluções dos exercícios propostos no livro; para os alunos, estão disponíveis as respostas dos exercícios.

O conteúdo de uso exclusivo dos professores é progetido por senha. Para ter acesso a ele, os professores que adotam o livro devem entrar em contato com um representante da Pearson ou enviar um e-mail para *universitarios@pearson.com*.

Como sempre lembramos aos nossos leitores, quaisquer erros que por ventura forem encontrados são, naturalmente, de responsabilidade das autoras, que agradecem desde já a comunicação dos mesmos.

Florianópolis, novembro de 2006.

Diva Marília Flemming
Mirian Buss Gonçalves

1 Números Reais

Tudo o que vamos estudar no curso de Cálculo se referirá a conjuntos de números reais. Estudaremos funções que são definidas e assumem valores nesses conjuntos. Assim, ao estudarmos limite, continuidade, derivadas e integrais dessas funções, usaremos os fatos elementares a respeito dos números reais.

Neste primeiro capítulo, vamos fazer uma revisão no contexto do *conjunto dos números reais*. Enunciaremos os axiomas básicos, deduziremos propriedades e apresentaremos exemplos com estas propriedades.

1.1 Conjuntos Númericos

Os primeiros números conhecidos pela humanidade são os chamados *inteiros positivos* ou *naturais*. Temos então o conjunto

$N = \{1, 2, 3, \ldots\}$.

Os números $-1, -2, -3, \ldots$ são chamados *inteiros negativos*. A união do conjunto dos números naturais com os inteiros negativos e o zero (0) define o conjunto dos números inteiros que denotamos por

$Z = \{0, \pm 1, \pm 2, \pm 3, \ldots \}$.

Os números da forma m/n, $n \neq 0$, $m, n \in Z$, são chamados de frações e formam o conjunto dos *números racionais*. Denotamos:

$Q = \{x \mid x = m/n, m, n \in Z, n \neq 0\}$.

Finalmente encontramos números que não podem ser representados na forma m/n, $n \neq 0$, $m, n \in Z$, tais como $\sqrt{2} = 1,414\ldots$, $\pi = 3,14159\ldots$, $e = 2,71\ldots$. Esses números formam o conjunto dos *números irracionais* que denotaremos por Q'.

Da união do conjunto dos números racionais com conjunto dos números irracionais resulta o *conjunto dos números reais*, que denotamos por

$\mathbb{R} = Q \cup Q'$.

A seguir apresentaremos os axiomas, definições e propriedades referentes ao conjunto dos números reais.

No conjunto dos números reais introduzimos duas operações, chamadas *adição* e *multiplicação*, que satisfazem os axiomas a seguir:

1.1.1 Fechamento Se a e $b \in \mathbb{R}$ existe um e somente um número real denotado por $a + b$, chamado soma, e existe um e somente um número real, denotado por ab (ou $a \times b$, ou $a \cdot b$), chamado produto.

1.1.2 Comutatividade Se $a, b \in \mathbb{R}$, então $a + b = b + a$ e $a \cdot b = b \cdot a$.

1.1.3 Associatividade Se a, b e $c \in \mathbb{R}$, então
$$a + (b + c) = (a + b) + c \text{ e } a \cdot (b \cdot c) = (a \cdot b) \cdot c.$$

1.1.4 Distributividade Se $a, b, c \in \mathbb{R}$, então
$$a \cdot (b + c) = ab + ac.$$

1.1.5 Existência de Elementos Neutros Existem 0 e $1 \in \mathbb{R}$ tais que $a + 0 = a$ e $a \cdot 1 = a$, para qualquer $a \in \mathbb{R}$.

1.1.6 Existência de Simétricos Todo $a \in \mathbb{R}$ tem um simétrico, denotado por $-a$, tal que $a + (-a) = 0$.

1.1.7 Existência de Inversos Todo $a \in \mathbb{R}$, $a \neq 0$ tem um inverso, denotado por $1/a$, tal que $a \cdot \dfrac{1}{a} = 1$. Usando 1.1.6 e 1.1.7 podemos definir a subtração e a divisão de números reais.

1.1.8 Subtração Se $a, b \in \mathbb{R}$, a diferença entre a e b, denotada por $a - b$, é definida por $a - b = a + (-b)$.

1.1.9 Divisão Se $a, b \in \mathbb{R}$ e $b \neq 0$, o quociente de a e b é definido por $\dfrac{a}{b} = a \cdot \dfrac{1}{b}$.

1.2 Desigualdades

Para podermos dizer que um número real é maior ou menor que outro, devemos introduzir o conceito de número real positivo e uma relação de ordem.

1.2.1 Axioma de Ordem No conjunto de números reais existe um subconjunto denominado números positivos, tal que:

(i) se $a \in \mathbb{R}$, exatamente uma das três afirmações ocorre: $a = 0$; a é positivo; $-a$ é positivo;

(ii) a soma de dois números positivos é positiva;

(iii) o produto de dois números positivos é positivo.

1.2.2 Definição O número real a é negativo se e somente se $-a$ é positivo.

1.2.3 Os símbolos $<$ (menor que) e $>$ (maior que) são definidos:

(i) $a < b \Leftrightarrow b - a$ é positivo;

(ii) $a > b \Leftrightarrow a - b$ é positivo.

1.2.4 Os símbolos $\leq$ (menor ou igual que) e $\geq$ (maior ou igual que) são definidos:

(i) $a \leq b \Leftrightarrow a < b$ ou $a = b$;

(ii) $a \geq b \Leftrightarrow a > b$ ou $a = b$.

Expressões que envolvem os símbolos definidos acima são chamados de DESIGUALDADES. $a < b$ e $a > b$ são desigualdades estritas, enquanto $a \leq b$ e $a \geq b$ são desigualdades não estritas.

1.2.5 Propriedades   Sejam $a, b, c, d \in \mathbb{R}$

(i)   Se $a > b$ e $b > c$, então $a > c$.

(ii) Se $a > b$ e $c > 0$, então $ac > bc$.

(iii) Se $a > b$ e $c < 0$, então $ac < bc$.

(iv) Se $a > b$, então $a + c > b + c$ para todo real c.

(v)   Se $a > b$ e $c > d$, então $a + c > b + d$.

(vi) Se $a > b > 0$ e $c > d > 0$, então $ac > bd$.

As propriedades enunciadas podem ser facilmente provadas usando-se as definições anteriores. Por exemplo:

Prova da Propriedade (i): (Se $a > b$ e $b > c$, então $a > c$.)

Se $a > b \overset{(def.)}{\Rightarrow} (a - b) > 0$.

Se $b > c \overset{(def.)}{\Rightarrow} (b - c) > 0$.

Usando 1.2.1 (ii), temos $(a - b) + (b - c) > 0$

ou $a - c > 0 \overset{(def.)}{\Rightarrow} a > c$.

Prova da Propriedade (ii): (Se $a > b$ e $c > 0$, então $ac > bc$.)

Se $a > b \overset{(def.)}{\Rightarrow} (a - b) > 0$.

Usando 1.2.1 (iii), temos $(a - b) \cdot c > 0$ ou $(ac - bc) > 0$ e finalmente, pela definição, $ac > bc$.

1.3 Valor Absoluto

1.3.1 Definição   O valor absoluto de a, denotado por $|a|$, é definido como

$$|a| = a, \text{ se } a \geq 0 \qquad |a| = -a, \text{ se } a < 0.$$

1.3.2 Interpretação Geométrica   Geometricamente o valor absoluto de a, também chamado módulo de a, representa a distância entre a e 0. Escreve-se então $|a| = \sqrt{a^2}$.

1.3.3 Propriedades

(i) $|x| < a \Leftrightarrow -a < x < a$, onde $a > 0$.

(ii) $|x| > a \Leftrightarrow x > a$ ou $x < -a$, onde $a > 0$.

(iii) Se $a, b \in \mathbb{R}$, então $|a \cdot b| = |a| \cdot |b|$.

(iv) Se $a, b \in \mathbb{R}$ e $b \neq 0$, então $\left|\dfrac{a}{b}\right| = \dfrac{|a|}{|b|}$.

(v)   (Desigualdade triangular)
      Se $a, b \in \mathbb{R}$, então $|a + b| \leq |a| + |b|$.

(vi) Se $a, b \in \mathbb{R}$, então $|a - b| \leq |a| + |b|$.

(vii) Se $a, b \in \mathbb{R}$, então $|a| - |b| \leq |a - b|$.

Vamos provar algumas das propriedades citadas.

Prova da Propriedade (i): ($|x| < a \Leftrightarrow -a < x < a$, onde $a > 0$.)
Provaremos por partes:

Parte 1: $-a < x < a$, com $a > 0 \Rightarrow |x| < a$.

Se $x \geq 0$, $|x| = x$. Como, por hipótese, $x < a$, vem que $|x| < a$.

Se $x < 0$, $|x| = -x$. Como $-a < x$, aplicando a propriedade 1.2.5 iii) concluímos que $-x < a$.

Assim, $|x| = -x < a$ ou seja $|x| < a$.

Parte 2: $|x| < a$ onde $a > 0 \Rightarrow -a < x < a$.

Se $x \geq 0$, então $|x| = x$. Como $|x| < a$, concluímos que $x < a$. Como $a > 0$, segue que $-a < 0$ e então $-a < 0 \leq x < a$, ou seja, $-a < x < a$.

Se $x < 0$, $|x| = -x$. Como por hipótese $|x| < a$, temos que $-x < a$. Como $x < 0$, segue que $-x > 0$. Portanto, $-a < 0 < -x < a$, ou de forma equivalente, $-a < x < a$.

Prova da Propriedade (iii): (Se $a, b \in \mathbb{R}$, então $|a \cdot b| = |a| \cdot |b|$).
Usando 1.3.2, vem

$$|ab| = \sqrt{(ab)^2} = \sqrt{a^2 \cdot b^2} = \sqrt{a^2} \cdot \sqrt{b^2} = |a| \cdot |b|.$$

Prova da Propriedade (iv): (Se $a, b \in \mathbb{R}$ e $b \neq 0$, então $\left|\dfrac{a}{b}\right| = \dfrac{|a|}{|b|}$.)

Usando 1.3.2, vem

$$\left|\frac{a}{b}\right| = \sqrt{\left(\frac{a}{b}\right)^2} = \sqrt{\frac{a^2}{b^2}} = \frac{\sqrt{a^2}}{\sqrt{b^2}} = \frac{|a|}{|b|}, b \neq 0.$$

Prova da Propriedade (v): (Se $a, b \in \mathbb{R}$, então $|a + b| \leq |a| + |b|$.)
Como $a, b \in \mathbb{R}$, de 1.2.1 (i) vem que ab é positivo, negativo ou zero. Em qualquer caso vale,

$$ab \leq |ab| = |a||b|. \tag{1}$$

Multiplicando (1) por 2, temos

$$2ab \leq 2|a||b|. \tag{2}$$

Da igualdade $(a + b)^2 = a^2 + 2ab + b^2$ e de (2) vem que

$(a + b)^2 \leq a^2 + 2|a||b| + b^2$

$(a + b)^2 \leq |a^2| + 2|a||b| + |b^2|$

$$(a + b)^2 \leq (|a| + |b|)^2. \tag{3}$$

Tomamos a raiz quadrada de (3) e obtemos

$|a + b| \leq |a| + |b|$.

Prova da Propriedade (vi): (Se $a, b \in \mathbb{R}$, então $|a - b| \leq |a| + |b|$.)

Basta escrever $a - b = a + (-b)$ e aplicar a propriedade v).

$$|a-b| = |a + (-b)| \leq |a| + |-b|$$
$$= |a| + |b|$$

Prova da Propriedade (vii): (Se $a, b \in \mathbb{R}$, então $|a| - |b| \leq |a - b|$.)

Vamos fazer $a - b = c$. Aplicando a propriedade v, vem

$|a| = |c + b| \leq |c| + |b|$

$|a| - |b| \leq |c|$

$|a| - |b| \leq |a - b|$.

1.4 Intervalos

Intervalos são conjuntos infinitos de números reais, como segue:

1.4.1 Intervalo Aberto $\{x \mid a < x < b\}$ denota-se (a, b) ou $]a, b[$.

1.4.2 Intervalo Fechado $\{x \mid a \leq x \leq b\}$ denota-se $[a, b]$.

1.4.3 Intervalo Fechado à Direita e Aberto à Esquerda $\{x \mid a < x \leq b\}$ denota-se $(a, b]$ ou $]a, b]$.

1.4.4 Intervalo Aberto à Direita e Fechado à Esquerda $\{x \mid a \leq x < b\}$ denota-se $[a, b)$ ou $[a, b[$.

1.4.5 Intervalos Infinitos

(i) $\{x \mid x > a\}$ denota-se $(a, +\infty)$ ou $]a, +\infty[$;

(ii) $\{x \mid x \geq a\}$ denota-se $[a, +\infty)$ ou $[a, +\infty[$;

(iii) $\{x \mid x < b\}$ denota-se $(-\infty, b)$ ou $]-\infty, b[$;

(iv) $\{x \mid x \leq b\}$ denota-se $(-\infty, b]$ ou $]-\infty, b]$.

Podemos fazer uma representação gráfica dos intervalos como nos exemplos que seguem:

ex. 1.4.1 – (2, 3)

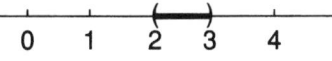

ex. 1.4.2 – [0, 3]

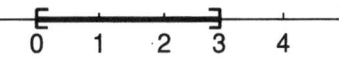

ex. 1.4.3 – (1, 4]

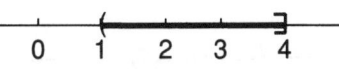

ex. 1.4.4 – [0, 4)

ex. 1.4.5 –

(i) $(0, +\infty)$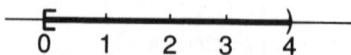

(ii) $[1, +\infty)$

(iii) $(-\infty, 3)$

(iv) $(-\infty, 4]$

1.5 Exemplos

1. Determinar todos os intervalos de números que satisfazem as desigualdades abaixo. Fazer a representação gráfica.

   (i) $\quad 3 + 7x < 8x + 9$

   $\quad\quad 3 + 7x - 3 < 8x + 9 - 3$ \hfill (propriedade 1.2.5 iv)

   $\quad\quad\quad 7x < 8x + 6$

   $\quad\quad 7x - 8x < 8x + 6 - 8x$ \hfill (propriedade 1.2.5 iv)

   $\quad\quad\quad -x < 6$

   $\quad\quad\quad\quad x > -6$ \hfill (propriedade 1.2.5 iii)

   Portanto, $\{x \mid x > -6\} = (-6, +\infty)$ é a solução, e graficamente

   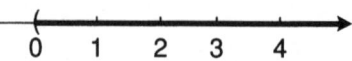

   (ii) $\quad 7 < 5x + 3 \leq 9$

   $\quad\quad 7 - 3 < 5x + 3 - 3 \leq 9 - 3$ \hfill (propriedade 1.2.5 iv)

   $\quad\quad\quad 4 < 5x \leq 6$

   $\quad\quad\quad \dfrac{4}{5} < x \leq \dfrac{6}{5}$ \hfill (propriedade 1.2.5 ii)

   Portanto, $\{x \mid 4/5 < x \leq 6/5\} = (4/5, 6/5]$ é a solução, e graficamente

(iii) $\dfrac{x}{x+7} < 5$, $x \neq -7$.

Vamos multiplicar ambos os membros da desigualdade por $x + 7$. Devemos então, considerar dois casos:

Caso 1: $x + 7 > 0$ ou $x > -7$ \hfill (propriedade 1.2.5 iv)

Então, $\quad x < 5(x + 7)$ \hfill (propriedade 1.2.5 ii)

$\quad\quad\quad x < 5x + 35$

$\quad\quad\quad x - 5x < 5x + 35 - 5x$ \hfill (propriedade 1.2.5 iv)

$\quad\quad\quad -4x < 35$

$\quad\quad\quad x > -35/4$ \hfill (propriedade 1.2.5 iii)

Portanto $\{x \mid x > -7\} \cap \{x \mid x < -35/4\} = (-7, +\infty)$ é a solução do caso 1.

Caso 2: $x + 7 < 0$ ou $x < -7$

Então, $\quad x > 5(x + 7)$

$\quad\quad\quad x > 5x + 35$

$\quad\quad\quad x < -35/4$

Portanto, $\{x \mid x < -7\} \cap \{x \mid x < -35/4\} = (-\infty, -35/4)$ é a solução do caso 2.

A solução final é a união de $(-7, +\infty)$ e $(-\infty, -35/4)$, ou seja, $(-\infty, -35/4) \cup (-7, +\infty)$, ou ainda, $x \notin [-35/4, -7]$.

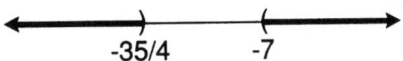

(iv) $(x + 5)(x - 3) > 0$

A desigualdade será satisfeita quando ambos os fatores tiverem o mesmo sinal:

Caso 1: $(x + 5) > 0$ e $(x - 3) > 0$ ou

$\quad\quad x > -5$ e $x > 3$

$\quad\quad$ ou

$\quad\quad x > 3$.

Caso 2: $x + 5 < 0$ e $x - 3 < 0$

$\quad\quad$ ou

$\quad\quad x < -5$ e $x < 3$

$\quad\quad$ ou

$\quad\quad x < -5$

A solução final será a união entre $(3, +\infty)$ e $(-\infty, -5)$, ou seja, todos os $x \notin [-5, 3]$.

Geometricamente,

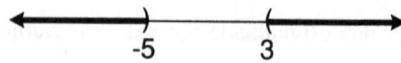

2. Resolva as equações:

(i) $|5x - 3| = 7$.

Esta equação é verdadeira quando $5x - 3 = 7$ ou $5x - 3 = -7$, ou seja, $x = 2$ ou $x = -4/5$. Portanto, as duas soluções da equação dada são:

$x = 2$ e $x = -4/5$

(ii) $|7x - 1| = |2x + 5|$.

Esta equação será satisfeita se:

Caso 1: $7x - 1 = 2x + 5$

$7x - 2x = 5 + 1$

$5x = 6$

$x = 6/5$

Caso 2: $7x - 1 = -(2x + 5)$

$7x - 1 = -2x - 5$

$7x + 2x = -5 + 1$

$9x = -4$

$x = -4/9$.

Portanto, a solução final é $x = 6/5$ e $x = -4/9$.

(iii) $|9x + 7| = -7$

Esta equação não tem solução, pois o valor absoluto de um número nunca pode ser negativo.

3. Encontre os números reais que satisfaçam as seguintes desigualdades:

(i) $|7x - 2| < 4$.

Aplicando a propriedade 1.3.3 (i),

$-4 < 7x - 2 < 4$

$-4 + 2 < 7x - 2 + 2 < 4 + 2$

$-2 < 7x < 6$

$-\dfrac{2}{7} < x < \dfrac{6}{7}$.

Portanto, $x \in (-2/7, 6/7)$.

(ii) $\left|\dfrac{7 - 2x}{4 + x}\right| \leq 2,\ x \neq -4$.

Aplicando a propriedade 1.3.3 (iv),

$$\frac{|7-2x|}{|4+x|} \leq 2.$$

$$|7-2x| \leq 2|4+x|.$$

Elevando ambos os lados da desigualdade ao quadrado, vem

$$49 - 28x + 4x^2 \leq 4(16 + 8x + x^2)$$

$$49 - 28x + 4x^2 \leq 64 + 32x + 4x^2$$

$$49 - 28x + 4x^2 - 64 - 32x - 4x^2 \leq 0$$

$$-60x - 15 \leq 0$$

$$-60x \leq 15$$

$$60x \geq -15$$

$$x \geq -15/60$$

$$x \geq -1/4 \text{ ou } x \in [-1/4, +\infty).$$

(iii) $\left|\dfrac{3-2x}{2+x}\right| \leq 4, x \neq -2.$

$$|3-2x| \leq 4|2+x|$$

$$9 - 12x + 4x^2 \leq 16(4 + 4x + x^2)$$

$$9 - 12x + 4x^2 \leq 64 + 64x + 16x^2$$

$$-12x^2 - 76x - 55 \leq 0$$

$$12x^2 + 76x + 55 \geq 0$$

$$12(x + 5/6)(x + 11/2) \geq 0$$

$$(x + 5/6)(x + 11/2) \geq 0.$$

Procedendo como no exemplo 1 (iv), concluímos que a solução final será a união de $(-\infty, -11/2]$ e $[-5/6, +\infty)$, ou seja, $x \notin (-11/2, -5/6)$.

4. Mostre que, se $a, b \in \mathbb{R}$ e $a < b$, então

   (i) $(x-a)(x-b) > 0 \Rightarrow x \notin [a,b]$.

   (ii) $(x-a)(x-b) \geq 0 \Rightarrow x \notin (a,b)$.

   (iii) $(x-a)(x-b) < 0 \Rightarrow x \in (a,b)$.

   (iv) $(x-a)(x-b) \leq 0 \Rightarrow x \in [a,b]$.

Prova de (i): $((x-a)(x-b) > 0 \Rightarrow x \notin [a,b].)$

Os dois fatores $(x-a)$ e $(x-b)$ devem ter o mesmo sinal. Temos dois casos:

Caso 1: $x - a > 0$ e $x - b > 0$

ou

$x > a$ e $x > b$.

A solução deste caso será $x > b$ ou $(b, +\infty)$.

Caso 2: $x - a < 0$ e $x - b < 0$

ou

$x < a$ e $x < b$.

A solução deste caso será $x < a$ ou $(-\infty, a)$.

Portanto, a solução final é a união entre $(-\infty, a)$ e $(b, +\infty)$, ou seja, $x \notin [a, b]$.

De maneira análoga podem-se provar as demais relações.

1.6 Exercícios

1. Determinar todos os intervalos de números que satisfaçam as desigualdades abaixo. Fazer a representação gráfica.

   (a) $3 - x < 5 + 3x$

   (b) $2x - 5 < \dfrac{1}{3} + \dfrac{3x}{4} + \dfrac{1-x}{3}$

   (c) $2 > -3 - 3x \geq -7$

   (d) $\dfrac{5}{x} < \dfrac{3}{4}$

   (e) $x^2 \leq 9$

   (f) $x^2 - 3x + 2 > 0$

   (g) $1 - x - 2x^2 \geq 0$

   (h) $\dfrac{x+1}{2-x} < \dfrac{x}{3+x}$

   (i) $x^3 + 1 > x^2 + x$

   (j) $(x^2 - 1)(x + 4) \leq 0$

   (k) $\dfrac{2}{x-2} \leq \dfrac{x+2}{x-2} \leq 1$

   (l) $x^4 \geq x^2$

   (m) $\dfrac{x}{x-3} < 4$

   (n) $\dfrac{1/2x - 3}{4 + x} > 1$

   (o) $\dfrac{3}{x-5} \leq 2$

   (p) $x^3 - x^2 - x - 2 > 0$

   (q) $x^3 - 3x + 2 \leq 0$

   (r) $\dfrac{1}{x+1} \geq \dfrac{3}{x-2}$

   (s) $8x^3 - 4x^2 - 2x + 1 < 0$

   (t) $12x^3 - 20x^2 \geq -11x + 2$.

2. Resolver as equações em $\mathbb{R}$.

   (a) $|5x - 3| = 12$

   (b) $|-4 + 12x| = 7$

   (c) $|2x - 3| = |7x - 5|$

   (d) $\left|\dfrac{x+2}{x-2}\right| = 5$

   (e) $\left|\dfrac{3x+8}{2x-3}\right| = 4$

   (f) $|3x + 2| = 5 - x$

(g) $|9x| - 11 = x$

(h) $2x - 7 = |x| + 1$.

3. Resolver as inequações em $\mathbb{R}$.

    (a) $|x + 12| < 7$

    (b) $|3x - 4| \leq 2$

    (c) $|5 - 6x| \geq 9$

    (d) $|2x - 5| > 3$

    (e) $|6 + 2x| < |4 - x|$

    (f) $|x + 4| \leq |2x - 6|$

    (g) $|3x| > |5 - 2x|$

    (h) $\left|\dfrac{7 - 2x}{5 + 3x}\right| \leq \dfrac{1}{2}$

    (i) $|x - 1| + |x + 2| \geq 4$

    (j) $1 < |x + 2| < 4$

    (k) $\left|\dfrac{2 + x}{3 - x}\right| > 4$

    (l) $\left|\dfrac{5}{2x - 1}\right| \geq \left|\dfrac{1}{x - 2}\right|$

    (m) $|x| + 1 < x$

    (n) $3|x - 1| + |x| < 1$

    (o) $|2x^2 + 3x + 3| \leq 3$

    (p) $|x - 1| + |x - 3| < |4x|$

    (q) $\dfrac{1}{|x + 1||x - 3|} \geq \dfrac{1}{5}$

    (r) $\left|\dfrac{x - 1/2}{x + 1/2}\right| < 1$

    (s) $\left|\dfrac{3 - 2x}{1 + x}\right| \leq 4$

4. Demonstrar:

    (a) Se $a \geq 0$ e $b \geq 0$, então $a^2 = b^2$ se e somente se $a = b$.

    (b) Se $x < y$, então $x < \dfrac{1}{2}(x + y) < y$.

    (c) $|x| > a$ se e somente se $x > a$ ou $x < -a$, onde $a < 0$.

    (d) Se $0 < a < b$, então $\sqrt{ab} < \dfrac{a + b}{2}$.

2 Funções

Neste capítulo introduziremos um dos mais fundamentais conceitos da matemática — o de função. O conceito de função refere-se essencialmente à correspondência entre conjuntos. Uma função associa elementos de um conjunto a elementos de outro conjunto. Em nosso estudo, os conjuntos envolvidos sempre serão subconjuntos de $\mathbb{R}$. As funções neles definidas são chamadas *funções reais de variável real*.

Problemas que evidenciam a importância do estudo das funções em diferentes áreas do conhecimento serão apresentados, ampliando, assim, o nosso olhar para o estudo das funções. No decorrer dos exemplos é possível observar que o uso dos recursos computacionais auxilia na visualização das propriedades e características das funções.

2.1 Definição

Sejam A e B subconjuntos de $\mathbb{R}$. Uma função $f: A \to B$ é uma *lei* ou regra que a *cada* elemento de A faz corresponder um único elemento de B. O conjunto A é chamado *domínio de f* e é denotado por $D(f)$. B é chamado de *contradomínio* ou *campo de valores de f*.

Escrevemos: $\quad f: A \to B$
$\qquad\qquad\qquad x \to f(x)$

ou

$\qquad\qquad A \xrightarrow{f} B$
$\qquad\qquad x \to y = f(x).$

2.2 Exemplos

Sejam $A = \{1, 2, 3, 4\}$ e $B = \{2, 3, 4, 5\}$.

(i) $\quad f: A \to B$ dada pelo diagrama abaixo é uma função de A em B.

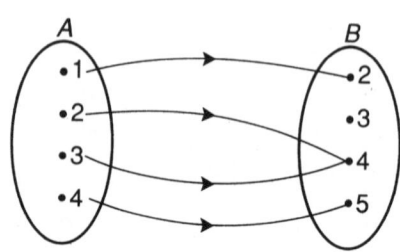

(ii) $g: A \to B$
       $x \to x + 1$

é uma função de A em B. Podemos representar g em diagrama.

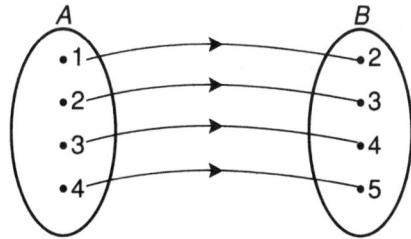

2.3 Contra-Exemplos

Sejam $A = \{3, 4, 5\}$ e $B = \{1, 2\}$.

(i) $f: A \to B$ dada pelo diagrama a seguir *não* é uma função de A em B, pois o elemento $4 \in A$ tem dois correspondentes em B.

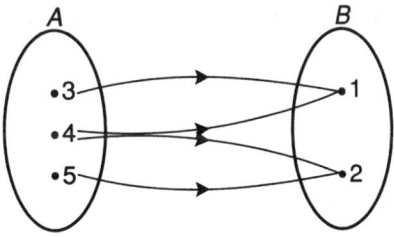

(ii) $g: A \to B$
      $x \to x - 3$

não é uma função de A em B, pois o elemento $3 \in A$ não tem correspondente em B. Podemos ver isto facilmente representando g em diagrama.

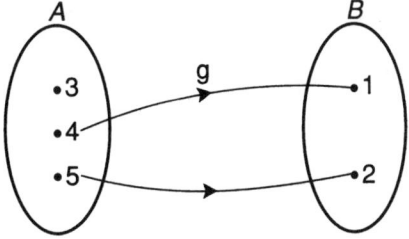

2.4 Definição

Seja $f: A \to B$.

(i)   Dado $x \in A$, o elemento $f(x) \in B$ é chamado de *valor* da função f no ponto x ou de imagem de x por f.
(ii) O conjunto de todos os valores assumidos pela função é chamado *conjunto imagem de f* e é denotado por Im (f).

2.5 Exemplo

Sejam $A = \{1, 2, 3, 4, 5\}$ e $B = Z$ (conjunto dos inteiros) e $f: A \to B$ definida pela regra que a cada elemento de A faz corresponder o seu dobro.

Então:
– a regra que define f é $y = 2x$;
– a imagem do elemento 1 é 2, de 2 é 4 etc.;
– o domínio de f, $D(f) = A$;
– a imagem de f, $\text{Im}(f) = \{2, 4, 6, 8, 10\}$.

2.6 Exemplo

Seja $f: \mathbb{R} \to \mathbb{R}$
$$x \to x^2.$$
Então, $D(f) = \mathbb{R}$,
$$\text{Im}(f) = [0, +\infty).$$

Quando trabalhamos com subconjuntos de $\mathbb{R}$, é usual caracterizar a função apenas pela *fórmula* ou *regra* que a define. Neste caso, entende-se que o domínio de f é o conjunto de todos os números reais para os quais a função está definida.

2.7 Exemplos

Determinar o domínio e a imagem das funções abaixo:

(i) $f(x) = 1/x$.

Esta função só não é definida para $x = 0$. Logo, $D(f) = \mathbb{R} - \{0\}$.
$\text{Im}(f) = \mathbb{R} - \{0\}$.

(ii) $f(x) = \sqrt{x}$.

Para $x < 0$, $f(x)$ não está definida. Então, $D(f) = [0, +\infty)$ e $\text{Im}(f) = [0, +\infty)$.

(iii) $f(x) = -\sqrt{x-1}$.

$f(x)$ não está definida para $x < 1$. $D(f) = [1, \infty)$ e $\text{Im}(f) = (-\infty, 0]$.

(iv) $f(x) = |x|$.

$D(f) = \mathbb{R}$ e $\text{Im}(f) = [0, +\infty)$.

2.8 Gráficos

2.8.1 Definição Seja f uma função. O gráfico de f é o conjunto de todos os pontos $(x, f(x))$ de um plano coordenado, onde x pertence ao domínio de f.

Para determinar o gráfico de uma função, assinalamos uma série de pontos, fazendo uma tabela que nos dá as coordenadas. No ponto em que estamos, não existe outro meio de determinar o gráfico a não ser este método rudimentar. No Capítulo 5 desenvolveremos técnicas mais eficazes para o traçado de gráficos.

2.8.2 Exemplos

(i) O gráfico da função $f(x) = x^2$ consiste em todos os pares $(x, y) \in \mathbb{R}^2$ tais que $y = x^2$. Em outras palavras, é a coleção de todos os pares (x, x^2) do plano xy. A Figura 2.1 nos mostra o gráfico desta função, onde salientamos alguns pontos, de acordo com a tabela.

x	$y = x^2$
-2	4
-1	1
0	0
1	1
2	4

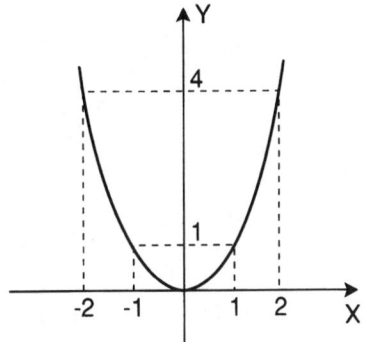

Figura 2.1

(ii) Consideremos a função $f(x) = x$. Os pontos de seu gráfico são os pares $(x, x) \in \mathbb{R}^2$. A Figura 2.2 mostra este gráfico.

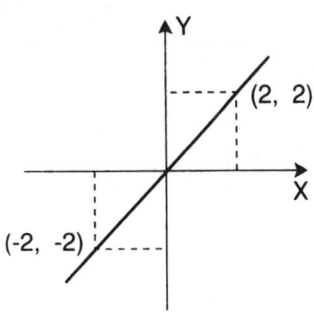

Figura 2.2

(iii) Seja $f: \mathbb{R} \to \mathbb{R}$ definida por

$$f(x) = \begin{cases} -2, & \text{se } x \leq -2 \\ 2, & \text{se } -2 < x \leq 2 \\ 4, & \text{se } x > 2. \end{cases}$$

O gráfico de f pode ser visto na Figura 2.3.

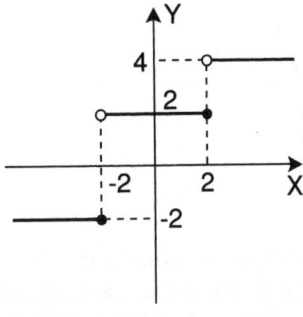

Figura 2.3

(iv) Seja $f(x) = |x|$. Quando $x \geq 0$, sabemos que $f(x) = x$. Quando $x < 0$, $f(x) = -x$. O gráfico de $|x|$ pode ser visto na Figura 2.4.

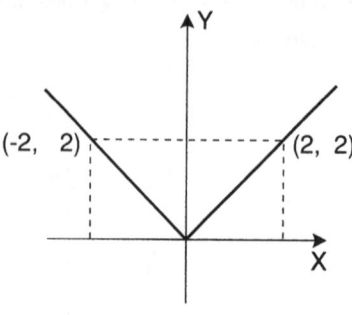

Figura 2.4

(v) Seja $f(x) = \dfrac{1}{x}$. Então, $D(f) = \mathbb{R} - \{0\}$. A Figura 2.5 mostra o gráfico de $f(x) = 1/x$.

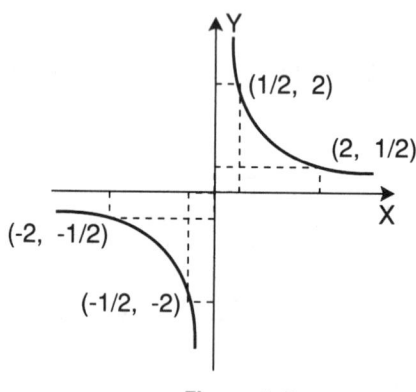

Figura 2.5

(vi) Neste exemplo vamos ilustrar como os gráficos podem nos dar informações importantes sobre situações práticas.

O gráfico da Figura 2.6 representa a quantidade diária q de peças produzidas numa linha de montagem, em função do número de operários n, que trabalham nessa linha. O que podemos concluir a partir da análise desse gráfico?

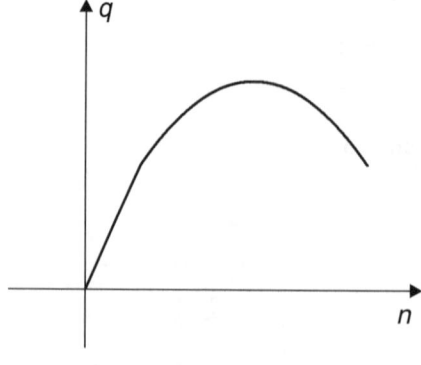

Figura 2.6

Na Figura 2.7 representamos o mesmo gráfico onde assinalamos dois pontos importantes para a análise. Podemos observar que entre 0 e n_1 o acréscimo no número de operários acarretará um acréscimo proporcional na produtividade. Entre n_1 e n_2, o acréscimo da produtividade vai se tornando menos significativo, sendo nulo no ponto n_2.

A partir de n_2 o acréscimo no número de operários implicará uma diminuição na produtividade.

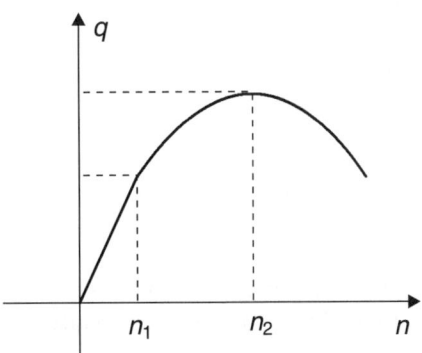

Figura 2.7

Podemos nos perguntar se, dada a curva c no plano xy, ela sempre representa o gráfico de uma função. A resposta é não. Sabemos que, se f é uma função, um ponto de seu domínio pode ter somente uma imagem. Assim a curva c só representa o gráfico de uma função quando qualquer reta vertical corta a curva no máximo em um ponto.

Na Figura 2.8 a curva c_1 representa o gráfico de uma função, enquanto a curva c_2 não representa.

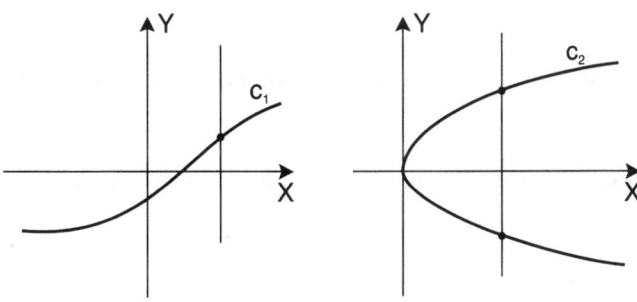

Figura 2.8

2.9 Operações

Assim como podemos adicionar, subtrair, multiplicar e dividir números, também podemos produzir novas funções através de operações. Essas operações são definidas como segue:

2.9.1 Definição Dadas as funções f e g, sua soma $f + g$, diferença $f - g$, produto $f \cdot g$ e quociente f/g, são definidas por:

(i) $(f + g)(x) = f(x) + g(x)$;

(ii) $(f - g)(x) = f(x) - g(x)$;

(iii) $(f \cdot g)(x) = f(x) \cdot g(x)$;

(iv) $(f/g)(x) = \dfrac{f(x)}{g(x)}$.

O domínio das funções $f + g$, $f - g$ e $f \cdot g$ é a intersecção dos domínios de f e g. O domíno de f/g é a intersecção dos domínios f e g, excluindo-se os pontos x onde $g(x) = 0$.

2.9.2 Exemplo Sejam $f(x) = \sqrt{5-x}$ e $g(x) = \sqrt{x-3}$. Então,

$(f+g)(x) = \sqrt{5-x} + \sqrt{x-3}$;

$(f-g)(x) = \sqrt{5-x} - \sqrt{x-3}$;

$(f \cdot g)(x) = \sqrt{5-x} \cdot \sqrt{x-3}$ e

$(f/g)(x) = \dfrac{\sqrt{5-x}}{\sqrt{x-3}}$.

Como $D(f) = (-\infty, 5]$ e $D(g) = [3, +\infty)$, então o domínio $f+g$, $f-g$ e $f \cdot g$ é $[3, 5]$. O domínio de f/g é $(3, 5]$. O ponto 3 foi excluído porque $g(x) = 0$ quando $x = 3$.

2.9.3 Definição Se f é uma função e k é um número real, definimos a função kf por $(kf)(x) = kf(x)$.

O domínio de kf coincide com o domínio de f.

2.9.4 Exemplo Seja $f(x) = \sqrt{x^2 - 4}$ e $k = 3$.

Então $(kf)(x) = 3\sqrt{x^2 - 4}$ e $D(kf) = (-\infty, -2] \cup [2, +\infty)$.

2.9.5 Definição Dadas duas funções f e g, a função composta de g com f, denotada por $g_0 f$, é definida por

$(g_0 f)(x) = g(f(x))$.

O domínio de $g_0 f$ é o conjunto de todos os pontos x no domínio de f tais que $f(x)$ está no domínio de g.
Simbolicamente,

$D(g_0 f) = \{x \in D(f) / f(x) \in D(g)\}$.

O diagrama pode ser visualizado na Figura 2.9.

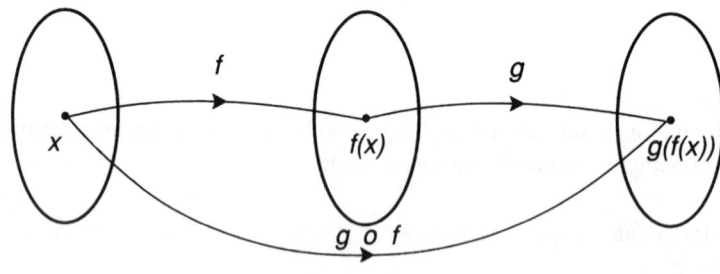

Figura 2.9

2.9.6 Exemplos

(i) Sejam $f(x) = \sqrt{x}$ e $g(x) = x - 1$. Encontre $g_0 f$.

Temos,

$(g_0 f)(x) = g(f(x)) = g(\sqrt{x}) = \sqrt{x} - 1$.

Como $D(f) = [0, +\infty)$ e $\text{Im}(f) = [0, +\infty) \subset D(g) = (-\infty, +\infty)$, então,

$D(g_0 f) = D(f) = [0, +\infty)$.

(ii) Sejam $f(x) = 2x - 3$ e $g(x) = \sqrt{x}$. Encontrar: a) g_0f; b) f_0g; c) f_0f e d) g_0g.

a) $(g_0f)(x) = g(f(x)) = g(2x - 3) = \sqrt{2x - 3}$.

O domínio de f é $D(f) = (-\infty, +\infty)$ e o domínio de g é $D(g) = [0, +\infty)$. Assim, o domínio de g_0f é o conjunto de todos os números reais x, tais que $f(x) \in [0, +\infty)$, isto é, todos os números reais tais que $2x - 3 \geq 0$. Logo, $D(g_0f) = [3/2, +\infty)$.

b) $(f_0g)(x) = f(g(x)) = f(\sqrt{x}) = 2\sqrt{x} - 3$ e

$$D(f_0g) = \{x \in D(g) = [0, +\infty) / g(x) \in D(f) = (-\infty, +\infty)\} = [0, +\infty).$$

c) $(f_0f)(x) = f(f(x)) = f(2x - 3)$
$$= 2(2x - 3) - 3$$
$$= 4x - 9.$$
$D(f_0f) = (-\infty, +\infty)$.

d) $(g_0g)(x) = g(g(x)) = g(\sqrt{x}) = \sqrt{\sqrt{x}} = \sqrt[4]{x}$.

$D(g_0g) = [0, +\infty)$.

(iii) Sejam $f(x) = \begin{cases} 0, & \text{se} \quad x < 0 \\ x^2, & \text{se} \quad 0 \leq x \leq 1 \\ 0, & \text{se} \quad x > 1 \end{cases}$

e $g(x) = \begin{cases} 1, & \text{se} \quad x < 0 \\ 2x, & \text{se} \quad 0 \leq x \leq 1 \\ 1, & \text{se} \quad x > 1. \end{cases}$

Determinar f_0g.

Se $x < 0$, $(f_0g)(x) = f(g(x)) = f(1) = 1^2 = 1$.

Se $0 \leq x \leq 1$, $(f_0g)(x) = f(g(x)) = f(2x)$.

Para $0 \leq x \leq \frac{1}{2}$, temos $0 \leq 2x \leq 1$. Logo, neste caso, $(f_0g)(x) = (2x^2) = 4x^2$.

Para $\frac{1}{2} < x \leq 1$ temos $2x > 1$. Assim, para este caso, $(f_0g)(x) = 0$. Se $x > 1$, $(f_0g)(x) = f(g(x)) = f(1) = 1$.

Logo $(f_0g)(x) = \begin{cases} 1, & \text{se} \quad x < 0 \\ 4x^2, & \text{se} \quad 0 \leq x \leq 1/2 \\ 0, & \text{se} \quad 1/2 < x \leq 1 \\ 1, & \text{se} \quad x > 1 \end{cases}$

O domínio de f_0g é $D(f_0g) = (-\infty, +\infty)$.

O gráfico de f_0g pode ser visto na Figura 2.10.

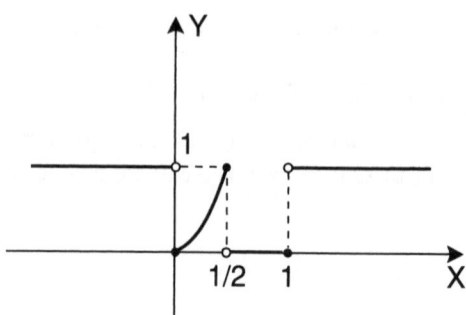

Figura 2.10

2.10 Exercícios

1. Se $f(x) = \dfrac{x^2 - 4}{x - 1}$, achar:

   (a) $f(0)$
   (b) $f(-2)$
   (c) $f(1/t)$
   (d) $f(x - 2)$
   (e) $f(1/2)$
   (f) $f(t^2)$

2. Se $f(x) = \dfrac{3x - 1}{x - 7}$, determine:

   (a) $\dfrac{5f(-1) - 2f(0) + 3f(5)}{7}$
   (b) $[f(-1/2)]^2$
   (c) $f(3x - 2)$
   (d) $f(t) + f(4/t)$
   (e) $\dfrac{f(h) - f(0)}{h}$
   (f) $f[f(5)]$.

3. Dada a função $f(x) = |x| - 2x$, calcular $f(-1)$, $f(1/2)$ e $f(-2/3)$. Mostrar que $f(|a|) = -|a|$.

4. Se $f(x) = \dfrac{ax + b}{cx + d}$ e $d = -a$, mostre que $f(f(x)) = x$.

5. Se $f(x) = x^2 + 2x$, achar $\dfrac{f(a + h) - f(a)}{h}$, $h \neq 0$ e interpretar o resultado geometricamente.

6. Dada $\Phi(x) = \dfrac{x - 1}{2x + 7}$, forme as expressões $\Phi(1/x)$ e $1/\Phi(x)$.

7. Dada a função $f(x) = x^2 + 1$, mostrar que, para $a \neq 0$, $f(1/a) = f(a)/a^2$.

8. Dada a função $f(x) = 1/x$, mostrar que $f(1 + h) - f(1) = -h/(1 + h)$. Calcular $f(a + h) - f(a)$.

9. Seja $f(n)$ a soma dos n termos de uma progressão aritmética. Demonstrar que $f(n + 3) - 3f(n + 2) + 3f(n + 1) - f(n) = 0$.

10. Exprimir como função de x:

    (a) A área de uma esfera de raio x.

    (b) A área de um cubo de aresta x.

    (c) A área total de uma caixa de volume dado V, sabendo que a base é um quadrado de lado x.

11. Exprimir o comprimento l de uma corda de um círculo de raio 4 cm, como uma função de sua distância x cm ao centro do círculo.

12. Seja $f(x) = (x - 2)(8 - x)$ para $2 \leq x \leq 8$.

    (a) Determinar $f(5), f(-1/2)$ e $f(1/2)$.

    (b) Qual o domínio da função $f(x)$?

    (c) Determinar $f(1 - 2t)$ e indicar o domínio.

    (d) Determinar $f[f(3)]$ e $f[f(5)]$.

    (e) Traçar o gráfico de $f(x)$.

13. Determinar o domínio das seguintes funções:

    (a) $y = x^2$

    (b) $y = \sqrt{4 - x^2}$

    (c) $y = \dfrac{1}{x - 4}$

    (d) $y = \sqrt{x - 2}$

    (e) $y = \sqrt{x^2 - 4x + 3}$

    (f) $y = \sqrt{3 + x} + \sqrt[4]{7 - x}$

    (g) $y = \sqrt[3]{x + 7} - \sqrt[5]{x + 8}$

    (h) $y = \dfrac{x + a}{x - a}$

    (i) $y = |x + 2| + 4, -5 \leq x \leq 2$

    (j) $y = \sqrt{\dfrac{x}{x + 1}}$

    (k) $y = x - \dfrac{1}{x}$

    (l) $y = \dfrac{1}{1 + \sqrt{x}}$

14. Usando uma ferramenta gráfica, traçar as curvas definidas pelas equações dadas, identificando as que representam o gráfico de uma função $y = f(x)$. Neste caso, determine a função, o domínio e o conjunto imagem.

    (a) $y = 3x - 1$

    (b) $y - x^2 = 0$

    (c) $y^2 - x = 0$

    (d) $y + \sqrt{4 - x^2} = 0$

    (e) $x^2 + y^2 = 16$

    (f) $y = \dfrac{1}{x}$

    (g) $y - x^2 = 11$

15. Construir o gráfico, determinar o domínio e o conjunto imagem das seguintes funções:

    (a) $f(x) = \begin{cases} -x, & \text{se } -2 \leq x \leq 0 \\ x, & \text{se } 0 < x < 2 \end{cases}$

    (b) $f(x) = \begin{cases} 0, & \text{se } x < 0 \\ 1/2, & \text{se } x = 0 \\ 1, & \text{se } x > 0 \end{cases}$

    (c) $f(x) = \begin{cases} x^3, & \text{se } x \leq 0 \\ 1, & \text{se } 0 < x < 2 \\ x^2, & \text{se } x \geq 2 \end{cases}$

16. Identificar as propriedades e características das seguintes funções a partir das suas representações gráficas (domínio, conjunto imagem, raízes, máximos e mínimos, crescimento e decrescimento).

(a) $f(x) = x^2 + 8x + 14$ 　　　　　　　(b) $f(x) = -x^2 + 4x - 1$

(c) $y = (x - 2)^2$ 　　　　　　　　　　(d) $y = -(x + 2)^2$

(e) $y = x^3$ 　　　　　　　　　　　　　(f) $y = 4 - x^3$

(g) $f(x) = |x|, -3 \leq x \leq 3$ 　　　　　(h) $f(x) = \dfrac{1}{x - 2}$

(i) $f(x) = \dfrac{-2}{x + 3}$ 　　　　　　　　(j) $f(x) = \sqrt{2x}$

17. Para cada uma das seguintes funções $f(x)$ esboce primeiro o gráfico de $y = f(x)$, depois o gráfico de $y = |f(x)|$ e finalmente o gráfico de $y = \dfrac{f(x)}{2} + \dfrac{|f(x)|}{2}$.

(a) $f(x) = (x - 2)(x + 1)$ 　　　　　　　(b) $f(x) = x^2$

(c) $f(x) = -x^2$ 　　　　　　　　　　　(d) $f(x) = 4 - x^2$.

18. Sejam $g(x) = x - 3$ e $f(x) = \begin{cases} \dfrac{x^2 - 9}{x + 3}, & x \neq -3 \\ k, & x = -3 \end{cases}$.

Calcule k tal que $f(x) = g(x)$ para todo x.

19. Para cada item, calcule $f + g, f - g, f \cdot g, f/g, f \circ g, g \circ f, k \cdot f$, onde k é uma constante.

(a) $f(x) = 2x$ 　　　　　　　　　, 　　　$g(x) = x^2 + 1$

(b) $f(x) = 3x - 2$ 　　　　　　　, 　　　$g(x) = |x|$

(c) $f(x) = \dfrac{x}{1 + x^2}$ 　　　　　　, 　　　$g(x) = 1/x$

(d) $f(x) = \sqrt{x + 1}$ 　　　　　　, 　　　$g(x) = x - 2$

(e) $f(x) = \sqrt{x - 2}$ 　　　　　　, 　　　$g(x) = \sqrt{x - 3}$

(f) $f(x) = x^3$ 　　　　　　　　　, 　　　$g(x) = 1/\sqrt[3]{x}$.

20. Seja h definida por $h(x) = 2x - 7$. Calcule $h \circ h, h^2$ e $h + h$.

21. Sabendo que $f = g \circ h$, nos itens (a), (c) e (d) encontre a função h e no item (b) a função g.

(a) $f(x) = x^2 + 1$ 　　　　　　　, 　　　$g(x) = x + 1$.

(b) $f(x) = \sqrt{x + 2}$ 　　　　　　, 　　　$h(x) = x + 2$.

(c) $f(x) = a + bx$ 　　　　　　　, 　　　$g(x) = x + a$.

(d) $f(x) = |x^2 - 3x + 5|$ 　　　, 　　　$g(x) = |x|$.

22. Sendo $f(x) = ax + b$, para quais valores de a e b tem-se $(f \circ f)(x) = 4x - 9$?

23. Sejam $f(x) = \sqrt{x-4}$ e $g(x) = \dfrac{1}{2}x + 1, x \geq 3$. Calcular $f \circ g$. Dê o domínio e o conjunto imagem de $f(x), g(x)$ e $(f \circ g)(x)$.

24. Sejam $f(x) = \begin{cases} 5x, & x \leq 0 \\ -x, & 0 < x \leq 8 \\ \sqrt{x}, & x > 8 \end{cases}$ e $g(x) = x^3$. Calcular $f \circ g$.

25. Determinar algebricamente o domínio das funções $f(x) = \sqrt{x-2}$, $g(x) = \sqrt{x+2}$, $h(x) = f(x) + g(x)$, $p(x) = f(x) \cdot g(x)$ e $q(x) = (f \circ g) \cdot (x)$.
    Faça o gráfico das funções e compare os resultados.

26. A função g é definida por $g(x) = x^2$. Defina uma função f tal que $(f \circ g)(x) = x$, para $x \geq 0$ e uma função h, tal que $(h \circ g)(x) = x$, para $x \leq 0$.

27. Se $f(x) = x^2$, encontre duas funções g para as quais $(f \circ g)(x) = 4x^2 - 12x + 9$.

28. Se $f(x) = x^2 - 2x + 1$, encontre uma função $g(x)$ tal que $(f/g)(x) = x - 1$.

29. Dadas as funções $f(x) = x^2 - 1$ e $g(x) = 2x - 1$:
    (a) Determine o domínio e o conjunto imagem de $f(x)$.
    (b) Determine o domínio e o conjunto imagem de $g(x)$.
    (c) Construa os gráficos de $f(x)$ e $g(x)$.
    (d) Calcule $f+g, f-g, g \cdot f, f/g, f \circ g$ e $g \circ f$.
    (e) Determine o domínio das funções calculadas no item (d).

30. Determinar algebricamente os valores de x, tais que $f(x) < g(x)$, sendo $f(x) = 2x + 1$ e $g(x) = 4 - x$. Usando uma ferramenta gráfica, traçar o gráfico das funções dadas e comparar os resultados.

31. Determinar algebricamente os valores de x, tais que o gráfico de $f(x)$ esteja abaixo do gráfico de $g(x)$, sendo $f(x) = x^2 - 1$ e $g(x) = 1 - x^2$. Usando uma ferramenta gráfica, traçar o gráfico das funções dadas e comparar os resultados.

32. O gráfico da Figura 2.11 ilustra a propagação de uma epidemia numa cidade X. No eixo horizontal temos o tempo e no eixo vertical, o número de pessoas atingidas depois de um tempo t (medido em dias a partir do primeiro dia da epidemia).

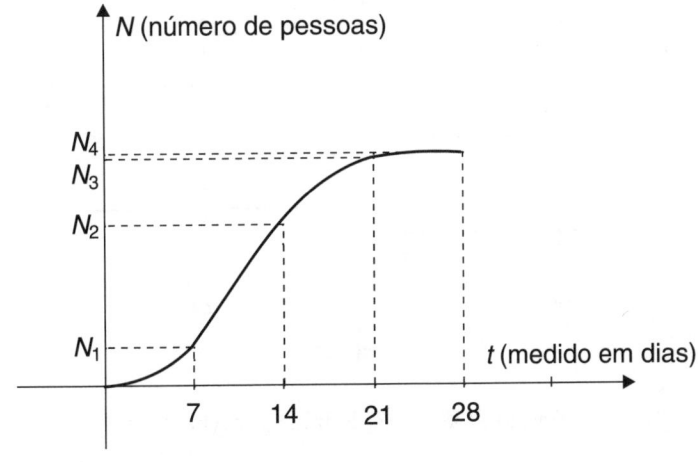

Figura 2.11

(a) Em qual semana houve o maior número de pessoas infectadas?

(b) Quando a epidemia foi totalmente controlada?

(c) Como você descreveria a propagação da doença em linguagem coloquial?

33. Um fabricante produz peças para computadores pelo preço de R$ 2,00 cada uma. Calcula-se que, se cada peça for vendida por x reais, os consumidores comprarão, por mês, $600 - x$ unidades. Expressar o lucro mensal do fabricante como função do preço. Construir um gráfico para estimar o preço ótimo de venda.

34. Um grupo de amigos trabalham no período de férias vendendo salgadinhos nas praias. O aluguel do trailler e todos os equipamentos necessários para a produção são alugados pelo valor de R$ 2.000,00 por mês. O custo do material de cada salgadinho é de R$ 0,10. Expressar o custo total como uma função do número de salgadinhos elaborados.

35. Em um laboratório, um determinado ser vivo apresenta um ciclo produtivo de 1 hora, e a cada hora um par pronto para reprodução gera outro par reprodutor. Como expressar essa experiência populacional em função do número de horas, supondo que a população inicial é de cinco pares?

36. Um grupo de abelhas, cujo número era igual a raiz quadrada da metade de todo o enxame, pousou sobre uma rosa, tendo deixado para trás 8/9 do enxame; apenas uma abelha voava ao redor de um jasmim, atraída pelo zumbido de uma de suas amigas que caíra imprudentemente na armadilha da florzinha de doce fragrância. Quantas abelhas formavam o enxame?

(Adaptação de um problema histórico, originalmente escrito em versos.)

2.11 Funções Especiais

A seguir vamos relacionar algumas funções que chamaremos de funções especiais.

2.11.1 Função Constante É toda função do tipo $f(x) = k$, que associa a qualquer número real x um mesmo número real k.

A representação gráfica será sempre uma reta paralela ao eixo do x, passando por $y = k$.

O domínio da função $f(x) = k$ é $D(f) = \mathbb{R}$.

O conjunto imagem é o conjunto unitário $\text{Im}(f) = \{k\}$.

Exemplos:

(i) $f(x) = 2$ [Figura 2.12. (a)]

(ii) $f(x) = -3$ [Figura 2.12. (b)]

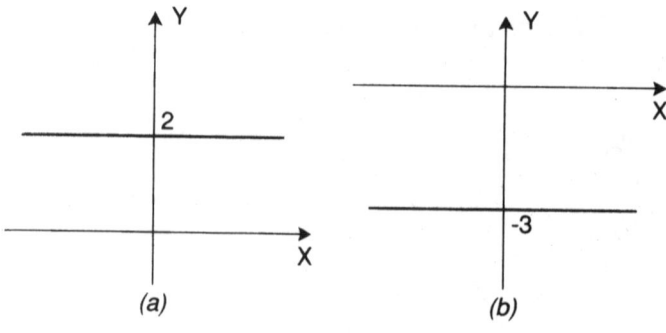

Figura 2.12

2.11.2 Função Identidade É a função $f: \mathbb{R} \to \mathbb{R}$ definida por $f(x) = x$.

O gráfico desta função é uma reta bissetriz do primeiro e terceiro quadrantes (Figura 2.13).

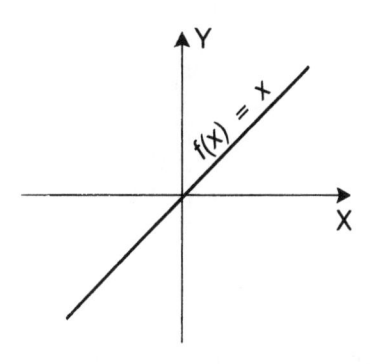

Figura 2.13

O domínio de $f(x) = x$ é $D(f) = \mathbb{R}$.

O conjunto imagem é $\text{Im}(f) = \mathbb{R}$.

2.11.3 Função do 1º Grau Função do 1º grau é toda função que associa a cada número real x o número real $ax + b$, $a \neq 0$. Os números reais a e b são chamados, respectivamente, de coeficiente angular e linear.

Quando $a > 0$ a função $f(x) = ax + b$ é crescente, isto é, à medida que x cresce, $f(x)$ também cresce. Quando $a < 0$ a função $f(x) = ax + b$ é decrescente, isto é, à medida que x cresce $f(x)$ decresce.

O gráfico da função $f(x) = ax + b$ é uma reta não paralela aos eixos coordenados.

O domínio de $f(x) = ax + b$ é $D(f) = \mathbb{R}$.

O conjunto imagem é $\text{Im}(f) = \mathbb{R}$.

Exemplos:

(i) $f(x) = 2x + 3$ é uma função do 1º grau crescente porque $a > 0$ (Figura 2.14).

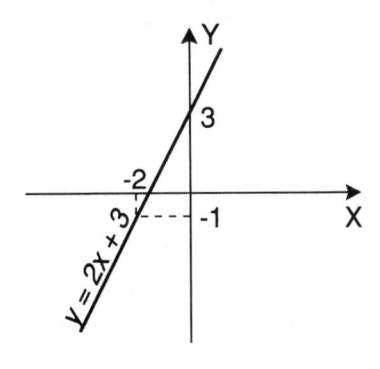

Figura 2.14

(ii) A função $f(x) = -3x + 1$ é uma função do 1º grau decrescente porque $a < 0$ (Figura 2.15).

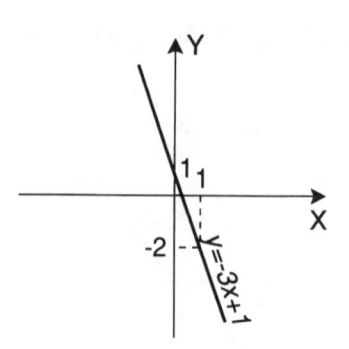

Figura 2.15

(iii) No movimento retilíneo uniforme, o espaço percorrido é uma função do tempo, expresso pela fórmula $s = s_0 + vt$, onde s_0 e v são constantes e $v \neq 0$. Essa função é do 1º grau.

Observamos que a função $f(x) = ax + b$, $a, b, \in \mathbb{R}$ é chamada de função afim por muitos autores, que destacam os seguintes casos particulares:

(i) Função do 1º grau, quando $a \neq 0$

(ii) Função linear, quando $a \neq 0$ e $b = 0$

(iii) Função constante, quando $a = 0$

2.11.4 Função Módulo
A função definida por $y = |x|$ chama-se função módulo. O seu domínio é o conjunto $D(f) = \mathbb{R}$ e o conjunto imagem é $\text{Im}(f) = [0, +\infty)$.

O gráfico desta função está ilustrado na Figura 2.16.

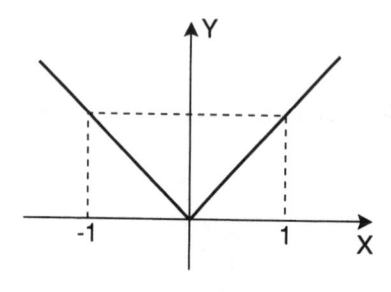

Figura 2.16

2.11.5 Função Quadrática
A função $f: \mathbb{R} \to \mathbb{R}$ definida por $f(x) = ax^2 + bx + c$, $a \neq 0$ é chamada função do 2º grau ou função quadrática. Seu domínio é $D(f) = \mathbb{R}$.

O gráfico de uma função quadrática é uma parábola com eixo de simetria paralelo ao eixo dos y. Se o coeficiente de x^2 for positivo ($a > 0$), a parábola tem a concavidade voltada para cima. Se $a < 0$, a parábola tem a concavidade voltada para baixo.

A intersecção do eixo de simetria com a parábola é um ponto chamado vértice.

A intersecção da parábola com o eixo dos x define os zeros da função. No quadro seguinte caracterizamos as diversas possibilidades (Figura 2.17).

$\Delta = b^2 - 4ac > 0$	$\Delta = b^2 - 4ac = 0$	$\Delta = b^2 - 4ac < 0$
a parábola intercepta o eixo dos x em dois pontos distintos.	a parábola intercepta o eixo dos x em um único ponto.	a parábola não intercepta o eixo dos x.

Figura 2.17

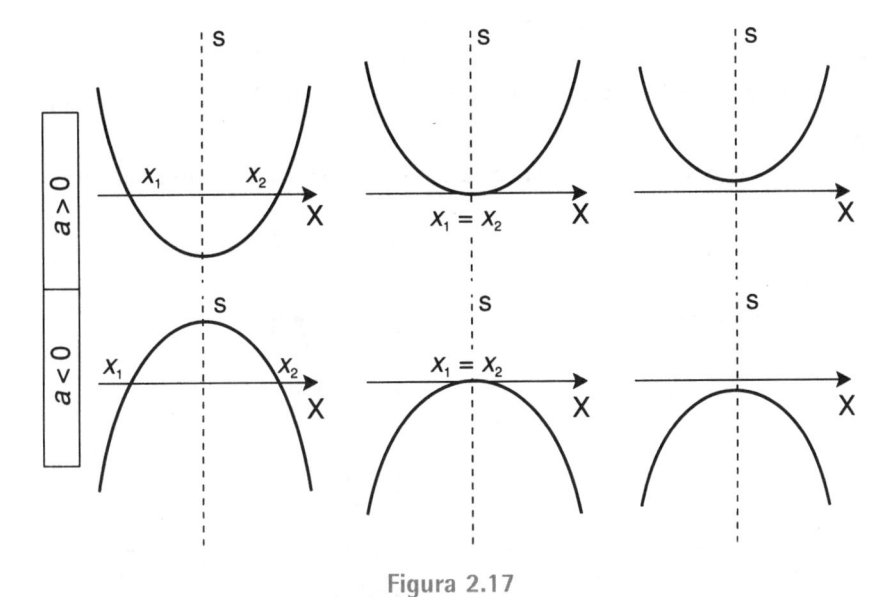

Dada uma função quadrática qualquer $y = ax^2 + bx + c$, com $a \neq 0$, usando a técnica de completar os quadrados, podemos facilmente escrevê-la na forma

$$y = a(x - x_v)^2 + y_v \tag{1}$$

sendo (x_v, y_v) o vértice da parábola. Neste caso o eixo de simetria é dado por $x = x_v$.

Exemplos:

(i) A parábola dada por $y = x^2 - 6x + 5$ pode ser escrita como

$$\begin{aligned} y &= (x^2 - 6x) + 5 \\ &= (x^2 - 6x + 9) - 9 + 5 \\ &= (x - 3)^2 - 4. \end{aligned}$$

O vértice da parábola é $(x_v, y_v) = (3, -4)$ e o eixo de simetria é $x = 3$.

(ii) A expressão (1) é muito útil quando queremos fazer um esboço rápido do gráfico de uma função quadrática, pois permite identificar a concavidade, o vértice e o eixo de simetria. Para obter um esboço do gráfico basta determinar mais alguns pontos, que podem ser tomados de um só lado do eixo de simetria. Dada a função

$$y = 2x^2 + 4x - 1,$$

podemos escrever

$$y = 2\left(x^2 + 2x - \frac{1}{2}\right)$$

$$= 2\left(x^2 + 2x + 1 - 1 - \frac{1}{2}\right)$$

$$= 2(x^2 + 2x + 1) + 2\left(\frac{-3}{2}\right)$$

$$= 2(x + 1)^2 - 3.$$

Logo, o eixo de simetria é $x = -1$ e o vértice $(x_v, y_v) = (-1, -3)$. Como $a = 2 > 0$, a parábola tem concavidade voltada para cima.

A Figura 2.18 nos mostra o gráfico dessa função com o vértice, o eixo de simetria e alguns pontos assinalados.

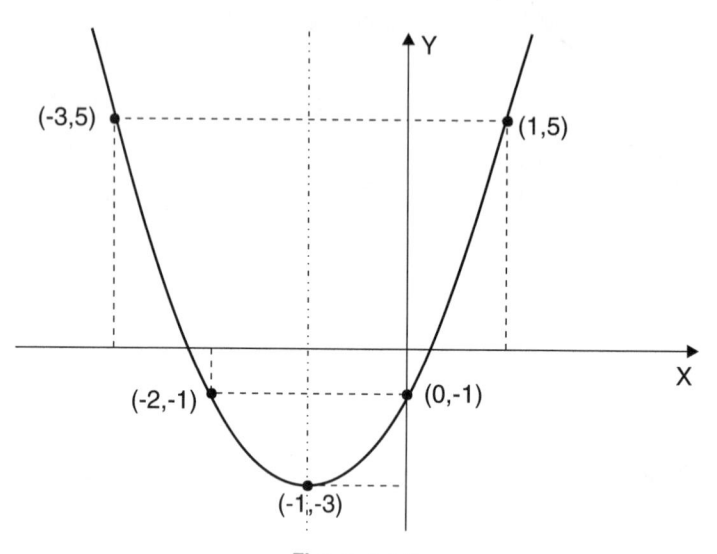

Figura 2.18

2.11.6 Função Polinomial

É a função $f: \mathbb{R} \to \mathbb{R}$ definida por $f(x) = a_0 x^n + a_1 x^{n-1} + \ldots + a_{n-1}x + a_n$ onde $a_0, a_1, \ldots, a_n, a_0 \neq 0$, são números reais chamados coeficientes e n, inteiro não negativo, determina o grau da função.

O gráfico de uma função polinomial é uma curva que pode apresentar pontos de máximos e mínimos. Posteriormente faremos esboços de gráficos dessas funções com o auxílio das derivadas.

O domínio é sempre o conjunto dos números reais.

Exemplos:

(i) A função constante $f(x) = k$ é uma função polinomial de grau zero.

(ii) A função $f(x) = ax + b$, $a \neq 0$ é uma função polinomial do 1º grau.

(iii) A função quadrática $f(x) = ax^2 + bx + c$, $a \neq 0$ é uma função polinomial do 2º grau.

(iv) A função $f(x) = x^3$ é uma função polinomial chamada função cúbica.

(v) A função $f(x) = 5x^5 - 6x + 7$ é uma função polinomial de grau 5.

2.11.7 Função Racional

É a função definida como o quociente de duas funções polinomiais, isto é, $f(x) = \dfrac{p(x)}{q(x)}$, onde $p(x)$ e $q(x)$ são polinômios e $q(x) \neq 0$.

O domínio da função racional é o conjunto dos reais excluindo aqueles x tais que $q(x) = 0$.

Exemplos:

(i) A função $f(x) = \dfrac{x-1}{x+1}$ é função racional de domínio $D(f) = \mathbb{R} - \{-1\}$ (Figura 2.19).

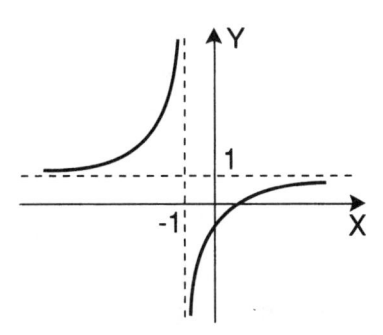

Figura 2.19

(ii) A função $f(x) = \dfrac{(x^2 + 3x - 4)(x^2 - 9)}{(x^2 + x - 12)(x + 3)}$ é racional de domínio $D(f) = \mathbb{R} - \{-4, -3, 3\}$ (Figura 2.20).

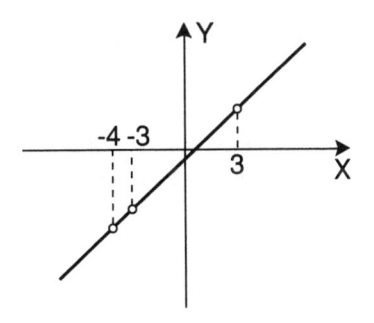

Figura 2.20

2.12 Funções Pares e Ímpares

Dizemos que uma função $f(x)$ é *par* se, para todo x no domínio de f, $f(-x) = f(x)$.
Uma função $f(x)$ é *ímpar* se, para todo x no domínio de f, $f(-x) = -f(x)$.
O gráfico de uma função par é simétrico em relação ao eixo dos y e o gráfico de uma função ímpar é simétrico em relação à origem.

Exemplos:

(i) A função $f(x) = x^2$ é par, já que $f(-x) = (-x)^2 = x^2 = f(x)$.

(ii) A função $f(x) = x^5 + x^3$ é ímpar, já que $f(-x) = (-x)^5 + (-x)^3 = -x^5 - x^3 = -(x^5 + x^3) = -f(x)$.

(iii) A função $f(x) = x^3 + 4$ não é par nem ímpar.

2.13 Funções Periódicas

Dizemos que uma função $f(x)$ é periódica se existe um número real $T \neq 0$ tal que $f(x + T) = f(x)$ para todo $x \in D(f)$.

O número T é chamado período da função $f(x)$.
O gráfico de uma função periódica se repete a cada intervalo de comprimento $|T|$.

Exemplos:

(i) Mais adiante, mostraremos que as funções trigonométricas $f(x) = \text{sen } x$ e $f(x) = \cos x$ são periódicas de período $T = 2\pi$.

(ii) A função constante é periódica e tem como período qualquer número $T \neq 0$.

(iii) A Figura 2.21 mostra gráficos de outras funções periódicas.

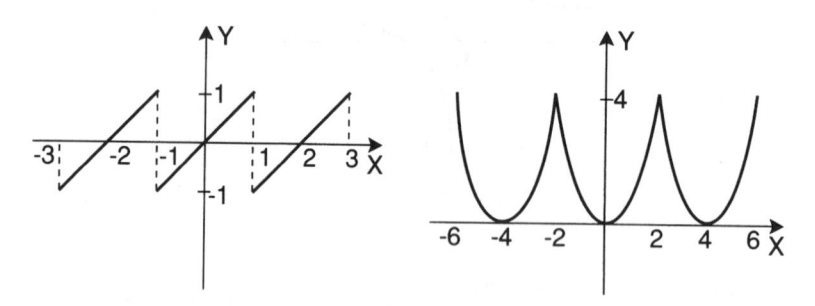

Figura 2.21

2.14 Função Inversa

Seja $y = f(x)$ uma função de A em B ou $f: A \to B$. Se, para cada $y \in B$, existir *exatamente um* valor $x \in A$ tal que $y = f(x)$, então podemos definir uma função $g: B \to A$ tal que $x = g(y)$. A função g definida desta maneira é chamada função inversa de f e denotada por f^{-1}.

Exemplos:

(i) A função $f: \mathbb{R} \to \mathbb{R}$ definida por $y = 2x - 5$ tem como função inversa $f^{-1}: \mathbb{R} \to \mathbb{R}$, definida por $x = \dfrac{1}{2}(y + 5)$.

(ii) A função $f: \mathbb{R} - \{3\} \to \mathbb{R} - \{-1\}$ definida por $y = \dfrac{x - 1}{3 - x}$ admite a função inversa $f^{-1}: \mathbb{R} - \{-1\} \to \mathbb{R} - \{3\}$ definida por $x = \dfrac{1 + 3y}{y + 1}$.

Graficamente, podemos determinar se uma função admite inversa. Passando uma reta paralela ao eixo dos x, esta deve cortar o gráfico em apenas um ponto. A Figura 2.22 ilustra a função $f: \mathbb{R} \to \mathbb{R}$ dada por $y = x^2$ que não possui inversa. Fazendo uma restrição conveniente no domínio, essa mesma função pode admitir inversa. Por exemplo, para $x \geq 0$ existe a inversa $x_1 = \sqrt{y}$ e para $x \leq 0$ existe a inversa $x_2 = -\sqrt{y}$.

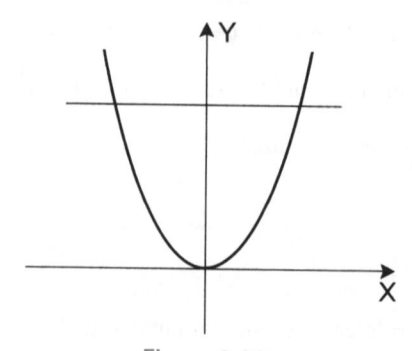

Figura 2.22

Para fazermos o gráfico da função inversa basta traçarmos a reta $y = x$ e observarmos a simetria.

Exemplos:

(i) A função $f: [0, +\infty) \to [0, +\infty)$, definida por $f(x) = x^2$ tem como inversa a função $g: [0, +\infty) \to [0, +\infty)$ dada por $g(x) = \sqrt{x}$ (ver Figura 2.23).

(ii) A função $f: \mathbb{R} \to \mathbb{R}$ dada por $y = x^3$ admite a função inversa $g: \mathbb{R} \to \mathbb{R}$ dada por $g(x) = \sqrt[3]{x}$ (ver Figura 2.24).

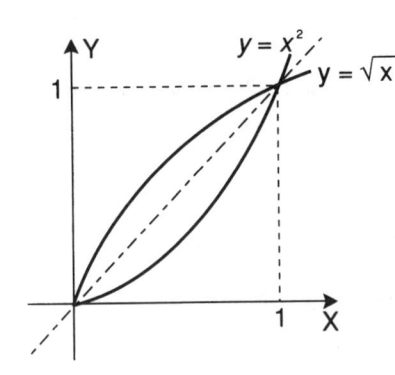

Figura 2.23

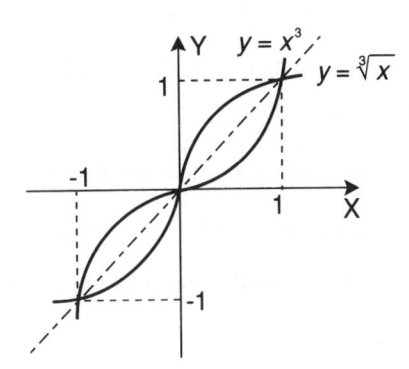

Figura 2.24

2.15 Algumas Funções Elementares

2.15.1 Função Exponencial. Chamamos de função exponencial de base a a função f de $\mathbb{R}$ em $\mathbb{R}$ que associa a cada x real o número real a^x, sendo a um número real, $0 < a \neq 1$,

ou, $f: \mathbb{R} \to \mathbb{R}$

$x \to y = a^x$.

O domínio da função exponencial é $D(f) = \mathbb{R}$. A imagem é $\text{Im}(f) = (0, \infty)$. Podemos também denotar $\text{Im}(f) = (0, \infty) = \mathbb{R}_+^*$.

Com relação ao gráfico da função $f(x) = a^x$ (Figura 2.25) podemos afirmar:

1) a curva que o representa está toda acima do eixo das abcissas, pois $y = a^x > 0$ para todo $x \in \mathbb{R}$;
2) corta o eixo das ordenadas no ponto $(0, 1)$;
3) $f(x) = a^x$ é crescente se $a > 1$ e decrescente se $0 < a < 1$.

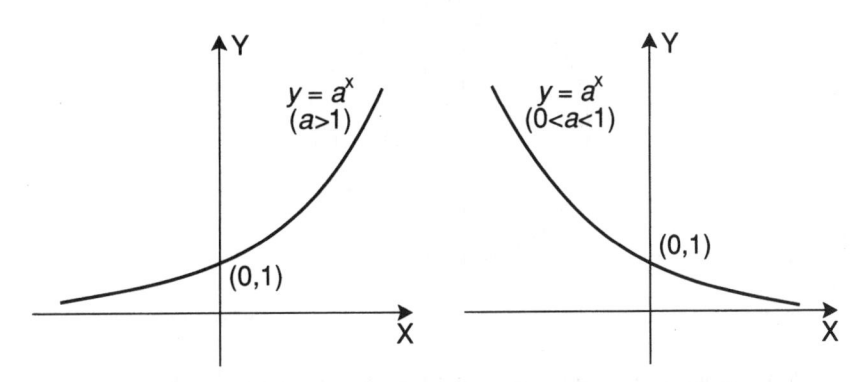

Figura 2.25

2.15.2 Função Logarítmica

Dado um número real a ($0 < a \neq 1$), chamamos função logarítmica de base a a função de $\mathbb{R}_+^*$ em $\mathbb{R}$ que se associa a cada x o número $\log_a x$, isto é,

$$f: \mathbb{R}_+^* \to \mathbb{R}$$

$$x \to y = \log_a x.$$

As funções f de $\mathbb{R}_+^*$ em $\mathbb{R}$ definida por $f(x) = \log_a x$ e g de $\mathbb{R}$ em $\mathbb{R}_+^*$ definida por $g(x) = a^x$; $0 < a \neq 1$, são inversas uma da outra.

Temos $D(f) = \mathbb{R}_+^*$ e $\text{Im}(f) = \mathbb{R}$.

Com relação ao gráfico da função $f(x) = \log_a x$ ($0 < a \neq 1$) (Figura 2.26) podemos afirmar:

1) está todo à direita do eixo y;

2) corta o eixo das abscissas no ponto $(1, 0)$;

3) $f(x) = \log_a x$ é crescente se $a > 1$ e decrescente se $0 < a < 1$;

4) é simétrico ao gráfico da função $g(x) = a^x$ em relação à reta $y = x$.

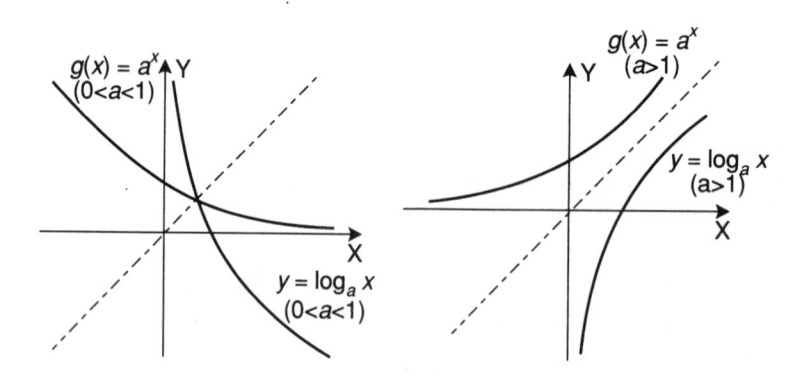

Figura 2.26

2.15.3 Funções Trigonométricas

FUNÇÃO SENO

Seja x um número real. Marcamos um ângulo com medida x radianos na circunferência unitária com centro na origem (ver Figura 2.27). Seja P o ponto de intersecção do lado terminal do ângulo x, com essa circunferência.

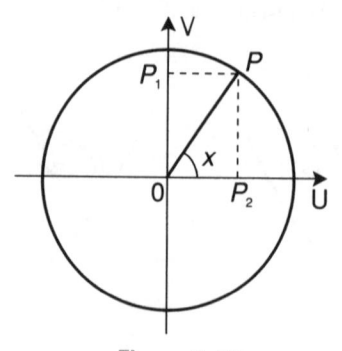

Figura 2.27

Denominamos seno de x a ordenada $\overline{OP_1}$ do ponto P em relação ao sistema $U\,0\,V$.

CAPÍTULO 2 Funções 33

Definimos a *função seno* como a função f de $\mathbb{R}$ em $\mathbb{R}$ que a cada $x \in \mathbb{R}$ faz corresponder o número real $y = \text{sen } x$, isto é,

$f: \mathbb{R} \to \mathbb{R}$

$x \to y = \text{sen } x$.

O domínio da função seno é $\mathbb{R}$ e o conjunto imagem é o intervalo $[-1, 1]$.

A função $y = \text{sen } x$ é periódica e seu período é 2π, já que sen $(x + 2\pi) = \text{sen } x$.

Em alguns intervalos sen x é crescente e em outros é decrescente. Por exemplo, nos intervalos $[0, \pi/2]$ e $[3\pi/2, 2\pi]$ sen x é crescente. Já no intervalo $[\pi/2, 3\pi/2]$ ela é decrescente.

O gráfico da função $f(x) = \text{sen } x$, denominado senóide, pode ser visto na Figura 2.28.

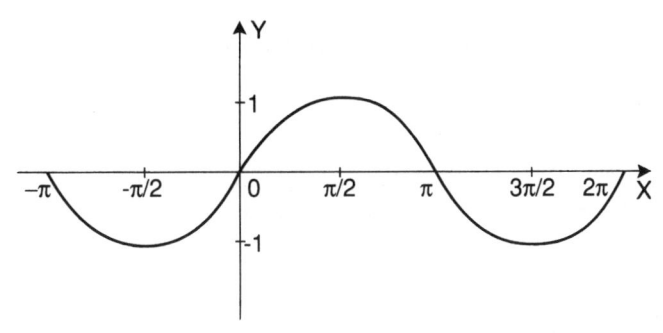

Figura 2.28

FUNÇÃO COSSENO

Seja x um número real. Denominamos cosseno de x a abcissa $\overline{OP_2}$ do ponto P em relação ao sistema $U\,0\,V$ (Figura 2.27). Definimos a *função cosseno* como a função f de $\mathbb{R}$ em $\mathbb{R}$ que a cada $x \in \mathbb{R}$ faz corresponder o número real $y = \cos x$, isto é,

$f: \mathbb{R} \to \mathbb{R}$

$x \to y = \cos x$.

O domínio da função cosseno é $\mathbb{R}$ e o conjunto imagem é o intervalo $[-1, 1]$.

Para todo $x \in \mathbb{R}$, temos $\cos(x + 2\pi) = \cos x$. Portanto, a função cosseno é periódica e seu período é 2π.

Em alguns intervalos a função cosseno é crescente e em outros, decrescente. Por exemplo, no intervalo $[0, \pi]$ a função $f(x) = \cos x$ é decrescente. Já no intervalo $[\pi, 2\pi]$ ela é crescente.

O gráfico da função $f(x) = \cos x$, denominado cossenóide, pode ser visto na Figura 2.29.

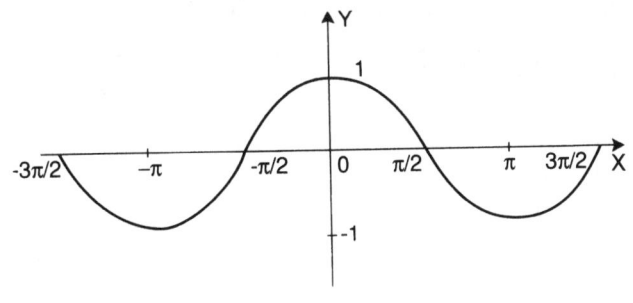

Figura 2.29

FUNÇÃO TANGENTE, COTANGENTE, SECANTE E COSSECANTE

Estas funções são definidas em termos de seno e cosseno.

As funções tangente e secante são, respectivamente, denotadas pelos símbolos tg e sec e definidas por:

$$\text{tg } x = \frac{\text{sen } x}{\cos x} \quad ; \quad \sec x = \frac{1}{\cos x}$$

para todos os números reais x tais que $\cos x \neq 0$.

As funções cotangente e cossecante são, respectivamente, denotadas por cotg e cosec e definidas por:

$$\cotg x = \frac{\cos x}{\sen x} \quad ; \quad \cosec x = \frac{1}{\sen x}$$

para todos os números reais x tais que $\sen x \neq 0$.

O domínio das funções tg x e sec x é o conjunto de todos os números reais x para os quais $\cos x \neq 0$. Como $\cos x = 0$ quando x for $\pm \frac{\pi}{2}, \pm \frac{3\pi}{2}, \pm \frac{5\pi}{2}, \ldots$, isto é, quando $x = \frac{\pi}{2} + n\pi$, $n \in Z$, temos $D(\tg) = D(\sec) = \{x \in \mathbb{R} \mid x \neq \pi/2 + n\pi, n \in Z\}$.

Analogamente, o domínio das funções cotangente e cossecante é o conjunto de todos os números reais x para os quais $\sen x \neq 0$. Como $\sen x = 0$ para $x = n\pi$, $n \in Z$, temos:

$D(\cotg) = D(\cosec) = \{x \in \mathbb{R} \mid x \neq n\pi, n \in Z\}$.

Os gráficos dessas funções podem ser vistos na Figura 2.30. Podemos observar que as funções tangente e cotangente são periódicas de período π e que as funções secante e cossecante são periódicas de período 2π.

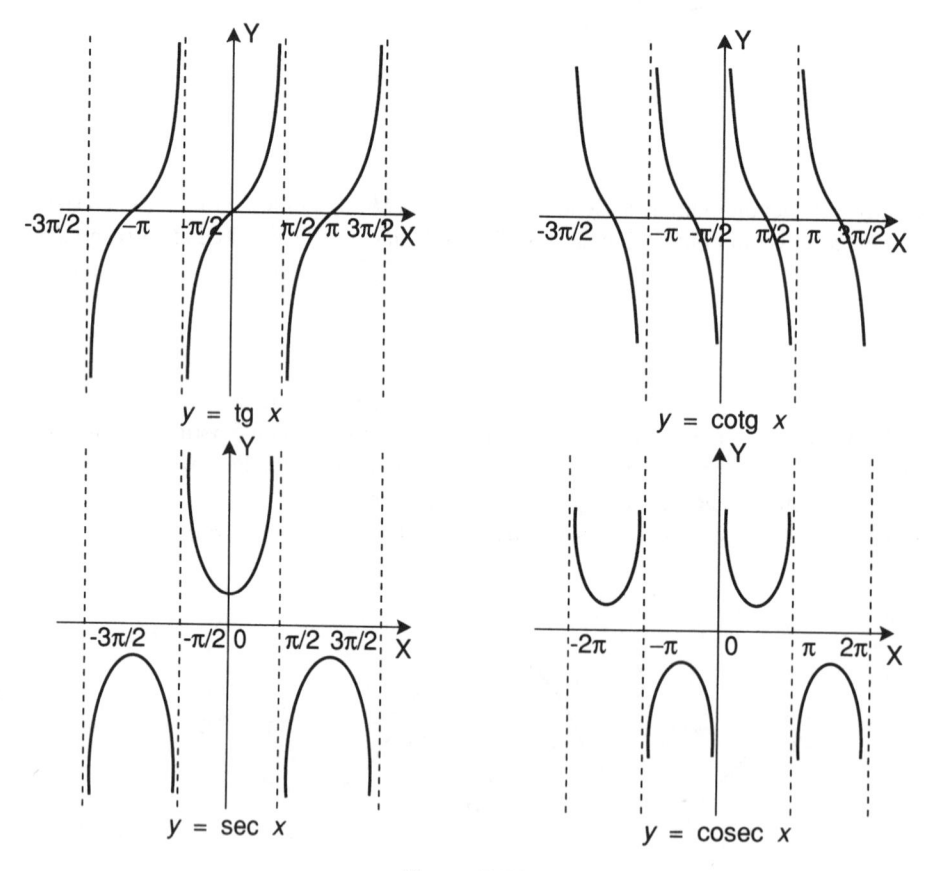

Figura 2.30

2.15.4 Funções Trigonométricas Inversas

Conforme definição da seção 2.14, sabemos que é impossível definir uma função inversa para a função $y = \sen x$, porque a cada valor de y corresponde uma infinidade de valores x.

Portanto, para definirmos a função inversa de $y = \sen x$ necessitamos restringir o domínio.

Esse fato ocorre com todas as demais funções trigonométricas.

FUNÇÃO ARCO SENO

Seja $f:[-\pi/2, \pi/2] \to [-1, 1]$ a função definida por $f(x) = \text{sen } x$. A função inversa da $f(x)$ será chamada arco seno e denotada por

$f^{-1}:[-1, 1] \to [-\pi/2, \pi/2]$, onde $f^{-1}(x) = \text{arc sen } x$.

Simbolicamente, para $-\dfrac{\pi}{2} \leq y \leq \dfrac{\pi}{2}$, escrevemos a equivalência:

$$y = \text{arc sen } x \Leftrightarrow \text{sen } y = x$$

O gráfico desta função nos mostra uma função crescente (Figura 2.31).

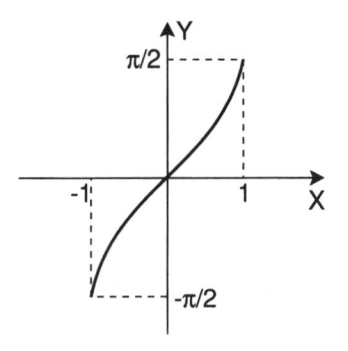

Figura 2.31

Observamos que na definição da função arco seno poderíamos ter restringido o domínio $y = \text{sen } x$ a qualquer dos seguintes intervalos:

$[\pi/2, 3\pi/2], [3\pi/2, 5\pi/2], [5\pi/2, 7\pi/2], ...,$ ou
$[-3\pi/2, -\pi/2], [-5\pi/2, -3\pi/2], [-7\pi/2, -5\pi/2], ...$.

FUNÇÃO ARCO COSSENO

Seja $f:[0, \pi] \to [-1, 1]$ a função definida por $f(x) = \cos x$. A função inversa de f será chamada arco cosseno e denotada por $f^{-1}:[-1, 1] \to [0, \pi]$, onde $f^{-1}(x) = \text{arc cos } x$.

Simbolicamente, para $0 \leq y \leq \pi$, escrevemos:

$$y = \text{arc cos } x \Leftrightarrow x = \cos y$$

O gráfico desta função nos mostra uma função decrescente (Figura 2.32).

Observação:

A função $y = \text{arc cos } x$ pode ser definida também pela equação

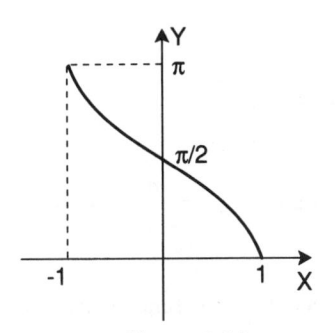

$$\text{arc cos } x = \pi/2 - \text{arc sen } x$$

Figura 2.32

De fato, utilizando o triângulo retângulo (Figura 2.33), temos:

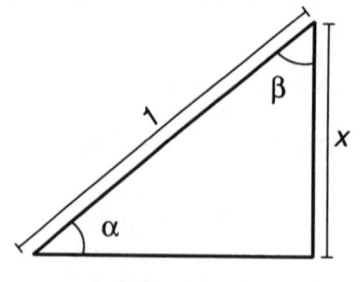

Figura 2.33

Os ângulos α e β são completamentares, ou

$$\alpha + \beta = \frac{\pi}{2}$$

e

$x = \text{sen } \alpha = \cos \beta$.

Portanto, $\alpha = \text{arc sen } x$ e $\beta = \text{arc cos } x$. Concluímos que

$\text{arc cos } x = \dfrac{\pi}{2} - \text{arc sen } x$.

FUNÇÃO ARCO TANGENTE

A função inversa da tangente é definida para todo número real.

Seja $f: (-\pi/2, \pi/2) \to \mathbb{R}$ a função definida por $f(x) = \text{tg } x$. A função inversa de f será chamada *função arco tangente* e denotada por $f^{-1}: \mathbb{R} \to (-\pi/2, +\pi/2)$, onde $f^{-1}(x) = \text{arc tg } x$.

Simbolicamente, para $-\pi/2 < y < \pi/2$, escrevemos

$$y = \text{arc tg } x \Leftrightarrow x = \text{tg } y$$

O gráfico nos mostra que, quando x se torna muito grande, arc tg x aproxima-se de $\pi/2$. Quando x se torna muito pequeno, arc tg x se aproxima de $-\pi/2$.

É uma função crescente (ver Figura 2.34).

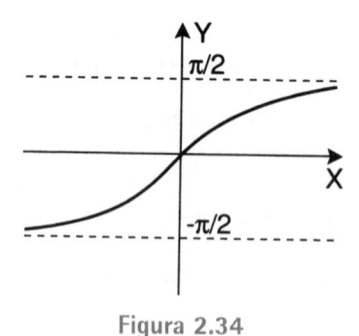

Figura 2.34

OUTRAS FUNÇÕES TRIGONOMÉTRICAS INVERSAS

Podemos definir a função inversa da cotangente como

$$y = \text{arc cotg } x = \frac{\pi}{2} - \text{arc tg } x$$

onde $0 < y < \pi$.

As funções inversas da secante e da cossecante serão funções de x no domínio $|x| \geq 1$, desde que adotemos as definições:

$$y = \text{arc sen } x = \text{arc cos } (1/x)$$
$$y = \text{arc cosec } x = \text{arc sen } (1/x).$$

A Figura 2.35 mostra o gráfico dessas funções trigonométricas inversas.

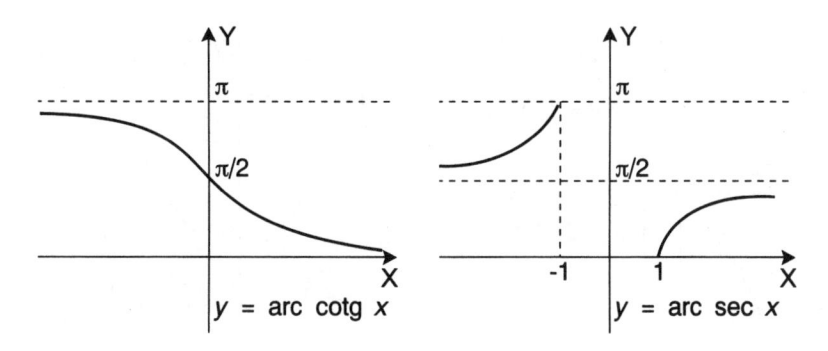

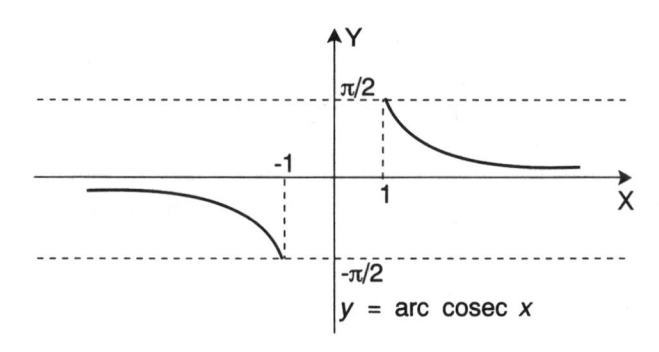

Figura 2.35

2.15.5 Funções Hiperbólicas

As expressões exponenciais

$$\frac{e^x - e^{-x}}{2} \quad \text{e} \quad \frac{e^x + e^{-x}}{2}$$

ocorrem freqüentemente na Matemática Aplicada.

Estas expressões definem, respectivamente, as funções seno hiperbólico de x e cosseno hiperbólico de x.

O comportamento dessas funções nos leva a fazer uma analogia com as funções trigonométricas.

SENO HIPERBÓLICO E COSSENO HIPERBÓLICO

A função seno hiperbólico, denotada por senh, e a função cosseno hiperbólico, denotada por cosh, são definidas, respectivamente, por:

$$\text{senh } x = \frac{e^x - e^{-x}}{2} \quad \text{e} \quad \cosh x = \frac{e^x + e^{-x}}{2}.$$

O domínio e a imagem das funções senh e cosh são:

D (senh) = $(-\infty, +\infty)$,

D (cosh) = $(-\infty, +\infty)$,

Im (senh) = $(-\infty, +\infty)$ e

Im (cosh) = $[1, +\infty)$.

O gráfico da função senh é dado na Figura 2.36 (a). Pode ser obtido pelo método chamado adição de ordenadas. Para usar essa técnica, esboçamos os gráficos das funções $\frac{1}{2}e^x$ e $-\frac{1}{2}e^{-x}$ (tracejados) e somamos as respectivas ordenadas. Da mesma forma obtemos o gráfico da função cosh [Figura 2.36 (b)].

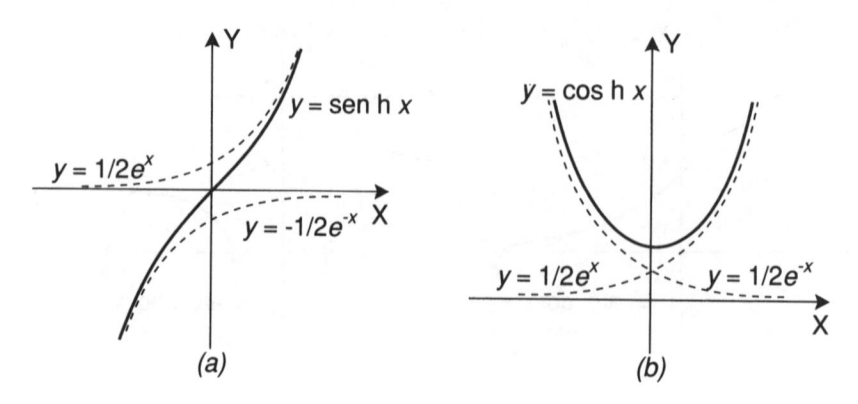

Figura 2.36

A função cosseno hiperbólico pode ser usada para descrever a forma de um cabo ou corrente flexível, uniforme, cujas extremidades estão fixas a uma mesma altura.

Na Figura 2.37 desenhamos um fio de telefone ou de luz. Observamos que a curva representada pelo fio aparenta a forma de uma parábola. No entanto, é possível mostrar que a equação correspondente é:

$y = \cosh(x/a)$, $a \in \mathbb{R}$.

Esta curva recebe a denominação *catenária*.

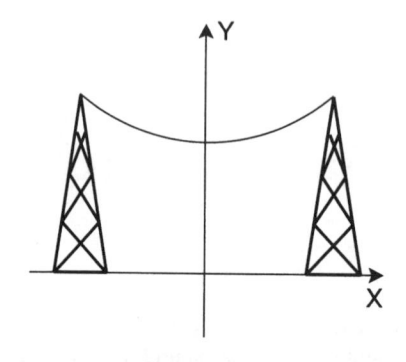

Figura 2.37

As quatro funções hiperbólicas restantes podem ser definidas em termos de senh e cosh.

TANGENTE, COTANGENTE, SECANTE E COSSECANTE HIPERBÓLICAS

As funções tangente, cotangente, secante e cossecante hiperbólicas, denotadas respectivamente por tgh, cotgh, sech e cosech, são definidas por:

$$\operatorname{tgh} x = \frac{\operatorname{senh} x}{\cosh x} = \frac{e^x - e^{-x}}{e^x + e^{-x}};$$

$$\operatorname{cotgh} x = \frac{\cosh x}{\operatorname{senh} x} = \frac{e^x + e^{-x}}{e^x - e^{-x}};$$

$$\operatorname{sech} x = \frac{1}{\cosh x} = \frac{2}{e^x + e^{-x}} \text{ e}$$

$$\operatorname{cosech} x = \frac{1}{\operatorname{senh} x} = \frac{2}{e^x - e^{-x}}.$$

Os gráficos dessas funções podem ser vistos na Figura 2.38.

Muitas identidades análogas às conhecidas para funções trigonométricas são válidas para as funções hiperbólicas. Por exemplo, pode-se verificar que

$$\cosh^2 u - \operatorname{senh}^2 u = 1.$$

Esta identidade é análoga à identidade trigonométrica $\cos^2 u + \operatorname{sen}^2 u = 1$ e pode ser usada para justificar o adjetivo "hiperbólico" nas definições.

De fato, a identidade $\cosh^2 u - \operatorname{senh}^2 u = 1$ mostra que o ponto P de coordenadas $(\cosh u, \operatorname{senh} u)$ está sobre a hipérbole unitária $x^2 - y^2 = 1$.

Fazendo u variar no conjunto dos reais, o ponto P descreve o ramo direito da hipérbole. Observamos que aqui a variável real u não representa um ângulo, como ocorre nas funções trigonométricas. No entanto, pode-se estabelecer uma relação interessante, que fornece uma interpretação geométrica para o parâmetro u.

Na Figura 2.39 (a), representamos o círculo unitário, onde demarcamos um ponto $P\,(\cos t, \operatorname{sen} t)$. A área A_C do setor circular $\widehat{QOP}$ é dada por

$$A_C = \frac{1}{2} \cdot t \cdot (1)^2$$

$$= \frac{1}{2} t$$

e, portanto, $t = 2A_C$.

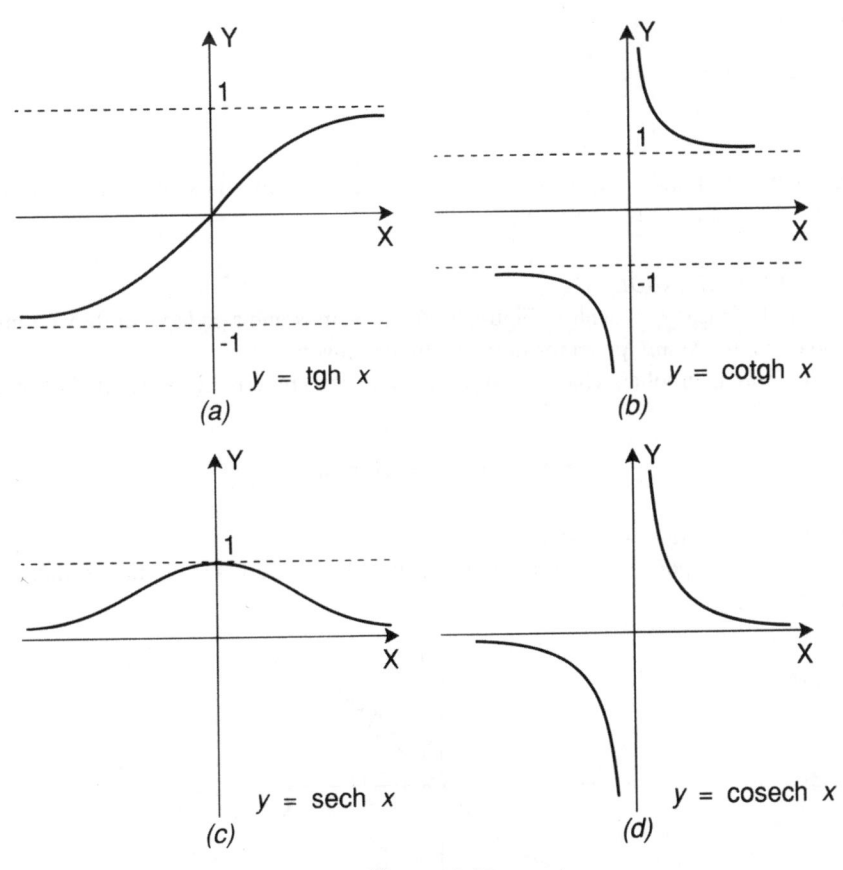

Figura 2.38

Uma relação análoga a esta é válida para as funções hiperbólicas. De fato, é possível mostrar que a área A_h, do setor hiperbólico $\widehat{QOP}$ da Figura 2.39 (b), é dada por

$$A_h = \frac{1}{2} u$$

e, dessa forma, $u = 2A_h$.

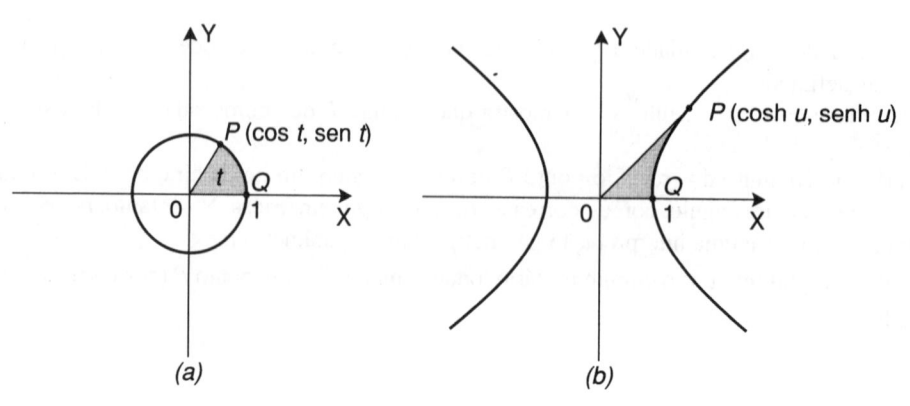

Figura 2.39

Relacionamos abaixo outras identidades que podem facilmente ser verificadas:

$\text{tgh } u = \dfrac{1}{\text{cotgh } u}$;

$1 - \text{tgh}^2 u = \text{sech}^2 u$ e

$1 - \text{cotgh}^2 u = -\text{cosech}^2 u$.

2.15.6 Funções Hiperbólicas Inversas

Nesta seção estudaremos as funções hiperbólicas inversas. Para isso, devemos nos lembrar das definições da seção 2.15.5 e observar os gráficos das Figuras 2.36(a) e (b) e 2.38.

FUNÇÃO INVERSA DO SENO HIPERBÓLICO

Analisando o gráfico da função $y = \text{senh } x$ [Figura 2.36(a)], vemos que a cada valor de y na imagem corresponde um único valor de x no domínio. Assim, podemos definir a função inversa.

A função inversa do seno hiperbólico, chamada argumento do seno hiperbólico e denotada por arg senh, é definida como segue:

$$y = \text{arg senh } x \Leftrightarrow x = \text{senh } y$$

Temos $D(\text{arg senh } x) = \text{Im}(\text{arg senh } x) = \mathbb{R}$.

O gráfico da função arg senh pode ser visto na Figura 2.40. Ele é obtido fazendo uma reflexão do gráfico da função senh sobre a reta $y = x$.

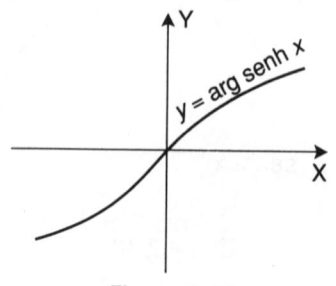

Figura 2.40

FUNÇÃO INVERSA DO COSSENO HIPERBÓLICO

Para definirmos a inversa da função cosseno hiperbólico precisamos restringir o seu domínio, pois, como podemos ver no seu gráfico, Figura 2.36(b), a cada valor de y na imagem, exceto $y = 1$, correspondem dois valores de x no domínio.

Seja $f: [0, +\infty) \to [1, +\infty)$ a função dada por $f(x) = \cosh x$. A sua função inversa é chamada argumento do cosseno hiperbólico e é denotada por arg cosh. Simbolicamente, para $y \geq 0$, escrevemos

$$y = \operatorname{arg cosh} x \Leftrightarrow x = \cosh y$$

Temos D (arg cosh x) = $[1, +\infty)$ e Im (arg cosh x) = $[0, +\infty)$.
O gráfico pode ser visto na Figura 2.41.

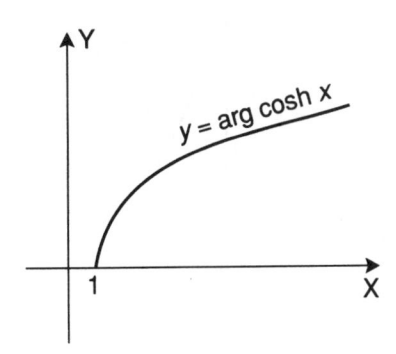

Figura 2.41

INVERSAS DAS FUNÇÕES TANGENTE HIPERBÓLICA, COTANGENTE HIPERBÓLICA E COSSECANTE HIPERBÓLICA

Para definirmos as inversas destas funções não necessitamos restringir os seus domínios, pois a cada valor de y na imagem corresponde um único valor de x no domínio [ver Figura 2.38, (a), (b) e (d)].

As funções inversas da tangente hiperbólica, cotangente hiperbólica e cossecante hiperbólica, denotadas respectivamente por arg thg, arg cotgh e arg cosech, são definidas como segue:

$$y = \operatorname{arc tgh} x \Leftrightarrow x = \operatorname{tgh} y$$
$$y = \operatorname{arg cotgh} x \Leftrightarrow x = \operatorname{cotgh} y$$
$$y = \operatorname{arg cosech} x \Leftrightarrow x = \operatorname{cosech} y$$

A Figura 2.42 mostra um esboço dos gráficos dessas funções.

$y = \operatorname{arg cotgh} x$ $y = \operatorname{arg cosech} x$ $y = \operatorname{arg tgh} x$

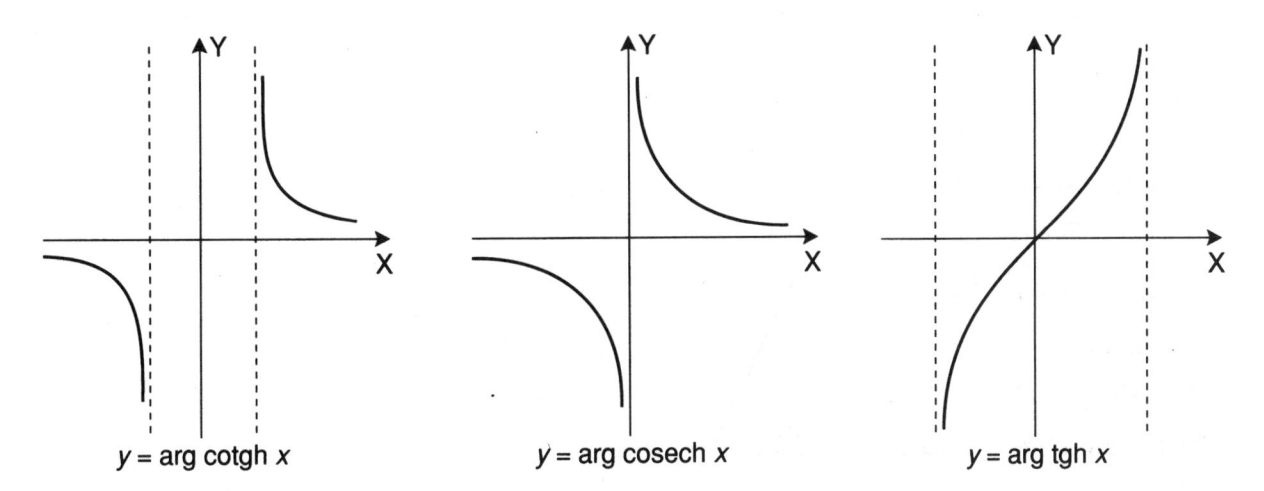

Figura 2.42

INVERSA DA FUNÇÃO SECANTE HIPERBÓLICA

Da mesma forma que ocorreu com a inversa do cosseno hiperbólico, para definirmos a inversa da função secante hiperbólica devemos restringir seu domínio.

Seja $f: [0, +\infty) \to [0, 1]$ a função dada por $f(x) = \text{sech } x$. A sua função inversa é denotada por arg sech. Para $y \geq 0$, temos

$$y = \text{arg sech } x \Leftrightarrow x = \text{sech } y$$

Na Figura 2.43 podemos ver o esboço do gráfico da função arg sech.

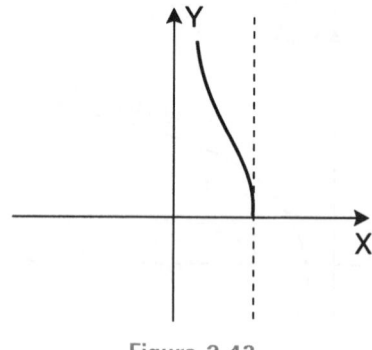

Figura 2.43

Podemos exprimir as funções hiperbólicas inversas em termos de logaritmos naturais. Isso decorre do fato de as funções hiperbólicas serem definidas em termos da função exponencial, que admite a função logaritmo natural como inversa.

A seguir apresentaremos essas expressões, que aparecem freqüentemente na integração.

$\text{arg senh } x = \ln(x + \sqrt{x^2 + 1})$, x qualquer;

$\text{arg cosh } x = \ln(x + \sqrt{x^2 - 1})$, $x \geq 1$;

$\text{arg tgh } x = \dfrac{1}{2} \ln\left(\dfrac{1 + x}{1 - x}\right)$, $-1 < x < 1$;

$\text{arg cotgh } x = \dfrac{1}{2} \ln\left(\dfrac{x + 1}{x - 1}\right)$, $|x| > 1$;

$\text{arg sech } x = \ln\left(\dfrac{1 + \sqrt{1 - x^2}}{x}\right)$, $0 < x \leq 1$;

$\text{arg cosech } x = \ln\left(\dfrac{1}{x} + \dfrac{\sqrt{1 + x^2}}{|x|}\right)$, $x \neq 0$.

Exemplo: Mostrar que $\text{arg senh } x = (x + \sqrt{x^2 + 1})$, para todo valor de x.

Sejam $x \in \mathbb{R}$ e $y = \text{arg senh } x$.

Então, $x = \text{senh } y = \dfrac{e^y - e^{-y}}{2}$

e, portanto,

$e^y - 2x - e^{-y} = 0$.

Multiplicando ambos os membros da igualdade por e^y, temos

$e^{2y} - 2xe^y - 1 = 0$.

Resolvendo esta equação para e^y pela fórmula quadrática, obtemos

$$e^y = \frac{2x \pm \sqrt{4x^2 + 4}}{2} = x \pm \sqrt{x^2 + 1}.$$

Como $e^y > 0$ para qualquer y, a solução envolvendo o sinal negativo deve ser descartada. Portanto,

$$e^y = x + \sqrt{x^2 + 1}.$$

Tomando o logaritmo natural, temos

$y = \ln(x + \sqrt{x^2 + 1})$, ou seja,

$\operatorname{arg\,senh} x = \ln(x + \sqrt{x^2 + 1})$.

2.16 Aplicações

Nas mais diversas áreas utilizam-se funções para a compreensão de fenômenos e resolução de problemas. Formalmente podemos dizer que estamos modelando o mundo ao nosso redor. É claro que essa afirmação não é completamente verdadeira, pois o mundo ao nosso redor é altamente complexo e ao trabalharmos com um modelo fazemos simplificações para reduzir essa complexidade.

Em geral, os modelos são validados para que sejam efetivamente aplicáveis como ferramentas para entender e analisar diferentes fenômenos. Os exemplos apresentados nesta seção são didáticos e, portanto, não foram necessariamente validados.

Apresentamos a seguir um conjunto de exemplos ilustrativos.

Observamos que os recursos tecnológicos disponíveis atualmente facilitam o manuseio de diferentes modelos matemáticos.

(1) O preço de uma corrida de táxi, em geral, é constituído de uma parte fixa, chamada bandeirada, e de uma parte variável, que depende do número de quilômetros rodados. Em uma cidade X a bandeirada é R$ 10,00 e o preço do quilômetro rodado é R$ 0,50.

(a) Determine a função que representa o preço da corrida.

(b) Se alguém pegar um táxi no centro da cidade e se deslocar para sua casa, situada a 8 km de distância, quanto pagará pela corrida?

Solução:

(a) Inicialmente devemos introduzir uma notação para as variáveis envolvidas. Sejam:

$$P = \text{preço da corrida};$$

$$a = \text{preço do quilômetro rodado};$$

$$b = \text{bandeirada};$$

$$x = \text{número de quilômetros rodados}.$$

Como o preço da corrida é a bandeirada mais o preço do quilômetro rodado multiplicado pelo número de quilômetros rodados, a função que determina o preço da corrida é dada por:

$$P(x) = b + ax.$$

Para a cidade X, temos $a = 0,50$ e $b = 10,00$. Logo, $P(x) = 0,50x + 10,00$ que é uma função do primeiro grau.

(b) Para a situação descrita neste item temos $x = 8$. Assim,

$$P(8) = 0,50 \cdot 8 + 10,00$$
$$= 14,00$$

Portanto, a pessoa pagará R$ 14,00.

(2) Um avião com 120 lugares é fretado para uma excursão. A companhia exige de cada passageiro R$ 900,00 mais uma taxa de R$ 10,00 para cada lugar vago. Qual o número de passageiros que torna máxima a receita da companhia?

Solução:

Do enunciado do problema extraímos os seguintes dados e variáveis:

Capacidade do avião: 120 lugares

Número de passageiros: x

Preço por passageiro:
- parcela fixa: 900,00
- parcela variável: $10(120 - x)$

Receita da companhia: R

Temos:

$$R = 900x + 10(120 - x)x$$
$$= 2.100x - 10x^2.$$

Podemos observar que R é uma função quadrática com concavidade voltada para baixo. Assim o número de passageiros que torna máxima a receita é dado pela coordenada x do vértice da parábola. Reescrevendo R na forma

$$R = a(x - x_v)^2 + y_v,$$

sendo (x_v, y_v) o vértice da parábola, vem:

$$R = -10x^2 + 2.100x$$
$$= -10(x^2 - 210x)$$
$$= -10(x^2 - 2 \times 105x + 105^2) + 10 \times 105^2$$
$$= -10(x - 105)^2 + 110.250$$

Portanto, $(x_v, y_v) = (105, 110\ 250)$.

O número de passageiros que torna máxima a receita da companhia é $x = 105$. A receita máxima é igual a R$ 110.250,00.

(3) Curvas de oferta e demanda

Em Economia, estamos interessados em saber como o preço influencia a demanda e a oferta de um dado produto. Para isso usamos as curvas de oferta e demanda.

A curva de oferta demonstra como a quantidade que os produtores pretendem oferecer de um dado produto depende de seu preço.

A curva de demanda demonstra como a quantidade procurada pelos consumidores de um dado produto depende de seu preço.

A Figura 2.44 (a) apresenta uma curva de oferta e a Figura 2.44 (b) uma curva de demanda.

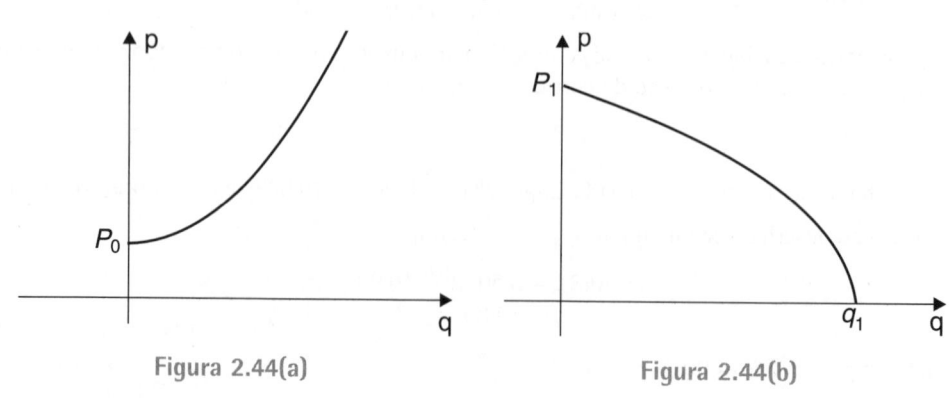

Figura 2.44(a)

Figura 2.44(b)

No eixo horizontal representamos a quantidade q do produto e no eixo vertical seu preço p. Intuitivamente podemos perceber que q depende de p, ou seja, p seria a variável independente. No entanto, representamos q no eixo horizontal para manter o mesmo padrão dos textos de Economia.

(a) Qual a leitura prática que pode ser feita do gráfico da Figura 2.44 (a)?

(b) E do gráfico da Figura 2.44 (b)?

Solução:

(a) No gráfico da Figura 2.44 (a) podemos observar que, por um preço inferior a p_0, os produtores não estão dispostos a produzir qualquer quantidade do produto. A partir de p_0, à medida que o preço aumenta, a quantidade a ser ofertada do produto também aumenta. Isso retrata a possibilidade de aumento de lucros, o que é comum na prática.

(b) Na Figura 2.44 (b) temos uma curva de demanda. Pode-se observar que ao nível de preço p_1 não há demanda para o produto, ou seja, ninguém está disposto a pagar esse preço pelo produto. À medida que o preço diminui, a demanda aumenta, chegando a um ponto de saturação q_1. Isso significa que, quando se chega ao nível q_1, não há mais aumento na demanda, mesmo que o produto seja oferecido de graça.

(4) Restrição Orçamentária

Em nosso país, um dos problemas que os governos enfrentam diz respeito à alocação de verbas para programas sociais e pagamento de funcionários. Vamos supor que existe um montante fixo, M, a ser repartido entre os dois propósitos.

Se denotarmos por x o montante a ser gasto com o pagamento de funcionários e por y o montante destinado aos programas sociais, temos:

$$M = x + y.$$

Essa equação é conhecida como **restrição orçamentária**.

Seu gráfico é uma reta. Como as variáveis x e y são não negativas, só a parte do primeiro quadrante é de interesse para a análise (ver Figura 2.45).

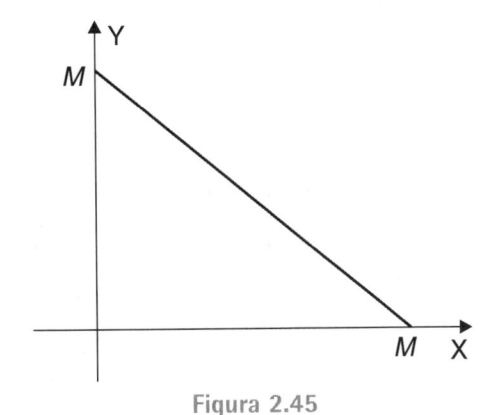

Figura 2.45

(a) Qual a leitura prática que podemos fazer desse gráfico?

(b) Suponha que numa cidade X existam 200 funcionários que ganham um salário médio de R$ 800,00 mensais e que o montante M é de R$ 300.000,00 mensais. Qual o montante mensal disponível para programas sociais? Os funcionários reivindicam 13% de aumento em seus salários. Qual o impacto desse aumento sobre os programas sociais?

Solução:

(a) A leitura prática que se faz da reta de restrição orçamentária é que o aumento dos gastos de um setor acarretará a diminuição dos gastos com o outro.

(b) Como temos 200 funcionários com salário médio de R$ 800,00, segue que

$$x = 200 \times 800{,}00$$
$$= 160.000{,}00$$

Como $M = 300\,000{,}00$, vem que

$$y = M - x$$
$$= 300.000{,}00 - 160.000{,}00$$
$$= 140.000{,}00$$

Um aumento de 13% sobre os salários produzirá um incremento de R$ 20.800,00 no montante gasto com funcionários, que passará a ser

$$x_1 = x + 20.800{,}00$$
$$= 160.000{,}00 + 20.800{,}00$$
$$= 180.800{,}00$$

Portanto, o montante correspondente y_1, disponível para programas sociais será de

$$y_1 = 300.000{,}00 - 180.800{,}00$$
$$= 119.200{,}00.$$

Isso corresponde a uma diminuição de aproximadamente 15% sobre o montante anterior.

(5) Crescimento Populacional

Para prever a população de um dado país numa data futura, muitas vezes é usado um modelo de crescimento exponencial.

Para isso, observa-se o valor real da população em intervalos de tempo iguais, por um dado período de tempo. Calcula-se, a seguir, a razão entre a população observada em períodos consecutivos. Se a razão for aproximadamente constante, em cada observação, a população é dada pela população anterior multiplicada por esta razão, que é chamada fator de crescimento.

A tabela que segue apresenta dados da população brasileira no período de *1940* a *1980*.

População Brasileira, 1940-1980

Ano	População Absoluta	Razão
1940	41.165.289	
1950	51.941.767	$\dfrac{51.941.767}{41.165.289} \cong 1{,}26$
1960	70.070.457	$\dfrac{70.070.457}{51.941.767} \cong 1{,}35$
1970	93.139.037	$\dfrac{93.139.037}{70.070.457} \cong 1{,}33$
1980	119.002.706	$\dfrac{119.002.706}{93.139.037} \cong 1{,}28$

Fonte: IBGE, Anuários Estatísticos do Brasil (Adaptação das autoras).

(a) Usando esses dados, obter uma previsão para a população brasileira no ano *2000*.

(b) Sabendo que a população brasileira no ano *2000* era de *169.799.170*, qual o erro cometido, em percentual, na previsão?

Solução:

(a) Observando a terceira coluna da tabela dada, apesar da variação, poderíamos supor que a taxa é razoavelmente constante e aproximá-la de 1,3.

O ano *1940* corresponde a observação no instante $t = 0$. Nossa unidade de tempo (intervalo entre observações) é de dez anos. Dessa forma, $t = 1$ corresponde a *1950*, $t = 2$ a 1960, e assim sucessivamente.

Temos, então, as seguintes estimativas para a população:

Ano	Valor de *t*	Valor de *P*
1940	0	$41.165.289 \times 1,3^0$
1950	1	$41.165.289 \times 1,3^1$
1960	2	$41.165.289 \times 1,3^2$
1970	3	$41.165.289 \times 1,3^3$
1980	4	$41.165.289 \times 1,3^4$

Extrapolando para um tempo qualquer *t*, vem:

$$P(t) = 41.165.289 \times 1,3^t$$

Esse modelo é conhecido como modelo de crescimento exponencial.
Usando esse modelo, podemos prever a população para o ano *2000*.
O ano 2000, corresponde a $t = 6$. Portanto, a população prevista para o ano *2000*, é dada por:

$$P(6) = 41.165.289 \times 1,3^6$$
$$\cong 198.696.000 \text{ pessoas.}$$

(b) Como a população brasileira era de 169.799.170 no ano *2000*, segue que a previsão obtida apresenta um erro para mais de aproximadamente 17% em relação à população observada.

(6) Decaimento Radioativo

A massa de materiais radioativos, tais como o rádio, o urânio ou o carbono-14, se desintegra com o passar do tempo. Uma maneira usual de expressar a taxa de decaimento da massa é utilizando o conceito de meia-vida desses materiais.

A meia-vida de um material radioativo é definida como o tempo necessário para que sua massa seja reduzida à metade.

Denotando por M_0 a massa inicial (corresponde ao instante $t = 0$) e por M a massa presente num instante qualquer t, podemos estimar M pela função exponencial dada por

$$M = M_0 \, e^{-Kt} \tag{1}$$

sendo $K > 0$ uma constante.

A equação (1) é conhecida como modelo de decaimento exponencial. A constante K depende do material radioativo considerado e está relacionada com a meia-vida dele.

Sabendo que a meia-vida do carbono-14 é de aproximadamente 5.730 anos, determinar:

(a) a constante K, do modelo de decaimento exponencial para esse material;

(b) a quantidade de massa presente após dois períodos de meia-vida, se no instante $t = 0$ a massa era M_0;

(c) a idade estimada de um organismo morto, sabendo que a presença do carbono-14 neste é 80% da quantidade original.

Solução:

(a) A meia-vida do carbono-14 é de aproximadamente 5.730 anos. Assim, supondo a massa inicial M_0, devemos determinar o valor de K, tal que

$$\frac{M_0}{2} = M_0 \, e^{-K \cdot 5.730}$$

Resolvendo esta equação exponencial com o auxílio de logaritmos, vem

$$\frac{1}{2} = e^{-5.730K}$$

$$\ln \frac{1}{2} = -5.730K$$

$$K = \frac{\ln 2}{5.730}$$

$$\cong 0{,}0001209.$$

Logo, o modelo de decaimento exponencial para o carbono-14 é dado por

$$M = M_0 \, e^{-0{,}0001209t} \qquad (2)$$

(b) Para um material radioativo qualquer, após dois períodos de meia-vida, a massa presente será

$$M = \frac{1}{2}\left(\frac{1}{2}M_0\right)$$

$$= \frac{1}{4}M_0,$$

sendo M_0 a massa inicial.

Usando o modelo de decaimento exponencial do carbono-14, podemos comprovar empiricamente este resultado. Temos,

$$M = M_0 \, e^{-0{,}0001209t}$$

Para $t = 11.460$, vem

$$M = M_0 \, e^{-0{,}0001209 \times 11.460}$$

$$\cong 0{,}25 M_0.$$

(c) Temos $M = 0{,}8 M_0$. Usando a equação (2), vem:

$$0{,}8 M_0 = M_0 \, e^{-0{,}0001209t}$$

$$\ln 0{,}8 = -0{,}0001209t$$

$$t = \frac{\ln 0{,}8}{-0{,}0001209}$$

$$\cong 1.846 \text{ anos}.$$

(7) Equilíbrio de Mercado

Analisar o equilíbrio sob a ótica do mercado implica a definição de um conjunto de variáveis que se inter-relacionam, ajustadas umas às outras, envolvidas em um modelo matemático.

Para discutir esse tipo de modelo precisamos observar o comportamento das variáveis escolhidas e as propriedades das funções que definem o modelo.

É importante deixar claro que o equilíbrio perde a relevância se outras variáveis são incluídas no modelo, pois a idéia básica é que estamos diante da inexistência de mudanças.

Para exemplificar vamos supor que

- Q_d = quantidade procurada de uma mercadoria (demanda);
- Q_s = quantidade ofertada de mercadoria (oferta);
- p = preço.

A suposição que alicerça o equilíbrio é que o excesso de demanda é zero ou

$$Q_d - Q_s = 0.$$

Supondo que as curvas de oferta e demanda são funções lineares é possível escrever:

$$Q_d = Q_s$$
$$Q_d = a - bp, a, b > 0$$
$$Q_s = -c + dp, c, d > 0$$

Os parâmetros *a, b, c,* e *d* são definidos em função do mercado.

Do ponto de vista gráfico, o equilíbrio do mercado representa a intersecção entre duas curvas (no caso linear entre duas retas). Algebricamente estamos diante da resolução de um sistema de equações.

Supondo que $Q_d = -2p + 15$ e $Q_s = 3p - 3$, fazendo $Q_d = Q_s$, vem:

$$-2p + 15 = 3p - 3$$
$$2p + 3p = 15 + 3$$
$$5p = 18$$
$$p = \frac{18}{5} = 3{,}6.$$

A Figura 2.46 mostra o ponto de equilíbrio do mercado em $p = 3{,}6$.

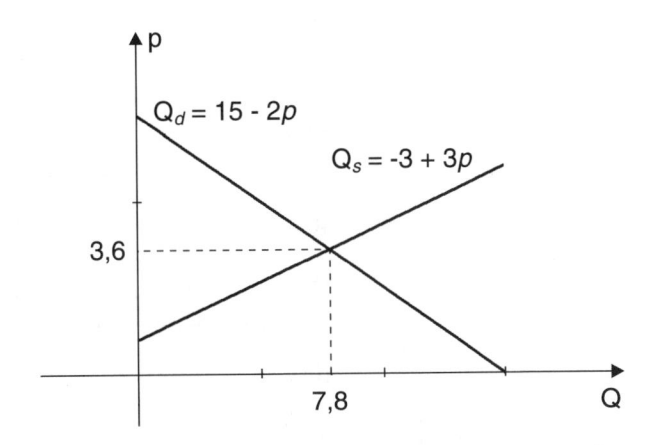

Figura 2.46

(8) Custo total

A definição formal de custo varia conforme o contexto. Por exemplo, os economistas tratam os custos de forma diferente dos contadores, pois estes estão preocupados em retratar o desempenho da empresa em seus demonstrativos anuais. Para ficar mais claro podemos citar que os custos contábeis incluem a desvalorização dos equipamentos, ao passo que os economistas preocupam-se com os custos que ocorrerão no futuro. Sem entrar em detalhes nessa conceituação, podemos de forma menos formal lembrar que os custos de um empresa variam com o nível de produção (custos variáveis − C_V), enquanto outros são fixos (custos fixos − C_F). Dependendo da empresa, podemos considerar como exemplo de custos fixos os gastos com a manutenção da fábrica, seguro e um número mínimo de funcionários. Como custos variáveis podemos incluir salários e matérias-primas.

O custo total (C_T) teoricamente é a soma dos custos variáveis com os custos fixos.

$$C_T = C_F + C_V$$

Supondo que C_T é o custo total da produção de x unidades de um determinado produto e assumindo, de forma mais simples, que o custo total depende somente da variável x, podemos escrever a Função Custo Total

$$C_T = C_T(x)$$

Vários tipos de funções podem ser usados para modelar a função custo total. Em geral as curvas têm características bem definidas, tais como:

- Quando nenhuma unidade é produzida, o custo total é zero ou positivo. Caso tenhamos o valor zero, fica entendido que o custo fixo é zero.
- O custo total aumenta quando x aumenta.

O custo total médio (C_{TM}), denotado na maioria das vezes como custo médio, é o custo por unidade quando x unidades são produzidas.

Vamos observar na Figura 2.47 o gráfico da função $C_T(x) = 2x + 20$. Essa função pode representar o custo total de uma empresa que tem o seu custo fixo de R$ 20.000,00. Estamos diante de um custo do tipo linear, pois a função é de primeiro grau. Observamos também que estamos considerando somente valores de $x \in [0, +\infty]$, pois o valor do número de unidades produzidas não pode ser negativo.

Na Figura 2.48 temos o gráfico da função custo total $C_T(x) = \frac{3}{50}x^2 - \frac{1}{10}x + 20$. Neste caso a função custo total é uma função quadrática definida para valores de $x \in [0, +\infty]$. Considerando que $C_T(0) = 20$, temos que o custo fixo é de R$ 20.000,00 e o custo variável é definido por $C_V = \frac{3}{50}x^2 - \frac{1}{10}x$. Observe que a função custo fixo é constante, assim a distância entre os gráficos das funções custo total e custo variável é exatamente o valor constante 20.

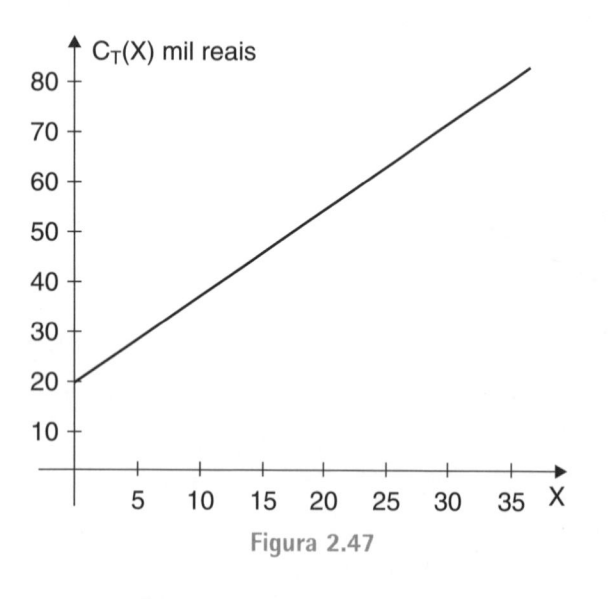

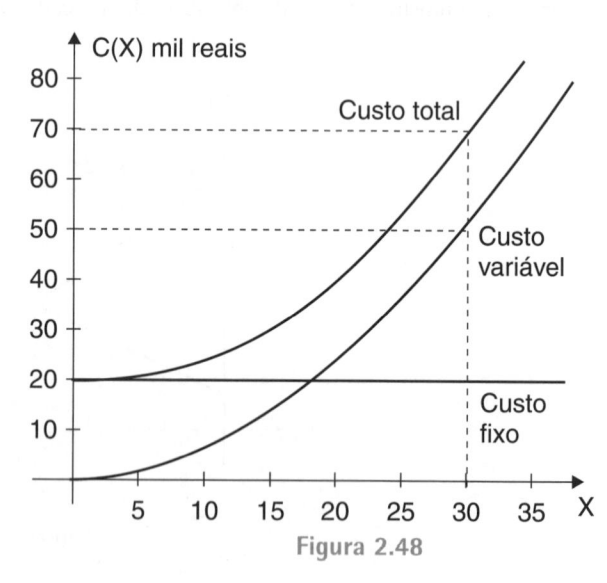

Figura 2.47

Figura 2.48

Em alguns momentos a variável independente é representada pela letra q, em sintonia com as curvas de demanda. Vejamos agora um exemplo que envolve a função custo:

O custo para produzir q metros de um tecido é dado por $C = 50 + 4q, q \geq 1$.

(a) Encontrar uma fórmula para a função inversa.
(b) Explicar, em linguagem coloquial, o significado da função inversa;

Solução:

(a) Temos que o custo é uma função do primeiro grau da quantidade de metros produzidos, admitindo, portanto, uma inversa. A sua inversa é dada por:

$$q = \frac{C - 50}{4}.$$

Como o domínio da função custo é dado por $q \geq 1$, segue que o domínio da função inversa é dado por $C \geq 54$.

(b) Podemos dizer que a quantidade de tecido produzida, em metros, depende do montante gasto em sua produção (custo).

(9) Receita e lucro total

Se o preço de um produto é p e a quantidade demandada a esse nível de preço é q, podemos definir receita total como

$$R = p \cdot q.$$

Exemplos:

(a) Supondo que $p = 44 - 2q$, podemos escrever a função receita total

$$R = q(44 - 2q)$$
$$R = 44q - 2q^2$$

Podemos visualizar o gráfico na Figura 2.49.

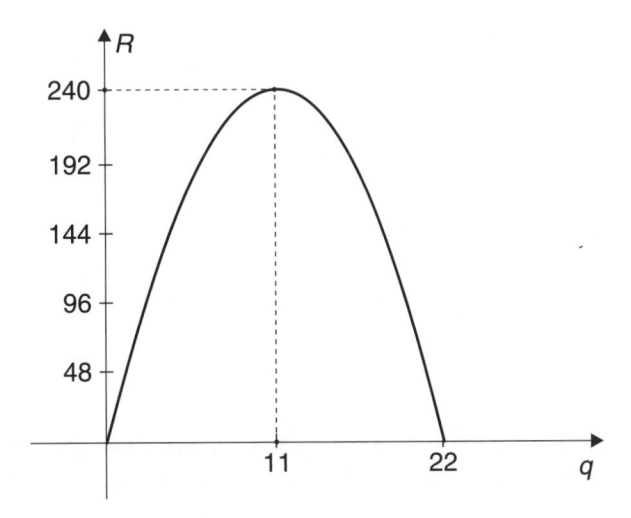

Figura 2.49

Observando o gráfico podemos perceber que:

- A receita se anula quando a quantidade demandada é igual a zero ou 22;
- A receita atinge um valor máximo quando $q = 11$.

Já discutimos a função custo total e nesse item a receita total, assim, podemos estabelecer a função Lucro total, denotada por

$$L = R - C_T$$

Exemplo:

Uma indústria comercializa um certo produto e tem uma função custo total em mil reais, dada por $CT(q) = q^2 + 20q + 475$, $q \geq 0$. A função receita total em mil reais é dada por $R(q) = 120q$. Determinar:

(a) O lucro para a venda de 80 unidades.

(b) Em que valor de q acontecerá o lucro máximo?

Solução:

(a) Inicialmente vamos escrever a função lucro total:

$$L(q) = R(q) - C(q)$$
$$= 120q - (q^2 + 20q + 475)$$
$$= -q^2 + 100q - 475.$$

Assim, podemos calcular o lucro para a venda de 80 unidades:

$$L(80) = -80^2 + 100 \times 80 - 475$$
$$= 1.125.$$

Portanto, temos o valor de R$ 1.125.000,00.

(b) Para saber o valor de q tal que o lucro seja máximo, vamos utilizar a visualização gráfica da função lucro na Figura 2.50.

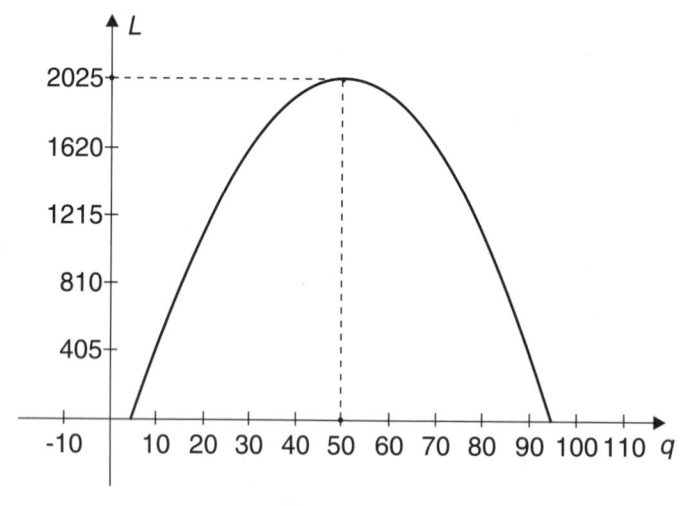

Figura 2.50

Observamos que estamos diante de uma função do segundo grau num domínio $q \in [5,95]$. O vértice da parábola caracteriza o ponto máximo da curva. Temos, então, o valor $q = 50$ unidades, que corresponde ao lucro máximo.

(10) Depreciação de equipamentos

O contador de uma empresa usa o método da linha reta para fazer a depreciação de um certo equipamento de uma empresa no decorrer do tempo. Cada equipamento tem uma estimativa de vida útil e o valor contábil decresce a uma taxa constante de tal forma que ao término da vida útil podemos ter um valor zero ou um valor residual denotado por r.

Vamos considerar que:

- y é o valor contábil;
- I, o valor do investimento na compra do equipamento;
- T, a vida útil;
- t, o tempo.

Temos que $y = f(t)$ é uma função do primeiro grau tal que $f(t) = at + b$, sendo $f(0) = I$ e $f(T) = 0$ ou $f(T) = r$.

Supondo inicialmente o valor residual nulo temos:

$$f(0) = a \times 0 + b = I$$

$$f(T) = a \times T + b = 0.$$

Assim, temos que $b = I$, $a = \dfrac{-I}{T}$ e $f(t) = \dfrac{-I}{T}t + I$, que é uma função do primeiro grau decrescente.

Quando o valor residual é $r \neq 0$, podemos escrever

$$f(0) = a \times 0 + b = I$$
$$f(T) = a \times T + b = r.$$

Dessa forma $b = I$, $a = \dfrac{r - I}{T}$ e $f(t) = \dfrac{r - I}{T}t + I$, que é uma função do primeiro grau decrescente muito usada para analisar a depreciação de equipamentos.

Observamos que esta função só tem significado para o domínio $t \in [0, T]$.

Para exemplificar, vamos supor que um notebook foi comprado por R$ 4.200,00 e a estimativa de vida útil é de 5 anos. Supondo um valor residual de R$ 800,00, qual é o valor contábil ao término de 3 anos?

Para este exemplo temos:

$$f(0) = 4.200$$
$$f(5) = 800$$

Assim, $f(t) = -680t + 4.200$. Logo, o valor contábil ao término de 3 anos é $f(3) = 2.160$, ou seja, R$ 2.160,00.

2.17 Exercícios

1. Construir os gráficos das funções de 1º grau. Dar o domínio e o conjunto imagem.

    (a) $y = kx$; se $k = 0, 1, 2, 1/2, -1, -2$

    (b) $y = x + b$; se $b = 0, 1, -1$

    (c) $y = 1{,}5x + 2$.

2. Construir os gráficos das funções quadráticas. Dar o domínio e o conjunto imagem.

    (a) $y = ax^2$, se $a = 1, 1/2, -2$

    (b) $y = x^2 + c$, se $c = 0, 1, 1/2, -3$

    (c) $y = y_0 + (x - 1)^2$, se $y_0 = 0, 1, -1$

    (d) $y = ax^2 + bx + c$, se $a = 1$, $b = -2$ $c = 5$.

3. Construir os gráficos das funções polinomiais. Dar o domínio e o conjunto imagem.

    (a) $y = 2 + (x - 1)^3$ (b) $y = x^4$ (c) $y = 2x^2 - 4$.

4. Construir os gráficos das funções racionais. Dar o domínio e o conjunto imagem.

    (a) $y = -\dfrac{2}{(x - 1)^2}$ (b) $y = \dfrac{1}{x}$ (c) $y = \dfrac{x - 1}{x + 4}$.

5. A função $f(x)$ é do 1º grau. Escreva a função se

    $f(-1) = 2$ e $f(2) = 3$.

6. Determinar quais das seguintes funções são pares ou ímpares

   (a) $f(x) = 3x^4 - 2x^2 + 1$

   (b) $f(x) = 5x^3 - 2x$

   (c) $f(s) = s^2 + 2s + 2$

   (d) $f(t) = t^6 - 4$

   (e) $f(x) = |x|$

   (f) $f(y) = \dfrac{y^3 - y}{y^2 + 1}$

   (g) $f(x) = \dfrac{x - 1}{x + 1}$

   (h) $f(x) = \dfrac{1}{2}(a^x + a^{-x})$

   (i) $f(x) = \ln \dfrac{1 + x}{1 - x}$

   (j) $f(x) = \ln(x + \sqrt{1 + x^2})$.

7. Demonstre que, se f e g são funções ímpares, então $(f + g)$ e $(f - g)$ são também funções ímpares.

8. Demonstre que, se f e g são funções ímpares, então $f \cdot g$ e f/g são funções pares.

9. Mostre que a função $\dfrac{1}{2}[f(x) + f(-x)]$ é par e que a função $\dfrac{1}{2}[f(x) - f(-x)]$ é ímpar.

10. Demonstre que qualquer função $f: \mathbb{R} \to \mathbb{R}$ pode ser expressa como a soma de uma função par com uma função ímpar.

11. Expresse as funções seguintes como a soma de uma função par e uma função ímpar

    (a) $f(x) = x^2 + 2$

    (b) $f(x) = x^3 - 1$

    (c) $f(x) = \dfrac{x - 1}{x + 1}$

    (d) $f(x) = |x| + |x - 1|$.

12. Seja $f(x)$ uma função, cujo gráfico para $x \geq 0$ tem o aspecto indicado na figura. Completar esse gráfico no domínio de $x < 0$, se:

    (a) $f(x)$ é par;

    (b) $f(x)$ é ímpar.

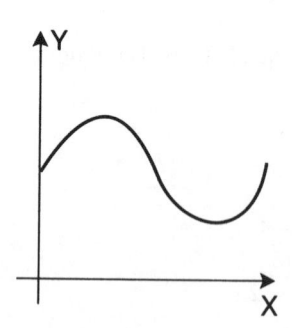

13. Em cada um dos exercícios determine a fórmula da função inversa. Fazer os gráficos da função dada e de sua inversa.

    (a) $y = 3x + 4$

    (b) $y = \dfrac{1}{x - a}$

    (c) $y = \dfrac{x + a}{x - a}$

    (d) $y = \dfrac{1}{x}$, $x > 0$

    (e) $y = \sqrt{x - 1}$, $x \geq 1$

    (f) $y = -\sqrt{a - x}$, $x \leq a$

(g) $y = \dfrac{x^2}{x^2 + 1}, x \geq 0$ (h) $y = x^2 - 4, x \leq 0$

(i) $y = x^2 - 4, x \geq 0$.

14. Mostrar que a função $y = f(x) = \dfrac{x + 2}{2x - 1}$ coincide com a sua inversa, isto é, $x = f(y)$ ou $f(f(x)) = x$.

15. Dada a função $y = f(x) = \dfrac{x}{\sqrt{1 + x^2}}$ definida para todo x real, demonstrar que a sua inversa é a função $x = g(y) = \dfrac{y}{\sqrt{1 - y^2}}$ definida para $|y| < 1$.

16. Seja $f(x) = \begin{cases} x, & \text{se} \quad x < 1 \\ x^2, & \text{se} \quad 1 \leq x \leq 9 \\ 27\sqrt{x}, & \text{se} \quad x > 9. \end{cases}$

    Verifique que f tem uma inversa e encontre $f^{-1}(x)$.

17. Se $f(x)$ e $g(x)$ são periódicas de período T, prove que:

    (a) $h(x) = f(x) + g(x)$ tem período T.

    (b) $h(x) = f(x) \cdot g(x)$ é periódica de período T.

    (c) $h(x) = \dfrac{f(x)}{g(x)}, g(x) \neq 0 \; \forall \; x$ é periódica de período T.

18. Se $f(x)$ é periódica de período T, prove que 3T também é período de f.

19. Sabendo que $f(x)$ é uma função par e periódica de período T = 4, complete o seu gráfico.

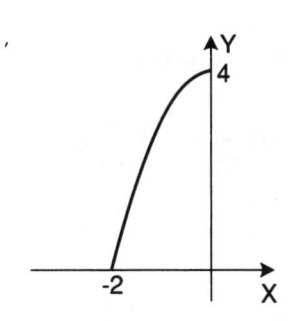

20. Se $f(x) = 2^x$, mostre que

    $f(x + 3) - f(x - 1) = 15/2 f(x)$.

21. Seja $\phi(x) = 1/2(a^x + a^{-x})$ e $\psi(x) = 1/2(a^x - a^{-x})$.

    Demonstrar que

    $\phi(x + y) = \phi(x) \cdot \phi(y) + \psi(x) \cdot \psi(y)$ e

    $\psi(x + y) = \phi(x) \cdot \psi(y) + \phi(y) \cdot \psi(x)$.

22. Construir o gráfico das seguintes funções exponenciais.

(a) $y = a^x$, se $a = 2, 1/2$, e $(e = 2{,}718 \ldots)$

(b) $y = 10^{1/x}$

(c) $y = e^{-x^2}$

(d) $y = -2^x$.

23. Dada $\phi(x) = \ln \dfrac{1-x}{1+x}$, verifique a igualdade $\phi(a) + \phi(b) = \phi\left(\dfrac{a+b}{1+ab}\right)$.

24. Sejam $f(x) = \log x$ e $g(x) = x^3$.

Forme as expressões

(a) $f[g(2)]$

(b) $f[g(a)], a > 0$

(c) $g[f(a)], a > 0$.

25. Construir o gráfico das seguintes funções logarítmicas.

(a) $y = \ln(-x)$

(b) $y = \ln|x|$

(c) $y = \ln(x+1)$

(d) $y = \log_a x$ se $a = 10, 2$ e $1/2$

(e) $y = x \ln x$.

26. Se $f(x) = \text{arc tg } x$ prove que

$$f(x) + f(y) = f\left(\frac{x+y}{1-xy}\right).$$

27. Prove que $\text{arc tg } a - \text{arc cotg } b = \text{arc cotg } b - \text{arc cotg } a$.

28. Seja $f(\theta) = \text{tg } \theta$. Verifique a igualdade $f(2\theta) = \dfrac{2f(\theta)}{1 - [f(\theta)]^2}$.

29. Seja $f(x) = \text{arc cos}(\log_{10} x)$.

Calcular $f(1/10), f(1)$ e $f(10)$.

30. Determinar o domínio das seguintes funções:

(a) $y = \text{arc cos } \dfrac{2x}{1+x}$

(b) $y = \text{arc sen}(\log_{10} x/10)$

(c) $y = \sqrt{\text{sen } 2x}$.

31. Construir o gráfico das seguintes funções trigonométricas. Verificar se são periódicas e em caso afirmativo determinar o período.

(a) $y = \text{sen } kx$, $k = 2, 3, 1/2$ e $1/3$

(b) $y = k \cos x$, $k = 2, 3, 1/2, 1/3$ e -1

(c) $y = k \cos 2x$, $k = 2, -1$ e $1/2$

(d) $y = \text{sen}(x - \pi/2)$

(e) $y = \cos(x + \pi/2)$

(f) $y = \text{tg}(x - 3\pi/2)$

(g) $y = \text{cotg}(x + \pi/4)$

(h) $y = \text{tg } \dfrac{1}{2}x$

(i) $y = 1 + \text{sen } x$

(j) $y = 1 + |\text{sen } 2x|$.

32. Dada a função $f(x) = 2\,\text{senh}\,x - 3\,\text{tgh}\,x$, calcule $f(2), f(-1)$ e $f(0)$.

33. Prove as identidades:

    (a) $1 - \text{tgh}^2\,u = \text{sech}^2\,u$

    (b) $1 - \text{cotgh}^2\,u = -\text{cosech}^2\,u$.

34. Defina uma função inversa para $y = \cosh x$, para $x \leq 0$. Esboce o gráfico.

35. Mostre a validade das expressões:

    (a) $\text{arg cosh}\,x = \ln(x + \sqrt{x^2 - 1})$, $x \geq 1$;

    (b) $\text{arg tgh}\,x = 1/2 \ln\left(\dfrac{1 + x}{1 - x}\right)$, $-1 < x < 1$;

    (c) $\text{arg sech}\,x = \ln\left(\dfrac{1 + \sqrt{1 - x^2}}{x}\right)$, $0 < x \leq 1$.

36. Sendo $f(x) = \cosh x$, mostre que

    $f[\ln(x + \sqrt{x^2 - 1})] = x$

37. Mostre que as funções senh x, tgh x, cotgh x e cosech x são ímpares.

38. Mostre que as funções cosh x e sech x são pares.

39. Analisar a função $f(x) = 24x - 3x^2$ e verificar a possibilidade de representar uma função receita total. Em caso afirmativo identifique a função demanda e responda:

    (a) Qual a quantidade demandada quando o preço unitário é R$ 5,00?

    (b) Qual é o preço do produto quando a receita é máxima?

40. As funções de demanda e de oferta de um determinado produto no mercado são dadas por $q_d = 15 - 4p$ e $q_o = 6p - 1$, respectivamente.

    (a) Determine o preço de equilíbrio.

    (b) Represente graficamente as funções demanda e oferta, mostrando o ponto de equilíbrio. Esboce os dois gráficos juntos.

41. Uma imobiliária cobra uma comissão de 12% do valor da venda de um imóvel mais R$ 25,00 fixo para as despesas de correio e divulgação. Denote por x o valor do imóvel (em reais) e por $f(x)$ a comissão cobrada pela imobiliária.

    (a) Descreva a função $f(x)$.

    (b) Qual o valor recebido pela imobiliária na venda de um imóvel por R$ 185.000,00?

42. O preço de venda de um produto é de R$ 27,00. A venda de 100 unidades dá um lucro de R$ 260,00. Sabendo que o custo fixo de produção é de R$ 540,00 e que o custo variável é proporcional ao número de unidades produzidas, determine:

    (a) A função receita total.

    (b) O custo variável para uma produção de 2.000 unidades.

    (c) A produção necessária para um lucro de R$ 23.460,00.

43. Uma indústria comercializa um certo produto e tem uma função custo total dada por $C(x) = x^2 + 20x + 700$, sendo x o número de unidades produzidas. A função receita total é dada por $R(x) = 200x$. Determine:

    (a) O lucro para a venda de 100 unidades.

    (b) Em que valor de x acontecerá o lucro máximo?

44. Determinar graficamente e algebricamente o equilíbrio do mercado considerando as seguintes funções de demanda e oferta:

(a) $\begin{cases} Q_d = 10 - 4P \\ Q_s = 6P - 1 \end{cases}$
(b) $\begin{cases} Q_d = 4 - P^2 \\ Q_s = 4P - 1 \end{cases}$

45. Uma caixa sem tampa, na forma de um paralelepípedo, tem um volume de 10 cm³. O comprimento da base é o dobro da largura. O material da base custa R$ 2,00 por m² ao passo que o material das laterais custa R$ 0,02 por m². Expressar o custo total do material em função da largura da base.

46. Traçar o gráfico das funções trigonométricas. Comparar cada conjunto identificando a transformação ocorrida. Identificar domínio, conjunto imagem, máximos e mínimos, crescimento e decrescimento.

(a) $f(x) = \operatorname{sen} x$, $g(x) = 2 \operatorname{sen} x$, $h(x) = 1/2 \operatorname{sen} x$

(b) $f(x) = \operatorname{sen} x$, $g(x) = \operatorname{sen} 2x$, $h(x) = \operatorname{sen}(1/2 x)$

(c) $f(x) = \cos x$, $g(x) = \cos x + 3$, $h(x) = \cos x - 3$

(d) $f(x) = \cos x$, $g(x) = \cos(x + 2)$, $h(x) = \cos(x - 2)$

(e) $f(x) = \operatorname{sen} x$, $g(x) = -\operatorname{sen} x$

47. Usando uma ferramenta gráfica, trace numa mesma janela, o gráfico das funções dadas em cada item e, a seguir, responda a questão:

Dado o gráfico de $f(x)$, o que se pode afirmar sobre o gráfico de $g(x) = f(x - a)$ quando $a > 0$? E quando $a < 0$?

(a) $y = x^2$ $\qquad y = (x - 2)^2$ $\qquad y = (x - 4)^2$

(b) $y = x^2$ $\qquad y = (x + 2)^2$ $\qquad y = (x + 4)^2$

48. Usando uma ferramenta gráfica, trace numa mesma janela o gráfico das funções dadas em cada item e, a seguir, responda a questão:

Dado o gráfico de $f(x)$, o que se pode afirmar sobre o gráfico de $g(x) = f(x) + a$, quando $a > 0$? E quando $a < 0$?

(a) $y = x^2$ $\qquad y = x^2 + 2$ $\qquad y = x^2 + 4$

(b) $y = x^2$ $\qquad y = x^2 - 2$ $\qquad y = x^2 - 4$

49. Identifique algebricamente as transformações realizadas na parábola "mãe" $f(x) = x^2$, para obter as seguintes funções quadráticas. A seguir trace o gráfico e compare os resultados.

(a) $f(x) = x^2 - 6x + 9$

(b) $f(x) = x^2 + 4x + 4$

(c) $f(x) = x^2 - 6x + 5$

50. Determine algebricamente a função inversa. A seguir, numa mesma janela, trace o gráfico de cada função, de sua inversa e da função identidade.

(a) $y = 2x - 1$

(b) $y = \dfrac{x}{2} - 1$

(c) $y = x^3$

(d) $y = (x - 1)^3 + 4$

51. Para cada uma das funções, se necessário, restrinja o domínio e o contradomínio e determine a inversa.

(a) $y = x^2$

(b) $y = x^2 - 2x + 1$

(c) $y = 2x^2 - 6x - 10$

(d) $y = e^x$

52. A locadora A aluga um carro popular ao preço de R$ 30,00 a diária mais R$ 0,20 por quilômetro rodado. A locadora B o faz por R$ 40,00 a diária mais R$ 0,10 por quilômetro rodado. Qual a locadora você escolheria, se você pretendesse alugar um carro por um dia e pagar o menos possível? Justifique algebricamente e graficamente.

53. Dentre todos os retângulos de perímetro igual a 80 cm, quais as dimensões do retângulo de área máxima?

54. Para medir a temperatura são usados graus Celsius (°C) ou graus Fahrenheit (°F). Ambos os valores 0°C e 32°F representam a temperatura em que a água congela e ambos os valores 100°C e 212°F representam a temperatura de fervura da água. Suponha que a relação entre as temperaturas expressas nas duas escalas pode ser representada por uma reta.

   (a) Determine a função do primeiro grau F(C) que dá a temperatura em °F, quando ela é conhecida em °C.

   (b) Esboce o gráfico de F.

   (c) Qual a temperatura em °F corresponde a 25°C?

   (d) Existe alguma temperatura que tem o mesmo valor numérico em °C e em °F?

55. Numa dada cidade a população atual é de 380.000 habitantes. Se a população apresenta uma taxa de crescimento anual de 1,5%, estime o tempo necessário para a população duplicar. Use um modelo de crescimento exponencial.

56. Uma criança tem um montante fixo M = R$ 180,00 para comprar latinhas de refrigerantes e cachorros quentes para sua festa de aniversário. Suponha que cada latinha de refrigerante custe R$1,20 e cada cachorro quente R$ 1,50.

   (a) Obtenha a equação de restrição orçamentária.

   (b) Esboce o gráfico, supondo as variáveis contínuas.

   (c) Se a criança optar em usar todo seu orçamento comprando somente cachorros quentes, estime o número de cachorros quentes que podem ser comprados.

57. O custo total de uma plantação de soja é função em geral, da área cultivada. Uma parcela do custo é aproximadamente constante (custos fixos) e diz respeito às benfeitorias e equipamentos necessários. A outra parcela diz respeito aos custos dos insumos e mão-de-obra e depende da área plantada (custos variáveis). Supor que os custos fixos sejam de R$ 12.400,00 e os custos variáveis sejam de R$ 262,00 por hectare.

   (a) Determinar o custo total da plantação em função do número de hectares plantado.

   (b) Fazer um esboço do gráfico da função custo total.

   (c) Como podemos visualizar os custos fixos e variáveis no gráfico?

58. A meia-vida do rádio-226 é de 1.620 anos.

   (a) obter o modelo de decaimento exponencial para esta substância.

   (b) Após 700 anos, qual o percentual de uma dada quantidade inicial de rádio ainda resta?

59. Uma certa substância radioativa decai exponencialmente sendo que, após 100 anos, ainda restam 60% da quantidade inicial.

   (a) Obter o modelo de decaimento exponencial para esta substância.

   (b) Determinar a sua meia-vida.

   (c) Determinar o tempo necessário para que reste somente 15% de uma dada massa inicial.

3 Limite e Continuidade

O objetivo deste capítulo é discutir a definição de limite de diferentes formas. Inicialmente apresenta-se a noção intuitiva usando exemplos de sucessões numéricas. Em seguida apresentamos tabelas e gráficos que auxiliam na visualização do limite da função. A definição formal é apresentada propiciando a demonstração de propriedades que serão usadas no cálculo de limites e, finalmente, é apresentado o conceito de continuidade das funções.

3.1 Noção Intuitiva

Inicialmente faremos algumas considerações. Sabemos que, no conjunto dos números reais, podemos sempre escolher um conjunto de números segundo qualquer regra preestabelecida.

Analisemos os seguintes exemplos de sucessões numéricas.

(1)   1, 2, 3, 4, 5, ...
(2)   1/2, 2/3, 3/4, 4/5, 5/6, ...
(3)   1, 0, −1, −2, −3, ...
(4)   1, 3/2, 3, 5/4, 5, 7/6, 7, ...

Na sucessão (1), os termos tornam-se cada vez maiores sem atingir um LIMITE. Dado um número real qualquer, por maior que seja, podemos sempre encontrar, na sucessão, um termo maior. Dizemos então que os termos dessa sucessão *tendem para o infinito* ou que o *limite da sucessão é infinito*.

Denota-se

$x \to +\infty$.

Na sucessão (2) os termos crescem, mas não ilimitadamente. Os números aproximam-se cada vez mais do valor 1, sem nunca atingirem esse valor. Dizemos que

$x \to 1$.

De maneira análoga, dizemos que na sucessão (3)

$x \to -\infty$.

Em (4) os termos da sucessão oscilam sem tender para um limite.

Ampliaremos, agora, o conceito de LIMITE para os diversos casos de *limite de uma função*.

Observemos as seguintes funções:

Exemplo 1:

Seja $y = 1 - 1/x$ (ver Figura 3.1 e Tabela 3.1).

Tabela 3.1

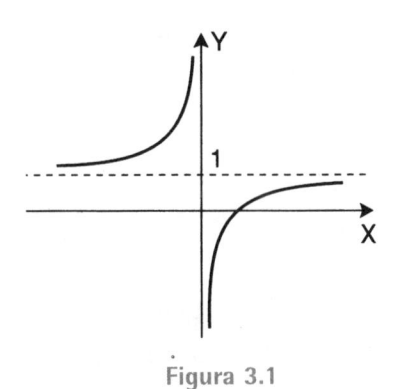

x	1	2	3	4	5	6	...	500	...	1000	...
y	0	1/2	2/3	3/4	4/5	5/6	...	499/500	...	999/1.000	...

x	−1	−2	−3	−4	−5	...	−100	...	−500	...
y	2	3/2	4/3	5/4	6/5	...	101/100	...	501/500	...

Figura 3.1

Esta função tende para 1 quando x tende para o infinito. Basta observar as tabelas e o gráfico para constatar que:

$y \to 1$ quando $x \to \pm\infty$.

Denota-se $\lim_{x \to \pm\infty} (1 - 1/x) = 1$.

Exemplo 2:

A função $y = x^2 + 3x - 2$ tende para $+\infty$ quando $x \to \pm\infty$.

Denota-se $\lim_{x \to \pm\infty} (x^2 + 3x - 2) = +\infty$.

De fato, intuitivamente, basta analisar o gráfico (Figura 3.2) e as sucessões da Tabela 3.2.

Tabela 3.2

x	1	2	3	4	5	6	7	...	100	...	1.000	...
y	2	8	16	26	38	52	68	...	10.298	...	1.002.998	...

x	−1	−2	−3	−4	−5	−6	...	−100	...	−500	...
y	−4	−4	−2	2	8	16	...	9.698	...	248.498	...

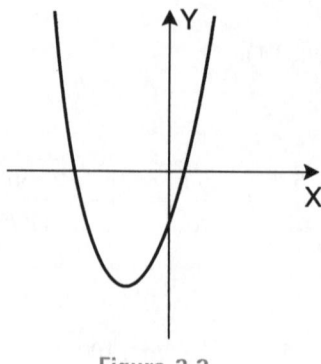

Figura 3.2

Exemplo 3:

A função $y = \dfrac{2x + 1}{x - 1}$ tende para 2 quando $x \to \pm\infty$ e escrevemos

$$\lim_{x \to \pm\infty} \dfrac{2x + 1}{x - 1} = 2.$$

Tabela 3.3

x	3	2	1,5	1,25	1,1	1,01	1,001	1,0001	...
y	3,5	5	8	14	32	302	3.002	30.002	...

x	-1	0	0,9	0,99	0,999	0,9999	...
y	0,5	-1	-28	-298	-2.998	-29.998	...

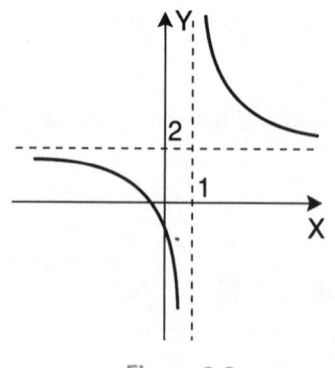

Figura 3.3

Observando a Figura 3.3 e a Tabela 3.3 ainda podemos dizer que $y \to +\infty$ quando $x \to 1$ através de valores maiores do que 1 e $y \to -\infty$ quando $x \to 1$ através de valores menores do que 1. Nesse caso, estamos nos referindo aos *limites laterais* denotados por:

$$\lim_{x\to 1^+} \frac{2x+1}{x-1} = +\infty \quad \text{e} \quad \lim_{x\to 1^-} \frac{2x+1}{x-1} = -\infty,$$

respectivamente chamados *limite à direita e limite à esquerda*.

Exemplo 4:

A Figura 3.4 nos mostra o gráfico da função

$$y = \frac{1}{(x+1)^2}.$$

Observando a Figura 3.4 e a Tabela 3.4 podemos afirmar que esta função tende para o infinito quando x tende para -1 e escrevemos

$$\lim_{x\to -1} \frac{1}{(x+1)^2} = +\infty$$

ou ainda,

$$\lim_{x\to -1^+} \frac{1}{(x+1)^2} = \lim_{x\to -1^-} \frac{1}{(x+1)^2} = +\infty.$$

Tabela 3.4

x	-3	-2	$-1,5$	$-1,25$	$-1,1$	$-1,01$	$-1,001$	...
y	0,25	1	4	16	100	10.000	1.000.000	...

x	1	0	$-0,5$	$-0,75$	$-0,9$	$-0,99$	$-0,999$	...
y	0,25	1	4	16	100	10.000	1.000.000	...

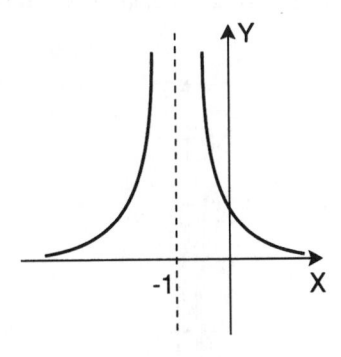

Figura 3.4

Exemplo 5:

A Figura 3.5 mostra o gráfico da função $y = \dfrac{-1}{(x-2)^2}$ e a Tabela 3.5 apresenta o comportamento da função numa vizinhança de 2.

Escrevemos $\lim_{x \to 2} \dfrac{-1}{(x-2)^2} = -\infty$ ou $y \to -\infty$ quando $x \to 2$.

Tabela 3.5

x	4	3	2,5	2,1	2,01	2,001	...
y	$-0,25$	-1	-4	-100	-10.000	$-1.000.000$	...

x	0	1	1,5	1,9	1,99	1,999	...
y	$-0,25$	-1	-4	-100	-10.000	$-1.000.000$	...

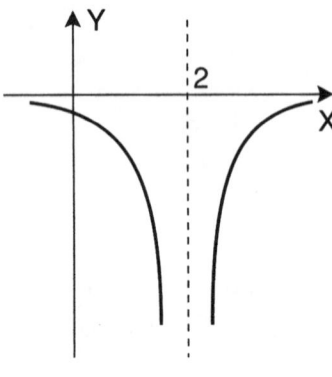

Figura 3.5

Exemplo 6:

Na Figura 3.6 temos o gráfico da função $y = \cos \dfrac{1}{x}$. Observando esta figura e a Tabela 3.6, podemos afirmar que o gráfico dessa função oscila numa vizinhança de zero, sem tender para um limite.

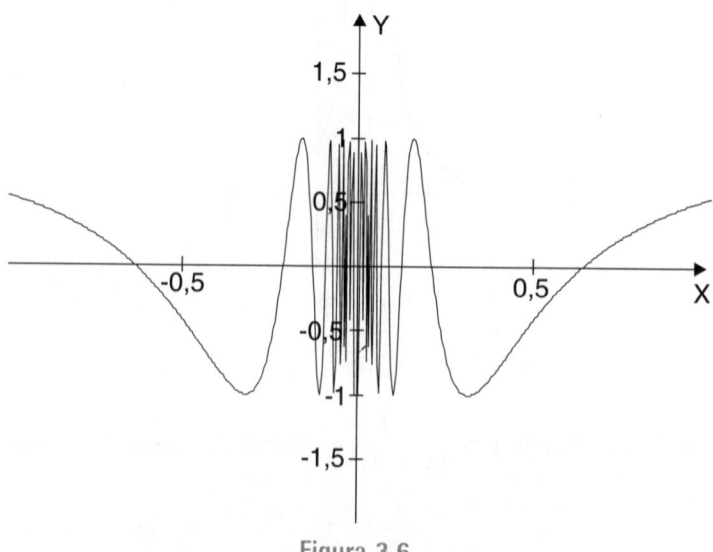

Figura 3.6

Tabela 3.6

x	$\frac{1}{\pi} \cong 0{,}318309$	$\frac{1}{2\pi} \cong 0{,}159154$	$\frac{1}{3\pi} \cong 0{,}106103$	$\frac{1}{4\pi} \cong 0{,}0795774$	...
y	-1	1	-1	1	...

Exemplo 7:

Na Figura 3.7 temos o gráfico da função $y = \frac{1}{2}x + 3$. De modo análogo aos exemplos anteriores, observando esse gráfico e a Tabela 3.7, podemos escrever que

$$\lim_{x \to 4^+}\left(\frac{1}{2}x + 3\right) = \lim_{x \to 4^-}\left(\frac{1}{2}x + 3\right) = 5$$

ou ainda,

$$\lim_{x \to 4}\left(\frac{1}{2}x + 3\right) = 5.$$

Tabela 3.7

x	5	4,5	4,1	4,01	4,001	4,0001	...
y	5,5	5,25	5,05	5,005	5,0005	5,00005	...

x	3	3,5	3,9	3,99	3,999	3,9999	...
y	4,5	4,75	4,95	4,995	4,9995	4,99995	...

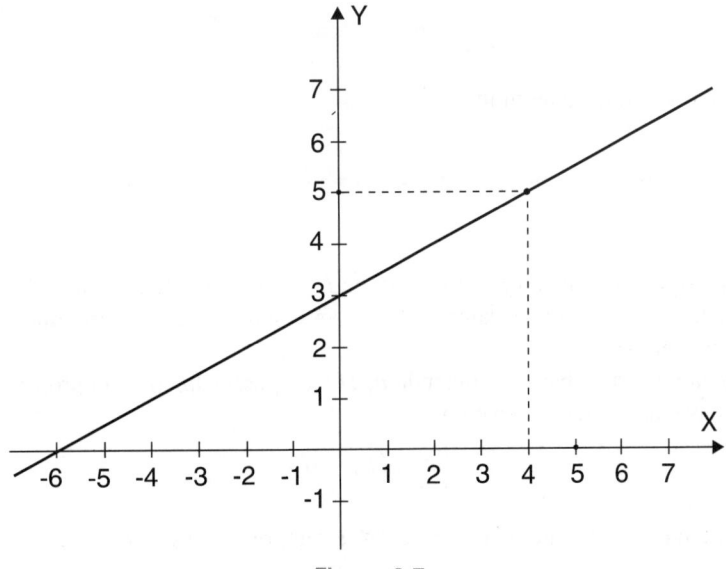

Figura 3.7

Pode-se observar no Exemplo 7 que, à medida que tomamos valores de x cada vez mais próximos de 4 ou ($x \to 4$), os valores de y tornam-se cada vez mais próximos de 5 ou ($y \to 5$), independentemente da sucessão de valores de x usados.

Esse mesmo exemplo pode ser analisado de outra forma, mais conveniente para a introdução da definição formal de limite.

Pode-se observar que é possível tornar o valor de y tão próximo de 5 quanto desejamos, desde que tornemos x suficiente próximo de $4 (x \neq 4)$.

A idéia "tornar o valor de y tão próximo de 5 quanto desejarmos", é traduzida matematicamente pela desigualdade

$$|y - 5| < \varepsilon \qquad (1)$$

sendo ε um número positivo qualquer, tão pequeno quanto se possa imaginar.

A idéia "desde que tornemos x suficientemente próximo de 4 ($x \neq 4$)" significa que deve existir um intervalo aberto de raio $\delta > 0$ e centro $a = 4$, tal que se x ($x \neq 4$) variar nesse intervalo (isto é, se $0 < |x - 4| < \delta$), então deve valer a desigualdade (1).

Na Figura 3.8 ilustramos essas idéias geometricamente.

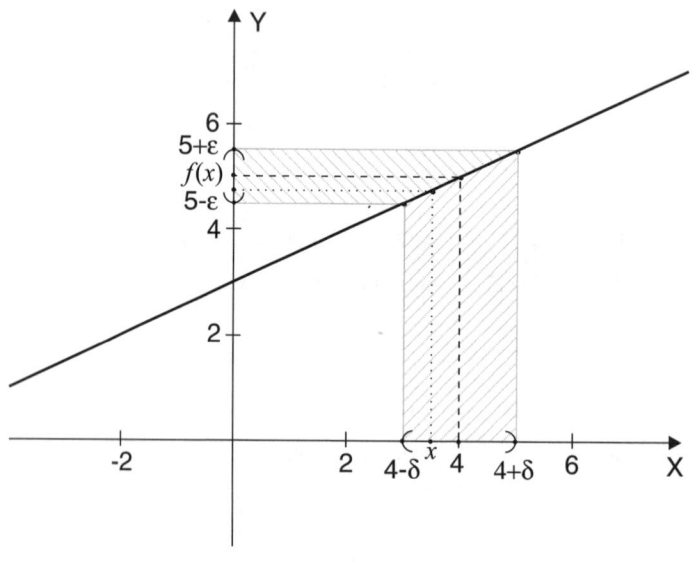

Figura 3.8

Podemos agora formular a definição de limite.

3.2 Definição

Intuitivamente, dizemos que uma função $f(x)$ tem limite L quando x tende para a, se é possível tornar $f(x)$ arbitrariamente próximo de L, desde que tomemos valores de x, $x \neq a$ suficientemente próximos de a.

De uma maneira formal, temos:

Seja $f(x)$ definida num intervalo aberto I, contendo a, exceto, possivelmente, no próprio a. Dizemos que o limite de $f(x)$ quando x aproxima-se de a é L e escrevemos

$$\lim_{x \to a} f(x) = L$$

se, para todo $\varepsilon > 0$, existe um $\delta > 0$, tal que $|f(x) - L| < \varepsilon$ sempre $0 < |x - a| < \delta$.

3.3 Exemplos

Usando a definição 3.2 provar que:

(i) $\lim_{x \to 1} (3x - 1) = 2$.

De acordo com a definição 3.2 devemos mostrar que, para todo $\varepsilon > 0$, existe um $\delta > 0$, tal que

$|(3x - 1) - 2| < \varepsilon$ sempre que $0 < |x - 1| < \delta$.

O exame da desigualdade envolvendo ε proporciona uma chave para a escolha de δ.
As seguintes desigualdades são equivalentes:

$|3x - 1 - 2| < \varepsilon$

$\quad |3x - 3| < \varepsilon$

$|3(x - 1)| < \varepsilon$

$\quad 3|x - 1| < \varepsilon$

$\quad |x - 1| < \varepsilon/3$.

A última desigualdade nos sugere a escolha do δ.

Fazendo $\delta = \varepsilon/3$, vem que

$|(3x - 1) - 2| < \varepsilon$ sempre que $0 < |x - 1| < \delta$.

Portanto, $\lim_{x \to 1} (3x - 1) = 2$.

Observamos que o valor sugerido para δ não é o único valor que garante a relação pretendida. Poderíamos tomar, por exemplo, $\delta = \dfrac{\varepsilon}{4}$ ou qualquer outro valor $\delta < \dfrac{\varepsilon}{3}$.

(ii) $\lim_{x \to 4} x^2 = 16$.

Vamos mostrar que, dado $\varepsilon > 0$, existe $\delta > 0$, tal que

$|x^2 - 16| < \varepsilon$ sempre que $0 < |x - 4| < \delta$.

Da desigualdade que envolve ε, temos

$|x^2 - 16| \quad < \varepsilon$

$|x - 4||x + 4| < \varepsilon$

Necessitamos agora substituir $|x + 4|$ por um valor constante. Nesse caso, vamos supor

$0 < \delta \leq 1$,

e então, de $0 < |x - 4| < \delta$, seguem as seguintes desigualdades equivalentes:

$\quad\quad |x - 4| < 1$

$-1 < x - 4 < 1$

$\quad\quad\quad 3 < x < 5$

$\quad\quad 7 < x + 4 < 9$

Portanto, $|x + 4| < 9$.

Escolhendo $\delta = \min(\varepsilon/9, 1)$, temos que, se $|x - 4| < \delta$, então

$|x^2 - 16| = |x - 4||x + 4| < \delta \cdot 9$

$$\leq \frac{\varepsilon}{9} \cdot 9$$
$$= \varepsilon.$$

Logo $\lim_{x \to 4} x^2 = 16$.

3.4 Proposição (Unicidade do Limite)

Se $\lim_{x \to a} f(x) = L_1$ e $\lim_{x \to a} f(x) = L_2$, então $L_1 = L_2$.

Prova Seja $\varepsilon > 0$ arbitrário. Como $\lim_{x \to a} f(x) = L_1$, existe $\delta_1 > 0$ tal que

$|f(x) - L_1| < \varepsilon/2$ sempre que $0 < |x - a| < \delta_1$.

Como $\lim_{x \to a} f(x) = L_2$, existe $\delta_2 > 0$ tal que

$|f(x) - L_2| < \varepsilon/2$ sempre que $0 < |x - a| < \delta_2$.

Seja $\delta = \min\{\delta_1, \delta_2\}$. Então $|f(x) - L_1| < \varepsilon/2$ e $|f(x) - L_2| < \varepsilon/2$ sempre que $0 < |x - a| < \delta$.

Seja x tal que $0 < |x - a| < \delta$. Então, podemos escrever

$|L_1 - L_2| = |L_1 - f(x) + f(x) - L_2| \leq |f(x) - L_1| + |f(x) - L_2| < \varepsilon/2 + \varepsilon/2 = \varepsilon$.

Como ε é arbitrário, temos $|L_1 - L_2| = 0$ e portanto $L_1 = L_2$.

3.5 Propriedades dos Limites

Na Seção 3.3, usamos a definição de limite para provar que um dado número era limite de uma função. Foi um processo relativamente simples para funções lineares, que se tornou complicado para funções mais elaboradas. A seguir introduziremos propriedades que podem ser usadas para achar muitos limites sem apelar para a pesquisa do número δ que aparece na definição 3.2.

3.5.1 Proposição Se a, m e n são números reais, então

$$\lim_{x \to a} (mx + n) = ma + n.$$

Prova Caso 1: $m \neq 0$ De acordo com a definição 3.2, dado $\varepsilon > 0$, devemos mostrar que existe $\delta > 0$, tal que

$|(mx + n) - (ma + n)| < \varepsilon$ sempre que $0 < |x - a| < \delta$.

Podemos obter a chave para a escolha de δ examinando a desigualdade que envolve ε. As seguintes desigualdades são equivalentes:

$$|(mx + n) - (ma + n)| < \varepsilon$$
$$|mx - ma| < \varepsilon$$
$$|m||x - a| < \varepsilon$$
$$|x - a| < \frac{\varepsilon}{|m|}.$$

A última desigualdade sugere a escolha $\delta = \dfrac{\varepsilon}{|m|}$.

De fato, se $\delta = \dfrac{\varepsilon}{|m|}$, temos

$$|(mx + n) - (ma + n)| = |m||x - a| < |m| \cdot \dfrac{\varepsilon}{|m|} \text{ sempre que } 0 < |x - a| < \delta,$$

e, portanto,

$$\lim_{x \to a} (mx + n) = ma + n.$$

Caso 2: $m = 0$ Se $m = 0$, então $|(mx + n) - (ma + n)| = 0$ para todos os valores de x.

Logo, tomando qualquer $\delta > 0$, a definição de limite é satisfeita.

Portanto, $\lim_{x \to a}(mx + n) = ma + n$, para quaisquer a, m e n reais.

Da proposição 3.5.1, decorre que:

(a) Se c é um número real qualquer, então

$$\lim_{x \to a} c = c.$$

(b) $\lim_{x \to a} x = a$.

3.5.2 Proposição Se $\lim_{x \to a} f(x)$ e $\lim_{x \to a} g(x)$ existem, e c é um número real qualquer, então:

(a) $\lim_{x \to a} [f(x) \pm g(x)] = \lim_{x \to a} f(x) \pm \lim_{x \to a} g(x);$

(b) $\lim_{x \to a} cf(x) = c \cdot \lim_{x \to a} f(x);$

(c) $\lim_{x \to a} f(x) \cdot g(x) = \lim_{x \to a} f(x) \cdot \lim_{x \to a} g(x);$

(d) $\lim_{x \to a} \dfrac{f(x)}{g(x)} = \dfrac{\lim_{x \to a} f(x)}{\lim_{x \to a} g(x)}$, desde que $\lim_{x \to a} g(x) \neq 0;$

(e) $\lim_{x \to a} [f(x)]^n = [\lim_{x \to a} f(x)]^n$ para qualquer inteiro positivo n;

(f) $\lim_{x \to a} \sqrt[n]{f(x)} = \sqrt[n]{\lim_{x \to a} f(x)}$, se $\lim_{x \to a} f(x) > 0$ e n inteiro ou se $\lim_{x \to a} f(x) \leq 0$ e n é um inteiro positivo ímpar;

(g) $\lim_{x \to a} \ln [f(x)] = \ln [\lim_{x \to a} f(x)]$ se $\lim_{x \to a} f(x) > 0;$

(h) $\lim_{x \to a} \cos[f(x)] = \cos[\lim_{x \to a} f(x)];$

(i) $\lim_{x \to a} \text{sen}\,[f(x)] = \text{sen}\,[\lim_{x \to a} f(x)];$

(j) $\lim_{x \to a} e^{f(x)} = e^{\lim_{x \to a} f(x)}.$

Provaremos o item (a) desta proposição usando sinal positivo.

Prova do item (a)

Sejam $\lim_{x \to a} f(x) = L$, $\lim_{x \to a} g(x) = M$ e $\varepsilon > 0$ arbitrário. Devemos provar que existe $\delta > 0$ tal que

$$|(f(x) + g(x)) - (L + M)| < \varepsilon \text{ sempre que } 0 < |x - a| < \delta.$$

Como $\lim_{x \to a} f(x) = L$ e $\varepsilon/2 > 0$, existe $\delta_1 > 0$ tal que $|f(x) - L| < \varepsilon/2$ sempre que $0 < |x - a| < \delta_1$.

Como $\lim_{x \to a} g(x) = M$, existe $\delta_2 > 0$ tal que $|g(x) - M| < \varepsilon/2$ sempre que $0 < |x - a| < \delta_2$.

Seja δ o menor dos números δ_1 e δ_2.

Então $\delta \leq \delta_1$ e $\delta \leq \delta_2$ e assim, se $0 < |x - a| < \delta$, temos $|g(x) - M| < \varepsilon/2$ e $|f(x) - L| < \varepsilon/2$.
Logo, $|(f(x) + g(x)) - (L + M)| = |(f(x) - L) + (g(x) - M)|$
$$\leq |f(x) - L| + |g(x) - M|$$
$$< \varepsilon/2 + \varepsilon/2$$
$$= \varepsilon$$

sempre que $0 < |x - a| < \delta$ e desta forma $\lim_{x \to a}(f(x) + g(x)) = L + M$.

3.5.3 Proposição Se $f(x) \leq h(x) \leq g(x)$ para todo x em um intervalo aberto contendo a, exceto possivelmente em $x = a$, e se

$$\lim_{x \to a} f(x) = L = \lim_{x \to a} g(x)$$

então,

$$\lim_{x \to a} h(x) = L.$$

Prova Seja $\varepsilon > 0$ arbitrário. Como $\lim_{x \to a} f(x) = L$, existe $\delta_1 > 0$ tal que $|f(x) - L| < \varepsilon$ sempre que $0 < |x - a| < \delta_1$.
Como $\lim_{x \to a} g(x) = L$, existe $\delta_2 > 0$ tal que $|g(x) - L| < \varepsilon$ sempre que $0 < |x - a| < \delta_2$.

Seja $\delta = \min\{\delta_1, \delta_2\}$.

Então, se $0 < |x - a| < \delta$ temos que $|f(x) - L| < \varepsilon$ e $|g(x) - L| < \varepsilon$, ou de forma equivalente, $L - \varepsilon < g(x) < L + \varepsilon$ e $L - \varepsilon < f(x) < L + \varepsilon$.

Assim, usando a hipótese, concluímos que, se $0 < |x - a| < \delta$, então,

$L - \varepsilon < f(x) \leq h(x) \leq g(x) < L + \varepsilon$, isto é,

$L - \varepsilon < h(x) < L + \varepsilon$.

Logo, se $0 < |x - a| < \delta$, temos que $|h(x) - L| < \varepsilon$ e, portanto, $\lim_{x \to a} h(x) = L$.

Na Figura 3.9 podemos observar graficamente um exemplo da situação descrita nessa proposição. Esse resultado é conhecido como Teorema do Confronto ou Teorema do Sanduíche.

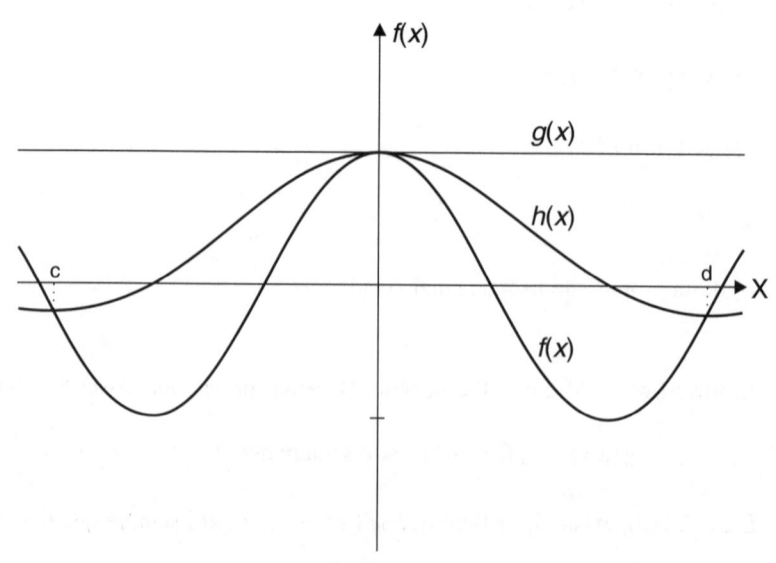

Figura 3.9

3.5.4 Exemplos.

(i) Encontrar $\lim_{x \to 2} (x^2 + 3x + 5)$.

Temos,

$$\lim_{x \to 2} (x^2 + 3x + 5) = \lim_{x \to 2} x^2 + \lim_{x \to 2} 3x + \lim_{x \to 2} 5$$

$$= \lim_{x \to 2} x^2 + 3 \lim_{x \to 2} x + \lim_{x \to 2} 5$$

$$= 2^2 + 3 \cdot 2 + 5$$

$$= 15.$$

(ii) Encontrar $\lim_{x \to 3} \dfrac{x - 5}{x^3 - 7}$.

$$\lim_{x \to 3} \frac{x - 5}{x^3 - 7} = \frac{\lim_{x \to 3} (x - 5)}{\lim_{x \to 3} (x^3 - 7)} = \frac{3 - 5}{27 - 7} = \frac{-1}{10}.$$

(iii) Encontrar $\lim_{x \to -2} \sqrt{x^4 - 4x + 1}$.

$$\lim_{x \to -2} \sqrt{x^4 - 4x + 1} = \sqrt{\lim_{x \to -2} (x^4 - 4x + 1)}$$

$$= \sqrt{(-2)^4 - 4(-2) + 1}$$

$$= 5.$$

(iv) Encontrar $\lim_{x \to 1} \dfrac{x^2 - 1}{x - 1}$.

Nesse caso, não podemos aplicar a propriedade do quociente, pois $\lim_{x \to 1} (x - 1) = 0$.

Porém, se fatoramos o numerador, obtemos

$$\frac{x^2 - 1}{x - 1} = \frac{(x - 1)(x + 1)}{x - 1} = x + 1 \text{ para } x \neq 1.$$

Como no processo de limite os valores de x considerados são próximos de 1, mas diferentes de 1, temos

$$\lim_{x \to 1} \frac{x^2 - 1}{x - 1} = \lim_{x \to 1} \frac{(x - 1)(x + 1)}{x - 1} = \lim_{x \to 1} (x + 1) = 2.$$

(v) Encontrar $\lim_{x \to 0} x^2 \left| \text{sen} \dfrac{1}{x} \right|$.

Vamos usar a proposição 3.5.3. Como todos os valores da função seno estão entre -1 e 1, temos

$$0 \leq \left| \text{sen} \frac{1}{x} \right| \leq 1, \forall\, x \neq 0.$$

Multiplicando a desigualdade por x^2, temos

$$0 \leq x^2 \left| \text{sen} \frac{1}{x} \right| \leq x^2, \forall\, x \neq 0.$$

Como $\lim_{x \to 0} 0 = 0$ e $\lim_{x \to 0} x^2 = 0$, pela proposição 3.5.3 concluímos que $\lim_{x \to 0} x^2 \left| \text{sen} \dfrac{1}{x} \right| = 0$.

A Figura 3.10 ilustra a resolução desse exercício.

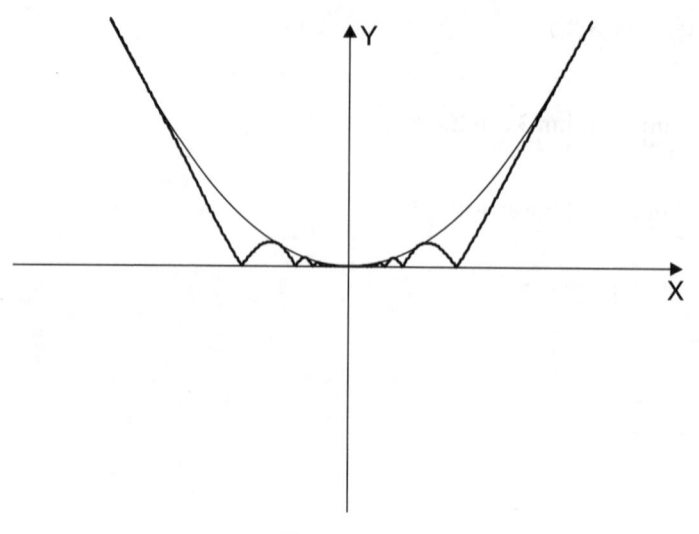

Figura 3.10

3.6 Exercícios

1. Seja $f(x)$ a função definida pelo gráfico:

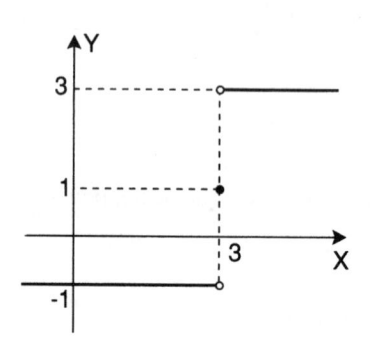

Intuitivamente, encontre se existir:

(a) $\lim_{x \to 3^-} f(x)$.

(b) $\lim_{x \to 3^+} f(x)$.

(c) $\lim_{x \to 3} f(x)$.

(d) $\lim_{x \to -\infty} f(x)$.

(e) $\lim_{x \to +\infty} f(x)$.

(f) $\lim_{x \to 4} f(x)$.

2. Seja $f(x)$ a função definida pelo gráfico:

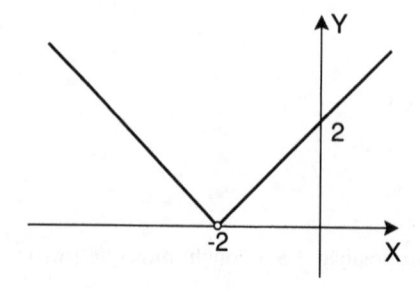

Intuitivamente, encontre se existir:

(a) $\lim\limits_{x \to -2^+} f(x)$.

(b) $\lim\limits_{x \to -2^-} f(x)$.

(c) $\lim\limits_{x \to -2} f(x)$.

(d) $\lim\limits_{x \to +\infty} f(x)$.

3. Seja $f(x)$ a função definida pelo gráfico:

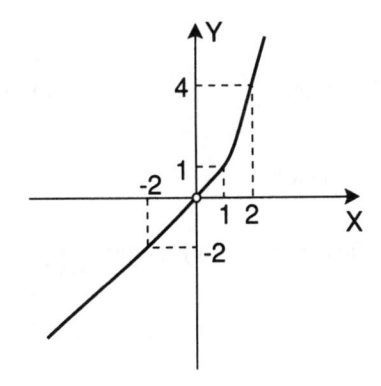

Intuitivamente, encontre se existir:

(a) $\lim\limits_{x \to 0^+} f(x)$.

(b) $\lim\limits_{x \to 0^-} f(x)$.

(c) $\lim\limits_{x \to 0} f(x)$.

(d) $\lim\limits_{x \to +\infty} f(x)$.

(e) $\lim\limits_{x \to -\infty} f(x)$.

(f) $\lim\limits_{x \to 2} f(x)$.

4. Seja $f(x)$ a função definida pelo gráfico:

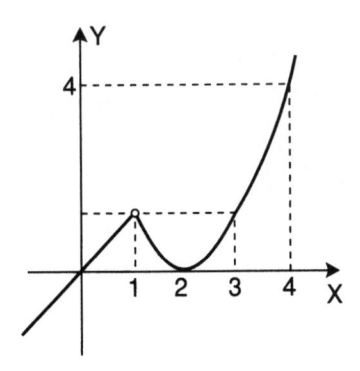

Intuitivamente, encontre se existir:

(a) $\lim\limits_{x \to 2^+} f(x)$.

(b) $\lim\limits_{x \to 2^-} f(x)$.

(c) $\lim\limits_{x \to +\infty} f(x)$.

(d) $\lim\limits_{x \to -\infty} f(x)$.

(e) $\lim\limits_{x \to 1} f(x)$.

5. Seja $f(x)$ a função definida pelo gráfico:

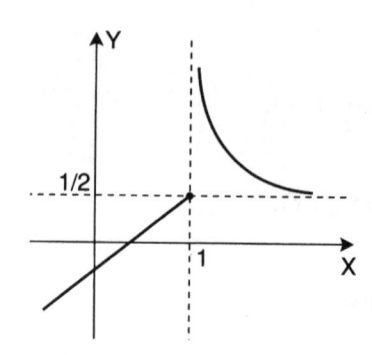

Intuitivamente, encontre se existir:

(a) $\lim_{x \to 1^+} f(x)$.

(b) $\lim_{x \to 1^-} f(x)$.

(c) $\lim_{x \to 1} f(x)$.

(d) $\lim_{x \to +\infty} f(x)$.

(e) $\lim_{x \to -\infty} f(x)$.

6. Descrever analítica e graficamente uma função $y = f(x)$ tal que $\lim_{x \to 3} f(x)$ não existe e $\lim_{x \to 6} f(x)$ existe.

7. Definir uma função $y = g(x)$ tal que $\lim_{x \to 2} g(x) = 4$, mas $g(x)$ não é definida em $x = 2$.

8. Definir e fazer o gráfico de uma função $y = h(x)$ tal que $\lim_{x \to 0^+} h(x) = 1$ e $\lim_{x \to 0^-} h(x) = 2$.

9. Mostrar que existe o limite de $f(x) = 4x - 5$ em $x = 3$ e que é igual a 7.

10. Mostrar que $\lim_{x \to 3} x^2 = 9$.

Nos exercícios 11 a 15 é dado $\lim_{x \to a} f(x) = L$. Determinar um número δ para o ε dado tal que $|f(x) - L| < \varepsilon$ sempre que $0 < |x - a| < \delta$. Dar exemplos de dois outros números positivos para δ, que também satisfazem a implicação dada.

11. $\lim_{x \to 2} (2x + 4) = 8$, $\varepsilon = 0{,}01$.

12. $\lim_{x \to -1} (-3x + 7) = 10$, $\varepsilon = 0{,}5$.

13. $\lim_{x \to -2} \dfrac{x^2 - 4}{x + 2} = -4$, $\varepsilon = 0{,}1$.

14. $\lim_{x \to 5} \dfrac{1}{2 - x} = \dfrac{-1}{3}$, $\varepsilon = 0{,}25$.

15. $\lim_{x \to 1} \dfrac{x^2 - 1}{x - 1} = 2$, $\varepsilon = 0{,}75$.

16. Fazer o gráfico das funções $y = f(x)$ dadas, explorando diversas escalas para visualizar melhor o gráfico numa vizinhança da origem. Observando o gráfico, qual a sua conjectura sobre o $\lim_{x \to 0} f(x)$? Comprove analiticamente se a sua conjectura é verdadeira.

(a) $f(x) = \operatorname{sen} \dfrac{1}{x}$

(b) $f(x) = x\operatorname{sen} \dfrac{1}{x}$

(c) $f(x) = x^2\operatorname{sen} \dfrac{1}{x}$

(d) $f(x) = x^3\operatorname{sen} \dfrac{1}{x}$

17. Mostrar que:

   (i) Se f é uma função polinomial, então $\lim\limits_{x \to a} f(x) = f(a)$ para todo real a.

   (ii) Se g é uma função racional e a pertence ao domínio de g, então $\lim\limits_{x \to a} g(x) = g(a)$.

Calcular os limites nos exercícios 18 a 37 usando as propriedades de Limites.

18. $\lim\limits_{x \to 0} (3 - 7x - 5x^2)$.

19. $\lim\limits_{x \to 3} (3x^2 - 7x + 2)$.

20. $\lim\limits_{x \to -1} (-x^5 + 6x^4 + 2)$.

21. $\lim\limits_{x \to 1/2} (2x + 7)$.

22. $\lim\limits_{x \to -1} [(x + 4)^3 \cdot (x + 2)^{-1}]$.

23. $\lim\limits_{x \to 0} [(x - 2)^{10} \cdot (x + 4)]$.

24. $\lim\limits_{x \to 2} \dfrac{x + 4}{3x - 1}$.

25. $\lim\limits_{t \to 2} \dfrac{t + 3}{t + 2}$.

26. $\lim\limits_{x \to 1} \dfrac{x^2 - 1}{x - 1}$.

27. $\lim\limits_{t \to 2} \dfrac{t^2 + 5t + 6}{t + 2}$.

28. $\lim\limits_{t \to 2} \dfrac{t^2 - 5t + 6}{t - 2}$.

29. $\lim\limits_{s \to 1/2} \dfrac{s + 4}{2s}$.

30. $\lim\limits_{x \to 4} \sqrt[3]{2x + 3}$.

31. $\lim\limits_{x \to 7} (3x + 2)^{2/3}$.

32. $\lim\limits_{x \to \sqrt{2}} \dfrac{2x^2 - x}{3x}$.

33. $\lim\limits_{x \to 2} \dfrac{x\sqrt{x} - \sqrt{2}}{3x - 4}$.

34. $\lim\limits_{x \to \pi/2} [2 \operatorname{sen} x - \cos x + \operatorname{cotg} x]$.

35. $\lim\limits_{x \to 4} (e^x + 4x)$.

36. $\lim\limits_{x \to -1/3} (2x + 3)^{1/4}$.

37. $\lim\limits_{x \to 2} \dfrac{\operatorname{senh} x}{4}$.

3.7 Limites Laterais

3.7.1 Definição Seja f uma função definida em um intervalo aberto (a, c). Dizemos que um número L é o *limite à direita* da função f quando x tende para a e escrevemos

$$\lim_{x \to a^+} f(x) = L,$$

se para todo $\varepsilon > 0$ existe um $\delta > 0$, tal que $|f(x) - L| < \varepsilon$ sempre que $a < x < a + \delta$.

Se $\lim_{x \to a^+} f(x) = L$, dizemos que $f(x)$ tende para L quando x tende para a *pela direita*. Usamos o símbolo $x \to a^+$ para indicar que os valores são sempre maiores do que a.

De maneira análoga, definimos limite à esquerda.

3.7.2 Definição Seja f uma função definida em um intervalo aberto (d, a). Dizemos que um número L é o *limite à esquerda* da função f quando x tende para a e escrevemos

$$\lim_{x \to a^-} f(x) = L,$$

se para todo $\varepsilon > 0$, existe um $\delta > 0$, tal que $|f(x) - L| < \varepsilon$ sempre que $a - \delta < x < a$.

Nesse caso, o símbolo $x \to a^-$ indica que os valores de x considerados são sempre menores do que a.

Observação. As propriedades de limites, vistas nas proposições 3.5.1, 3.5.2 e 3.5.3 continuam válidas se substituirmos $x \to a$ por $x \to a^+$ ou $x \to a^-$.

3.7.3 Exemplos

(i) Dada a função $f(x) = (1 + \sqrt{x - 3})$, determinar, se possível,

$$\lim_{x \to 3^+} f(x) \text{ e } \lim_{x \to 3^-} f(x).$$

A função dada só é definida para $x \geq 3$. Assim, não existe $\lim_{x \to 3^-} f(x)$.

Para calcular $\lim_{x \to 3^+} f(x)$, podemos aplicar as propriedades. Temos,

$$\lim_{x \to 3^+} f(x) = \lim_{x \to 3^+} (1 + \sqrt{x - 3})$$

$$= \lim_{x \to 3^+} 1 + \lim_{x \to 3^+} \sqrt{x - 3}$$

$$= 1 + \sqrt{\lim_{x \to 3^+} (x - 3)}$$

$$= 1 + 0$$

$$= 1.$$

(ii) Seja $f(x) = \begin{cases} \dfrac{-|x|}{x}, & \text{se } x \neq 0 \\ 1, & \text{se } x = 0 \end{cases}$

Determinar $\lim_{x \to 0^+} f(x)$ e $\lim_{x \to 0^-} f(x)$. Esboçar o gráfico.

Se $x > 0$, então $|x| = x$ e $f(x) = \dfrac{-x}{x} = -1$.

Logo, $\lim_{x \to 0^+} f(x) = \lim_{x \to 0^+} -1 = -1$.

Se $x < 0$, então $|x| = -x$ e $f(x) = \dfrac{x}{x} = 1$.

Portanto, $\lim_{x \to 0^-} f(x) = \lim_{x \to 0^-} 1 = 1$.

O gráfico da função pode ser visto na Figura 3.11. Observamos que $\lim_{x \to 0^+} f(x) \neq \lim_{x \to 0^-} f(x)$.

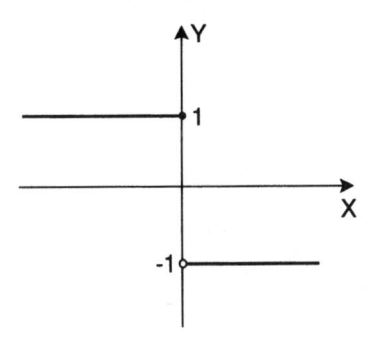

Figura 3.11

(iii) Seja $f(x) = |x|$. Determinar $\lim_{x \to 0^+} f(x)$ e $\lim_{x \to 0^-} f(x)$. Esboçar o gráfico.

Se $x \geq 0$, então $f(x) = x$. Logo $\lim_{x \to 0^+} f(x) = \lim_{x \to 0^+} x = 0$.

Se $x < 0$, então $f(x) = -x$. Logo $\lim_{x \to 0^-} f(x) = \lim_{x \to 0^-} (-x) = 0$.

A Figura 3.12 mostra o esboço do gráfico da função. Neste exemplo, podemos observar que $\lim_{x \to 0^+} f(x) = \lim_{x \to 0^-} f(x)$.

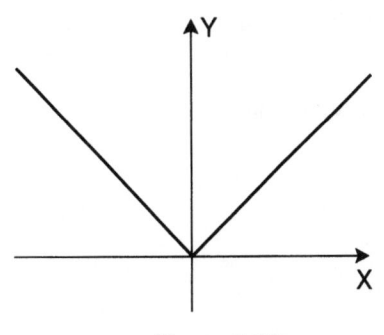

Figura 3.12

O teorema a seguir nos dá a relação existente ente *limites laterais* e *limite* de uma função.

3.7.4 Teorema

Se f é definida em um intervalo aberto contendo a, exceto possivelmente no ponto a, então $\lim_{x \to a} f(x) = L$ se e somente se $\lim_{x \to a^+} f(x) = L$ e $\lim_{x \to a^-} f(x) = L$.

Prova Provaremos apenas a condição suficiente. A condição necessária é conseqüência imediata das definições dos limites envolvidos.

Suponhamos que $\lim_{x \to a^+} f(x) = L$ e $\lim_{x \to a^-} f(x) = L$. Então, dado $\varepsilon > 0$ arbitrário, existe $\delta_1 > 0$ tal que $|f(x) - L| < \varepsilon$ sempre que $a < x < a + \delta_1$ e existe $\delta_2 > 0$ tal que $|f(x) - L| < \varepsilon$ sempre que $a - \delta_2 < x < a$.

Seja $\delta = \min\{\delta_1, \delta_2\}$. Então $a - \delta_2 \leq a - \delta$ e $a + \delta \leq a + \delta_1$, e, portanto, se $x \neq a$ e $a - \delta < x < a + \delta$, temos que $|f(x) - L| < \varepsilon$.

De forma equivalente, $|f(x) - L| < \varepsilon$ sempre que $0 < |x - a| < \delta$ e, desta forma, $\lim_{x \to a} f(x) = L$.

3.7.5 Exemplos

(i) Analisando os exemplos anteriores, podemos concluir que:

(a) Também não existe $\lim_{x \to 0} -\dfrac{|x|}{x}$.

(b) $\lim_{x \to 0} |x| = 0$.

(ii) Seja $f(x) = \begin{cases} x^2 + 1, & \text{para } x < 2 \\ 2, & \text{para } x = 2 \\ 9 - x^2, & \text{para } x > 2. \end{cases}$

Determinar, se existirem, $\lim_{x \to 2^+} f(x)$, $\lim_{x \to 2^-} f(x)$ e $\lim_{x \to 2} f(x)$. Esboçar o gráfico da função.

Se $x > 2$, então, $f(x) = 9 - x^2$.

Assim,

$$\lim_{x \to 2^+} f(x) = \lim_{x \to 2^+} (9 - x^2) = \lim_{x \to 2^+} 9 - \lim_{x \to 2^+} x^2 = 9 - 4 = 5.$$

Se $x < 2$, então $f(x) = x^2 + 1$.

Portanto,

$$\lim_{x \to 2^-} f(x) = \lim_{x \to 2^-} (x^2 + 1) = \lim_{x \to 2^-} x^2 + \lim_{x \to 2^-} 1 = 4 + 1 = 5.$$

Como $\lim_{x \to 2^+} f(x) = \lim_{x \to 2^-} f(x) = 5$, concluímos que

$$\lim_{x \to 2} f(x) = 5.$$

A Figura 3.13 mostra o gráfico de $f(x)$.

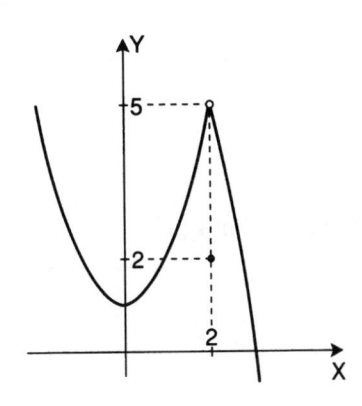

Figura 3.13

3.8 Exercícios

1. Seja $f(x) = \begin{cases} x - 1, & x \leq 3 \\ 3x - 7, & x > 3. \end{cases}$

   Calcule:

   (a) $\lim_{x \to 3^-} f(x)$.
   (b) $\lim_{x \to 3^+} f(x)$.
   (c) $\lim_{x \to 3} f(x)$.

   (d) $\lim_{x \to 5^-} f(x)$.
   (e) $\lim_{x \to 5^+} f(x)$.
   (f) $\lim_{x \to 5} f(x)$.

   Esboçar o gráfico de $f(x)$.

2. Seja $h(x) = \begin{cases} x^2 - 2x + 1, & x \neq 3 \\ 7, & x = 3. \end{cases}$

   Calcule $\lim_{x \to 3} h(x)$. Esboce o gráfico de $h(x)$.

3. Seja $F(x) = |x - 4|$. Calcule os limites indicados se existirem:

   (a) $\lim_{x \to 4^+} F(x)$.
   (b) $\lim_{x \to 4^-} F(x)$.
   (c) $\lim_{x \to 4} F(x)$.

   Esboce o gráfico de $F(x)$.

4. Seja $f(x) = 2 + |5x - 1|$. Calcule se existir:

   (a) $\lim_{x \to 1/5^+} f(x)$.
   (b) $\lim_{x \to 1/5^-} f(x)$.
   (c) $\lim_{x \to 1/5} f(x)$.

   Esboce o gráfico de $f(x)$.

5. Seja $g(x) = \begin{cases} \dfrac{|x-3|}{x-3}, & x \neq 3 \\ 0, & x = 3. \end{cases}$

   (a) Esboce o gráfico de $g(x)$.

   (b) Achar, se existirem $\lim_{x \to 3^+} g(x)$, $\lim_{x \to 3^-} g(x)$ e $\lim_{x \to 3} g(x)$.

6. Seja $h(x) = \begin{cases} x/|x|, & \text{se } x \neq 0 \\ 0, & \text{se } x = 0. \end{cases}$

   Mostrar que $h(x)$ não tem limite no ponto 0.

7. Determinar limites à direita e à esquerda da função $f(x) = \text{arc tg } 1/x$ quando $x \to 0$.

8. Verifique se $\lim_{x \to 1} \dfrac{1}{x-1}$ existe.

9. Seja $f(x) = \begin{cases} 1/x, & x < 0 \\ x^2, & 0 \leq x < 1 \\ 2, & x = 1 \\ 2-x, & x > 1. \end{cases}$

   Esboce o gráfico e calcule os limites indicados se existirem:

   (a) $\lim_{x \to -1} f(x)$.　　(b) $\lim_{x \to 1} f(x)$.　　(c) $\lim_{x \to 0^+} f(x)$.

   (d) $\lim_{x \to 0^-} f(x)$.　　(e) $\lim_{x \to 0} f(x)$.　　(f) $\lim_{x \to 2^+} f(x)$.

   (g) $\lim_{x \to 2^-} f(x)$.　　(h) $\lim_{x \to 2} f(x)$.

10. Seja $f(x) = (x^2 - 25)/(x-5)$.

    Calcule os limites indicados se existirem:

    (a) $\lim_{x \to 0} f(x)$.　　(b) $\lim_{x \to 5^+} f(x)$.　　(c) $\lim_{x \to -5^-} f(x)$.

    (d) $\lim_{x \to 5} f(x)$.　　(e) $\lim_{x \to -5} f(x)$.

3.9 Cálculo de Limites

Antes de apresentar os exemplos de cálculo de limites, vamos falar um pouco sobre *expressões indeterminadas*. Costuma-se dizer que as expressões:

$$\frac{0}{0}, \frac{\infty}{\infty}, \infty - \infty, 0 \times \infty, 0^0, \infty^0, 1^\infty$$

são indeterminadas. O que significa isto?

Vejamos, por exemplo, $\dfrac{0}{0}$.

Sejam f e g funções tais $\lim\limits_{x\to a} f(x) = \lim\limits_{x\to a} g(x) = 0$. Nada se pode afirmar, *a priori*, sobre o limite do quociente f/g. Dependendo das funções f e g ele pode assumir qualquer valor real ou não existir. Exprimimos isso, dizendo que 0/0 é um símbolo de indeterminação.

Para comprovar o que dissemos acima, vejamos dois exemplos:

(i) Sejam $f(x) = x^3$ e $g(x) = x^2$.

Temos, $\lim\limits_{x\to 0} f(x) = \lim\limits_{x\to 0} g(x) = 0$

e $\lim\limits_{x\to 0} \dfrac{f(g)}{g(x)} = \lim\limits_{x\to 0} \dfrac{x^3}{x^2} = \lim\limits_{x\to 0} x = 0.$

(ii) Sejam $f(x) = x^2$ e $g(x) = 2x^2$.

Temos, $\lim\limits_{x\to 0} f(x) = \lim\limits_{x\to 0} g(x) = 0$ e, neste caso,

$\lim\limits_{x\to 0} \dfrac{f(x)}{g(x)} = \lim\limits_{x\to 0} \dfrac{x^2}{2x^2} = \lim\limits_{x\to 0} \dfrac{1}{2} = \dfrac{1}{2}.$

Analisaremos, agora, alguns exemplos de cálculo de limites onde os artifícios algébricos são necessários. São os casos de funções racionais em que o limite do denominador é zero num determinado ponto e o limite do numerador também é zero neste mesmo ponto.

Simbolicamente estaremos diante da indeterminação do tipo 0/0.

Exemplo 1: $\lim\limits_{x\to -2} \dfrac{x^3 - 3x + 2}{x^2 - 4}.$

Neste caso, fatora-se o numerador e o denominador fazendo-se a seguir as simplificações possíveis. Aplicamos então a proposição 3.5.2.

Temos,

$$\lim_{x\to -2} \dfrac{x^3 - 3x + 2}{x^2 - 4} = \lim_{x\to -2} \dfrac{(x^2 - 2x + 1)(x + 2)}{(x - 2)(x + 2)}$$

$$= \lim_{x\to -2} \dfrac{x^2 - 2x + 1}{x - 2}$$

$$= \dfrac{\lim\limits_{x\to -2}(x^2 - 2x + 1)}{\lim\limits_{x\to -2}(x - 2)}$$

$$= -9/4.$$

Exemplo 2: $\lim\limits_{x\to 0} \dfrac{\sqrt{x + 2} - \sqrt{2}}{x}.$

Para este exemplo usaremos o artifício da racionalização do numerador da função.
Segue então,

$$\lim_{x \to 0} \frac{\sqrt{x+2} - \sqrt{2}}{x} = \lim_{x \to 0} \frac{(\sqrt{x+2} - \sqrt{2})(\sqrt{x+2} + \sqrt{2})}{x(\sqrt{x+2} + \sqrt{2})}$$

$$= \lim_{x \to 0} \frac{(\sqrt{x+2})^2 - (\sqrt{2})^2}{x(\sqrt{x+2} + \sqrt{2})}$$

$$= \lim_{x \to 0} \frac{x + 2 - 2}{x(\sqrt{x+2} + \sqrt{2})}$$

$$= \lim_{x \to 0} \frac{1}{\sqrt{x+2} + \sqrt{2}}$$

$$= \frac{1}{2\sqrt{2}}.$$

Exemplo 3: $\lim_{x \to 1} \dfrac{\sqrt[3]{x} - 1}{\sqrt{x} - 1}$.

Neste caso faremos uma troca de variáveis para facilitar os cálculos.

Por exemplo, $x = t^6, t \geq 0$.

Quando $t^6 \to 1$, temos que $t \to 1$.

Portanto,

$$\lim_{x \to 1} \frac{\sqrt[3]{x} - 1}{\sqrt{x} - 1} = \lim_{t \to 1} \frac{\sqrt[3]{t^6} - 1}{\sqrt{t^6} - 1}$$

$$= \lim_{t \to 1} \frac{t^2 - 1}{t^3 - 1}$$

$$= \lim_{t \to 1} \frac{(t-1)(t+1)}{(t-1)(t^2 + t + 1)}$$

$$= \lim_{t \to 1} \frac{t + 1}{t^2 + t + 1}$$

$$= 2/3.$$

Exemplo 4: $\lim_{h \to 0} \dfrac{(x+h)^2 - x^2}{h}$.

Neste exemplo, simplesmente desenvolve-se o numerador para poder realizar as simplificações. Obtem-se:

$$\lim_{h \to 0} \frac{(x+h)^2 - x^2}{h} = \lim_{h \to 0} \frac{x^2 + 2xh + h^2 - x^2}{h}$$

$$= \lim_{h \to 0} \frac{2xh + h^2}{h}$$

$$= \lim_{h \to 0} \frac{h(2x + h)}{h}$$

$$= \lim_{h \to 0} (2x + h)$$

$$= 2x.$$

3.10 Exercícios

1. Para cada uma das seguintes funções ache

$$\lim_{x \to 2} \frac{f(x) - f(2)}{x - 2}.$$

(a) $f(x) = 3x^2$. (b) $f(x) = 1/x, x \neq 0$. (c) $f(x) = 2/3x^2$.

(d) $f(x) = 3x^2 + 5x - 1$. (e) $f(x) = \dfrac{1}{x + 1}, x \neq -1$. (f) $f(x) = x^3$.

2. Esboçar o gráfico das seguintes funções e dar uma estimativa dos limites indicados.

(a) $f(x) = \dfrac{x^2 - 9}{x - 3}$; $\lim\limits_{x \to 3} f(x)$

(b) $f(x) = \dfrac{x^3 - 3x + 2}{x^2 - 4}$; $\lim\limits_{x \to -2} f(x)$

(c) $f(x) = \dfrac{\sqrt{x} - 1}{\sqrt[3]{x} - 1}$; $\lim\limits_{x \to 1} f(x)$

(d) $f(x) = \dfrac{x - 1}{x^3 - 1}$; $\lim\limits_{x \to 1} f(x)$

3. Calcular os limites indicados no Exercício 2 e comparar seus resultados com as estimativas obtidas.

Nos exercícios 4 a 27 calcule os limites.

4. $\lim\limits_{x \to -1} \dfrac{x^3 + 1}{x^2 - 1}$.

5. $\lim\limits_{t \to -2} \dfrac{t^3 + 4t^2 + 4t}{(t + 2)(t - 3)}$.

6. $\lim\limits_{x \to 2} \dfrac{x^2 + 3x - 10}{3x^2 - 5x - 2}$.

7. $\lim\limits_{t \to 5/2} \dfrac{2t^2 - 3t - 5}{2t - 5}$.

8. $\lim\limits_{x \to a} \dfrac{x^2 + (1 - a)x - a}{x - a}$.

9. $\lim\limits_{x \to 4} \dfrac{3x^2 - 17x + 20}{4x^2 - 25x + 36}$.

10. $\lim\limits_{x \to -1} \dfrac{x^2 + 6x + 5}{x^2 - 3x - 4}$.

11. $\lim\limits_{x \to -1} \dfrac{x^2 - 1}{x^2 + 3x + 2}$.

12. $\lim\limits_{x \to 2} \dfrac{x^2 - 4}{x - 2}$.

13. $\lim\limits_{x \to 2} \dfrac{x^2 - 5x + 6}{x^2 - 12x + 20}$.

14. $\lim_{h \to 0} \dfrac{(2+h)^4 - 16}{h}$.

15. $\lim_{t \to 0} \dfrac{(4+t)^2 - 16}{t}$.

16. $\lim_{t \to 0} \dfrac{\sqrt{25+3t} - 5}{t}$.

17. $\lim_{t \to 0} \dfrac{\sqrt{a^2+bt} - a}{t}, a > 0$.

18. $\lim_{h \to 1} \dfrac{\sqrt{h} - 1}{h - 1}$.

19. $\lim_{h \to -4} \dfrac{\sqrt{2(h^2-8)} + h}{h + 4}$.

20. $\lim_{h \to 0} \dfrac{\sqrt[3]{8+h} - 2}{h}$.

21. $\lim_{x \to 0} \dfrac{\sqrt{1+x} - 1}{-x}$.

22. $\lim_{t \to 0} \dfrac{\sqrt{x^2+a^2} - a}{\sqrt{x^2+b^2} - b}, a, b > 0$.

23. $\lim_{x \to a} \dfrac{\sqrt[3]{x} - \sqrt[3]{a}}{x - a}, a \neq 0$.

24. $\lim_{x \to 1} \dfrac{\sqrt[3]{x} - 1}{\sqrt[4]{x} - 1}$.

25. $\lim_{x \to 1} \dfrac{\sqrt[3]{x^2} - 2\sqrt[3]{x} + 1}{(x - 1)^2}$.

26. $\lim_{x \to 4} \dfrac{3 - \sqrt{5+x}}{1 - \sqrt{5-x}}$.

27. $\lim_{x \to 0} \dfrac{\sqrt{1+x} - \sqrt{1-x}}{x}$.

3.11 Limites no Infinito

No Exemplo 1 da Seção 3.1, analisamos o comportamento da função $f(x) = 1 - 1/x$ para valores de x muito grandes. Intuitivamente, vimos que podemos tornar o valor de $f(x)$ tão próximo de 1 quanto desejarmos, tomando para x valores suficientemente elevados. (Observar a Tabela 3.1.) Da mesma forma, fazendo x decrescer ilimitadamente vemos que $f(x)$ se aproxima desse mesmo valor 1.

Temos as seguintes definições:

3.11.1 Definição Seja f uma função definida em um intervalo aberto $(a, +\infty)$. Escrevemos,

$$\lim_{x \to +\infty} f(x) = L,$$

quando o número L satisfaz à seguinte condição:

Para qualquer $\varepsilon > 0$, existe $A > 0$ tal que $|f(x) - L| < \varepsilon$ sempre que $x > A$.

3.11.2 Definição Seja f definida em $(-\infty, b)$. Escrevemos,

$$\lim_{x \to -\infty} f(x) = L,$$

se L satisfaz a seguinte condição:

Para qualquer $\varepsilon > 0$, existe $B < 0$ tal que $|f(x) - L| < \varepsilon$ sempre que $x < B$.

Observação: as propriedades dos limites dadas na proposição 3.5.2 da Seção 3.5 permanecem inalteradas quando substituímos $x \to a$ por $x \to +\infty$ ou $x \to -\infty$.

Temos ainda o seguinte teorema, que nos ajudará muito no cálculo dos limites no infinito.

3.11.3 Teorema
Se n é um número inteiro positivo, então:

(i) $\lim\limits_{x \to +\infty} \dfrac{1}{x^n} = 0.$

(ii) $\lim\limits_{x \to -\infty} \dfrac{1}{x^n} = 0.$

Prova Vamos demonstrar o item (i). Devemos provar que, para qualquer $\varepsilon > 0$, existe $A > 0$, tal que

$$\left|\frac{1}{x^n} - 0\right| < \varepsilon \text{ sempre que } x > A.$$

O exame da desigualdade que envolve ε nos sugere a escolha de A.
As seguintes desigualdades são equivalentes:

$$\left|\frac{1}{x^n} - 0\right| < \varepsilon$$

$$\frac{1}{|x|^n} < \varepsilon$$

$$\frac{1}{\sqrt[n]{|x|^n}} < \sqrt[n]{\varepsilon}$$

$$\frac{1}{|x|} < \sqrt[n]{\varepsilon}$$

$$|x| > 1/\sqrt[n]{\varepsilon}.$$

A última desigualdade nos sugere fazer $A = 1/\sqrt[n]{\varepsilon}$.

Temos que $x > A \Rightarrow \left|\dfrac{1}{x^n} - 0\right| < \varepsilon$ e, desta forma,

$$\lim\limits_{x \to +\infty} \frac{1}{x^n} = 0.$$

A demonstração do item (ii) se faz de forma análoga. Sugerimos ao aluno que tente fazê-la.

3.11.4 Exemplos

(i) Determinar $\lim\limits_{x \to +\infty} \dfrac{2x - 5}{x + 8}.$

Neste caso, temos uma indeterminação do tipo $\dfrac{\infty}{\infty}$.

Vamos dividir o numerador e o denominador por x e depois aplicar as propriedades de limites juntamente com o teorema 3.11.3.

Temos,

$$\lim_{x \to +\infty} \frac{2x - 5}{x + 8} = \lim_{x \to +\infty} \frac{2 - 5/x}{1 + 8/x}$$

$$= \frac{\lim_{x \to +\infty} (2 - 5/x)}{\lim_{x \to +\infty} (1 + 8/x)}$$

$$= \frac{\lim_{x \to +\infty} 2 - \lim_{x \to +\infty} 5/x}{\lim_{x \to +\infty} 1 + \lim_{x \to +\infty} 8/x}$$

$$= \frac{2 - 5 \cdot 0}{1 + 8 \cdot 0}$$

$$= 2.$$

(ii) Encontrar $\lim_{x \to -\infty} \dfrac{2x^3 - 3x + 5}{4x^5 - 2}$.

Novamente temos uma indeterminação do tipo ∞/∞.

Para usarmos o teorema 3.11.3, dividimos o numerador e o denominador pela maior potência de x, que neste caso é x^5.

Temos,

$$\lim_{x \to -\infty} \frac{2x^3 - 3x + 5}{4x^5 - 2} = \lim_{x \to -\infty} \frac{\frac{2}{x^2} - \frac{3}{x^4} + \frac{5}{x^5}}{4 - 2/x^5}$$

$$= \frac{\lim_{x \to -\infty} (2/x^2 - 3/x^4 + 5/x^5)}{\lim_{x \to -\infty} (4 - 2/x^5)}$$

$$= \frac{2 \lim_{x \to -\infty} 1/x^2 - 3 \lim_{x \to -\infty} 1/x^4 + 5 \lim_{x \to -\infty} 1/x^5}{\lim_{x \to -\infty} 4 - 2 \lim_{x \to -\infty} 1/x^5)}$$

$$= \frac{2,0 - 3 \cdot 0 + 5 \cdot 0}{4 - 2 \cdot 0}$$

$$= 0.$$

(iii) Determinar $\lim_{x \to +\infty} \dfrac{2x + 5}{\sqrt{2x^2 - 5}}$.

Neste caso, dividimos o numerador e o denominador por x. No denominador tomamos $x = \sqrt{x^2}$, já que os valores de x podem ser considerados positivos ($x \to +\infty$).

Temos,

$$\lim_{x \to +\infty} \frac{2x + 5}{\sqrt{2x^2 - 5}} = \lim_{x \to +\infty} \frac{2 + 5/x}{\sqrt{2x^2 - 5}/\sqrt{x^2}}$$

$$= \frac{\lim_{x \to +\infty} (2 + 5/x)}{\lim_{x \to +\infty} \sqrt{\frac{2x^2 - 5}{x^2}}}$$

$$= \frac{\lim_{x \to +\infty} 2 + 5 \lim_{x \to +\infty} 1/x}{\lim_{x \to +\infty} \sqrt{2 - 5/x^2}}$$

$$= \frac{2 + 5 \cdot 0}{\sqrt{\lim_{x \to +\infty} (2 - 5/x^2)}}$$

$$= \frac{2}{\sqrt{2 - 5 \cdot 0}}$$

$$= \frac{2}{\sqrt{2}} = \sqrt{2}.$$

(iv) Determinar $\lim_{x \to -\infty} \frac{2x + 5}{\sqrt{2x^2 - 5}}$.

Como exemplo (iii), dividimos numerador e denominador por x. Como neste caso $x \to -\infty$, os valores de x podem ser considerados negativos. Então, para o denominador, tomamos $x = -\sqrt{x^2}$. Temos,

$$\lim_{x \to -\infty} \frac{2x + 5}{\sqrt{2x^2 - 5}} = \lim_{x \to -\infty} \frac{2 + 5/x}{\sqrt{2x^2 - 5}/(-\sqrt{x^2})}$$

$$= \lim_{x \to -\infty} \frac{2 + 5/x}{-\sqrt{\frac{2x^2 - 5}{x^2}}}$$

$$= \frac{\lim_{x \to -\infty} (2 + 5/x)}{\sqrt{\lim_{x \to -\infty} (2 - 5/x^2)}}$$

$$= \frac{2 + 5{,}0}{\sqrt{2 - 5 \cdot 0}}$$

$$= \frac{2}{-\sqrt{2}}$$

$$= -\sqrt{2}.$$

3.12 Limites Infinitos

No Exemplo 4 da Seção 3.1, analisamos o comportamento da função $f(x) = 1/(x + 1)^2$ quando x está próximo de -1. Intuitivamente, olhando a Tabela 3.4, vemos que quando x se aproxima cada vez mais de -1, $f(x)$ cresce ilimitadamente. Em outras palavras, podemos tornar $f(x)$ tão grande quanto desejarmos, tomando para x valores bastante próximos de -1.

Temos as seguintes definições.

3.12.1 Definição   Seja $f(x)$ uma função definida em um intervalo aberto contendo a, exceto, possivelmente, em $x = a$. Dizemos que

$$\lim_{x \to a} f(x) = +\infty,$$

se para qualquer $A > 0$, existe um $\delta > 0$ tal que $f(x) > A$ sempre que $0 < |x - a| < \delta$.

De modo semelhante, observando a Figura 3.5, do Exemplo 5 da Seção 3.1, podemos ver o que ocorre com uma função $f(x)$ cujos valores decrescem ilimitadamente nas proximidades de um ponto a.

3.12.2 Definição
Seja $f(x)$ definida em um intervalo aberto contendo a, exceto, possivelmente, em $x = a$. Dizemos que

$$\lim_{x \to a} f(x) = -\infty,$$

se para qualquer $B < 0$, existe um $\delta > 0$, tal que $f(x) < B$ sempre que $0 < |x - a| < \delta$.

Além dos limites infinitos definidos em 3.12.1 e 3.12.2, podemos considerar ainda os limites laterais infinitos e os limites infinitos no infinito. Existem definições formais para cada um dos seguintes limites:

$$\lim_{x \to a^+} f(x) = +\infty, \quad \lim_{x \to a^-} f(x) = +\infty, \quad \lim_{x \to a^+} f(x) = -\infty,$$

$$\lim_{x \to a^-} f(x) = -\infty, \quad \lim_{x \to +\infty} f(x) = +\infty, \quad \lim_{x \to +\infty} f(x) = -\infty,$$

$$\lim_{x \to -\infty} f(x) = +\infty \text{ e } \lim_{x \to -\infty} f(x) = -\infty.$$

Por exemplo, dizemos que $\lim_{x \to a^+} f(x) = +\infty$ se para qualquer $A > 0$ existe um $\delta > 0$ tal que $f(x) > A$ sempre que $0 < x < a + \delta$.

A seguir apresentamos um teorema muito usado no cálculo de limites infinitos.

3.12.3 Teorema
Se n é um número inteiro positivo qualquer, então:

(i) $\lim_{x \to 0^+} \dfrac{1}{x^n} = +\infty$.

(ii) $\lim_{x \to 0^-} \dfrac{1}{x^n} = \begin{cases} +\infty, & \text{se } n \text{ é par} \\ -\infty, & \text{se } n \text{ é ímpar}. \end{cases}$

Prova Vamos provar o item (i). Devemos mostrar que para qualquer $A > 0$, existe um $\delta > 0$, tal que

$$\frac{1}{x^n} > A \text{ sempre que } 0 < x < \delta.$$

Trabalhando com a desigualdade que envolve A obtemos uma pista para a escolha de δ. Como $x > 0$, as desigualdades abaixo são equivalentes:

$$\frac{1}{x^n} > A$$

$$x^n < \frac{1}{A}$$

$$x < \sqrt[n]{1/A}.$$

Assim, escolhendo $\delta = \sqrt[n]{1/A}$, temos $1/x^n > A$ sempre que $0 < x < \delta$.

3.12.4 Propriedades dos Limites Infinitos

De certo modo, a proposição 3.5.2 permanece válida para limites infinitos, embora devamos tomar muito cuidado quando combinamos funções envolvendo esses limites. A Tabela 3.8 nos dá um *resumo* dos fatos principais válidos para os limites infinitos, onde podemos ter $x \to a$, $x \to a^+$, $x \to a^-$, $x \to +\infty$ ou $x \to -\infty$. As demonstrações não são difíceis. Provaremos o item 01 como exemplo.

Na Tabela 3.8, 0^+ indica que o limite é zero e a função se aproxima de zero por valores positivos e 0^- indica que o limite é zero e a função se aproxima de zero por valores negativos.

Tabela 3.8

	$\lim f(x)$	$\lim g(x)$	$h(x) =$	$\lim h(x)$	simbolicamente
01	$\pm\infty$	$\pm\infty$	$f(x) + g(x)$	$\pm\infty$	$\pm\infty \pm \infty = \pm\infty$
02	$+\infty$	$+\infty$	$f(x) - g(x)$	?	$(+\infty) - (+\infty)$ é indeterminação
03	$+\infty$	k	$f(x) + g(x)$	$+\infty$	$+\infty + k = +\infty$
04	$-\infty$	k	$f(x) + g(x)$	$-\infty$	$-\infty + k = -\infty$
05	$+\infty$	$+\infty$	$f(x) \cdot g(x)$	$+\infty$	$(+\infty) \cdot (+\infty) = +\infty$
06	$+\infty$	$-\infty$	$f(x) \cdot g(x)$	$-\infty$	$(+\infty) \cdot (-\infty) = -\infty$
07	$+\infty$	$k > 0$	$f(x) \cdot g(x)$	$+\infty$	$+\infty \cdot k = +\infty, k > 0$
08	$+\infty$	$k < 0$	$f(x) \cdot g(x)$	$-\infty$	$+\infty \cdot k = -\infty, k < 0$
09	$\pm\infty$	0	$f(x) \cdot g(x)$	?	$\pm\infty \cdot 0$ é indeterminação
10	k	$\pm\infty$	$f(x)/g(x)$	0	$k/\pm\infty = 0$
11	$\pm\infty$	$\pm\infty$	$f(x)/g(x)$	?	$\pm\infty/\pm\infty$ é indeterminação
12	$k > 0$	0^+	$f(x)/g(x)$	$+\infty$	$k/0^+ = +\infty, k > 0$
13	$+\infty$	0^+	$f(x)/g(x)$	$+\infty$	$+\infty/0^+ = +\infty$
14	$k > 0$	0^-	$f(x)/g(x)$	$-\infty$	$k/0^- = -\infty, k > 0$
15	$+\infty$	0^-	$f(x)/g(x)$	$-\infty$	$+\infty/0^- = -\infty$
16	0	0	$f(x)/g(x)$	?	$0/0$ é indeterminação

Prova do item 01 Sejam f e g tais que $\lim_{x \to a} f(x) = +\infty$, $\lim_{x \to a} g(x) = +\infty$ e $h(x) = f(x) + g(x)$.

Vamos provar que $\lim_{x \to a} h(x) = +\infty$.

Devemos mostrar que dado $A > 0$ existe um $\delta > 0$ tal que $h(x) > A$ sempre que $0 < |x - a| < \delta$.

Seja $A > 0$ qualquer. Como $\lim_{x \to a} f(x) = +\infty$, $\exists \delta_1 > 0$ tal que $f(x) > A/2$ sempre que $0 < |x - a| < \delta_1$. Como $\lim_{x \to a} g(x) = +\infty$, existe $\delta_2 > 0$ tal que $g(x) > A/2$ sempre que $0 < |x - a| < \delta_2$.

Seja $\delta = \min\{\delta_1, \delta_2\}$. Temos, então

$h(x) = f(x) + g(x) > A/2 + A/2 = A$ sempre que $0 < |x - a| < \delta$ e desta forma $\lim_{x \to a} h(x) = +\infty$.

3.12.5 Exemplos

(i) Determinar $\lim_{x \to 0} (x^3 + \sqrt{x} + 1/x^2)$.

Temos,

$$\lim_{x \to 0} (x^3 + \sqrt{x} + 1/x^2) = \lim_{x \to 0} x^3 + \lim_{x \to 0} \sqrt{x} + \lim_{x \to 0} 1/x^2$$

$$= 0 + 0 + \infty$$

$$= +\infty.$$

(ii) Determinar $\lim_{x \to +\infty} (3x^5 - 4x^3 + 1)$.

Neste caso, temos uma indeterminação do tipo $\infty - \infty$. Para determinar o limite usamos um artifício de cálculo. Escrevemos,

$$\lim_{x \to +\infty} (3x^5 - 4x^3 + 1) = \lim_{x \to +\infty} x^5 \left(3 - \frac{4}{x^2} + \frac{1}{x^5}\right)$$

$$= +\infty (3 - 0 + 0)$$

$$= +\infty.$$

(iii) Determinar $\lim_{x \to 0^+} \frac{|x|}{x^2}$, $\lim_{x \to 0^-} \frac{|x|}{x^2}$ e $\lim_{x \to 0} \frac{|x|}{x^2}$.

Para $x > 0$, temos $|x| = x$. Assim,

$$\lim_{x \to 0^+} \frac{|x|}{x^2} = \lim_{x \to 0^+} \frac{x}{x^2} = \lim_{x \to 0^+} \frac{1}{x} = +\infty.$$

Para $x < 0$, temos $|x| = -x$. Portanto,

$$\lim_{x \to 0^-} \frac{|x|}{x^2} = \lim_{x \to 0^-} \frac{-x}{x^2} = \lim_{x \to 0^-} \frac{-1}{x} = +\infty.$$

Como $\lim_{x \to 0^+} \frac{|x|}{x^2} = \lim_{x \to 0^-} \frac{|x|}{x^2} = +\infty$, concluímos que $\lim_{x \to 0} \frac{|x|}{x^2} = +\infty$.

(iv) Determinar $\lim_{x \to -1} \frac{5x + 2}{|x + 1|}$.

Quando $x \to -1$, $|x + 1| \to 0^+$. Assim,

$$\lim_{x \to -1} \frac{5x + 2}{|x + 1|} = \frac{\lim_{x \to -1} (5x + 2)}{\lim_{x \to -1} |x + 1|} = \frac{-3}{0^+} = -\infty.$$

(v) Determinar $\lim_{x\to 2^+} \dfrac{x^2+3x+1}{x^2+x-6}$, $\lim_{x\to 2^-} \dfrac{x^2+3x+1}{x^2+x-6}$ e $\lim_{x\to 2} \dfrac{x^2+3x+1}{x^2+x-6}$.

Temos,

$$\lim_{x\to 2^+} \dfrac{x^2+3x+1}{x^2+x-6} = \lim_{x\to 2^+} \dfrac{x^2+3x+1}{(x-2)(x+3)}$$

$$= \dfrac{\lim_{x\to 2^+}(x^2+3x+1)}{\lim_{x\to 2^+}[(x-2)(x+3)]}$$

$$= \dfrac{11}{0^+}$$

$$= +\infty.$$

Ainda,

$$\lim_{x\to 2^-} \dfrac{x^2+3x+1}{x^2+x-6} = \dfrac{\lim_{x\to 2^-}(x^2+3x+1)}{\lim_{x\to 2^-}[(x-2)(x+3)]}$$

$$= \dfrac{11}{0^-}$$

$$= -\infty.$$

Como

$$\lim_{x\to 2^+} \dfrac{x^2+3x+1}{x^2+x-6} \neq \lim_{x\to 2^-} \dfrac{x^2+3x+1}{x^2+x-6} \text{ não existe o } \lim_{x\to 2} \dfrac{x^2+3x+1}{x^2+x-6}.$$

Porém, muitas vezes, calculando os limites de uma maneira menos formal, escrevemos que

$$\lim_{x\to 2} \dfrac{x^2+3x+1}{x^2+x-6} = \infty,$$

sem nos preocuparmos com o sinal.

(vi) Determinar $\lim_{x\to +\infty} \dfrac{x^2+3}{x+2}$.

Dividindo o numerador e o denominador por x^2, temos

$$\lim_{x\to +\infty} \dfrac{x^2+3}{x+2} = \lim_{x\to +\infty} \dfrac{\left(1+\dfrac{3}{x^2}\right)}{\left(\dfrac{1}{x}+\dfrac{2}{x^2}\right)}$$

$$= \dfrac{\lim_{x\to +\infty}\left(1+\dfrac{3}{x^2}\right)}{\lim_{x\to +\infty}\left(\dfrac{1}{x}+\dfrac{2}{x^2}\right)}$$

$$= \frac{1}{0^+}$$

$$= +\infty.$$

(vii) Determinar $\lim_{x \to +\infty} \dfrac{5 - x^3}{8x + 2}$.

Dividindo o numerador e o denominador por x^3, temos

$$\lim_{x \to +\infty} \frac{5 - x^3}{8x + 2} = \lim_{x \to +\infty} \frac{\dfrac{5}{x^3} - 1}{\dfrac{8}{x^2} + \dfrac{2}{x^3}}$$

$$= \frac{\lim_{x \to +\infty} (5/x^3 - 1)}{\lim_{x \to +\infty} (8/x^2 + 2/x^3)}$$

$$= \frac{-1}{0^+}$$

$$= -\infty.$$

(viii) Determinar $\lim_{x \to +\infty} \dfrac{2x^4 + 3x^2 + 2x + 1}{4 - x^4}$.

Dividindo o numerador e o denominador por x^4, temos

$$\lim_{x \to +\infty} \frac{2x^4 + 3x^2 + 2x + 1}{4 - x^4} = \lim_{x \to +\infty} \frac{2 + \dfrac{3}{x^2} + \dfrac{2}{x^3} + \dfrac{1}{x^4}}{\dfrac{4}{x^4} - 1}$$

$$= \frac{\lim_{x \to +\infty} \left(2 + \dfrac{3}{x^2} + \dfrac{2}{x^3} + \dfrac{1}{x^4}\right)}{\lim_{x \to +\infty} \left(\dfrac{4}{x^4} - 1\right)}$$

$$= \frac{2}{-1}$$

$$= -2.$$

(ix) Determinar $\lim_{x \to +\infty} \dfrac{x^2 + 3x - 1}{x^3 - 2}$.

Dividindo o numerador e o denominador por x^3, temos

$$\lim_{x \to +\infty} \frac{x^2 + 3x - 1}{x^3 - 2} = \lim_{x \to +\infty} \frac{\dfrac{1}{x} + \dfrac{3}{x^2} - \dfrac{1}{x^3}}{1 - \dfrac{2}{x^3}}$$

$$= \frac{\lim_{x \to +\infty} \left(\dfrac{1}{x} + \dfrac{3}{x^2} - \dfrac{1}{x^3}\right)}{\lim_{x \to +\infty} \left(1 - \dfrac{2}{x^3}\right)}$$

$$= \frac{0}{1}$$

$$= 0.$$

(x) Mostrar que se $P(x) = a_0 x^n + a_1 x^{n-1} + \ldots + a_n$ e $Q(x) = b_0 x^m + b_1 x^{m-1} + \ldots + b_m$, então

$$\lim_{x \to \pm\infty} \frac{P(x)}{Q(x)} = \lim_{x \to \pm\infty} \frac{a_0 x^n}{b_0 x^m}.$$

Temos,

$$\lim_{x \to \pm\infty} \frac{P(x)}{Q(x)} = \lim_{x \to \pm\infty} \frac{a_0 x^n + a_1 x^{n-1} + \ldots + a_n}{b_0 x^m + b_1 x^{m-1} + \ldots + b_m}$$

$$= \lim_{x \to \pm\infty} \frac{x^n \left(a_0 + \dfrac{a_1}{x} + \ldots + \dfrac{a_{n-1}}{x^{n-1}} + \dfrac{a_n}{x^n}\right)}{x^m \left(b_0 + \dfrac{b_1}{x} + \ldots + \dfrac{b_{m-1}}{x^{m-1}} + \dfrac{b_m}{x^m}\right)}$$

$$= \lim_{x \to \pm\infty} \frac{x^n}{x^m} \cdot \lim_{x \to \pm\infty} \frac{\left(a_0 + \dfrac{a_1}{x} + \ldots + \dfrac{a_{n-1}}{x^{n-1}} + \dfrac{a_n}{x^n}\right)}{\left(b_0 + \dfrac{b_1}{x} + \ldots + \dfrac{b_{m-1}}{x^{m-1}} + \dfrac{b_m}{x^m}\right)}$$

$$= \lim_{x \to \pm\infty} \frac{x^n}{x^m} \cdot \frac{a_0}{b_0}$$

$$= \lim_{x \to \pm\infty} \frac{a_0 x^n}{b_0 x^m}.$$

3.13 Exercícios

1. Se $f(x) = \dfrac{3x + |x|}{7x - 5|x|}$, calcule:

   (a) $\lim_{x \to +\infty} f(x)$.

   (b) $\lim_{x \to -\infty} f(x)$.

2. Se $f(x) = \dfrac{1}{(x + 2)^2}$, calcule:

   (a) $\lim_{x \to -2} f(x)$.

   (b) $\lim_{x \to +\infty} f(x)$.

Nos exercícios 3 a 40 calcule os limites.

3. $\lim_{x \to +\infty} (3x^3 + 4x^2 - 1)$.

4. $\lim_{x \to +\infty} \left(2 - \frac{1}{x} + \frac{4}{x^2}\right)$.

5. $\lim_{t \to +\infty} \frac{t+1}{t^2+1}$.

6. $\lim_{t \to -\infty} \frac{t+1}{t^2+1}$.

7. $\lim_{t \to +\infty} \frac{t^2 - 2t + 3}{2t^2 + 5t - 3}$.

8. $\lim_{x \to +\infty} \frac{2x^5 - 3x^3 + 2}{-x^2 + 7}$.

9. $\lim_{x \to -\infty} \frac{3x^5 - x^2 + 7}{2 - x^2}$.

10. $\lim_{x \to -\infty} \frac{-5x^3 + 2}{7x^3 + 3}$.

11. $\lim_{x \to +\infty} \frac{x^2 + 3x + 1}{x}$.

12. $\lim_{x \to +\infty} \frac{x\sqrt{x} + 3x - 10}{x^3}$.

13. $\lim_{t \to +\infty} \frac{t^2 - 1}{t - 4}$.

14. $\lim_{x \to +\infty} \frac{x(2x - 7\cos x)}{3x^2 - 5\operatorname{sen} x + 1}$.

15. $\lim_{v \to +\infty} \frac{v\sqrt{v} - 1}{3v - 1}$.

16. $\lim_{x \to +\infty} \frac{\sqrt{x^2 + 1}}{x + 1}$.

17. $\lim_{x \to -\infty} \frac{\sqrt{x^2 + 1}}{x + 1}$.

18. $\lim_{x \to +\infty} (\sqrt{x^2 + 1} - \sqrt{x^2 - 1})$.

19. $\lim_{x \to +\infty} x(\sqrt{x^2 - 1} - x)$.

20. $\lim_{x \to +\infty} (\sqrt{3x^2 + 2x + 1} - \sqrt{2}x)$.

21. $\lim_{x \to +\infty} \frac{10x^2 - 3x + 4}{3x^2 - 1}$.

22. $\lim_{x \to -\infty} \frac{x^3 - 2x + 1}{x^2 - 1}$.

23. $\lim_{x \to -\infty} \frac{5x^3 - x^2 + x - 1}{x^4 + x^3 - x + 1}$.

24. $\lim_{s \to +\infty} \frac{8 - s}{\sqrt{s^2 + 7}}$.

25. $\lim_{x \to -\infty} \frac{\sqrt{2x^2 - 7}}{x + 3}$.

26. $\lim_{x \to +\infty} (\sqrt{16x^4 + 15x^3 - 2x + 1} - 2x)$.

27. $\lim_{s \to +\infty} \sqrt[3]{\frac{3s^7 - 4s^5}{2s^7 + 1}}$.

28. $\lim_{x \to +\infty} \frac{\sqrt{2x^2 - 7}}{x + 3}$.

29. $\lim_{y \to +\infty} \frac{3 - y}{\sqrt{5 + 4y^2}}$.

30. $\lim_{y \to -\infty} \frac{3 - y}{\sqrt{5 + 4y^2}}$.

31. $\lim\limits_{x\to 3^+}\dfrac{x}{x-3}$.

32. $\lim\limits_{x\to 3^-}\dfrac{x}{x-3}$.

33. $\lim\limits_{x\to 2^+}\dfrac{x}{x^2-4}$.

34. $\lim\limits_{x\to 2^-}\dfrac{x}{x^2-4}$.

35. $\lim\limits_{y\to 6^+}\dfrac{y+6}{y^2-36}$.

36. $\lim\limits_{y\to 6^-}\dfrac{y+6}{y^2-36}$.

37. $\lim\limits_{x\to 4^+}\dfrac{3-x}{x^2-2x-8}$.

38. $\lim\limits_{x\to 4^-}\dfrac{3-x}{x^2-2x-8}$.

39. $\lim\limits_{x\to 3^-}\dfrac{1}{|x-3|}$.

40. $\lim\limits_{x\to 3^+}\dfrac{1}{|x-3|}$.

3.14 Assíntotas

Em aplicações práticas, encontramos com muita freqüência gráficos que se aproximam de *uma reta* à medida que x cresce ou decresce (ver figuras 3.14 e 3.15).

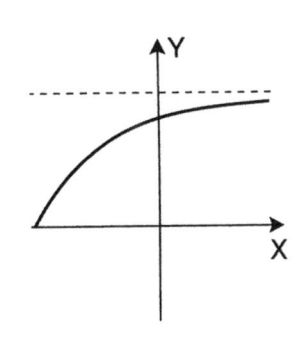

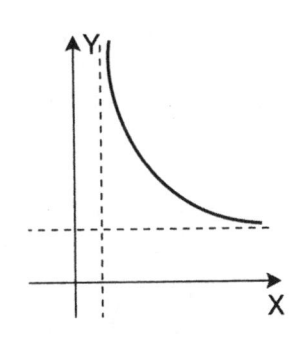

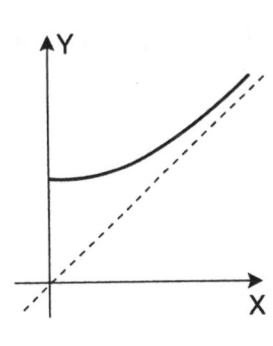

Figura 3.14

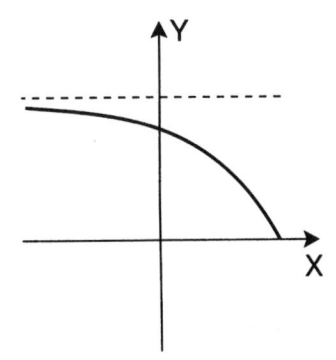

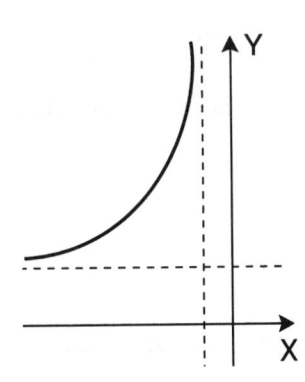

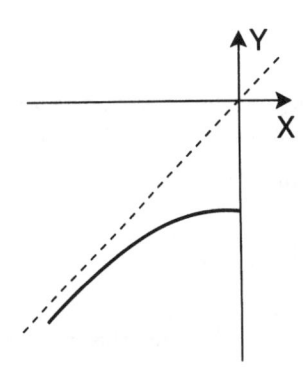

Figura 3.15

Estas retas são chamadas de *assíntotas*.
Particularmente, vamos analisar com um pouco mais de atenção as *assíntotas horizontais* e as *verticais*.

3.14.1 Definição A reta $x = a$ é uma assíntota vertical do gráfico de $y = f(x)$, se pelo menos uma das seguintes afirmações for verdadeira:

(i) $\lim_{x \to a^+} f(x) = +\infty$

(ii) $\lim_{x \to a^-} f(x) = +\infty$

(iii) $\lim_{x \to a^+} f(x) = -\infty$

(iv) $\lim_{x \to a^-} f(x) = -\infty$.

3.14.2 Exemplo A reta $x = 2$ é uma assíntota vertical do gráfico de

$$y = \frac{1}{(x-2)^2}.$$

De fato, $\lim_{x \to 2^+} \frac{1}{(x-2)^2} = \frac{1}{0^+} = +\infty$, ou também,

$\lim_{x \to 2^-} \frac{1}{(x-2)^2} = \frac{1}{0^+} = +\infty$.

A Figura 3.16 ilustra este exemplo.

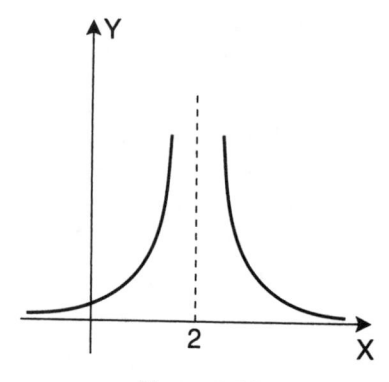

Figura 3.16

3.14.3 Definição A reta $y = b$ é uma assíntota horizontal do gráfico de $y = f(x)$, se pelo menos uma das seguintes afirmações for verdadeira:

(i) $\lim_{x \to +\infty} f(x) = b$

(ii) $\lim_{x \to -\infty} f(x) = b$.

3.14.4 Exemplo As retas $y = 1$ e $y = -1$ são assíntotas horizontais do gráfico de

$$y = \frac{x}{\sqrt{x^2 + 2}},$$

porque $\lim_{x \to +\infty} \frac{x}{\sqrt{x^2 + 2}} = 1$ e $\lim_{x \to -\infty} \frac{x}{\sqrt{x^2 + 2}} = -1$ (ver Figura 3.17).

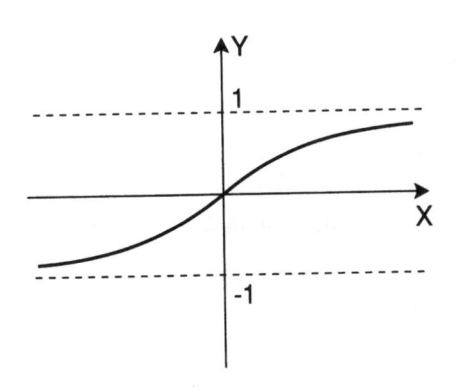

Figura 3.17

3.14.5 Definição A reta $y = ax + b$ é uma assíntota inclinada do gráfico de $y = f(x)$, se pelo menos uma das seguintes afirmações for verdadeira:

(i) $\lim_{x \to +\infty} [f(x) - (ax + b)] = 0$

(ii) $\lim_{x \to -\infty} [f(x) - (ax + b)] = 0$.

3.14.6 Exemplo A reta $y = 2x$ é assíntota do gráfico de $y = \dfrac{2x^3}{x^2 + 4}$.

De fato, $\lim_{x \to \pm\infty} \left[\dfrac{2x^3}{x^2 + 4} - 2x \right] = \lim_{x \to \pm\infty} \left[2x - \dfrac{8x}{x^2 + 4} - 2x \right] = \lim_{x \to \pm\infty} \left[\dfrac{8x}{x^2 + 4} \right] = 0$

A Figura 3.18 ilustra este exemplo.

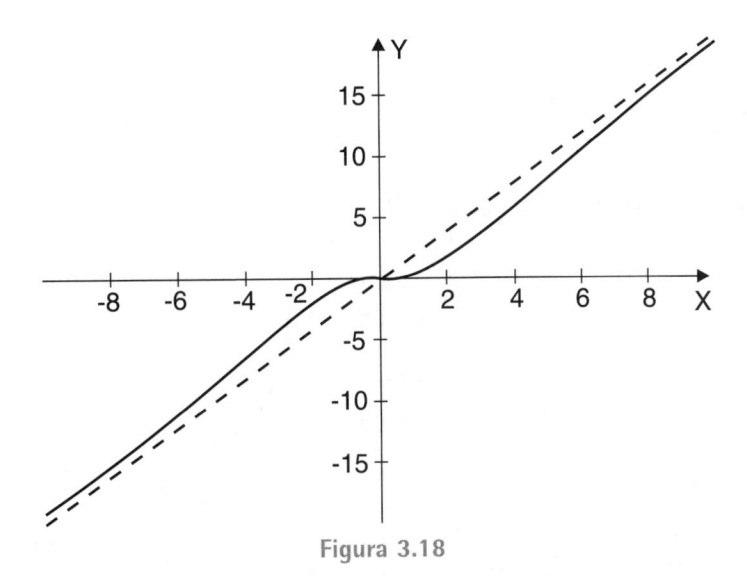

Figura 3.18

3.14.7 Exemplos

Em muitos gráficos de funções é possível observar mais que um tipo de assíntota. Veja o caso das funções:

(i) $f(x) = \dfrac{x}{x^2 - 9}$

As retas $x = 3$ e $x = -3$ são assíntotas verticais do gráfico da função dada, pois

$$\lim_{x\to 3^+}\frac{x}{x^2-9}=+\infty;\ \lim_{x\to 3^-}\frac{x}{x^2-9}=-\infty\ \text{e}$$

$$\lim_{x\to -3^+}\frac{x}{x^2-9}=+\infty;\ \lim_{x\to -3^-}\frac{x}{x^2-9}=-\infty.$$

A reta $y=0$ (eixo dos x) é uma assíntota horizontal, pois:

$$\lim_{x\to +\infty}\frac{x}{x^2-9}=0;\ \lim_{x\to -\infty}\frac{x}{x^2-9}=0.$$

A Figura 3.19 ilustra esse exemplo

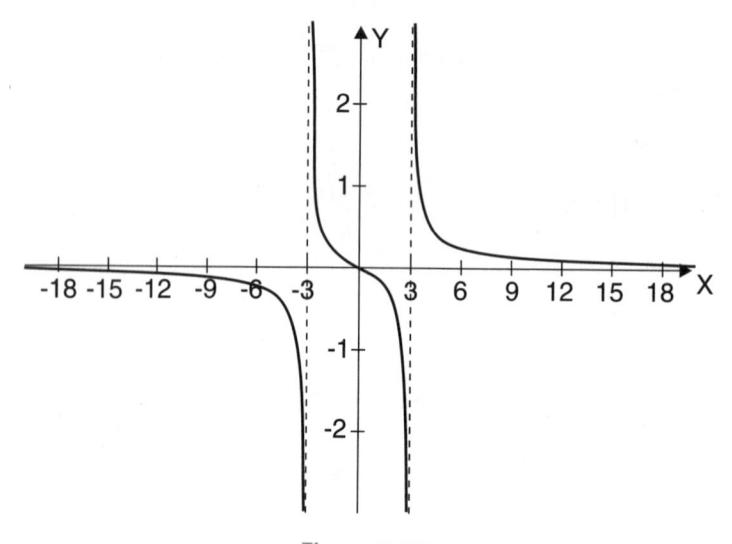

Figura 3.19

(ii) $\quad y=\dfrac{\sqrt{64x^2+1}}{2x-4}$

Vamos observar o gráfico dessa função na Figura 3.20.

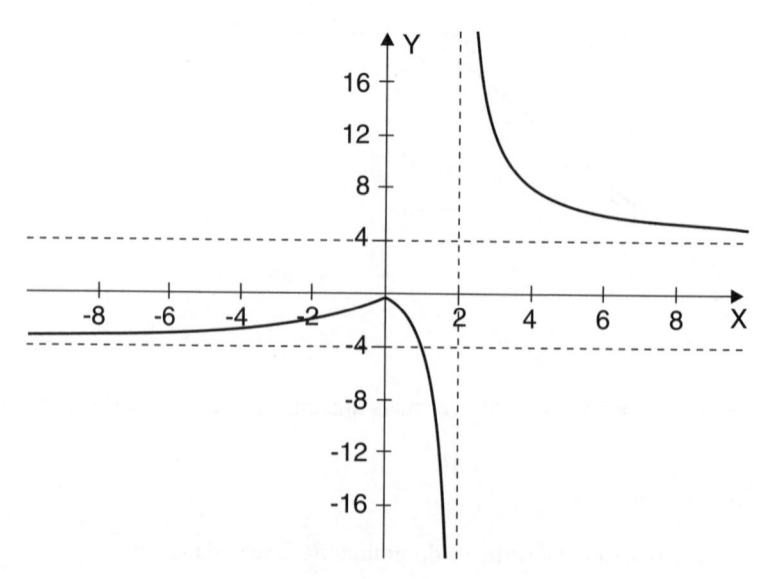

Figura 3.20

Estamos diante de assíntotas horizontais e verticais. Além disso podemos observar que o gráfico corta a assíntota horizontal $y = -4$, rompendo de certa forma com a idéia intuitiva de que o gráfico não pode cortar a assíntota.

As assíntotas mostradas na Figura 3.20 podem ser encontradas algebricamente. De fato, temos:

$$\lim_{x \to +\infty} \frac{\sqrt{64x^2 + 1}}{2x - 4} = 4; \quad \lim_{x \to -\infty} \frac{\sqrt{64x^2 + 1}}{2x - 4} = -4 \quad \text{e} \quad \lim_{x \to 2^+} \frac{\sqrt{64x^2 + 1}}{2x - 4} = +\infty; \quad \lim_{x \to 2^-} \frac{\sqrt{64x^2 + 1}}{2x - 4} = -\infty.$$

3.15 Limites Fundamentais

Daremos a seguir três proposições que caracterizam os chamados limites fundamentais. Trataremos de casos particulares de indeterminações do tipo $0/0$, 1^∞ e ∞^0.

3.15.1 Proposição $\lim_{x \to 0} \dfrac{\operatorname{sen} x}{x}$ é igual a 1.

Prova Consideremos a circunferência de raio 1 (Figura 3.21).

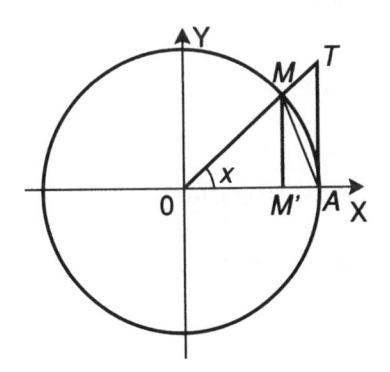

Figura 3.21

Seja x a medida em radianos do arco $\overset{\frown}{AOM}$. Limitamos a variação de x ao intervalo $(0, \pi/2)$.
Observando a Figura 3.10, escrevemos as desigualdades equivalentes:

área $\triangle MOA <$ área setor $MOA <$ área $\triangle AOT$

$$\frac{\overline{OA} \cdot \overline{MM'}}{2} < \frac{\overline{OA} \cdot \overset{\frown}{AM}}{2} < \frac{\overline{OA} \cdot \overline{AT}}{2}$$

$$\overline{MM'} < \overset{\frown}{AM} < \overline{AT}$$

$$\operatorname{sen} x < \quad x \quad < \operatorname{tg} x.$$

Dividindo a última desigualdade por sen x, já que sen $x > 0$ para $x \in (0, \pi/2)$, temos

$$1 < \frac{x}{\operatorname{sen} x} < \frac{1}{\cos x}$$

$$1 > \frac{\operatorname{sen} x}{x} > \cos x.$$

Por outro lado, sen x/x e cos x são funções pares. Então,

$$\frac{\operatorname{sen}(-x)}{(-x)} = \frac{\operatorname{sen} x}{x} \text{ e } \cos(-x) = \cos x.$$

Portanto, a desigualdade (1) vale para qualquer x, $x \neq 0$.

Como $\lim_{x \to 0} \cos x = 1$ e $\lim_{x \to 0} 1 = 1$, pela proposição 3.5.3, segue que

$$\lim_{x \to 0} \frac{\operatorname{sen} x}{x} = 1.$$

3.15.2 Exemplos

(i) $\lim_{x \to 0} \dfrac{\operatorname{sen} 2x}{x}$.

Por 3.14.1, podemos calcular limites do tipo

$$\lim_{u \to 0} \frac{\operatorname{sen} u}{u},$$

onde u é uma função em x.

Neste exemplo, $u = 2x$ e $u \to 0$ quando $x \to 0$. Portanto,

$$\lim_{x \to 0} \frac{\operatorname{sen} 2x}{x} = \lim_{u \to 0} \frac{\operatorname{sen} u}{u/2} = 2 \lim_{u \to 0} \frac{\operatorname{sen} u}{u} = 2 \cdot 1 = 2.$$

(ii) $\lim_{x \to 0} \dfrac{\operatorname{sen} 3x}{\operatorname{sen} 4x}$.

Neste caso, faremos inicialmente alguns artifícios de cálculo como segue:

$$\lim_{x \to 0} \frac{\operatorname{sen} 3x}{\operatorname{sen} 4x} = \lim_{x \to 0} \frac{\dfrac{\operatorname{sen} 3x}{3x} \cdot 3x}{\dfrac{\operatorname{sen} 4x}{4x} \cdot 4x}$$

$$= \frac{3}{4} \frac{\lim_{x \to 0} \dfrac{\operatorname{sen} 3x}{3x}}{\lim_{x \to 0} \dfrac{\operatorname{sen} 4x}{4x}}$$

$$= \frac{3}{4} \cdot \frac{1}{1}$$

$$= \frac{3}{4}.$$

(iii) $\lim_{x \to 0} \dfrac{\operatorname{tg} x}{x}.$

Temos neste caso,

$$\lim_{x \to 0} \frac{\operatorname{tg} x}{x} = \lim_{x \to 0} \frac{\frac{\operatorname{sen} x}{\cos x}}{x}$$

$$= \lim_{x \to 0} \frac{\operatorname{sen} x}{x} \cdot \frac{1}{\cos x}$$

$$= \lim_{x \to 0} \frac{\operatorname{sen} x}{x} \cdot \lim_{x \to 0} \frac{1}{\cos x}$$

$$= 1 \cdot 1$$

$$= 1.$$

3.15.3 Proposição $\lim_{x \to \pm\infty} (1 + 1/x)^x = e$, onde e é o número irracional neperiano cujo valor aproximado é 2,718281828459... .

Prova A prova desta proposição envolve noções de séries, por este motivo será aqui omitida.

3.15.4 Exemplos

(i) Provar que $\lim_{x \to 0} (1 + x)^{1/x} = e.$

Em primeiro lugar provaremos que $\lim_{x \to 0^+} (1 + x)^{1/x} = e.$

De fato fazendo $x = 1/t$ temos que $t \to +\infty$ quando $x \to 0^+$. Logo,

$$\lim_{x \to 0^+} (1 + x)^{1/x} = \lim_{t \to +\infty} (1 + 1/t)^t = e.$$

Da mesma forma, prova-se que $\lim_{x \to 0^-} (1 + x)^{1/x} = e.$

Portanto, $\lim_{x \to 0} (1 + x)^{1/x} = e.$

(ii) Determinar $\lim_{t \to 0} \ln(1 + t)^{1/t}.$

Usando a proposição 3.5.2 (g), temos

$$\lim_{t \to 0} \ln(1 + t)^{1/t} = \ln \left[\lim_{t \to 0} (1 + t)^{1/t}\right]$$

$$= \ln e$$

$$= 1.$$

3.15.5 Proposição $\lim_{x \to 0} \dfrac{a^x - 1}{x} = \ln a \, (a > 0, a \neq 1)$.

Prova Fazendo $t = a^x - 1$, temos

$$a^x = t + 1. \qquad (1)$$

Aplicando os logaritmos neperianos na igualdade (1), vem

$\ln a^x = \ln (t + 1)$

$x \ln a = \ln (t + 1)$

$x = \dfrac{\ln (t + 1)}{\ln a}.$

Quando $x \to 0$, $x \neq 0$ temos que $t \to 0$, $t \neq 0$ e então podemos escrever

$$\lim_{x \to 0} \dfrac{a^x - 1}{x} = \lim_{t \to 0} \dfrac{t}{\dfrac{\ln(t+1)}{\ln a}}$$

$$= \ln a \cdot \lim_{t \to 0} \dfrac{1}{\dfrac{\ln(t+1)}{t}}$$

$$= \ln a \cdot \dfrac{\lim_{t \to 0} 1}{\lim_{t \to 0} \dfrac{\ln(t+1)}{t}}.$$

Considerando o Exemplo 3.14.4(ii), concluímos que

$$\lim_{x \to 0} \dfrac{a^x - 1}{x} = \ln a.$$

3.15.6 Exemplos

(i) $\lim_{x \to 0} \dfrac{a^x - b^x}{x}.$

Temos,

$$\lim_{x \to 0} \dfrac{a^x - b^x}{x} = \lim_{x \to 0} \dfrac{b^x \left[\dfrac{a^x}{b^x} - 1\right]}{x}$$

$$= \lim_{x \to 0} b^x \cdot \lim_{x \to 0} \dfrac{\left(\dfrac{a}{b}\right)^x - 1}{x}$$

$$= 1 \cdot \ln \frac{a}{b}$$

$$= \ln a/b.$$

(ii) $\lim_{x \to 1} \dfrac{e^{x-1} - a^{x-1}}{x^2 - 1}$.

Neste exemplo, utilizamos artifícios de cálculo para aplicarmos a proposição 3.15.5.

$$\lim_{x \to 1} \frac{e^{x-1} - a^{x-1}}{x^2 - 1} = \lim_{x \to 1} \frac{(e^{x-1} - 1) - (a^{x-1} - 1)}{(x+1)(x-1)}$$

$$= \lim_{x \to 1} \frac{1}{x+1} \cdot \left[\lim_{x \to 1} \frac{e^{x-1} - 1}{x - 1} - \lim_{x \to 1} \frac{a^{x-1} - 1}{x - 1} \right]$$

$$= \frac{1}{2} \left[\lim_{x \to 1} \frac{e^{x-1} - 1}{x - 1} - \lim_{x \to 1} \frac{a^{x-1} - 1}{x - 1} \right].$$

Fazemos $t = x - 1$ e consideramos que, quando $x \to 1$, $x \neq 1$, temos $t \to 0$, $t \neq 0$.

Portanto,

$$\lim_{x \to 1} \frac{e^{x-1} - a^{x-1}}{x^2 - 1} = \frac{1}{2} \left[\lim_{t \to 0} \frac{e^t - 1}{t} - \lim_{t \to 0} \frac{a^t - 1}{t} \right]$$

$$= \frac{1}{2} (\ln e - \ln a)$$

$$= \frac{1}{2} (1 - \ln a).$$

3.16 Exercícios

1. Determinar as assíntotas horizontais e verticais do gráfico das seguintes funções:

(a) $f(x) = \dfrac{4}{x - 4}$

(b) $f(x) = \dfrac{-3}{x + 2}$

(c) $f(x) = \dfrac{4}{x^2 - 3x + 2}$

(d) $f(x) = \dfrac{-1}{(x - 3)(x + 4)}$

(e) $f(x) = \dfrac{1}{\sqrt{x + 4}}$

(f) $f(x) = -\dfrac{2}{\sqrt{x - 3}}$

(g) $f(x) = \dfrac{2x^2}{\sqrt{x^2 - 16}}$

(h) $f(x) = \dfrac{x}{\sqrt{x^2 + x - 12}}$

(i) $f(x) = e^{1/x}$

(j) $f(x) = e^x - 1$

(k) $f(x) = \ln x$

(l) $f(x) = \text{tg } x$

2. Constatar, desenvolvendo exemplos graficamente, que as funções racionais do tipo $f(x) = \dfrac{p(x)}{q(x)}$ com $p(x)$ e $q(x)$ polinômios, tais que a diferença entre o grau do numerador e o grau do denominador é igual 1, possuem assíntotas inclinadas.

3. Analisar graficamente a existência de assíntotas para as seguintes funções:

(a) $f(x) = \dfrac{x^2}{e^x}$.

(b) $f(x) = \dfrac{\cos^2 x}{x^2}$

(c) $f(x) = \dfrac{\text{tg } x - x}{x^3}$

(d) $f(x) = \text{sen}\left(\dfrac{\pi}{x}\right)$

4. Fazer o gráfico das funções seguintes e determinar os respectivos limites. Para melhor visualização, traçar, também, o gráfico das retas indicadas. A seguir, determinar analiticamente os limites dados e comparar os resultados.

(a) $f(x) = \dfrac{\text{sen } x}{x}$ e $y = 1$; $\lim\limits_{x \to 0} f(x)$

(b) $f(x) = \dfrac{\text{sen } 3x}{3x}$ e $y = 1$; $\lim\limits_{x \to 0} f(x)$

(c) $f(x) = \dfrac{\text{sen } 3x}{x}$ e $y = 3$; $\lim\limits_{x \to 0} f(x)$

(d) $f(x) = \dfrac{\text{sen } 4x}{x}$ e $y = 4$; $\lim\limits_{x \to 0} f(x)$

(e) $f(x) = \dfrac{\text{sen } 1/3x}{x}$ e $y = 1/3$; $\lim\limits_{x \to 0} f(x)$

(f) $f(x) = \dfrac{\text{sen}^3(x/2)}{x^3}$ e $y = 1/8$; $\lim\limits_{x \to 0} f(x)$

Nos exercícios 5 a 27, calcule os limites aplicando os limites fundamentais.

5. $\lim\limits_{x \to 0} \dfrac{\text{sen } 9x}{x}$.

6. $\lim\limits_{x \to 0} \dfrac{\text{sen } 4x}{3x}$.

7. $\lim_{x \to 0} \dfrac{\operatorname{sen} 10x}{\operatorname{sen} 7x}$.

8. $\lim_{x \to 0} \dfrac{\operatorname{sen} ax}{\operatorname{sen} bx}$, $b \neq 0$.

9. $\lim_{x \to 0} \dfrac{\operatorname{tg} ax}{x}$.

10. $\lim_{x \to -1} \dfrac{\operatorname{tg}^3 \dfrac{x+1}{4}}{(x+1)^3}$.

11. $\lim_{x \to 0} \dfrac{1 - \cos x}{x}$.

12. $\lim_{x \to 0} \dfrac{1 - \cos x}{x^2}$.

13. $\lim_{x \to 3} (x - 3) \cdot \cos ec\, \pi x$.

14. $\lim_{x \to 0} \dfrac{6x - \operatorname{sen} 2x}{2x + 3 \operatorname{sen} 4x}$.

15. $\lim_{x \to 0} \dfrac{\cos 2x - \cos 3x}{x^2}$.

16. $\lim_{x \to 0} \dfrac{1 - 2\cos x + \cos 2x}{x^2}$.

17. $\lim_{n \to \infty} \left(\dfrac{2n+3}{2n+1}\right)^{n+1}$.

18. $\lim_{x \to \pi/2} (1 + 1/\operatorname{tg} x)^{\operatorname{tg} x}$.

19. $\lim_{x \to 3\pi/2} (1 + \cos x)^{1/\cos x}$.

20. $\lim_{x \to \infty} \left(1 + \dfrac{10}{x}\right)^x$.

21. $\lim_{x \to 2} \dfrac{10^{x-2} - 1}{x - 2}$.

22. $\lim_{x \to -3} \dfrac{4^{\frac{x+3}{5}} - 1}{x + 3}$.

23. $\lim_{x \to 2} \dfrac{5^x - 25}{x - 2}$.

24. $\lim_{x \to 1} \dfrac{3^{\frac{x-1}{4}} - 1}{\operatorname{sen}[5(x-1)]}$.

25. $\lim_{x \to 0} \dfrac{e^{-ax} - e^{-bx}}{x}$.

26. $\lim_{x \to 0} \dfrac{\operatorname{tg} h\, ax}{x}$.

27. $\lim_{x \to 0} \dfrac{e^{ax} - e^{bx}}{\operatorname{sen} ax - \operatorname{sen} bx}$.

28. Calcular $\lim_{x \to +\infty} f(x)$ das funções dadas. Em seguida conferir graficamente os resultados encontrados.

   (a) $f(x) = \left(1 + \dfrac{1}{x}\right)^{x+5}$

   (b) $f(x) = \left(1 + \dfrac{2}{x}\right)^x$

   (c) $f(x) = \left(\dfrac{x}{1+x}\right)^x$

3.17 Continuidade

Quando definimos $\lim_{x \to a} f(x)$ analisamos o comportamento da função $f(x)$ para valores de x próximos de a, mas diferentes de a. Em muitos exemplos vimos que $\lim_{x \to a} f(x)$ pode existir, mesmo que f não seja definida no ponto a. Se f está definida em a e $\lim_{x \to a} f(x)$ existe, pode ocorrer que este limite seja diferente de $f(a)$.

Quando $\lim_{x \to a} f(x) = f(a)$ diremos, de acordo com a definição a seguir, que f é contínua em a.

3.17.1 Definição Dizemos que uma função f é contínua no ponto a se as seguintes condições forem satisfeitas:

(a) f é definida no ponto a;

(b) $\lim_{x \to a} f(x)$ existe;

(c) $\lim_{x \to a} f(x) = f(a)$.

A Figura 3.22 mostra esboços de gráficos de funções que não são contínuas em a.

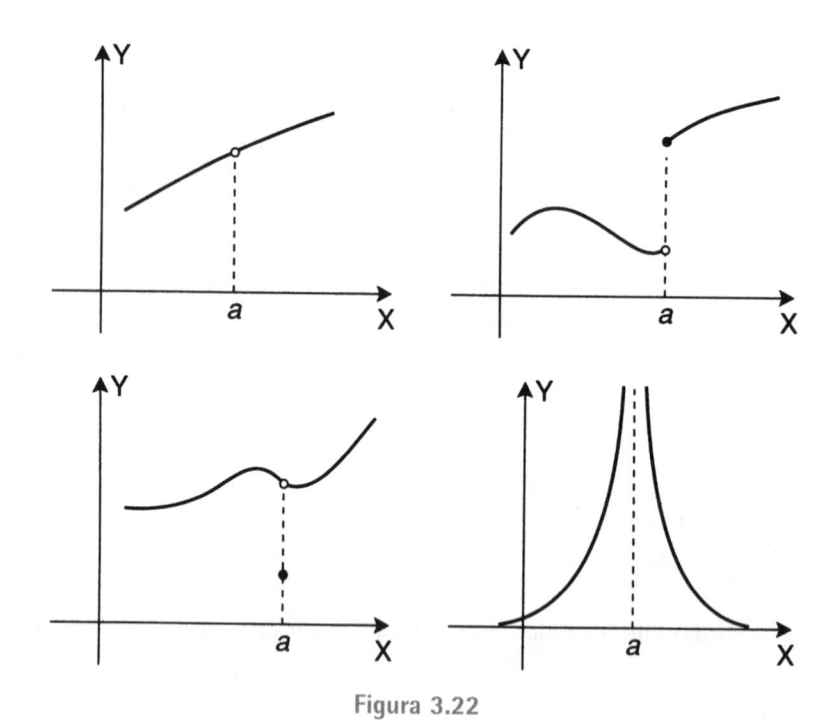

Figura 3.22

3.17.2 Exemplos

(i) Sejam $f(x) = \dfrac{x^2 - 1}{x - 1}$ e

$$g(x) = \begin{cases} \dfrac{x^2 - 1}{x - 1}, & \text{se } x \neq 1 \\ 1, & \text{se } x = 1. \end{cases}$$

As funções f e g não são contínuas em $a = 1$. A função f não está definida em $a = 1$. Portanto, não satisfaz a condição (a) da definição 3.17.1. Já para a função g, temos $g(1) = 1$, mas

$$\lim_{x \to 1} g(x) = \lim_{x \to 1} \frac{(x-1)(x+1)}{x-1} = \lim_{x \to 1} (x+1) = 2.$$

Logo, a condição (c) não se verifica no ponto $a = 1$.

A Figura 3.23, mostra um esboço do gráfico dessas funções.

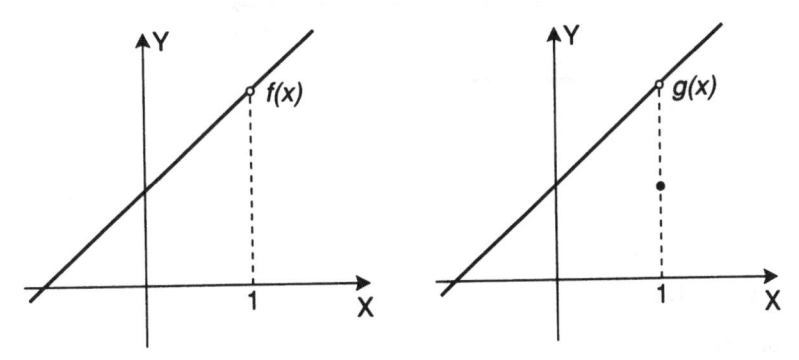

Figura 3.23

(ii) Sejam $f(x) = \dfrac{1}{(x-2)^2}$ e

$$g(x) = \begin{cases} \dfrac{1}{(x-2)^2}, & \text{se } x \neq 2 \\ 3, & \text{se } x = 2. \end{cases}$$

As funções f e g não são contínuas no ponto $a = 2$. A função f não está definida neste ponto e a função g, embora esteja definida em $a = 2$, não cumpre a condição (c) da definição 3.17.1 pois $\lim_{x \to 2} g(x) \neq g(2)$.

A Figura 3.24 mostra os gráficos dessas funções.

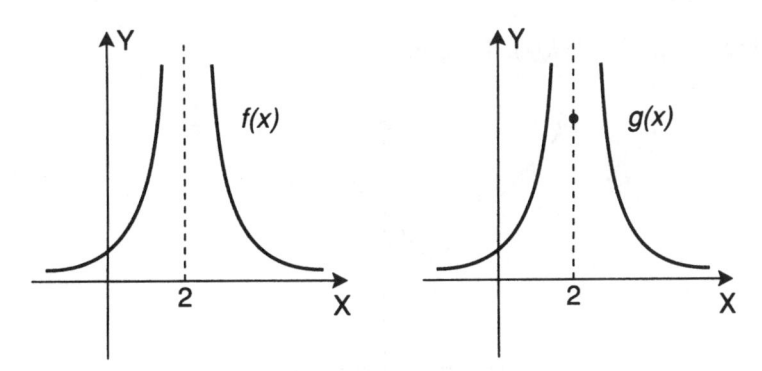

Figura 3.24

(iii) Seja $f(x) = \begin{cases} \dfrac{x}{|x|}, & \text{se } x \neq 0 \\ 0, & \text{se } x = 0. \end{cases}$

f não é contínua no ponto $a = 0$. De fato, se $x > 0$, $f(x) = \dfrac{x}{x} = 1$. Assim, $\lim_{x \to 0^+} f(x) = 1$. Se $x < 0$, $f(x) = \dfrac{x}{-x} = -1$.

Logo $\lim_{x \to 0^-} f(x) = -1$. Portanto, não existe $\lim_{x \to 0} f(x)$ e dessa forma f não é contínua em $a = 0$.

Na Figura 3.25 podemos ver um esboço do gráfico dessa função.

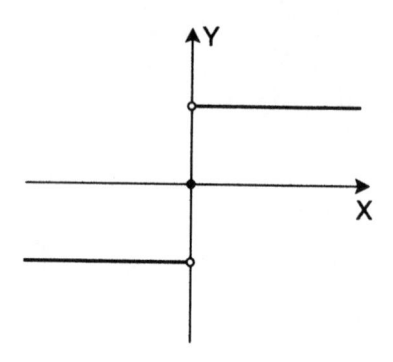

Figura 3.25

(iv) Seja $h(x) = \begin{cases} x + 3, & \text{se } x \geq -1 \\ -x + 1, & \text{se } x < -1. \end{cases}$

h é contínua em todos os pontos.

De fato, seja $a \in \mathbb{R}$. Se $a > -1$, temos

$$\lim_{x \to a} h(x) = \lim_{x \to a} (x + 3) = a + 3 = h(a).$$

Seja $a < -1$, temos

$$\lim_{x \to a} h(x) = \lim_{x \to a} (-x + 1) = -a + 1 = h(a).$$

Se $a = -1$, temos

$$\lim_{x \to -1^+} h(x) = \lim_{x \to -1^+} (x + 3) = -1 + 3 = h(-1) \text{ e}$$

$$\lim_{x \to -1^-} h(x) = \lim_{x \to -1^-} (-x + 1) = -(-1) + 1 = 2.$$

Logo $\lim_{x \to -1^-} h(x) = 2 = h(-1)$.

Podemos ver um esboço do gráfico de $h(x)$, na Figura 3.26.

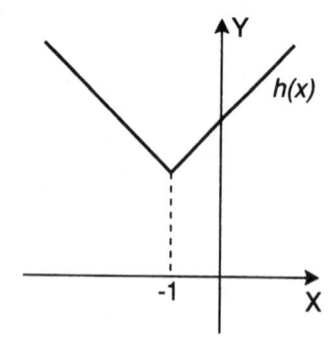

Figura 3.26

(v) Seja $g(x) = \begin{cases} \dfrac{1}{x + 2}, & \text{se } x \neq -2 \\ 3, & \text{se } x = -2. \end{cases}$

Então, a função g não é contínua em $x = -2$, pois

$$\lim_{x \to -2^-} g(x) = \lim_{x \to -2^-} \frac{1}{x+2} = -\infty \text{ e } \lim_{x \to -2^+} g(x) = \lim_{x \to -2^+} \frac{1}{x+2} = +\infty.$$

Neste caso, embora a função g seja definida em $a = -2$, $\lim_{x \to -2} g(x)$ não existe.
Podemos ver um esboço do gráfico de $g(x)$ na Figura 3.27.

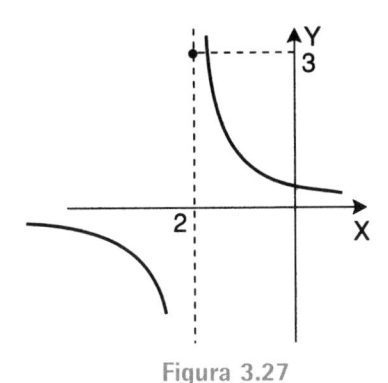

Figura 3.27

Propriedades das Funções Contínuas

3.17.3 Proposição Se as funções f e g são contínuas em um ponto a, então

(i) $f + g$ é contínua em a;

(ii) $f - g$ é contínua em a;

(iii) $f \cdot g$ é contínua em a;

(iv) f/g é contínua em a, desde que $g(a) \neq 0$.

Prova Vamos provar o item (iv). Os demais ficam como exercício.

Suponhamos que $g(a) \neq 0$. Então f/g é definida no ponto a.
Como f e g são contínuas no ponto a, temos

$$\lim_{x \to a} f(x) = f(a) \text{ e } \lim_{x \to a} g(x) = g(a).$$

Assim, pela proposição 3.5.2, temos

$$\lim_{x \to a} \frac{f(x)}{g(x)} = \frac{\lim_{x \to a} f(x)}{\lim_{x \to a} g(x)} = \frac{f(a)}{g(a)} = (f/g)(a).$$

Logo, f/g é contínua no ponto a.

3.17.4 Proposição

(i) Uma função polinomial é contínua para todo número real.

(ii) Uma função racional é contínua em todos os pontos de seu domínio.

(iii) As funções $f(x) = \operatorname{sen} x$ e $f(x) = \cos x$ são contínuas para todo número real x.

(iv) A função exponencial $f(x) = e^x$ é contínua para todo número real x.

A prova dessas proposições segue diretamente das propriedades de limites.

3.17.5 Proposição Sejam f e g funções tais que $\lim_{x \to a} f(x) = b$ e g é contínua em b.

Então $\lim_{x \to a} (g_0 f)(x) = g(b)$, ou seja,

$$\lim_{x \to a} g[f(x)] = g[\lim_{x \to a} f(x)].$$

Prova Queremos mostrar que $\lim_{x \to a} (g_0 f)(x) = g(b)$, isto é, dado $\varepsilon > 0$, $\exists\, \delta > 0$, tal que

$|(g_0 f)(x) - g(b)| < \varepsilon$ sempre que $0 < |x - a| < \delta$.

Como g é contínua em b, por definição, $\lim_{y \to b} g(y) = g(b)$. Portanto, dado $\varepsilon > 0$, $\exists\, \delta_1 > 0$, tal que $|g(y) - g(b)| < \varepsilon$ sempre que $0 < |y - b| < \delta_1$.

Como para $y = b$, temos $|g(y) - g(b)| = 0 < \varepsilon$, podemos escrever

$$|g(y) - g(b)| < \varepsilon, \text{ sempre que } |y - b| < \delta_1. \tag{1}$$

Como $\lim_{x \to a} f(x) = b$ e $\delta_1 > 0$, pela definição de limite, $\exists\, \delta > 0$, tal que $|f(x) - b| < \delta_1$ sempre que $0 < |x - a| < \delta$.

Portanto, se $0 < |x - a| < \delta$, $y = f(x)$ satisfaz (1) e dessa forma

$|g[f(x)] - g(b)| < \varepsilon$.

3.17.6 Proposição Se f é contínua em a e g é contínua em $f(a)$, então a função composta $g_0 f$ é contínua no ponto a.

Prova Como f é contínua no ponto a, temos $\lim_{x \to a} f(x) = f(a)$.

Como g é contínua em $f(a)$, podemos aplicar a proposição 3.16.5. Temos, então

$$\lim_{x \to a} (g_0 f)(x) = g[\lim_{x \to a} f(x)] = g[f(a)]$$

$$= (g_0 f)(a).$$

Logo, $g_0 f$ é contínua em a.

3.17.7 Proposição Seja $y = f(x)$ uma função definida e contínua num intervalo I. Seja $J = \text{Im}(f)$. Se f admite uma função inversa $g = f^{-1}\colon J \to I$, então g é contínua em todos os pontos de J.

Observamos que, com o auxílio desta proposição, podemos analisar a continuidade das diversas funções inversas definidas no Capítulo 2. Por exemplo, a função

$g \colon \mathbb{R}_+^* \to \mathbb{R}$

$x \to \ln x$

é contínua, já que ela é a inversa da função exponencial $f(x) = e^x$.

3.17.8 Definição Seja f definida num intervalo fechado $[a, b]$.

(i) Se $\lim_{x \to a^+} f(x) = f(a)$, dizemos que f é *contínua à direita* no ponto a.

(ii) $\lim_{x \to b^-} f(x) = f(b)$, dizemos que f é *contínua à esquerda* no ponto b.

(iii) Se f é contínua em todo ponto do intervalo aberto (a, b), f é contínua à direita em a e contínua à esquerda em b, dizemos que f é contínua no *intervalo fechado* $[a, b]$.

3.17.9 Teorema do Valor Intermediário Se f é contínua no intervalo fechado $[a, b]$ e L é um número tal que $f(a) \leq L \leq f(b)$ ou $f(b) \leq L \leq f(a)$, então existe pelo menos um $x \in [a, b]$ tal que $f(x) = L$ (ver Figura 3.28).

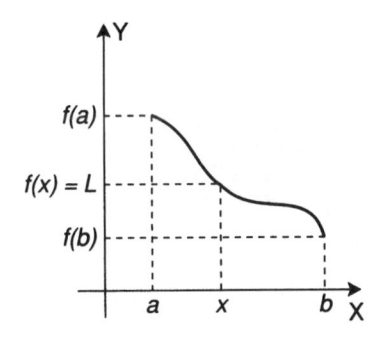

Figura 3.28

Esse teorema nos mostra por que as funções contínuas em um *intervalo* muitas vezes são consideradas como funções cujo gráfico pode ser traçado sem levantar o lápis do papel, isto é, não há interrupções no gráfico. Não apresentamos sua demonstração aqui.

Conseqüência. Se f é contínua em $[a, b]$ e se $f(a)$ e $f(b)$ têm sinais opostos, então existe pelo menos um número c entre a e b tal que $f(c) = 0$ (ver Figura 3.29).

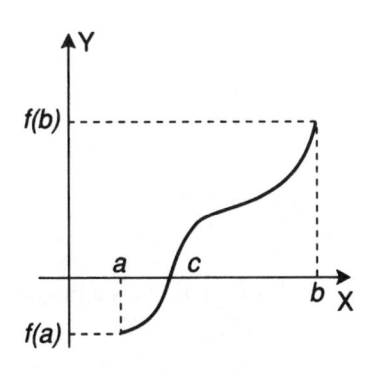

Figura 3.29

3.18 Exercícios

1. Investigue a continuidade nos pontos indicados:

(a) $f(x) = \begin{cases} \dfrac{\operatorname{sen} x}{x}, & x \neq 0 \\ 0, & x = 0 \end{cases}$ em $x = 0$.

(b) $f(x) = x - |x|$ em $x = 0$.

(c) $f(x) = \begin{cases} \dfrac{x^3 - 8}{x^2 - 4}, & x \neq 2 \\ 3, & x = 2 \end{cases}$ em $x = 2$.

(d) $f(x) = \dfrac{1}{\operatorname{sen} 1/x}$ em $x = 2$.

(e) $f(x) = \begin{cases} x^2 \operatorname{sen} 1/x, & x \neq 0 \\ 0, & x = 0 \end{cases}$ em $x = 0$.

(f) $f(x) = \begin{cases} 1 - x^2, & x < 1 \\ 1 - |x|, & x > 1 \\ 1, & x = 1 \end{cases}$ em $x = 1$.

(g) $f(x) = \begin{cases} \dfrac{x^2 - 4}{x - 2}, & x \neq 2 \\ 0, & x = 2 \end{cases}$ em $x = 2$.

(h) $f(x) = \begin{cases} x^2, & x \geq -1 \\ 1 - |x|, & x < -1 \end{cases}$ em $x = -1$.

(i) $f(x) = \dfrac{x^2 - 3x + 7}{x^2 + 1}$, em $x = 2$.

(j) $f(x) = \dfrac{2}{3x^2 + x^3 - x - 3}$, em $x = -3$.

2. Determine, se existirem, os valores de $x \in D(f)$, nos quais a função $f(x)$ não é contínua.

(a) $f(x) = \begin{cases} \dfrac{x}{x^2 - 1}, & x^2 \neq 1 \\ 0, & x = -1. \end{cases}$

(b) $f(x) = \dfrac{1 + \cos x}{3 + \operatorname{sen} x}$

(c) $f(x) = \dfrac{x - |x|}{x}$

(d) $f(x) = \begin{cases} \sqrt{x^2 + 5x + 6}, & x < -3 \text{ e } x > -2 \\ -1, & -3 \leq x \leq -2 \end{cases}$

(e) $f(x) = \begin{cases} 1 - \cos x, & x < 0 \\ x^2 + 1, & x \geq 0 \end{cases}$

(f) $f(x) = \dfrac{2}{e^x - e^{-x}}$

(g) $f(x) = \begin{cases} \dfrac{x^2 - 3x + 4}{x - 1}, & x \neq 1 \\ 1, & x = 1 \end{cases}$

(h) $f(x) = \cos \dfrac{x}{x + \pi}$

3. Construa o gráfico e analise a continuidade das seguintes funções:

(a) $f(x) = \begin{cases} 0, & x \leq 0 \\ x, & x > 0 \end{cases}$

(b) $f(x) = \begin{cases} \dfrac{x^2 - 4}{x + 2}, & x \neq -2 \\ 1, & x = -2 \end{cases}$

(c) $f(x) = \begin{cases} \dfrac{x}{|x|}, & x \neq 0 \\ -1, & x = 0 \end{cases}$

(d) $f(x) = \begin{cases} \ln(x + 1), & x \geq 0 \\ -x, & x < 0 \end{cases}$

(e) $f(x) = \dfrac{x^3 + 3x^2 - x - 3}{x^2 + 4x + 3}$.

4. Calcule p de modo que as funções abaixo sejam contínuas.

(a) $f(x) = \begin{cases} x^2 + px + 2, & x \neq 3 \\ 3, & x = 3 \end{cases}$

(b) $f(x) = \begin{cases} x + 2p, & x \leq -1 \\ p^2, & x > -1 \end{cases}$

(c) $f(x) = \begin{cases} e^{2x}, & x \neq 0 \\ p^3 - 7, & x = 0. \end{cases}$

5. Determine, se existirem, os pontos onde as seguintes funções não são contínuas.

(a) $f(x) = \dfrac{x}{(x - 3)(x + 7)}$

(b) $f(x) = \sqrt{(3 - x)(6 - x)}$

(c) $f(x) = \dfrac{1}{1 + 2 \operatorname{sen} x}$

(d) $f(x) = \dfrac{x^2 + 3x - 1}{x^2 - 6x + 10}$

6. Prove que se $f(x)$ e $g(x)$ são contínuas em $x_0 = 3$, também o são $f + g$ e $f \cdot g$.

7. Defina funções f, g e h que satisfaçam:

   (a) f não é contínua em 2 pontos de seu domínio;

   (b) g é contínua em todos os pontos de seu domínio mas não é contínua em $\mathbb{R}$;

   (c) $h_0 f$ é contínua em todos os pontos do domínio de f;

   Faça o gráfico das funções f, g, h e $h_0 f$.

8. Dê exemplo de duas funções f e g que não são contínuas no ponto $a = 0$ e tais que $h = f \cdot g$ é contínua neste ponto. Faça o gráfico das funções f, g e h.

9. Sejam f, g e h funções tais que, para todos x, $f(x) \leq g(x) \leq h(x)$. Se f e h são contínuas no ponto $x = a$ e $f(a) = g(a) = h(a)$, prove que g é contínua no ponto a.

10. Sejam $a \in \mathbb{R}$ e $f: \mathbb{R} \to \mathbb{R}$ uma função definida no ponto a. Se $\lim\limits_{x \to a} \dfrac{f(x) - f(a)}{x - a} = m$, prove que f é contínua no ponto a.

4 Derivada

Neste capítulo, estudaremos a Derivada e suas aplicações. Veremos, inicialmente, uma aplicação no contexto geométrico e outra aplicação no contexto da Física. As técnicas de derivação são apresentadas neste capítulo, além da formalização de conceitos e propriedades que auxiliarão o desenvolvimento das aplicações do capítulo seguinte.

4.1 A Reta Tangente

Vamos definir a inclinação de uma curva $y = f(x)$ para, em seguida, encontrar a equação da reta tangente à curva num ponto dado.

As idéias que usaremos foram introduzidas no século XVIII por Newton e Leibnitz.

Seja $y = f(x)$ uma curva definida no intervalo (a, b), como na Figura 4.1.

Sejam $P(x_1, y_1)$ e $Q(x_2, y_2)$ dois pontos distintos da curva $y = f(x)$.

Seja s a reta secante que passa pelos pontos P e Q. Considerando o triângulo retângulo PMQ, na Figura 4.1, temos que a inclinação da reta s (ou coeficiente angular de s) é

$$\operatorname{tg} \alpha = \frac{y_2 - y_1}{x_2 - x_1} = \frac{\Delta y}{\Delta x}.$$

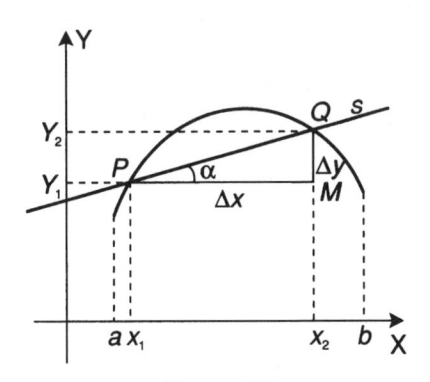

Figura 4.1

Suponhamos agora que, mantendo P fixo, Q se mova sobre a curva em direção a P. Diante disto, a inclinação da reta secante s variará. À medida que Q vai se aproximando cada vez mais de P, a inclinação da secante varia cada vez menos, tendendo para um valor limite constante (ver Figura 4.2).

Esse valor limite é chamado inclinação da reta tangente à curva no ponto P, ou também inclinação da curva em P.

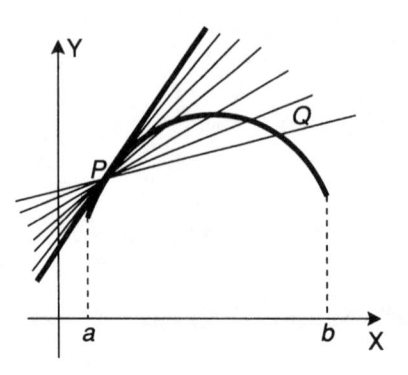

Figura 4.2

4.1.1 Definição Dada uma curva $y = f(x)$, seja $P(x_1, y_1)$ um ponto sobre ela. A inclinação da reta tangente à curva no ponto P é dada por:

$$m(x_1) = \lim_{Q \to P} \frac{\Delta y}{\Delta x} = \lim_{x_2 \to x_1} \frac{f(x_2) - f(x_1)}{x_2 - x_1}, \quad (1)$$

quando o limite existe.

Fazendo $x_2 = x_1 + \Delta x$ podemos reescrever o limite (1) na forma

$$m(x_1) = \lim_{\Delta x \to 0} \frac{f(x_1 + \Delta x) - f(x_1)}{\Delta x}. \quad (2)$$

Conhecendo a inclinação da reta tangente à curva no ponto P, podemos encontrar a equação da reta tangente à curva em P.

4.1.2 Equação da Reta Tangente Se a função $f(x)$ é contínua em x_1, então a reta tangente à curva $y = f(x)$ em $P(x_1, f(x_1))$ é:

(i) A reta que passa por P tendo inclinação

$$m(x_1) = \lim_{\Delta x \to 0} \frac{f(x_1 + \Delta x) - f(x_1)}{\Delta x},$$ se este limite existe. Neste caso, temos a equação $y - f(x_1) = m(x - x_1)$.

(ii) A reta $x = x_1$ se $\lim_{\Delta x \to 0} \dfrac{f(x_1 + \Delta x) - f(x_1)}{\Delta x}$ for infinito.

4.1.3 Exemplos

(i) Encontre a inclinação da reta tangente à curva $y = x^2 - 2x + 1$ no ponto (x_1, y_1).

Se $f(x) = x^2 - 2x + 1$, então

$$f(x_1) = x_1^2 - 2x_1 + 1 \text{ e}$$

$$f(x_1 + \Delta x) = (x_1 + \Delta x)^2 - 2(x_1 + \Delta x) + 1$$
$$= x_1^2 + 2x_1 \Delta x + (\Delta x)^2 - 2x_1 - 2\Delta x + 1.$$

Usando (2), vem:

$$m(x_1) = \lim_{\Delta x \to 0} \frac{f(x_1 + \Delta x) - f(x_1)}{\Delta x}$$

$$= \lim_{\Delta x \to 0} \frac{x_1^2 + 2x_1\Delta x + (\Delta x^2) - 2x_1 - 2\Delta x + 1 - (x_1^2 - 2x_1 + 1)}{\Delta x}$$

$$= \lim_{\Delta x \to 0} \frac{2x_1\Delta x + (\Delta x)^2 - 2\Delta x}{\Delta x}$$

$$= \lim_{\Delta x \to 0} \frac{\Delta x(2x_1 + \Delta x - 2)}{\Delta x}$$

$$= 2x_1 - 2.$$

Portanto, a inclinação da reta tangente à curva $y = x^2 - 2x + 1$ no ponto (x_1, y_1) é

$m(x_1) = 2x_1 - 2$.

A Figura 4.3 ilustra este exemplo para $x_1 = 3$. Temos,

tg $\alpha = m(3) = 2 \cdot 3 - 2 = 4.$

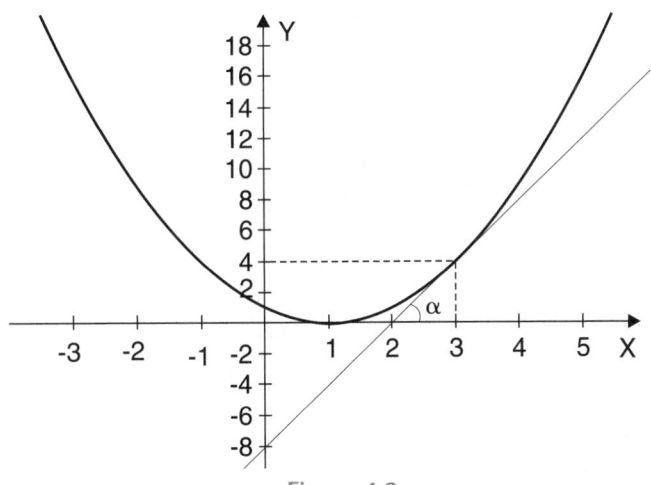

Figura 4.3

(ii) Encontre a equação da reta tangente à curva $y = 2x^2 + 3$ no ponto cuja abscissa é 2.

O ponto da curva $y = 2x^2 + 3$, cuja abscissa é 2, é o ponto $P(2, f(2)) = (2, 11)$.

Vamos encontrar a inclinação da curva $y = 2x^2 + 3$ no ponto $P(2, 11)$. Para isso, encontraremos primeiro a inclinação da curva num ponto (x_1, y_1). Temos,

$$m(x_1) = \lim_{\Delta x \to 0} \frac{f(x_1 + \Delta x) - f(x_1)}{\Delta x}$$

$$= \lim_{\Delta x \to 0} \frac{2(x_1 + \Delta x)^2 + 3 - (2x_1^2 + 3)}{\Delta x}$$

$$= \lim_{\Delta x \to 0} \frac{2x_1^2 + 4x_1\Delta x + 2(\Delta x)^2 + 3 - 2x_1^2 - 3}{\Delta x}$$

$$= \lim_{\Delta x \to 0} \frac{\Delta x(4x_1 + 2\Delta x)}{\Delta x}$$

$$= 4x_1.$$

Como $m(x_1) = 4x_1$, então $m(2) = 4 \cdot 2 = 8$.

Usando (3), escrevemos a equação da reta tangente à curva $y = 2x^2 + 3$ em $P(2, 11)$.
Temos,

$y - f(x_1) = m(x - x_1)$

$y - 11 = 8(x - 2)$, ou ainda,

$8x - y - 5 = 0$.

A Figura 4.4 mostra a visualização da reta $8x - y - 5 = 0$, que é tangente à curva $y = 2x^2 + 3$ no ponto $P(2, 11)$.

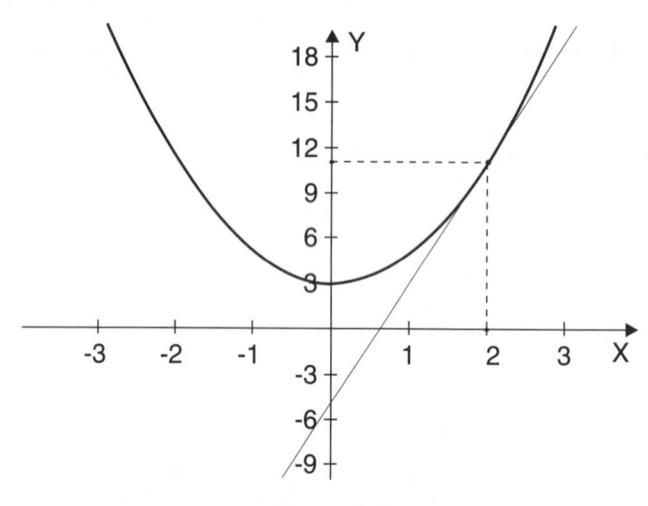

Figura 4.4

4.2 Velocidade e Aceleração

Velocidade e aceleração são conceitos que todos nós conhecemos. Quando dirigimos um carro, podemos medir a distância percorrida num certo intervalo de tempo. O velocímetro marca, a cada instante, a velocidade. Se pisamos no acelerador ou no freio, percebemos que a velocidade muda. Sentimos a aceleração.

Vamos mostrar que podemos calcular a velocidade e a aceleração através de limites.

4.2.1 Velocidade Suponhamos que um corpo se move em linha reta e que $s = s(t)$ represente o espaço percorrido pelo móvel até o instante t. Então, no intervalo de tempo entre t e $t + \Delta t$, o corpo sofre um deslocamento

$\Delta s = s(t + \Delta t) - s(t)$.

Definimos *velocidade média* nesse intervalo de tempo como o quociente

$$v_m = \frac{s(t + \Delta t) - s(t)}{\Delta t},$$

isto é, a velocidade média é o quociente do espaço percorrido pelo tempo gasto em percorrê-lo.

De forma geral, a velocidade média nada nos diz sobre a velocidade do corpo no instante t. Para obtermos a *velocidade instantânea* do corpo no instante t, calculamos sua velocidade média em instantes de tempo Δt cada vez menores. A velocidade instantânea, ou velocidade no instante t, é o limite das velocidades médias quando Δt se aproxima de zero, isto é,

$$v(t) = \lim_{\Delta t \to 0} \frac{\Delta s}{\Delta t} = \lim_{\Delta t \to 0} \frac{s(t + \Delta t) - s(t)}{\Delta t}.$$

4.2.2 Aceleração
O conceito de aceleração é introduzido de maneira análoga ao de velocidade.

A *aceleração média* no intervalo de tempo de t até $t + \Delta t$ é dada por:

$$a_m = \frac{v(t + \Delta t) - v(t)}{\Delta t}.$$

Observamos que ela mede a variação da velocidade do corpo por unidade de tempo no intervalo de tempo Δt. Para obtermos a aceleração do corpo no instante t, tomamos sua aceleração média em intervalos de tempo Δt cada vez menores. A *aceleração instantânea* é o limite

$$a(t) = \lim_{\Delta t \to 0} \frac{v(t + \Delta t) - v(t)}{\Delta t} = v'(t).$$

4.2.3 Exemplos

(i) No instante $t = 0$ um corpo inicia um movimento em linha reta. Sua posição no instante t é dada por $s(t) = 16t - t^2$.

Determinar:

(a) a velocidade média do corpo no intervalo de tempo $[2, 4]$;

(b) a velocidade do corpo no instante $t = 2$;

(c) a aceleração média no intervalo $[0, 4]$;

(d) a aceleração no instante $t = 4$.

Solução:

(a) A velocidade média do corpo no intervalo de tempo entre 2 e 4 é dada por:

$$v_m = \frac{s(4) - s(2)}{4 - 2}$$

$$= \frac{(16 \cdot 4 - 4^2) - (16 \cdot 2 - 2^2)}{4 - 2}$$

$$= \frac{48 - 28}{2}$$

$$= 10 \text{ unid. veloc.}$$

(b) A velocidade do corpo num instante t qualquer é dada por:

$$v(t) = \lim_{\Delta t \to 0} \frac{s(t + \Delta t) - s(t)}{\Delta t}$$

$$= \lim_{\Delta t \to 0} \frac{[16(t + \Delta t) - (t + \Delta t)^2] - [16 \cdot t - t^2]}{\Delta t}$$

$$= \lim_{\Delta t \to 0} \frac{16t + 16\Delta t - t^2 - 2t\Delta t - (\Delta t)^2 - 16t + t^2}{\Delta t}$$

$$= \lim_{\Delta t \to 0} \frac{16\Delta t - 2t\Delta t - (\Delta t)^2}{\Delta t}$$

$$= \lim_{\Delta t \to 0} (16 - 2t - \Delta t)$$

$$= 16 - 2t \text{ unid. veloc.}$$

Quando $t = 2$ temos:

$$v(2) = 16 - 2 \cdot 2$$
$$= 12 \text{ unid. veloc.}$$

(c) A aceleração média no intervalo $[0, 4]$ é dada por:

$$a_m = \frac{v(4) - v(0)}{4 - 0}.$$

Como $v(t) = 16 - 2t$, temos:

$$a_m = \frac{(16 - 2 \cdot 4) - (16 - 2 \cdot 0)}{4}$$

$$= \frac{8 - 16}{4}$$

$$= -2 \text{ unid. aceler.}$$

(d) A aceleração num instante t qualquer é dada por:

$$a(t) = \lim_{\Delta t \to 0} \frac{v(t + \Delta t) - v(t)}{\Delta t}$$

$$= \lim_{\Delta t \to 0} \frac{16 - 2(t + \Delta t) - 16 + 2t}{\Delta t}$$

$$= \lim_{\Delta t \to 0} \frac{16 - 2t - 2\Delta t - 16 + 2t}{\Delta t}$$

$$= \lim_{\Delta t \to 0} \frac{-2\Delta t}{\Delta t}$$

$$= -2 \text{ unid. aceler.}$$

Observamos que a aceleração negativa significa que o corpo está com a sua velocidade diminuindo.

A aceleração no instante $t = 4$ é dada por $a(4) = -2$ unid. aceler.

(ii) A equação do movimento de um corpo em queda livre é $s = \frac{1}{2} gt^2$, sendo g um valor constante. Determinar a velocidade e a aceleração do corpo em um instante qualquer t.

Num instante qualquer t, a velocidade é dada por:

$$v(t) = \lim_{\Delta t \to 0} \frac{s(t + \Delta t) - s(t)}{\Delta t}$$

$$= \lim_{\Delta t \to 0} \frac{\frac{1}{2} g \cdot (t + \Delta t)^2 - \frac{1}{2} gt^2}{\Delta t}$$

$$= \lim_{\Delta t \to 0} \frac{\frac{1}{2} g \cdot (t^2 + 2t\Delta t + (\Delta t)^2) - \frac{1}{2} gt^2}{\Delta t}$$

$$= \lim_{\Delta t \to 0} \frac{g \cdot t \cdot \Delta t + \frac{1}{2} g \cdot (\Delta t)^2}{\Delta t}$$

$$= \lim_{\Delta t \to 0} \left(g \cdot t + \frac{1}{2} \Delta t \right)$$

$$= g \cdot t \text{ m/s}.$$

A aceleração num instante t é

$$a(t) = \lim_{\Delta t \to 0} \frac{v(t + \Delta t) - v(t)}{\Delta t}$$

$$= \lim_{\Delta t \to 0} \frac{g \cdot (t + \Delta t) - g \cdot t}{\Delta t}$$

$$= \lim_{\Delta t \to 0} \frac{g \cdot t + g \cdot \Delta t - g \cdot t}{\Delta t}$$

$$= \lim_{\Delta t \to 0} \frac{g \cdot \Delta t}{\Delta t}$$

$$= g \text{ unid. aceler.}$$

Observamos que g é a aceleração da gravidade e tem aproximadamente o valor de 9,8 m/s^2.

4.3 A Derivada de uma Função num Ponto

A derivada de uma função $f(x)$ no ponto x_1, denotada por $f'(x_1)$, (lê-se f linha de x, no ponto x_1), é definida pelo limite

$$f'(x_1) = \lim_{\Delta x \to 0} \frac{f(x_1 + \Delta x) - f(x_1)}{\Delta x}, \text{ quando este limite existe.}$$

Também podemos escrever

$$f'(x_1) = \lim_{x_2 \to x_1} \frac{f(x_2) - f(x_1)}{x_2 - x_1}.$$

Como vimos na seção anterior, este limite nos dá a inclinação da reta tangente à curva $y = f(x)$ no ponto $(x_1, f(x_1))$. Portanto, geometricamente, a derivada da função $y = f(x)$ no ponto x_1 representa a inclinação da curva neste ponto.

4.4 A Derivada de uma Função

A derivada de uma função $y = f(x)$ é a função denotada por $f'(x)$, (lê-se f linha de x), tal que seu valor em qualquer $x \in D(f)$ é dado por:

$$f'(x) = \lim_{\Delta x \to 0} \frac{f(x + \Delta x) - f(x)}{\Delta x}, \text{ se este limite existir.}$$

Dizemos que uma função é derivável quando existe a derivada em todos os pontos de seu domínio.

Outras notações podem ser usadas no lugar de $y' = f'(x)$:

(i) $D_x f(x)$ (lê-se derivada $f(x)$ em relação a x).

(ii) $D_x y$ (lê-se derivada de y em relação a x).

(iii) $\dfrac{dy}{dx}$ (lê-se derivada de y em relação a x).

4.5 Exemplos

(i) Dada $f(x) = 5x^2 + 6x - 1$, encontre $f'(2)$.

Usando a definição 4.3, temos:

$$f'(2) = \lim_{\Delta x \to 0} \frac{f(2 + \Delta x) - f(2)}{\Delta x}$$

$$= \lim_{\Delta x \to 0} \frac{5(2 + \Delta x)^2 - 6(2 + \Delta x) - 1 - (5 \cdot 2^2 + 6 \cdot 2 - 1)}{\Delta x}$$

$$= \lim_{\Delta x \to 0} \frac{20 + 20\Delta x + 5(\Delta x)^2 + 12 + 6\Delta x - 20 - 12}{\Delta x}$$

$$= \lim_{\Delta x \to 0} \frac{26\Delta x + 5(\Delta x)^2}{\Delta x}$$

$$= \lim_{\Delta x \to 0} \frac{\Delta x (26 + 5\Delta x)}{\Delta x}$$

$$= \lim_{\Delta x \to 0} (26 + 5\Delta x)$$

$$= 26.$$

(ii) Dada $f(x) = \dfrac{x-2}{x+3}$, encontre $f'(x)$.

Usando a definição 4.4, temos:

$$f'(x) = \lim_{\Delta x \to 0} \frac{f(x + \Delta x) - f(x)}{\Delta x}$$

$$= \lim_{\Delta x \to 0} \frac{\dfrac{x + \Delta x - 2}{x + \Delta x + 3} - \dfrac{x - 2}{x + 3}}{\Delta x}$$

$$= \lim_{\Delta x \to 0} \frac{(x + \Delta x - 2)(x + 3) - (x - 2)(x + \Delta x + 3)}{(x + \Delta x + 3)(x + 3) \cdot \Delta x}$$

$$= \lim_{\Delta x \to 0} \frac{x^2 + x + x\Delta x + 3\Delta x - 6 - x^2 - x\Delta x - x + 2\Delta x + 6}{(x + \Delta x + 3)(x + 3) \cdot \Delta x}$$

$$= \lim_{\Delta x \to 0} \frac{5\Delta x}{(x + \Delta x + 3)(x + 3) \cdot \Delta x}$$

$$= \lim_{\Delta x \to 0} \frac{5}{(x + \Delta x + 3)(x + 3)}$$

$$= \frac{5}{(x + 3)^2}.$$

(iii) Encontre a equação da reta tangente à curva $y = \sqrt{x}$, que seja paralela à reta $8x - 4y + 1 = 0$.

Antes de desenvolvermos este exemplo, convém lembrar que duas retas são paralelas quando os seus coeficientes angulares são iguais.

Vamos primeiro encontrar a inclinação da reta tangente à curva $y = \sqrt{x}$ num ponto (x_1, y_1). Temos:

$$m(x_1) = f'(x_1)$$

$$= \lim_{\Delta x \to 0} \frac{\sqrt{x_1 + \Delta x} - \sqrt{x_1}}{\Delta x}$$

$$= \lim_{\Delta x \to 0} \frac{(\sqrt{x_1 + \Delta x} - \sqrt{x_1})(\sqrt{x_1 + \Delta x} + \sqrt{x_1})}{\Delta x(\sqrt{x_1 + \Delta x} + \sqrt{x_1})}$$

$$= \lim_{\Delta x \to 0} \frac{x_1 + \Delta x - x_1}{\Delta x(\sqrt{x_1 + \Delta x} + \sqrt{x_1})}$$

$$= \lim_{\Delta x \to 0} \frac{\Delta x}{\Delta x(\sqrt{x_1 + \Delta x} + \sqrt{x_1})}$$

$$= \frac{1}{2\sqrt{x_1}}.$$

Portanto, $m(x_1) = \dfrac{1}{2\sqrt{x_1}}$.

Como a reta que queremos deve ser paralela a $8x - 4y + 1 = 0$, podemos escrever

$m(x_1) = \dfrac{1}{2\sqrt{x_1}} = 2$, já que o coeficiente angular de $8x - 4y + 1 = 0$ é 2.

De $\dfrac{1}{2\sqrt{x_1}} = 2$, concluímos que $x_1 = 1/16$.

Portanto, a reta que queremos é a reta tangente à curva $y = \sqrt{x}$ no ponto $(1/16, f(1/16))$, ou seja $(1/16, 1/4)$. Temos:

$$y - f(x_1) = m(x - x_1)$$

$$y - 1/4 = 2(x - 1/16)$$

$$16y - 4 = 32x - 2$$

$32x - 16y + 2 = 0$, ou ainda,

$16x - 8y + 1 = 0$.

Graficamente, este exemplo é ilustrado na Figura 4.5.

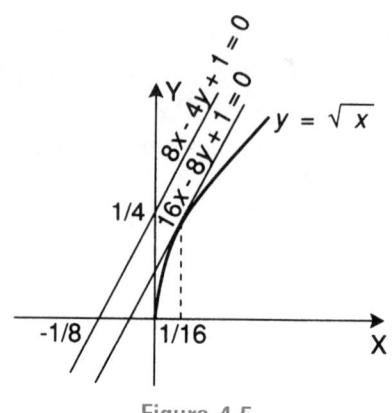

Figura 4.5

(iv) Encontre a equação para a reta normal à curva $y = x^2$ no ponto $P(2, 4)$.

Para resolvermos este exemplo, devemos lembrar que a *reta normal* a uma curva num ponto dado é a reta perpendicular à reta tangente neste ponto.

Duas retas t e n são perpendiculares se

$$m_t \cdot m_n = -1, \tag{1}$$

onde m_t e m_n são as inclinações das retas t e n, respectivamente, num dado ponto P.

Vamos então calcular a inclinação da reta tangente à curva no ponto $P(2, 4)$.

Temos:

$$m_t(x_1) = \lim_{\Delta x \to 0} \frac{f(x_1 + \Delta x) - f(x_1)}{\Delta x}$$

$$m_t(x_1) = 2x_1.$$

Quando $x_1 = 2$ temos $m_t(2) = 2 \cdot 2 = 4$.

Usando (1), podemos encontrar a inclinação da reta normal à curva $y = x^2$ no ponto $(2, 4)$. Temos,

$m_t \cdot m_n = -1$

$4m_n = -1$

$m_n = -1/4.$

Aplicando os dados à equação da reta, vem:

$y - f(x_1) = m(x - x_1)$

$y - 4 = -1/4(x - 2)$

ou,

$4y + x - 18 = 0.$

Portanto, $x + 4y - 18 = 0$ é a reta normal à curva $y = x^2$ em $(2, 4)$.

Graficamente, este exemplo é ilustrado na Figura 4.6.

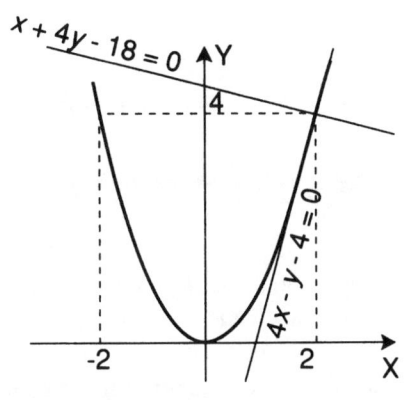

Figura 4.6

(v) Dada $f(x) = \sqrt{x}$, encontre $f'(4)$.

$$f'(x_1) = \lim_{x \to x_1} \frac{f(x) - f(x_1)}{x - x_1}$$

$$= \lim_{x \to 4} \frac{\sqrt{x} - 2}{x - 4}$$

$$= \lim_{x \to 4} \frac{(\sqrt{x} - 2)(\sqrt{x} + 2)}{(x - 4)(\sqrt{x} + 2)}$$

$$= \lim_{x \to 4} \frac{x - 4}{(x - 4)(\sqrt{x} + 2)}$$

$$= \lim_{x \to 4} \frac{1}{\sqrt{x} + 2}$$

$$= \frac{1}{4}.$$

(vi) Dada $f(x) = x^{1/3}$, encontre $f'(x)$.

Usando a definição 4.3, temos:

$$f'(x) = \lim_{\Delta x \to 0} \frac{f(x + \Delta x) - f(x)}{\Delta x}$$

$$= \lim_{\Delta x \to 0} \frac{(x + \Delta x)^{1/3} - x^{1/3}}{\Delta x}.$$

Resolveremos este limite como no Exemplo 3, da Seção 3.9, fazendo uma troca de variáveis.

Sejam $(x + \Delta x) = t^3$ e $x = a^3$. Então,

$$f'(x) = \lim_{t \to a} \frac{t - a}{t^3 - a^3}$$

$$= \lim_{t \to a} \frac{1}{t^2 + at + a^2}$$

$$= \frac{1}{3a^2}.$$

Como $a = x^{1/3}$, vem:

$$f'(x) = \frac{1}{3x^{2/3}}.$$

Observamos, neste exemplo, que $f(x) = x^{1/3}$ é contínua em 0, mas $f'(x) = \dfrac{1}{3x^{2/3}}$ não é definida em 0.

4.6 Continuidade de Funções Deriváveis

De acordo com a observação feita no exemplo (iv) da Seção 4.4, concluímos que $f(x)$ contínua em x_1 não implica a existência de $f'(x_1)$. A recíproca porém é verdadeira, como mostra o seguinte teorema.

4.6.1 Teorema Toda função derivável num ponto x_1 é contínua nesse ponto.

Prova: Seja $f(x)$ uma função derivável em x_1. Vamos provar que $f(x)$ é contínua em x_1. Em outras palavras, vamos provar que as condições da definição 3.17.1 são válidas. Isto é:

(i) $f(x_1)$ existe;

(ii) $\lim\limits_{x \to x_1} f(x)$ existe;

(iii) $\lim\limits_{x \to x_1} f(x) = f(x_1)$.

Por hipótese, $f(x)$ é derivável em x_1. Logo, $f'(x_1)$ existe e, pela fórmula

$$f'(x_1) = \lim_{x \to x_1} \frac{f(x) - f(x_1)}{x - x_1},$$

concluímos que $f(x_1)$ deve existir para que o limite tenha significado.

Além disso, temos:

$$\lim_{x \to x_1}[f(x) - f(x_1)] = \lim_{x \to x_1}\left[(x - x_1) \cdot \frac{f(x) - f(x_1)}{x - x_1}\right]$$

$$= \lim_{x \to x_1}(x - x_1) \cdot \lim_{x \to x_1}\frac{f(x) - f(x_1)}{x - x_1}$$

$$= 0 \cdot f'(x_1).$$

Portanto, $\lim\limits_{x \to x_1}[f(x) - f(x_1)] = 0$.

Temos, então,

$$\lim_{x \to x_1} f(x) = \lim_{x \to x_1}[f(x) - f(x_1) + f(x_1)].$$

$$= \lim_{x \to x_1}[f(x) - f(x_1)] + \lim_{x \to x_1} f(x_1)$$

$$= 0 + f(x_1)$$

$$= f(x_1)$$

Valem então as condições (i), (ii) e (iii) e conclui-se que $f(x)$ é contínua em x_1.

4.7 Exercícios

1. Determinar a equação da reta tangente às seguintes curvas, nos pontos indicados. Esboçar o gráfico em cada caso.

   (a) $f(x) = x^2 - 1$; $x = 1$, $x = 0$, $x = a$, $a \in \mathbb{R}$.

   (b) $f(x) = x^2 - 3x + 6$; $x = -1$, $x = 2$.

   (c) $f(x) = x(3x - 5)$; $x = \dfrac{1}{2}$, $x = a$, $a \in \mathbb{R}$.

2. Em cada um dos itens do exercício (1), determine a equação da reta normal à curva, nos pontos indicados. Esboçar o gráfico, em cada caso.

3. Determinar a equação da reta tangente à curva $y = 1 - x^2$, que seja paralela à reta $y = 1 - x$. Esboçar os gráficos da função, da reta dada e da reta tangente encontrada.

4. Encontrar as equações das retas tangente e normal à curva $y = x^2 - 2x + 1$ no ponto $(-2, 9)$.

5. Um corpo se move em linha reta, de modo que sua posição no instante t é dada por $f(t) = 16t + t^2$, $0 \leq t \leq 8$, onde o tempo é dado em segundos e a distância em metros.

   (a) Achar a velocidade média durante o intervalo de tempo $[b, b + h]$, $0 \leq b < 8$.

   (b) Achar a velocidade média durante os intervalos $[3; 3,1]$, $[3; 3,01]$ e $[3; 3,001]$.

   (c) Determinar a velocidade do corpo num instante qualquer t.

   (d) Achar a velocidade do corpo no instante $t = 3$.

   (e) Determinar a aceleração no instante t.

6. Influências externas produzem uma aceleração numa partícula de tal forma que a equação de seu movimento retilíneo é $y = \dfrac{b}{t} + ct$, onde y é o deslocamento de t, o tempo.

   (a) Qual a velocidade da partícula no instante $t = 2$?

   (b) Qual é a equação da aceleração?

7. Dadas as funções $f(x) = 5 - 2x$ e $g(x) = 3x^2 - 1$, determinar:

   (a) $f'(1) + g'(1)$.

   (b) $2f'(0) - g'(-2)$.

   (c) $f(2) - f'(2)$.

   (d) $[g'(0)]^2 + \dfrac{1}{2}g'(0) + g(0)$.

   (e) $f\left(\dfrac{5}{2}\right) - \dfrac{f'(5/2)}{g'(5/2)}$.

8. Usando a definição, determinar a derivada das seguintes funções:

   (a) $f(x) = 1 - 4x^2$.

   (b) $f(x) = 2x^2 - x - 1$.

   (c) $f(x) = \dfrac{1}{x + 2}$.

   (d) $f(x) = \dfrac{1 - x}{x + 3}$.

   (e) $f(x) = \dfrac{1}{\sqrt{2x - 1}}$.

   (f) $f(x) = \sqrt[3]{x + 3}$.

9. Dadas as funções $f(x) = \dfrac{1}{x-1}$ e $g(x) = 2x^2 - 3$, determinar os itens que seguem e, usando uma ferramenta gráfica, fazer um esboço do gráfico das funções obtidas, identificando o seu domínio.

   (a) $f_0 f'$
   (b) $f'_0 f$
   (c) $g_0 f'$
   (d) $g'_0 f'$

10. Dada a função $f(x) = \begin{cases} x - 1, & x \geq 0 \\ x, & x < 0 \end{cases}$, verificar se existe $f'(0)$. Esboçar o gráfico.

11. Dada a função $f(x) = \dfrac{1}{2x - 6}$, verificar se existe $f'(3)$. Esboçar o gráfico.

12. Dada a função $f(x) = 2x^2 - 3x - 2$, determinar os intervalos em que:

    (a) $f'(x) > 0$.
    (b) $f'(x) < 0$.

13. Simular graficamente diferentes retas tangentes à curva $y = x^2$. Supondo que existem duas retas tangentes que passam pelo ponto $P(0, -4)$, encontrar o ponto de tangência e as equações das retas.

14. Quantas retas tangentes à curva $y = \dfrac{2x}{x+1}$ passam pelo ponto $P(-4, 0)$? Em quais pontos essas retas tangentes tocam a curva?

4.8 Derivadas Laterais

4.8.1 Definição Se a função $y = f(x)$ está definida em x_1, então a derivada à direita de f em x_1, denotada por $f'_+(x_1)$ é definida por:

$$f'_+(x_1) = \lim_{\Delta x \to 0^+} \frac{f(x_1 + \Delta x) - f(x_1)}{\Delta x}$$

$$= \lim_{x \to x_1^+} \frac{f(x) - f(x_1)}{x - x_1},$$

caso este limite exista.

4.8.2 Definição Se a função $y = f(x)$ está definida em x_1, então a derivada à esquerda de f em x_1, denotada por $f'_-(x_1)$, é definida por:

$$f'_-(x_1) = \lim_{\Delta x \to 0^-} \frac{f(x_1 + \Delta x) - f(x_1)}{\Delta x}$$

$$= \lim_{x \to x_1^-} \frac{f(x) - f(x_1)}{x - x_1},$$

caso este limite exista.

Uma função é derivável em um ponto, quando as derivadas à direita e à esquerda nesse ponto existem e são iguais.

Quando as derivadas laterais (direita e esquerda) existem e são diferentes em um ponto x_1, dizemos que este é um *ponto anguloso* do gráfico da função.

4.9 Exemplos

(i) Seja f a função definida por:

$$f(x) = \begin{cases} 3x - 1, & \text{se } x < 2 \\ 7 - x, & \text{se } x \geq 2. \end{cases}$$

(a) Mostre que f é contínua em 2.

(b) Encontre $f'_+(2)$ e $f'_-(2)$.

Na Figura 4.7 esboçamos o gráfico desta função.

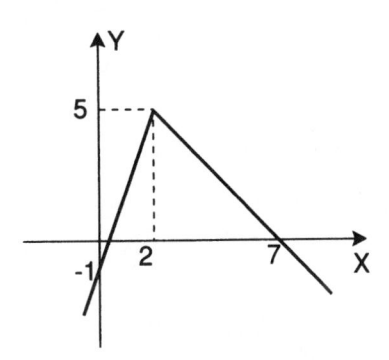

Figura 4.7

(a) Esta função é contínua em 2. De fato, existe $f(2) = 5$; existe o limite

$$\lim_{x \to 2} f(x) = \lim_{x \to 2^+} (7 - x) = \lim_{x \to 2^-} (3x - 1) = 5;$$

e, finalmente,

$$\lim_{x \to 2} f(x) = f(2) = 5.$$

(b) Obtemos $f'_+(2)$ usando a definição 4.8.1. Temos:

$$f'_+(2) = \lim_{\Delta x \to 0^+} \frac{f(2 + \Delta x) - f(2)}{\Delta x}$$

$$= \lim_{\Delta x \to 0^+} \frac{[7 - (2 + \Delta x)] - 5}{\Delta x}$$

$$= \lim_{\Delta x \to 0^+} \frac{5 - \Delta x - 5}{\Delta x}$$

$$= \lim_{\Delta x \to 0^+} (-1)$$

$$= -1.$$

Usando a definição 4.8.2, obtemos $f'_-(2)$. Temos:

$$f'_-(2) = \lim_{\Delta x \to 0^-} \frac{f(2 + \Delta x) - f(2)}{\Delta x}$$

$$= \lim_{\Delta x \to 0^-} \frac{[3(2 + \Delta x) - 1] - 5}{\Delta x}$$

$$= \lim_{\Delta x \to 0^-} \frac{6 + 3\Delta x - 1 - 5}{\Delta x}$$

$$= \lim_{\Delta x \to 0^-} 3$$

$$= 3.$$

Como

$$\lim_{\Delta x \to 0^+} \frac{f(2 + \Delta x) - f(2)}{\Delta x} \neq \lim_{\Delta x \to 0^-} \frac{f(2 + \Delta x) - f(2)}{\Delta x},$$

concluímos que não existe o

$$\lim_{\Delta x \to 0} \frac{f(2 + \Delta x) - f(2)}{\Delta x}.$$

Portanto, a função $f(x)$ não é derivável em $x_1 = 2$.

Dizemos que $x_1 = 2$ é um *ponto anguloso do gráfico de $f(x)$*.

(ii) Seja a função $f(x) = (x - 2)|x|$. Encontre $f'_+(0)$ e $f'_-(0)$.

Podemos reescrever a $f(x)$ como:

$$f(x) = \begin{cases} (x - 2) \cdot x = x^2 - 2x & , \text{ se } x \geq 0 \\ (x - 2) \cdot (-x) = -x^2 + 2x & , \text{ se } x < 0. \end{cases}$$

A Figura 4.8 mostra o gráfico de $f(x)$.

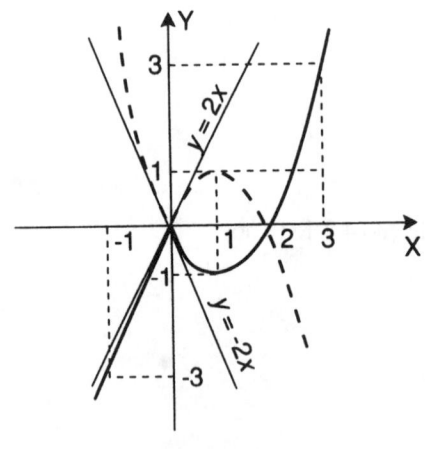

Figura 4.8

Usando 4.8.1 e 4.8.2, respectivamente, obtemos $f'_+(0)$ e $f'_-(0)$.
Temos:

$$f'_+(0) = \lim_{\Delta x \to 0^+} \frac{f(0 + \Delta x) - f(0)}{\Delta x}$$

$$= \lim_{\Delta x \to 0^+} \frac{[(0 + \Delta x)^2 - 2(0 + \Delta x)] - 0}{\Delta x}$$

$$= \lim_{\Delta x \to 0^+} \frac{(\Delta x)^2 - 2\Delta x}{\Delta x}$$

$$= \lim_{\Delta x \to 0^+} \frac{\Delta x (\Delta x - 2)}{\Delta x}$$

$$= \lim_{\Delta x \to 0^+} (\Delta x - 2)$$

$$= -2.$$

$$f'_-(0) = \lim_{\Delta x \to 0^-} \frac{f(0 + \Delta x) - f(0)}{\Delta x}$$

$$= \lim_{\Delta x \to 0^-} \frac{[-(0 + \Delta x)^2 + 2(0 + \Delta x)] - 0}{\Delta x}$$

$$= \lim_{\Delta x \to 0^-} \frac{-(\Delta x)^2 + 2\Delta x}{\Delta x}$$

$$= \lim_{\Delta x \to 0^-} \frac{\Delta x (-\Delta x + 2)}{\Delta x}$$

$$= \lim_{\Delta x \to 0^-} (-\Delta x + 2)$$

$$= 2.$$

Concluímos, então, que não existe $f'(0)$ porque $f'_+(0) \neq f'_-(0)$.

Ainda podemos concluir que o gráfico da função f não admite uma reta tangente no ponto $(0, 0)$. Usando as derivadas laterais obtemos:

$$y - 0 = (-2)(x - 0), \text{ ou seja, } y = -2x$$

e

$$y - 0 = 2(x - 0), \text{ ou seja, } y = 2x.$$

A Figura 4.8 mostra essas retas.

(iii) Observar os gráficos das figuras 4.9 e 4.10 e discutir a existência da derivada nos pontos $x = 1$ e $x = 4$, respectivamente.

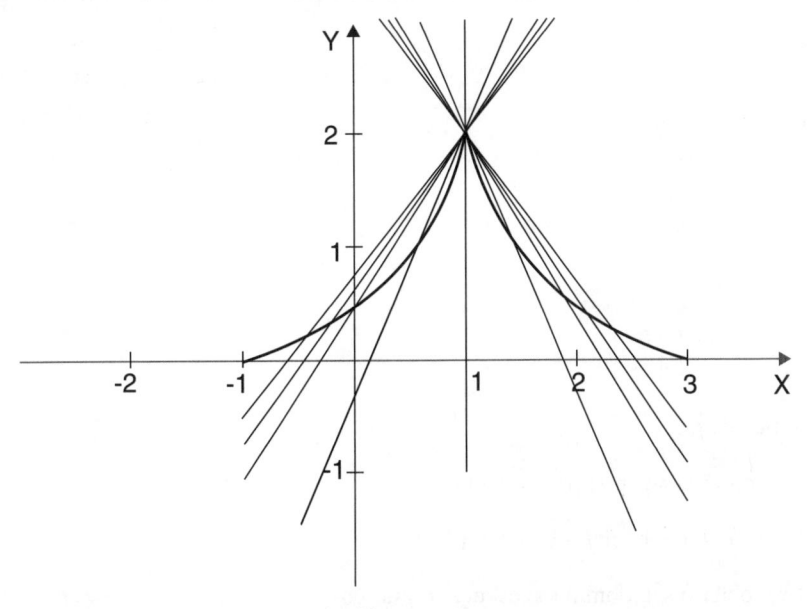

Figura 4.9

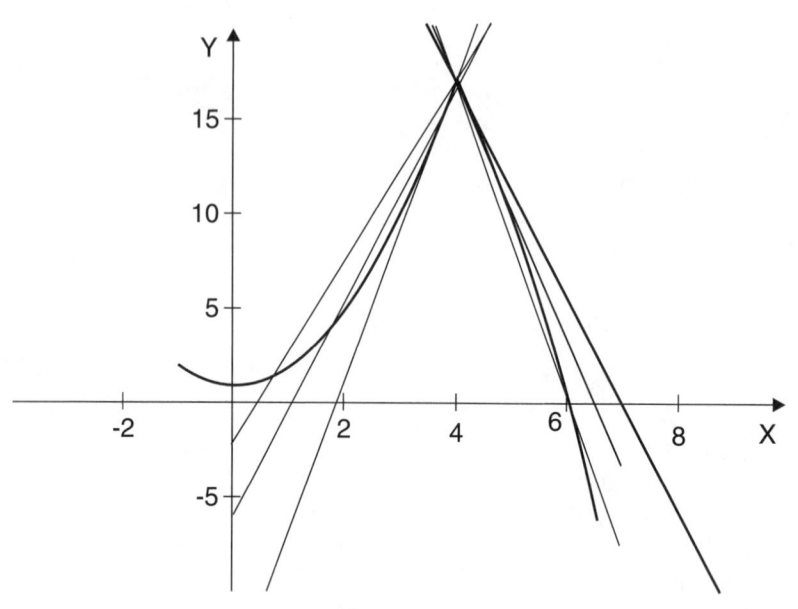

Figura 4.10

Para fazer uma análise gráfica da existência da derivada em um ponto, podemos traçar retas secantes que passam pelo ponto dado e por outro ponto na sua vizinhança e observar a sua posição limite (posição de tangência). Quando as secantes não têm uma única posição limite ou se tornam verticais, a derivada não existe.

Observando as figuras dadas podemos afirmar que em ambos os casos a derivada não existe.

No caso da Figura 4.9 é possível observar que as retas secantes convergem para a posição vertical. Dizemos que estamos diante de um *ponto cuspidal*.

No caso da Figura 4.10 é possível observar que as secantes assumem duas posições diferentes no seu limite. Assim, estamos diante da situação em que as derivadas laterais existem, mas são diferentes, portanto a derivada no ponto dado ($x = 4$) não existe. Neste caso costumamos dizer que estamos diante de um *ponto anguloso*.

4.10 Exercícios

Nos exercícios 1 a 5 calcular as derivadas laterais nos pontos onde a função não é derivável. Esboçar o gráfico.

1. $f(x) = 2|x - 3|$

2. $f(x) = \begin{cases} x, & \text{se } x < 1 \\ 2x - 1, & \text{se } x \geq 1 \end{cases}$

3. $f(x) = |2x + 4| + 3$

4. $f(x) = \begin{cases} 1 - x^2, & |x| > 1 \\ 0, & |x| \leq 1 \end{cases}$

5. $f(x) = \begin{cases} 2 - x^2, & x < -2 \\ -2, & |x| \leq 2 \\ 2x - 6, & x > 2 \end{cases}$

6. Seja $f(x) = \begin{cases} x^2 - 1, & \text{se } |x| \leq 1 \\ 1 - x^2, & \text{se } |x| > 1 \end{cases}$

   a) Esboçar o gráfico de f.

   b) Verificar se f é contínua nos pontos -1 e 1.

   c) Calcular $f'(-1^-)$, $f'(-1^+)$, $f'(1^-)$ e $f'(1^+)$.

   d) Calcular $f'(x)$, obter o seu domínio e esboçar o gráfico.

7. Encontrar as derivadas laterais das seguintes funções, nos pontos indicados. Encontrar os intervalos onde $f'(x) > 0$ e $f'(x) < 0$.

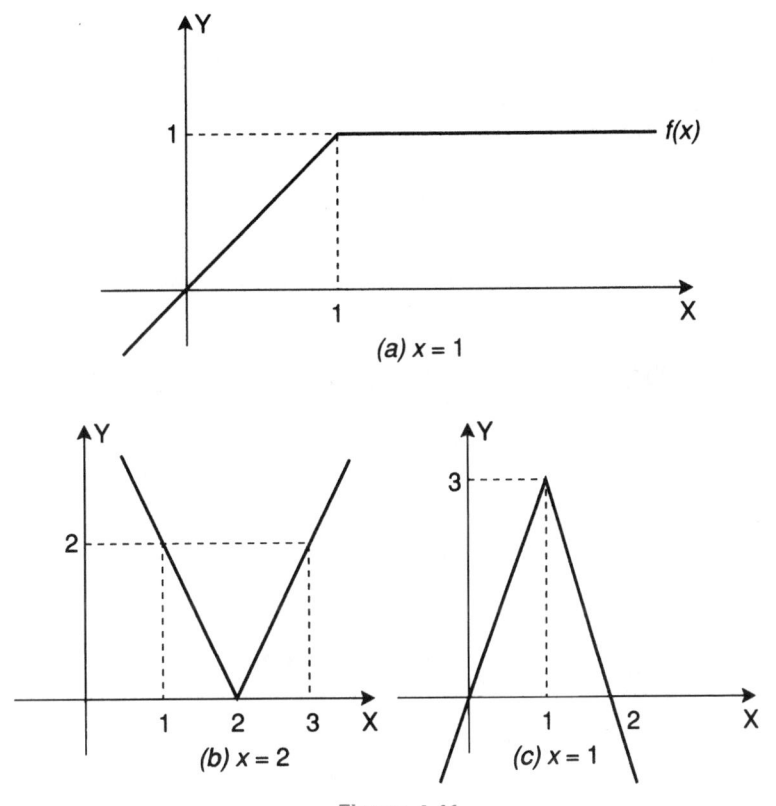

(a) $x = 1$

(b) $x = 2$

(c) $x = 1$

Figura 4.11

4.11 Regras de Derivação

Nesta seção, deduziremos várias regras, chamadas regras de derivação, que permitem determinar as derivadas das funções sem o uso da definição.

4.11.1 Proposição (Derivada de uma constante) Se c é uma constante e $f(x) = c$ para todo x, então $f'(x) = 0$.

Prova: Seja $f(x) = c$. Então,

$$f'(x) = \lim_{\Delta x \to 0} \frac{f(x + \Delta x) - f(x)}{\Delta x}$$

$$= \lim_{\Delta x \to 0} \frac{c - c}{\Delta x}$$

$$= \lim_{\Delta x \to 0} 0$$

$$= 0.$$

4.11.2 Proposição (Regra da potência) Se n é um número inteiro positivo e $f(x) = x^n$, então $f'(x) = n \cdot x^{n-1}$.

Prova: Seja $f(x) = x^n$. Então,

$$f'(x) = \lim_{\Delta x \to 0} \frac{f(x + \Delta x) - f(x)}{\Delta x}$$

$$= \lim_{\Delta x \to 0} \frac{(x + \Delta x)^n - x^n}{\Delta x}.$$

Expandindo $(x + \Delta x)^n$ pelo Binômio de Newton, temos:

$$f'(x) = \lim_{\Delta x \to 0} \frac{\left[x^n + nx^{n-1}\Delta x + \frac{n(n-1)}{2!}x^{n-2}\Delta x^2 + \ldots + nx(\Delta x)^{n-1} + (\Delta x)^n\right] - x^n}{\Delta x}$$

$$= \lim_{\Delta x \to 0} \frac{\Delta x \left[nx^{n-1} + \frac{n(n-1)}{2!}x^{n-2}\Delta x + \ldots + nx(\Delta x)^{n-2} + (\Delta x)^{n-1}\right]}{\Delta x}$$

$$= \lim_{\Delta x \to 0} \left[nx^{n-1} + \frac{n(n-1)}{2!}x^{n-2}\Delta x + \ldots + nx(\Delta x)^{n-2} + (\Delta x)^{n-1}\right]$$

$$= n \cdot x^{n-1}.$$

4.11.3 Exemplos

(i) Se $f(x) = x^5$, então $f'(x) = 5x^4$.

(ii) Se $g(x) = x$, então $g'(x) = 1$.

(iii) Se $h(x) = x^{10}$, então $h'(x) = 10x^9$.

4.11.4 Proposição (Derivada do produto de uma constante por uma função)
Sejam f uma função, c uma constante e g a função definida por $g(x) = cf(x)$. Se $f'(x)$ existe, então $g'(x) = cf'(x)$.

Prova: Por hipótese, existe

$$f'(x) = \lim_{\Delta x \to 0} \frac{f(x + \Delta x) - f(x)}{\Delta x}.$$

Temos:

$$g'(x) = \lim_{\Delta x \to 0} \frac{g(x + \Delta x) - g(x)}{\Delta x}$$

$$= \lim_{\Delta x \to 0} \frac{cf(x + \Delta x) - cf(x)}{\Delta x}$$

$$= \lim_{\Delta x \to 0} c \left[\frac{f(x + \Delta x) - f(x)}{\Delta x}\right]$$

$$= c \lim_{\Delta x \to 0} \frac{f(x + \Delta x) - f(x)}{\Delta x}$$

$$= cf'(x).$$

4.11.5 Exemplos

(i) Se $f(x) = 8x^2$, então $f'(x) = 8(2x) = 16x$.

(ii) Se $g(z) = -2z^7$, então $g'(z) = -2(7z^6) = -14z^6$.

4.11.6 Proposição (Derivada de uma soma)
Sejam f e g duas funções e h a função definida por $h(x) = f(x) + g(x)$. Se $f'(x)$ e $g'(x)$ existem, então

$$h'(x) = f'(x) + g'(x).$$

Prova: Por hipótese, existem

$$f'(x) = \lim_{\Delta x \to 0} \frac{f(x + \Delta x) - f(x)}{\Delta x} \text{ e } g'(x) = \lim_{\Delta x \to 0} \frac{g(x + \Delta x) - g(x)}{\Delta x}.$$

Temos:

$$h'(x) = \lim_{\Delta x \to 0} \frac{h(x + \Delta x) - h(x)}{\Delta x}$$

$$= \lim_{\Delta x \to 0} \frac{[f(x + \Delta x) + g(x + \Delta x)] - [f(x) + g(x)]}{\Delta x}$$

$$= \lim_{\Delta x \to 0} \frac{[f(x + \Delta x) - f(x)] + [g(x + \Delta x) - g(x)]}{\Delta x}$$

$$= \lim_{\Delta x \to 0} \frac{f(x + \Delta x) - f(x)}{\Delta x} + \lim_{\Delta x \to 0} \frac{g(x + \Delta x) - g(x)}{\Delta x}$$

$$= f'(x) + g'(x).$$

A proposição 4.11.6 se aplica a um número finito de funções, isto é, a derivada da soma de um número finito de funções é igual à soma de suas derivadas, se estas existirem.

4.11.7 Exemplos

(i) Seja $f(x) = 3x^4 + 8x + 5$, Então,

$$f'(x) = 3 \cdot (4x^3) + 8 \cdot 1 + 0$$

$$= 12x^3 + 8.$$

(ii) Seja $g(y) = 9y^5 - 4y^2 + 2y + 7$. Então,

$$g'(y) = 9 \cdot (5y^4) - 4 \cdot (2y) + 2 \cdot 1 + 0$$

$$= 45y^4 - 8y + 2.$$

4.11.8 Proposição (Derivada de um produto)
Sejam f e g funções e h a função definida por $h(x) = f(x) \cdot g(x)$. Se $f'(x)$ e $g'(x)$ existem, então

$$h'(x) = f(x) \cdot g'(x) + f'(x) \cdot g(x).$$

Prova: Por hipótese, existem

$$f'(x) = \lim_{\Delta x \to 0} \frac{f(x + \Delta x) - f(x)}{\Delta x} \text{ e } g'(x) = \lim_{\Delta x \to 0} \frac{g(x + \Delta x) - g(x)}{\Delta x}.$$

Também podemos concluir, pelo teorema 4.6.1, que f é contínua e assim $\lim_{\Delta x \to 0} f(x + \Delta x) = f(x)$. Temos:

$$h'(x) = \lim_{\Delta x \to 0} \frac{h(x + \Delta x) - h(x)}{\Delta x}$$

$$= \lim_{\Delta x \to 0} \frac{f(x + \Delta x) \cdot g(x + \Delta x) - f(x) \cdot g(x)}{\Delta x}.$$

Adicionando e subtraindo ao numerador a expressão $f(x + \Delta x) \cdot g(x)$, vem:

$$h'(x) = \lim_{\Delta x \to 0} \frac{f(x + \Delta x)g(x + \Delta x) - f(x + \Delta x)g(x) + f(x + \Delta x)g(x) - f(x)g(x)}{\Delta x}$$

$$= \lim_{\Delta x \to 0} \frac{f(x + \Delta x)[g(x + \Delta x) - g(x)] + g(x)[f(x + \Delta x) - f(x)]}{\Delta x}$$

$$= \lim_{\Delta x \to 0} \left[f(x + \Delta x) \cdot \frac{g(x + \Delta x) - g(x)}{\Delta x} \right] + \lim_{\Delta x \to 0} \left[g(x) \cdot \frac{f(x + \Delta x) - f(x)}{\Delta x} \right]$$

$$= \lim_{\Delta x \to 0} f(x + \Delta x) \cdot \lim_{\Delta x \to 0} \frac{g(x + \Delta x) - g(x)}{\Delta x} + \lim_{\Delta x \to 0} g(x) \cdot \lim_{\Delta x \to 0} \frac{f(x + \Delta x) - f(x)}{\Delta x}$$

$$= f(x) \cdot g'(x) + g(x) \cdot f'(x).$$

4.11.9 Exemplos

(i) Seja $f(x) = (2x^3 - 1)(x^4 + x^2)$. Então,

$$f'(x) = (2x^3 - 1)(4x^3 + 2x) + (x^4 + x^2)(6x^2).$$

(ii) Seja $f(t) = \frac{1}{2}(t^2 + 5)(t^6 + 4t)$. Então,

$$f'(t) = \frac{1}{2}[(t^2 + 5)(6t^5 + 4) + (t^6 + 4t)(2t)].$$

4.11.10 Proposição (Derivada de um quociente)

Sejam f e g funções e h a função definida por $h(x) = f(x)/g(x)$, onde $g(x) \neq 0$. Se $f'(x)$ e $g'(x)$ existem, então

$$h'(x) = \frac{g(x) \cdot f'(x) - f(x) \cdot g'(x)}{[g(x)]^2}.$$

Prova: Por hipótese, existem

$$f'(x) = \lim_{\Delta x \to 0} \frac{f(x + \Delta x) - f(x)}{\Delta x} \text{ e } g'(x) = \lim_{\Delta x \to 0} \frac{g(x + \Delta x) - g(x)}{\Delta x}.$$

Temos também, pelo teorema 4.6.1, que g é contínua e assim $\lim_{\Delta x \to 0} g(x + \Delta x) = g(x)$. Temos:

$$h'(x) = \lim_{\Delta x \to 0} \frac{h(x + \Delta x) - h(x)}{\Delta x}$$

$$= \lim_{\Delta x \to 0} \frac{\dfrac{f(x + \Delta x)}{g(x + \Delta x)} - \dfrac{f(x)}{g(x)}}{\Delta x}$$

$$= \lim_{\Delta x \to 0} \frac{1}{\Delta x} \left[\frac{f(x + \Delta x)g(x) - f(x)g(x + \Delta x)}{g(x + \Delta x)g(x)} \right].$$

Subtraindo e adicionando $f(x) \cdot g(x)$ ao numerador, obtemos

$$h'(x) = \lim_{\Delta x \to 0} \frac{1}{\Delta x} \left[\frac{f(x + \Delta x)g(x) - f(x)g(x) + f(x)g(x) - f(x)g(x + \Delta x)}{g(x + \Delta x)g(x)} \right]$$

$$= \lim_{\Delta x \to 0} \left[\frac{\dfrac{f(x + \Delta x) - f(x)}{\Delta x} \cdot g(x) - f(x) \cdot \dfrac{g(x + \Delta x) - g(x)}{\Delta x}}{g(x + \Delta x) \cdot g(x)} \right]$$

$$= \frac{\lim_{\Delta x \to 0} \dfrac{f(x + \Delta x) - f(x)}{\Delta x} \cdot \lim_{\Delta x \to 0} g(x) - \lim_{\Delta x \to 0} f(x) \cdot \lim_{\Delta x \to 0} \dfrac{g(x + \Delta x) - g(x)}{\Delta x}}{\lim_{\Delta x \to 0} g(x + \Delta x) \cdot \lim_{\Delta x \to 0} g(x)}$$

$$= \frac{f'(x) \cdot g(x) - f(x) \cdot g'(x)}{g(x) \cdot g(x)}$$

$$= \frac{f'(x) \cdot g(x) - f(x) \cdot g'(x)}{[g(x)]^2}.$$

4.11.11 Exemplos

(i) Encontrar $f'(x)$ sendo $f(x) = \dfrac{2x^4 - 3}{x^2 - 5x + 3}$.

Temos:

$$f'(x) = \frac{(x^2 - 5x + 3)(2 \cdot 4x^3 - 0) - (2x^4 - 3)(2x - 5)}{(x^2 - 5x + 3)^2}$$

$$= \frac{(x^2 - 5x + 3)(8x^3) - (2x^4 - 3)(2x - 5)}{(x^2 - 5x + 3)^2}.$$

(ii) Se $g(x) = \dfrac{1}{x}$, encontrar $g'(x)$.

Temos:

$$g'(x) = \frac{x \cdot 0 - 1 \cdot 1}{x^2}$$

$$= \frac{-1}{x^2}.$$

4.11.12 Proposição
Se $f(x) = x^{-n}$ onde n é um número inteiro positivo e $x \neq 0$, então $f'(x) = -n \cdot x^{-n-1}$.

Prova: Podemos escrever $f(x) = \dfrac{1}{x^n}$.

Aplicando a proposição 4.11.10, vem:

$$f'(x) = \frac{x^n \cdot 0 - 1 \cdot nx^{n-1}}{(x^n)^2}$$

$$= \frac{-nx^{n-1}}{x^{2n}}$$

$$= -n \cdot x^{n-1} \cdot x^{-2n}$$

$$= -nx^{-n-1}.$$

4.12 Exercícios

Nos exercícios 1 a 22 encontrar a derivada das funções dadas. A seguir, comparar os resultados encontrados com os resultados obtidos a partir do uso de um software algébrico.

1. $f(r) = \pi r^2$

2. $f(x) = 3x^2 + 6x - 10$

3. $f(w) = aw^2 + b$

4. $f(x) = 14 - \dfrac{1}{2}x^{-3}$

5. $f(x) = (2x + 1)(3x^2 + 6)$

6. $f(x) = (7x - 1)(x + 4)$

7. $f(x) = (3x^5 - 1)(2 - x^4)$

8. $f(x) = \dfrac{2}{3}(5x - 3)^{-1}(5x + 3)$

9. $f(x) = (x - 1)(x + 1)$

10. $f(s) = (s^2 - 1)(3s - 1)(5s^3 + 2s)$

11. $f(x) = 7(ax^2 + bx + c)$

12. $f(u) = (4u^2 - a)(a - 2u)$

13. $f(x) = \dfrac{2x + 4}{3x - 1}$

14. $f(t) = \dfrac{t - 1}{t + 1}$

15. $f(t) = \dfrac{3t^2 + 5t - 1}{t - 1}$

16. $f(t) = \dfrac{2 - t^2}{t - 2}$

17. $f(x) = \dfrac{4 - x}{5 - x^2}$

18. $f(x) = \dfrac{5x + 7}{2x - 2}$

19. $f(x) = \dfrac{x + 1}{x + 2}(3x^2 + 6x)$

20. $f(t) = \dfrac{(t - a)^2}{t - b}$

21. $f(x) = \dfrac{3}{x^4} + \dfrac{5}{x^5}$

22. $f(x) = \dfrac{1}{2}x^4 + \dfrac{2}{x^6}$

23. Seja $p(x) = (x - a)(x - b)$, sendo a e b constantes. Mostrar que se $a \neq b$, então $p(a) = p(b) = 0$, mas $p'(a) \neq 0$ e $p'(b) \neq 0$.

24. Dadas as funções $f(x) = x^2 + Ax$ e $g(x) = Bx$, determinar A e B de tal forma que

$$\begin{cases} f'(x) + g'(x) = 1 + 2x \\ f(x) - g(x) = x^2 \end{cases}$$

25. Dada a função $f(t) = 3t^3 - 4t + 1$, encontrar $f(0) - tf'(0)$.

26. 🖱 Encontrar a equação da reta tangente à curva $y = \dfrac{2x + 1}{3x - 4}$ no ponto de abscissa $x = -1$. Usando uma ferramenta gráfica, esboçar o gráfico da função e da reta tangente.

27. Encontrar a equação da reta normal à curva $y = (3x^2 - 4x)^2$ no ponto de abscissa $x = 2$.

28. 🖱 Encontrar as equações das retas tangentes à curva $y = \dfrac{x - 1}{x + 1}$ que sejam paralelas à reta $y = x$. Usando uma ferramenta gráfica, esboçar o gráfico da curva, da reta dada e das tangentes encontradas.

29. 🖱 Em que pontos o gráfico da função $y = \dfrac{1}{3}x^3 - \dfrac{3}{2}x^2 + 2x$ tem tangente horizontal? Esboçar o gráfico e analisar o resultado obtido.

30. Seja $y = ax^2 + bx$. Encontrar os valores de a e b, sabendo que a tangente à curva no ponto $(1, 5)$ tem inclinação $m = 8$.

4.13 Derivada de Função Composta

Consideremos duas funções deriváveis f e g onde $y = g(u)$ e $u = f(x)$.

Para todo x tal que $f(x)$ está no domínio de g, podemos escrever $y = g(u) = g[f(x)]$, isto é, podemos considerar a função composta $(g_0 f)(x)$.

Por exemplo, uma função tal como $y = (x^2 + 5x + 2)^7$ pode ser vista como a composta das funções $y = u^7 = g(u)$ e $u = x^2 + 5x + 2 = f(x)$.

A seguir apresentamos a regra da cadeia, que nos dá a derivada da função composta $g_0 f$ em termos das derivadas de f e g.

4.13.1 Proposição (Regra da cadeia) Se $y = g(u)$ e $u = f(x)$ e as derivadas dy/du e du/dx existem, então a função composta $y = g[f(x)]$ tem derivada que é dada por:

$$\frac{dy}{dx} = \frac{dy}{du} \cdot \frac{du}{dx} \text{ ou } y'(x) = g'(u) \cdot f'(x).$$

Prova Parcial: Vamos fazer a demonstração supondo que existe um intervalo aberto I contendo x, tal que

$$\Delta u = [f(x + \Delta x) - f(x)] \neq 0 \text{ sempre que } (x + \Delta x) \in I \text{ e } \Delta x \neq 0. \tag{1}$$

Isso se verifica para um grande número de funções, porém não para todas. Por exemplo, se f for uma função constante a condição apresentada não é satisfeita. Porém, neste caso, podemos provar a fórmula facilmente. De fato, se $f(x) = c$ então $f'(x) = 0$ e $y = g[f(x)] = g(c)$ é constante. Assim, $y'(x) = 0 = g'(u) \cdot f'(x)$.

Então provemos que $y'(x) = g'(u) \cdot f'(x)$ quando $f(x)$ satisfaz a condição (1).

Como $y = g[f(x)]$, temos:

$$y'(x) = \lim_{\Delta x \to 0} \frac{g[f(x + \Delta x)] - g[f(x)]}{\Delta x} \text{ se este limite existir.}$$

Vamos considerar primeiro o quociente

$$\frac{g[f(x + \Delta x)] - g[f(x)]}{\Delta x}.$$

Seja $\Delta u = f(x + \Delta x) - f(x)$. Então Δu depende de Δx e $\Delta u \to 0$ quando $\Delta x \to 0$. Temos:

$$\frac{g[f(x + \Delta x)] - g[f(x)]}{\Delta x} = \frac{g[f(x) + \Delta u] - g[f(x)]}{\Delta x}$$

$$= \frac{g(u + \Delta u) - g(u)}{\Delta x}.$$

Para a condição (1), $\Delta u \neq 0$ em um intervalo aberto contendo x. Assim, podemos dividir e multiplicar o quociente mostrado por Δu. Temos, então:

$$\frac{g[f(x + \Delta x)] - g[f(x)]}{\Delta x} = \frac{g(u + \Delta u) - g(u)}{\Delta x} \cdot \frac{\Delta u}{\Delta u}$$

$$= \frac{g(u + \Delta u) - g(u)}{\Delta u} \cdot \frac{\Delta u}{\Delta x}$$

$$= \frac{g(u + \Delta u) - g(u)}{\Delta u} \cdot \frac{f(x + \Delta x) - f(x)}{\Delta x}.$$

Aplicando o limite, temos:

$$y'(x) = \lim_{\Delta x \to 0} \frac{g[f(x + \Delta x)] - g[f(x)]}{\Delta x}$$

$$= \lim_{\Delta u \to 0} \frac{g(u + \Delta u) - g(u)}{\Delta u} \cdot \lim_{\Delta x \to 0} \frac{f(x + \Delta x) - f(x)}{\Delta x}$$

$$= g'(u) \cdot f'(x).$$

4.13.2 Exemplos

(i) Dada a função $y = (x^2 + 5x + 2)^7$, determinar dy/dx.

Vimos anteriormente que podemos escrever $y = g(u) = u^7$, onde $u = x^2 + 5x + 2$. Assim, pela regra da cadeia:

$$\frac{dy}{dx} = \frac{dy}{du} \cdot \frac{du}{dx}$$

$$= 7u^6 \cdot (2x + 5)$$

$$= 7(x^2 + 5x + 2)^6 \cdot (2x + 5).$$

(ii) Dada a função $y = \left(\dfrac{3x + 2}{2x + 1}\right)^5$, encontrar y'.

Podemos escrever $y = u^5$, onde $u = \dfrac{3x + 2}{2x + 1}$. Aplicando a regra da cadeia, temos:

$$\frac{dy}{dx} = \frac{dy}{du} \cdot \frac{du}{dx}$$

$$= 5u^4 \cdot \frac{(2x+1) \cdot 3 - (3x+2) \cdot 2}{(2x+1)^2}$$

$$= 5 \cdot \left(\frac{3x+2}{2x+1}\right)^4 \cdot \frac{6x+3-6x-4}{(2x+1)^2}$$

$$= 5 \cdot \left(\frac{3x+2}{2x+1}\right)^4 \cdot \frac{-1}{(2x+1)^2}.$$

(iii) Dada a função $y = (3x^2 + 1)^3 \cdot (x - x^2)^2$, determinar dy/dx.

Neste caso temos o produto de duas funções

$f(x) = (3x^2 + 1)^3$ e $g(x) = (x - x^2)^2$.

Assim, pela proposição 4.11.8,

$y'(x) = f(x) \cdot g'(x) + f'(x) \cdot g(x)$.

Encontrando $f'(x)$ e $g'(x)$ pela regra da cadeia, temos:

$f'(x) = 3(3x^2 + 1)^2 \cdot 6x$ e $g'(x) = 2(x - x^2) \cdot (1 - 2x)$.

Logo,

$$y'(x) = (3x^2 + 1)^3 \cdot 2(x - x^2)(1 - 2x) + 3(3x^2 + 1)^2 \cdot 6x \cdot (x - x^2)^2$$

$$= 2(3x^2 + 1)^3(x - x^2)(1 - 2x) + 18x(3x^2 + 1)^2(x - x^2)^2.$$

4.13.3 Proposição Se $u = g(x)$ é uma função derivável e n é um número inteiro não nulo, então:

$$\frac{d}{dx}[g(x)]^n = n \cdot [g(x)]^{n-1} \cdot g'(x).$$

Prova: Fazendo $y = u^n$, onde $u = g(x)$ e aplicando a regra da cadeia, temos:

$$y'(x) = n \cdot u^{n-1} \cdot u' \quad \text{ou} \quad \frac{d}{dx}[g(x)]^n = n \cdot [g(x)]^{n-1} \cdot g'(x).$$

A regra da potência pode ser generalizada como segue:

Se $u = g(x)$ é uma função derivável e r é um número racional não nulo qualquer, então

$$\frac{d}{dx}[g(x)]^r = r \cdot [g(x)]^{r-1} \cdot g'(x),$$

ou ainda,

$$(u^r)' = r \cdot u^{r-1} \cdot u'.$$

4.13.4 Exemplos

(i) Dada a função $f(x) = 5\sqrt{x^2 + 3}$, determinar $f'(x)$.

Podemos escrever

$$f(x) = 5(x^2 + 3)^{1/2}.$$

Assim,

$$f'(x) = 5 \cdot \frac{1}{2}(x^2 + 3)^{-1/2} \cdot 2x$$

$$= \frac{5x}{\sqrt{x^2 + 3}}.$$

(ii) Dada a função $g(t) = \dfrac{t^2}{\sqrt[3]{t^3 + 1}}$, determinar $g'(t)$.

Escrevendo a função dada como um produto, temos:

$$g(t) = t^2(t^3 + 1)^{-1/3}.$$

Assim,

$$g'(t) = t^2\left(\frac{-1}{3}\right)(t^3 + 1)^{-1/3-1} \cdot 3t^2 + (t^3 + 1)^{-1/3} \cdot 2t$$

$$= -t^4(t^3 + 1)^{-4/3} + 2t(t^3 + 1)^{-1/3}.$$

Podemos resumir as proposições da Seção 4.11 e 4.13 na seguinte *tabela de derivadas*.

4.13.5 Tabela
Sejam $u = u(x)$ e $v = v(x)$ funções deriváveis e c uma constante qualquer.

(1) $y = c \Rightarrow y' = 0$

(2) $y = x \Rightarrow y' = 1$

(3) $y = c \cdot u \Rightarrow y' = c \cdot u'$

(4) $y = u + v \Rightarrow y' = u' + v'$

(5) $y = u \cdot v \Rightarrow y' = u \cdot v' + v \cdot u'$

(6) $y = \dfrac{u}{v} \Rightarrow y' = +\dfrac{vu' - uv'}{v^2}$

(7) $y = u^\alpha, 0 \neq \alpha \in Q \Rightarrow y' = \alpha u^{\alpha-1} \cdot u'$.

A Tabela 4.13.5 nos ajuda a determinar as derivadas de algumas funções.

4.13.6 Exemplos
Determinar a derivada das funções:

(i) $y = x^8 + (2x + 4)^3 + \sqrt{x}$.

$$y' = 8x^7 + 3(2x + 4)^2 \cdot 2 + \frac{1}{2}x^{-1/2}$$

$$= 8x^7 + 6(2x + 4)^2 + \frac{1}{2\sqrt{x}}.$$

(ii) $y = \dfrac{x + 1}{\sqrt{x^2 - 3}}$.

$$y' = \frac{(\sqrt{x^2-3}) \cdot 1 - (x+1) \cdot \frac{1}{2} \cdot (x^2-3)^{-1/2} \cdot 2x}{(\sqrt{x^2-3})^2}$$

$$= \frac{\sqrt{x^2-3} - x(x+1)/\sqrt{x^2-3}}{x^2-3}$$

$$= \frac{\dfrac{(x^2-3)-(x+1)}{\sqrt{x^2-3}}}{x^2-3}$$

$$= \frac{-3-x}{(x^2-3)\sqrt{x^2-3}}.$$

(iii) $y = 3x(8x^3 - 2)$.

$$y' = 3x(24x^2) + (8x^3 - 2) \cdot 3$$

$$= 72x^3 + 24x^3 - 6$$

$$= 96x^3 - 6.$$

(iv) $y = \sqrt[3]{6x^2 + 7x + 2}$.

Podemos escrever $y = (6x^2 + 7x + 2)^{1/3}$.

Temos:

$$y' = \frac{1}{3}(6x^2 + 7x + 2)^{-2/3} \cdot (12x + 7)$$

$$= \frac{12x + 7}{3\sqrt[3]{(6x^2 + 7x + 2)^2}}.$$

4.14 Teorema (Derivada da Função Inversa)

Seja $y = f(x)$ uma função definida em um intervalo aberto (a, b). Suponhamos que $f(x)$ admita uma função inversa $x = g(y)$ contínua. Se $f'(x)$ existe e é diferente de zero para qualquer $x \in (a, b)$, então $g = f^{-1}$ é derivável e vale:

$$g'(y) = \frac{1}{f'(x)} = \frac{1}{f'[g(y)]}.$$

Prova: A Figura 4.12 nos auxiliará a visualizar a demonstração que segue.

Sejam $y = f(x)$ e $\Delta y = f(x + \Delta x) - f(x)$. Observamos que, como f possui uma inversa, se $\Delta x \neq 0$ temos que $f(x + \Delta x) \neq f(x)$ e, portanto, $\Delta y \neq 0$. Como f é contínua, quando $\Delta x \to 0$ temos que Δy também tende a zero.

Da mesma forma, quando $\Delta y \to 0$, $\Delta x = g(y + \Delta y) - g(y)$ também tende a zero.

Temos, então:

$$\Delta x \to 0 \iff \Delta y \to 0. \tag{1}$$

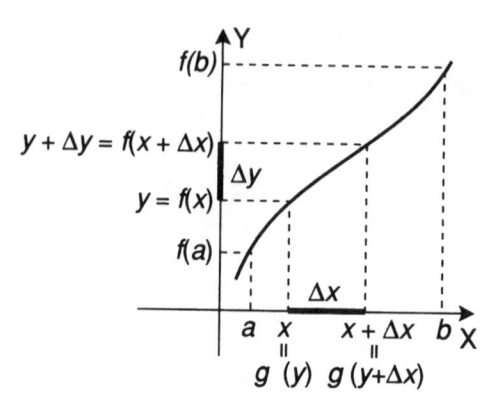

Figura 4.12

Por outro lado, para qualquer $y = f(x)$ vale a identidade:

$$\frac{g(y + \Delta y) - g(y)}{\Delta y} = \frac{(x + \Delta x) - x}{f(x + \Delta x) - f(x)}$$

$$= \frac{\Delta x}{f(x + \Delta x) - f(x)}$$

$$= \frac{1}{\frac{f(x + \Delta x) - f(x)}{\Delta x}}.$$

Como $f'(x)$ existe e $f'(x) \neq 0$ para todo $x \in (a, b)$, usando (1), vem:

$$\lim_{\Delta y \to 0} \frac{g(y + \Delta y) - g(y)}{\Delta y} = \frac{1}{\lim_{\Delta y \to 0} \frac{f(x + \Delta x) - f(x)}{\Delta x}}$$

$$= \frac{1}{f'(x)}.$$

Concluímos que $g'(y)$ existe e vale $g'(y) = \dfrac{1}{f'(x)}$.

4.14.1 Exemplos

(i) Seja $y = f(x) = 4x - 3$. A sua inversa é dada por:

$$x = g(y) = \frac{1}{4}(y + 3).$$

Podemos ver que as derivadas, $f'(x) = 4$ e $g'(y) = 1/4$ são inversas uma da outra.

(ii) Seja $y = 8x^3$. Sua inversa é $x = \dfrac{1}{2}\sqrt[3]{y}$.

Como $y' = 24x^2$ é maior que zero para todo $x \neq 0$, temos:

$$\frac{dx}{dy} = \frac{1}{24x^2} = \frac{1}{24\left(\frac{1}{2}\sqrt[3]{y}\right)^2} = \frac{1}{6y^{2/3}}.$$

Para $x = 0$, temos $y = 0$ e $y' = 0$. Portanto, não podemos aplicar o Teorema 4.14.

(iii) Na Figura 4.13 apresentamos os gráficos das funções $f(x) = x^2 + 1$ definida em $[0, +\infty)$ e $g(x) = \sqrt{x-1}$ definida para $x \in [1, +\infty)$. Pela simetria com a reta $y = x$, podemos afirmar que $f(x)$ e $g(x)$ são funções inversas uma da outra.

A equação da reta tangente à curva $f(x) = x^2 + 1$ no ponto $(2, 5)$ é $y = 4x - 3$ e a equação da reta tangente à curva $g(x) = \sqrt{x-1}$ no ponto $(5, 2)$ é $y = \dfrac{1}{4}x - \dfrac{3}{4}$.

Podemos observar que as declividades são inversas uma da outra, conferindo com o Teorema 4.14.

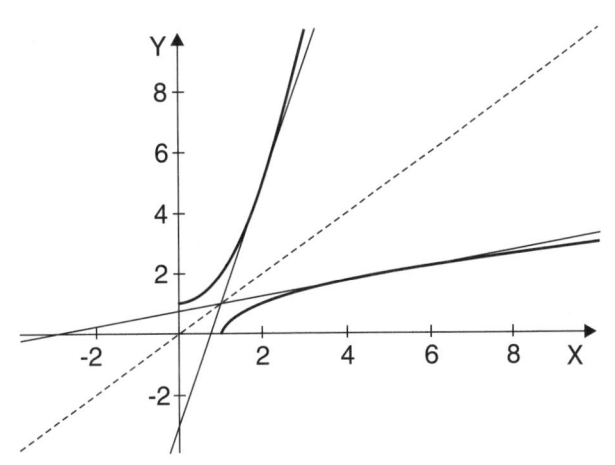

Figura 4.13

4.15 Derivadas das Funções Elementares

Nesta seção apresentaremos as derivadas das funções elementares: exponencial, logarítmica, trigonométricas, trigonométricas inversas, hiperbólicas e hiperbólicas inversas.

Apresentaremos uma tabela de Regras de Derivação que será usada no decorrer de todo o estudo de Cálculo Diferencial e Integral.

4.15.1 Proposição (Derivada da função exponencial)   Se $y = a^x$, $(a > 0$ e $a \neq 1)$ então

$$y' = a^x \ln a \ (a > 0 \text{ e } a \neq 1).$$

Prova: Seja $y = a^x$, $(a > 0$ e $a \neq 1)$. Aplicando a Definição 4.4, temos:

$$y' = \lim_{\Delta x \to 0} \frac{a^{x+\Delta x} - a^x}{\Delta x}$$

$$= \lim_{\Delta x \to 0} \frac{a^x(a^{\Delta x} - 1)}{\Delta x}$$

$$= \lim_{\Delta x \to 0} a^x \cdot \lim_{\Delta x \to 0} \frac{a^{\Delta x} - 1}{\Delta x}.$$

Como $\lim\limits_{\Delta x \to 0} \dfrac{a^{\Delta x} - 1}{\Delta x}$ é o limite fundamental provado na Seção 3.15.5, vem:

$$y' = a^x \cdot \ln a.$$

Caso Particular:

Se $y = e^x$ então $y' = e^x \cdot \ln e = e^x$, onde e é o número neperiano.

4.15.2 Proposição (Derivada da função logarítmica)   Se $y = \log_a x$ ($a > 0, a \neq 1$), então:
$$y' = \frac{1}{x} \log_a e \ (a > 0 \text{ e } a \neq 1).$$

Prova: Seja $y = \log_a x$ ($a > 0$ e $a \neq 1$).

Aplicando a definição 4.4, temos:

$$y' = \lim_{\Delta x \to 0} \frac{\log_a (x + \Delta x) - \log_a x}{\Delta x}$$

$$= \lim_{\Delta x \to 0} \frac{\log_a \dfrac{x + \Delta x}{x}}{\Delta x}$$

$$= \lim_{\Delta x \to 0} \left[\frac{1}{\Delta x} \cdot \log_a \left(1 + \frac{\Delta x}{x}\right) \right]$$

$$= \lim_{\Delta x \to 0} \log_a \left(1 + \frac{\Delta x}{x}\right)^{1/\Delta x}$$

Usando a Proposição 3.5.2 (g), podemos escrever

$$y' = \log_a \left[\lim_{\Delta x \to 0} \left(1 + \frac{\Delta x}{x}\right)^{1/\Delta x} \right]$$

$$= \log_a \left[\lim_{\Delta x \to 0} \left(1 + \frac{\Delta x / \Delta x}{x / \Delta x}\right)^{1/\Delta x} \right]$$

$$= \log_a \left[\lim_{\Delta x \to 0} \left(1 + \frac{1}{x / \Delta x}\right)^{1/\Delta x \cdot x/x} \right]$$

$$= \log_a \left[\lim_{\Delta x \to 0} \left(1 + \frac{1}{x / \Delta x}\right)^{x/\Delta x} \right]^{1/x}$$

$$= \frac{1}{x} \log_a \left[\lim_{\Delta x \to 0} \left(1 + \frac{1}{x / \Delta x}\right)^{x/\Delta x} \right].$$

Usando o limite fundamental da Seção 3.15.3, vem

$$y' = \frac{1}{x} \log_a e.$$

Caso Particular:

Se $y = \ln x$ então $y' = \dfrac{1}{x} \cdot \ln e$

$$= \frac{1}{x}.$$

4.15.3 Proposição (Derivada da função exponencial composta) Se $y = u^v$, onde $u = u(x)$ e $v = v(x)$ são funções de x, deriváveis num intervalo I e $u(x) > 0$, $\forall\ x \in I$ então $y' = v \cdot u^{v-1} \cdot u' + u^v \cdot \ln u \cdot v'$.

Prova: Usando as propriedades de logaritmos, podemos escrever

$y = u^v = e^{v \cdot \ln u}$.

Portanto, $y = (g_0 f)(x)$, onde $g(w) = e^w$ e $w = f(x) = v \cdot \ln u$.

Como existem as derivadas

$g'(w) = e^w$ e

$f'(x) = (v \cdot \ln u)' = v' \cdot \ln u + v \cdot \dfrac{u'}{u}$,

pela regra da Cadeia, temos:

$y' = g'(w) \cdot f'(x)$

$= e^w \left(v' \ln u + v \cdot \dfrac{u'}{u} \right)$

$= e^{v \cdot \ln u} \left(v' \ln u + v \cdot \dfrac{u'}{u} \right)$

$= u^v \cdot \ln u \cdot v' + v u^{v-1} \cdot u'$.

Se $u(x)$ é uma função derivável, aplicando a regra da Cadeia podemos generalizar as proposições da Seção 4.15. Acrescentamos as seguintes fórmulas em nossa *tabela de derivadas*.

(8) $y = a^u (a > 0,\ a \neq 1) \Rightarrow y' = a^u \cdot \ln a \cdot u'$

(9) $y = e^u \Rightarrow y' = e^u \cdot u'$

(10) $y = \log_a u \Rightarrow y' = \dfrac{u'}{u} \log_a e$

(11) $y = \ln u \Rightarrow y' = \dfrac{u'}{u}$

(12) $y = u^v \Rightarrow y' = v \cdot u^{v-1} \cdot u' + u^v \cdot \ln u \cdot v',\ u > 0$.

4.15.4 Exemplos Determinar a derivada das funções:

(i) $y = 3^{2x^2 + 3x - 1}$.

Fazendo $u = 2x^2 + 3x - 1$, temos $y = 3^u$. Portanto,

$y' = 3^u \cdot \ln 3 \cdot u'$

$= 3^{2x^2 + 3x - 1} \cdot \ln 3 \cdot (4x + 3)$.

(ii) $y = \left(\dfrac{1}{2} \right)^{\sqrt{x}}$.

Temos $y = \left(\dfrac{1}{2} \right)^u$, onde $u = \sqrt{x}$. Assim,

$$y' = \left(\frac{1}{2}\right)^u \cdot \ln\frac{1}{2} \cdot u'$$

$$= \left(\frac{1}{2}\right)^{\sqrt{x}} \cdot \ln\frac{1}{2} \cdot \frac{1}{2\sqrt{x}}.$$

(iii) $y = e^{\frac{x+1}{x-1}}$.

Fazendo $y = e^u$ com $u = \dfrac{x+1}{x-1}$, temos:

$$y' = e^u \cdot u'$$

$$= e^{x+1/x-1} \cdot \frac{(x-1)\cdot 1 - (x+1)\cdot 1}{(x-1)^2}$$

$$= e^{x+1/x-1} \cdot \frac{-2}{(x-1)^2}.$$

(iv) $y = e^{x \cdot \ln x}$.

Neste caso fazemos $y = e^u$, onde $u = x \cdot \ln x$.

Então,

$$y' = e^u \cdot u'$$

$$= e^{x \cdot \ln x} \cdot (x \ln x)'$$

$$= e^{x \cdot \ln x}\left[x \cdot \frac{1}{x} + \ln x \cdot 1\right]$$

$$= e^{x \cdot \ln x}(1 + \ln x).$$

(v) $y = \log_2(3x^2 + 7x - 1)$.

Temos $y = \log_2 u$, onde $u = 3x^2 + 7x - 1$. Portanto,

$$y' = \frac{u'}{u} \cdot \log_2 e.$$

$$= \frac{6x + 7}{3x^2 + 7x - 1} \cdot \log_2 e.$$

(vi) $y = \ln\left(\dfrac{e^x}{x+1}\right)$.

Temos $y = \ln u$, onde $u = \dfrac{e^x}{x+1}$. Logo,

$$y' = \frac{u'}{u}$$

$$= \frac{\frac{(x+1)e^x - e^x \cdot 1}{(x+1)^2}}{\frac{e^x}{x+1}}$$

$$= \frac{x}{x+1}.$$

(vii) $y = (x^2 + 1)^{2x-1}$.

Temos $y = u^v$, onde $u = x^2 + 1 > 0$ e $v = 2x - 1$. Assim,

$$y' = (2x-1)(x^2+1)^{2x-1-1} \cdot (x^2+1)' + (x^2+1)^{2x-1} \cdot \ln(x^2+1) \cdot (2x-1)'$$
$$= (2x-1)(x^2+1)^{2x-2} \cdot 2x + (x^2+1)^{2x-1} \cdot \ln(x^2+1) \cdot 2.$$

Derivadas das funções trigonométricas

4.15.5 Proposição (Derivada da função seno) Se $y = \operatorname{sen} x$, então $y' = \cos x$.

Prova: Seja $y = \operatorname{sen} x$. Aplicando a definição 4.4, temos:

$$y' = \lim_{\Delta x \to 0} \frac{\operatorname{sen}(x + \Delta x) - \operatorname{sen} x}{\Delta x}.$$

Para desenvolvermos o limite aplicaremos a fórmula trigonométrica:

$$\operatorname{sen} p - \operatorname{sen} q = 2 \operatorname{sen} \frac{p-q}{2} \cdot \cos \frac{p+q}{2}.$$

Então,

$$y' = \lim_{\Delta x \to 0} \frac{2 \operatorname{sen} \frac{x + \Delta x - x}{2} \cdot \cos \frac{x + \Delta x + x}{2}}{\Delta x}$$

$$= \lim_{\Delta x \to 0} \frac{2 \operatorname{sen} \frac{\Delta x}{2} \cdot \cos \frac{2x + \Delta x}{2}}{\Delta x}$$

$$= \lim_{\Delta x \to 0} \left(\frac{2 \operatorname{sen} \frac{\Delta x}{2}}{2 \cdot \frac{\Delta x}{2}} \right) \cdot \lim_{\Delta x \to 0} \cos \left(\frac{2x + \Delta x}{2} \right)$$

$$= 1 \cdot \cos x$$

$$= \cos x.$$

4.15.6 Proposição (Derivada da função cosseno) Se $y = \cos x$, então $y' = -\operatorname{sen} x$.

Prova: Seja $y = \cos x$. Aplicando a definição 4.4, temos:

$$y' = \lim_{\Delta x \to 0} \frac{\cos(x + \Delta x) - \cos x}{\Delta x}.$$

Aplicaremos a fórmula trigonométrica:

$$\cos p - \cos q = -2 \operatorname{sen} \frac{p+q}{2} \cdot \operatorname{sen} \frac{p-q}{2}.$$

Então,

$$y' = \lim_{\Delta x \to 0} \frac{-2 \operatorname{sen} \dfrac{x + \Delta x + x}{2} \cdot \operatorname{sen} \dfrac{x + \Delta x - x}{2}}{\Delta x}$$

$$= \lim_{\Delta x \to 0} \left(-2 \operatorname{sen} \frac{2x + \Delta x}{2}\right) \cdot \lim_{\Delta x \to 0} \frac{\operatorname{sen} \Delta x/2}{2 \cdot \dfrac{\Delta x}{2}}$$

$$= -2 \cdot \operatorname{sen} x \cdot \frac{1}{2} \cdot 1$$

$$= -\operatorname{sen} x.$$

4.15.7 Derivadas das Demais Funções Trigonométricas

Como as demais funções trigonométricas são definidas a partir do seno e do cosseno, podemos usar as regras de derivação para encontrar suas derivadas.

Por exemplo,

se $y = \operatorname{tg} x = \dfrac{\operatorname{sen} x}{\cos x}$, então $y' = \sec^2 x$.

De fato, usando a regra do quociente, obtemos:

$$y' = \frac{\cos x \cdot \cos x - \operatorname{sen} x (-\operatorname{sen} x)}{\cos^2 x}$$

$$= \frac{\cos^2 x + \operatorname{sen}^2 x}{\cos^2 x}$$

$$= \frac{1}{\cos^2 x}$$

$$= \sec^2 x.$$

Similarmente, encontramos:

Se $y = \operatorname{cotg} x$ então $y' = -\operatorname{cosec}^2 x$;

se $y = \sec x$ então $y' = \sec x \cdot \operatorname{tg} x$ e

se $y = \operatorname{cosec} x$ então $y' = -\operatorname{cosec} x \cdot \operatorname{cotg} x$.

Usando a regra da cadeia, obtemos as fórmulas gerais. Acrescentamos os seguintes itens na *tabela de derivadas*.

(13) $y = \operatorname{sen} u \quad \Rightarrow \quad y' = \cos u \cdot u'$

(14) $y = \cos u \quad \Rightarrow \quad y' = -\operatorname{sen} u \cdot u'$

(15) $y = \text{tg } u \quad \Rightarrow \quad y' = \sec^2 u \cdot u'$

(16) $y = \text{cotg } u \quad \Rightarrow \quad y' = -\text{cosec}^2 u \cdot u'$

(17) $y = \sec u \quad \Rightarrow \quad y' = \sec u \cdot \text{tg } u \cdot u'$

(18) $y = \text{cosec } u \quad \Rightarrow \quad y' = -\text{cosec } u \cdot \text{cotg } u \cdot u'.$

4.15.8 Exemplos Determinar a derivada das seguintes funções:

(i) $y = \text{sen } (x^2).$

$y = \text{sen } u, u = x^2.$

$y' = (\cos u)u'$

$= [\cos (x^2)] \cdot 2x$

$= 2x \cos (x^2).$

(ii) $y = \cos (1/x).$

$y = \cos u, u = (1/x).$

$y' = (-\text{sen } u) \cdot u'$

$= [-\text{sen } (1/x)] \cdot -1/x^2$

$= \dfrac{1}{x^2} \text{sen } (1/x).$

(iii) $y = 3 \text{ tg } \sqrt{x} + \text{cotg } 3x.$

$y' = (3 \text{ tg } \sqrt{x})' + (\text{cotg } 3x)'$

$= 3 \cdot \sec^2 \sqrt{x} \cdot (\sqrt{x})' + (-\text{cosec}^2 3x) \cdot (3x)'$

$= 3 \sec^2 \sqrt{x} \cdot \dfrac{1}{2\sqrt{x}} - (\text{cosec}^2 3x)3.$

(iv) $y = \dfrac{\cos x}{1 + \text{cotg } x}.$

$y' = \dfrac{(1 + \text{cotg } x)(\cos x)' - \cos x(1 + \text{cotg } x)'}{(1 + \text{cotg } x)^2}$

$= \dfrac{(1 + \text{cotg } x)(-\text{sen } x) - \cos x(-\text{cosec}^2 x)}{(1 + \text{cotg } x)^2}$

$= \dfrac{-\text{sen } x - \text{sen } x \text{ cotg } x + \cos x \text{ cosec}^2 x}{(1 + \text{cotg } x)^2}.$

(v) $y = \sec(x^2 + 3x + 7)$.

$y = \sec u, u = x^2 + 3x + 7$.

$y' = \sec u \cdot \operatorname{tg} u \cdot u'$
$= [\sec(x^2 + 3x + 7) \cdot \operatorname{tg}(x^2 + 3x + 7)] \cdot (2x + 3)$
$= (2x + 3) \sec(x^2 + 3x + 7) \cdot \operatorname{tg}(x^2 + 3x + 7)]$.

(vi) $y = \operatorname{cosec}\left(\dfrac{x+1}{x-1}\right)$.

$y = \operatorname{cosec} u, u = \dfrac{x+1}{x-1}$.

$y' = -\operatorname{cosec} u \cdot \operatorname{cotg} u \cdot u'$

$= \left[-\operatorname{cosec}\left(\dfrac{x+1}{x-1}\right) \cdot \operatorname{cotg}\left(\dfrac{x+1}{x-1}\right)\right]\dfrac{-2}{(x-1)^2}$

$= \dfrac{-2}{(x-1)^2} \operatorname{cosec}\left(\dfrac{x+1}{x-1}\right) \cdot \operatorname{cotg}\left(\dfrac{x+1}{x-1}\right)$.

Derivadas das funções trigonométricas inversas

4.15.9 Proposição (Derivadas da função arco seno) Seja $f:[-1, 1] \to [-\pi/2, \pi/2]$ definida por $f(x) = \operatorname{arc\,sen} x$. Então, $y = f(x)$ é derivável em $(-1, 1)$ e $y' = \dfrac{1}{\sqrt{1-x^2}}$.

Prova: Sabemos que

$y = \operatorname{arc\,sen} x \Leftrightarrow x = \operatorname{sen} y, y \in [-\pi/2, \pi/2]$.

Como $(\operatorname{sen} y)'$ existe e é diferente de zero para qualquer $y \in (-\pi/2, \pi/2)$, aplicando o Teorema 4.13, vem:

$$y' = \dfrac{1}{(\operatorname{sen} y)'} = \dfrac{1}{\cos y}. \qquad (1)$$

Como para $y \in (-\pi/2, \pi/2)$ temos $\cos y = \sqrt{1 - \operatorname{sen}^2 y}$, substituindo em (1), vem $y' = \dfrac{1}{\sqrt{1 - \operatorname{sen}^2 y}}$. Como $\operatorname{sen} y = x$ temos $y' = \dfrac{1}{\sqrt{1-x^2}}$, para $x \in (-1, 1)$.

4.15.10 Proposição (Derivada da função arco cosseno) Seja $f:[-1, 1] \to [0, \pi]$ definida por $f(x) = \operatorname{arc\,cos} x$. Então, $y = f(x)$ é derivável em $(-1, 1)$ e $y' = \dfrac{-1}{\sqrt{1-x^2}}$.

Prova: Usando a relação

$\operatorname{arc\,cos} x = \dfrac{\pi}{2} - \operatorname{arc\,sen} x$ e a proposição 4.15.9, obtemos:

$$y' = \left(\frac{\pi}{2} - \text{arc sen } x\right)'$$

$$= \frac{-1}{\sqrt{1-x^2}}, \text{ para } x \in (-1, 1).$$

4.15.11 Proposição (Derivada da função arco tangente) Seja $f: \mathbb{R} \to (-\pi/2, \pi/2)$ definida por $f(x) =$ arc tg x. Então $y = f(x)$ é derivável e $y' = \dfrac{1}{1+x^2}$.

Prova: Sabemos que:

$y = \text{arc tg } x \Leftrightarrow x = \text{tg } y, \; y \in (-\pi/2, \pi/2)$.

Como $(\text{tg } y)'$ existe e é diferente de zero para qualquer $y \in (-\pi/2, \pi/2)$, aplicando o Teorema 4.14 vem:

$$y' = \frac{1}{(\text{tg } y)'} = \frac{1}{\sec^2 y}.$$

Como $\sec^2 y = 1 + \text{tg}^2 y$, obtemos:

$$y' = \frac{1}{1 + \text{tg}^2 y}.$$

Substituindo tg y por x, temos:

$$y' = \frac{1}{1+x^2}.$$

4.15.12 Derivadas das Demais Funções Trigonométricas Inversas As demais funções trigonométricas inversas possuem derivadas dadas por:

(i) Se $y = \text{arc cotg } x$, então $y' = \dfrac{-1}{1+x^2}$.

(ii) Se $y = \text{arc sec } x$, $|x| \geq 1$, então $y' = \dfrac{1}{|x|\sqrt{x^2-1}}, |x| > 1$.

(iii) Se $y = \text{arc cosec } x$, $|x| \geq 1$, então $y' = \dfrac{-1}{|x|\sqrt{x^2-1}}, |x| > 1$.

A implicação (i) pode facilmente ser verificada se usarmos a relação arc cotg $x = \dfrac{\pi}{2} - \text{arc tg } x$ e a proposição 4.15.11.

Provaremos a implicação (ii).

Seja $y = \text{arc sec } x = \text{arc cos } (1/x)$ para $|x| \geq 1$. Então, $y' = [\text{arc cos } (1/x)]'$.
Usando a proposição 4.15.10 e a regra da Cadeia, temos:

$$y' = \frac{-1}{\sqrt{1-(1/x)^2}} \cdot \left(\frac{1}{x}\right)'$$

$$= \frac{-1}{\sqrt{\dfrac{x^2-1}{x^2}}} \cdot \frac{-1}{x^2}$$

$$= \frac{\frac{1}{x^2\sqrt{x^2-1}}}{\sqrt{x^2}}$$

$$= \frac{|x|}{x^2\sqrt{x^2-1}}$$

$$= \frac{1}{|x|\sqrt{x^2-1}}, \text{ onde } |x| > 1.$$

Acrescentamos os seguintes itens na *tabela de derivadas*:

(19) $y = \text{arc sen } u \quad \Rightarrow \quad y' = \dfrac{u'}{\sqrt{1-u^2}}$

(20) $y = \text{arc cos } u \quad \Rightarrow \quad y' = \dfrac{-u'}{\sqrt{1-u^2}}$

(21) $y = \text{arc tg } u \quad \Rightarrow \quad y' = \dfrac{u'}{1+u^2}$

(22) $y = \text{arc cotg } u \quad \Rightarrow \quad y' = \dfrac{-u'}{1+u^2}$

(23) $y = \underset{|u|\geq 1}{\text{arc sec } u} \quad \Rightarrow \quad y' = \dfrac{u'}{|u|\sqrt{u^2-1}}, |u| > 1$

(24) $y = \underset{|u|\geq 1}{\text{arc cosec } u} \quad \Rightarrow \quad y' = \dfrac{-u'}{|u|\sqrt{u^2-1}}, |u| > 1.$

4.15.13 Exemplos Encontre a derivada das seguintes funções:

(i) $y = \text{arc sen }(x+1).$

$y = \text{arc sen } u, u = x + 1.$

$$y' = \frac{u'}{\sqrt{1-u^2}}$$

$$y' = \frac{1}{\sqrt{1-(x+1)^2}}.$$

(ii) $y = \text{arc tg}\left(\dfrac{1-x^2}{1+x^2}\right).$

$y = \text{arc tg } u, u = \dfrac{1-x^2}{1+x^2}.$

$$y' = \frac{u'}{1+u^2}$$

$$y' = \frac{\dfrac{(1+x^2)\cdot(-2x) - (1-x^2)\cdot 2x}{(1+x^2)^2}}{1 + \left(\dfrac{1-x^2}{1+x^2}\right)^2}$$

$$y' = \frac{-2x}{1+x^4}.$$

4.15.14 Derivadas das Funções Hiperbólicas.

Como as funções hiperbólicas são definidas em termos da função exponencial, podemos facilmente determinar suas derivadas, usando as regras de derivação já estabelecidas.

Por exemplo, se $y = \operatorname{senh} x$, então:

$$y' = \left[\frac{e^x - e^{-x}}{2}\right]'$$

$$= \frac{1}{2}(e^x - e^{-x})'$$

$$= \frac{1}{2}(e^x + e^{-x})$$

$$= \cosh x.$$

Similarmente, obtemos as derivadas das demais funções hiperbólicas. Podemos acrescentar na tabela de derivação as seguintes fórmulas.

(25) $y = \operatorname{senh} u \quad \Rightarrow \quad y' = \cosh u \cdot u'$

(26) $y = \cosh u \quad \Rightarrow \quad y' = \operatorname{senh} u \cdot u'$

(27) $y = \operatorname{tgh} u \quad \Rightarrow \quad y' = \operatorname{sech}^2 u \cdot u'$

(28) $y = \operatorname{cotgh} u \quad \Rightarrow \quad y' = -\operatorname{cosech}^2 u \cdot u'$

(29) $y = \operatorname{sech} u \quad \Rightarrow \quad y' = -\operatorname{sech} u \cdot \operatorname{tgh} u \cdot u'$

(30) $y = \operatorname{cosech} u \quad \Rightarrow \quad y' = -\operatorname{cosech} u \cdot \operatorname{cotgh} u \cdot u'.$

4.15.15 Exemplos
Determinar a derivada das seguintes funções:

(i) $y = \operatorname{sech}(x^3 + 3).$

$y = \operatorname{sech} u, u = x^3 + 3.$

$y' = \cosh u \cdot u'$

$= \cosh(x^3 + 3) \cdot 3x^2.$

(ii) $y = \operatorname{sech}(2x).$

$y = \operatorname{sech} u, u = 2x.$

$$y' = -\operatorname{sech} u \cdot \operatorname{tgh} u \cdot u'$$

$$= -\operatorname{sech}(2x) \cdot \operatorname{tgh}(2x) \cdot 2.$$

(iii) $y = \ln[\operatorname{tgh}(3x)]$.

$$y = \ln u, u = \operatorname{tgh}(3x).$$

$$y' = \frac{u'}{u}$$

$$= \frac{\operatorname{sech}^2(3x) \cdot 3}{\operatorname{tgh}(3x)}$$

$$= \frac{\dfrac{3}{\cosh^2(3x)}}{\dfrac{\operatorname{senh}(3x)}{\cosh(3x)}}$$

$$= 3\operatorname{sech}(3x) \cdot \operatorname{cosech}(3x).$$

(iv) $y = \operatorname{cotgh}(1 - x^3)$.

$$y = \operatorname{cotgh} u \cdot u = 1 - x^3.$$

$$y' = -\operatorname{cosech}^2 u \cdot u'$$

$$= -\operatorname{cosech}^2(1 - x^3) \cdot (-3x^2)$$

$$= 3x^2 \operatorname{cosech}^2(1 - x^3).$$

4.15.16 Derivadas das Funções Hiperbólicas Inversas

Na Seção 2.15.6 vimos que $y = \operatorname{arg\,senh} x$ pode ser expresso na forma:
$y = \ln(x + \sqrt{x^2 + 1})$.

Assim, fazendo $u = x + \sqrt{x^2 + 1}$ e aplicando a regra da cadeia, obtemos:

$$y' = \frac{(x + \sqrt{x^2 + 1})'}{x + \sqrt{x^2 + 1}}$$

$$= \frac{1 + \dfrac{1}{2}(x^2 + 1)^{-1/2} \cdot 2x}{x + \sqrt{x^2 + 1}}$$

$$= \frac{1 + \dfrac{x}{\sqrt{x^2 + 1}}}{x + \sqrt{x^2 + 1}}$$

$$= \frac{\sqrt{x^2 + 1} + x}{\sqrt{x^2 + 1}} \cdot \frac{1}{x + \sqrt{x^2 + 1}}$$

$$= \frac{1}{\sqrt{x^2 + 1}}.$$

Portanto, se $y = \text{arg senh } x$, então $y' = \dfrac{1}{\sqrt{x^2 + 1}}$.

De maneira similar podem ser obtidas as derivadas das demais funções hiperbólicas. Apresentamos as fórmulas que completam nossa tabela de derivadas.

(31) $y = \text{arg senh } u \;\Rightarrow\; y' = \dfrac{u'}{\sqrt{u^2 + 1}}$

(32) $y = \text{arg cosh } u \;\Rightarrow\; y' = \dfrac{u'}{\sqrt{u^2 - 1}},\; u > 1$

(33) $y = \text{arg tgh } u \;\Rightarrow\; y' = \dfrac{u'}{1 - u^2},\; |u| < 1$

(34) $y = \text{arg cotgh } u \;\Rightarrow\; y' = \dfrac{u'}{1 - u^2},\; |u| > 1$

(35) $y = \text{arg sech } u \;\Rightarrow\; y' = \dfrac{-u'}{u\sqrt{1 - u^2}},\; 0 < u < 1$

(36) $y = \text{arg cosech } u \;\Rightarrow\; y' = \dfrac{-u'}{|u|\sqrt{1 + u^2}},\; u \neq 0$.

4.15.17 Exemplos Determinar a derivada de cada uma das funções dadas.

(i) $y = x^2 \text{arg cosh } x^2$.

Temos:

$$y' = x^2 \cdot \dfrac{2x}{\sqrt{x^4 - 1}} + 2x \, \text{arg cosh } x^2$$

$$= 2x\left[\dfrac{x^2}{\sqrt{x^4 - 1}} + \text{arg cosh } x^2\right].$$

(ii) $y = \text{arg tgh } (\text{sen } 3x)$.

$$y' = \dfrac{(\text{sen } 3x)'}{1 - (\text{sen } 3x)^2}$$

$$= \dfrac{\cos (3x) \cdot 3}{\cos^2 3x}$$

$$= \dfrac{3}{\cos 3x}$$

$$= 3 \sec 3x.$$

(iii) $y = x \, \text{arg senh } x - \sqrt{x^2 + 1}$.

$$y' = x \cdot \dfrac{1}{\sqrt{x^2 + 1}} + \text{arg senh } x - \dfrac{1}{2}(x^2 + 1)^{-1/2} \cdot 2x$$

$$= \frac{x}{\sqrt{x^2+1}} + \text{arg senh } x - \frac{x}{\sqrt{x^2+1}}$$

$$= \text{arg senh } x.$$

4.15.18 Tabela Geral de Derivadas

Reunindo todas as fórmulas obtidas, formamos a tabela de derivadas que apresentamos a seguir. Nesta tabela u e v são funções deriváveis de x e c, α e a são constantes.

(1) $y = c \Rightarrow y' = 0$

(2) $y = x \Rightarrow y' = 1$

(3) $y = c \cdot u \Rightarrow y' = c \cdot u'$

(4) $y = u + v \Rightarrow y' = u' + v'$

(5) $y = u \cdot v \Rightarrow y' = u \cdot v' + v \cdot u'$

(6) $y = \dfrac{u}{v} \Rightarrow y' = \dfrac{v \cdot u' - u \cdot v'}{v^2}$

(7) $y = u^\alpha, (\alpha \neq 0) \Rightarrow y' = \alpha \cdot u^{\alpha-1} \cdot u'$

(8) $y = a^u (a > 0, a \neq 1) \Rightarrow y' = a^u \cdot \ln a \cdot u'$

(9) $y = e^u \Rightarrow y' = e^u \cdot u'$

(10) $y = \log_a u \Rightarrow y' = \dfrac{u'}{u} \log_a e$.

(11) $y = \ln u \Rightarrow y' = \dfrac{u'}{u}$

(12) $y = u^v \Rightarrow y' = v \cdot u^{v-1} \cdot u' + u^v \cdot \ln u \cdot v'$ $(u > 0)$

(13) $y = \text{sen } u \Rightarrow y' = \cos u \cdot u'$

(14) $y = \cos u \Rightarrow y' = -\text{sen } u \cdot u'$

(15) $y = \text{tg } u \Rightarrow y' = \sec^2 u \cdot u'$

(16) $y = \text{cotg } u \Rightarrow y' = -\text{cosec}^2 u \cdot u'$

(17) $y = \sec u \Rightarrow y' = \sec u \cdot \text{tg } u \cdot u'$

(18) $y = \text{cosec } u \Rightarrow y' = -\text{cosec } u \cdot \text{cotg } u \cdot u'$

(19) $y = \text{arc sen } u \Rightarrow y' = \dfrac{u'}{\sqrt{1-u^2}}$

(20) $y = \text{arc cos } u \Rightarrow y' = \dfrac{-u'}{\sqrt{1-u^2}}$

(21) $y = \text{arc tg } u \Rightarrow y' = \dfrac{u'}{1+u^2}$

(22) $y = \text{arc cotg } u \Rightarrow y' = \dfrac{-u'}{1+u^2}$

(23) $y = \text{arc sec } u, |u| \geq 1 \Rightarrow y' = \dfrac{u'}{|u|\sqrt{u^2-1}}, |u| > 1$

(24) $y = \text{arc cosec } u, |u| \geq 1 \Rightarrow y' = \dfrac{-u'}{|u|\sqrt{u^2-1}}, |u| > 1$.

(25) $y = \text{senh } u \Rightarrow y' = \cosh u \cdot u'$

(26) $y = \cosh u \Rightarrow y' = \text{senh } u \cdot u'$

(27) $y = \text{tgh } u \Rightarrow y' = \text{sech}^2 u \cdot u'$

(28) $y = \text{cotgh } u \Rightarrow y' = -\text{cosech}^2 u \cdot u'$

(29) $y = \text{sech } u \Rightarrow y' = -\text{sech } u \cdot \text{tgh } u \cdot u'$

(30) $y = \text{cosech } u \Rightarrow y' = -\text{cosech } u \cdot \text{cotgh } u \cdot u'$

(31) $y = \text{arg senh } u \Rightarrow y' = \dfrac{u'}{\sqrt{u^2+1}}$

(32) $y = \text{arg cosh } u \Rightarrow y' = \dfrac{u'}{\sqrt{u^2-1}}, u > 1$

(33) $y = \text{arg tgh } u \Rightarrow y' = \dfrac{u'}{1 - u^2}$, $|u| < 1$

(34) $y = \text{arg cotgh } u \Rightarrow y' = \dfrac{u'}{1 - u^2}$, $|u| > 1$

(35) $y = \text{arg sech } u \Rightarrow y' = \dfrac{-u'}{u\sqrt{1 - u^2}}$, $0 < u < 1$

(36) $y = \text{arg cosech } u \Rightarrow y' = \dfrac{-u'}{|u|\sqrt{1 + u^2}}$, $u \neq 0$.

4.16 Exercícios

1. Determinar a equação da reta tangente às seguintes curvas, nos pontos indicados. Esboçar o gráfico em cada caso.

   (a) $f(x) = \dfrac{1}{x}$; $x = \dfrac{1}{3}$, $x = 3$.

   (b) $f(x) = \dfrac{1}{x - a}$, $a \in \mathbb{R} - \{-2, 4\}$; $x = -2$, $x = 4$.

   (c) $f(x) = 2\sqrt{x}$; $x = 0$, $x = 3$, $x = a$, $a > 0$.

2. Encontrar a equação da reta tangente à curva $y = x^3 - 1$, que seja perpendicular à reta $y = -x$.

3. A posição de uma partícula que se move no eixo dos x depende do tempo de acordo com a equação $x = 3t^2 - t^3$, em que x vem expresso em metros e t, em segundos.
   (a) Qual é o seu deslocamento depois dos primeiros 4 segundos?
   (b) Qual é a velocidade da partícula ao terminar cada um dos 4 primeiros segundos?
   (c) Qual é a aceleração da partícula em cada um dos 4 primeiros segundos?

4. Um corpo cai livremente partindo do repouso. Calcule sua posição e sua velocidade depois de decorridos 1 e 2 segundos. (Da Física, use a equação $y = v_0 t - \dfrac{1}{2} g t^2$ para determinar a posição y do corpo, onde v_0 é a velocidade inicial e $g \cong 9,8$ m/s²).

Nos exercícios de 5 a 42 calcular a derivada.

5. $f(x) = 10(3x^2 + 7x - 3)^{10}$

6. $f(x) = \dfrac{1}{a}(bx^2 + ax)^3$

7. $f(t) = (7t^2 + 6t)^7 (3t - 1)^4$

8. $f(t) = \left(\dfrac{7t + 1}{2t^2 + 3}\right)^3$

9. $f(x) = \sqrt[3]{(3x^2 + 6x - 2)^2}$

10. $f(x) = \dfrac{2x}{\sqrt{3x - 1}}$

11. $f(t) = \sqrt{\dfrac{2t + 1}{t - 1}}$

12. $f(x) = \dfrac{1}{3} e^{3-x}$

13. $f(x) = 2^{3x^2 + 6x}$

14. $f(s) = (7s^2 + 6s - 1)^3 + 2 e^{-3s}$

15. $f(t) = e^{t/2}(t^2 + 5t)$

16. $f(x) = \log_2 (2x + 4)$

17. $f(s) = \log_3 \sqrt{s + 1}$

18. $f(x) = \ln\left(\dfrac{1}{x} + \dfrac{1}{x^2}\right)$

19. $f(x) = \dfrac{a^{3x}}{b^{3x^2 - 6x}}$

20. $f(t) = (2t + 1)^{t^2 - 1}$

21. $f(s) = \dfrac{1}{2}(a + bs)^{\ln(a+bs)}$

22. $f(u) = \cos(\pi/2 - u)$

23. $f(\theta) = 2\cos\theta^2 \cdot \operatorname{sen} 2\theta$

24. $f(x) = \operatorname{sen}^3(3x^2 + 6x)$

25. $f(x) = 3\operatorname{tg}(2x + 1) + \sqrt{x}$

26. $f(x) = \dfrac{3\sec^2 x}{x}$

27. $f(x) = e^{2x}\cos 3x$

28. $f(\theta) = -\operatorname{cosec}^2 \theta^3$

29. $f(x) = a\sqrt{\cos bx}$

30. $f(u) = (u\operatorname{tg} u)^2$

31. $f(\theta) = a^{\operatorname{cotg}\theta}$, $a > 0$

32. $f(x) = (\operatorname{arc sen} x)^2$

33. $f(t) = t \operatorname{arc cos} 3t$

34. $f(t) = \operatorname{arc cos}(\operatorname{sen} t)$

35. $f(x) = \operatorname{arc sec}\sqrt{x}$

36. $f(t) = t^2 \operatorname{arc cosec}(2t + 3)$

37. $f(x) = \dfrac{\ln(\operatorname{sen} hx)}{x}$

38. $f(t) = [\operatorname{cotgh}(t + 1)^2]^{1/2}$

39. $f(x) = \left[\operatorname{cosech}\dfrac{(3x+1)}{x}\right]^3$

40. $f(x) = x \operatorname{arg cosh} x - \sqrt{x^2 - 1}$

41. $f(x) = x \operatorname{arg cotgh} x^2$

42. $f(x) = \dfrac{1}{2}[\operatorname{arg cotgh} x^2]^2$

Nos exercícios 43 a 79, calcular a derivada. A seguir, usando um software algébrico, comparar os resultados.

43. $f(x) = \dfrac{1}{3}(2x^5 + 6x^{-3})^5$

44. $f(x) = (3x^2 + 6x)^{10} - \dfrac{1}{x^2}$

45. $f(x) = (5x - 2)^6(3x - 1)^3$

46. $f(x) = (2x - 5)^4 + \dfrac{1}{x+1} - \sqrt{x}$

47. $f(t) = (4t^2 - 5t + 2)^{-1/3}$

48. $f(x) = \dfrac{7x^2}{2\sqrt[5]{3x+1}} + \sqrt{3x+1}$

49. $f(x) = 2e^{3x^2 + 6x + 7}$

50. $f(x) = e^{\sqrt{x}}$

51. $f(x) = \left(\dfrac{1}{2}\right)^{-\ln 2x}$

52. $f(t) = \dfrac{e^{-t^2} + 1}{t}$

53. $f(t) = \dfrac{\sqrt{e^t - 1}}{\sqrt{e^t + 1}}$

54. $f(x) = \dfrac{1}{a}(bx^2 + c) - \ln x$

55. $f(x) = \dfrac{1}{2}\ln(7x^2 - 4)$

56. $f(x) = \ln\left(\dfrac{1+x}{1-x}\right)$

57. $f(t) = \left(\dfrac{a}{b}\right)^{\sqrt{t}}$

58. $f(x) = (e^{x^2} + 4)^{\sqrt{x}}$

59. $f(x) = \operatorname{sen}(2x + 4)$

60. $f(\theta) = 2\cos(2\theta^2 - 3\theta + 1)$

61. $f(\alpha) = \dfrac{1 + \cos 2\alpha}{2}$

62. $f(\theta) = \operatorname{sen}^2\theta + \cos^2\theta$

63. $f(s) = \operatorname{cotg}^4(2s - 3)^2$

64. $f(x) = \left(\dfrac{1}{\operatorname{sen} x}\right)^2$

65. $f(x) = \dfrac{\operatorname{sen}(x+1)}{e^x}$

66. $f(x) = \operatorname{sen}^2(x/2)\cos^2(x/2)$

67. $f(t) = \ln\cos^2 t$

68. $f(x) = \log_2(3x - \cos 2x)$

69. $f(t) = e^{2\cos 2t}$

70. $f(x) = \operatorname{arc}\cos\dfrac{2x}{3}$

71. $f(s) = \dfrac{\operatorname{arc\,sen} s/2}{s+1}$

72. $f(x) = \operatorname{arc\,tg}\dfrac{1}{1-x^2}$

73. $f(x) = \operatorname{senh}(2x - 1)$

74. $f(t) = \ln[\cosh(t^2 - 1)]$

75. $f(t) = \operatorname{tgh}(4t^2 - 3)^2$

76. $f(x) = \operatorname{sech}[\ln x]$

77. $f(x) = (\operatorname{arg\,senh} x)^2$

78. $f(x) = \operatorname{arg\,tgh}\dfrac{1}{2}x^2$

79. $f(x) = (x+1)\operatorname{arg\,sech} 2x$

80. Encontrar $f'(x)$.

   (a) $f(x) = \begin{cases} 1 - x, & x \le 0 \\ e^{-x}, & x > 0 \end{cases}$

   (b) $f(x) = \ln|3 - 4x|$

   (c) $f(x) = e^{|2x-1|}$

81. Calcular $f'(0)$, se $f(x) = e^{-x}\cos 3x$.

82. Calcular $f'(1)$, se $f(x) = \ln(1+x) + \operatorname{arc\,sen} x/2$.

83. Dada $f(x) = e^{-x}$, calcular $f(0) + x f'(0)$.

84. Dada $f(x) = 1 + \cos x$, mostra que $f(x)$ é par e $f'(x)$ é impar. Usando uma ferramenta gráfica, esboçar o gráfico de $f(x)$ e $f'(x)$ observando as simetrias.

85. Dada $f(x) = \operatorname{sen} 2x \cos 3x$, mostrar que $f(x)$ é impar e $f'(x)$ é par.

86. Dada $f(x) = \dfrac{1}{2}\operatorname{sen} 2x$, calcular $f'(x)$ e verificar que f e f' são periódicas de mesmo período. Usando uma ferramenta gráfica, esboçar os gráficos de $f(x)$ e $f'(x)$ comprovando os resultados.

87. Seja $f(x)$ derivável e periódica de período T. Mostrar que f' também é periódica de período T.

88. Mostrar que a função $y = x e^{-x}$ satisfaz a equação $xy' = (1-x)y$.

89. Mostrar que a função $y = x e^{-x^2/2}$ satisfaz a equação $xy' = (1-x^2)y$.

90. Mostrar que a função $y = \dfrac{1}{1+x+\ln x}$ satisfaz a equação $xy' = y(y\ln x - 1)$.

91. Sejam f e g funções tais que $(f_0 g)(x) = x$ para todo x, e $f'(x)$ e $g'(x)$ existem para todo x. Mostrar que $f'(g(x)) = \dfrac{1}{g'(x)}$ sempre que $g'(x) \neq 0$.

92. Obtenha a regra do produto para $(uv)'$ derivando a fórmula $\ln(uv) = \ln u + \ln v$.

93. Provar que:

    (a) Se $y = \operatorname{cotg} x$, então $y' = -\operatorname{cosec}^2 x$.

    (b) Se $y = \sec x$, então $y' = \sec x \cdot \operatorname{tg} x$.

    (c) Se $y = \operatorname{arc\,cotg} x$, então $y' = \dfrac{-1}{1+x^2}$.

    (d) Se $y = \operatorname{arc\,cosec} x$, $|x| \geq 1$, então $y' = \dfrac{-1}{|x|\sqrt{x^2-1}}$, $|x| > 1$.

    (e) Se $y = \cosh x$, então $y' = \operatorname{senh} x$.

    (f) Se $y = \operatorname{tgh} x$, então $y' = \operatorname{sech}^2 x$.

    (g) Se $y = \operatorname{sech} x$, então $y' = -\operatorname{sech} x \cdot \operatorname{tgh} x$.

    (h) Se $y = \operatorname{arc\,sech} x$, então $y' = \dfrac{-1}{x\sqrt{1-x^2}}$, $0 < x < 1$.

    (i) Se $y = \operatorname{arc\,cosech} x$, então $y' = \dfrac{-1}{|x|\sqrt{1+x^2}}$, $x \neq 0$.

94. Encontrar todos os pontos onde o gráfico de $f(x)$ tem tangente horizontal. Usando uma ferramenta gráfica, esboçar o gráfico de $f(x)$ e $f'(x)$ e comparar os resultados.

    (a) $f(x) = \operatorname{sen} 2x$;

    (b) $f(x) = 2 \cos x$.

95. Traçar num mesmo sistema de coordenadas as funções $y = -1 - x^2$ e $y = 1 + x^2$. Usando a visualização gráfica, responder:

    (a) Quantas retas são tangentes a ambas as parábolas?

    (b) Quais são os pontos de tangência?

    (c) É possível encontrar essas retas algebricamente?

96. Dada a função $y = f(x) = x^2 - 6x + 5$ definida para $x \in [3, +\infty)$, desenvolver os seguintes itens:

(a) Determinar a função inversa $y = g(x) = f^{-1}(x)$ e identificar o domínio.

(b) Encontrar a equação da reta tangente à curva $y = f(x)$ no ponto de abscissa 5.

(c) Encontrar a equação da reta tangente à curva $y = g(x)$ no ponto de abscissa 0.

(d) Fazer uma representação gráfica dos resultados obtidos e identificar a relação estabelecida no Teorema 4.14.

4.17 Derivadas Sucessivas

Seja f uma função derivável definida num certo intervalo. A sua derivada f' é também uma função, definida no mesmo intervalo. Podemos, portanto, pensar na derivada da função f'.

4.17.1 Definição Seja f uma função derivável. Se f' também for derivável, então a sua derivada é chamada *derivada segunda de f* e é representada por $f''(x)$ (lê-se f-duas linhas de x) ou $\dfrac{d^2 f}{dx^2}$ (lê-se *derivada segunda de f* em relação a x).

4.17.2 Exemplos

(i) Se $f(x) = 3x^2 + 8x + 1$, então:

$f'(x) = 6x + 8$ e

$f''(x) = 6$.

(ii) Se $f(x) = \text{tg } x$, então:

$f'(x) = \sec^2 x$ e

$f''(x) = 2\sec x \cdot \sec x \cdot \text{tg } x$

$= 2\sec^2 x \cdot \text{tg } x$.

(iii) Se $f(x) = \sqrt{x^2 + 1}$, então:

$f'(x) = \dfrac{1}{2}(x^2 + 1)^{-1/2} \cdot 2x$

$= x(x^2 + 1)^{-1/2}$ e

$f''(x) = x \cdot \dfrac{-1}{2}(x^2 + 1)^{-3/2} \cdot 2x + (x^2 + 1)^{-1/2} \cdot 1$

$= \dfrac{1}{\sqrt{x^2 + 1}} - \dfrac{x^2}{\sqrt{(x^2 + 1)^3}}$.

Se f'' é uma função derivável, sua derivada, representada por $f'''(x)$, é chamada *derivada terceira* de $f(x)$.

A derivada de ordem n ou n-ésima derivada de f, representada por $f^{(n)}(x)$, é obtida derivando-se a derivada de ordem $n-1$ de f.

4.17.3 Exemplos

(i) Se $f(x) = 3x^5 + 8x^2$, então:

$f'(x) = 15x^4 + 16x$

$f''(x) = 60x^3 + 16$

$f'''(x) = 180x^2$

$f^{iv}(x) = 360x$

$f^{(v)}(x) = 360$

$f^{(vi)}(x) = 0$

— — — — — — — — —
— — — — — — — — —

$f^{(n)}(x) = 0$, para $n \geq 6$.

(ii) Se $f(x) = e^{x/2}$, então:

$f'(x) = \dfrac{1}{2} e^{x/2}$

$f''(x) = \dfrac{1}{4} e^{x/2}$

$f'''(x) = \dfrac{1}{8} e^{x/2}$

— — — — — — — — —
— — — — — — — — —

$f^{(n)}(x) = \dfrac{1}{2^n} e^{x/2}$.

(iii) Se $f(x) = \operatorname{sen} x$, então:

$f'(x) = \cos x$

$f''(x) = -\operatorname{sen} x$

$f'''(x) = -\cos x$

$f^{iv}(x) = \operatorname{sen} x$

— — — — — — — — —
— — — — — — — — —

$$f^{(n)}(x) = \begin{cases} \cos x, & \text{para } n = 1, 5, 9, \ldots \\ -\operatorname{sen} x, & \text{para } n = 2, 6, 10, \ldots \\ -\cos x, & \text{para } n = 3, 7, 11, \ldots \\ \operatorname{sen} x, & \text{para } n = 4, 8, 12, \ldots \end{cases}$$

4.18 Derivação Implícita

4.18.1 Função na Forma Implícita

Consideremos a equação

$$F(x, y) = 0. \tag{1}$$

Dizemos que a função $y = f(x)$ é definida implicitamente pela equação (1) se, ao substituirmos y por $f(x)$ em (1), esta equação se transforma numa identidade.

4.18.2 Exemplos

(i) A equação $x^2 + \frac{1}{2}y - 1 = 0$ define implicitamente a função $y = 2(1 - x^2)$.

De fato, substituindo $y = 2(1 - x^2)$ na equação $x^2 + \frac{1}{2}y - 1 = 0$, obtemos a identidade $x^2 + \frac{1}{2} \cdot 2(1 - x^2) - 1 = 0$.

(ii) A equação $x^2 + y^2 = 4$ define, implicitamente, uma infinidade de funções.

De fato, resolvendo a equação para y como função de x, temos:

$y = \pm\sqrt{4 - x^2}$.

Duas funções na forma implícita são obtidas naturalmente:

$y = +\sqrt{4 - x^2}$ e $y = -\sqrt{4 - x^2}$.

Os gráficos dessas funções são, respectivamente, a semicircunferência superior e inferior da circunferência de centro na origem e raio 2 (ver Figura 4.14).

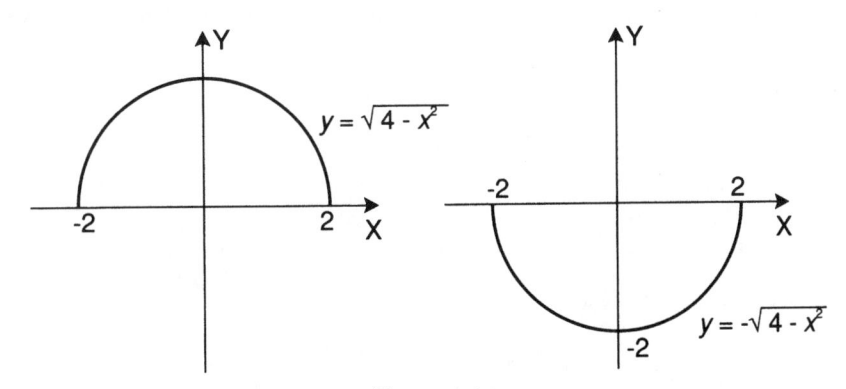

Figura 4.14

Podemos obter outras funções implícitas da equação $x^2 + y^2 = 4$. Se tomamos um número real c qualquer entre -2 e 2, podemos definir a função

$$h(x) = \begin{cases} \sqrt{4 - x^2}, & \text{para } x \geq c \\ -\sqrt{4 - x^2}, & \text{para } x < c. \end{cases}$$

A função $h(x)$ é definida implicitamente pela equação $x^2 + y^2 = 4$, pois $x^2 + [h(x)]^2 = 4$ para todo x no domínio de h.

Podemos ver o gráfico da função h na Figura 4.15. Observamos que esta função não é contínua no ponto c e, portanto, não é derivável.

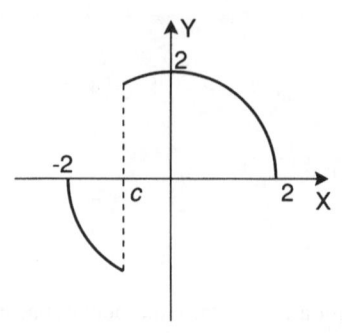

Figura 4.15

Atribuindo diferentes valores a c, podemos obter tantas funções quantas queiramos. Assim, a equação $x^2 + y^2 = 4$, define implicitamente uma infinidade de funções.

Nem sempre é possível encontrar a forma explícita de uma função definida implicitamente. Por exemplo, como explicitar uma função $y = f(x)$ definida pela equação

$y^4 + 3xy + 2 \ln y = 0$?

O método da derivação implícita permite encontrar a derivada de uma função assim definida, sem a necessidade de explicitá-la.

4.18.3 A Derivada de uma Função na Forma Implícita

Suponhamos que $F(x, y) = 0$ define implicitamente uma função derivável $y = f(x)$. Os exemplos que seguem mostram que usando a regra da cadeia, podemos determinar y' sem explicitar y.

Exemplos.

(i) Sabendo que $y = f(x)$ é uma função derivável definida implicitamente pela equação $x^2 + y^2 = 4$, determinar y'.

Como a equação $x^2 + y^2 = 4$ define $y = f(x)$ implicitamente, podemos considerá-la uma identidade válida para todo x no domínio de f.

Derivando ambos os membros desta identidade em relação a x, temos:

$(x^2 + y^2)' = (4)'$

ou,

$(x^2)' + (y^2)' = 0.$

Como $y = f(x)$, usando a regra da cadeia, vem

$2x + 2yy' = 0.$

Isolando y', temos:

$y' = \dfrac{-x}{y}.$

Observamos que, neste exemplo, foi usado o fato de que $y = f(x)$ é uma função *derivável* definida implicitamente. Esse resultado não é válido para a função $h(x)$, representada graficamente na Figura 4.15. De fato, embora esta função também seja definida implicitamente pela equação $x^2 + y^2 = 4$, ela não é contínua no ponto $x = c$ e, portanto, não é derivável neste ponto.

(ii) Sabendo que $y = f(x)$ é definida pela equação $xy^2 + 2y^3 = x - 2y$, determinar y'.

Sabemos que a equação $xy^2 + 2y^3 = x - 2y$ é uma identidade quando substituímos y por $f(x)$. Portanto, em todos os pontos onde $y = f(x)$ é derivável, temos as seguintes igualdades:

$(xy^2 + 2y^3)' = (x - 2y)'$

$(xy^2)' + (2y^3)' = (x)' - (2y)'$

$x \cdot 2yy' + y^2 + 6y^2y' = 1 - 2y'.$

Isolando y' na última igualdade, temos:

$y' = \dfrac{1 - y^2}{2xy + 6y^2 + 2}.$

(iii) Se $y = f(x)$ é definida por $x^2y^2 + x \operatorname{sen} y = 0$, determinar y'.

Lembrando que $y = f(x)$ e derivando em relação a x com o auxílio da regra da cadeia, temos:

$x^2 \cdot 2y \cdot y' + 2xy^2 + x \cos y \, y' + \operatorname{sen} y = 0.$

Isolando y', vem:

$y' = -\dfrac{2xy^2 + \operatorname{sen} y}{2x^2y + x \cos y}.$

(iv) Determinar a equação da reta tangente à curva $x^2 + \dfrac{1}{2}y - 1 = 0$ no ponto $(-1, 0)$.

Derivando implicitamente em relação a x, temos:

$2x + \dfrac{1}{2}y' = 0$

Portanto, $y' = -4x$. No ponto $x = -1$, $y' = 4$.

A equação da reta tangente à curva no ponto $(-1, 0)$ é dada por:

$y - 0 = 4(x + 1)$, ou seja,

$y = 4x + 4.$

4.19 Derivada de uma Função na Forma Paramétrica

4.19.1 Função na Forma Paramétrica Sejam:

$$\begin{cases} x = x(t) \\ y = y(t) \end{cases} \quad (1)$$

duas funções da mesma variável real t, $t \in [a, b]$. Então, a cada valor de t correspondem dois valores x e y. Considerando estes valores como as coordenadas de um ponto P, podemos dizer que a cada valor de t corresponde um ponto bem determinado do plano xy. Se as funções $x = x(t)$ e $y = y(t)$ são contínuas, quando t varia de a até b, o ponto $P(x(t), y(t))$ descreve uma curva no plano (ver Figura 4.16). As equações (1) são chamadas equações paramétricas da curva e t é chamado parâmetro.

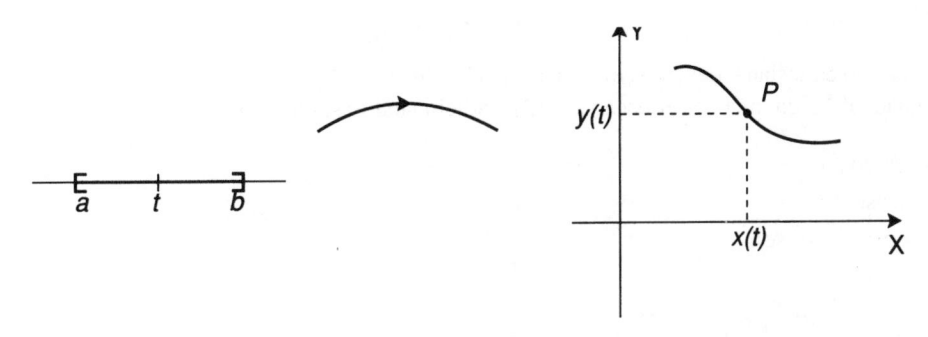

Figura 4.16

Vamos supor, agora, que a função $x = x(t)$ admite uma função inversa $t = t(x)$. Nesse caso, podemos escrever

$$y = y[t(x)]$$

e dizemos que as equações (1) definem y como função x na forma paramétrica.

Eliminando o parâmetro t nas equações (1), podemos obter a função $y = y(x)$ na forma analítica usual.

Muitas curvas importantes costumam ser representadas na forma paramétrica. Em geral, as equações paramétricas são úteis porque, em diversas situações, elas simplificam os cálculos. Elas também são muito usadas na Física para descrever o movimento de uma partícula. A seguir, apresentamos as equações paramétricas de algumas curvas e damos exemplos de algumas funções definidas na forma paramétrica.

4.19.2 Exemplos

(i) A equações $\begin{cases} x = 2t + 1 \\ y = 4t + 3 \end{cases}$

definem uma função $y(x)$ na forma paramétrica.

De fato, a função $x = 2t + 1$ é inversível, e sua inversa é dada por $t = \frac{1}{2}(x - 1)$. Substituindo este valor na equação $y = 4t + 3$, obtemos a equação cartesiana da função $y(x)$, que é dada por:

$$y = 4\left[\frac{1}{2}(x - 1)\right] + 3$$
$$= 2x + 1.$$

(ii) As equação $\begin{cases} x = a \cos t \\ y = a \operatorname{sen} t, \ t \in [0, 2\pi], \end{cases}$ (2)

onde a é uma constante positiva, representam uma circunferência de centro na origem e raio a.

Na Figura 4.17, visualizamos o parâmetro t, $0 \le t \le 2\pi$, que representa o ângulo formado pelo eixo positivo dos x e o segmento de reta que une o ponto P à origem.

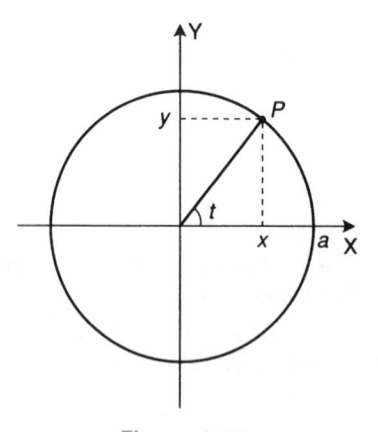

Figura 4.17

Para obter a equação cartesiana, devemos eliminar o parâmetro t.

Elevando ao quadrado cada uma das equação em (2) e adicionando-as, obtemos:

$$\begin{array}{r} x^2 = a^2 \cos^2 t \\ y^2 = a^2 \operatorname{sen}^2 t \\ \hline x^2 + y^2 = a^2 \cos^2 t + a^2 \operatorname{sen}^2 t \\ = a^2 \end{array}$$

ou seja, $x^2 + y^2 = a^2$.

Observamos que, neste exemplo, não temos uma função $y(x)$ na forma paramétrica, porque a função $x = a \cos t$ não é inversível no intervalo $[0, 2\pi]$. No entanto, podemos obter uma ou mais funções $y = y(x)$ na forma paramétrica, restringindo convenientemente o domínio.

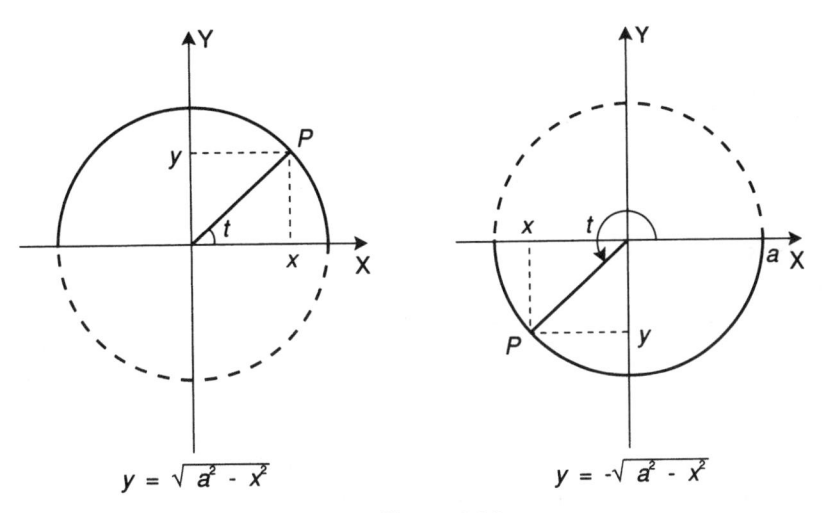

Figura 4.18

Por exemplo, as equações

$$\begin{cases} x = a \cos t \\ y = a \operatorname{sen} t, \quad t \in [0, \pi] \end{cases}$$

definem, na forma paramétrica, a função $y = \sqrt{a^2 - x^2}$ e as equações

$$\begin{cases} x = a \cos t \\ y = a \operatorname{sen} t, \quad t \in [\pi, 2\pi] \end{cases}$$

definem a função $y = -\sqrt{a^2 - x^2}$ (ver Figura 4.18).

(iii) As equações

$$\begin{cases} x = a \cos t \\ y = b \operatorname{sen} t, \quad t \in [0, 2\pi], \end{cases} \quad (3)$$

onde a e b são constantes positivas, representam uma elipse de centro na origem e semi-eixos a e b, como mostra a Figura 4.19(a).

Nesse caso, o parâmetro t também representa um ângulo e pode ser visualizado na Figura 4.19(b).

(a)   (b)

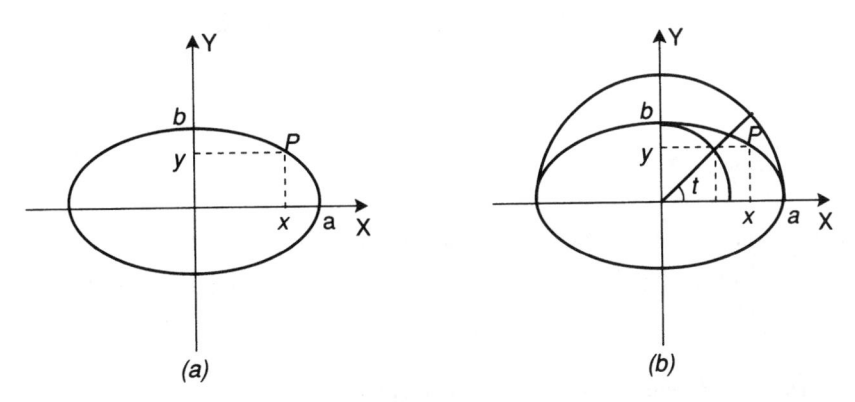

Figura 4.19

Para obter a equação cartesiana da elipse dada, devemos eliminar o parâmetro t.
Multiplicando a primeira equação de (3) por b e a segunda equação por a, obtemos:

$bx = ab \cos t$

$ay = ab \,\text{sen}\, t$.

Elevando cada uma dessas equações ao quadrado e adicionando-as, vem:

$$\begin{aligned} b^2x^2 &= a^2b^2 \cos^2 t \\ a^2y^2 &= a^2b^2 \,\text{sen}^2\, t \\ \hline b^2x^2 + a^2y^2 &= a^2b^2 (\cos^2 t + \text{sen}^2 t) \\ &= a^2b^2 \end{aligned}$$

ou, de forma equivalente,

$\dfrac{x^2}{a^2} + \dfrac{y^2}{b^2} = 1$.

Como no exemplo anterior, restringindo convenientemente o domínio, podemos definir uma ou mais funções $y(x)$ na forma paramétrica.

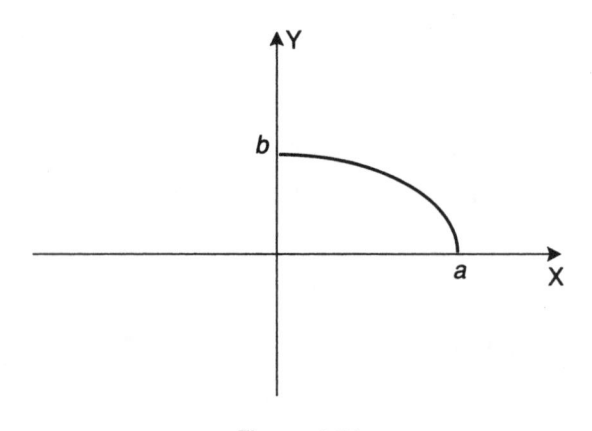

Figura 4.20

Por exemplo, as equações

$\begin{cases} x = a \cos t \\ y = b \,\text{sen}\, t, \quad t \in \left[0, \dfrac{\pi}{2}\right], \end{cases}$

definem, na forma paramétrica, a função $y(x)$ que está representada na Figura 4.20.

(iv) As equações

$\begin{cases} x = a \cos^3 t \\ y = a \,\text{sen}^3\, t, \quad 0 \le t \le 2\pi, \end{cases}$ \hfill (4)

onde a é uma constante positiva, representam a curva vista na Figura 4.21(a).

Esta curva é chamada astróide ou hipociclóide de 4 cúspides e pode ser definida como a trajetória descrita por um ponto fixo P de uma circunferência de raio $a/4$, quando esta gira, sem escorregar, dentro de uma circunferência fixa de raio a.

Na Figura 4.21(b), ilustramos o significado geométrico do parâmetro t.

CAPÍTULO 4 Derivada 171

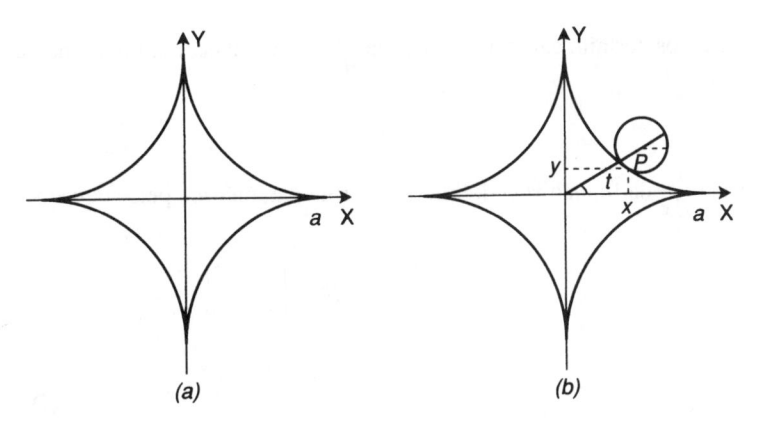

Figura 4.21

Para obter a equação cartesiana da curva, procedemos de forma análoga aos exemplos anteriores. Elevando cada equação de (4) à potência 2/3 e adicionando-as, obtemos:

$$x^{2/3} = a^{2/3} \cos^2 t$$
$$y^{2/3} = a^{2/3} \operatorname{sen}^2 t$$
$$\overline{x^{2/3} + y^{2/3} = a^{2/3}(\cos^2 t + \operatorname{sen}^2 t)}$$

ou, de forma equivalente,

$$x^{2/3} + y^{2/3} = a^{2/3}.$$

Observamos que as equações (4) não definem uma função $y(x)$ na forma paramétrica porque $x = a \cos^3 t$ não é inversível no intervalo $[0, 2\pi]$. Portanto, se queremos definir uma função $y(x)$ na forma paramétrica, devemos tomar o cuidado de restringir convenientemente o domínio.

4.19.3 Derivada de uma Função na Forma Paramétrica

Seja y uma função de x definida pelas equações paramétricas

$$\begin{cases} x = x(t) \\ y = y(t), \ t \in [a,b]. \end{cases} \tag{5}$$

Suponhamos que as funções $y = y(t)$, $x = x(t)$ e sua inversa $t = t(x)$ são deriváveis.
Podemos ver a função $y = y(x)$, definida pelas equações (5), como uma função composta

$$y = y[t(x)]$$

e aplicar a regra da cadeia. Temos, então:

$$\frac{dy}{dx} = y'(t) \cdot t'(x). \tag{6}$$

Como $x = x(t)$ e sua inversa $t = t(x)$ são deriváveis, pelo Teorema 4.14, vem:

$$t'(x) = \frac{1}{x'(t)}. \tag{7}$$

Substituindo (7) em (6), obtemos:

$$\frac{dy}{dx} = \frac{y'(t)}{x'(t)}.$$

Observamos que esta fórmula nos permite calcular a derivada $\dfrac{dy}{dx}$ sem conhecer explicitamente y como função de x.

4.19.4 Exemplos

(i) Calcular a derivada $\dfrac{dy}{dx}$ da função $y(x)$ definida na forma paramétrica pelas equações:

(a) $\begin{cases} x = 2t + 1 \\ y = 4t + 3; \end{cases}$
(b) $\begin{cases} x = 3t - 1 \\ y = 9t^2 - 6t. \end{cases}$

Solução.

(a) Temos:

$$\dfrac{dy}{dx} = \dfrac{y'(t)}{x'(t)} = \dfrac{4}{2} = 2.$$

(b) Temos:

$$\dfrac{dy}{dx} = \dfrac{y'(t)}{x'(t)} = \dfrac{18t - 6}{3} = 6t - 2. \tag{8}$$

Se quisermos o valor da derivada $\dfrac{dy}{dx}$ em função de x, devemos determinar $t = t(x)$ e substituir em (8). Temos:

$$x = 3t - 1 \implies t = \dfrac{1}{3}(x + 1).$$

Substituindo em (8), vem:

$$\dfrac{dy}{dx} = 6 \cdot \dfrac{1}{3}(x + 1) - 2$$

$$= 2x.$$

(ii) Determinar a derivada $\dfrac{dy}{dx}$ da função $y(x)$ definida na forma paramétrica pelas equações

$$\begin{cases} x = 4 \cos^3 t \\ y = 4 \operatorname{sen}^3 t, \quad 0 \le t \le \dfrac{\pi}{2}. \end{cases}$$

Temos:

$x'(t) = -12 \cos^2 t \operatorname{sen} t$

$y'(t) = 12 \operatorname{sen}^2 \cos t.$

Portanto,

$$\dfrac{dy}{dx} = \dfrac{y'(t)}{x'(t)} = \dfrac{12 \operatorname{sen}^2 t \cos t}{-12 \cos^2 t \operatorname{sen} t} = -\dfrac{\operatorname{sen} t}{\cos t} = -\operatorname{tg} t.$$

Observamos que este resultado só é válido para os pontos onde $x'(t) \ne 0$, ou seja, para $t \ne 0$ e $t \ne \dfrac{\pi}{2}$.

(iii) Determinar a equação da reta tangente à circunferência $x^2 + y^2 = 4$, no ponto $P(\sqrt{2}, \sqrt{2})$.

Solução. Vamos usar a função $y(x)$ definida na forma paramétrica pelas equações

$$\begin{cases} x = 2\cos t \\ y = 2\operatorname{sen} t, \ t \in [0, \pi], \end{cases}$$

como vimos no Exemplo 4.19.2(ii).

Vamos, agora, calcular a inclinação da reta tangente no ponto P, ou seja, vamos calcular o valor da derivada $\dfrac{dy}{dx}$ no ponto P. Temos:

$$\frac{dy}{dx} = \frac{y'(t)}{x'(t)} = \frac{2\cos t}{-2\operatorname{sen} t} = -\operatorname{cotg} t.$$

Precisamos determinar o valor do parâmetro t que corresponde ao ponto P.
Temos:

$$\begin{cases} \sqrt{2} = 2\cos t \\ \sqrt{2} = 2\operatorname{sen} t, \end{cases}$$

e portanto $t = \dfrac{\pi}{4}$.

A equação da reta tangente à curva no ponto $P(\sqrt{2}, \sqrt{2})$, é dada por

$$y - \sqrt{2} = -1(x - \sqrt{2}),$$

ou seja,

$$y = -x + 2\sqrt{2}.$$

4.20 Diferencial

4.20.1 Acréscimos Seja $y = f(x)$ uma função. Podemos sempre considerar uma variação da variável independente x. Se x varia de x_1 a x_2, definimos o *acréscimo de x*, denotado por Δx, como:

$$\Delta x = x_2 - x_1.$$

A variação de x origina uma correspondente variação de y, denotada por Δy, dada por:

$$\Delta y = f(x_2) - f(x_1) \text{ ou,}$$

$$\Delta y = f(x_1 + \Delta x) - f(x_1) \text{ (ver Figura 4.22).}$$

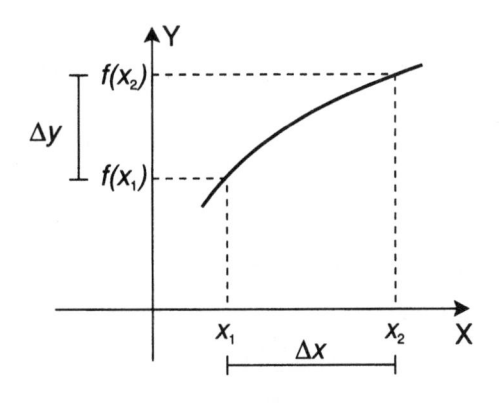

Figura 4.22

4.20.2 Diferencial Sejam $y = f(x)$ uma função derivável e Δx um acréscimo de x. Definimos:

(a) a diferencial da variável independente x, denotada por dx, como $dx = \Delta x$;

(b) a diferencial da variável dependente y, denotada por dy, como $dy = f'(x) \cdot \Delta x$.

De acordo com a definição anterior, podemos escrever $dy = f'(x) \cdot dx$ ou $\dfrac{dy}{dx} = f'(x)$.

Assim, a notação $\dfrac{dy}{dx}$, já usada para $f'(x)$, pode agora ser considerada um quociente entre duas diferenciais.

4.20.3 Interpretação Geométrica Consideremos a Figura 4.23, que representa o gráfico de uma função $y = f(x)$ derivável.

O acréscimo Δx que define a diferencial dx está geometricamente representado pela medida do segmento PM [$P(x_1, f(x_1))$ e $M(x_2, f(x_1))$] (ver Figura 4.23).

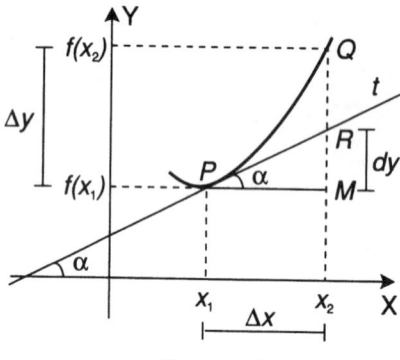

Figura 4.23

O acréscimo Δy está representado pela medida do segmento MQ [$Q(x_2, f(x_2))$].

A reta t é tangente à curva no ponto P. Esta reta corta a reta $x = x_2$ no ponto R, formando o triângulo retângulo PMR. A inclinação desta reta t é dada por $f'(x_1)$ ou tg α. Observando o triângulo PMR, escrevemos:

$$f'(x_1) = \text{tg } \alpha = \dfrac{\overline{MR}}{\overline{PM}},$$

onde $\overline{MR}$ e $\overline{PM}$ são respectivamente as medidas dos segmentos MR e PM. Usando o fato de que $f'(x_1) = \dfrac{dy}{dx}$, concluímos que $dy = \overline{MR}$, já que $\overline{PM} = dx$.

Observamos que, quando Δx torna-se muito pequeno, o mesmo ocorre com a diferença $\Delta y - dy$. Usamos esse fato em exemplos práticos, considerando $\Delta y \cong dy$ (Δy aproximadamente igual a dy), desde que o Δx considerado seja um valor pequeno.

4.20.4 Exemplos

(i) Se $y = 2x^2 - 6x + 5$, calcule o acréscimo Δy para $x = 3$ e $\Delta x = 0{,}01$.

Usando a definição de Δy, escrevemos:

$\Delta y = f(x_1 + \Delta x) - f(x_1)$

$= f(3 + 0{,}01) - f(3)$

$= f(3{,}01) - f(3)$

$= [2 \cdot (3{,}01)^2 - 6 \cdot 3{,}01 + 5] - [2 \cdot 3^2 - 6 \cdot 3 + 5]$

$= 5{,}0602 - 5$

$= 0{,}0602.$

(ii) Se $y = 6x^2 - 4$ calcule Δy e dy para $x = 2$ e $\Delta x = 0{,}001$.

Usando a definição de Δy, temos:

$$\Delta y = f(x_1 + \Delta x) - f(x_1)$$
$$= f(2 + 0{,}001) - f(2)$$
$$= [6 \cdot (2{,}001)^2 - 4] - [6 \cdot 2^2 - 4]$$
$$= 20{,}024006 - 20$$
$$= 0{,}024006.$$

Usando a definição de dy, temos:
$$dy = f'(x) \cdot \Delta x$$
$$= 12x \cdot \Delta x$$
$$= 12 \cdot 2 \cdot 0{,}001$$
$$= 0{,}024.$$

Observamos que a diferença $\Delta y - dy = 0{,}000006$ seria menor caso usássemos um valor menor que $0{,}001$ para Δx.

(iii) Calcule um valor aproximado para $\sqrt[3]{65{,}5}$ usando diferenciais.

Seja $y = f(x)$ a função definida por $f(x) = \sqrt[3]{x}$.

Escrevemos:

$$y + \Delta y = \sqrt[3]{x + \Delta x} \quad \text{e} \quad dy = \frac{1}{3x^{2/3}} dx.$$

Fazemos $x = 64$ e $\Delta x = 1{,}5$, isto porque 64 é o cubo perfeito mais próximo de 65,5.

Portanto,

$x + \Delta x = 65{,}5$, $dx = \Delta x = 1{,}5$ e

$$dy = \frac{1}{3(64)^{2/3}} \cdot 1{,}5 = \frac{1{,}5}{3 \cdot 16} = 0{,}03125.$$

Então,

$$\sqrt[3]{65{,}5} = \sqrt[3]{64 + 1{,}5} = \sqrt[3]{x + \Delta x} = y + \Delta y.$$

Fazendo $\Delta y \cong dy$, obtemos finalmente que:

$$\sqrt[3]{65{,}5} \cong y + \Delta y = 4 + 0{,}03125$$
$$= 4{,}03125.$$

(iv) Obtenha um valor aproximado para o volume de uma fina coroa cilíndrica de altura 12 m, raio interior 7 m e espessura 0,05m. Qual o erro decorrente se resolvermos usando diferenciais?

A Figura 4.24 representa o sólido de altura h, raio interior r e espessura Δr.

O volume V do cilindro interior é dado por:

$$V = \pi r^2 \cdot h$$
$$= \pi \cdot 7^2 \cdot 12$$
$$= 588\pi \text{ m}^3.$$

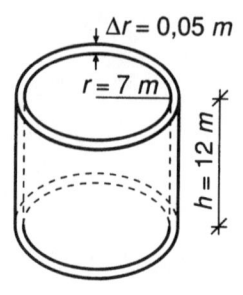

Figura 4.24

Dando um acréscimo Δr o volume da coroa será igual à variação ΔV em V.

Usando diferenciais, temos:

$\Delta V \cong dV = 2\pi r h \, \Delta r$

$\quad = 2\pi \cdot 7 \cdot 12 \cdot 0{,}05$

$\quad = 8{,}4\pi \text{ m}^3$.

O volume exato será

$\Delta V = \pi(r + \Delta r)^2 \cdot h - \pi r^2 h$

$\quad = \pi(7{,}05)^2 \cdot 12 - \pi \cdot 7^2 \cdot 12$

$\quad = 596{,}43\pi - 588\pi$

$\quad = 8{,}43\pi \text{ m}^3$.

Portanto, o erro cometido na aproximação usada foi

$\Delta V - dV = 0{,}03\pi \text{ m}^3$.

4.21 Exercícios

Nos exercícios 1 a 12 calcular as derivadas sucessivas até a ordem n indicada.

1. $y = 3x^4 - 2x$; $n = 5$

2. $y = ax^3 + bx^2 + cx + d$; $n = 3$

3. $y = 3 - 2x^2 + 4x^5$; $n = 10$

4. $y = \sqrt{3 - x^2}$; $n = 2$

5. $y = \dfrac{1}{x - 1}$; $n = 4$

6. $y = e^{2x+1}$; $n = 3$

7. $y = \dfrac{1}{e^x}$; $n = 4$

8. $y = \ln 2x$; $n = 2$

9. $y = \operatorname{sen} ax$; $n = 7$

10. $y = -2 \cos \dfrac{x}{2}$; $n = 5$

11. $y = \operatorname{tg} x$; $n = 3$

12. $y = \operatorname{arc tg} x$; $n = 2$

13. Achar a derivada de ordem 100 das funções:

    a) $y = \operatorname{sen} x$;

    b) $y = \cos x$.

14. Mostrar que a derivada de ordem n da função $y = 1/x$ é dada por $y^{(n)} = \dfrac{(-1)^n n!}{x^{n+1}}$.

15. Mostrar que a derivada de ordem n da função $y = e^{ax}$ é dada por $y^{(n)} = a^n e^{ax}$.

16. Sejam $f(x)$ e $g(x)$ funções deriváveis ate $3^{\underline{a}}$ ordem. Mostrar que:

    a) $(fg)'' = gf'' + 2f'g' + fg''$;

    b) $(fg)''' = gf''' + 3f''g' + 3f'g'' + fg'''$.

17. Mostrar que $x = A\cos(\omega t + \alpha)$, onde A, ω e α são constantes, satisfaz a equação
$$\ddot{x} + \omega^2 x = 0 \ \left(\ddot{x} = \dfrac{d^2x}{dt^2}\right).$$

18. Calcular $y' = \dfrac{dy}{dx}$ das seguintes funções definidas implicitamente.

    a) $x^3 + y^3 = a^3$

    b) $x^3 + x^2 y + y^2 = 0$

    c) $\sqrt{x} + \sqrt{y} = \sqrt{a}$

    d) $y^3 = \dfrac{x-y}{x+y}$

    e) $a\cos^2(x+y) = b$

    f) $\operatorname{tg} y = xy$

    g) $e^y = x + y$.

19. Determinar as retas tangente e normal à circunferência de centro $(2, 0)$ e raio 2, nos pontos de abscissa 1.

20. Demonstrar que a reta tangente à elipse $\dfrac{x^2}{a^2} + \dfrac{y^2}{b^2} = 1$ no ponto (x_0, y_0) tem a equação
$\dfrac{xx_0}{a^2} + \dfrac{yy_0}{b^2} = 1.$

21. Em que pontos a reta tangente à curva $y^2 = 2x^3$ é perpendicular à reta $4x - 3y + 1 = 0$?

22. Mostrar que as curvas cujas equações são $2x^2 + 3y^2 = 5$ e $y^2 = x^3$ interceptam-se no ponto $(1, 1)$ e que suas tangentes nesse ponto são perpendiculares.

23. Calcular a derivada $y' = \dfrac{dy}{dx}$ das seguintes funções definidas na forma paramétrica. Para quais valores de t, y' está definida?

    (a) $\begin{cases} x = t^2 \\ y = t^3, \ t \in (0, +\infty) \end{cases}$

    (b) $\begin{cases} x = \cos 2t \\ y = \operatorname{sen} 2t, \ t \in \left[0, \dfrac{\pi}{2}\right] \end{cases}$

    (c) $\begin{cases} x = 3\cos t \\ y = 4\operatorname{sen} t, \ t \in [\pi, 2\pi] \end{cases}$

    (d) $\begin{cases} x = \cos^3 t \\ y = \operatorname{sen}^3 t, \ t \in \left(-\dfrac{\pi}{2}, 0\right) \end{cases}$

    (e) $\begin{cases} x = 2t - 1 \\ y = t^3 + 5, \ -\infty < t < +\infty \end{cases}$

    (f) $\begin{cases} x = 8\cos^3 t \\ y = 8\operatorname{sen}^3 t, \ t \in [0, \pi] \end{cases}$

24. Determinar a equação da reta tangente à elipse
$\begin{cases} x = 2\cos t \\ y = 3\operatorname{sen} t, \ t \in [0, 2\pi] \end{cases}$

no ponto $P\left(\sqrt{2}, \dfrac{3\sqrt{2}}{2}\right)$.

25. Determinar as equações da reta tangente e da reta normal à astróide

$$\begin{cases} x = \cos^3 t \\ y = \operatorname{sen}^3 t, \ t \in [0, 2\pi] \end{cases}$$

no ponto $P\left(-\dfrac{1}{8}, \dfrac{3\sqrt{3}}{8}\right)$.

26. Encontrar $\Delta y - dy$ das funções dadas.

   a) $y = 3x^2 - x + 1$;
   b) $y = 2\sqrt{x}$;
   c) $y = \dfrac{x+1}{2x-1}$.

27. Encontrar Δy e dy para os valores dados

   a) $y = \dfrac{1}{2x^2}$; $\Delta x = 0{,}001$; $x = 1$;

   b) $y = 5x^2 - 6x$; $\Delta x = 0{,}02$; $x = 0$;

   c) $y = \dfrac{2x+1}{x-1}$; $\Delta x = 0{,}1$; $x = -1$.

28. Calcular um valor aproximado para as seguintes raízes, usando diferencial.

   a) $\sqrt{50}$;
   b) $\sqrt[3]{63{,}5}$;
   c) $\sqrt[4]{13}$.

29. Calcular a diferencial das seguintes funções:

   a) $y = \ln(3x^2 - 4x)$;
   b) $y = \dfrac{x+1}{e^x}$;
   c) $y = \operatorname{sen}(5x^2 + 6)$.

30. A área S de um quadrado de lado x é dada por $S = x^2$. Achar o acréscimo e a diferencial desta função e determinar o valor geométrico desta última.

31. Dar a interpretação geométrica do acréscimo e da diferencial da função $S = \pi x^2$ (área do círculo).

32. Uma caixa em forma de um cubo deve ter um revestimento externo com espessura de 1/4 cm. Se o lado da caixa é de 2 m, usando diferencial, encontrar a quantidade de revestimento necessária.

33. Um material está sendo escoado de um recipiente, formando uma pilha cônica cuja altura é sempre igual ao raio da base. Se em dado instante o raio é 12 cm, use diferenciais para obter a variação do raio que origina um aumento de 2 cm³ no volume da pilha.

34. Use diferenciais para obter o aumento aproximado do volume da esfera quando o raio varia de 3 cm a 3,1 cm.

35. Um terreno, em desapropriação para reforma agrária, tem a forma de um quadrado. Estima-se que cada um de seus lados mede 1.200 m, com um erro máximo de 10 m. Usando diferencial, determinar o possível erro no cálculo da área do terreno.

36. Um pintor é contratado para pintar ambos os lados de 50 placas quadradas de 40 cm de lado. Depois que recebeu as placas verificou que os lados das placas tinham 1/2 cm a mais. Usando diferencial, encontrar o aumento aproximado da porcentagem de tinta a ser usada.

5 Aplicações da Derivada

Neste capítulo, apresentaremos as aplicações da Derivada.

Em diversas áreas encontramos problemas que serão resolvidos utilizando a derivada como uma taxa de variação.

A análise do comportamento das funções será feita detalhadamente, usando definições e teoremas que envolvem derivadas.

Finalmente, introduziremos as regras de L'Hospital, que serão usadas no cálculo de alguns limites.

5.1 Taxa de Variação

Na Seção 4.2 vimos que, quando um corpo se move em linha reta de acordo com a equação do movimento $s = s(t)$, a sua velocidade é dada por $v = s'(t)$.

Sabemos que a velocidade representa a razão de variação do deslocamento por unidade de variação do tempo. Assim, a derivada $s'(t)$ é a *taxa de variação da função* $s(t)$ por unidade de variação t.

O mesmo ocorre com a aceleração que é dada por $a(t) = v'(t)$. Ela representa a razão de variação da velocidade $v(t)$ por unidade de variação do tempo t.

Toda derivada pode ser interpretada como uma taxa de variação. Dada uma função $y = f(x)$, quando a variável independente varia de x a $x + \Delta x$, a correspondente variação de y será $\Delta y = f(x + \Delta x) - f(x)$. O quociente

$$\frac{\Delta y}{\Delta x} = \frac{f(x + \Delta x) - f(x)}{\Delta x}$$

representa a *taxa média de variação* de y em relação a x.

A derivada

$$f'(x) = \lim_{\Delta x \to 0} \frac{f(x + \Delta x) - f(x)}{\Delta x},$$

é a *taxa instantânea de variação* ou simplesmente *taxa de variação* de y em relação a x.

A interpretação da derivada como uma razão de variação tem aplicações práticas nas mais diversas ciências. Vejamos alguns exemplos.

5.1.1 Exemplos

(1) Sabemos que a área de um quadrado é função de seu lado. Determinar:

    (a) a taxa de variação média da área de um quadrado em relação ao lado quando este varia de 2,5 a 3 m.;

    (b) a taxa de variação da área em relação ao lado quando este mede 4 m.

Solução: Sejam A a área do quadrado e l seu lado. Sabemos que $A = l^2$.

(a) A taxa média de variação de A em relação a l quando l varia de 2,5 m a 3 m é dada por:

$$\frac{\Delta A}{\Delta l} = \frac{A(3) - A(2,5)}{3 - 2,5}$$

$$= \frac{9 - 6,25}{0,5}$$

$$= \frac{2,75}{0,5}$$

$$= 5,5.$$

(b) A taxa de variação da área em relação ao lado é dada por:

$$\frac{dA}{dl} = \frac{d}{dl}(l^2)$$

$$= 2\,l.$$

Quando $l = 4$, temos:

$$\frac{dA}{dl} = 2 \cdot 4 = 8,$$

ou,

$$\left.\frac{dA}{dl}\right|_{(4)} = 8.$$

Portanto, quando $l = 4$ m, a taxa de variação da área do quadrado será de 8 m² por variação de 1 metro no comprimento do lado.

(2) Uma cidade X é atingida por uma moléstia epidêmica. Os setores de saúde calculam que o número de pessoas atingidas pela moléstia depois de um tempo t (medido em dias a partir do primeiro dia da epidemia) é, aproximadamente, dado por:

$$f(t) = 64t - \frac{t^3}{3}.$$

(a) Qual a razão da expansão da epidemia no tempo $t = 4$?
(b) Qual a razão da expansão da epidemia no tempo $t = 8$?
(c) Quantas pessoas serão atingidas pela epidemia no 5º dia?

Solução: A taxa com que a epidemia se propaga é dada pela razão de variação da função $f(t)$ em relação a t. Portanto, para um tempo t qualquer, essa taxa é dada por:

$$f'(t) = 64 - t^2.$$

(a) No tempo $t = 4$, temos:

$$f'(4) = 64 - 16 = 48.$$

Logo, no tempo $t = 4$, a moléstia está se alastrando à razão de 48 pessoas por dia.

(b) No tempo $t = 8$, temos:

$$f'(8) = 64 - 64$$

$$= 0.$$

Portanto, no tempo $t = 8$ a epidemia está totalmente controlada.

(c) Como o tempo foi contado em dias a partir do $1^\underline{o}$ dia de epidemia, o $5^\underline{o}$ dia corresponde à variação de t de 4 para 5.

O número de pessoas atingidas pela moléstia durante o $5^\underline{o}$ dia será dado por:

$$f(5) - f(4) = \left(64 \cdot 5 - \frac{5^3}{3}\right) - \left(64 \cdot 4 - \frac{4^3}{3}\right)$$

$$= 320 - \frac{125}{3} - 256 + \frac{64}{3}$$

$$\cong 43.$$

No item (a), vimos que no tempo $t = 4$ (início do $5^\underline{o}$ dia), a epidemia se alastra a uma taxa de 48 pessoas por dia. No item (c), calculamos que durante o $5^\underline{o}$ dia 43 pessoas serão atingidas. Essa diferença ocorreu porque a taxa de propagação da moléstia se modificou no decorrer do dia.

(3) Analistas de produção verificaram que, em uma montadora x, o número de peças produzidas nas primeiras t horas diárias de trabalho é dado por:

$$f(t) = \begin{cases} 50(t^2 + t), & \text{para } 0 \leq t \leq 4 \\ 200(t + 1), & \text{para } 4 \leq t \leq 8. \end{cases}$$

(a) Qual a razão de produção (em unidades por hora) após 3 horas de trabalho? E após 7 horas?

(b) Quantas peças são produzidas na $8^{\underline{a}}$ hora de trabalho?

Solução:

(a) A razão de produção após 3 horas de trabalho é dada por $f'(3)$. Para $t < 4$, temos:

$$f'(t) = 50(2t + 1).$$

Portanto,

$$f'(3) = 50(2 \cdot 3 + 1)$$

$$= 350.$$

Logo, após 3 horas de trabalho a razão de produção é de 350 peças por hora de trabalho.

A razão de produção após 7 horas de trabalho é dada por $f'(7)$. Para $t > 4$,

$f'(t) = 200.$

Logo, após 7 horas de trabalho a razão de produção é de 200 peças por hora de trabalho.

(b) O número de peças produzidas na $8^{\underline{a}}$ hora de trabalho é dado por:

$$f(8) - f(7) = 200(8 + 1) - 200(7 + 1)$$

$$= 200.$$

Neste exemplo, o número de peças produzidas na $8^{\underline{a}}$ hora de trabalho coincidiu com a razão de produção após 7 horas de trabalho. Isso ocorreu porque a razão de produção permaneceu constante durante o tempo considerado.

(4) Um reservatório de água está sendo esvaziado para a limpeza. A quantidade de água no reservatório, em litros, t horas após o escoamento ter começado é dada por:

$$V = 50(80 - t)^2.$$

Determinar:

(a) A taxa de variação média do volume de água no reservatório durante as 10 primeiras horas de escoamento.

(b) A taxa de variação do volume de água no reservatório após 8 horas de escoamento.

(c) A quantidade de água que sai do reservatório nas 5 primeiras horas de escoamento.

Solução:

(a) A taxa de variação média do volume nas 10 primeiras horas é dada por:

$$\frac{\Delta v}{\Delta t} = \frac{50(80-10)^2 - 50(80-0)^2}{10}$$

$$= \frac{50\,[70^2 - 80^2]}{10}$$

$$= 50 \cdot (-150)$$

$$= -7.500 \text{ l/hora}.$$

O sinal negativo aparece porque o volume de água está diminuindo com o tempo.

(b) A taxa de variação do volume de água num tempo qualquer é dada por:

$$\frac{dV}{dt} = 50 \cdot 2(80 - t)(-1)$$

$$= -100(80 - t).$$

No tempo, $t = 8$, temos:

$$\left.\frac{dV}{dt}\right|_{(8)} = -100(80 - 8)$$

$$= -100 \cdot 72$$

$$= -720 \text{ l/h}.$$

(c) A quantidade de água que sai do reservatório nas 5 primeiras horas é dada por:

$$V(0) - V(5) = 50(80)^2 - 50(75)^2$$

$$= 38.750 \text{ l}.$$

Em muitas situações práticas a quantidade em estudo é dada por uma função composta. Nestes casos, para determinar a taxa de variação, devemos usar a regra da cadeia. Vejamos os exemplos que seguem.

(5) Um quadrado de lado l está se expandindo segundo a equação $l = 2 + t^2$, onde a variável t representa o tempo. Determinar a taxa de variação da área desse quadrado no tempo $t = 2$.

Solução: Seja A a área do quadrado. Sabemos que $A = l^2$ e que $l = 2 + t^2$.

A taxa de variação da área em relação ao tempo, num tempo t qualquer é dada por $\frac{dA}{dt}$.

Usando a regra da cadeia, vem:

$$\frac{dA}{dt} = \frac{dA}{dl} \cdot \frac{dl}{dt}$$

$$= 2l \cdot 2t$$

$$= 4l\,t$$

$$= 4(2 + t)^2 \cdot t.$$

No tempo $t = 2$, temos:

$$\left.\frac{dA}{dt}\right|_{(2)} = 4(2 + 2^2) \cdot 2$$

$$= 48 \text{ unid. área/unid. tempo.}$$

(6) O raio de uma circunferência cresce à razão de 21 cm/s. Qual a taxa de crescimento do comprimento da circunferência em relação ao tempo?

Solução: Sejam $r =$ raio da circunferência,

$t =$ tempo,

$l =$ comprimento da circunferência.

Da geometria, sabemos que $l = 2\pi r$.

Por hipótese, a taxa de crescimento de r em relação a t é $\frac{dr}{dt} = 21$ cm/s.

A taxa de crescimento de l em relação a t é dada por $\frac{dl}{dt}$. Usando a regra da cadeia, vem:

$$\frac{dl}{dt} = \frac{dl}{dr} \cdot \frac{dr}{dt}$$

$$= 2\pi \cdot \frac{dr}{dt}$$

$$= 2\pi \cdot 21$$

$$= 42\pi \text{ cm/s.}$$

(7) Um ponto $P(x, y)$ se move ao longo do gráfico da função $y = 1/x$. Se a abscissa varia à razão de 4 unidades por segundo, qual é a taxa de variação da ordenada quando a abscissa é $x = 1/10$?

Solução: Temos:

$$\frac{dy}{dt} = \frac{dy}{dx} \cdot \frac{dx}{dt}.$$

Como x varia à razão de 4 unid./seg, $\frac{dx}{dt} = 4$. Como $y = 1/x$, $\frac{dy}{dx} = -\frac{1}{x^2}$.

Então,

$$\frac{dy}{dt} = -\frac{1}{x^2} \cdot 4$$

$$= \frac{-4}{x^2}.$$

Quando $x = 1/10$, temos:

$$\frac{dy}{dt} = \frac{-4}{(1/10)^2}$$

$$= -4 \cdot 100$$

$$= -400.$$

Portanto, quando a abscissa do ponto P é $x = 1/10$ e está *crescendo* a uma taxa de 4 unid./seg a ordenada *decresce* a uma razão de 400 unid./s. Intuitivamente, podemos perceber isso analisando o gráfico de f (ver Figura 5.1).

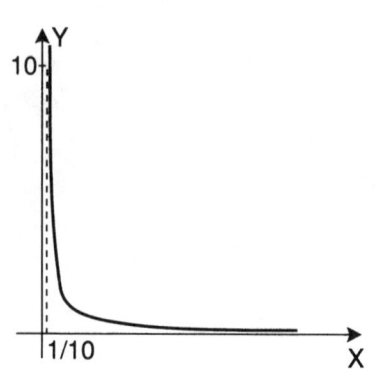

Figura 5.1

(8) Acumula-se areia em um monte com forma de um cone onde a altura é igual ao raio da base. Se o volume de areia cresce a uma taxa de 10m³/h, a que razão aumenta a área da base quando a altura do monte é de 4 m?

Solução: Sejam V = volume de areia,
h = altura do monte,
r = raio da base,
A = área da base. (Ver Figura 5.2.)

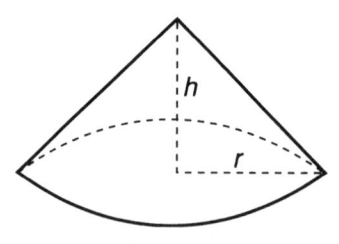

Figura 5.2

Da geometria, sabemos que:

$$A = \pi r^2 \tag{1}$$

$$V = \frac{1}{3}\pi r^2 h. \tag{2}$$

Por hipótese, $\dfrac{dV}{dt} = 10$ m³/h e $h = r$. Substituindo $h = r$ em (2), temos:

$$V = \frac{1}{3}\pi r^3. \tag{3}$$

Queremos encontrar a taxa de variação $\dfrac{dA}{dt}$ quando $r = 4$ m.

Derivando (1) em relação a t, temos:

$$\frac{dA}{dt} = \frac{dA}{dr} \cdot \frac{dr}{dt}$$

$$= 2\pi r \cdot \frac{dr}{dt}.$$

Precisamos determinar $\dfrac{dr}{dt}$. Derivando a equação (3) em relação a t, vem:

$$\frac{dV}{dt} = \frac{dV}{dr} \cdot \frac{dr}{dt}$$

$$= \pi r^2 \cdot \frac{dr}{dt}.$$

Como $\frac{dV}{dt} = 10 \text{ m}^3/\text{h}$, temos:

$$\frac{dr}{dt} = \frac{1}{\pi r^2} \cdot 10$$

$$= \frac{10}{\pi r^2}.$$

Portanto,

$$\frac{dA}{dt} = 2\pi r \cdot \frac{10}{\pi r^2}$$

$$= \frac{20}{r}.$$

Quando $r = h = 4$ m, $\frac{dA}{dt} = \frac{20}{4} = 5$.

Logo, quando a altura do monte é de 4 m, a área da base cresce a uma taxa de 5 m²/h.

5.2 Análise Marginal

A interpretação da derivada como uma taxa de variação é amplamente utilizada em Economia, englobando os conceitos de custo marginal, receita marginal, elasticidade etc.

A denominação "marginal" utilizada pelos economistas indica uma variação "na margem", significando que é considerada como um limite.

Apresentamos, a seguir, os principais conceitos utilizados.

5.2.1 Custo Marginal

Vamos supor que o custo total para produzir e comercializar q unidades de um produto é dado por:

$$C = C(q)$$

Se aumentarmos a produção de q para $q + \Delta q$, o acréscimo correspondente no custo total é dado por:

$$\Delta C = C(q + \Delta q) - C(q)$$

A taxa média de acréscimo no custo, por unidade acrescida na produção, no intervalo $[q, q + \Delta q]$ é dada por:

$$\frac{\Delta C}{\Delta q} = \frac{C(q + \Delta q) - C(q)}{\Delta q}$$

O custo marginal é definido como o limite.

$$\lim_{\Delta q \to 0} \frac{\Delta C}{\Delta q}$$

e representa a taxa de variação instantânea do custo total, por unidade de variação da quantidade produzida, quando esta se encontra num nível q.

Se denotamos por $CM(q)$, o custo marginal, temos:

$$CM(q) = C'(q)$$

sempre que a função custo $C = C(q)$ for derivável em q.

5.2.2 Receita Marginal

De modo análogo, se denotamos por $R(q)$ a receita total obtida com a comercialização de q unidades de um produto, temos que:

$$\Delta R = R(q + \Delta q) - R(q)$$

é o acréscimo ocorrido na receita total quando a demanda aumenta de q para $q + \Delta q$ unidades.

A receita marginal é a taxa de variação instantânea da receita total por unidade de variação da demanda, quando esta se encontra num nível q e é dada por:

$$\lim_{\Delta q \to 0} \frac{\Delta R}{\Delta q}.$$

Se a função $R = R(q)$ é derivável em q, denotando a receita marginal por $RM(q)$, vem:

$$RM(q) = R'(q)$$

5.2.3 Elasticidade

Dada uma função $y = f(x)$, a elasticidade de y em relação a x é definida por:

$$E(x) = \lim_{\Delta x \to 0} \frac{\frac{\Delta y}{y}}{\frac{\Delta x}{x}}, \qquad (1)$$

e representa a taxa de variação percentual da variável dependente y em relação à variação percentual na variável independente x.

Podemos reescrever a equação 1, como:

$$E(x) = \lim_{\Delta x \to 0} \frac{\Delta y}{\Delta x} \cdot \frac{x}{y}$$

Se a função $y = f(x)$ é derivável vem:

$$E(x) = \frac{dy}{dx} \cdot \frac{x}{y} \qquad (2)$$

A elasticidade $E(x)$ mede a tendência de resposta de y a pequenas variações de x.

Se $E(x)$ é positiva, um aumento percentual em x acarretará uma variação percentual positiva em y. Se $E(x)$ é negativa, um aumento percentual em x acarretará uma variação percentual negativa em y.

Em situações práticas, geralmente, usa-se uma aproximação da equação (1), como segue: sejam τ o acréscimo percentual da variável independente x e Δ a variação percentual correspondente em y. Temos, então:

$$\Delta \cong E(x)\tau. \qquad (3)$$

5.2.4 Exemplos

(i) Supor que o gerente de uma empresa de transporte coletivo deva decidir se oferece uma viagem diária a mais numa determinada linha.

Essa decisão deve ser tomada numa base financeira, isto é, a viagem extra só será implementada se ela gerar lucro para a empresa.

Se a empresa realiza 12 viagens diárias nessa linha, qual deve ser a decisão do gerente, se ele usar como informação os gráficos da receita total e do custo total dados na Figura 5.3 (a) e (b)?

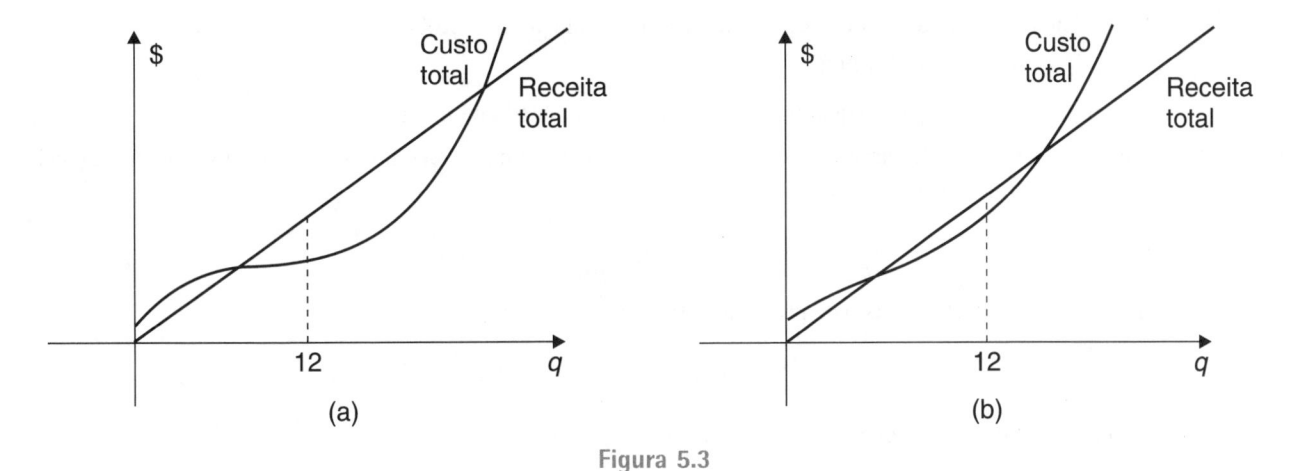

Figura 5.3

Solução: Como a receita marginal é dada por $RM(q) = R'(q)$, ela representa a inclinação da curva da receita total R. Da mesma forma o custo marginal é a inclinação da curva de custo total C, pois $CM(q) = C'(q)$.

Na Figura 5.4 (a) e (b), representamos novamente as curvas R e C, juntamente com suas retas tangentes, t_R e t_c, no ponto correspondente a $q = 12$.

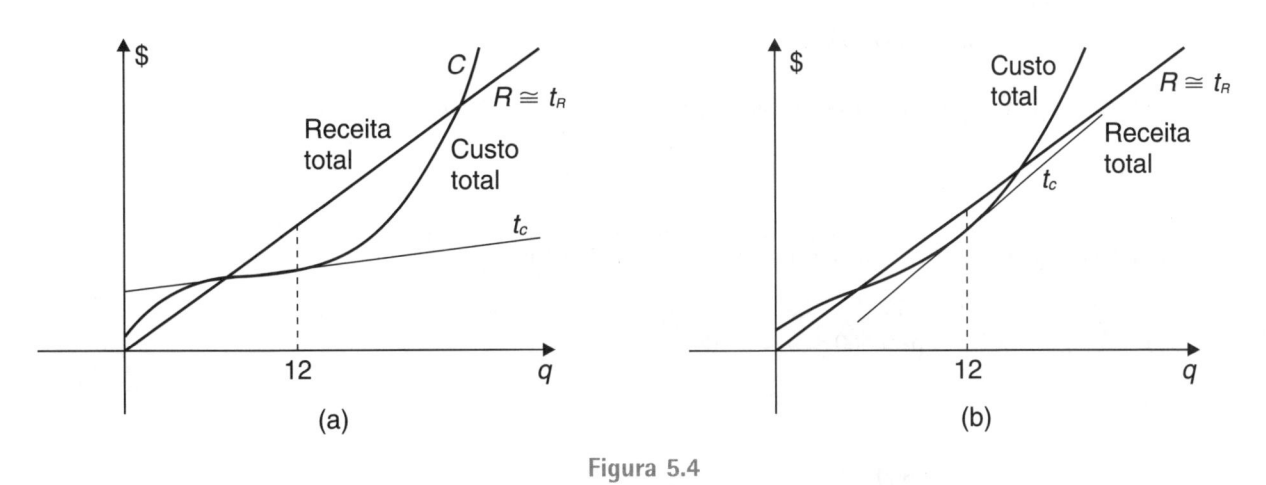

Figura 5.4

Analisando a Figura 5.4 (a), vemos que a inclinação da curva de custo é menor que a da receita, ou seja, o custo marginal é menor que a receita marginal. Portanto nessa situação, a decisão do gerente deve ser a de implementar a viagem extra.

Observando a Figura 5.4 (b) vemos que a inclinação da curva de custo é maior que a da receita, ou seja, o custo marginal é maior que a receita marginal. Isso significa que a empresa terá um custo adicional maior que a receita adicional, se ela oferece uma viagem a mais. Portanto, nesse caso, a decisão do gerente deve ser a de não implementar a viagem extra.

(ii) Supor que o custo total, no período de um mês, de uma empresa que produz q unidades de um produto é dado por:

$$C(q) = \begin{cases} 100 + 2q, & 0 \le q \le 600 \\ 1.300 + \sqrt{q - 600}, & 600 < q \le 1.500 \\ 1.330 + (q - 1.500)^2, & q > 1.500 \end{cases}$$

e que a receita total é dada por:

$R(q) = 1{,}32q.$

Determinar:

(a) O custo médio por unidade produzida a um nível de produção $q = 1.000$.

(b) O custo marginal para $q = 1.000$.

(c) O nível de produção q para o qual o custo marginal iguala a receita marginal.

(d) O intervalo em que pode variar o nível de produção de forma a manter a empresa viável, isto é, tal que a receita total é maior que o custo total.

Solução:

(a) Para $600 < q \leq 1.500$ o custo de produção é dado por:

$C(q) = 1.300 + \sqrt{q - 600}$

Portanto, o custo total no nível de produção $q = 1.000$ é dado por:

$C(1.000) = 1.300 + \sqrt{1.000 - 600}$

$= 1.320$ *unidades monetárias*

O custo médio por unidade produzida, neste caso, é dado por:

$\overline{C}(1.000) = \dfrac{1.320}{1.000}$

$= 1{,}32$ *unidades monetárias*

(b) O custo marginal para $q = 1.000$ é dado por:

$CM(1.000) = C'(1.000)$

Como $C(q) = 1.300 + \sqrt{q - 600}$, para $600 < q \leq 1.500$, temos:

$C'(q) = \dfrac{1}{2}(q - 600)^{-1/2}$, para $600 < q < 1.500$.

Portanto,

$CM(1.000) = \dfrac{1}{2}(1.000 - 600)^{-1/2}$

$\cong 0{,}025$ *unidades monetárias*

(c) O custo marginal é dado por:

$CM(q) = C'(q) = \begin{cases} 2, & 0 < q < 600 \\ \dfrac{1}{2}(q - 600)^{-1/2}, & 600 < q < 1.500 \\ 2(q - 1.500), & q > 1.500 \end{cases}$

A receita marginal é dada por:

$RM(q) = R'(q) = 1{,}32$

Devemos encontrar q tal que $C'(q) = R'(q)$.

Como $C'(q)$ é definido de forma distinta nos intervalos $(0,600)$, $(600, 1.500)$ e $(1.500, +\infty)$ devemos analisar em cada um desses intervalos separadamente. Temos:

- Para $0 < q < 600$, $C'(q) = 2$ e $R'(q) = 1{,}32$.

  Logo, $CM(q) \neq RM(q)$ para todo q nesse intervalo.

- Para $600 < q < 1.500$, vem:

$$\frac{1}{2}(q - 600)^{-1/2} = 1{,}32$$

$$\frac{1}{\sqrt{q - 600}} = 2{,}64$$

$$\sqrt{q - 600} = \frac{1}{2{,}64}$$

$$q - 600 = \left(\frac{1}{2{,}64}\right)^2$$

$$q \cong 600{,}14$$

- Para $q > 1.500$, vem:

$$2(q - 1.500) = 1{,}32 \text{ ou de forma equivalente } q = 1.500{,}66.$$

Observamos que nos pontos $q = 600$ e $q = 1.500$ a função C não é derivável, não sendo possível, portanto, determinar os custos marginais para esses níveis de produção. Na prática isso pode ocorrer, por exemplo, quando um recurso tecnológico só pode ser utilizado para uma determinada faixa do nível de produção.

(d) É interessante, nesse item, fazer uma análise gráfica. Na Figura 5.5, apresentamos os gráficos das funções custo total $C(q)$ e receita total $R(q)$.

Analisando esses gráficos observamos que o gráfico de $R(q)$ está acima do gráfico de $C(q)$ no intervalo $1.000 < q < 1.530$, aproximadamente.

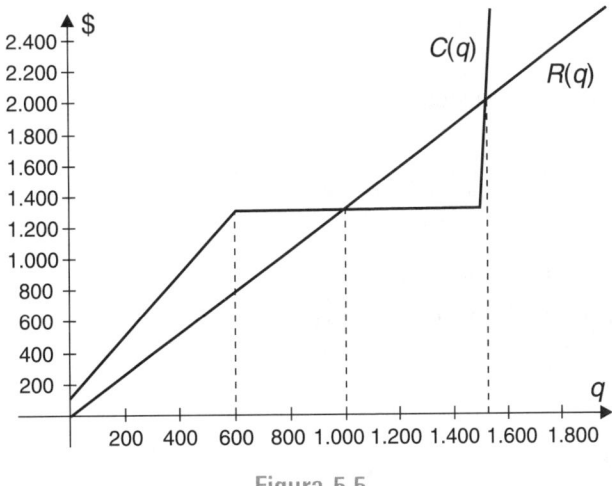

Figura 5.5

Determinando analiticamente esse intervalo usando as expressões que definem o custo e a receita, obtemos que $C(q) \leq R(q)$ para $1.000 \leq q \leq 1.526{,}26$.

(iii) A quantidade de televisores demandada numa cidade X, num determinado período, é função de seu preço e é expressa por:

$$q = 300 - 0{,}1p$$

Calcular e interpretar o valor da elasticidade para um nível de preço $p = 400$ unidades monetárias.

Solução: Temos:

$$E(p) = \frac{dq}{dp} \cdot \frac{p}{q},$$

Para $p = 400$, vem:

$$\begin{aligned} E(400) &= -0{,}1 \cdot \frac{400}{300 - 0{,}1 \cdot 400} \\ &= -0{,}1 \cdot \frac{400}{260} \\ &\cong -0{,}15. \end{aligned}$$

Observamos que a elasticidade deu um valor negativo, como intuitivamente poderíamos esperar, já que, em condições normais, o aumento de preço de um produto inibe a sua demanda.

O valor obtido significa que um aumento percentual no preço, por exemplo $\tau = 20\%$, acarretará uma diminuição percentual aproximada da demanda de:

$$\begin{aligned} \Delta &= E(400) \cdot \tau \\ &= -0{,}15 \cdot 20\% \\ &= -3\% \end{aligned}$$

(iv) A elasticidade da demanda em relação à tarifa do sistema de transporte público de uma cidade x é $-0{,}30$, quando a tarifa média é de 80 centavos por viagem. Supor que o sistema transporta 200.000 passageiros no período de pico matutino diário.

(a) Estimar a queda na demanda se a tarifa média cresce 2,5%.

(b) Ilustrar a sensibilidade desse resultado em relação ao valor da elasticidade.

Solução:

(a) Sejam:

q = demanda (nº de passageiros transportados);

Tar = tarifa;

$E(Tar)$ = elasticidade da demanda em relação à tarifa;

τ = aumento percentual na tarifa;

Δ = variação percentual na demanda;

Δq = variação na demanda (em nº de passageiros).

Temos:

q = 200.000

Tar = 80 centavos

τ = 2,5%

$E(Tar) = -0{,}30$

Como $\tau = 2{,}5\%$ e $E(Tar) = -0{,}30$, usando a *equação*(3), vem:

$$\Delta \cong E(Tar) \cdot \tau$$
$$= -0{,}30 \cdot 2{,}5\%$$
$$= -0{,}75\%.$$

Usando, agora, uma regra de três simples, podemos obter a variação Δq na demanda. Temos:

$$100\% \leftrightarrow 200.000$$
$$-0{,}75\% \leftrightarrow \Delta q$$

e, dessa forma,

$$\Delta q = \frac{200.000 \cdot -0{,}75}{100}$$
$$= -1.500.$$

Portanto, haverá uma queda de 1.500 passageiros na demanda.

Observamos que não utilizamos diretamente o valor da tarifa na solução. Esse dado foi usado de forma indireta, pois o valor da elasticidade dado no problema referia-se a esse nível de tarifa. Em geral, a elasticidade da demanda varia com o nível da tarifa praticada.

(b) Para simular a sensibilidade do resultado obtido em relação ao valor da elasticidade, vamos simular duas situações:

$$E(Tar) = -0{,}2 \text{ e } E(Tar) = -0{,}4$$

Para $E(Tar) = -0{,}2$, temos $\Delta = -0{,}5$ e

$$\Delta q = \frac{200.000 \cdot -0{,}5}{100} = -1.000 \text{ passageiros.}$$

Para $E(Tar) = -0{,}4$, temos $\Delta = -1{,}0$ e

$$\Delta q = \frac{200.000 \cdot -1{,}0}{100} = -2.000 \text{ passageiros.}$$

Podemos ver, assim, que, quanto maior é a elasticidade, em valor absoluto, maior é a variação na demanda.

5.3 Exercícios

1. Numa granja experimental, constatou-se que uma ave em desenvolvimento pesa em gramas

$$W(t) = \begin{cases} 20 + \frac{1}{2}(t+4)^2, & 0 \leq t \leq 60 \\ 24{,}4t + 604, & 60 \leq t \leq 90 \end{cases}$$

onde t é medido em dias.

(a) Qual a razão de aumento do peso da ave quando $t = 50$?

(b) Quanto a ave aumentará no 51º dia?

(c) Qual a razão de aumento do peso quando $t = 80$?

2. Uma peça de carne foi colocada num freezer no instante $t = 0$. Após t horas, sua temperatura, em graus centígrados, é dada por:

$$T(t) = 30 - 5t + \frac{4}{t+1}, \quad 0 \leq t \leq 5.$$

Qual a velocidade de redução de sua temperatura após 2 horas?

3. A temperatura de um gás é mantida constante e sua pressão p em kgf/cm^3 e volume v em cm^3 estão relacionadas pela igualdade $vp = c$, onde c é constante. Achar a razão de variação do volume em relação à pressão quando esta vale 10 kgf/cm^3.

4. Uma piscina está sendo drenada para limpeza. Se o seu volume de água inicial era de 90.000 litros e depois de um tempo de t horas este volume diminuiu 2.500 t^2 litros, determinar:

   (a) tempo necessário para o esvaziamento da piscina;

   (b) taxa média de escoamento no intervalo [2, 5];

   (c) taxa de escoamento depois de 2 horas do início do processo.

5. Um apartamento está alugado por R$ 4.500,00. Este aluguel sofrerá um reajuste anual de R$ 1.550,00.

   (a) Expresse a função com a qual podemos calcular a taxa de variação do aluguel, em t anos.

   (b) Calcule a taxa de variação do aluguel após 4 anos.

   (c) Qual a porcentagem de variação do aluguel depois de 1 ano do primeiro reajuste?

   (d) Que acontecerá à porcentagem de variação depois de alguns anos?

6. Numa pequena comunidade obteve-se uma estimativa que daqui a t anos a população será de $p(t) = 20 - \dfrac{5}{t+1}$ milhares.

   (a) Daqui a 18 meses, qual será a taxa de variação da população desta comunidade?

   (b) Qual será a variação real sofrida durante o 18º mês?

7. Seja r a raiz cúbica de um número real x. Encontre a taxa de variação de r em relação a x quando x for igual a 8.

8. Um líquido goteja em um recipiente. Após t horas, há $5t - t^{1/2}$ litros no recipiente. Qual a taxa de gotejamento de líquido no recipiente, em l/hora, quando $t = 16$ horas?

9. Um tanque tem a forma de um cilindro circular reto de 5 m de raio de base e 10 m de altura. No tempo $t = 0$, a água começa a fluir no tanque à razão de 25 m^3/h. Com que velocidade o nível de água sobe? Quanto tempo levará para o tanque ficar cheio?

10. Achar a razão de variação do volume v de um cubo em relação ao comprimento de sua diagonal. Se a diagonal está se expandindo a uma taxa de 2 m/s, qual a razão de variação do volume quando a diagonal mede 3 m?

11. Uma usina de britagem produz pó de pedra, que ao ser depositado no solo forma uma pilha cônica onde a altura é aproximadamente igual a 4/3 do raio da base.

    (a) Determinar a razão de variação do volume em relação ao raio da base.

    (b) Se o raio da base varia a uma taxa de 20 cm/s, qual a razão de variação do volume quando o raio mede 2 m?

12. Os lados de um triângulo eqüilátero crescem à taxa de 2,5 cm/s.

    (a) Qual é a taxa de crescimento da área desse triângulo, quando os lados tiverem 12 cm de comprimento?

    (b) Qual é a taxa de crescimento do perímetro, quando os lados medirem 10 cm de comprimento?

13. Um objeto se move sobre a parábola $y = 2x^2 + 3x - 1$ de tal modo que sua abscissa varia à taxa de 6 unidades por minuto. Qual é a taxa de variação de sua ordenada, quando o objeto estiver no ponto (0, −1)?

14. Um trem deixa uma estação, num certo instante, e vai para a direção norte à razão de 80 km/h. Um segundo trem deixa a mesma estação 2 horas depois e vai na direção leste à razão de 95 km/h. Achar a taxa na qual estão se separando os dois trens 2 horas e 30 minutos depois do segundo trem deixar a estação.

15. Uma lâmpada colocada em um poste está a 4 m de altura. Se uma criança de 90 cm de altura caminha afastando-se da lâmpada à razão de 5 m/s, com que rapidez se alonga sua sombra?

16. O raio de um cone é sempre igual à metade de sua altura h. Determinar a taxa de variação da área da base em relação ao volume do cone.

17. Supor que o custo total de produção de uma quantidade de um certo produto é dado pelo gráfico da figura que segue.

    (a) Dar o significado de $C(0)$.
    (b) Descrever o comportamento do custo marginal.

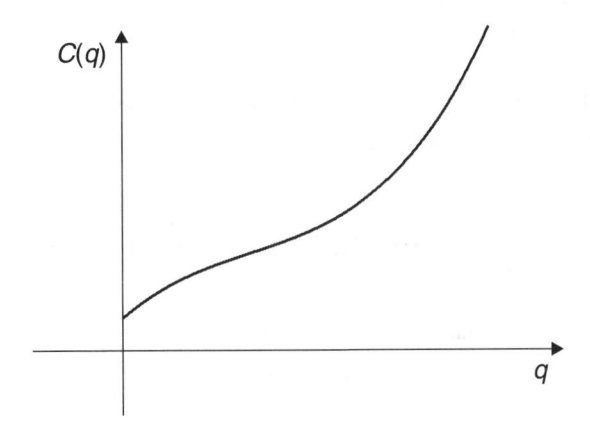

18. O custo total $C(q)$ da produção de q unidades de um produto é dado por.

    $$C(q) = \frac{1}{2}q^3 - 5q^2 + 10q + 120$$

    (a) Qual é o custo fixo?
    (b) Qual é o custo marginal quando o nível de produção é $q = 20$ unidades.
    (c) Determinar se existem os valores de q tais que o custo marginal é nulo.

19. A função $q = 20.000 - 400p$ representa a demanda de um produto em relação a seu preço p. Calcular e interpretar o valor da elasticidade da demanda ao nível de preço $p = 4$.

20. A função $q = 15 + 60y - 0,06y^2$ mede a demanda de um bem em função da renda média per capita denotada por y (unidade monetária), quando os outros fatores que influenciam a demanda são considerados constantes.

    (a) Determinar a elasticidade da demanda em relação à renda y.
    (b) Dar o valor da elasticidade da demanda, por em nível de renda $y = 300$. Interpretar o resultado.

5.4 Máximos e Mínimos

A Figura 5.6 nos mostra o gráfico de uma função $y = f(x)$, onde assinalamos pontos de abscissas x_1, x_2, x_3 e x_4.

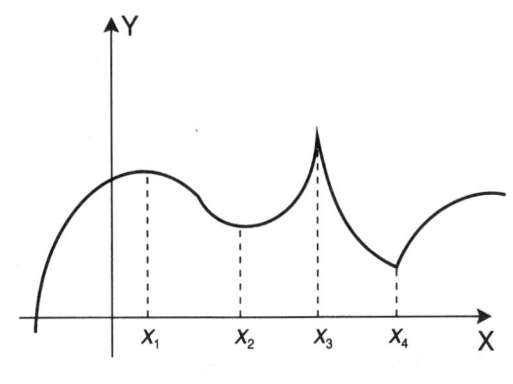

Figura 5.6

Esses pontos são chamados *pontos extremos* da função. Os valores $f(x_1)$ e $f(x_3)$ são chamados *máximos relativos* e $f(x_2), f(x_4)$ são chamados *mínimos relativos*.

Podemos formalizar as definições.

5.4.1 Definição Uma função f tem um máximo relativo em c, se existir um intervalo aberto I, contendo c, tal que $f(c) \geq f(x)$ para todo $x \in I \cap D(f)$.

5.4.2 Definição Uma função f tem um mínimo relativo em c, se existir intervalo aberto I, contendo c, tal que $f(c) \leq f(x)$ para todo $x \in I \cap D(f)$.

5.4.3 Exemplo

(i) A função $f(x) = 3x^4 - 12x^2$ tem um máximo relativo em $c_1 = 0$, pois existe o intervalo $(-2, 2)$, tal que $f(0) \geq f(x)$ para todo $x \in (-2, 2)$.

Em $c_2 = -\sqrt{2}$ e $c_3 = +\sqrt{2}$, a função dada tem mínimos relativos, pois $f(-\sqrt{2}) \leq f(x)$ para todo $x \in (-2, 0)$ e $f(\sqrt{2}) \leq f(x)$ para todo $x \in (0, 2)$ (ver Figura 5.7).

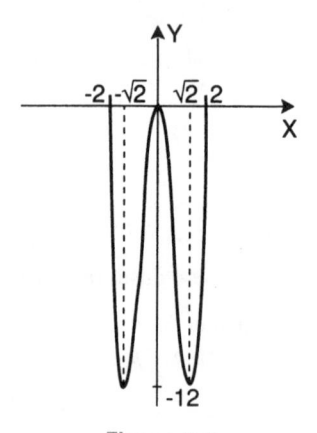

Figura 5.7

(ii) Na Figura 5.8 apresentamos a função $f(x) = x^4 - 4x^3 - 13x^2 + 28x + 60$. Analisar a existência de pontos extremos da função.

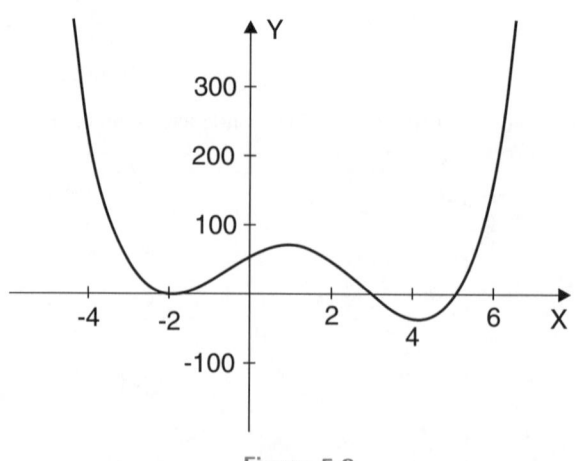

Figura 5.8

O gráfico de uma função é de muita importância para visualizarmos os pontos extremos da função. Entretanto, podemos ficar diante da situação de poder apresentar somente uma estimativa para os valores de máximo e de mínimo.

Ao observar a Figura 5.8 é coerente afirmar que estamos diante de dois pontos de mínimos relativos situados em $x = -2$ e $x \cong 4,2$ e um ponto de máximo em $x = 0,8$.

Podemos, com o uso de um software específico analisar uma tabela de valores para verificar se a estimativa apresentada pode ser melhorada (ter uma melhor aproximação). Nas tabelas 5.1, (b) e (c), observamos que efetivamente os pontos estimados são pontos extremos e conseguimos constatar que a estimativa dada com uma casa decimal está confirmada.

Tabela 5.1

x	$f(x)$
-3	48,0000
-2	0
-1	24,0000
0	60,0000

(a)

x	$f(x)$
0,6	71,3856
0,7	72,0981
0,8	**72,4416**
0,9	72,4101
1,0	72,0000

(b)

x	$f(x)$
4,0	$-36,0000$
4,1	$-36,8379$
4,2	**$-36,9024$**
4,3	$-36,1179$

(c)

A proposição seguinte permite encontrar com precisão os possíveis pontos extremos de uma função.

5.4.4 Proposição Suponhamos que $f(x)$ existe para todos os valores de $x \in (a, b)$ e que f tem um extremo relativo em c, onde $a < c < b$. Se $f'(c)$ existe, então $f'(c) = 0$.

Prova: Suponhamos que f tem um ponto de máximo relativo em c e que $f'(c)$ existe.
Então,

$$f'(c) = \lim_{x \to c} \frac{f(x) - f(c)}{x - c} = \lim_{x \to c^+} \frac{f(x) - f(c)}{x - c} = \lim_{x \to c^-} \frac{f(x) - f(c)}{x - c}.$$

Como f tem um ponto de máximo relativo em c, pela Definição 5.4.1, se x estiver suficientemente próximo de c, temos que $f(c) \geq f(x)$ ou $f(x) - f(c) \leq 0$.

Se $x \to c^+$, temos $x - c > 0$. Portanto, $\dfrac{f(x) - f(c)}{x - c} \leq 0$ e então:

$$f'(c) = \lim_{x \to c^+} \frac{f(x) - f(c)}{x - c} \leq 0. \tag{1}$$

Se $x \to c^-$, temos $x - c < 0$. Portanto, $\dfrac{f(x) - f(c)}{x - c} \geq 0$ e então:

$$f'(c) = \lim_{x \to c^-} \frac{f(x) - f(c)}{x - c} \geq 0. \tag{2}$$

Por (1) e (2), concluímos que $f'(c) = 0$.

Se f tem um ponto de mínimo relativo em c, a demonstração é análoga.

Esta proposição pode ser interpretada geometricamente. Se f tem um extremo relativo em c e se $f'(c)$ existe, então o gráfico de $y = f(x)$ tem uma reta tangente horizontal no ponto onde $x = c$.

Da proposição, podemos concluir que, quando $f'(c)$ existe, a condição $f'(c) = 0$ é *necessária* para a existência de um extremo relativo em c. Esta condição *não é suficiente* (ver Figura 5.9(a)). Isto é, se $f'(c) = 0$, a função f pode ter ou não um extremo relativo no ponto c.

Da mesma forma, a Figura 5.9(b) e (c) nos mostra que, quando $f'(c)$ não existe, $f(x)$ pode ter ou não um extremo relativo em c.

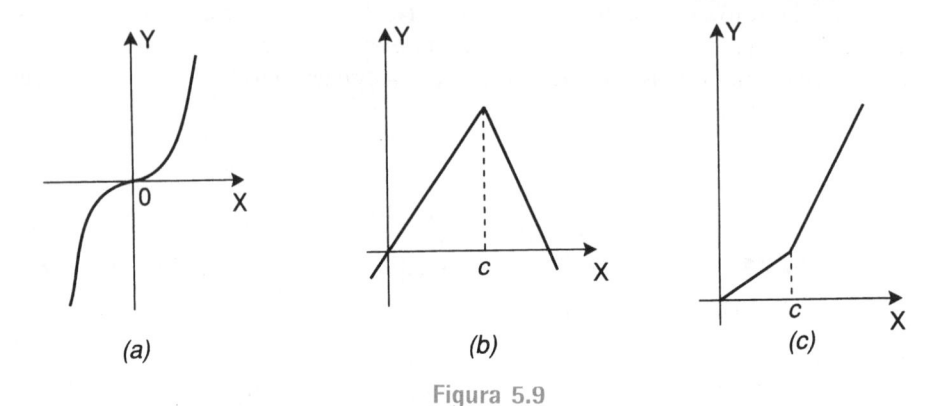

Figura 5.9

O ponto $c \in D(f)$ tal que $f'(c) = 0$ ou $f'(c)$ não existe, é chamado *ponto crítico* de f.

Portanto, uma condição necessária para a existência de um extremo relativo em um ponto c é que c seja um ponto crítico.

É interessante verificar que uma função definida num dado intervalo pode admitir diversos pontos extremos relativos. *O maior valor* da função num intervalo é chamado *máximo absoluto* da função nesse intervalo. Analogamente, o menor valor é chamado *mínimo absoluto*.

Por exemplo, a função $f(x) = 3x$ tem um mínimo absoluto igual a 3 em $[1, 3)$. Não existe um máximo absoluto em $[1, 3)$.

A função $f(x) = -x^2 + 2$ possui um máximo absoluto igual a 2 em $(-3, 2)$. Também podemos dizer que -7 é mínimo absoluto em $[-3, 2]$.

Temos a seguinte proposição, cuja demonstração será omitida.

5.4.5 Proposição Seja $f:[a, b] \to \mathbb{R}$ uma função contínua, definida em um intervalo fechado $[a, b]$. Então f assume máximo e mínimo absoluto em $[a, b]$.

Para analisarmos o máximo e o mínimo absoluto de uma função quando o intervalo não for especificado usamos as definições que seguem.

5.4.6 Definição Dizemos que $f(c)$ é o máximo absoluto da função f, se $c \in D(f)$ e $f(c) \geq f(x)$ para todos os valores de x no domínio de f.

5.4.7 Definição Dizemos que $f(c)$ é o mínimo absoluto da função f se $c \in D(f)$, e $f(c) \leq f(x)$ para todos os valores de x no domínio de f.

5.4.8 Exemplos

(i) A função $f(x) = x^2 + 6x - 3$ tem um mínimo absoluto igual a -12 em $c = -3$, já que $f(-3) = -12 \leq f(x)$ para todos os valores de $x \in D(f)$ (ver Figura 5.10(a)).

(ii) A função $f(x) = -x^2 + 6x - 3$ tem um máximo absoluto igual a 6 em $c = 3$, já que $f(3) = 6 \geq f(x)$ para todos os $x \in D(f)$ (ver Figura 5.10(b)).

Figura 5.10

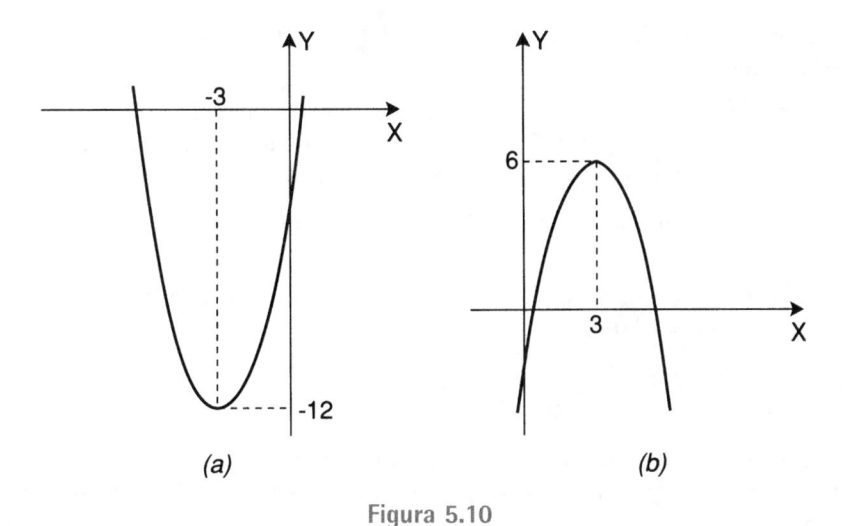

5.5 Teoremas sobre Derivadas

5.5.1 Teorema de Rolle Seja f uma função definida e contínua em $[a, b]$ e derivável em (a, b). Se $f(a) = f(b) = 0$, então existe pelo menos um ponto c entre a e b tal que $f'(c) = 0$.

Sob as mesmas hipóteses o teorema de Rolle pode ser estendido para funções tais que $f(a) = f(b) \neq 0$.
As Figuras 5.11 (a), (b), (c) e (d) mostram exemplos de funções em que o Teorema de Rolle é válido.

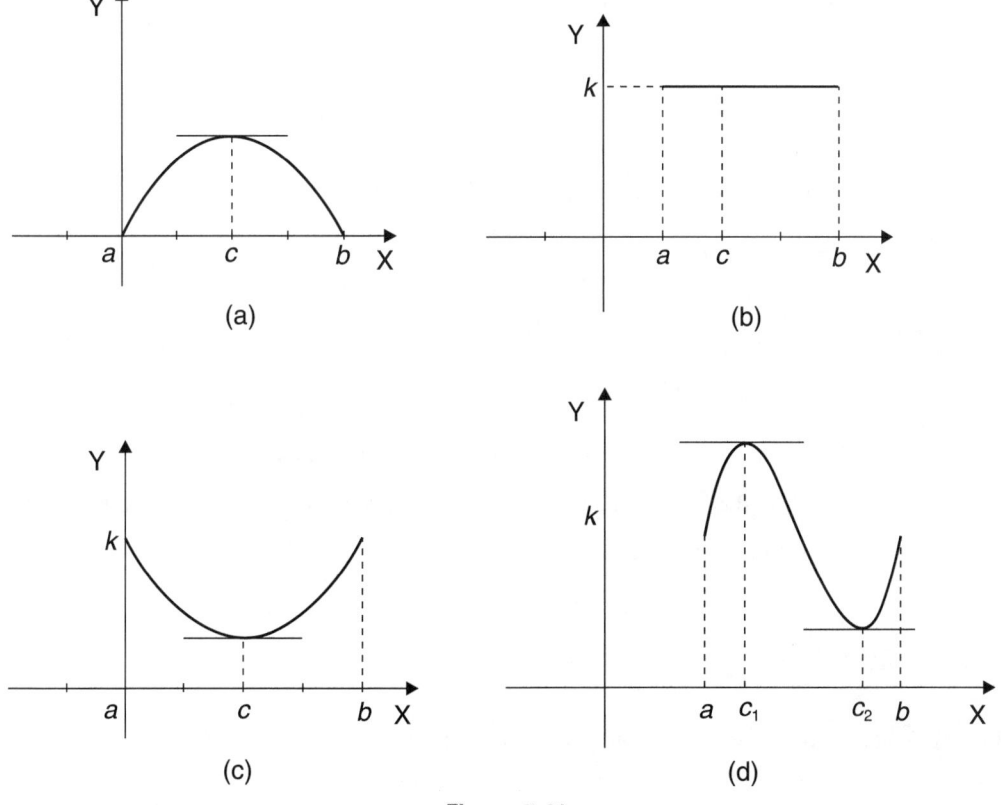

Figura 5.11

Prova: Faremos a prova em duas partes.

1ª parte. Seja $f(x) = 0$, para todo x, $a \leq x \leq b$. Então $f'(x) = 0$ para todo x, $a < x < b$. Portanto, qualquer número entre a e b pode ser tomado para c.

2ª parte. Seja $f(x) \neq 0$, para algum x, $a < x < b$. Como f é contínua em $[a, b]$, pela proposição 5.4.5, f atinge seu máximo e seu mínimo em $[a, b]$. Sendo $f(x) \neq 0$ para algum $x \in (a, b)$, um dos extremos de f será diferente de zero. Como $f(a) = f(b) = 0$, esse extremo será atingido em um ponto $c \in (a, b)$.

Como f é derivável em $c \in (a, b)$, usando a proposição 5.4.4, concluímos que $f'(c) = 0$.

5.5.2 Teorema do Valor Médio.
Seja f uma função contínua em $[a, b]$ e derivável em (a, b). Então existe um número c no intervalo (a, b) tal que:

$$f'(c) = \frac{f(b) - f(a)}{b - a}.$$

Antes de provar este teorema apresentaremos sua *interpretação geométrica*.

Geometricamente, o teorema do valor médio estabelece que, se a função $y = f(x)$ é contínua em $[a, b]$ e derivável em (a, b), então existe pelo menos um ponto c entre a e b onde a tangente à curva é paralela à corda que une os pontos $P(a, f(a))$ e $Q(b, f(b))$ (ver Figura 5.12).

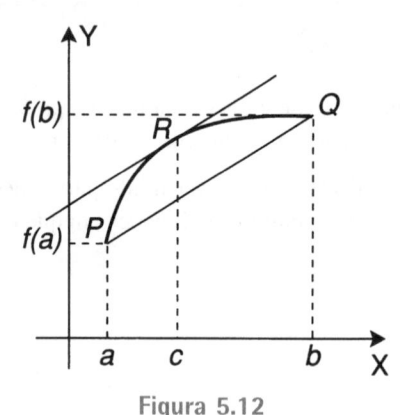

Figura 5.12

Prova do teorema do valor médio: Sejam $P(a, f(a))$ e $Q(b, f(b))$. A equação da reta $\overleftrightarrow{PQ}$ é

$$y - f(a) = \frac{f(b) - f(a)}{b - a}(x - a).$$

Fazendo $y = h(x)$, temos:

$$h(x) = \frac{f(b) - f(a)}{b - a}(x - a) + f(a).$$

Como $h(x)$ é uma função polinomial, $h(x)$ é contínua e derivável em todos os pontos.

Consideremos a função $g(x) = f(x) - h(x)$. Essa função determina a distância vertical entre um ponto $(x, f(x))$ do gráfico de f e o ponto correspondente na reta secante $\overleftrightarrow{PQ}$.

Temos:

$$g(x) = f(x) - \frac{f(b) - f(a)}{b - a}(x - a) - f(a).$$

A função $g(x)$ satisfaz as hipóteses do Teorema de Rolle em $[a, b]$. De fato,

(i) $g(x)$ é contínua em $[a, b]$, já que $f(x)$ e $h(x)$ são contínuas em $[a, b]$.

(ii) $g(x)$ é derivável em (a, b), pois $f(x)$ e $h(x)$ são deriváveis em (a, b).

(iii) $g(a) = g(b) = 0$, pois

$$g(a) = f(a) - \frac{f(b) - f(a)}{b - a}(a - a) - f(a) = 0$$

e

$$g(b) = f(b) - \frac{f(b) - f(a)}{b - a}(b - a) - f(a) = 0.$$

Portanto, existe um ponto c entre a e b tal que $g'(c) = 0$.

Como $g'(x) = f'(x) - \dfrac{f(b) - f(a)}{b - a}$, temos:

$$g'(c) = f'(c) - \frac{f(b) - f(a)}{b - a} = 0.$$

e, desta forma,

$$f'(c) = \frac{f(b) - f(a)}{b - a}.$$

5.6 Funções Crescentes e Decrescentes

5.6.1 Definição Dizemos que uma função f, definida num intervalo I, é *crescente* neste intervalo se para quaisquer $x_1, x_2 \in I$, $x_1 < x_2$, temos $f(x_1) \leq f(x_2)$ (ver Figura 5.13).

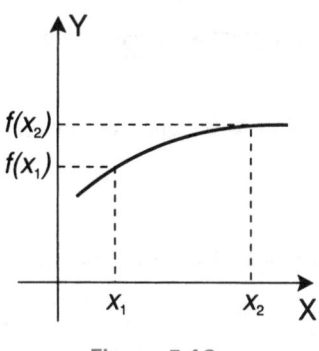

Figura 5.13 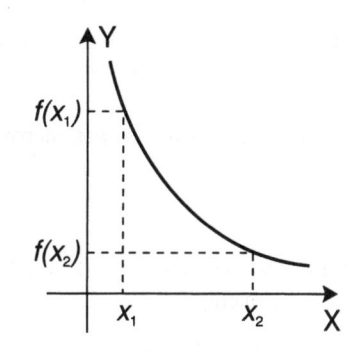   Figura 5.14

5.6.2 Definição Dizemos que uma função f, definida num intervalo I, é *decrescente* nesse intervalo se para quaisquer $x_1, x_2 \in I$, $x_1 < x_2$, temos $f(x_1) \geq f(x_2)$ (ver Figura 5.14).

Se uma função é crescente ou decrescente num intervalo, dizemos que é *monótona* neste intervalo.

Analisando geometricamente o sinal da derivada podemos determinar os intervalos onde uma função derivável é crescente ou decrescente. Temos a seguinte proposição.

5.6.3 Proposição Seja f uma função contínua no intervalo $[a, b]$ e derivável no intervalo (a, b).

(i) Se $f'(x) > 0$ para todo $x \in (a, b)$, então f é crescente em $[a, b]$;

(ii) Se $f'(x) < 0$ para todo $x \in (a, b)$, então f é decrescente em $[a, b]$.

Prova: Sejam x_1 e x_2 dois números quaisquer em $[a, b]$ tais que $x_1 < x_2$. Então f é contínua em $[x_1, x_2]$ e derivável em (x_1, x_2). Pelo teorema do valor médio, segue que:

$\exists\, c \in (x_1, x_2)$ tal que $f'(c) = \dfrac{f(x_2) - f(x_1)}{x_2 - x_1}$. \hfill (1)

(i) Por hipótese, $f'(x) > 0$ para todo $x \in (a, b)$. Então $f'(c) > 0$. Como $x_1 < x_2$, $x_2 - x_1 > 0$.

Analisando a igualdade (1), concluímos que $f(x_2) - f(x_1) > 0$, ou seja, $f(x_2) > f(x_1)$.

Logo, f é crescente em $[a, b]$.

(ii) Neste caso, $f'(x) < 0$ para todo $x \in (a, b)$. Temos então $f'(c) < 0$ e $x_2 - x_1 > 0$.

Analisando a igualdade (1), concluímos que $f(x_2) - f(x_1) < 0$ e, dessa forma, $f(x_2) < f(x_1)$.

Logo, f é decrescente em $[a, b]$.

Observamos que a hipótese da continuidade de f no intervalo fechado $[a, b]$ é muito importante. De fato, tomando por exemplo, a função:

$f: [0, 1] \to \mathbb{R}$

$f(x) = \begin{cases} x + 1, & \text{para } 0 \leq x < 1 \\ 1, & \text{para } x = 1 \end{cases}$

temos que $f'(x) = 1 > 0$ para todo $x \in (0, 1)$ e, no entanto, f não é crescente em $[0, 1]$.

A proposição não pode ser aplicada porque $f(x)$ não é contínua no ponto 1.

5.6.4 Exemplos Determinar os intervalos nos quais as funções seguintes são crescentes ou decrescentes.

(i) $f(x) = x^3 + 1$.

Vamos derivar a função e analisar quais os números x tais que $f'(x) > 0$ e quais os números x tais que $f'(x) < 0$. Temos:

$f'(x) = 3x^2$.

Como $3x^2$ é maior que zero para todo $x \neq 0$, concluímos que a função é sempre crescente.
A Figura 5.15 ilustra este exemplo.

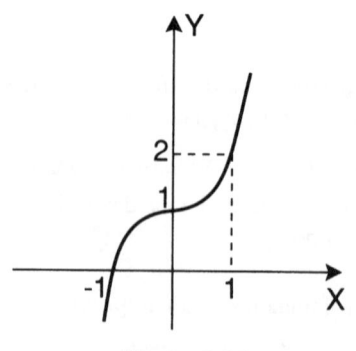

Figura 5.15

(ii) $f(x) = x^2 - x + 5$.

Temos $f'(x) = 2x - 1$. Então, para $2x - 1 > 0$ ou $x > 1/2$ a função é crescente.

Para $2x - 1 < 0$ ou $x < 1/2$ a função é decrescente (ver Figura 5.16).

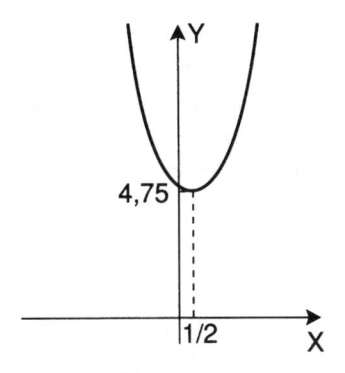

Figura 5.16

(iii) $f(x) = \begin{cases} 2x^2 - 4, & \text{se } x \leq 1 \\ -x - 1, & \text{se } x \geq 1. \end{cases}$

O gráfico de $f(x)$ pode ser visto na Figura 5.17.

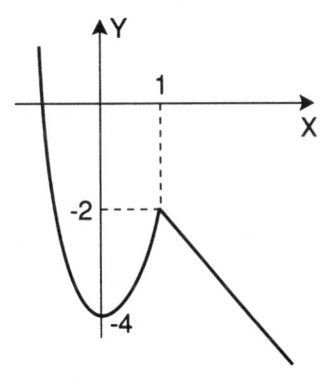

Figura 5.17

Se $x < 1$, então $f'(x) = 4x$. Temos:

$4x > 0$ para $x \in (0, 1)$;

$4x < 0$ para $x \in (-\infty, 0)$.

Se $x > 1$, temos $f'(x) = -1$. Então, $f'(x) < 0$ para todo $x \in (1, +\infty)$. Concluímos que f é crescente em $[0, 1]$ e decrescente em $(-\infty, 0] \cup [1, +\infty)$.

5.7 Critérios para Determinar os Extremos de uma Função

A seguir demonstraremos teoremas que estabelecem critérios para determinar os extremos de uma função.

5.7.1 Teorema (Critério da derivada primeira para determinação de extremos) Seja f uma função contínua num intervalo fechado $[a, b]$ que possui derivada em todo o ponto do intervalo (a, b), exceto possivelmente num ponto c.

(i) Se $f'(x) > 0$ para todo $x < c$ e $f'(x) < 0$ para todo $x > c$, então f tem um máximo relativo em c.

(ii) Se $f'(x) < 0$ para todo $x < c$ e $f'(x) > 0$ para todo $x > c$, então f tem um mínimo relativo em c.

Prova do item (i): Usando a proposição 5.6.3, podemos concluir que f é crescente em $[a, c]$ e decrescente em $[c, b]$. Portanto, $f(x) < f(c)$ para todo $x \neq c$ em (a, b) e assim f tem um máximo relativo em c.

Prova do item (ii): Pela proposição 5.6.3, concluímos que f é decrescente em $[a, c]$ e crescente em $[c, b]$. Logo $f(x) > f(c)$ para todo $x \neq c$ em (a, b). Portanto, f tem um mínimo relativo em c.

A Figura 5.18 ilustra as diversas possibilidades do teorema.

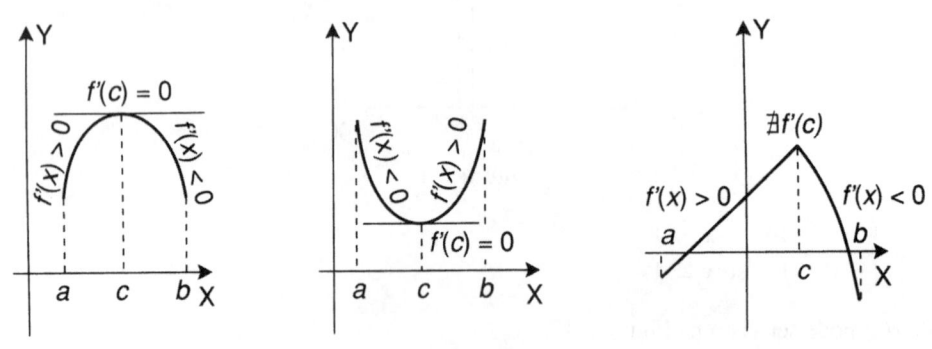

Figura 5.18

5.7.2 Exemplos

(i) Encontrar os intervalos de crescimento, decrescimento e os máximos e mínimos relativos da função

$f(x) = x^3 - 7x + 6$.

Temos $f'(x) = 3x^2 - 7$, para todo x. Fazendo $f'(x) = 0$, vem:

$3x^2 - 7 = 0$

ou, $x = \pm\sqrt{7/3}$.

Portanto, os pontos críticos da função f são $+\sqrt{7/3}$ e $-\sqrt{7/3}$.

Para $x < -\sqrt{7/3}$, $f'(x)$ é positiva. Aplicando a proposição 5.6.3, concluímos que f é crescente em $(-\infty, -\sqrt{7/3})$. Para $-\sqrt{7/3} < x < \sqrt{7/3}$, $f'(x)$ é negativa. Então f é decrescente em $[-\sqrt{7/3}, \sqrt{7/3}]$. Para $x > \sqrt{7/3}$, $f'(x)$ é positiva e, então, f é crescente em $[\sqrt{7/3}, +\infty)$.

Pelo critério da derivada primeira concluímos que f tem um máximo relativo em $-\sqrt{7/3}$ e f tem um mínimo relativo em $+\sqrt{7/3}$.

A Figura 5.19 mostra um esboço do gráfico de f.

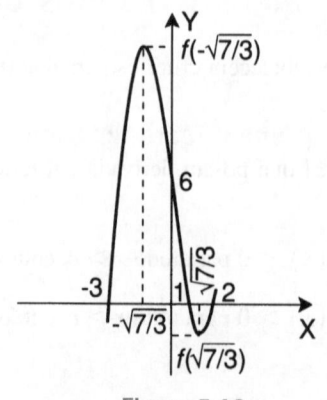

Figura 5.19

(ii) Seja

$$f(x) = \begin{cases} (x-2)^2 - 3, & \text{se } x \le 5 \\ 1/2(x+7), & \text{se } x > 5. \end{cases}$$

Se $x < 5$, temos $f'(x) = 2(x-2)$ e, se $x > 5$, temos $f'(x) = 1/2$.

Ainda $f'_+(5) = 1/2$ e $f'_-(5) = 6$. Logo, $f'(5)$ não existe e então 5 é um ponto crítico de f.

O ponto $x = 2$ também é ponto crítico, pois $f'(2) = 0$.

Se $x < 2$, $f'(x)$ é negativa. Então, pela proposição 5.6.3, f é decrescente em $(-\infty, 2]$.

Se $2 < x < 5$, $f'(x)$ é positiva. Então f é crescente em $[2, 5]$.

Se $x > 5$, $f'(x)$ é positiva. Então f é crescente em $[5, +\infty)$.

Pelo critério da derivada primeira, concluímos que f tem um mínimo relativo em $x = 2$.

Apresentamos o gráfico de f na Figura 5.20.

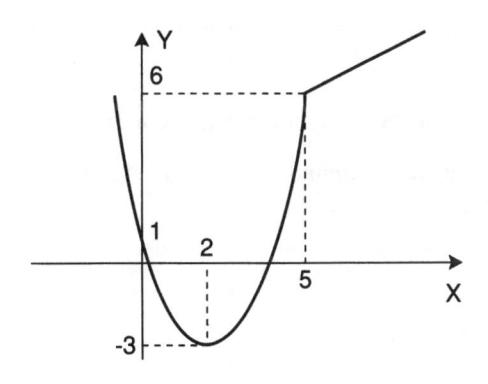

Figura 5.20

5.7.3 Teorema (Critério da derivada 2ª para determinação de extremos de uma função)
Sejam f uma função derivável num intervalo (a, b) e c um ponto crítico de f neste intervalo, isto é, $f'(c) = 0$, com $a < c < b$. Se f admite a derivada f'' em (a, b), temos:

(i) Se $f''(c) < 0$, f tem um valor máximo relativo em c.

(ii) Se $f''(c) > 0$, f tem um valor mínimo relativo em c.

Prova: Para provar este teorema utilizaremos o seguinte resultado que não foi mencionado no Capítulo 3. "Se $\lim_{x \to a} f(x)$ existe e é negativo, existe um intervalo aberto contendo a tal que $f(x) < 0$ para todo $x \ne a$ no intervalo."

Prova do item (i): Por hipótese $f''(c)$ existe e $f''(c) < 0$. Então,

$$f''(c) = \lim_{x \to c} \frac{f'(x) - f'(c)}{x - c} < 0.$$

Portanto, existe um intervalo aberto I, contendo c, tal que

$$\frac{f'(x) - f'(c)}{x - c} < 0, \text{ para todo } x \in I. \tag{1}$$

Seja A o intervalo aberto que contém todos os pontos $x \in I$ tais que $x < c$. Então, c é o extremo direito do intervalo aberto A.

Seja B o intervalo aberto que contém todos os pontos $x \in I$ tais que $x > c$. Assim, c é o extremo esquerdo do intervalo aberto B.

Se $x \in A$, temos $x - c < 0$. De (1), resulta que $f'(x) > f'(c)$.

Se $x \in B$, $x - c > 0$. De (1), resulta que $f'(x) < f'(c)$.

Como $f'(c) = 0$, concluímos que, se $x \in A$, $f'(x) > 0$ e, se $x \in B$, $f'(x) < 0$. Pelo critério da derivada primeira (Teorema 5.7.1), f tem um valor máximo relativo em c.

A prova de (ii) é análoga.

5.7.4 Exemplos Encontre os máximos e os mínimos relativos de f aplicando o critério da derivada segunda.

(i) $f(x) = 18x + 3x^2 - 4x^3$.

Temos:

$$f'(x) = 18 + 6x - 12x^2$$

e $f''(x) = 6 - 24x$.

Fazendo $f'(x) = 0$, temos $18 + 6x - 12x^2 = 0$. Resolvendo esta equação obtemos os pontos críticos de f que são $3/2$ e -1.

Como $f''(3/2) = -30 < 0$, f tem um valor máximo relativo em $3/2$.

Como $f''(-1) = 30 > 0$, f tem um valor mínimo relativo em -1.

(ii) $f(x) = x(x - 1)^2$.

Neste exemplo, temos:

$$f'(x) = x \cdot 2(x - 1) + (x - 1)^2 \cdot 1$$
$$= 3x^2 - 4x + 1$$

e $f''(x) = 6x - 4$.

Fazendo $f'(x) = 3x^2 - 4x + 1 = 0$ e resolvendo a equação obtemos os pontos críticos de f, que neste caso são 1 e $1/3$.

Como $f''(1) = 2 > 0$, f tem um valor mínimo relativo em 1. Como $f''(1/3) = -2 < 0$, f tem um valor máximo relativo em $1/3$.

(iii) $f(x) = 6x - 3x^2 + \dfrac{1}{2}x^3$.

Temos:

$$f'(x) = 6 - 6x + \frac{3}{2}x^2.$$

e $f''(x) = -6 + 3x$.

Fazendo $f'(x) = 0$, temos $6 - 6x + \dfrac{3}{2}x^2 = 0$. Resolvendo a equação, obtemos $x = 2$, que neste caso é o único ponto crítico de f.

Como $f''(2) = 0$, nada podemos afirmar com auxílio do Teorema 5.7.3.

Usando o critério da derivada primeira ou a visualização do gráfico da função na Figura 5.21, podemos concluir que a função dada é sempre crescente. Portanto, não existem máximos nem mínimos relativos.

Com as informações da seção seguinte vamos poder constatar que $(2, 4)$ é um ponto de inflexão.

Figura 5.21

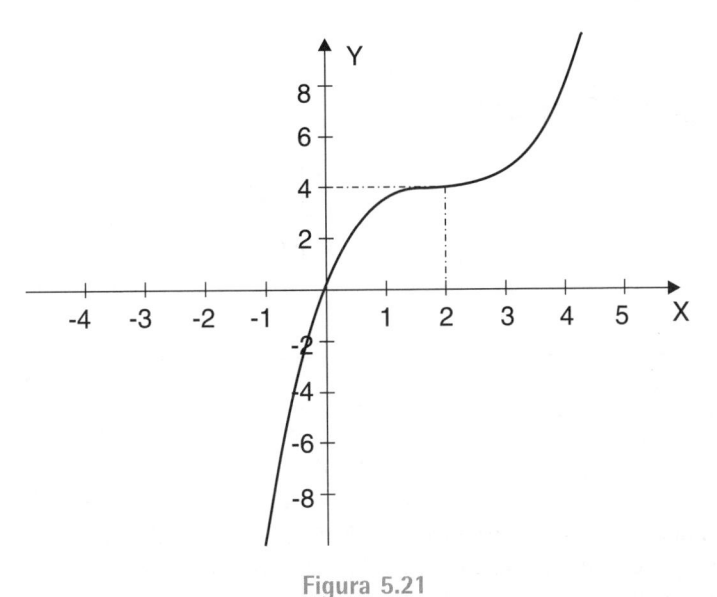

5.8 Concavidade e Pontos de Inflexão

O conceito de concavidade é muito útil no esboço do gráfico de uma curva.

Vamos introduzi-lo analisando geometricamente a Figura 5.22.

Na Figura 5.22 (a) observamos que dado um ponto qualquer c entre a e b, em pontos próximos de c o gráfico de f está acima da tangente à curva no ponto $P(c, f(c))$. Dizemos que a curva tem concavidade voltada para cima no intervalo (a, b).

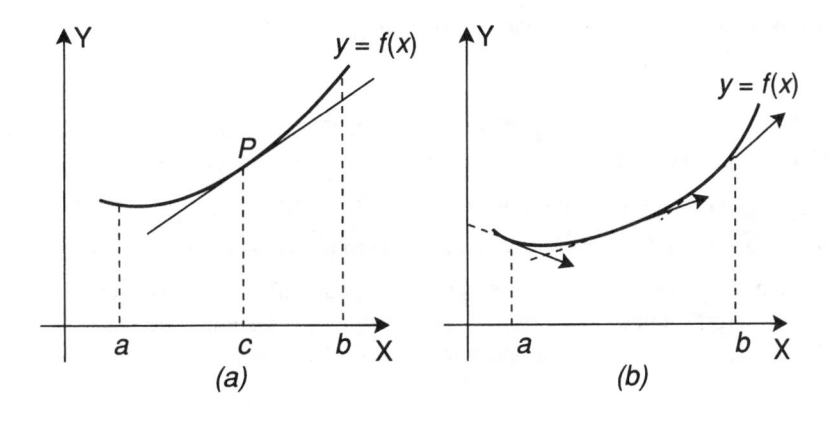

Figura 5.22

Como $f'(x)$ é a inclinação da reta tangente à curva, observa-se na Figura 5.22(b) que podemos descrever essa mesma situação afirmando que no intervalo (a, b) a derivada $f'(x)$ é crescente. Geometricamente, isto significa que a reta tangente gira no sentido anti-horário à medida que avançamos sobre a curva da esquerda para a direita.

Analogamente, a Figura 5.23 descreve uma função que tem concavidade voltada para baixo no intervalo (a, b).

Na Figura 5.23(b) vemos que a tangente gira no sentido horário quando nos deslocamos sobre a curva da esquerda para a direita. A derivada $f'(x)$ é decrescente em (a, b).

Temos as seguintes definições:

5.8.1 Definição Uma função f é dita côncava para cima no intervalo (a, b), se $f'(x)$ é crescente neste intervalo.

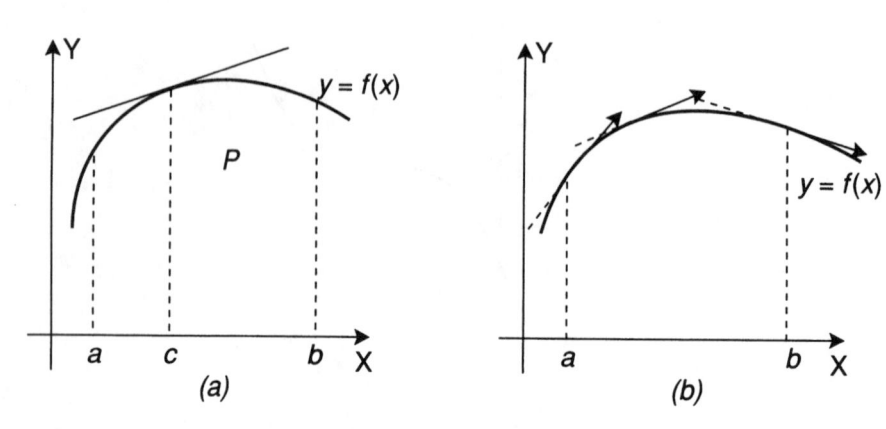

Figura 5.23

5.8.2 Definição Uma função f é côncava para baixo no intervalo (a, b), se $f'(x)$ for decrescente neste intervalo.

Reconhecer os intervalos onde uma curva tem concavidade voltada para cima ou para baixo, auxilia muito no traçado de seu gráfico. Faremos isso analisando o sinal da derivada $f''(x)$.

5.8.3 Proposição Seja f uma função contínua no intervalo $[a, b]$ e derivável até 2ª ordem no intervalo (a, b).

(i) Se $f''(x) > 0$ para todo $x \in (a, b)$, então f é côncava para cima em (a, b).

(ii) Se $f''(x) < 0$ para todo $x \in (a, b)$, então f é côncava para baixo em (a, b).

Prova de (i): $f''(x) = [f'(x)]'$, se $f''(x) > 0$ para todo $x \in (a, b)$, pela proposição 5.6.3, $f'(x)$ é crescente no intervalo (a, b). Logo, f é côncava para cima em (a, b).

Analogamente, se prova (ii).

Podem existir pontos no gráfico de uma função em que a concavidade muda de sentido. Esses pontos são chamados *pontos de inflexão*.

5.8.4 Definição Um ponto $P(c, f(c))$ do gráfico de uma função contínua f é chamado um ponto de inflexão, se existe um intervalo (a, b) contendo c, tal que uma das seguintes situações ocorra:

(i) f é côncava para cima em (a, c) e côncava para baixo em (c, b).

(ii) f é côncava para baixo em (a, c) e côncava para cima em (c, b).

Na Figura 5.24, os pontos de abscissa c_1, c_2, c_3 e c_4 são pontos de inflexão. Vale observar que c_2 e c_3 são pontos de extremos de f e que f não é derivável nesses pontos. Nos pontos c_1 e c_4, existem as derivadas $f'(c_1)$ e $f'(c_4)$. Nos correspondentes pontos $(c_1, f(c_1))$ e $(c_4, f(c_4))$ a reta tangente corta o gráfico de f.

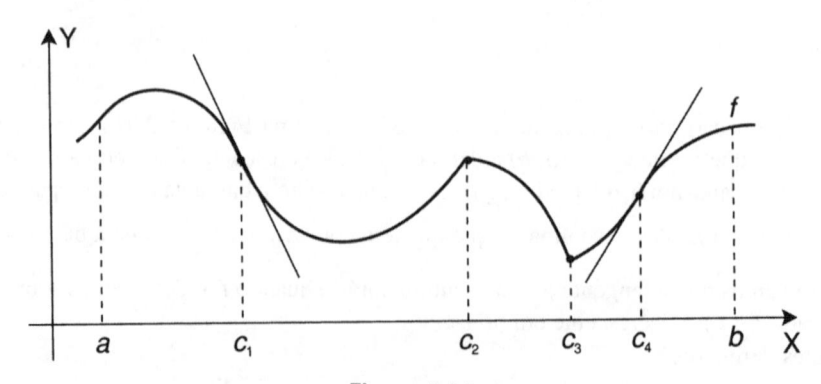

Figura 5.24

5.8.5 Exemplos Determinar os pontos de inflexão e reconhecer os intervalos onde as funções seguintes tem concavidade voltada para cima ou para baixo.

(i) $f(x) = (x-1)^3$.

Temos:

$$f'(x) = 3(x-1)^2$$
e $f''(x) = 6(x-1)$.

Fazendo $f''(x) > 0$, temos as seguintes desigualdades equivalentes:

$$6(x-1) > 0$$
$$x - 1 > 0$$
$$x > 1.$$

Portanto, no intervalo $(1, +\infty)$, $f''(x) > 0$. Analogamente, no intervalo $(-\infty, 1)$, $f''(x) < 0$. Pela proposição 5.8.3 f é côncava para baixo no intervalo $(-\infty, 1)$ e no intervalo $(1, +\infty)$ f é côncava para cima.

No ponto $c = 1$ a concavidade muda de sentido. Logo, neste ponto, o gráfico de f tem um ponto de inflexão.

Podemos ver o gráfico de f na Figura 5.25.

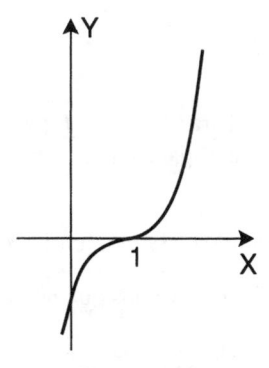

Figura 5.25

(ii) $f(x) = x^4 - x^2$.

Temos:

$$f'(x) = 4x^3 - 2x$$
e $f''(x) = 12x^2 - 2$.

Fazendo $f''(x) > 0$, vem:

$$12x^2 - 2 > 0$$
$$x^2 > 1/6.$$

Então, $x > \dfrac{\sqrt{6}}{6}$ ou $x < -\dfrac{\sqrt{6}}{6}$.

Portanto, f tem concavidade para cima nos intervalos

$$\left(-\infty, -\dfrac{\sqrt{6}}{6}\right), \left(\dfrac{\sqrt{6}}{6}, +\infty\right).$$

No intervalo $\left(-\dfrac{\sqrt{6}}{6}, \dfrac{\sqrt{6}}{6}\right)$, $f''(x) < 0$. Portanto, neste intervalo f é côncava para baixo.

Nos pontos $c_1 = \dfrac{-\sqrt{6}}{6}$ e $c_2 = \dfrac{+\sqrt{6}}{6}$ a concavidade muda de sentido. Logo, nestes pontos o gráfico de f tem pontos de inflexão.

A Figura 5.26 mostra o gráfico de f onde assinalamos os pontos de inflexão.

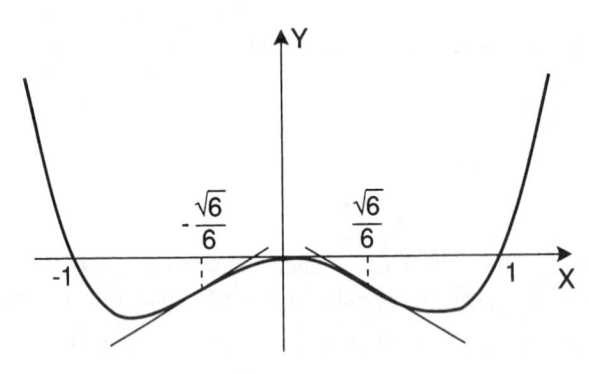

Figura 5.26

(iii) $f(x) = \begin{cases} x^2, & \text{para } x \leq 1 \\ 1 - (x-1)^2, & \text{para } x > 1 \end{cases}$

Para $x < 1$, $f'(x) = 2x$ e $f''(x) = 2$. Para $x > 1$, $f'(x) = -2(x-1)$ e $f''(x) = -2$. Logo, para $x \in (-\infty, 1)$, $f''(x) > 0$ e, portanto, f é côncava para cima neste intervalo. No intervalo $(1, +\infty)$, $f''(x) < 0$. Portanto, neste intervalo f é côncava para baixo.

No ponto $c = 1$, a concavidade muda de sentido e assim o gráfico de f apresenta um ponto de inflexão em $c = 1$.

O gráfico de f pode ser visto na Figura 5.27. Observamos que no ponto $c = 1$, f tem um máximo relativo.

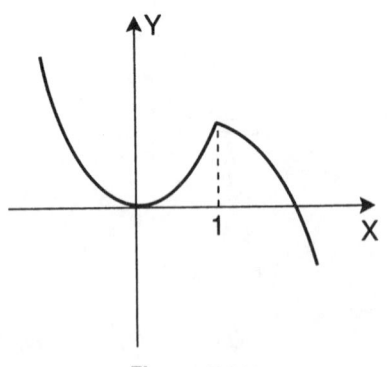

Figura 5.27

5.9 Análise Geral do Comportamento de uma Função

Utilizando os conceitos e resultados discutidos nas últimas seções, podemos formar um conjunto de informações que permite fazer a análise do comportamento das funções. O uso da representação algébrica em sintonia com a representação gráfica vai propiciar uma discussão interessante sobre várias propriedades e características das funções. Essa análise é importante no contexto da resolução de problemas práticos que será discutida na seção seguinte.

5.9.1 Construção de Gráficos

O quadro a seguir apresenta um resumo que poderá ser seguido para analisar o comportamento de uma função a partir de sua representação algébrica. Neste caso sua análise pode culminar com um esboço gráfico destacando as propriedades e características da função.

Etapas	Procedimento	Definições e Teoremas Utilizados
1ª	Encontrar $D(f)$.	
2ª	Calcular os pontos de intersecção com os eixos. (Quando não requer muito cálculo.)	
3ª	Encontrar os pontos críticos.	Seção 5.4.
4ª	Determinar os intervalos de crescimento e decrescimento de $f(x)$.	Proposição 5.6.3.
5ª	Encontrar os máximos e mínimos relativos.	Teoremas 5.7.1 ou 5.7.3.
6ª	Determinar a concavidade e os pontos de inflexão de f.	Proposição 5.8.3.
7ª	Encontrar as assíntotas horizontais e verticais, se existirem.	Definições 3.14.1 e 3.14.3.
8ª	Esboçar o gráfico.	

5.9.2 Exemplos
Esboçar o gráfico das funções:

(i) $f(x) = 3x^4 - 8x^3 + 6x^2 + 2$.

Seguindo as etapas propostas, temos:

1ª etapa. $D(f) = \mathbb{R}$.

2ª etapa. Intersecção com o eixo dos y.
$$f(0) = 2.$$

3ª etapa. $f'(x) = 12x^3 + 24x^2 + 12x$.

Resolvendo $12x^3 + 24x^2 + 12x = 0$, encontramos $x_1 = 0$ e $x_2 = 1$, que são os pontos críticos.

4ª etapa. Fazendo $f'(x) > 0$, obtemos que $12x^3 - 24x^2 + 12x > 0$ quando $x > 0$. Portanto, f é crescente para $x \geq 0$.

Fazendo $f'(x) < 0$, obtemos que $12x^3 - 24x^2 + 12x < 0$ quando $x < 0$. Portanto, f é decrescente para $x \leq 0$.

5ª etapa. Temos $f''(x) = 36x^2 - 48x + 12$.

Como $f''(0) = 12 > 0$, temos que o ponto 0 é um ponto mínimo e $f(0) = 2$ é um mínimo relativo de f.

Como $f''(1) = 0$, nada podemos afirmar.

6ª etapa. Fazendo $f''(1) > 0$, temos que $36x^2 - 48x + 12 > 0$ quando $x \in [(-\infty, 1/3) \cup (1, +\infty)]$.

Então, f é côncava para cima em $(-\infty, 1/3) \cup (1, +\infty)$.

Fazendo $f''(x) < 0$, temos que $36x^2 - 48x + 12 < 0$ para $x \in (1/3, 1)$. Então f é côncava para baixo em $(1/3, 1)$.

Os pontos de abscissa $1/3$ e 1 são pontos de inflexão.

7ª etapa. Não existem assíntotas.

8ª etapa. Temos na Figura 5.28 o esboço do gráfico.

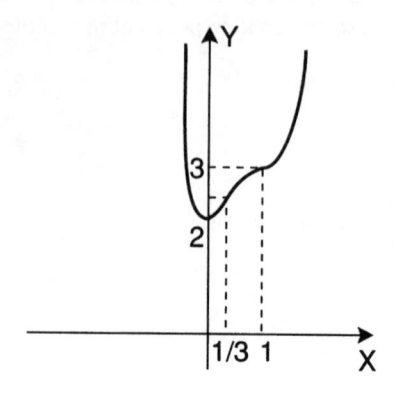

Figura 5.28

(ii) $f(x) = \dfrac{x^2}{x-3}$.

O domínio de f é $D(f) = \mathbb{R} - \{3\}$.

Temos,

$$f'(x) = \dfrac{x(x-6)}{(x-3)^2}$$

e

$$f''(x) = \dfrac{18x - 54}{(x-3)^4}.$$

Fazendo $f'(x) = 0$, temos:

$$\dfrac{x(x-6)}{(x-3)^2} = 0$$

e, então, $x = 0$ e $x = 6$ são pontos críticos.

Vemos que $f'(x) > 0$ quando $x \in [(-\infty, 0) \cup (6, +\infty)]$. Assim, f é crescente em $(-\infty, 0) \cup (6, +\infty)$. Fazendo $f'(x) < 0$, vemos que f é decrescente em $[0, 6]$.

Como $f''(0) < 0$, temos que 0 é ponto de máximo relativo e, como $f''(6) > 0$, temos que 6 é ponto de mínimo relativo.

Ainda $f(0) = 0$ é o máximo relativo de f e $f(6) = 12$ é o mínimo relativo de f.

Fazendo

$$f''(x) = \dfrac{18x - 54}{(x-3)^4} > 0,$$

obtemos que f é côncava para cima em $(3, +\infty)$ e fazendo

$$f''(x) = \dfrac{18x - 54}{(x-3)^4} < 0,$$

obtemos que f é côncava para baixo em $(-\infty, 3)$.

Determinando os limites

$$\lim_{x \to 3^+} \frac{x^2}{x-3} = \frac{9}{0^+} = +\infty$$

e

$$\lim_{x \to 3^-} \frac{x^2}{x-3} = \frac{9}{0^-} = -\infty$$

encontramos que $x = 3$ é assíntota vertical. Não existe assíntota horizontal.

A Figura 5.29 mostra o esboço do gráfico de $f(x) = \frac{x^2}{x-3}$.

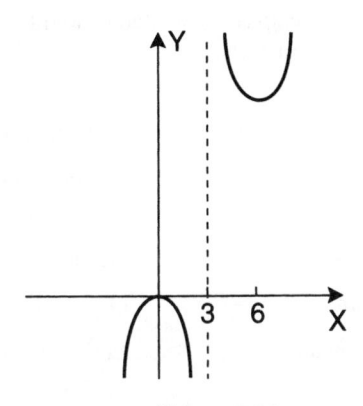

Figura 5.29

(iii) $f(x) = (x+1)^{1/3}$.

O domínio de $f(x)$ é $D(f) = \mathbb{R}$.

$f(x)$ corta o eixo dos y no ponto $y = 1$, já que $f(0) = 1$. Corta o eixo dos x em -1, já que resolvendo $(x+1)^{1/3} = 0$, obtemos $x = -1$.

Fazendo

$$f'(x) = \frac{1}{3}(x+1)^{-2/3} = 0,$$

concluímos que não existe x que satisfaça $f'(x) = 0$. Como $f'(-1)$ não existe, o único ponto crítico de f é $x = -1$.

Como $f'(x)$ é sempre positiva, concluímos que a função é sempre crescente. Não existem máximos nem mínimos.

Como

$$f''(x) = \frac{-2}{9}(x+1)^{-5/3},$$

concluímos que, para $x < -1$, $f''(x) > 0$ e, portanto, f é côncava para cima em $(-\infty, -1)$. Quando $x > -1$, $f''(x) < 0$ e então f é côncava para baixo em $(-1, +\infty)$.

O ponto de abscissa $x = -1$ é um ponto de inflexão.

Não existem assíntotas.

A Figura 5.30 mostra o gráfico de $f(x)$.

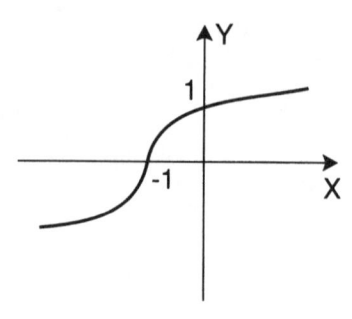

Figura 5.30

5.9.3 Análise de Gráficos

Para o desenvolvimento desta seção estamos supondo o uso de uma ferramenta gráfica para a construção inicial do gráfico da função. A partir do gráfico sugerimos as etapas apresentadas no quadro a seguir para a análise do comportamento da função, destacando suas propriedades e características.

Etapas	Procedimento	Observação Visual
1ª	Construção do gráfico usando um software.	Verificar se a janela e a escala utilizadas estão adequadas para uma boa visualização.
2ª	Encontrar $D(f)$.	Observar a variação no eixo dos x.
3ª	Encontrar o conjunto imagem.	Observar a variação no eixo dos y.
4ª	Analisar as raízes reais da função.	Verificar pontos em que a curva corta o eixo dos x.
5ª	Analisar os pontos críticos, identificamos os extremos da função.	Observar o formato do gráfico, identificando pontos angulosos ou pontos em que a reta tangente seja paralela ao eixo dos x.
6ª	Analisar os intervalos de crescimento ou decrescimento.	Observar o gráfico, verificando o crescimento e o decrescimento no eixo dos y à medida que os valores de x crescem.
7ª	Discutir a concavidade da função e a existência de pontos de inflexão.	Observar o formato do gráfico: "concavidade para baixo" ou "concavidade para cima".
8ª	Analisar a existência de assíntotas.	Visualizar as tendências da curva.

5.9.4 Exemplos

Discutir as propriedades e características das funções:

(i) $f(x) = \dfrac{1}{4} x^4 - 2x^3 - \dfrac{1}{2} x^2 + 30x + 10$

Vamos seguir as etapas propostas:

1ª Etapa. Na Figura 5.31 temos o gráfico da função.

2ª Etapa. Para encontrar o domínio vamos observar o gráfico e constatar que estamos diante de uma função cujo domínio é formado por todos os números reais, conferindo com o fato de estarmos diante de uma função polinomial.

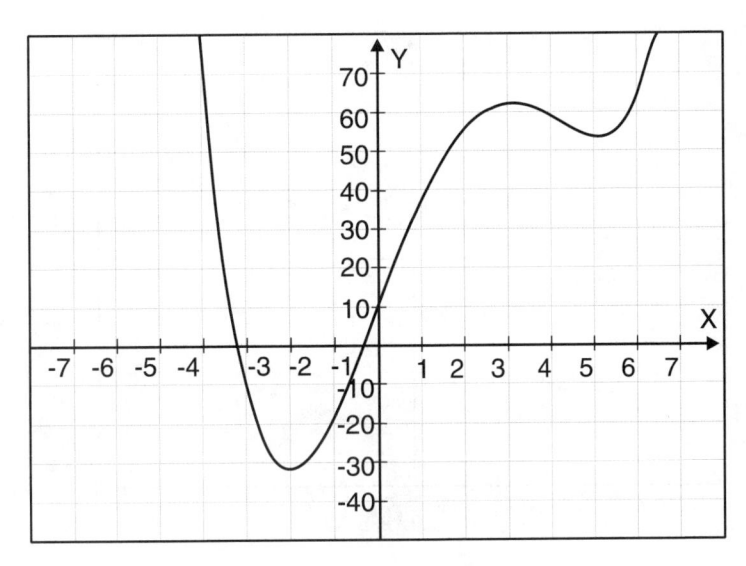

Figura 5.31

3ª Etapa. É possível observar que o conjunto imagem está no intervalo $[f(-2), +\infty)$. Podemos fazer o cálculo da imagem de -2 e confirmar o resultado $[-32, +\infty)$.

4ª Etapa. Ao observar os pontos em que a curva corta o eixo dos x, podemos afirmar que esta função tem duas raízes reais. De forma aproximada podemos estimar os valores $x \cong -0,3$ e $x \cong -3,1$.

5ª Etapa. É possível verificar a existência de dois pontos de mínimos relativos e um ponto de máximo relativo. Temos:
- ponto de mínimo em $x = -2$;
- ponto de máximo em $x = 3$;
- ponto de mínimo em $x = 5$.

6ª Etapa. O crescimento desta função está bem identificado a partir da visualização gráfica. Temos:
- decrescimento em $(-\infty, -2)$;
- crescimento em $(-2, 3)$;
- decrescimento em $(3, 5)$;
- crescimento em $(5, +\infty)$.

7ª Etapa. Podemos observar que a função tem concavidade distinta em diferentes intervalos, apresentando dois pontos de inflexão. As abscissas desses pontos estão próximas do zero e do quatro, delimitando os intervalos da concavidade inicialmente para cima, posteriormente para baixo e finalmente para cima.

8ª Etapa. Esta função não tem assíntotas.

(ii) $f(t) = t + \cos t$

Seguindo as etapas propostas, temos:

1ª Etapa. Na Figura 5.32 mostramos o gráfico da função.

2ª Etapa. O domínio da função é o conjunto dos números reais.

3ª Etapa. O conjunto imagem da função é o conjunto dos números reais.

4ª Etapa. A função tem uma única raiz real próxima de $x = -\dfrac{\pi}{4}$.

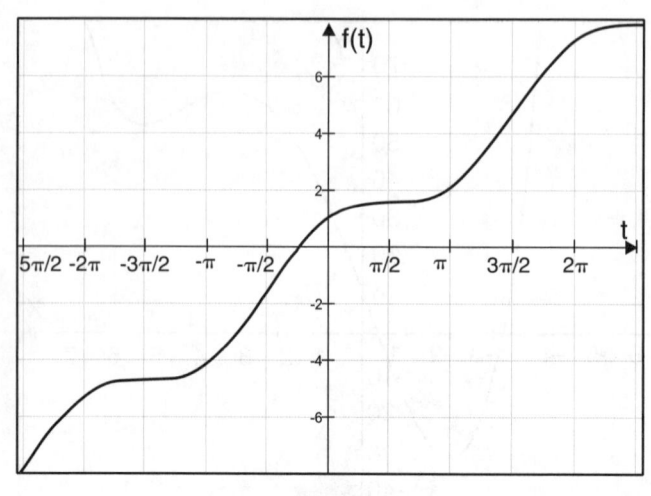

Figura 5.32

5ª Etapa. A função não admite pontos de máximos e de mínimos.

6ª Etapa. A função é sempre crescente.

7ª Etapa. A função tem de forma alternada intervalos de comprimento π em que a sua concavidade é voltada para cima e depois para baixo. Os pontos de inflexão estão localizados em pontos tais que $x = \dfrac{(2n+1)\pi}{2}$, com n pertencente ao conjunto dos números inteiros.

8ª. Etapa. O gráfico não tem assíntotas.

(iii) $f(x) = \dfrac{4+x^2}{4-x^2}$.

1ª. Etapa. A Figura 5.33 mostra o gráfico da função dada.

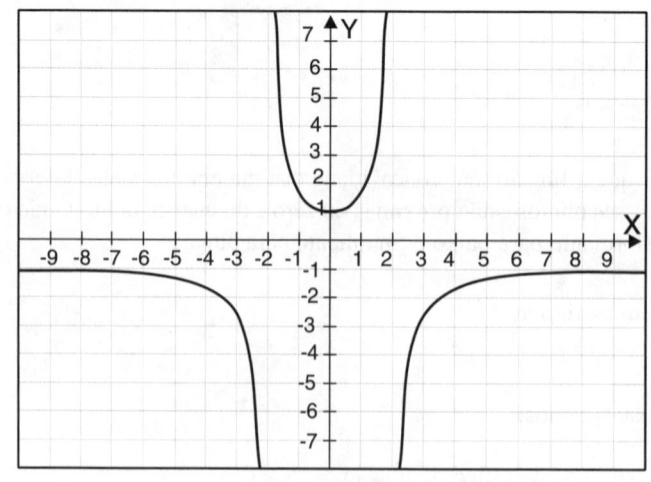

Figura 5.33

2ª Etapa. A função está definida no conjunto dos números reais, exceto nos pontos $x = 2$ e $x = -2$.

3ª Etapa. O conjunto imagem da função pode ser representado por $(-\infty, -1) \cup [1, +\infty)$.

4ª Etapa. Esta função não tem raízes reais.

5ª Etapa. A função apresenta em seu domínio um ponto de mínimo relativo em $x = 0$.

6ª Etapa. Temos os seguintes intervalos de crescimento e decrescimento:
- decrescimento em $(-\infty, -2)$ e $(-2, 0)$;
- crescimento em $(0, 2)$ e $(2, +\infty)$.

7ª Etapa. A função é côncava para cima no intervalo $(-2, 2)$ e côncava para baixo nos intervalos $(-\infty, -2)$ e $(2, +\infty)$. Apesar de existir a mudança da concavidade, a função não tem pontos de inflexão, pois a mudança de concavidade ocorre em pontos que não pertencem ao domínio da função.

8ª Etapa. Observamos a existência das seguintes assíntotas:
- vertical em $x = -2$ e $x = 2$;
- horizontal em $y = -1$.

Salientamos a partir dos exemplos discutidos que, para fazermos uma análise detalhada do comportamento de uma função, é importante contar com as representações algébrica e gráfica da função.

5.10 Exercícios

1. Em cada um dos seguintes casos, verificar se o Teorema do Valor Médio se aplica. Em caso afirmativo, achar um número c em (a, b), tal que
$$f'(c) = \frac{f(b) - f(a)}{b - a}.$$
Interpretar geometricamente.

   (a) $f(x) = \dfrac{1}{x}$; $a = 2, b = 3$.
   (b) $f(x) = \dfrac{1}{x}$; $a = -1, b = 3$.
   (c) $f(x) = x^3$; $a = 0, b = 4$.
   (d) $f(x) = x^3$; $a = -2, b = 0$.
   (e) $f(x) = \cos x$; $a = 0, b = \pi/2$.
   (f) $f(x) = \operatorname{tg} x$; $a = \pi/4, b = 3\pi/4$.
   (g) $f(x) = \operatorname{tg} x$; $a = 0, b = \pi/4$.
   (h) $f(x) = \sqrt{1 - x^2}$; $a = -1, b = 0$.
   (i) $f(x) = \sqrt[3]{x}$; $a = -1, b = 1$.
   (j) $f(x) = |x|$; $a = -1, b = 1$.

2. A função $f(x) = x^{2/3} - 1$ é tal que $f(-1) = f(1) = 0$. Por que ela não verifica o Teorema de Rolle no intervalo $[-1, 1]$?

3. Seja $f(x) = -x^4 + 8x^2 + 9$. Mostrar que f satisfaz as condições do Teorema de Rolle no intervalo $[-3, 3]$ e determinar os valores de $c \in (-3, 3)$ que satisfaçam $f'(c) = 0$.

4. Usando o teorema do valor médio provar que:

   (a) $|\operatorname{sen} \theta - \operatorname{sen} \alpha| \leq |\theta - \alpha|$, $\forall\, \theta, \alpha \in \mathbb{R}$;

   (b) $\operatorname{sen} \theta \leq \theta$, $\theta \geq 0$.

5. Determinar os pontos críticos das seguintes funções, se existirem.

   (a) $y = 3x + 4$.
   (b) $y = x^2 - 3x + 8$.

(c) $y = 2 + 2x - x^2$.
(d) $y = (x - 2)(x + 4)$.
(e) $y = 3 - x^3$.
(f) $y = x^3 + 2x^2 + 5x + 3$.
(g) $y = x^4 + 4x^3$.
(h) $y = \operatorname{sen} x$.
(i) $y = \cos x$.
(j) $y = \operatorname{sen} x - \cos x$.
(k) $y = e^x - x$.
(l) $y = (x^2 - 9)^{2/3}$.
(m) $y = \dfrac{x}{x^2 - 4}$.
(n) $y = |2x - 3|$.
(o) $f(x) = \begin{cases} x, & x < 0 \\ x^2, & x \geq 0 \end{cases}$.

6. Determinar, algebricamente, os intervalos nos quais as funções seguintes são crescentes ou decrescentes. Fazer um esboço do gráfico, comparando os resultados.

(a) $f(x) = 2x - 1$.
(b) $f(x) = 3 - 5x$.
(c) $f(x) = 3x^2 + 6x + 7$.
(d) $f(x) = x^3 + 2x^2 - 4x + 2$.
(e) $f(x) = (x - 1)(x - 2)(x + 3)$.
(f) $f(x) = \dfrac{x}{2} + \operatorname{sen} x$.
(g) $f(x) = 2^x$.
(h) $f(x) = e^{-x}$.
(i) $f(x) = xe^{-x}$.
(j) $f(x) = \dfrac{x^2}{x - 1}$.
(k) $f(x) = x + \dfrac{1}{x}$.
(l) $f(x) = e^x \operatorname{sen} x$, $x \in [0, 2\pi]$.

7. Determinar os máximos e mínimos das seguintes funções, nos intervalos indicados.

(a) $f(x) = 1 - 3x, [-2, 2]$.
(b) $f(x) = x^2 - 4, [-1, 3]$.
(c) $f(x) = 4 - 3x + 3x^2, [0, 3]$.
(d) $f(x) = x^3 - x^2, [0, 5]$.
(e) $f(x) = \dfrac{x}{1 + x^2}, [-2, 2]$.
(f) $f(x) = |x - 2|, [1, 4]$.
(g) $f(x) = \cosh x, [-2, 2]$.
(h) $f(x) = \operatorname{tgh} x, [-2, 2]$.
(i) $f(x) = \cos 3x, [0, 2\pi]$.
(j) $f(x) = \cos^2 x, [0, 2\pi]$.
(k) $f(x) = \operatorname{sen}^3 x - 1, [0, \pi/2]$.

8. Encontrar os intervalos de crescimento, decrescimento, os máximos e os mínimos relativos das seguintes funções.

(a) $f(x) = 2x + 5$.
(b) $f(x) = 3x^2 + 6x + 1$.
(c) $g(x) = 4x^3 - 8x^2$.
(d) $h(x) = \dfrac{1}{3}x^3 + \dfrac{1}{2}x^2 - 6x + 5$.
(e) $f(t) = \dfrac{t - 1}{t + 1}$.
(f) $f(t) = t + \dfrac{1}{t}$.

(g) $g(x) = x e^x$.

(h) $h(x) = \dfrac{1}{\sqrt{x}}$.

(i) $f(x) = |2 - 6x|$.

(j) $g(x) = \begin{cases} x + 4, & x \leq -2 \\ x^2 - 2, & x > -2 \end{cases}$.

(k) $h(t) = \begin{cases} 3 - 4t, & t > 0 \\ 4t + 3, & t \leq 0 \end{cases}$.

(l) $f(x) = \begin{cases} 1 + x, & x < -1 \\ 1 - x^2, & x \geq -1 \end{cases}$.

(m) $g(x) = \begin{cases} 10 - (x - 3)^2, & x \leq -2 \\ 5(x - 1), & -2 < x \leq -1 \\ -\sqrt{91 + (x - 2)^2}, & x > -1 \end{cases}$.

9. Encontrar os pontos de máximo e mínimo relativos das seguintes funções, se existirem. Fazer um esboço do gráfico e comparar os resultados.

(a) $f(x) = 7x^2 - 6x + 3$.

(b) $g(x) = 4x - x^2$.

(c) $h(x) = \dfrac{1}{3}x^3 + 3x^2 - 7x + 9$.

(d) $h(x) = \dfrac{1}{4}x^4 - \dfrac{5}{3}x^3 + 4x^2 - 4x + 8$.

(e) $f(t) = \begin{cases} t^2, & t < 0 \\ 3t^2, & t \geq 0 \end{cases}$.

(f) $f(x) = 6x^{2/3} - 2x$.

(g) $f(x) = 5 + (x - 2)^{7/5}$.

(h) $f(x) = 3 + (2x + 3)^{4/3}$.

(i) $g(x) = \dfrac{4x}{x^2 + 4}$.

(j) $h(x) = \dfrac{x + 1}{x^2 - 2x + 2}$.

(k) $f(x) = (x + 2)^2(x - 1)^3$.

(l) $f(x) = x^2\sqrt{16 - x}$.

10. Mostrar que $y = \dfrac{\log_a x}{x}$ tem seu valor máximo em $x = e$ (número neperiano) para todos os números $a > 1$.

11. Determinar os coeficientes a e b de forma que a função $f(x) = x^3 + ax^2 + b$ tenha um extremo relativo no ponto $(-2, 1)$.

12. Encontrar a, b, c e d tal que a função $f(x) = 2ax^3 + bx^2 - cx + d$ tenha pontos críticos em $x = 0$ e $x = 1$. Se $a > 0$, qual deles é ponto de máximo, qual é ponto de mínimo?

13. Demonstrar que a função $y = ax^2 + bx + c$, $x \in \mathbb{R}$, tem máximo se, e somente se, $a < 0$; e mínimo se, e somente se, $a > 0$.

14. Determinar os pontos de inflexão e reconhecer os intervalos onde as funções seguintes tem concavidade voltada para cima ou para baixo.

(a) $f(x) = -x^3 + 5x^2 - 6x$.

(b) $f(x) = 3x^4 - 10x^3 - 12x^2 + 10x + 9$.

(c) $f(x) = \dfrac{1}{x + 4}$.

(d) $f(x) = 2x\, e^{-3x}$.

(e) $f(x) = x^2 e^x$.

(f) $f(x) = 4\sqrt{x + 1} - \dfrac{\sqrt{2}}{2}x^2 - 1$.

(g) $f(t) = \dfrac{t^2 + 9}{(t - 3)^2}$.

(h) $f(t) = e^{-t} \cos t$, $t \in [0, 2\pi]$.

(i) $f(x) = \begin{cases} 2x - x^2, & x < 1 \\ x, & x \geq 1 \end{cases}$
(j) $f(x) = \begin{cases} x^2 - 4, & x \leq 2 \\ 4 - x^2, & x > 2 \end{cases}$

15. Seguindo as etapas apresentadas em 5.9.1, fazer um esboço do gráfico das seguintes funções:

(a) $y = x^2 + 4x + 2$

(b) $y = \dfrac{-x^3}{3} + \dfrac{3x^2}{2} - 2x + \dfrac{5}{6}$

(c) $y = \dfrac{-1}{4}x^4 + \dfrac{5}{3}x^3 - 2x^2$

(d) $y = x + \dfrac{2}{x}$

(e) $y = \dfrac{3x + 1}{(x + 2)(x - 3)}$

(f) $y = \dfrac{4}{\sqrt{x + 2}}$

(g) $y = x^{3/2}$

(h) $y = \ln(2x + 3)$

16. Usando uma ferramenta gráfica, construir o gráfico das funções seguintes, analisando suas propriedades e características como apresentado em 5.9.3.

(a) $y = (x - 3)(x + 2)$

(b) $y = x^3 - \dfrac{9}{2}x^2 - 12x + 3$

(c) $y = x^4 - 32x + 48$

(d) $y = \dfrac{2x}{x + 2}$

(e) $y = \dfrac{2}{x^2 - 2x - 3}$

(f) $y = \cosh x$

(g) $y = e^{x - x^2}$

(h) $f(x) = x^2 \operatorname{sen} x$

(i) $f(x) = x\sqrt{4 - x^2}$

(j) $f(x) = x^2 \ln x$

(k) $f(x) = \ln(x^2 + 1)$

(l) $f(x) = \dfrac{1}{\sqrt{2x - 1}}$

5.11 Problemas de Maximização e Minimização

A seguir apresentamos alguns problemas práticos em diversas áreas, onde aplicamos o que foi visto nas Seções 5.4 e 5.7 sobre máximos e mínimos.

O primeiro passo para solucionar estes problemas é escrever precisamente qual a função que deverá ser analisada. Esta função poderá ser escrita em função de uma ou mais variáveis. Quando a função é de mais de uma variável, devemos procurar expressar uma das variáveis em função da outra.

Com a função bem definida, devemos identificar um intervalo apropriado e então proceder a rotina matemática aplicando definições e teoremas.

5.11.1 Exemplos

(1) Na Biologia, encontramos a fórmula $\phi = V \cdot A$, onde ϕ é o fluxo de ar na traquéia, V é a velocidade do ar e A a área do círculo formado ao seccionarmos a traquéia (ver Figura 5.34).

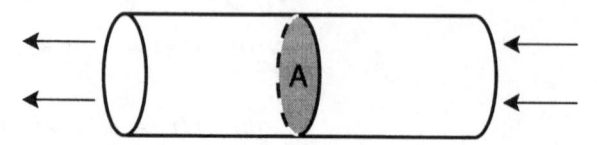

Figura 5.34

Quando tossimos, o raio diminui, afetando a velocidade do ar na traquéia. Sendo r_0 o raio normal da traquéia, a relação entre a velocidade V e o raio r da traquéia durante a tosse é dada por $V(r) = a \cdot r^2(r_0 - r)$, onde a é uma constante positiva.

(a) Calcular o raio r em que é maior a velocidade do ar.

(b) Calcular o valor de r com o qual teremos o maior fluxo possível.

Solução:

(a) O raio r da traquéia contraída não pode ser maior que o raio normal r_0, nem menor que zero, ou seja, $0 \le r \le r_0$.

Neste item vamos encontrar o máximo absoluto da função $V(r)$ em $0 \le r \le r_0$.

Temos:

$V(r) = a\, r^2(r_0 - r);$

$V'(r) = 2a\, r_0\, r - 3a\, r^2.$

Fazendo $V'(r) = 2a\, r_0\, r - 3a\, r^2$, obtemos os pontos críticos $r_1 = \dfrac{2}{3} r_0$ e $r_2 = 0$.

Temos $V''(r) = 2a\, r_0 - 6ar$. Como $V''(0) = 2a\, r_0 > 0$, concluímos que $r_2 = 0$ é um mínimo relativo. Como $V''(2/3\, r_0)$ é um valor negativo, concluímos que $r_1 = 2/3 r_0$ é um valor máximo relativo.

Para $r \in [0, r_0]$, temos que o máximo absoluto é $V(2/3 r_0) = 4a/27 r_0^3$.

Diante deste resultado, afirmamos que a velocidade do ar na traquéia é maior quando o raio r dela é dois terços do raio r_0 da traquéia não contraída.

(b) Podemos escrever a função $\phi = V \cdot A$ em função do raio r da traquéia:

$\phi(r) = ar^2(r_0 - r) \cdot \pi r^2.$

Queremos encontrar o máximo absoluto da função $\phi(r)$ em $0 \le r \le r_0$.

Temos $\phi'(r) = 4a \pi r_0 r^3 - 5a \pi r^4$.

Fazendo $\phi'(r) = 4a \pi r_0 r^3 - 5a \pi r^4 = 0$, obtemos $r_1 = 0$ e $r_2 = 4/5\, r_0$ como pontos críticos de $\phi(r)$.

Temos $\phi''(r) = 12a \pi r_0 r^2 - 20a \pi r^3$.

Logo, $\phi''(0) = 0$ e $\phi''(4/5 r_0) = -64/25 a \pi r_0^3$. Concluímos que em $4/5 r_0$ temos um ponto de máximo relativo.

O ponto $r_1 = 0$ é um ponto de mínimo relativo, pois a função $\phi(r)$ decresce em $(-\infty, 0]$ e cresce em $[0, 4/5 r_0]$.

O máximo absoluto em $[0, r_0]$ será $\phi(4/5\, r_0)$, que é igual a $256/3.125 a \pi r_0^5$.

Portanto, o maior fluxo possível é obtido quando $r = 4/5\, r_0$.

(2) Uma rede de água potável ligará uma central de abastecimento situada na margem de um rio de 500 metros de largura a um conjunto habitacional situado na outra margem do rio, 2.000 metros abaixo da central. O custo da obra através do rio é de R$ 640,00 por metro, enquanto, em terra, custa R$ 312,00. Qual é a forma mais econômica de se instalar a rede de água potável?

Solução: A Figura 5.35 esquematiza a função que dará o custo da obra:

$f(x) = (2.000 - x) \cdot 312{,}00 + \sqrt{x^2 + 500^2} \cdot 640{,}00.$

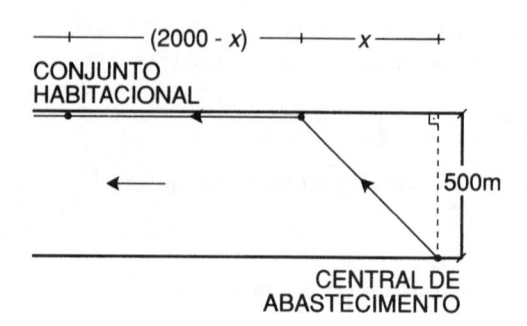

Figura 5.35

Nosso objetivo será calcular o mínimo absoluto dessa função para $0 \leq x \leq 2.000$.
Temos:

$$f'(x) = -312,00 + \frac{640,00x}{\sqrt{x^2 + 500^2}}.$$

Resolvendo a equação

$$-312,00 + \frac{640,00x}{\sqrt{x^2 + 500^2}} = 0,$$

obtemos que $x \cong 279,17$ m é um ponto crítico.

Temos:

$$f''(x) = \frac{500^2 \cdot 640,00}{(x^2 + 500^2)^{3/2}}.$$

Como $f''(279,17) > 0$, temos que $x = 279,17$ é um ponto de mínimo relativo. Resta-nos saber se este mínimo é absoluto no intervalo $0 \leq x \leq 2.000$.

Como o único ponto crítico de f no intervalo aberto $(0, 2.000)$ é $x \cong 279,17$, este ponto é mínimo absoluto neste intervalo. Como $f(0) > f(279,17)$ e $f(2.000) > f(279,17)$, concluímos que a obra poderá ser realizada com o menor custo possível se a canalização de água alcançar o outro lado do rio 279,17 m abaixo da central de abastecimento.

(3) Um galpão deve ser construído tendo uma área retangular de 12.100 m². A prefeitura exige que exista um espaço livre de 25 m na frente, 20 m atrás e 12 m em cada lado. Encontre as dimensões do lote que tenha a área mínima na qual possa ser construído este galpão.

Solução: A Figura 5.36 ajuda a definir a função que vamos minimizar.

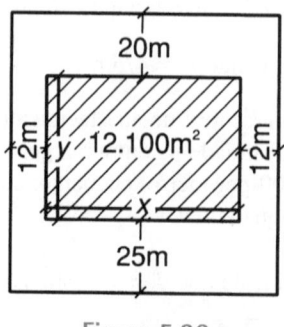

Figura 5.36

Sabemos que $A = 12.100 \text{ m}^2 = x \cdot y$. (1)

A função que definirá a área do lote é

$$S = (x + 12 + 12)(y + 25 + 20)$$

$$= (x + 24)(y + 45). \qquad (2)$$

De (1), obtemos que $y = \dfrac{12.100}{x}$. Substituindo em (2), vem

$$S(x) = (x + 24)\left(\dfrac{12.100}{x} + 45\right).$$

Esta é a função que queremos minimizar.

Temos:

$$S'(x) = \dfrac{45x^2 - 290.400}{x^2}.$$

Resolvendo a equação $\dfrac{45x^2 - 290.400}{x^2} = 0$, obtemos que $x = \dfrac{44\sqrt{30}}{3}$ é um ponto crítico. (x é uma medida e, portanto, consideramos só o valor positivo.)

Temos que $S''(x) = \dfrac{580.800}{x^3}$ e, portanto, $S''\left(\dfrac{44\sqrt{30}}{3}\right)$. Logo $x = \dfrac{44\sqrt{30}}{3}$ é um ponto de mínimo. Fazendo $x = \dfrac{44\sqrt{30}}{3} \cong 80{,}33$ m, obtemos que

$$y = \dfrac{12.100}{x} = \dfrac{12.100}{44\sqrt{30}/3} \cong 150{,}62 \text{ m},$$

e, então, a área mínima é obtida quando as dimensões do lote forem aproximadamente $(80{,}33 + 24)$ m $\cdot$ $(150{,}62 + 45)$ m.

(4) Uma caixa sem tampa, de base quadrada, deve ser construída de forma que o seu volume seja 2.500 m³. O material da base vai custar R$ 1.200,00 por m² e o material dos lados R$ 980,00 por m². Encontre as dimensões da caixa de modo que o custo do material seja mínimo.

Solução:
Observando a Figura 5.37, escrevemos a função que dá o custo do material:

$$C = x^2 \cdot 1.200{,}00 + 4xy \cdot 980{,}00. \qquad (1)$$

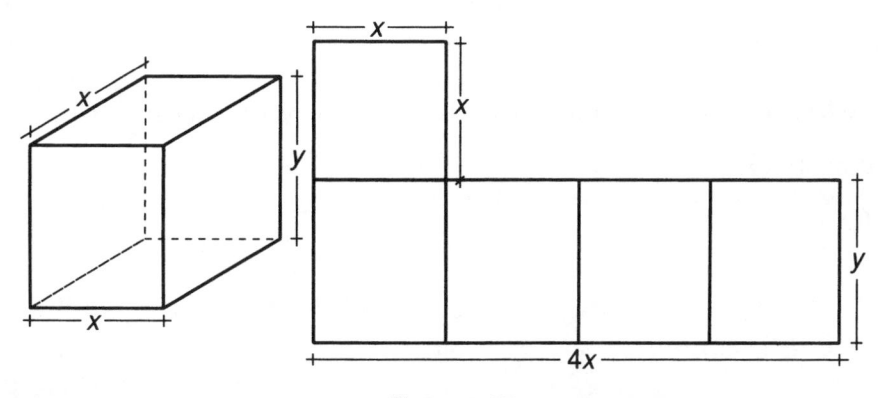

Figura 5.37

Como $V = x^2 y = 2.500 \text{ cm}^3$, temos que a dimensão y pode ser escrita como $y = 2.500/x^2$.

Substituindo esse resultado em (1), obtemos

$$C(x) = 1.200{,}00 \cdot x^2 + 9.800.000{,}00/x,$$

que é a função que queremos minimizar.

Temos:

$$C'(x) = \frac{2.400{,}00 x^3 - 9.800.000{,}00}{x^2}.$$

Resolvendo a equação $\dfrac{2.400{,}00 x^3 - 9.800.000{,}00}{x^2} = 0$, encontramos

$$x = 5\sqrt[3]{\frac{98}{3}} \cong 15{,}983 \text{ m},$$ que é o ponto crítico que nos interessa.

De fato, para $x \cong 15{,}983$ vamos ter um ponto de mínimo, já que $C''(15{,}983) > 0$.

Portanto, as dimensões da caixa de modo a obter o menor custo possível são $x \cong 15{,}983$ m e $y \cong 9{,}785$ m.

(5)   Supor que o custo total $C(q)$ de produção q toneladas de um produto, em milhares de reais, é dado por

$$C(q) = 0{,}03 q^3 - 1{,}8 q^2 + 39 q$$

Supondo que a empresa possa vender tudo o que produz, determinar o lucro máximo que pode ser obtido, se cada tonelada do produto é vendida a um preço de 21 milhares de reais.

Solução:

A função receita total é dada pelo produto da quantidade q de toneladas vendidas pelo preço unitário de cada tonelada, ou seja,

$R(q) = 21q$.

O lucro obtido pela empresa é dado por

$L(q) = 21q - R(q)\ 2\ C(q).$

Temos:

$L(q) = 21q - 0{,}03 q^3 + 1{,}8 q^2 - 39 q$

$= -0{,}03 q^3 + 1{,}8 q^2 - 18 q$

Esta é a função que queremos maximizar. Derivando $L(q)$, vem

$L'(q) = -0{,}09 q^2 + 3{,}6 q - 18.$

Igualando a zero $L'(q)$, obtemos $q_1 \cong 34{,}14$ e $q_2 \cong 5{,}86$, que são os pontos críticos.

Calculando a derivada segunda de L, vem

$L''(q) = -0{,}18 q + 3{,}6$

e, portanto,

$L''(34{,}14) < 0$ e $L''(5{,}86) > 0$

Logo, $q_1 = 34,14$ é o ponto de máximo.

O lucro máximo que pode ser obtido é $L(34,14) \cong 289,705$ milhares de reais.

A Figura 5.38 ilustra esse exemplo.

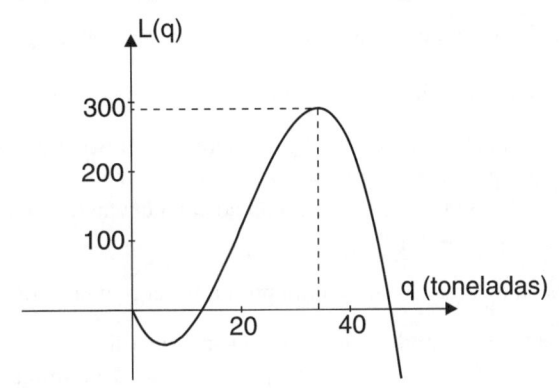

Figura 5.38

(6) A receita total e o custo total com a produção e a comercialização de um produto são dados pelas curvas R e C da Figura 5.39. Determinar o nível de produção que maximiza o lucro.

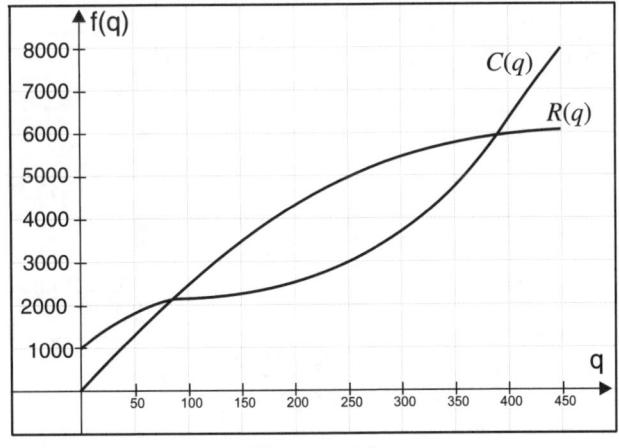

Figura 5.39

Solução: O lucro L é dado pela diferença entre a receita e o custo, ou seja,

$L = R - C$

Observando os gráficos de R e C, podemos verificar que o nível de produção que maximiza o lucro é aproximadamente $q = 250$.

O lucro máximo é:

$L(250) = R(250) - C(250)$

$\qquad = 5.000 - 3.000$

$\qquad = 2.000$

É interessante observar que a análise gráfica nos permite estimar qual o intervalo em que pode variar o nível de produção para que a empresa tenha lucro. Se a produção deve ocorrer em lotes de 50 unidades, esse intervalo é de $q = 100$ até $q = 350$ unidades.

Também é interessante observar que no nível de produção correspondente ao lucro máximo as curvas R e C tem tangentes paralelas. Isso equivale a dizer que $R' = C'$, isto é, a receita marginal é igual ao custo marginal. Como $L' = R' - C'$, temos $L' = 0$ nesse ponto, ou seja, $q = 250$ é o ponto crítico de L.

Assim, esse exemplo ilustra como as análises gráfica e analítica conduzem ao mesmo resultado. Em geral, a utilização de uma ou outra depende das informações disponíveis.

5.12 Exercícios

1. Um fio de comprimento l é cortado em dois pedaços. Com um deles se fará um círculo e com o outro, um quadrado.
   (a) Como devemos cortar o fio a fim de que a soma das duas áreas compreendidas pelas figuras seja mínima?
   (b) Como devemos cortar o fio a fim de que a soma das áreas compreendidas seja máxima?

2. Determinar o ponto P situado sobre o gráfico da hipérbole $xy = 1$, que está mais próximo da origem.

3. Um fazendeiro tem 200 bois, cada um pesando 300 kg. Até agora ele gastou R$ 380.000,00 para criar os bois e continuará gastando R$ 2,00 por dia para manter um boi. Os bois aumentam de peso a uma razão de 1,5 kg por dia. Seu preço de venda, hoje, é de R$ 18,00 o quilo, mas o preço cai 5 centavos por dia. Quantos dias deveria o fazendeiro aguardar para maximizar seu lucro?

4. Achar dois números positivos cuja soma seja 70 e cujo produto seja o maior possível.

5. Usando uma folha quadrada de cartolina, de lado a, deseja-se construir uma caixa sem tampa, cortando em seus cantos quadrados iguais e dobrando convenientemente a parte restante. Determinar o lado dos quadrados que devem ser cortados de modo que o volume da caixa seja o maior possível.

6. Determinar as dimensões de uma lata cilíndrica, com tampa, com volume V, de forma que a sua área total seja mínima.

7. Duas indústrias A e B necessitam de água potável. A figura a seguir esquematiza a posição das indústrias, bem como a posição de um encanamento retilíneo l, já existente. Em que ponto do encanamento deve ser instalado um reservatório de modo que a metragem de cano a ser utilizada seja mínima?

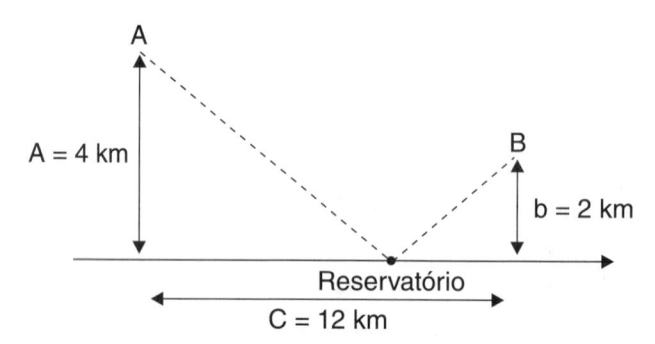

8. O custo e a receita total com a produção e comercialização de um produto são dados por:

   $C(q) = 600 + 2{,}2q$

   $R(q) = 10q - 0{,}006q^2$

   sendo $0 \le q \le 900$.

   (a) Encontrar a quantidade q que maximiza o lucro com a venda desse produto.
   (b) Qual o nível de produção que minimiza o lucro?
   (c) Qual o nível de produção correspondente ao prejuízo máximo?

9. O gráfico da função $C(q) = Kq^{1/\alpha} + F$, $q \in [q_0, q_1]$, sendo K, α e F constantes positivas, é denominado curva de custos a curto prazo de Cobb-Douglas. Essa curva é bastante utilizada para representar os custos de uma empresa com a produção de um produto.

   (a) Dar o significado da constante F.
   (b) Verificar que, quando $\alpha > 1$, a curva é côncava para baixo e interpretar esse resultado do ponto de vista da Economia.

(c) Supor $K = 2$, $\alpha = 3$ e $F = 8$ e determinar, se existir, o valor de q que fornece o custo médio mínimo.

(d) Usando os mesmos valores do item (c), determinar o nível de produção que minimiza o custo marginal, no intervalo $125 \leq q \leq 125.000$.

10. Qual é o retângulo de perímetro máximo inscrito no círculo de raio 12 cm?

11. Traçar uma tangente à elipse $2x^2 + y^2 = 2$ de modo que a área do triângulo que ela forma com os eixos coordenados positivos seja mínima. Obter as coordenadas do ponto de tangência e a área mínima.

12. Mostrar que o volume do maior cilindro reto que pode ser inscrito num cone reto é $4/9$ do volume do cone.

13. Um cone reto é cortado por um plano paralelo à sua base. A que distância da base deve ser feito esse corte, para que o cone reto de base na secção determinada, e de vértice no centro da base do cone dado tenha volume máximo?

14. Determinar o ponto A da curva $y = x^2 + x$ que se encontra mais próximo de $(7, 0)$. Mostrar que a reta que passa por $(7, 0)$ e por A é normal à curva dada em A.

15. Uma folha de papel contém 375 cm² de matéria impressa, com margem superior de 3,5 cm, margem inferior de 2 cm, margem lateral direita de 2 cm e margem lateral esquerda de 2,5 cm. Determinar quais devem ser as dimensões da folha para que haja o máximo de economia de papel.

16. Uma janela tem a forma de um retângulo encimado por um semicírculo. Achar as dimensões de modo que o perímetro seja 3,2 m e a área a maior possível.

17. Um canhão, situado no solo, é posto sob um ângulo de inclinação α. Seja l o alcance do canhão, dado por $l = \dfrac{2v^2}{g} \operatorname{sen} \alpha \cos \alpha$, onde v e g são constantes. Para que ângulo o alcance é máximo?

18. Uma agência de turismo está organizando um serviço de barcas, de uma ilha situada a 40 km de uma costa quase reta, para uma cidade que dista 100 km, como mostra a figura a seguir. Se a barca tem uma velocidade de 18 km por hora e os carros têm uma velocidade média de 50 km/h, onde deverá estar situada a estação das barcas a fim de tornar a viagem a mais rápida possível?

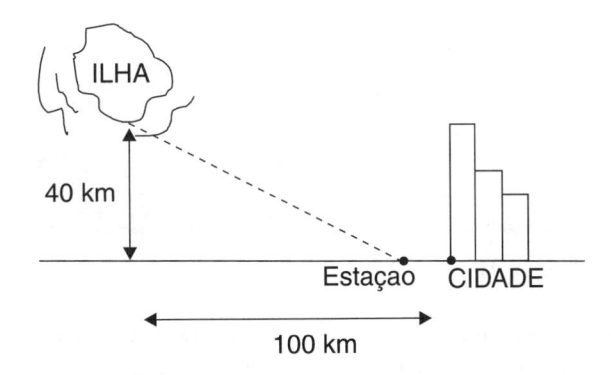

19. Uma cerca de 1 m de altura está situada a uma distância de 1 m da parede lateral de um galpão. Qual o comprimento da menor escada cujas extremidades se apóiam na parede e no chão do lado de fora da cerca?

20. Seja s uma reta que passa pelo ponto $(4, 3)$ formando um triângulo com os eixos coordenados positivos. Qual a equação de s para que a área desse triângulo seja mínima?

21. Uma pista de atletismo com comprimento total de 400 m consiste de 2 semicírculos e dois segmentos retos, conforme figura a seguir. Determinar as dimensões da pista, de tal forma que a área retangular, demarcada na figura, seja máxima.

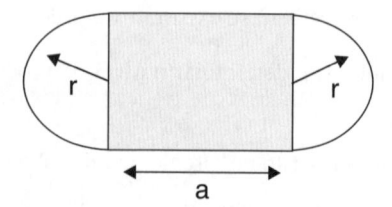

22. Um cilindro circular reto está inscrito num cone circular reto de altura $H = 6$ m e raio da base $R = 3,5$ m. Determinar a altura e o raio da base do cilindro de volume máximo.

23. Uma fábrica produz x milhares de unidades mensais de um determinado artigo. Se o custo de produção é dado por $C = 2x^3 + 6x^2 + 18x + 60$ e o valor obtido na venda é dado por $R = 60x - 12x^2$, determinar o número ótimo de unidades mensais que maximiza o lucro $L = R - C$.

24. Um cilindro reto é inscrito numa esfera de raio R. Determinar esse cilindro, de forma que seu volume seja máximo.

25. Um fazendeiro deve cercar dois pastos retangulares, de dimensões a e b, com um lado comum a. Se cada pasto deve medir 400 m² de área, determinar as dimensões a e b, de forma que o comprimento da cerca seja mínimo.

26. Um fabricante, ao comprar caixas de embalagens retangulares exige que o comprimento de cada caixa seja 2 m e o volume 3 m³. Para gastar a menor quantidade de material possível na fabricação de caixas, quais devem ser suas dimensões.

27. Um retângulo é inscrito num triângulo retângulo de catetos que mede 9 cm e 12 cm. Encontrar as dimensões do retângulo com maior área, supondo que sua posição é dada na figura a seguir.

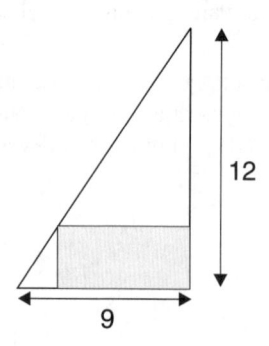

5.13 Regras de L'Hospital

Nesta seção apresentaremos um método geral para levantar indeterminações do tipo 0/0 ou ∞/∞. Esse método é dado pelas regras de L'Hospital, cuja demonstração necessita da seguinte proposição.

5.13.1 Proposição (Fórmula de Cauchy)
Se f e g são duas funções contínuas em $[a, b]$, deriváveis em (a, b) e se $g'(x) \neq 0$ para todo $x \in (a, b)$, então existe um número $z \in (a, b)$ tal que:

$$\frac{f(b) - f(a)}{g(b) - g(a)} = \frac{f'(z)}{g'(z)}.$$

Prova: Provemos primeiro que $g(b) - g(a) \neq 0$. Como g é contínua em $[a, b]$ e derivável em (a, b), pelo teorema do valor médio, existe c e (a, b) tal que:

$$g'(c) = \frac{g(b) - g(a)}{b - a}. \tag{1}$$

Como, por hipótese, $g'(x) \neq 0$ para todo $x \in (a, b)$, temos $g'(c) \neq 0$ e, assim, pela igualdade (1), $g(b) - g(a) \neq 0$.

Consideremos a função

$$h(x) = f(x) - f(a) - \left[\frac{f(b) - f(a)}{g(b) - g(a)}\right][g(x) - g(a)].$$

A função h satisfaz as hipóteses do teorema de Rolle em $[a, b]$, pois:

(i) Como f e g são contínuas em $[a, b]$, h é contínua em $[a, b]$;

(ii) Como f e g são deriváveis em (a, b), h é derivável em (a, b);

(iii) $h(a) = h(b) = 0$.

Portanto, existe $z \in (a, b)$ tal que $h'(z) = 0$.

Como $h'(x) = f'(x) - \left[\dfrac{f(b) - f(a)}{g(b) - g(a)}\right]g'(x)$, temos:

$$f'(z) - \left[\frac{f(b) - f(a)}{g(b) - g(a)}\right] \cdot g'(z) = 0. \tag{2}$$

Mas $g'(z) \neq 0$. Logo, podemos escrever (2) na forma:

$$\frac{f(b) - f(a)}{g(b) - g(a)} = \frac{f'(z)}{g'(z)}.$$

5.13.2 Proposição (Regras de L'Hospital) Sejam f e g funções deriváveis num intervalo aberto I, exceto, possivelmente, em um ponto $a \in I$. Suponhamos que $g'(x) \neq 0$ para todo $x \neq a$ em I.

(i) Se $\lim\limits_{x \to a} f(x) = \lim\limits_{x \to a} g(x) = 0$ e $\lim\limits_{x \to a} \dfrac{f'(x)}{g'(x)} = L$, então $\lim\limits_{x \to a} \dfrac{f(x)}{g(x)} = \lim\limits_{x \to a} \dfrac{f'(x)}{g'(x)} = L$;

(ii) Se $\lim\limits_{x \to a} f(x) = \lim\limits_{x \to a} g(x) = \infty$ e $\lim\limits_{x \to a} \dfrac{f'(x)}{g'(x)} = L$, então $\lim\limits_{x \to a} \dfrac{f(x)}{g(x)} = \lim\limits_{x \to a} \dfrac{f'(x)}{g'(x)} = L$.

Prova do item (i): Suponhamos que $\lim\limits_{x \to a} \dfrac{f(x)}{g(x)}$ tome a forma indeterminada 0/0 e que $\lim\limits_{x \to a} \dfrac{f'(x)}{g'(x)} = L$. Queremos provar que $\lim\limits_{x \to a} \dfrac{f(x)}{g(x)} = L$.

Consideremos as duas funções F e G tais que:

$$F(x) = \begin{cases} f(x), & \text{se } x \neq a \\ 0, & \text{se } x = a \end{cases} \quad e \quad G(x) = \begin{cases} g(x), & \text{se } x \neq a \\ 0, & \text{se } x = a. \end{cases}$$

Então,

$$\lim_{x \to a} F(x) = \lim_{x \to a} f(x) = 0 = F(a)$$

e

$$\lim_{x \to a} G(x) = \lim_{x \to a} g(x) = 0 = G(a).$$

Assim, as funções F e G são contínuas no ponto a e, portanto, em todo intervalo I.

Seja $x \in I$, $x \neq a$. Como para todo $x \neq a$ em I, f e g são deriváveis e $g'(x) \neq 0$, as funções F e G satisfazem as hipóteses da fórmula de Cauchy no intervalo $[x, a]$ ou $[a, x]$. Segue que existe um número z entre a e x tal que

$$\frac{F(x) - F(a)}{G(x) - G(a)} = \frac{F'(z)}{G'(z)}.$$

Como $F(x) = f(x)$, $G(x) = g(x)$, $F(a) = G(a) = 0$, $F'(z) = f'(z)$ e $G'(z) = g'(z)$, vem:

$$\frac{f(x)}{g(x)} = \frac{f'(z)}{g'(z)}.$$

Como z está entre a e x, quando $x \to a$ temos que $z \to a$. Logo,

$$\lim_{x \to a} \frac{f(x)}{g(x)} = \lim_{x \to a} \frac{f'(z)}{g'(z)} = \lim_{z \to a} \frac{f'(z)}{g'(z)} = L.$$

Observamos que se

$$\lim_{x \to a} f(x) = \lim_{x \to a} g(x) = 0 \text{ ou } \lim_{x \to a} f(x) = \lim_{x \to a} g(x) = \infty,$$

e $\lim_{x \to a} \dfrac{f'(x)}{g'(x)} = \infty$, a regra de L'Hospital continua válida, isto é,

$$\lim_{x \to a} \frac{f(x)}{g(x)} = \lim_{x \to a} \frac{f'(x)}{g'(x)} = \infty.$$

Ela também é válida para os limites laterais e para os limites no infinito.

A seguir apresentaremos vários exemplos, ilustrando como muitos limites que tomam formas indeterminadas podem ser resolvidos com o auxílio da regra de L'Hospital.

5.13.3 Exemplos

(i) Determinar $\lim_{x \to 0} \dfrac{2x}{e^x - 1}$.

Quando $x \to 0$, o quociente $\dfrac{2x}{e^x - 1}$ toma a forma indeterminada 0/0. Aplicando a regra L'Hospital, vem:

$$\lim_{x \to 0} \frac{2x}{e^x - 1} = \lim_{x \to 0} \frac{2}{e^x} = \frac{2}{e^0} = 2.$$

(ii) Determinar $\lim_{x \to 2} \dfrac{x^2 + x - 6}{x^2 - 3x + 2}$.

O limite toma a forma indeterminada 0/0. Aplicando a regra de L'Hospital, temos:

$$\lim_{x \to 2} \frac{x^2 + x - 6}{x^2 - 3x + 2} = \lim_{x \to 2} \frac{2x + 1}{2x - 3} = \frac{2 \cdot 2 + 1}{2 \cdot 2 - 3} = 5.$$

(iii) Determinar $\lim_{x \to 0} \dfrac{\operatorname{sen} x - x}{e^x + e^{-x} - 2}$.

Neste caso, temos uma indeterminação do tipo 0/0. Aplicando a regra de L'Hospital uma vez, temos:

$$\lim_{x \to 0} \frac{\operatorname{sen} x - x}{e^x + e^{-x} - 2} = \lim_{x \to 0} \frac{\cos x - 1}{e^x - e^{-x}}.$$

Como o último limite ainda toma a forma indeterminada 0/0, podemos aplicar novamente a regra de L'Hospital. Temos:

$$\lim_{x \to 0} \frac{\cos x - 1}{e^x - e^{-x}} = \lim_{x \to 0} \frac{-\operatorname{sen} x}{e^x + e^{-x}} = \frac{-0}{2} = 0.$$

Logo, $\lim_{x \to 0} \dfrac{\operatorname{sen} x - x}{e^x + e^{-x} - 2} = 0$.

(iv) Determinar $\lim_{x \to +\infty} \dfrac{e^x - 1}{x^3 + 4x}$.

Neste caso, temos uma indeterminação do tipo ∞/∞. Aplicando a regra de L'Hospital sucessivas vezes, temos

$$\lim_{x \to +\infty} \frac{e^x - 1}{x^3 + 4x} = \lim_{x \to +\infty} \frac{e^x}{3x^2 + 4}$$

$$= \lim_{x \to +\infty} \frac{e^x}{6x}$$

$$= \lim_{x \to +\infty} \frac{e^x}{6}$$

$$= +\infty.$$

(v) Determinar $\lim_{x \to +\infty} (3x + 9)^{1/x}$.

Neste caso, temos uma indeterminação do tipo ∞^0. Vamos transformá-la numa indeterminação do tipo ∞/∞ com o auxílio de logaritmos e em seguida aplicar a regra de L'Hospital.

Seja $L = \lim_{x \to +\infty} (3x + 9)^{1/x}$. Então, $\ln L = \ln \left[\lim_{x \to +\infty} (3x + 9)^{1/x} \right]$.

Aplicando a Proposição 3.5.2(g) e as propriedades de logaritmo, vem:

$$\ln L = \lim_{x \to +\infty} \ln (3x + 9)^{1/x}$$

$$= \lim_{x \to +\infty} \frac{1}{x} \ln (3x + 9)$$

$$= \lim_{x \to +\infty} \frac{\ln (3x + 9)}{x}.$$

Temos agora uma indeterminação do tipo ∞/∞. Aplicando a regra de L'Hospital, obtemos

$$\ln L = \lim_{x \to +\infty} \frac{3/(3x + 9)}{1} = \lim_{x \to \infty} \frac{3}{3x + 9} = 0.$$

Como $\ln L = 0$, temos $L = 1$ e, dessa forma,

$$\lim_{x \to +\infty} (3x + 9)^{1/x} = 1.$$

(iv) Determinar $\lim_{x \to +\infty} x \cdot \operatorname{sen} 1/x$.

Neste caso, temos uma indeterminação do tipo $\infty \cdot 0$. Reescrevendo o limite dado na forma

$$\lim_{x \to +\infty} x \cdot \operatorname{sen} 1/x = \lim_{x \to +\infty} \frac{\operatorname{sen} 1/x}{1/x},$$

temos uma indeterminação do tipo 0/0.

Aplicando a regra de L'Hospital, vem:

$$\lim_{x \to +\infty} x \operatorname{sen} 1/x = \lim_{x \to +\infty} \frac{\operatorname{sen} 1/x}{1/x}$$

$$= \lim_{x \to +\infty} \frac{\frac{-1}{x^2} \cos \frac{1}{x}}{\frac{-1}{x^2}}$$

$$= \lim_{x \to +\infty} \cos 1/x$$

$$= \cos 0$$

$$= 1.$$

(vii) Determinar $\lim\limits_{x \to 0} \left(\dfrac{1}{x^2 + x} - \dfrac{1}{\cos x - 1} \right)$.

Neste caso, temos uma indeterminação do tipo $\infty - \infty$. Reescrevendo o limite dado, temos:

$$\lim_{x \to 0} \left(\frac{1}{x^2 + x} - \frac{1}{\cos x - 1} \right) = \lim_{x \to 0} \frac{\cos x - 1 - x^2 - x}{(x^2 + x)(\cos x - 1)}.$$

Temos, então, uma indeterminação do tipo 0/0. Aplicando a regra de L'Hospital, vem:

$$\lim_{x \to 0} \left(\frac{1}{x^2 + x} - \frac{1}{\cos x - 1} \right) = \lim_{x \to 0} \frac{\cos x - 1 - x^2 - x}{(x^2 + x)(\cos x - 1)}.$$

$$= \lim_{x \to 0} \frac{-\operatorname{sen} x - 2x - 1}{(x^2 + x) \cdot (-\operatorname{sen} x) + (\cos x - 1)(2x + 1)}$$

$$= \frac{-1}{0}$$

$$= \infty.$$

(viii) Determinar $\lim\limits_{x \to 0^+} (2x^2 + x)^x$.

Neste caso, temos uma indeterminação do tipo 0^0. Com o auxílio de logaritmos, vamos transformá-la numa indeterminação da forma ∞/∞.

Seja $L = \lim\limits_{x \to 0^+} (2x^2 + x)^x$. Então,

$$\ln L = \ln \left[\lim_{x \to 0^+} (2x^2 + x)^x \right]$$

$$= \lim_{x \to 0^+} [\ln (2x^2 + x)^x]$$

$$= \lim_{x \to 0^+} x \cdot \ln (2x^2 + x)$$

$$= \lim_{x \to 0^+} \frac{\ln (2x^2 + x)}{1/x}.$$

Temos agora uma indeterminação do tipo ∞/∞. Aplicando a regra de L'Hospital, vem:

$$\ln L = \lim_{x \to 0^+} \frac{\dfrac{4x+1}{2x^2+x}}{\dfrac{-1}{x^2}}$$

$$= \lim_{x \to 0^+} \left(-\frac{4x^3 + x^2}{2x^2 + x}\right).$$

Aplicando novamente a regra de L'Hospital, obtemos:

$$\ln L = \lim_{x \to 0^+} \left(-\frac{12x^2 + 2x}{4x + 1}\right)$$

$$= \frac{0}{1}$$

$$= 0.$$

Como $\ln L = 0$, temos $L = 1$. Logo,

$$\lim_{x \to 0^+} (2x^2 + x)^x = 1.$$

(ix) Calcular $\lim\limits_{x \to +\infty} \left(1 + \dfrac{1}{2x}\right)^x$.

Neste caso, temos uma indeterminação do tipo 1^∞. Usando logaritmos, vamos transformá-la numa indeterminação da forma $0/0$.

Seja $L = \lim\limits_{x \to +\infty} \left(1 + \dfrac{1}{2x}\right)^x$. Então,

$$\ln L = \ln \left[\lim_{x \to +\infty} \left(1 + \frac{1}{2x}\right)^x\right]$$

$$= \lim_{x \to +\infty} \left[\ln \left(1 + \frac{1}{2x}\right)^x\right]$$

$$= \lim_{x \to +\infty} x \ln \left(1 + \frac{1}{2x}\right)$$

$$= \lim_{x \to +\infty} \frac{\ln \left(1 + \dfrac{1}{2x}\right)}{1/x}.$$

Temos agora uma indeterminação do tipo $0/0$. Aplicando a regra de L'Hospital, obtemos:

$$\ln L = \lim_{x \to +\infty} \frac{\dfrac{-1}{2x^2} \Big/ \left(1 + \dfrac{1}{2x}\right)}{-1/x^2}$$

$$= \lim_{x \to +\infty} \frac{1/2}{1 + \dfrac{1}{2x}}$$

$$= \frac{1/2}{1}$$
$$= 1/2.$$

Portanto, $\ln L = \dfrac{1}{2}$ e dessa forma $L = e^{1/2}$. Logo,

$$\lim_{x \to +\infty} \left(1 + \frac{1}{2x}\right)^x = e^{1/2}.$$

5.14 Exercícios

Determinar os seguintes limites com auxílio das regras de L'Hospital.

1. $\displaystyle\lim_{x \to 2} \frac{x^2 - 4x + 4}{x^2 - x - 2}$

2. $\displaystyle\lim_{x \to -1} \frac{x^2 - 1}{x^2 + 4x + 3}$

3. $\displaystyle\lim_{x \to 0} \frac{x^2 + 6x}{x^3 + 7x^2 + 5x}$

4. $\displaystyle\lim_{x \to 1/2} \frac{2x^2 + x - 1}{4x^2 - 4x + 1}$

5. $\displaystyle\lim_{x \to 3} \frac{6 - 2x + 3x^2 - x^3}{x^4 - 3x^3 - x + 3}$

6. $\displaystyle\lim_{x \to -1} \frac{x + 1}{2x^4 + 2x^3 + 3x^2 + 2x - 1}$

7. $\displaystyle\lim_{x \to +\infty} \frac{x^2 - 6x + 7}{x^3 + 7x - 1}$

8. $\displaystyle\lim_{x \to -\infty} \frac{5 - 5x^3}{2 - 2x^3}$

9. $\displaystyle\lim_{x \to +\infty} \frac{7x^5 - 6}{4x^2 - 2x + 4}$

10. $\displaystyle\lim_{x \to +\infty} \frac{5 - x + x^2}{2 - x - 2x^2}$

11. $\displaystyle\lim_{x \to +\infty} \frac{e^x}{x^2}$

12. $\displaystyle\lim_{x \to +\infty} \frac{x^{99}}{e^x}$

13. $\displaystyle\lim_{x \to 0} \frac{x}{e^x - \cos x}$

14. $\displaystyle\lim_{x \to +\infty} x^2 (e^{1/x} - 1)$

15. $\displaystyle\lim_{x \to \pi/2} \frac{\cos x}{(x - \pi/2)^2}$

16. $\displaystyle\lim_{x \to +\infty} \frac{2^x}{2^x - 1}$

17. $\displaystyle\lim_{x \to 2} \left(\frac{1}{2x - 4} - \frac{1}{x - 2}\right)$

18. $\displaystyle\lim_{x \to +\infty} \left(\ln \frac{x}{x + 1}\right)$

19. $\displaystyle\lim_{x \to \pi/2} \left(\frac{x}{\cotg x} - \frac{\pi}{2\cos x}\right)$

20. $\displaystyle\lim_{x \to +\infty} \tgh x$

21. $\displaystyle\lim_{x \to 0} \frac{\senh x}{\sen x}$

22. $\displaystyle\lim_{x \to +\infty} \frac{\ln x}{\sqrt[3]{x}}$

23. $\displaystyle\lim_{x \to \pi/4} \frac{\sec^2 x - 2 \tg x}{1 + \cos 4x}$

24. $\displaystyle\lim_{x \to 0} \frac{\cosh x - 1}{1 - \cos x}$

25. $\displaystyle\lim_{x \to 0} (1 - \cos x) \cotg x$

26. $\displaystyle\lim_{x \to 1} [\ln x \ln (x - 1)]$

27. $\lim\limits_{x \to 1} \left[\dfrac{1}{2(1 - \sqrt{x})} - \dfrac{1}{3(1 - \sqrt[3]{x})} \right]$

28. $\lim\limits_{x \to 0^+} x^{\frac{3}{x^4 + \ln x}}$

29. $\lim\limits_{x \to 0^+} x^{\operatorname{sen} x}$

30. $\lim\limits_{x \to 1} x^{\frac{1}{1-x}}$

31. $\lim\limits_{x \to 1^-} (1 - x)^{\cos \frac{\pi x}{2}}$

32. $\lim\limits_{x \to +\infty} x \operatorname{sen} \pi/x$

33. $\lim\limits_{x \to +\infty} \dfrac{x^{2/3}}{(x^2 + 2)^{1/3}}$

34. $\lim\limits_{x \to +\infty} \dfrac{\operatorname{senh} x}{x}$

35. $\lim\limits_{x \to +\infty} (2x - 1)^{2/x}$

36. $\lim\limits_{x \to 0} (\cos 2x)^{3/x^2}$

37. $\lim\limits_{x \to 0^+} \dfrac{\ln (\operatorname{sen} ax)}{\ln (\operatorname{sen} x)}$

38. $\lim\limits_{x \to 3} \left(\dfrac{1}{x - 3} - \dfrac{5}{x^2 - x - 6} \right)$

39. $\lim\limits_{x \to 0^+} x^{\frac{1}{\operatorname{tg} x}}$

40. $\lim\limits_{x \to 0^+} x^{\frac{2}{2 + \ln x}}$

41. $\lim\limits_{x \to \pi/4} (1 - \operatorname{tg} x) \sec 2x$

42. $\lim\limits_{x \to +\infty} \dfrac{x \ln x}{x + \ln x}$

43. $\lim\limits_{x \to 0} (e^x + x)^{1/x}$.

5.15 Fórmula de Taylor

A Fórmula de Taylor consiste num método de aproximação de uma função por um polinômio, com um erro possível de ser estimado.

5.15.1 Definição Seja $f: I \to \mathbb{R}$ uma função que admite derivadas até ordem n num ponto c do intervalo I. O *polinômio de Taylor* de ordem n de f no ponto c, que denotamos por $P_n(x)$, é dado por:

$$P_n(x) = f(c) + f'(c)(x - c) + \dfrac{f''(c)}{2!}(x - c)^2 + \ldots + \dfrac{f^{(n)}(c)}{n!}(x - c)^n.$$

Observamos que no ponto $x = c$, $P_n(c) = f(c)$.

5.15.2 Exemplo Determinar o polinômio de Taylor de ordem 4 da função $f(x) = e^x$ no ponto $c = 0$.

Temos, $f(x) = f'(x) = \ldots = f^{(iv)}(x) = e^x$ e assim

$f(0) = f'(0) = \ldots = f^{(iv)}(0) = e^0 = 1.$

Portanto,

$$P_4(x) = 1 + 1(x - 0) + \dfrac{1}{2!}(x - 0)^2 + \dfrac{1}{3!}(x - 0)^3 + \dfrac{1}{4!}(x - 0)^4$$

$$= 1 + x + \dfrac{x^2}{2!} + \dfrac{x^3}{3!} + \dfrac{x^4}{4!},$$

é o polinômio de Taylor de grau 4 da função $f(x) = e^x$ no ponto $c = 0$.

Dado o polinômio de Taylor de grau n de uma função $f(x)$, denotamos por $R_n(x)$ a diferença entre $f(x)$ e $P_n(x)$, isto é, $R_n(x) = f(x) - P_n(x)$ (ver Figura 5.40).

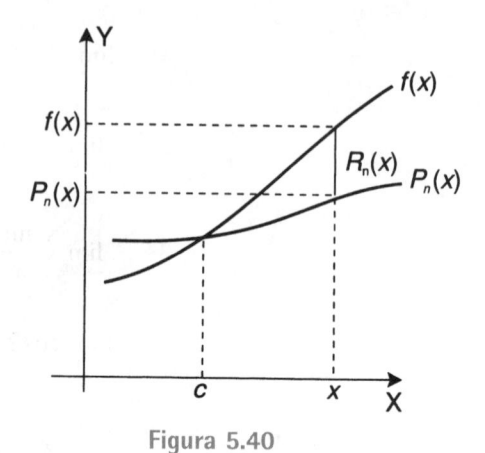

Figura 5.40

Temos, então, $f(x) = P_n(x) + R_n(x)$, ou mais explicitamente,

$$f(x) = f(c) + f'(c)(x-c) + \frac{f''(c)}{2!}(x-c)^2 + \ldots + \frac{f^{(n)}(c)}{n!}(x-c)^n + R_n(x). \tag{1}$$

Para os valores de x nos quais $R_n(x)$ é "pequeno", o polinômio $P_n(x)$ dá uma boa aproximação de $f(x)$. Por isso, $R_n(x)$ chama-se *resto*. O problema, agora, consiste em determinar uma fórmula para $R_n(x)$ de tal modo que ele possa ser avaliado. Temos a seguinte proposição.

5.15.3 Proposição (Fórmula de Taylor) Seja $f:[a, b] \to \mathbb{R}$ uma função definida num intervalo $[a, b]$. Suponhamos que as derivadas $f', f'', \ldots, f^{(n)}$ existam e sejam contínuas em $[a, b]$ e que $f^{(n+1)}$ exista em (a, b). Seja c um ponto qualquer fixado em $[a, b]$. Então, para cada $x \in [a, b]$, $x \neq c$, existe um ponto z entre c e x tal que:

$$f(x) = f(c) + f'(c)(x-c) + \ldots + \frac{f^{(n)}(c)}{n!}(x-c)^n + \frac{f^{(n+1)}(z)}{(n+1)!}(x-c)^{n+1}. \tag{2}$$

Quando $c = 0$, a Fórmula de Taylor fica

$$f(x) = f(0) + f'(0)x + \ldots + \frac{f^{(n)}(0)}{n!}x^n + \frac{f^{(n+1)}(z)}{(n+1)!}x^{n+1}$$

e recebe o nome de Fórmula de Mac-Laurin.

Prova: Faremos a demonstração supondo $x > c$. Para $x < c$, o procedimento é análogo.

Sejam $P_n(t)$ o polinômio de Taylor de grau n de f no ponto c e $R_n(t)$ o resto correspondente. Então, $f(t) = P_n(t) + R_n(t)$, para qualquer $t \in [a, b]$.

Portanto, no ponto x, temos:

$$f(x) = f(c) + f'(c)(x-c) + \frac{f''(c)}{2!}(x-c)^2 + \ldots + \frac{f^{(n)}(c)}{n!}(x-c)^n + R_n(x).$$

Para provar (2), devemos mostrar que

$$R_n(x) = \frac{f^{(n+1)}(z)}{(n+1)!}(x-c)^{n+1}, \text{ onde } z \text{ é um número entre } c \text{ e } x.$$

Para isso, vamos considerar a seguinte função auxiliar:

$g:[c, x] \to \mathbb{R}$

$$g(t) = f(x) - f(t) - f'(t)(x - t) - \frac{f''(t)}{2!}(x - t)^2 - \ldots$$
$$\ldots - \frac{f^{(n)}(t)}{n!}(x - t)^n - R_n(x) \cdot \frac{(x - t)^{n+1}}{(x - c)^{n+1}}.$$

Pelas propriedades das funções contínuas, segue que g é contínua em $[c, x]$. Pelas propriedades das funções deriváveis, segue que g é derivável em (c, x). Além disso, podemos verificar que $g(c) = g(x) = 0$.

Logo, g satisfaz as hipóteses do Teorema de Rolle em $[c, x]$ e, portanto, existe um ponto z, entre c e x, tal que $g'(z) = 0$.

Derivando a função g com o auxílio das regras de derivação e simplificando, obtemos:

$$R_n(x) = \frac{f^{(n+1)}(z)}{(n + 1)!}(x - c)^{(n+1)},$$

e, conseqüentemente, a fórmula (2) fica provada.

Observando as fórmulas (1) e (2), vemos que, na Fórmula de Taylor apresentada, o resto $R_n(x)$ é dado por

$$R_n(x) = \frac{f^{(n+1)}(z)}{(n + 1)!}(x - c)^{n+1}.$$

Essa forma para o resto é chamada *Forma de Lagrange do Resto* e a fórmula (2) é dita *Fórmula de Taylor com Resto de Lagrange*. Existem outras formas para o resto, como a forma integral, que não abordaremos aqui.

5.15.4 Exemplos

(i) Determinar os polinômios de Taylor de grau 2 e de grau 4 da função $f(x) = \cos x$, no ponto $c = 0$. Esboçar o gráfico de f e dos polinômios encontrados.

Usando o polinômio $P_4(x)$ para determinar um valor aproximado para $\cos \frac{\pi}{6}$, o que se pode afirmar sobre o erro cometido?

Solução: Para determinar os polinômios pedidos, necessitamos do valor de f e de suas derivadas até ordem 4, no ponto $c = 0$.

Temos:

$f(x) = \cos x,\quad f(0) = \cos 0 = 1$

$f'(x) = -\operatorname{sen} x,\quad f'(0) = -\operatorname{sen} 0 = 0$

$f''(x) = -\cos x,\quad f''(0) = -\cos 0 = 1$

$f'''(x) = \operatorname{sen} x,\quad f'''(0) = \operatorname{sen} 0 = 0$

$f^{iv}(x) = \cos x,\quad f^{iv}(0) = \cos 0 = 1.$

O polinômio de Taylor de grau 2, no ponto c, é dado por

$$P_2(x) = f(c) + f'(c)(x - c) + \frac{f''(c)}{2!}(x - c)^2.$$

Como no nosso caso $c = 0$, vem:

$$P_2(x) = f(0) + f'(0)x + \frac{f''(0)}{2!}x^2$$

$$= 1 + 0 \cdot x + \frac{(-1)}{2!}x^2$$

$$= 1 - \frac{x^2}{2}.$$

O polinômio de Taylor de grau 4, no ponto c, é dado por

$$P_4(x) = f(0) + f'(0)(x) + \frac{f''(0)}{2!}x^2 + \frac{f'''(0)}{3!}x^3 + \frac{f^{iv}(x)}{4!}x^4$$

$$= 1 + 0 \cdot x + \frac{(-1)}{2!}x^2 + \frac{0}{3!}x^3 + \frac{1}{4!}x^4$$

$$= 1 - \frac{x^2}{2} + \frac{x^4}{24}.$$

A Figura 5.41 mostra o gráfico de $f(x)$, $P_2(x)$ e $P_4(x)$. Comparando esses gráficos, podemos observar que o gráfico de $P_4(x)$ está mais próximo do gráfico de $f(x)$. Se aumentarmos n, o gráfico de $P_n(x)$ se aproxima cada vez mais do gráfico de $f(x)$.

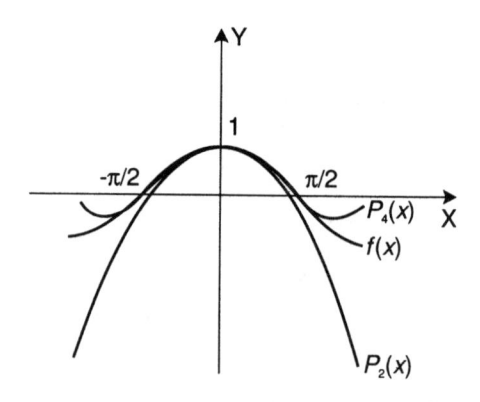

Figura 5.41

Usando o polinômio $P_4(x)$ para determinar um valor aproximado de $\cos\frac{\pi}{6}$, pela Fórmula de Taylor, temos:

$$\cos\frac{\pi}{6} = P_4(\pi/6) + R_4(\pi/6)$$

$$= 1 - \frac{1}{2!}\left(\frac{\pi}{6}\right)^2 + \frac{1}{4!}\left(\frac{\pi}{6}\right)^4 + \frac{f^{(5)}(z)}{5!}\left(\frac{\pi}{6}\right)^5,$$

onde z é um número entre 0 e $\pi/6$.

Como $f^{(v)}(x) = -\operatorname{sen} x$ e $|-\operatorname{sen} x| \leq 1$ para qualquer valor de x, podemos afirmar que o resto $R_4\left(\frac{\pi}{6}\right)$ satisfaz

$$|R_4(\pi/6)| = \frac{|-\operatorname{sen} z|}{5!}\left(\frac{\pi}{6}\right)^5 \leq \frac{1}{5!}\left(\frac{\pi}{6}\right)^5$$

$$\cong 0{,}000327.$$

Logo, quando calculamos o valor de $\cos\frac{\pi}{6}$ pelo polinômio $P_4(x)$, temos:

$$\cos\frac{\pi}{6} = 1 - \frac{(\pi/6)^2}{2!} + \frac{(\pi/6)^4}{24}$$
$$\cong 0{,}86606$$

e podemos afirmar que o erro cometido, em módulo, é menor ou igual a 0,000327.

(iii) Determinar o polinômio de Taylor de grau 6 da função $f(x) = \text{sen } 2x$ no ponto $c = \frac{\pi}{4}$. Usar este polinômio para determinar um valor aproximado para $\text{sen } \frac{\pi}{3}$. Fazer uma estimativa para o erro.

Solução: Devemos calcular o valor da função e suas derivadas até ordem 6, no ponto $c = \frac{\pi}{4}$.

Temos:

$f(x) = \text{sen } 2x,$ $\quad f(\pi/4) = \text{sen } \pi/2 = 1$

$f'(x) = 2\cos 2x,$ $\quad f'(\pi/4) = 2\cos \pi/2 = 0$

$f''(x) = -4 \text{ sen } 2x,$ $\quad f''(\pi/4) = 24$

$f'''(x) = -8\cos 2x,$ $\quad f'''(\pi/4) = 0$

$f^{iv}(x) = 16 \text{ sen } 2x,$ $\quad f^{iv}(\pi/4) = 16$

$f^{v}(x) = 32\cos 2x,$ $\quad f^{v}(\pi/4) = 0$

$f^{vi}(x) = -64 \text{ sen } 2x,$ $\quad f^{vi}(\pi/4) = 264$

O polinômio de Taylor de grau 6, no ponto $c = \pi/4$, é dado por:

$$P_6(x) = f\left(\frac{\pi}{4}\right) + \frac{f'(\pi/4)}{1!}\left(x - \frac{\pi}{4}\right) + \frac{f''(\pi/4)}{2!}\left(x - \frac{\pi}{4}\right)^2 + \ldots + \frac{f^{(vi)}(\pi/4)}{6!}\left(x - \frac{\pi}{4}\right)^6$$

$$= 1 + 0 + \frac{(-4)}{2!}\left(x - \frac{\pi}{4}\right)^2 + 0 + \frac{16}{4!}\left(x - \frac{\pi}{4}\right)^4 + 0 + \frac{(-64)}{6!}\left(x - \frac{\pi}{4}\right)^6$$

$$= 1 - \frac{2^2}{2!}\left(x - \frac{\pi}{4}\right)^2 + \frac{2^4}{4!}\left(x - \frac{\pi}{4}\right)^4 - \frac{2^6}{6!}\left(x - \frac{\pi}{4}\right)^6.$$

Usando o polinômio $P_6(x)$ para determinar $\text{sen } \frac{\pi}{3}$, obtemos pela Fórmula de Taylor:

$$\text{sen } \frac{\pi}{3} = \text{sen } (2 \cdot \pi/6) = f(\pi/6) = P_6(\pi/6) + R_6(\pi/6)$$

$$= 1 - \frac{2^2}{2!}\left(\frac{\pi}{6} - \frac{\pi}{4}\right)^2 + \frac{2^4}{4!}\left(\frac{\pi}{6} - \frac{\pi}{4}\right)^4 - \frac{2^6}{6!}\left(\frac{\pi}{6} - \frac{\pi}{4}\right)^6 + \frac{f^{(vii)}(z)}{7!}\left(\frac{\pi}{6} - \frac{\pi}{4}\right)^7.$$

$$= 0{,}86602526 + \frac{f^{(vii)}(z)}{7!}\left(\frac{\pi}{6} - \frac{\pi}{4}\right)^7.$$

Como $f^{(vii)}(x) = -128\cos 2x$ e $|\cos 2x| \leq 1$ para todo x, o resto $R_6\left(\frac{\pi}{6}\right)$ satisfaz

$$|R_6(\pi/6)| \leq \left|\frac{128}{7!}\left(\frac{\pi}{6} - \frac{\pi}{4}\right)^7\right| \cong 2{,}1407 \cdot 10^{-6}.$$

Logo, usando o polinômio $P_6(x)$ obtemos sen $\dfrac{\pi}{3} = 0{,}86602526$ e o erro cometido, em módulo, será inferior a $2{,}1407 \cdot 10^{-6}$.

Usando a Fórmula de Taylor, pode-se demonstrar a seguinte proposição que nos dá mais um critério para determinação de máximos e mínimos de uma função.

5.15.5 Proposição

Seja $f:(a, b) \to \mathbb{R}$ uma função derivável n vezes e cujas derivadas $f', f'', \ldots, f^{(n)}$ são contínuas em (a, b). Seja $c \in (a, b)$ um ponto crítico de f tal que $f'(c) = \ldots = f^{(n-1)}(c) = 0$ e $f^{(n)}(c) \neq 0$. Então,

(i) se n é par e $f^{(n)}(c) \leq 0$, f tem um máximo relativo em c;

(ii) se n é par e $f^{(n)}(c) \geq 0$, f tem um mínimo relativo em c;

(iii) se n é ímpar, c é um ponto de inflexão.

5.15.6 Exemplos

(i) Determinar os extremos da função $f(x) = (x - 2)^6$.

Temos $f'(x) = 6(x - 2)^5$. Fazendo $f'(x) = 0$, obtemos $x = 2$, que é o único ponto crítico de f.

Calculando as derivadas seguintes no ponto $x = 2$, temos:

$f''(x) = 30(x - 2)^4, \qquad f''(2) = 0$

$f'''(x) = 120(x - 2)^3, \qquad f'''(2) = 0$

$f^{iv}(x) = 360(x - 2)^2, \qquad f^{iv}(2) = 0$

$f^{(v)}(x) = 720(x - 2), \qquad f^{(v)}(2) = 0$

$f^{(vi)}(x) = 720, \qquad f^{(vi)}(2) = 720 \neq 0$.

Logo, $x = 2$ é um ponto de mínimo relativo.

(ii) Pesquisar máximos e mínimos da função $f(x) = x^5 - x^3$.

Fazendo $f'(x) = 5x^4 - 3x^2 = 0$, obtemos os pontos críticos que são $x_1 = 0$, $x_2 = \sqrt{3/5}$ e $x_3 = -\sqrt{3/5}$. Calculando o valor das derivadas seguintes no ponto $x_1 = 0$, temos:

$f''(x) = 20x^3 - 6x, f''(0) = 0$

$f'''(x) = 60x^2 - 6, f'''(0) = -6 \neq 0$

Como $f'''(0) \neq 0$, concluímos que 0 é um ponto de inflexão.

No ponto $x_2 = \sqrt{3/5}$, temos:

$f''(x) = 20x^3 - 6x, f''(\sqrt{3/5}) = 20(3/5)^{3/2} - 6\sqrt{3/5}$

$$= \sqrt{3/5}\left(20 \cdot \frac{3}{5} - 6\right)$$

$$= 6\sqrt{3/5} > 0.$$

Logo, concluímos que $x_1 = \sqrt{3/5}$ é um ponto de mínimo relativo.

No ponto $x_3 = -\sqrt{3/5}$, temos:

$$f''(x) = 20x^3 - 6x, f''(-\sqrt{3/5}) = -20\left(\frac{3}{5}\right)^{3/2} - 6(-\sqrt{3/5})$$

$$= -6\sqrt{3/5} < 0.$$

Logo, o ponto $x_3 = -\sqrt{3/5}$ é um ponto de máximo relativo.

5.16 Exercícios

1. Determinar o polinômio de Taylor de ordem n, no ponto c dado, das seguintes funções:
   (a) $f(x) = e^{x/2}$; $c = 0$ e 1; $n = 5$.
   (b) $f(x) = e^{-x}$; $c = -1$ e 2; $n = 4$.
   (c) $f(x) = \ln(1-x)$; $c = 0$ e $1/2$; $n = 4$.
   (d) $f(x) = \operatorname{sen} x$; $c = \pi/2$; $n = 8$.
   (e) $f(x) = \cos 2x$; $c = 0$ e $\pi/2$; $n = 6$.
   (f) $f(x) = \dfrac{1}{1+x}$; $c = 0$ e 1; $n = 4$.

2. Encontrar o polinômio de Taylor de grau n no ponto c e escrever a função que define o resto na forma de Lagrange, das seguinte funções:
   (a) $y = \cosh x$; $n = 4$; $c = 0$.
   (b) $y = \operatorname{tg} x$; $n = 3$; $c = \pi$.
   (c) $y = \sqrt{x}$; $n = 3$; $c = 1$.
   (d) $y = e^{-x^2}$; $n = 4$; $c = 0$.

3. Usando o resultado encontrado no exercício 1, item (c), com $c = 0$, determinar um valor aproximado para $\ln 0,5$. Fazer uma estimativa para o erro.

4. Determinar o polinômio de Taylor de grau 6 da função $f(x) = 1 + \cos x$ no ponto $c = \pi$. Usar este polinômio para determinar um valor aproximado para $\cos(5\pi/6)$. Fazer uma estimativa para o erro.

5. Demonstrar que a diferença entre $\operatorname{sen}(a+h)$ e $\operatorname{sen} a + h \cos a$ é menor ou igual a $\dfrac{1}{2} h^2$.

6. Um fio delgado, pela ação da gravidade, assume a forma da catenária $y = a \cosh \dfrac{x}{a}$. Demonstrar que para valores pequenos de $|x|$, a forma que o fio toma pode ser representada, aproximadamente, pela parábola $y = a + \dfrac{x^2}{2a}$.

7. Pesquisar máximos e mínimos das seguintes funções:
   (a) $f(x) = 2x - 4$.
   (b) $f(x) = 4 - 5x + 6x^2$.
   (c) $f(x) = (x-4)^{10}$.
   (d) $f(x) = 4(x+2)^7$.
   (e) $f(x) = x^6 - 2x^4$.
   (f) $f(x) = x^5 - \dfrac{125}{3} x^3$.

6 Introdução à Integração

Neste capítulo introduziremos a integral. Em primeiro lugar, trataremos da integração indefinida, que consiste no processo inverso da derivação. Em seguida, veremos a integral definida – que é a integral propriamente dita – e sua relação com o problema de determinar a área de uma figura plana, depois o Teorema Fundamental do Cálculo, que é peça chave de todo Cálculo Diferencial e Integral, pois estabelece a ligação entre as operações de derivação e integração. Finalmente, estenderemos o conceito de integral para funções contínuas por partes e abordaremos as integrais impróprias.

6.1 Integral Indefinida

6.1.1 Definição Uma função $F(x)$ é chamada uma primitiva da função $f(x)$ em um intervalo I (ou simplesmente uma primitiva de $f(x)$), se, para todo $x \in I$, temos $F'(x) = f(x)$.

Observamos que, de acordo com nossa definição, as primitivas de uma função $f(x)$ estão sempre definidas sobre algum intervalo. Quando não explicitamos o intervalo e nos referimos a duas primitivas da mesma função f, entendemos que essas funções são primitivas de f no mesmo intervalo I.

6.1.2 Exemplos

(i) $F(x) = \dfrac{x^3}{3}$ é uma primitiva da função $f(x) = x^2$, pois

$F'(x) = 1/3 \cdot 3x^2 = x^2 = f(x)$.

(ii) As funções $G(x) = x^3/3 + 4$, $H(x) = 1/3\,(x^3 + 3)$ também são primitivas da função $f(x) = x^2$, pois $G'(x) = H'(x) = f(x)$.

(iii) A função $F(x) = 1/2\, \text{sen}\, 2x + c$, onde c é uma constante, é primitiva da função $f(x) = \cos 2x$.

(iv) A função $F(x) = 1/2x^2$ é uma primitiva da função $f(x) = -1/x^3$ em qualquer intervalo que não contém a origem, pois, para todo $x \neq 0$, temos $F'(x) = f(x)$.

Os exemplos anteriores nos mostram que uma mesma função $f(x)$ admite mais de uma primitiva. Temos as seguintes proposições.

6.1.3 Proposição Seja $F(x)$ uma primitiva da função $f(x)$. Então, se c é uma constante qualquer, a função $G(x) = F(x) + c$ também é primitiva de $f(x)$.

Prova: Como $F(x)$ é primitiva de $f(x)$, temos que $F'(x) = f(x)$. Assim:

$$G'(x) = (F(x) + c)' = F'(x) + 0 = f(x),$$

o que prova que $G(x)$ é uma primitiva de $f(x)$.

6.1.4 Proposição Se $f'(x)$ se anula em todos os pontos de um intervalo I, então f é constante em I.

Prova: Sejam $x, y \in I$, $x < y$. Como f é derivável em I, f é contínua em $[x, y]$ e derivável em (x, y). Pelo Teorema do Valor Médio, existe $z \in (x, y)$, tal que

$$f'(z) = \frac{f(y) - f(x)}{y - x}.$$

Como $f'(z) = 0$, vem que $f(y) - f(x) = 0$ ou $f(y) = f(x)$. Sendo x e y dois pontos quaisquer de I, concluímos que f é constante em I.

6.1.5 Proposição Se $F(x)$ e $G(x)$ são funções primitivas de $f(x)$ no intervalo I, então existe uma constante c tal que $G(x) - F(x) = c$, para todo $x \in I$.

Prova: Seja $H(x) = G(x) - F(x)$. Como F e G são primitivas de $f(x)$ no intervalo I, temos $F'(x) = G'(x) = f(x)$, para todo $x \in I$. Assim:

$$H'(x) = G'(x) - F'(x) = f(x) - f(x) = 0, \text{ para todo } x \in I.$$

Pela Proposição 6.1.4, existe uma constante c, tal que $H(x) = c$, para todo $x \in I$. Logo, para todo $x \in I$, temos:

$$G(x) - F(x) = c.$$

Da Proposição 6.1.5, concluímos que, se $F(x)$ é uma particular primitiva de f, então toda primitiva de f é da forma

$$G(x) = F(x) + c,$$

onde c é uma constante. Assim, o problema de determinar as primitivas de f se resume em achar uma primitiva particular.

6.1.6 Exemplo Sabemos que $(\operatorname{sen} x)' = \cos x$. Assim, $F(x) = \operatorname{sen} x$ é uma primitiva da função $f(x) = \cos x$ e toda primitiva de $f(x) = \cos x$ é da forma

$$G(x) = \operatorname{sen} x + c,$$

para alguma constante c.

6.1.7 Definição Se $F(x)$ é uma primitiva de $f(x)$, a expressão $F(x) + c$ é chamada *integral indefinida* da função $f(x)$ e é denotada por

$$\int f(x)\,dx = F(x) + c.$$

De acordo com esta notação o símbolo $\int$ é chamado *sinal de integração*, $f(x)$ *função integrando* e $f(x)\,dx$ *integrando*. O processo que permite achar a integral indefinida de uma função é chamado *integração*. O símbolo dx que aparece no integrando serve para identificar a variável de integração.

Da definição da integral indefinida, decorre que:

(i) $\int f(x)\,dx = F(x) + c \Leftrightarrow F'(x) = f(x)$.

(ii) $\int f(x)\,dx$ representa uma família de funções (a família de todas as primitivas da função integrando).

A Figura 6.1 mostra uma família de primitivas da função integrando $f(x) = x^2 + 1$. Observamos que o valor da constante, para a figura apresentada assumiu os valores $C = -3, -2, -1, 0, 1, 2, 3$.

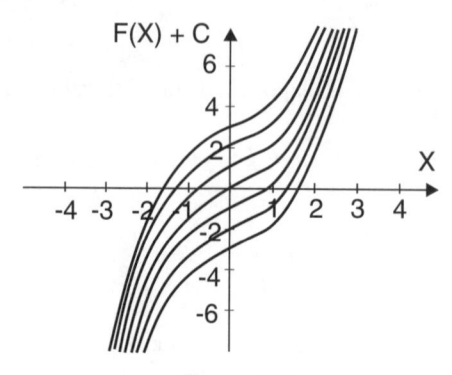

Figura 6.1

Propriedades da Integral Indefinida

6.1.8 Proposição Sejam $f, g: I \to \mathbb{R}$ e K uma constante. Então:

(i) $\int Kf(x)\,dx = K\int f(x)\,dx$.

(ii) $\int (f(x) + g(x))\,dx = \int f(x)\,dx + \int g(x)\,dx$.

Prova do item (i):

Seja $F(x)$ uma primitiva de $f(x)$. Então, $K f(x)$ é uma primitiva de $K f(x)$, pois $(K F(x))' = K F'(x) = K f(x)$. Dessa forma, temos:

$$\int Kf(x)\,dx = KF(x) + c = KF(x) + Kc_1$$

$$= K[F(x) + c_1] = K\int f(x)\,dx.$$

Prova do item (ii):

Sejam $F(x)$ e $G(x)$ funções primitivas de $f(x)$ e $g(x)$, respectivamente. Então, $F(x) + G(x)$ é uma primitiva da função $(f(x) + g(x))$, pois $[F(x) + G(x)]' = F'(x) + G'(x) = f(x) + g(x)$.

Portanto,

$$\int (f(x) + g(x))\,dx = [F(x) + G(x)] + c$$

$$= [F(x) + G(x)] + c_1 + c_2, \text{ onde } c = c_1 + c_2$$

$$= [F(x) + c_1] + [G(x) + c_2]$$

$$= \int f(x)\,dx + \int g(x)\,dx.$$

O processo de integração exige muita intuição, pois conhecendo apenas a derivada de uma dada função nós queremos descobrir a função. Podemos obter uma tabela de integrais, chamadas imediatas, a partir das derivadas das funções elementares.

6.1.9 Exemplos

(i) Sabemos que $(\operatorname{sen} x')= \cos x$. Então $\int \cos x \, dx = \operatorname{sen} x + c$.

(ii) Como $(-\cos \theta)' = \operatorname{sen} \theta$, então $\int \operatorname{sen} \theta \, d\theta = -\cos \theta + c$.

(iii) $\int e^x dx = e^x + c$, pois $(e^x)' = e^x$.

(iv) $x^{2/3} dx = \dfrac{3}{5} x^{5/3} + c$, pois $(3/5 x^{5/3})' = x^{2/3}$.

(v) $\int \dfrac{dt}{\sqrt{t}} = 2\sqrt{t} + c$, pois $(2\sqrt{t})' = 1/\sqrt{t}$.

6.1.10 Tabela de Integrais Imediatas

(1) $\int du = u + c$

(2) $\int \dfrac{du}{u} = \ln|u| + c$

(3) $\int u^\alpha du = \dfrac{u^{\alpha+1}}{\alpha+1} + c$ (α é constante $\neq -1$)

(4) $\int a^u du = \dfrac{a^u}{\ln a} + c$

(5) $\int e^u du = e^u + c$

(6) $\int \operatorname{sen} u \, du = -\cos u + c$

(7) $\int \cos u \, du = \operatorname{sen} u + c$

(8) $\int \sec^2 u \, du = \operatorname{tg} u + c$

(9) $\int \operatorname{cosec}^2 u \, du = -\operatorname{cotg} u + c$

(10) $\int \sec u \cdot \operatorname{tg} u \, du = \sec u + c$

(11) $\int \operatorname{cosec} u \cdot \operatorname{cotg} u \, du = -\operatorname{cosec} u + c$

(12) $\int \dfrac{du}{\sqrt{1-u^2}} = \operatorname{arc sen} u + c$

(13) $\int \dfrac{du}{1+u^2} = \operatorname{arc tg} u + c$

(14) $\int \dfrac{du}{u\sqrt{u^2-1}} = \operatorname{arc sec} u + c$

(15) $\int \operatorname{senh} u \, du = \cosh u + c$

(16) $\int \cosh u \, du = \operatorname{senh} u + c$

(17) $\int \operatorname{sech}^2 u \, du = \operatorname{tgh} u + c$

(18) $\int \operatorname{cosech}^2 u \, du = -\operatorname{cotgh} u + c$

(19) $\int \operatorname{sech} u \cdot \operatorname{tgh} u \, du = -\operatorname{sech} u + c$

(20) $\int \operatorname{cosech} u \cdot \operatorname{cotgh} u \, du = -\operatorname{cosech} u + c$

(21) $\int \dfrac{du}{\sqrt{1+u^2}} = \operatorname{arg senh} u + c = \ln|u + \sqrt{u^2+1}| + c$

(22) $\int \dfrac{du}{\sqrt{u^2-1}} = \operatorname{arg cosh} u + c = \ln|u + \sqrt{u^2-1}| + c$

(23) $\displaystyle\int \frac{du}{1-u^2} = \begin{cases} \text{arg tgh } u + c, & \text{se } |u| < 1 \\ \text{arg cotgh } u + c, & \text{se } |u| > 1 \end{cases}$

$\qquad\qquad = \dfrac{1}{2} \ln \left| \dfrac{1+u}{1-u} \right| + c$

(24) $\displaystyle\int \frac{du}{u\sqrt{1-u^2}} = -\text{arg sech } |u| + c$

(25) $\displaystyle\int \frac{du}{u\sqrt{1+u^2}} = -\text{arg cosech } |u| + c.$

Usando as propriedades da integral indefinida e a tabela de integrais, podemos calcular a integral indefinida de algumas funções.

6.1.11 Exemplos Calcular as integrais indefinidas.

(i) $\displaystyle\int (3x^2 + 5 + \sqrt{x})\, dx.$

Usando as propriedades da integral indefinida e a tabela de integrais, temos:

$$\int (3x^2 + 5 + \sqrt{x})\, dx = 3\int x^2 dx + 5\int dx + \int x^{1/2} dx$$

$$= 3\frac{x^3}{3} + 5x + \frac{x^{3/2}}{3/2} + c$$

$$= x^3 + 5x + \frac{2}{3} x^{3/2} + c.$$

(ii) $\displaystyle\int (3\sec x \cdot \text{tg } x + \text{cosec}^2 x)\, dx.$

Temos:

$$\int (3\sec x \cdot \text{tg } x + \text{cosec}^2 x)\, dx = 3\int \sec x \,\text{tg } x\, dx + \int \text{cosec}^2 x\, dx$$

$$= 3\sec x - \text{cotg } x + c.$$

(iii) $\displaystyle\int \frac{\sec^2 x}{\text{cosec } x}\, dx.$

Nesse caso, temos:

$$\int \frac{\sec^2 x}{\text{cosec } x}\, dx = \int \frac{1}{\cos x} \cdot \frac{\text{sen } x}{\cos x}\, dx = \int \text{tg } x \cdot \sec x\, dx = \sec x + c.$$

(iv) $\displaystyle\int (\sqrt[3]{x^2} + 1/3x)\, dx.$

Temos:

$$\int (\sqrt[3]{x^2} + 1/3x)\, dx = \int \sqrt[3]{x^2}\, dx + \int 1/3x\, dx$$

$$= \int x^{2/3} dx + \frac{1}{3}\int \frac{dx}{x}$$

$$= \frac{x^{5/3}}{5/3} + \frac{1}{3} \ln|x| + c$$

$$= \frac{3}{5} x^{5/3} + \frac{1}{3} \ln|x| + c.$$

(v) $\int \dfrac{x^4 + 3x^{-1/2} + 4}{\sqrt[3]{x}} \, dx.$

Temos:

$$\int \frac{x^4 + 3x^{-1/2} + 4}{\sqrt[3]{x}} \, dx = \int \left(\frac{x^4}{\sqrt[3]{x}} + \frac{3x^{-1/2}}{\sqrt[3]{x}} + \frac{4}{\sqrt[3]{x}} \right) dx$$

$$= \int (x^{11/3} + 3x^{-5/6} + 4x^{-1/3}) \, dx$$

$$= \int x^{11/3} \, dx + 3 \int x^{-5/6} \, dx + 4 \int x^{-1/3} \, dx$$

$$= \frac{x^{14/3}}{14/3} + 3 \cdot \frac{x^{1/6}}{1/6} + 4 \cdot \frac{x^{2/3}}{2/3} + c$$

$$= \frac{3}{14} x^{14/3} + 18 x^{1/6} + 6 x^{2/3} + c.$$

(vi) $\int \left(2 \cos x + \dfrac{1}{\sqrt{x}} \right) dx.$

Temos:

$$\int \left(2 \cos x + \frac{1}{\sqrt{x}} \right) dx = \int 2 \cos x \, dx + \int \frac{dx}{\sqrt{x}}$$

$$= \int 2 \cos x \, dx + \int x^{-1/2} \, dx$$

$$= 2 \operatorname{sen} x + \frac{x^{1/2}}{1/2} + c$$

$$= 2 \operatorname{sen} x + 2\sqrt{x} + c.$$

(vii) $\int \left(2e^x - \dfrac{\operatorname{sen} x}{\cos^2 x} + \dfrac{2}{x^7} \right) dx.$

Temos:

$$\int \left(2e^x - \frac{\operatorname{sen} x}{\cos^2 x} + \frac{2}{x^7} \right) dx = \int 2e^x \, dx - \int \frac{\operatorname{sen} x}{\cos^2 x} \, dx + \int \frac{2 \, dx}{x^7}$$

$$= 2 \int e^x \, dx - \int \sec x \cdot \operatorname{tg} x \, dx + 2 \int x^{-7} \, dx$$

$$= 2e^x - \sec x + 2 \cdot \frac{x^{-6}}{-6} + c$$

$$= 2e^x - \sec x - \frac{1}{3x^6} + c.$$

6.2 Exercícios

Nos exercícios de 1 a 10, calcular a integral e, em seguida, derivar as respostas para conferir os resultados.

1. $\int \dfrac{dx}{x^3}$

2. $\int \left(9t^2 + \dfrac{1}{\sqrt{t^3}}\right) dt$

3. $\int (ax^4 + bx^3 + 3c)\,dx$

4. $\int \left(\dfrac{1}{\sqrt{x}} + \dfrac{x\sqrt{x}}{3}\right) dx$

5. $\int (2x^2 - 3)^2\,dx$

6. $\int \dfrac{dx}{\operatorname{sen}^2 x}$

7. $\int \left(\sqrt{2y} - \dfrac{1}{\sqrt{2y}}\right) dy$

8. $\int \dfrac{\sqrt{2}\,dt}{3t^2 + 3}$

9. $\int x^3 \sqrt{x}\,dx$

10. $\int \dfrac{x^5 + 2x^2 - 1}{x^4}\,dx$

Nos exercícios de 11 a 31, calcular as integrais indefinidas.

11. $\int \dfrac{x^2}{x^2 + 1}\,dx$

12. $\int \dfrac{x^2 + 1}{x^2}\,dx$

13. $\int \dfrac{\operatorname{sen} x}{\cos^2 x}\,dx$

14. $\int \sqrt{\dfrac{9}{1 - x^2}}\,dx$

15. $\int \sqrt{\dfrac{4}{x^4 - x^2}}\,dx$

16. $\int \dfrac{8x^4 - 9x^3 + 6x^2 - 2x + 1}{x^2}\,dx$

17. $\int \left(\dfrac{e^t}{2} + \sqrt{t} + \dfrac{1}{t}\right) dt$

18. $\int \cos\theta \cdot \operatorname{tg}\theta \, d\theta$

19. $\int (e^x - e^{-x})\,dx$

20. $\int (t + \sqrt{t} + \sqrt[3]{t} + \sqrt[4]{t} + \sqrt[5]{t})\,dt$

21. $\int \dfrac{x^{-1/3} - 5}{x}\,dx$

22. $\int (2^t - \sqrt{2}\,e^t + \cosh t)\,dt$

23. $\int \sec^2 x (\cos^3 x + 1)\,dx$

24. $\int \dfrac{dx}{(ax)^2 + a^2}$, $a \neq 0$, constante.

25. $\int \dfrac{x^2 - 1}{x^2 + 1}\,dx$

26. $\int \sqrt[3]{8(t-2)^6 \left(t + \dfrac{1}{2}\right)^3}\,dt$

27. $\int \left(e^t - \sqrt[4]{16t} + \dfrac{3}{t^3}\right) dt$

28. $\int \dfrac{\ln x}{x \ln x^2}\,dx$

29. $\int \operatorname{tg}^2 x \operatorname{cosec}^2 x\,dx$

30. $\int (x-1)^2 (x+1)^2\,dx$

31. $\int \dfrac{dt}{(n - 1/2)t^n}$, onde $n \in \mathbb{Z}$.

32. Encontrar uma primitiva F, da função $f(x) = x^{2/3} + x$, que satisfaça $F(1) = 1$.

33. Determinar a função $f(x)$ tal que

$$\int f(x)dx = x^2 + \frac{1}{2}\cos 2x + c.$$

34. Encontrar uma primitiva da função $f(x) = \frac{1}{x^2} + 1$ que se anule no ponto $x = 2$.

35. Sabendo que a função $f(x)$ satisfaz a igualdade

$$\int f(x)dx = \operatorname{sen} x - x \cos x - \frac{1}{2}x^2 + c, \text{ determinar } f(\pi/4).$$

36. Encontrar uma função f tal que $f'(x) + \operatorname{sen} x = 0$ e $f(0) = 2$.

6.3 Método da Substituição ou Mudança de Variável para Integração

Algumas vezes, é possível determinar a integral de uma dada função aplicando uma das fórmulas básicas depois de ser feita uma mudança de variável. Esse processo é análogo à regra da cadeia para derivação e pode ser justificado como segue.

Sejam $f(x)$ e $F(x)$ duas funções tais que $F'(x) = f(x)$. Suponhamos que g seja outra função derivável tal que a imagem de g esteja contida no domínio de F. Podemos considerar a função composta $F_0 g$.

Pela regra da cadeia, temos:

$[F(g(x))]' = F'(g(x)) \cdot g'(x) = f(g(x)) \cdot g'(x)$, isto é, $F(g(x))$ é uma primitiva de $f(g(x)) \cdot g'(x)$.

Temos, então:

$$\int f(g(x)) \cdot g'(x)dx = F(g(x)) + c. \tag{1}$$

Fazendo $u = g(x), du = g'(x)dx$ e substituindo em (1), vem:

$$\int f(g(x)) \cdot g'(x)dx = \int f(u)\, du = F(u) + c.$$

Na prática, devemos então definir uma função $u = g(x)$ conveniente, de tal forma que a integral obtida seja mais simples.

6.3.1 Exemplos Calcular as integrais:

(i) $\int \dfrac{2x}{1 + x^2} dx$.

Fazemos $u = 1 + x^2$. Então, $du = 2x\,dx$. Temos:

$$\int \frac{2x}{1 + x^2} dx = \int \frac{du}{u}$$

$$= \ln |u| + c$$

$$= \ln (1 + x^2) + c.$$

(ii) $\int \text{sen}^2 x \cos x \, dx$.

Se fizermos $u = \text{sen } x$, então $du = \cos x \, dx$. Assim:

$$\int \text{sen}^2 x \cos x \, dx = \int u^2 \, du$$
$$= \frac{u^3}{3} + c$$
$$= \frac{\text{sen}^3 x}{3} + c.$$

(iii) $\int \text{sen}(x + 7) \, dx$.

Fazendo $u = x + 7$, temos $du = dx$. Então,

$$\int \text{sen}(x + 7) \, dx = \int \text{sen } u \, du$$
$$= -\cos u + c$$
$$= -\cos(x + 7) + c.$$

(iv) $\int \text{tg } x \, dx$.

Podemos escrever $\int \text{tg } x \, dx = \int \frac{\text{sen } x}{\cos x} \, dx$.

Fazendo $u = \cos x$, temos $du = -\text{sen } x \, dx$ e então $\text{sen } x \, dx = -du$. Portanto,

$$\int \text{tg } x \, dx = \int \frac{-du}{u} = -\int \frac{du}{u} = -\ln|u| + c$$
$$= -\ln|\cos x| + c.$$

(v) $\int \frac{dx}{(3x - 5)^8}$.

Fazendo $u = 3x - 5$, temos $du = 3 \, dx$ ou $dx = 1/3 \, du$. Portanto,

$$\int \frac{dx}{(3x - 5)^8} = \int \frac{1/3 \, du}{u^8} = \frac{1}{3} \int u^{-8} \, du = \frac{1}{3} \frac{u^{-7}}{-7} + c$$
$$= \frac{-1}{21(3x - 5)^7} + c.$$

(vi) $\int (x + \sec^2 3x) \, dx$.

Podemos escrever:

$$\int (x + \sec^2 3x) \, dx = \int x \, dx + \int \sec^2 3x \, dx$$
$$= \frac{x^2}{2} + \int \sec^2 3x \, dx. \tag{1}$$

Para resolver $\int \sec^2 3x \, dx$, fazemos a substituição $u = 3x$. Temos, então, $du = 3dx$ ou $dx = 1/3 \, du$. Assim:

$$\int \sec^2 3x \, dx = \int \sec^2 u \cdot \frac{1}{3} du = \frac{1}{3} \int \sec^2 u \, du$$

$$= \frac{1}{3} \operatorname{tg} u + c = \frac{1}{3} \operatorname{tg} 3x + c.$$

Substituindo em (1), obtemos:

$$\int (x + \sec^2 3x) \, dx = \frac{x^2}{2} + \frac{1}{3} \operatorname{tg} 3x + c.$$

(vii) $\int \dfrac{du}{u^2 + a^2}$, $(a \neq 0)$.

Como $a \neq 0$, podemos escrever a integral dada na forma

$$\int \frac{du}{u^2 + a^2} = \int \frac{\frac{du}{a^2}}{\frac{u^2 + a^2}{a^2}} = \frac{1}{a^2} \int \frac{du}{\frac{u^2}{a^2} + 1}.$$

Fazemos a substituição $v = u/a$. Temos, então, $dv = 1/a \, du$ ou $du = a \, dv$. Portanto,

$$\int \frac{du}{u^2 + a^2} = \frac{1}{a^2} \int \frac{a \, dv}{v^2 + 1} = \frac{1}{a} \int \frac{dv}{v^2 + 1}$$

$$= \frac{1}{a} \operatorname{arc tg} v + c$$

$$= \frac{1}{a} \operatorname{arc tg} \frac{u}{a} + c.$$

(viii) $\int \dfrac{dx}{x^2 + 6x + 13}$.

Para resolver esta integral devemos completar o quadrado do denominador. Escrevemos:

$x^2 + 6x + 13 = x^2 + 2 \cdot 3x + 9 - 9 + 13$

$\qquad\qquad\qquad = (x + 3)^2 + 4.$

Portanto,

$$\int \frac{dx}{x^2 + 6x + 13} = \int \frac{dx}{(x + 3)^2 + 4}.$$

Fazendo $u = x + 3$, $du = dx$ e usando o exemplo anterior, obtemos:

$$\int \frac{dx}{x^2 + 6x + 13} = \int \frac{du}{u^2 + 2^2} = \frac{1}{2} \operatorname{arc tg} \frac{u}{2} + c$$

$$= \frac{1}{2} \operatorname{arc tg} \frac{x + 3}{2} + c.$$

(ix) $\int \dfrac{\sqrt{x - 2}}{x + 1} dx$.

Nesse caso, fazemos a substituição $u = \sqrt{x - 2}$. Então, $u^2 = x - 2$ ou $x = u^2 + 2$, ou ainda, $dx = 2 u \, du$.

Substituindo na integral, vem:

$$\int \frac{\sqrt{x-2}}{x+1} dx = \int \frac{u}{u^2+2+1} \cdot 2u \, du$$

$$= \int \frac{2u^2 \, du}{u^2+3} = 2\int \frac{u^2 \, du}{u^2+3}.$$

Efetuando a divisão dos polinômios, temos:

$$\int \frac{\sqrt{x-2}}{x+1} dx = 2\int \left(1 + \frac{-3}{u^2+3}\right) du$$

$$= 2\left[\int du - 3\int \frac{du}{u^2+3}\right]$$

$$= 2u - 6\int \frac{du}{u^2+3}$$

$$= 2u - \frac{6}{\sqrt{3}} \text{arc tg} \frac{u}{\sqrt{3}} + c$$

$$= 2\sqrt{x-2} - \frac{6}{\sqrt{3}} \text{arc tg} \frac{\sqrt{x-2}}{\sqrt{3}} + c.$$

(x) $\int \sqrt{t^2 - 2t^4} \, dt.$

Escrevemos:

$$\int \sqrt{t^2 - 2t^4} \, dt = \int \sqrt{t^2(1-2t^2)} \, dt = \int t\sqrt{1-2t^2} \, dt.$$

Fazendo $u = 1 - 2t^2$, temos $du = -4t \, dt$ e então $t \, dt = \frac{-du}{4}$. Assim:

$$\int \sqrt{t^2 - 2t^4} \, dt = \int u^{1/2} \cdot \frac{-du}{4} = -\frac{1}{4}\int u^{1/2} du$$

$$= -\frac{1}{4} \frac{u^{3/2}}{3/2} + c = \frac{-1}{6}(1-2t^2)^{3/2} + c.$$

6.4 Exercícios

Calcular as integrais seguintes usando o método da substituição.

1. $\int (2x^2 + 2x - 3)^{10}(2x+1) dx$

2. $\int (x^3 - 2)^{1/7} x^2 \, dx$

3. $\int \frac{x \, dx}{\sqrt[5]{x^2 - 1}}$

4. $\int 5x\sqrt{4 - 3x^2} \, dx$

5. $\int \sqrt{x^2 + 2x^4} \, dx$

6. $\int (e^{2t} + 2)^{1/3} e^{2t} \, dt$

7. $\int \frac{e^t \, dt}{e^t + 4}$

8. $\int \frac{e^{1/x} + 2}{x^2} \, dx$

9. $\int \operatorname{tg} x \sec^2 x \, dx$

10. $\int \operatorname{sen}^4 x \cos x \, dx$

11. $\int \dfrac{\operatorname{sen} x}{\cos^5 x} \, dx$

12. $\int \dfrac{2 \operatorname{sen} x - 5 \cos x}{\cos x} \, dx$

13. $\int e^x \cos 2e^x \, dx$

14. $\int \dfrac{x}{2} \cos x^2 \, dx$

15. $\int \operatorname{sen}(5\theta - \pi) \, d\theta$

16. $\int \dfrac{\operatorname{arc\,sen} y}{2\sqrt{1 - y^2}} \, dy$

17. $\int \dfrac{2 \sec^2 \theta}{a + b \operatorname{tg} \theta} \, d\theta$

18. $\int \dfrac{dx}{16 + x^2}$

19. $\int \dfrac{dy}{y^2 - 4y + 4}$

20. $\int \sqrt[3]{\operatorname{sen} \theta} \cos \theta \, d\theta$

21. $\int \dfrac{\ln x^2}{x} \, dx$

22. $\int (e^{ax} + e^{-ax})^2 \, dx$

23. $\int \sqrt{3t^4 + t^2} \, dt$

24. $\int \dfrac{4 \, dx}{4x^2 + 20x + 34}$

25. $\int \dfrac{3 \, dx}{x^2 - 4x + 1}$

26. $\int \dfrac{e^x \, dx}{e^{2x} + 16}$

27. $\int \dfrac{\sqrt{x + 3}}{x - 1} \, dx$

28. $\int \dfrac{3 \, dx}{x \ln^2 3x}$

29. $\int (\operatorname{sen} 4x + \cos 2\pi) \, dx$

30. $\int 2^{x^2+1} x \, dx$

31. $\int x e^{3x^2} \, dx$

32. $\int \dfrac{dt}{(2 + t)^2}$

33. $\int \dfrac{dt}{t \ln t}$

34. $\int 8x \sqrt{1 - 2x^2} \, dx$

35. $\int (e^{2x} + 2)^5 e^{2x} \, dx$

36. $\int \dfrac{4t \, dt}{\sqrt{4t^2 + 5}}$

37. $\int \dfrac{\cos x}{3 - \operatorname{sen} x} \, dx$

38. $\int \dfrac{dv}{\sqrt{v}(1 + \sqrt{v})^5}$

39. $\int x^2 \sqrt{1 + x} \, dx$

40. $\int x^4 e^{-x^5} \, dx$

41. $\int t \cos t^2 \, dt$

42. $\int 8x^2 \sqrt{6x^3 + 5} \, dx$

43. $\int \operatorname{sen}^{1/2} 2\theta \cos 2\theta \, d\theta$

44. $\int \sec^2(5x + 3) \, dx$

45. $\int \dfrac{\operatorname{sen} \theta \, d\theta}{(5 - \cos \theta)^3}$

46. $\int \operatorname{cotg} u \, du$

47. $\int (1 + e^{-at})^{3/2} e^{-at} dt, \ a > 0$

48. $\int \dfrac{\cos \sqrt{x}}{\sqrt{x}} dx$

49. $\int t\sqrt{t - 4}\, dt$

50. $\int x^2 (\text{sen } 2x^3 + 4x) dx$

6.5 Método de Integração por Partes

Sejam $f(x)$ e $g(x)$ funções deriváveis no intervalo I. Temos:

$$[f(x) \cdot g(x)]' = f(x) \cdot g'(x) + g(x) \cdot f'(x)$$

ou,

$$f(x) \cdot g'(x) = [f(x) \cdot g(x)]' - g(x) \cdot f'(x).$$

Integrando ambos os lados dessa equação, obtemos:

$$\int f(x) \cdot g'(x) dx = \int [f(x) \cdot g(x)]' dx - \int g(x) \cdot f'(x) dx,$$

ou ainda,

$$\int f(x) \cdot g'(x) dx = f(x) \cdot g(x) - \int g(x) \cdot f'(x) dx. \qquad (1)$$

Observamos que na expressão (1) deixamos de escrever a constante de integração, já que no decorrer do desenvolvimento aparecerão outras. Todas elas podem ser representadas por uma única constante c, que introduziremos no final do processo.

Na prática, costumamos fazer

$u = f(x) \Rightarrow du = f'(x) dx$

e

$v = g(x) \Rightarrow dv = g'(x) dx.$

Substituindo em (1), vem

$$\int u\, dv = uv - \int v\, du,$$

que é a fórmula de integração por partes.

6.5.1 Exemplos

(i) Calcular $\int xe^{-2x} dx$.

Antes de resolver essa integral, queremos salientar que a escolha de u e dv são feitas convenientemente.

Nesse exemplo, escolhemos $u = x$ e $dv = e^{-2x} dv$. Temos:

$u = x \qquad \Rightarrow \quad du = dx$

$dv = e^{-2x} dx \quad \Rightarrow \quad v = \int e^{-2x} dx = \dfrac{-1}{2} e^{-2x}.$

Aplicamos, então, a fórmula

$$\int u\, dv = u \cdot v - \int v\, du$$

e obtemos:

$$\int x e^{-2x} dx = x \cdot \left(\frac{-1}{2}\right) e^{-2x} - \int \frac{-1}{2} e^{-2x} dx.$$

Calculando a última integral, vem:

$$\int x \cdot e^{-2x} dx = \frac{-1}{2} x e^{-2x} - \frac{1}{4} e^{-2x} + c.$$

Observamos que, se tivéssemos escolhido $u = e^{-2x}$ e $dv = x\, dx$, o processo nos levaria a uma integral mais complicada.

(ii) Calcular $\int \ln x\, dx$.

Seja

$u = \ln x \;\Rightarrow\; du = 1/x\, dx$

$dv = dx \;\Rightarrow\; v = \int dx = x.$

Integrando por partes, vem:

$$\int \ln x\, dx = (\ln x) \cdot x - \int x \cdot \frac{1}{x} dx$$

$$= x \ln x - \int dx$$

$$= x \ln x - x + c.$$

(iii) Calcular $\int x^2 \operatorname{sen} x\, dx$.

Neste exemplo, vamos aplicar o método duas vezes. Seja:

$u = x^2 \;\Rightarrow\; du = 2x\, dx$

$dv = \operatorname{sen} x\, dx \;\Rightarrow\; v = \int \operatorname{sen} x\, dx = -\cos x.$

Integrando por partes, vem:

$$\int x^2 \cdot \operatorname{sen} x\, dx = x^2(-\cos x) - \int (-\cos x) 2x\, dx$$

$$= -x^2 \cos x + 2 \int x \cos x\, dx.$$

A integral $\int x \cos x\, dx$ deve ser resolvida também por partes. Fazemos,

$u = x \;\Rightarrow\; du = dx$

$dv = \cos x\, dx \;\Rightarrow\; v = \int \cos x\, dx = \operatorname{sen} x.$

Temos:

$$\int x \cos x\, dx = x \operatorname{sen} x - \int \operatorname{sen} x\, dx.$$

Logo:

$$\int x^2 \operatorname{sen} x \, dx = -x^2 \cos x + 2[x \operatorname{sen} x - \int \operatorname{sen} x \, dx]$$

$$= -x^2 \cos x + 2x \operatorname{sen} x + 2 \cos x + c.$$

(iv) Calcular $\int e^{2x} \operatorname{sen} x \, dx$.

Esse exemplo ilustra um artifício para o cálculo, que envolve também duas aplicações da fórmula de integração por partes.

Seja:

$u = e^{2x} \quad \Rightarrow \quad du = 2e^{2x} \, dx$

$dv = \operatorname{sen} x \, dx \quad \Rightarrow \quad v = \int \operatorname{sen} x \, dx = -\cos x.$

Aplicando a integração por partes, vem:

$$\int e^{2x} \operatorname{sen} x \, dx = e^{2x}(-\cos x) - \int (-\cos x) 2e^{2x} \, dx$$

$$= -e^{2x} \cos x + 2 \int e^{2x} \cos x \, dx.$$

Resolvendo $\int e^{2x} \cos x \, dx$ por partes, fazendo $u = e^{2x}$ e $dv = \cos x \, dx$, encontramos

$$\int e^{2x} \operatorname{sen} x \, dx = -e^{2x} \cos x + 2[e^{2x} \operatorname{sen} x - \int \operatorname{sen} x \cdot 2 e^{2x} \, dx]$$

$$= -e^{2x} \cos x + 2 e^{2x} \operatorname{sen} x - 4 \int e^{2x} \operatorname{sen} x \, dx. \tag{2}$$

Observamos que a integral do 2º membro é exatamente a integral que queremos calcular. Somando $4 \int e^{2x} \operatorname{sen} x \, dx$ a ambos os lados de (2), obtemos:

$$5 \int e^{2x} \operatorname{sen} x \, dx = -e^{2x} \cos x + 2e^{2x} \operatorname{sen} x.$$

Logo,

$$\int e^{2x} \operatorname{sen} x \, dx = \frac{1}{5}(2 e^{2x} \operatorname{sen} x - e^{2x} \cos x) + c.$$

(v) Calcular $\int \operatorname{sen}^3 x \, dx$.

Nesse caso, fazemos:

$u = \operatorname{sen}^2 x \quad \Rightarrow \quad du = 2 \operatorname{sen} x \cos x \, dx$

$dv = \operatorname{sen} x \, dx \quad \Rightarrow \quad v = \int \operatorname{sen} x \, dx = -\cos x.$

Então:

$$\int \operatorname{sen}^3 x \, dx = \operatorname{sen}^2 x \cdot (-\cos x) - \int -\cos x \cdot 2 \operatorname{sen} x \cos x \, dx$$

$$= -\operatorname{sen}^2 x \cos x + 2\int \cos^2 x \operatorname{sen} x \, dx$$

$$= -\operatorname{sen}^2 x \cos x - 2\frac{\cos^3 x}{3} + c.$$

6.6 Exercícios

Resolver as seguintes integrais usando a técnica de integração por partes.

1. $\int x \operatorname{sen} 5x \, dx$

2. $\int \ln(1-x) \, dx$

3. $\int t \, e^{4t} \, dt$

4. $\int (x+1)\cos 2x \, dx$

5. $\int x \ln 3x \, dx$

6. $\int \cos^3 x \, dx$

7. $\int e^x \cos \frac{x}{2} \, dx$

8. $\int \sqrt{x} \ln x \, dx$

9. $\int \operatorname{cosec}^3 x \, dx$

10. $\int x^2 \cos ax \, dx$

11. $\int x \operatorname{cosec}^2 x \, dx$

12. $\int \operatorname{arc\,cotg} 2x \, dx$

13. $\int e^{ax} \operatorname{sen} bx \, dx$

14. $\int \frac{\ln(ax+b)}{\sqrt{ax+b}} \, dx$

15. $\int x^3 \sqrt{1-x^2} \, dx$

16. $\int \ln^3 2x \, dx$

17. $\int \operatorname{arc\,tg} ax \, dx$

18. $\int x^3 \operatorname{sen} 4x \, dx$

19. $\int (x-1) e^{-x} \, dx$

20. $\int x^2 \ln x \, dx$

21. $\int x^2 e^x \, dx$

22. $\int \operatorname{arc\,sen} \frac{x}{2} \, dx$

23. $\int (x-1) \sec^2 x \, dx$

24. $\int e^{3x} \cos 4x \, dx$

25. $\int x^n \ln x \, dx, \ n \in N$

26. $\int \ln(x^2+1) \, dx$

27. $\int \ln(x + \sqrt{1+x^2}) \, dx$

28. $\int x \operatorname{arc\,tg} x \, dx$

29. $\int x^5 e^{x^2} dx$

30. $\int x \cos^2 x \, dx$

31. $\int (x+3)^2 e^x dx$

32. $\int x\sqrt{x+1}\, dx$

33. $\int \cos(\ln x)\, dx$

34. $\int \operatorname{arc\,cos} x\, dx$

35. $\int \sec^3 x\, dx$

36. $\int \dfrac{1}{x^3} e^{1/x} dx.$

6.7 Área

Desde os tempos mais antigos os matemáticos se preocupam com o problema de determinar a área de uma figura plana. O procedimento mais usado foi o método da exaustão, que consiste em aproximar a figura dada por meio de outras, cujas áreas são conhecidas.

Como exemplo, podemos citar o círculo. Para definir sua área, consideramos um polígono regular inscrito de n lados, que denotamos por P_n (Figura 6.2(a)).

Seja A_n a área do polígono P_n. Então, $A_n = n \cdot A_{T_n}$, onde A_{T_n} é a área do triângulo de base l_n e altura h_n (Figura 6.2(b)).

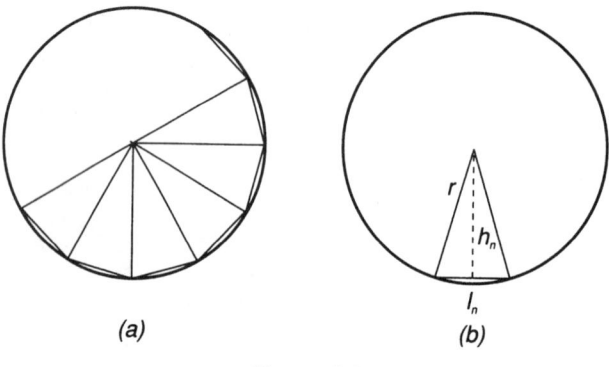

Figura 6.2

Como $A_{T_n} = \dfrac{l_n \cdot h_n}{2}$ e o perímetro do polígono P_n é dado por $p_n = n l_n$, vem:

$$A_n = n \cdot \dfrac{l_n \cdot h_n}{2} = \dfrac{p_n \cdot h_n}{2}.$$

Fazendo n crescer cada vez mais, isto é, $n \to +\infty$, o polígono P_n torna-se uma aproximação do círculo. O perímetro p_n aproxima-se do comprimento da circunferência $2\pi r$ e a altura h_n aproxima-se do raio r.

Temos:

$$\lim_{n \to \infty} A_n = \dfrac{2\pi r \cdot r}{2} = \pi r^2,$$ que é a área do círculo.

Para definir a área de uma figura plana qualquer, procedemos de forma análoga. Aproximamos a figura por polígonos cujas áreas possam ser calculadas pelos métodos da geometria elementar.

Consideremos agora o problema de definir a área de uma região plana S, delimitada pelo gráfico de uma função contínua não negativa f, pelo eixo dos x e por duas retas $x = a$ e $x = b$ (ver Figura 6.3).

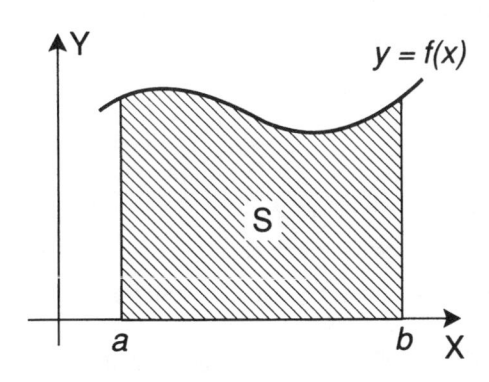

Figura 6.3

Para isso, fazemos uma partição do intervalo $[a, b]$, isto é, dividimos o intervalo $[a, b]$ em n subintervalos, escolhendo os pontos:

$a = x_0 < x_1 < ... < x_{i-1} < x_i < ... < x_n = b.$

Seja $\Delta x_i = x_i - x_{i-1}$ o comprimento do intervalo $[x_{i-1}, x_i]$.

Em cada um destes intervalos $[x_{i-1}, x_i]$, escolhemos um ponto qualquer c_i.

Para cada i, $i = 1, ..., n$, construímos um retângulo de base Δx_i e altura $f(c_i)$ (ver Figura 6.4).

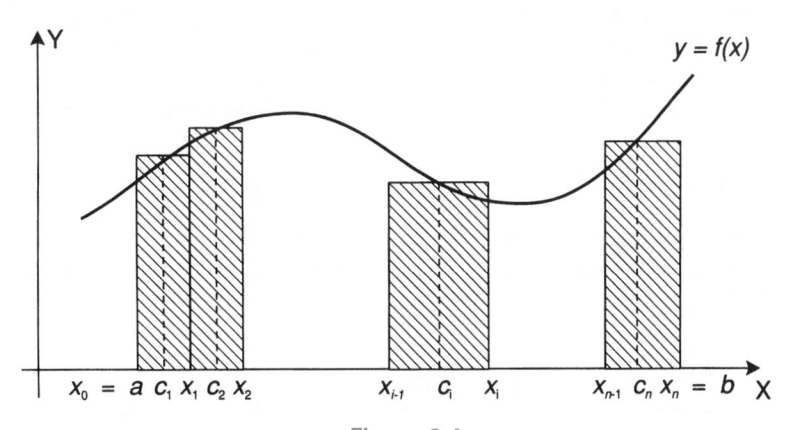

Figura 6.4

A Figura 6.5 ilustra esses retângulos nos casos $n = 4$ e $n = 8$.

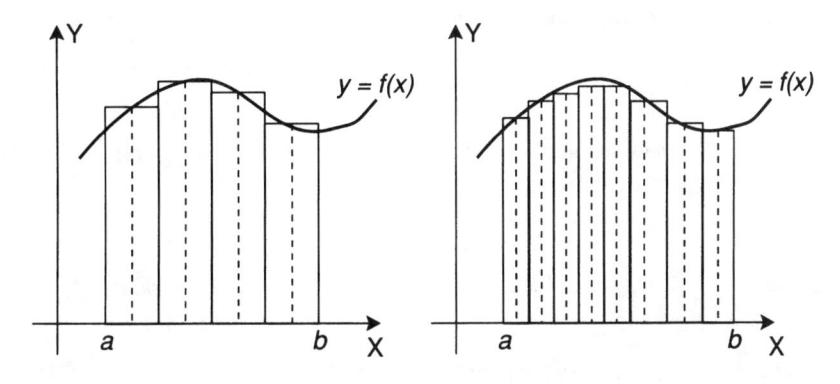

Figura 6.5

A soma das áreas dos n retângulos, que representamos por S_n, é dada por

$$S_n = f(c_1)\Delta x_1 + f(c_2)\Delta x_2 + \ldots + f(c_n)\Delta x_n$$

$$= \sum_{i=1}^{n} f(c_i)\Delta x_i.$$

Esta soma é chamada *soma de Riemann* da função $f(x)$.

Podemos observar que à medida que n cresce muito e cada Δx_i, $i = 1, \ldots, n$, torna-se muito pequeno, a soma das áreas retangulares aproxima-se do que intuitivamente entendemos como a área de S.

6.7.1 Definição Seja $y = f(x)$ uma função contínua, não negativa em $[a, b]$. A área sob a curva $y = f(x)$, de a até b, é definida por:

$$A = \lim_{\text{máx}\Delta x_i \to 0} \sum_{i=1}^{n} f(c_i)\Delta x_i,$$

onde para cada $i = 1, \ldots n$, c_i é um ponto arbitrário do intervalo $[x_{i-1}, x_i]$.

É possível provar que o limite desta definição existe e é um número não negativo.

6.8 Distâncias

O cálculo da distância percorrida por um móvel durante um período de tempo, sendo conhecida a velocidade do móvel em todos os instantes, pode ser visualizado como um problema inverso ao cálculo da velocidade, como foi discutido na Seção 4.2.

Quando a velocidade é constante, o problema do cálculo da distância reduz-se a procedimentos elementares a partir do conceito de que:

distância = velocidade × tempo.

Quando a velocidade varia, precisamos elaborar um pouco mais as idéias para encontrar a distância percorrida.

Como exemplo, podemos citar a distância percorrida por um móvel durante 10 segundos. A cada 2 segundos, a velocidade é registrada. Na Tabela 6.1 apresentamos os dados obtidos.

Tabela 6.1

Tempo (segundos)	0	2	4	6	8	10
Velocidade (metros/segundo)	22	78	126	166	198	222

Para fazer uma estimativa da distância percorrida nos primeiros dois segundos, podemos considerar neste período de tempo a velocidade como uma constante igual a 22 m/seg. Assim, a distância percorrida nos dois primeiros segundos é igual a:

22 m/seg × 2 seg = 44 metros

Analogamente, durante o intervalo de tempo de 2 a 4 segundos, podemos considerar a velocidade constante igual a 78 m/seg e então a distância percorrida é de:

78 m/seg × 2 seg = 156 metros

Se somarmos todas as estimativas, vamos ter a distância total de forma aproximada:

22 × 2 + 78 × 2 + 126 × 2 + 166 × 2 + 198 × 2 + 222 × 2 = 1.624 *metros*.

Esses cálculos podem ser visualizados graficamente na Figura 6.6.

Figura 6.6

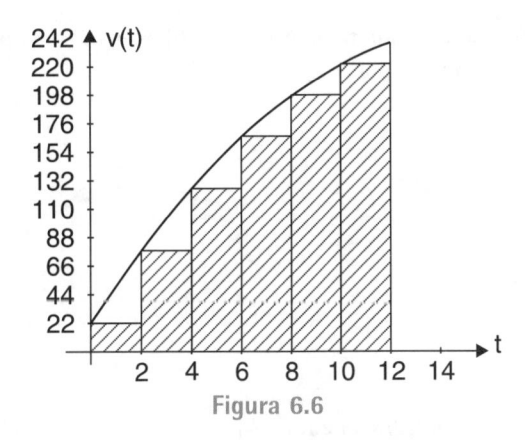

Podemos melhorar a nossa estimativa obtendo os valores da velocidade em intervalos de tempo menores (ver Tabela 6.2). Por exemplo, na Figura 6.7 mostramos a análise para intervalos de segundo a segundo.

Tabela 6.2

Tempo (segundos)	0	1	2	3	4	5	6	7	8	9	10	11
Velocidade (metros/segundo)	22	52	78	103	126	147	166	183	198	211	222	231

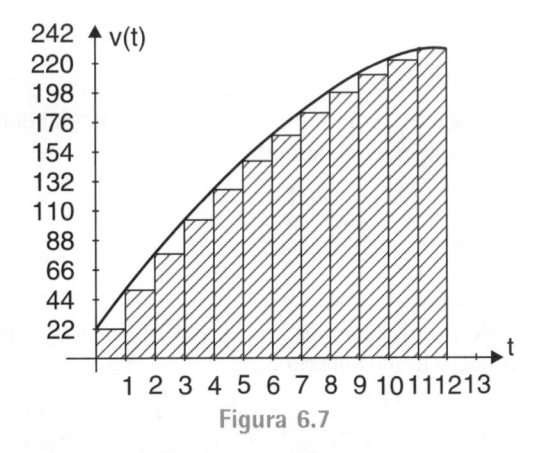

Figura 6.7

Para o conjunto de informações dadas na Figura 6.7 vamos ter o espaço percorrido pelo móvel estimado em:

$22 + 51 + 78 + 103 + 126 + 147 + 166 + 183 + 198 + 211 + 222 + 231 = 1.738$ *metros*.

Observando este exemplo é possível associar com a área como foi discutida na seção anterior, isto é, para calcular a distância percorrida por um móvel cuja velocidade é dada por uma função $v = v(t)$ podemos usar a Soma de Riemann da função para fazer estimativas ou usar similarmente a definição de área:

$$Distância = \lim_{\text{máx } \Delta x_i \to 0} \sum_{i=1}^{n} v(c_i) \Delta t_i$$

É bom lembrar que a grandeza distância não é igual a área. O valor numérico é igual, mas estamos lidando com grandezas diferentes.

6.9 Integral Definida

A integral definida está associada ao limite da Definição 6.7.1 e do Exemplo 6.8. Ela nasceu com a formalização matemática dos problemas de áreas e problemas físicos. De acordo com a terminologia introduzida na seção anterior, temos a seguinte definição.

6.9.1 Definição Seja f uma função definida no intervalo $[a, b]$ e seja P uma partição qualquer de $[a, b]$. A *integral definida* de f de a até b, denotada por:

$$\int_a^b f(x)dx,$$

é dada por:

$$\int_a^b f(x)dx = \lim_{\text{máx}\Delta x_i \to 0} \sum_{i=1}^n f(c_i)\Delta x_i,$$

desde que o limite do 2º membro exista.

Se $\int_a^b f(x)dx$ existe, dizemos que f é *integrável* em $[a, b]$.

Na notação $\int_a^b f(x)dx$, os números a e b são chamados *limites de integração* (a = limite inferior e b = limite superior).

Se f é integrável em $[a, b]$, então:

$$\int_a^b f(x)dx = \int_a^b f(t)dt = \int_a^b f(s)ds,$$

isto é, podemos usar qualquer símbolo para representar a variável independente.

Quando a função f é contínua e não negativa em $[a, b]$, a definição da integral definida coincide com a definição da área (Definição 6.7.1). Portanto, neste caso, a integral definida

$$\int_a^b f(x)dx$$

é a área da região sob o gráfico de f de a até b.

Sempre que utilizamos um intervalo $[a, b]$, supomos $a < b$. Assim, em nossa definição não levamos em conta os casos em que o limite inferior é maior que o limite superior.

6.9.2 Definição

(a) Se $a > b$, então:

$$\int_a^b f(x)dx = -\int_b^a f(x)dx,$$

se a integral à direita existir.

(b) Se $a = b$ e $f(a)$ existe, então:

$$\int_a^a f(x)dx = 0.$$

É muito importante saber quais funções são integráveis. Uma ampla classe de funções usadas no Cálculo é a classe das funções contínuas. O teorema a seguir, cuja demonstração será omitida, garante que elas são integráveis.

6.9.3 Teorema Se f é contínua sobre $[a, b]$, então f é integrável em $[a, b]$.

Propriedades da Integral Definida

6.9.4 Proposição Se f é integrável em $[a, b]$ e k é um número real arbitrário, então kf é integrável em $[a, b]$ e

$$\int_a^b kf(x)dx = k\int_a^b f(x)dx.$$

Prova: Como f é integrável em $[a, b]$, existe o

$$\lim_{\text{máx}\Delta x_i \to 0} \sum_{i=1}^{n} f(c_i)\Delta x_i,$$

e portanto, podemos escrever:

$$\int_a^b kf(x)dx = \lim_{\text{máx }\Delta x_i \to 0} \sum_{i=1}^{n} kf(c_i)\Delta x_i$$

$$= k \lim_{\text{máx }\Delta x_i \to 0} \sum_{i=1}^{n} f(c_i)\Delta x_i$$

$$= k \int_a^b f(x)dx.$$

6.9.5 Proposição Se f e g são funções integráveis em $[a, b]$, então $f + g$ é integrável em $[a, b]$ e

$$\int_a^b [f(x) + g(x)]\,dx = \int_a^b f(x)dx + \int_a^b g(x)dx.$$

Prova: Se f é integrável em $[a, b]$, existe o limite

$$\lim_{\text{máx }\Delta x_i \to 0} \sum_{i=1}^{n} f(c_i)\Delta x_i, \text{ que é a } \int_a^b f(x)dx.$$

Se g é integrável em $[a, b]$, existe o limite

$$\lim_{\text{máx }\Delta x_i \to 0} \sum_{i=1}^{n} g(c_i)\Delta x_i, \text{ que é a } \int_a^b g(x)dx.$$

Escrevemos, então:

$$\int_a^b [f(x) + g(x)]dx = \lim_{\text{máx }\Delta x_i \to 0} \sum_{i=1}^{n} (f(c_i) + g(c_i))\Delta x_i$$

$$= \lim_{\text{máx }\Delta x_i \to 0} \sum_{i=1}^{n} f(c_i)\Delta x_i + \lim_{\text{máx }\Delta x_i \to 0} \sum_{i=1}^{n} g(c_i)\Delta x_i$$

$$= \int_a^b f(x)dx + \int_a^b g(x)dx.$$

Observamos que esta proposição pode ser estendida para um número finito de funções, ou seja,

$$\int_a^b [f_1(x) + f_2(x) + \ldots + f_n(x)]dx = \int_a^b f_1(x)dx + \int_a^b f_2(x)dx + \ldots + \int_a^b f_n(x)dx.$$

Vale também para o caso de termos diferença de funções, isto é,

$$\int_a^b [f(x) - g(x)]\,dx = \int_a^b f(x)dx - \int_a^b g(x)dx.$$

6.9.6 Proposição Se $a < c < b$ e f é integrável em $[a, c]$ e em $[c, b]$, então f é integrável em $[a, b]$ e

$$\int_a^b f(x)dx = \int_a^c f(x)dx + \int_c^b f(x)dx.$$

Prova: Consideremos uma partição no intervalo $[a, b]$ de tal forma que o ponto c ($a < c < b$) seja um ponto da partição, isto é, $c = x_i$, para algum i.

```
     a   x₁  x₂...c...       b
     ‖                       ‖
     x₀          xᵢ          xₙ
```

Podemos dizer que o intervalo $[a, c]$ ficou dividido em r subintervalos e $[c, b]$ em $(n - r)$ subintervalos. Escrevemos as respectivas somas de Riemann:

$$\sum_{i=1}^{r} f(c_i)\Delta x_i \text{ e } \sum_{i=r+1}^{n} f(c_i)\Delta x_i.$$

Então,

$$\sum_{i=1}^{n} f(c_i)\Delta x_i = \sum_{i=1}^{r} f(c_i)\Delta x_i + \sum_{i=r+1}^{n} f(c_i)\Delta x_i.$$

Usando a definição de integral definida, vem:

$$\int_a^b f(x)dx = \lim_{\text{máx }\Delta x_i \to 0} \sum_{i=1}^{n} f(c_i)\Delta x_i$$

$$= \lim_{\text{máx }\Delta x_i \to 0} \left(\sum_{i=1}^{r} f(c_i)\Delta x_i + \sum_{i=r+1}^{n} f(c_i)\Delta x_i \right)$$

$$= \lim_{\text{máx }\Delta x_i \to 0} \sum_{i=1}^{r} f(c_i)\Delta x_i + \lim_{\text{máx }\Delta x_i \to 0} \sum_{i=r+1}^{n} f(c_i)\Delta x_i$$

$$= \int_a^c f(x)dx + \int_c^b f(x)dx.$$

Esta propriedade pode ser generalizada: "Se f é integrável em um intervalo fechado e se a, b, c são pontos quaisquer desse intervalo, então:

$$\int_a^b f(x)dx = \int_a^c f(x)dx + \int_c^b f(x)dx".$$

A Figura 6.8 ilustra a Proposição 6.8.6 para o caso em que $f(x) > 0$. A área do trapezóide $ABCD$ adicionada à área do trapezóide $BEFC$ é igual à área do trapezóide $AEFD$.

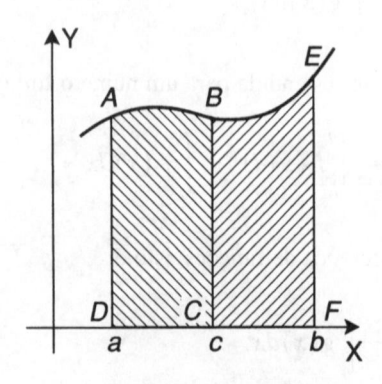

Figura 6.8

6.9.7 Proposição Se f integrável e se $f(x) \geq 0$ para todo x em $[a, b]$, então:

$$\int_a^b f(x)\,dx \geq 0.$$

Prova: Como $f(c_i) \geq 0$ para todo c_i em $[x_{i-1}, x_i]$, segue que:

$$\sum_{i=1}^n f(c_i)\Delta x_i \geq 0.$$

Portanto,

$$\lim_{\text{máx } \Delta x_i \to 0} \sum_{i=1}^n f(c_i)\Delta x_i \geq 0$$

e, dessa forma, $\int_a^b f(x)\,dx \geq 0.$

6.9.8 Proposição Se f e g são integráveis em $[a, b]$ e $f(x) \geq g(x)$ para todo x em $[a, b]$, então:

$$\int_a^b f(x)\,dx \geq \int_a^b g(x)\,dx.$$

Prova: Fazemos:

$$I = \int_a^b f(x)\,dx - \int_a^b g(x)\,dx.$$

Devemos mostrar que $I \geq 0$. Usando a Proposição 6.9.5, podemos escrever:

$$I = \int_a^b f(x)\,dx - \int_a^b g(x)\,dx$$

$$= \int_a^b (f(x) - g(x))\,dx.$$

Como $f(x) \geq g(x)$ para todo $x \in [a, b]$, temos que $f(x) - g(x) \geq 0$ para todo $x \in [a, b]$. Usando a Proposição 6.9.7, concluímos que $I \geq 0$.

6.9.9 Proposição Se f é uma função contínua em $[a, b]$, então:

$$\left| \int_a^b f(x)\,dx \right| \leq \int_a^b |f(x)|\,dx.$$

Prova: Se f é contínua em $[a, b]$, então:
a) f é integrável em $[a, b]$;
b) $|f|$ é contínua em $[a, b]$;
c) $|f|$ também é integrável em $[a, b]$.

Sabemos que:

$$-|f(x)| \le f(x) \le |f(x)|.$$

Usando a Proposição 6.9.8, escrevemos:

$$\int_a^b -|f(x)|dx \le \int_a^b f(x)dx \le \int_a^b |f(x)|dx.$$

Pela Proposição 6.9.4, vem:

$$-\int_a^b |f(x)|dx \le \int_a^b f(x)dx \le \int_a^b |f(x)|dx.$$

Usando a Propriedade 1.3.3(i), segue que:

$$\left|\int_a^b f(x)dx\right| \le \int_a^b |f(x)|dx.$$

Na Proposição a seguir, cuja demonstração será omitida, apresentamos o Teorema do Valor Médio para integrais.

6.9.10 Proposição Se f é uma função contínua em $[a, b]$, existe um ponto c entre a e b tal que:

$$\int_a^b f(x)dx = (b-a)f(c).$$

Se $f(x) \ge 0, \forall\, x \in [a, b]$, podemos visualizar geometricamente esta proposição. Ela nos diz que a área abaixo da curva $y = f(x)$, entre a e b, é igual à área de um retângulo de base $b - a$ e altura $f(c)$ (ver Figura 6.9).

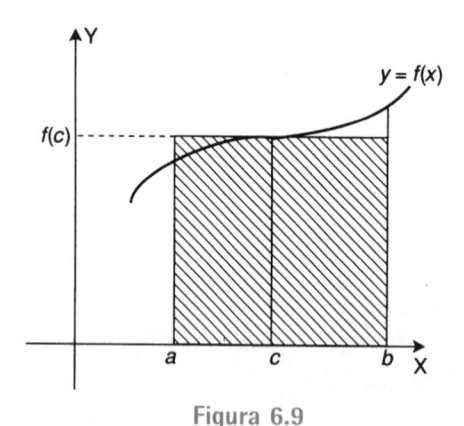

Figura 6.9

6.10 Teorema Fundamental do Cálculo

O teorema fundamental do Cálculo nos permite relacionar as operações de derivação e integração. Ele nos diz que, conhecendo uma primitiva de uma função contínua $f:[a, b] \to \mathbb{R}$, podemos calcular a sua integral definida $\int_a^b f(t)dt$. Com isso, obtemos uma maneira rápida e simples de resolver inúmeros problemas práticos que envolvem o cálculo da integral definida.

Para apresentar formalmente o teorema, inicialmente vamos definir uma importante função auxiliar, como segue.

Tomamos a integral definida

$$\int_a^b f(t)dt,$$

fixamos o limite inferior a e fazemos variar o limite superior. Então, o valor da integral dependerá desse limite superior variável, que indicaremos por x. Fazendo x variar no intervalo $[a, b]$, obtemos uma função $G(x)$, dada por:

$$G(x) = \int_a^x f(t)dt.$$

Intuitivamente, podemos compreender o significado de $G(x)$ através de uma análise geométrica. Conforme vimos na Seção 6.9, se $f(t) \geq 0, \forall t \in [a, b]$, a integral

$$\int_a^b f(t)dt$$

representa a área abaixo do gráfico de f entre a e b (ver Figura 6.10(a)).

Da mesma forma,

$$G(x) = \int_a^x f(t)dt$$

nos dá a área abaixo do gráfico de f entre a e x (ver Figura 6.10(b)). Podemos observar que $G(a) = 0$ e $G(b)$ nos dá a área da Figura 6.10 (a).

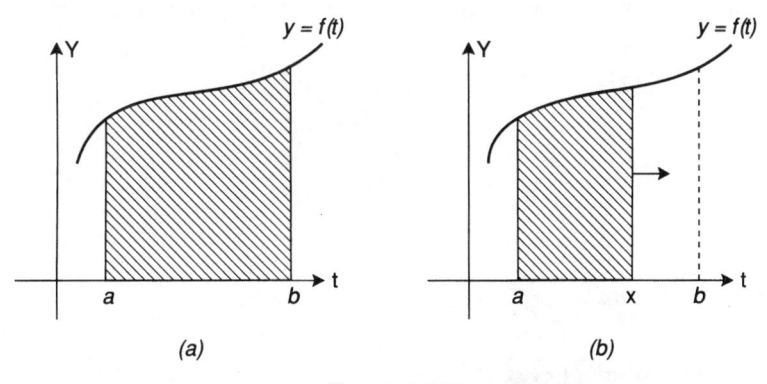

Figura 6.10

Vamos, agora, determinar a derivada da função $G(x)$. Temos a seguinte proposição.

6.10.1 Proposição Seja f uma função contínua num intervalo fechado $[a, b]$. Então a função $G: [a, b] \to \mathbb{R}$, definida por:

$$G(x) = \int_a^x f(t)dt,$$

tem derivada em todos os pontos $x \in [a, b]$ que é dada por:

$G'(x) = f(x)$, ou seja,

$$\frac{d}{dx}\int_a^x f(t)dt = f(x).$$

Prova: Vamos determinar a derivada $G'(x)$, usando a definição:

$$G'(x) = \lim_{\Delta x \to 0} \frac{G(x + \Delta x) - G(x)}{\Delta x}.$$

Temos:

$$G(x) = \int_a^x f(t)dt;$$

$$G(x + \Delta x) = \int_a^{x+\Delta x} f(t)dt;$$

$$G(x + \Delta x) - G(x) = \int_a^{x+\Delta x} f(t)dt - \int_a^x f(t)dt.$$

Usando a Proposição 6.9.6, podemos escrever:

$$\int_a^{x+\Delta x} f(t)dt = \int_a^x f(t)dt + \int_x^{x+\Delta x} f(t)dt$$

e, então,

$$G(x + \Delta x) - G(x) = \int_a^x f(t)dt + \int_x^{x+\Delta x} f(t)dt - \int_a^x f(t)dt$$

$$= \int_x^{x+\Delta x} f(t)dt.$$

Como f é contínua em $[x, x + \Delta x]$, pela Proposição 6.9.10, existe um ponto $\bar{x}$ entre x e $x + \Delta x$ tal que

$$\int_x^{x+\Delta x} f(t)dt = (x + \Delta x - x)f(\bar{x})$$

$$= f(\bar{x})\Delta x.$$

Portanto,

$$\lim_{\Delta x \to 0} \frac{G(x + \Delta x) - G(x)}{\Delta x} = \lim_{\Delta x \to 0} \frac{f(\bar{x})\Delta x}{\Delta x}.$$

$$= \lim_{\Delta x \to 0} f(\bar{x}).$$

Como $\bar{x}$ está entre x e $x + \Delta x$, segue que $\bar{x} \to x$ quando $\Delta x \to 0$. Como f é contínua, temos:

$$\lim_{\Delta x \to 0} f(\bar{x}) = \lim_{\bar{x} \to x} f(\bar{x}) = f(x).$$

Logo,

$$\lim_{\Delta x \to 0} \frac{G(x + \Delta x) - G(x)}{\Delta x} = f(x), \text{ ou seja,}$$

$$G'(x) = f(x).$$

Observamos que, quando x é um dos extremos do intervalo $[a, b]$, os limites usados na demonstração serão limites laterais. $G'(a)$ será uma derivada à direita e $G'(b)$, uma derivada à esquerda.

Uma importante conseqüência desta proposição é que toda função $f(x)$ contínua num intervalo $[a, b]$ possui uma primitiva que é dada por

$$G(x) = \int_a^x f(t)dt.$$

Outro resultado importante obtém-se da análise geométrica. Voltando à Figura 6.10, podemos dizer que a taxa de variação da área da Figura 6.10(b) com relação a t é igual ao lado direito da região.

Podemos, agora, estabelecer formalmente o Teorema Fundamental do Cálculo.

6.10.2 Teorema Se f é contínua sobre $[a, b]$ e se F é uma primitiva de f neste intervalo, então:

$$\int_a^b f(t)dt = F(b) - F(a).$$

Prova: Como f é contínua sobre $[a, b]$, pela proposição 6.10.1, segue que:

$$G(x) = \int_a^x f(t)dt$$

é uma primitiva de f nesse intervalo.

Seja $F(x)$ uma primitiva qualquer de f sobre $[a, b]$. Pela Proposição 6.1.5, temos que:

$$F(x) = G(x) + C, \forall\ x \in [a, b].$$

Como $G(a) = \int_a^a f(t)dt = 0$ e $G(b) = \int_a^b f(t)dt$, calculando a diferença $F(b) - F(a)$, obtemos:

$$F(b) - F(a) = (G(b) + c) - (G(a) + c)$$

$$= G(b) - G(a)$$

$$= \int_a^b f(t)dt - 0$$

$$= \int_a^b f(t)dt.$$

Observamos que a diferença $F(b) - F(a)$ usualmente é denotada por $F(t)\Big|_a^b$. Também escrevemos:

$$\int_a^b f(x)dx = F(x)\Big|_a^b = F(b) - F(a).$$

6.10.3 Exemplos Calcular as integrais definidas:

(i) $\int_1^3 x\,dx.$

Sabemos que $F(x) = \frac{1}{2}x^2$ é uma primitiva de $f(x) = x$. Portanto,

$$\int_1^3 x\,dx = \frac{1}{2}x^2\Big|_1^3 = \frac{1}{2} \cdot 3^2 - \frac{1}{2} \cdot 1^2 = \frac{9}{2} - \frac{1}{2} = 4.$$

(ii) $\int_0^{\pi/2} \cos t\,dt.$

A função $F(t) = \operatorname{sen} t$ é uma primitiva de $f(t) = \cos t$. Logo,

$$\int_0^{\pi/2} \cos t\, dt = \operatorname{sen} t \Big|_0^{\pi/2} = \operatorname{sen} \frac{\pi}{2} - \operatorname{sen} 0 = 1.$$

(iii) $\int_0^1 (x^3 - 4x^2 + 1)\,dx.$

Usando as propriedades da integral definida e o Teorema Fundamental do Cálculo, temos:

$$\int_0^1 (x^3 - 4x^2 + 1)\,dx = \int_0^1 x^3\,dx - 4\int_0^1 x^2\,dx + \int_0^1 dx$$

$$= \frac{x^4}{4}\Big|_0^1 - 4 \cdot \frac{x^3}{3}\Big|_0^1 + x\Big|_0^1$$

$$= \left(\frac{1}{4} - 0\right) - \left(\frac{4}{3} - 0\right) + (1 - 0)$$

$$= -1/12.$$

(iv) $\int_0^1 \frac{x\,dx}{x^2 + 1}.$

Vamos, primeiro, encontrar a integral indefinida

$$I = \int \frac{x\,dx}{x^2 + 1}.$$

Para isso, fazemos a substituição $u = x^2 + 1$. Temos, então, $du = 2x\,dx$ ou $x\,dx = \dfrac{du}{2}$. Portanto,

$$I = \int \frac{du/2}{u} = \frac{1}{2}\int \frac{du}{u} = \frac{1}{2}\ln |u| + c$$

$$= \frac{1}{2}\ln (x^2 + 1) + c.$$

Logo, pelo Teorema Fundamental do Cálculo, temos:

$$\int_0^1 \frac{x\,dx}{x^2 + 1} = \frac{1}{2}\ln (x^2 + 1)\Big|_0^1$$

$$= \frac{1}{2}\ln 2 - \frac{1}{2}\ln 1$$

$$= \frac{1}{2}\ln 2.$$

Observamos que, para resolver esta integral, também podemos fazer a mudança de variáveis na integral definida, desde que façamos a correspondente mudança nos limites de integração.

Ao efetuarmos a mudança de variável fazendo $u = x^2 + 1$, vemos que:

$x = 0 \Rightarrow u = 1;$

$x = 1 \Rightarrow u = 2.$

Então,

$$\int_0^1 \frac{x\,dx}{x^2+1} = \int_1^2 \frac{du/2}{u} = \frac{1}{2}\int_1^2 \frac{du}{u} = \frac{1}{2}\ln|u|\Big|_1^2$$

$$= \frac{1}{2}(\ln 2 - \ln 1) = \frac{1}{2}\ln 2.$$

(v) $\int_1^2 xe^{-x^2+1}\,dx.$

Calculamos primeiro a integral indefinida $I = \int xe^{-x^2+1}\,dx.$

Fazendo $u = -x^2+1$, temos $du = -2x\,dx$ ou $x\,dx = -\dfrac{du}{2}$. Assim:

$$I = \int e^u \cdot \frac{-du}{2} = \frac{-1}{2}\int e^u\,du = \frac{-1}{2}e^u + c$$

$$= \frac{-1}{2}e^{-x^2+1} + c.$$

Logo,

$$\int_1^2 xe^{-x^2+1}\,dx = \frac{-1}{2}e^{-x^2+1}\Big|_1^2 = \frac{-1}{2}e^{-4+1} + \frac{1}{2}e^{-1+1} = \frac{-1}{2}e^{-3} + \frac{1}{2}.$$

6.11 Exercícios

1. Calculando as integrais $I_1 = \int_1^2 x^2\,dx$, $I_2 = \int_1^2 x\,dx$ e $I_3 = \int_1^2 dx$, obtemos $I_1 = 7/3, I_2 = 3/2$ e $I_3 = 1$. Usando esses resultados, encontrar o valor de:

   a) $\int_1^2 (6x-1)\,dx$

   b) $\int_1^2 2x(x+1)\,dx$

   c) $\int_1^2 (x-1)(x-2)\,dx$

   d) $\int_1^2 (3x+2)^2\,dx.$

2. Sem calcular a integral, verificar as seguintes desigualdades:

   a) $\int_1^3 \left(3x^2+4\right)dx \geq \int_1^3 (2x^2+5)\,dx$

   b) $\int_{-2}^{-1}\frac{dx}{dx} \leq \int_{-2}^{-1}\left(-\frac{1}{2}-\frac{x}{4}\right)dx$

   c) $\int_0^\pi \operatorname{sen} x\,dx \geq 0$

   d) $\int_{\pi/2}^{3\pi/2} -\cos x\,dx \geq 0.$

3. Se $\int_0^1 \sqrt[5]{x^2}\,dx = \frac{5}{7}$, calcular $\int_{-1}^0 \sqrt[5]{t^2}\,dt.$

4. Se $\int_0^{\pi/2} 9\cos^2 t\,dt = \frac{9\pi}{4}$, calcular $\int_0^{\pi/2} -\cos^2\theta\,d\theta.$

5. Verificar se o resultado das seguintes integrais é positivo, negativo ou zero, sem calculá-las.

a) $\displaystyle\int_0^{20} \dfrac{dx}{x+2}$

b) $\displaystyle\int_0^{2\pi} \operatorname{sen} t\, dt$

c) $\displaystyle\int_2^3 (2x+1)\, dx$

d) $\displaystyle\int_{-1}^3 (x^2 - 2x - 3)\, dx.$

6. Determinar as seguintes derivadas:

a) $\dfrac{d}{dx}\displaystyle\int_2^x \sqrt{t+4}\, dt$

b) $\dfrac{d}{dy}\displaystyle\int_3^y \dfrac{2x}{x^2+9}\, dx$

c) $\dfrac{d}{d\theta}\displaystyle\int_{-1}^\theta t\operatorname{sen} t\, dt.$

7. Em cada um dos itens a seguir, calcular a integral da função no intervalo dado e esboçar seu gráfico.

a) $f(x) = \begin{cases} 2x+5, & -1 \le x < 0 \\ 5, & 0 \le x \le 1 \end{cases}$; em $[-1, 1]$

b) $f(x) = |\operatorname{sen} x|$; em $[-\pi, \pi]$

c) $f(x) = 2|x|$; em $[-1, 1]$

d) $f(x) = x - \dfrac{|x|}{2}$; em $[-1, 1]$

e) $f(x) = \operatorname{sen} x + |\operatorname{sen} x|$; em $[-\pi, \pi]$

f) $f(x) = \operatorname{sen} x + |\cos x|$, em $[-\pi, \pi]$.

8. Mostrar que:

a) $\displaystyle\int_{-\pi}^{\pi} \operatorname{sen} 2x \cos 5x\, dx = 0$

b) $\displaystyle\int_{-\pi}^{\pi} \cos 2x \cos 3x\, dx = 0$

c) $\displaystyle\int_{-\pi}^{\pi} \operatorname{sen} 5x \cos 2x\, dx = 0.$

(*Sugestão:* Usar as fórmulas

$$\operatorname{sen} mx \operatorname{sen} nx = \dfrac{1}{2}[\cos(m-n)x - \cos(m+n)x],$$

$$\operatorname{sen} mx \cos nx = \dfrac{1}{2}[\operatorname{sen}(m+n)x + \operatorname{sen}(m-n)x] \text{ e}$$

$$\cos mx \cos nx = \dfrac{1}{2}[\cos(m+n)x + \cos(m-n)x],$$

onde m e n são dois números inteiros quaisquer.)

9. Se $f(x)$ é contínua e $f(x) \le M$ para todo x em $[a, b]$, provar que:

$$\int_a^b f(x)\, dx \le M(b-a).$$ Ilustrar graficamente, supondo $f(x) \ge 0$.

10. Se $f(x)$ é contínua e $m \le f(x)$ para todo x em $[a, b]$, provar que:

$$m(b-a) \le \int_a^b f(x)\, dx.$$ Ilustrar graficamente, supondo $m > 0$.

11. Aplicar os resultados dos exercícios 9 e 10 para encontrar o menor e o maior valor possível das integrais dadas a seguir:

a) $\int_3^4 5x\,dx$

b) $\int_{-2}^4 2x^2\,dx$

c) $\int_1^4 |x-1|\,dx$

d) $\int_{-1}^4 (x^4 - 8x^2 + 16)\,dx$.

Nos exercícios 12 a 34, calcular as integrais.

12. $\int_{-1}^2 x(1+x^3)\,dx$

13. $\int_{-3}^0 (x^2 - 4x + 7)\,dx$

14. $\int_1^2 \dfrac{dx}{x^6}$

15. $\int_4^9 2t\sqrt{t}\,dt$

16. $\int_0^1 \dfrac{dy}{\sqrt{3y+1}}$

17. $\int_{\pi/4}^{3\pi/4} \operatorname{sen} x \cos x\,dx$

18. $\int_{-1}^1 \dfrac{x^2\,dx}{\sqrt{x^3+9}}$

19. $\int_0^{2\pi} |\operatorname{sen} x|\,dx$

20. $\int_{-2}^5 |2t - 4|\,dt$

21. $\int_0^4 |x^2 - 3x + 2|\,dx$

22. $\int_0^4 \dfrac{4}{\sqrt{x^2+9}}\,dx$

23. $\int_{-2}^0 \dfrac{v^2\,dv}{(v^3-2)^2}$

24. $\int_1^5 \sqrt{2x-1}\,dx$

25. $\int_1^4 \dfrac{dx}{\sqrt{x}(\sqrt{x}+1)^3}$

26. $\int_0^3 x\sqrt{1+x}\,dx$

27. $\int_0^{\pi/2} \operatorname{sen}^2 x\,dx$

28. $\int_0^{\pi/2} \dfrac{\cos x}{(1+\operatorname{sen} x)^5}\,dx$

29. $\int_0^4 (2x+1)^{-1/2}\,dx$

30. $\int_0^2 \sqrt{2x}(\sqrt{x} + \sqrt{5})\,dx$

31. $\int_1^2 \dfrac{5x^3 + 7x^2 - 5x + 2}{x^2}\,dx$

32. $\int_1^2 x \ln x\,dx$

33. $\int_{-3}^{-2} \left(t - \dfrac{1}{t}\right)^2 dt$

34. $\int_0^{-1} \dfrac{x^3 + 8}{x+2}\,dx$.

35. Seja f contínua em $[-a, a]$. Mostrar que:

a) Se f é par, então $\int_{-a}^a f(x)\,dx = 2\int_0^a f(x)\,dx$.

b) Se f é ímpar, então $\int_{-a}^a f(x)\,dx = 0$.

36. Usar o resultado do Exercício 35 para calcular:

a) $\int_{-\pi}^{\pi} 2\,\text{sen}\,x\,dx$

b) $\int_{-\pi}^{\pi} \dfrac{\cos x}{\pi}\,dx$

c) $\int_{-1}^{1} (x^4 + x^2)\,dx.$

6.12 Cálculo de Áreas

O cálculo de área de figuras planas pode ser feito por integração. Vejamos as situações que comumente ocorrem.

6.12.1 Caso I Cálculo da área da figura plana limitada pelo gráfico de f, pelas retas $x = a$, $x = b$ e o eixo dos x, onde f é contínua e $f(x) \geq 0$, $\forall\, x \in [a, b]$ (ver Figura 6.11).

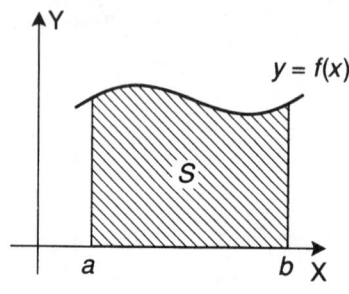

Figura 6.11

Neste caso, a área é dada por:

$$A = \int_a^b f(x)\,dx.$$

6.12.2 Exemplo Encontre a área limitada pela curva $y = 4 - x^2$ e o eixo dos x.

A curva $y = 4 - x^2$ intercepta o eixo dos x nos pontos de abscissa -2 e 2 (ver Figura 6.12).

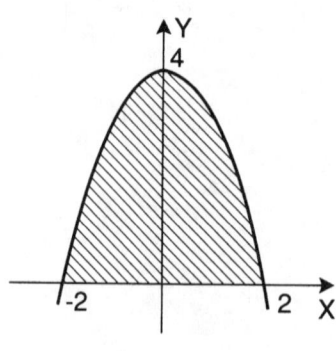

Figura 6.12

No intervalo $[-2, 2]$, $y = 4 - x^2 \geq 0$. Assim, a área procurada é a área sob o gráfico de $y = 4 - x^2$ de -2 até 2. Temos:

$$A = \int_{-2}^{2}(4-x^2)dx = \left(4x - \frac{x^3}{3}\right)\Big|_{-2}^{2}$$

$$= \left[(8-8/3) - \left(-8 - \frac{(-2)^3}{3}\right)\right] = \frac{32}{3}.$$

Portanto, $A = 32/3$ (32/3 unidades de área).

6.12.3 Caso II Cálculo da área da figura plana limitada pelo gráfico de f, pelas retas $x = a$, $x = b$ e o eixo x, onde f é contínua e $f(x) \leq 0$, $\forall\ x \in [a, b]$ (ver Figura 6.13).

É fácil constatar que neste caso basta tomar o módulo da integral

$\int_a^b f(x)dx$, ou seja,

$$A = \left|\int_a^b f(x)dx\right|.$$

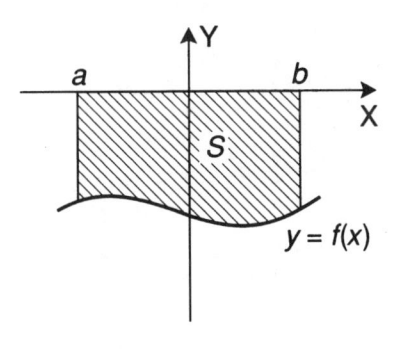

Figura 6.13

6.12.4 Exemplos

(i) Encontre a área limitada pela curva $y = -4 + x^2$ e o eixo dos x.

A curva $y = x^2 - 4$ intercepta o eixo dos x nos pontos de abscissa -2 e 2 (ver Figura 6.14).

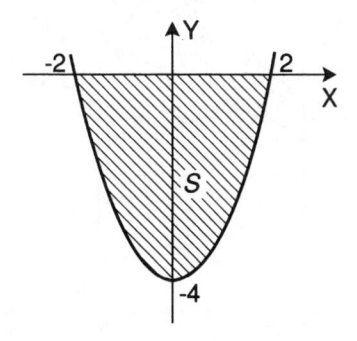

Figura 6.14

No intervalo $[-2, 2]$, $y = x^2 - 4 \leq 0$. Assim:

$$A = \left|\int_{-2}^{2}(x^2 - 4)dx\right|$$

$$= \left|\frac{-32}{3}\right| = \frac{32}{3}\ \text{u.a.}$$

(ii) Encontre a área da região S, limitada pela curva $y = \text{sen } x$ e pelo eixo dos x de 0 até 2π.

Precisamos dividir a região S em duas sub-regiões S_1 e S_2 (ver Figura 6.15).

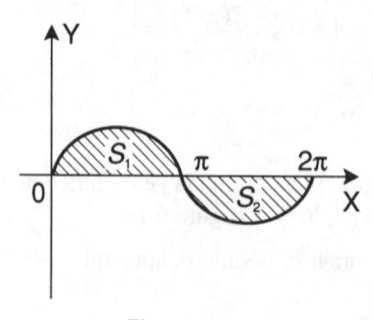

Figura 6.15

No intervalo $[0, \pi]$, $y = \text{sen } x \geq 0$ e no intervalo $[\pi, 2\pi]$, $y = \text{sen } x \leq 0$. Portanto, se A_1 é a área de S_1 e A_2 é a área de S_2, temos:

$$A = A_1 + A_2$$

$$= \int_0^\pi \text{sen } x\, dx + \left| \int_\pi^{2\pi} \text{sen } x\, dx \right|$$

$$= -\cos x \Big|_0^\pi + \left| -\cos x \Big|_\pi^{2\pi} \right|$$

$$= -\cos \pi + \cos 0 + |-\cos 2\pi + \cos \pi|$$

$$= -(-1) + 1 + |-1 + (-1)|$$

$$= 4 \text{ u.a.}$$

6.12.5 Caso III Cálculo da área da figura plana limitada pelos gráficos de f e g, pelas retas $x = a$ e $x = b$, onde f e g são funções contínuas em $[a, b]$ e $f(x) \geq g(x), \forall\, x \in [a, b]$.

Neste caso pode ocorrer uma situação particular onde f e g assumem valores não negativos para todo $x \in [a, b]$ (ver Figura 6.16).

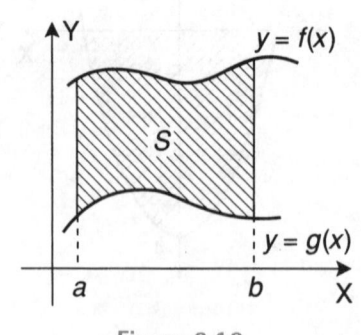

Figura 6.16

Então, a área é calculada pela diferença entre a área sob o gráfico de f e a área sob o gráfico de g, ou ainda,

$$A = \int_a^b f(x)\, dx - \int_a^b g(x)\, dx$$

$$= \int_a^b (f(x) - g(x))dx.$$

Para o caso geral, obtemos o mesmo resultado. Basta imaginar o eixo dos x deslocado de tal maneira que as funções se tornem não-negativas, $\forall\, x \in [a, b]$.

Observando a Figura 6.17, concluímos que:

$$A' = A = \int_a^b (f_1(x) - g_1(x))dx$$

$$= \int_a^b (f(x) - g(x))dx.$$

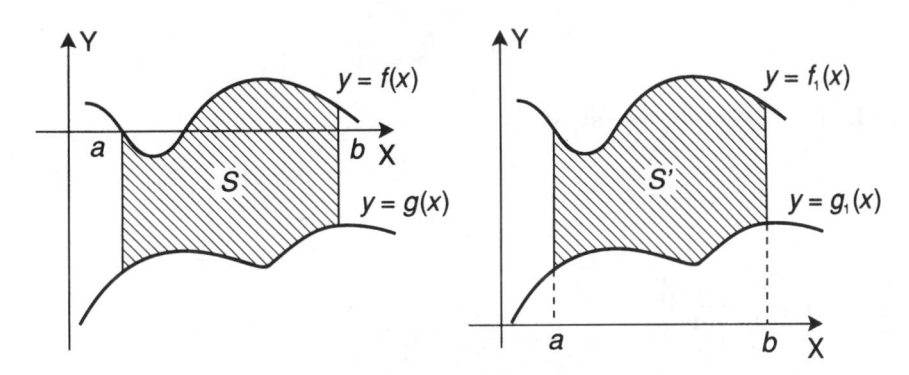

Figura 6.17

6.12.6 Exemplos

(i) Encontre a área limitada por $y = x^2$ e $y = x + 2$.

As curvas $y = x^2$ e $y = x + 2$ interceptam-se nos pontos de abscissa -1 e 2 (ver Figura 6.18).

No intervalo $[-1, 2]$ temos $x + 2 \geq x^2$. Então,

$$A = \int_{-1}^{2} (x + 2 - x^2)dx = \left(\frac{x^2}{2} + 2x - \frac{x^3}{3}\right)\bigg|_{-1}^{2}$$

$$= \left(\frac{2^2}{2} + 2 \cdot 2 - \frac{2^3}{3}\right) - \left(\frac{(-1)^2}{2} + 2 \cdot (-1) - \frac{(-1)^3}{3}\right)$$

$$= \frac{9}{2} \text{ u.a.}$$

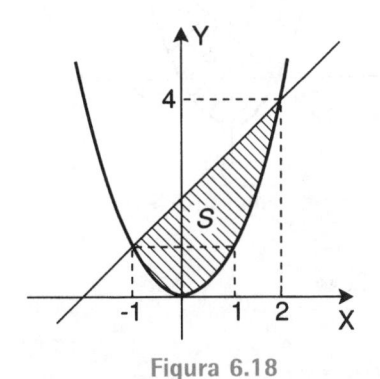

Figura 6.18

(ii) Encontre a área limitada pelas curvas $y = x^3$ e $y = x$.

As curvas $y = x^3$ e $y = x$ interceptam-se nos pontos de abscissa -1, 0 e 1 (ver Figura 6.19).

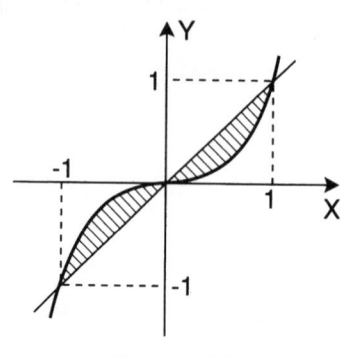

Figura 6.19

No intervalo $[-1, 0]$, $x < x^3$ e, no intervalo $[0, 1]$, $x > x^3$. Logo,

$$A = \int_{-1}^{0} (x^3 - x)dx + \int_{0}^{1} (x - x^3)dx$$

$$= \left(\frac{x^4}{4} - \frac{x^2}{2}\right)\bigg|_{-1}^{0} + \left(\frac{x^2}{2} - \frac{x^4}{4}\right)\bigg|_{0}^{1}$$

$$= \frac{1}{2} \text{ u.a.}$$

Observamos que poderíamos ter calculado a área da seguinte forma:

$$A = 2\int_{0}^{1} (x - x^3)dx = \frac{1}{2} \text{ u.a.,}$$

pois a área à esquerda do eixo dos y é igual a que se encontra à sua direita.

(iii) Encontre a área da região limitada pelas curvas $y = x^2 - 1$ e $y = x + 1$.

As curvas $y = x^2 - 1$ e $y = x + 1$ interceptam-se nos pontos de abscissa -1 e 2 (ver Figura 6.20).

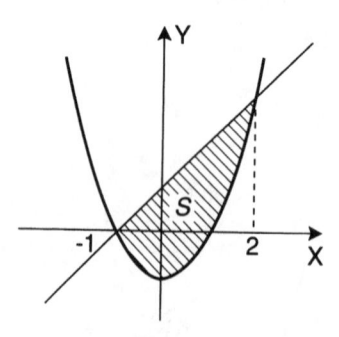

Figura 6.20

No intervalo $[-1, 2]$, $x + 1 \geq x^2 - 1$. Logo,

$$A = \int_{-1}^{2} [(x + 1) - (x^2 - 1)]\,dx$$

$$= \int_{-1}^{2} (x - x^2 + 2)dx$$

$$= \left(\frac{x^2}{2} - \frac{x^3}{3} + 2x \right)\Big|_{-1}^{2}$$

$$= 9/2 \text{ u.a.}$$

(iv) Encontre a área da região S limitada pelas curvas $y - x = 6, y - x^3 = 0$ e $2y + x = 0$.
Devemos dividir a região em duas sub-regiões S_1 e S_2 (ver Figura 6.21).

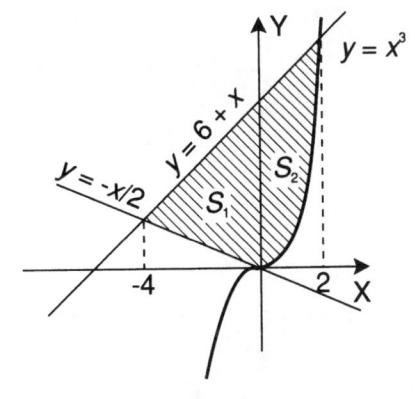

Figura 6.21

No intervalo $[-4, 0]$, a região está compreendida entre os gráficos de $y = \dfrac{-x}{2}$ e $y = 6 + x$ (região S_1).

No intervalo $[0, 2]$, está entre os gráficos de $y = x^3$ e $y = x + 6$ (região S_2).

Se A_1 é a área de S_1 e A_2 é a área de S_2, então a área A procurada é dada por $A = A_1 + A_2$.

Cálculo de A_1: No intervalo $[-4, 0]$, $6 + x \geq -\dfrac{x}{2}$. Assim:

$$A_1 = \int_{-4}^{0} [(6 + x) - (-x/2)]dx$$

$$= \int_{-4}^{0} \left(6 + \frac{3x}{2} \right) dx$$

$$= \left(6x + \frac{3x^2}{4} \right)\Big|_{-4}^{0}$$

$$= 12 \text{ u.a.}$$

Cálculo de A_2: No intervalo $[0, 2]$, $6 + x \geq x^3$. Então,

$$A_2 = \int_{0}^{2} [(6 + x) - x^3]dx$$

$$= \left(6x + \frac{x^2}{2} - \frac{x^4}{4} \right)\Big|_{0}^{2}$$

$$= 10 \text{ u.a.}$$

Portanto, $A = A_1 + A_2 = 12 + 10 = 22$ u.a.

6.13 Exercícios

Nos exercícios de 1 a 29 encontrar a área da região limitada pelas curvas dadas.

1. $x = 1/2, x = \sqrt{y}$ e $y = -x + 2$
2. $y^2 = 2x$ e $x^2 = 2y$
3. $y = 5 - x^2$ e $y = x + 3$
4. $y = \dfrac{1}{6}x^2$ e $y = 6$
5. $y = 1 - x^2$ e $y = -3$
6. $x + y = 3$ e $y + x^2 = 3$
7. $x = y^2, y - x = 2, y = -2$ e $y = 3$
8. $y = x^3 - x$ e $y = 0$
9. $y = e^x, x = 0, x = 1$ e $y = 0$
10. $x = y^3$ e $x = y$
11. $y = \ln x, y = 0$ e $x = 4$
12. $y = \ln x, x = 1$ e $y = 4$
13. $y = \operatorname{sen} x$ e $y = -\operatorname{sen} x, x \in [0, 2\pi]$
14. $y = \cos x$ e $y = -\cos x, x \in \left[-\dfrac{\pi}{2}, \dfrac{3\pi}{2}\right]$
15. $y = \cosh x, y = \operatorname{senh} x, x = -1$ e $x = 1$
16. $y = \operatorname{tg} x, x = 0$ e $y = 1$
17. $y = e^{-x}, y = x + 1$ e $x = -1$
18. $y = \operatorname{sen} 2x, y = x + 2, x = 0$ e $x = \pi/2$
19. $y = -1 - x^2, y = -2x - 4$
20. $y = \cos x, y = \dfrac{-3}{5\pi}x + \dfrac{3}{10}, x \in \left[\dfrac{\pi}{2}, \dfrac{4\pi}{3}\right]$
21. $y = \dfrac{1}{|x-1|}, y = \dfrac{1}{x}, y = 2x + 1$ e $x = -3$
22. $x = y^2$ e $y = -\dfrac{1}{2}x$
23. $y = 4 - x^2$ e $y = x^2 - 14$
24. $x = y^2 + 1$ e $x + y = 7$
25. $y = 2^x, y = 2^{-x}$ e $y = 4$
26. $y = \operatorname{arc sen} x, y = \pi/2$ e $x = 0$
26. $y = \operatorname{arc sen} x, y = \pi/2$ e $x = 0$
27. $y = 2 \cosh \dfrac{x}{2}, x = -2, x = 2$ e $y = 0$
28. $y = |x - 2|$ e $y = 2 - (x - 2)^2$
29. $y = e^x - 1, y = -x$ e $x = 1$.

30. Encontrar a área das regiões S_1 e S_2, vistas na figura a seguir:

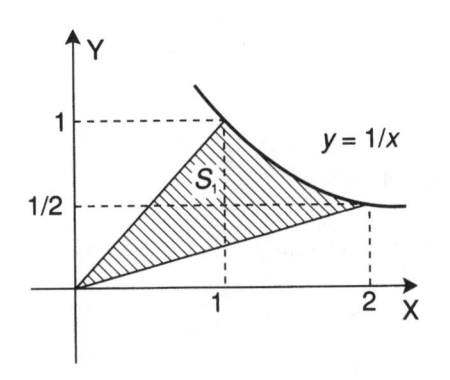

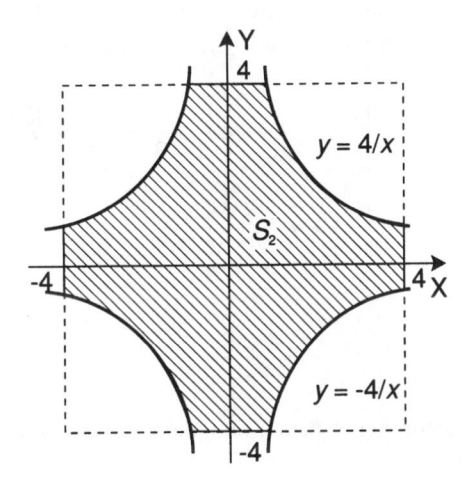

6.14 Extensões do Conceito de Integral

Até o momento, calculamos integrais de funções contínuas definidas em intervalos fechados e limitados. Em diversas aplicações surge a necessidade de relaxar algumas dessas condições. Nas seções que seguem vamos estender o conceito de integral para as seguintes situações:

- integrais de funções contínuas por parte;
- integrais com limites de integração infinitos;
- integrais com integrandos infinitos.

Integrais de Funções Contínuas por Partes

6.14.1 Definição Dizemos que $f(x)$ é contínua por partes em $[a, b]$ se pudermos subdividir o intervalo $[a, b]$ em um número finito de subintervalos.

$$[a, b] = [a = x_0, x_1] \cup [x_1, x_2] \cup \ldots \cup [x_{n-1}, x_n = b]$$

de tal forma que $f(x)$ é contínua em cada intervalo aberto (x_{i-1}, x_i) e para cada i existem os limites laterais correspondentes.

$$\lim_{x \to x_i^-} f(x) \text{ e } \lim_{x \to x_i^+} f(x).$$

6.14.2 Exemplos

(i) A função $f: [0, 4] \to \mathbb{R}$

$$f(x) = \begin{cases} x, & 0 \leq x \leq 2 \\ 1, & 2 < x \leq 4 \end{cases}$$

é uma função contínua por partes definida no intervalo $[0, 4]$. A Figura 6.22 mostra o seu gráfico.

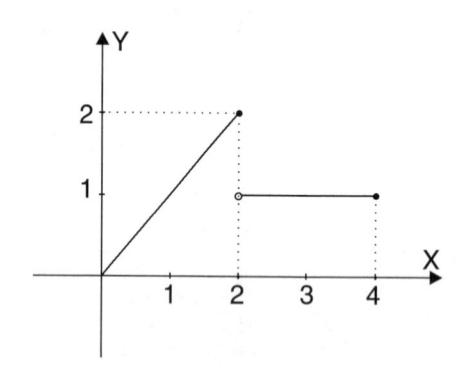

Figura 6.22

(ii) A função $f: \mathbb{R} \to \mathbb{R}$

$$f(x) = x - [x]$$

sendo $[x]$ a parte inteira de x, isto é, o menor inteiro menor ou igual a x, é uma função contínua por partes. A Figura 6.23 mostra o gráfico dessa função.

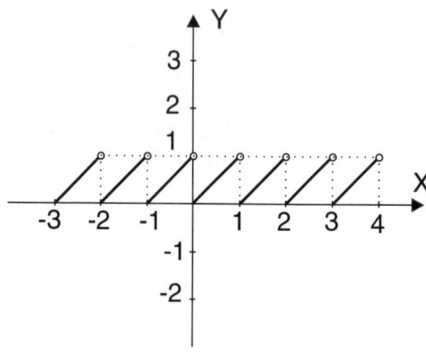

Figura 6.23

6.14.3 Cálculo da Integral de uma Função Contínua por Partes

Podemos calcular a integral definida de uma função contínua por partes como segue:

$$\int_a^b f(x)dx = \int_a^{x_1} f(x)dx + \int_{x_1}^{x_2} f(x)dx + \ldots + \int_{x_{n-1}}^b f(x)dx.$$

6.14.4 Exemplos

(i) Calcular $I = \displaystyle\int_{-1}^{3} f(x)dx$, sendo $f(x) = \begin{cases} |x|, & -1 \leq x \leq 2 \\ |x - 2|, & 2 < x \leq 3 \end{cases}.$

Temos $|x| = \begin{cases} x, & x \geq 0 \\ -x, & x < 0 \end{cases}$

Portanto,

$$\int_{-1}^{3} f(x)dx = \int_{-1}^{2} |x|dx + \int_{2}^{3} |x-2|dx$$

$$= \int_{-1}^{0} -x\, dx + \int_{0}^{2} x\, dx + \int_{2}^{3} (x-2)dx$$

$$= -\frac{x^2}{2}\bigg|_{-1}^{0} + \frac{x^2}{2}\bigg|_{0}^{2} + \left(\frac{x^2}{2} - 2x\right)\bigg|_{2}^{3}$$

$$= \left(0 + \frac{1}{2}\right) + \left(\frac{4}{2} - 0\right) + \left(\frac{9}{2} - 6\right) - \left(\frac{4}{2} - 4\right)$$

$$= 3.$$

A Figura 6.24 ilustra esse exemplo. É interessante observar que o resultado representa a área hachurada e também poderia ser obtido por geometria elementar.

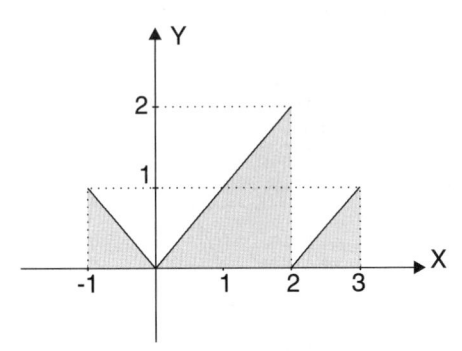

Figura 6.24

(ii) Escreva uma expressão para $F(t) = \int_{0}^{t} f(x)dx$, sendo $f(x) = \begin{cases} x, 0 \leq x \leq 1 \\ 2, 1 < x \leq 2 \end{cases}$

A Figura 6.25 ilustra o gráfico de $f(x)$.

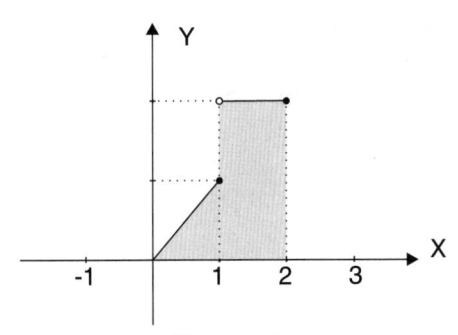

Figura 6.25

Para $t \in [0, 1]$, temos: $F(t) = \int_{0}^{t} x\, dx = \frac{x^2}{2}\bigg|_{0}^{t} = \frac{t^2}{2}.$

Para $t \in (1,2]$; vem:

$$F(t) = \int_0^t f(x)\,dx = \int_0^1 x\,dx + \int_1^t 2\,dx$$

$$= \left.\frac{x^2}{2}\right|_0^1 + \left.2x\right|_1^t$$

$$= \frac{1}{2} + 2t - 2$$

$$= 2t - \frac{3}{2}$$

Logo,

$$F(t) = \begin{cases} \dfrac{t^2}{2}, & 0 \le t \le 1 \\ 2t - \dfrac{3}{2}, & 1 < t \le 2 \end{cases}$$

Na Figura 6.26 apresentamos o gráfico da função $F(t)$ obtida. É interessante observar que $F(t)$ é contínua, mas não é derivável no ponto $t = 1$, que é o ponto onde a função dada $f(t)$ não é contínua. Nos demais pontos ela é derivável e sua derivada é dada por $F'(t) = f(t)$.

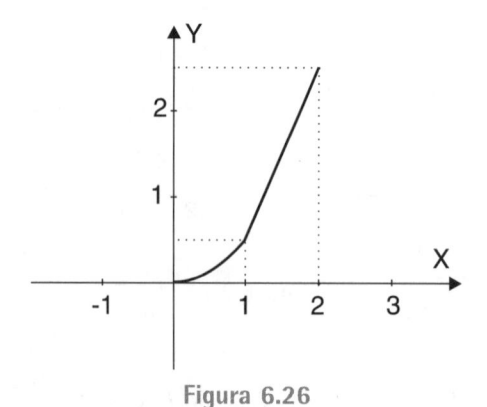

Figura 6.26

Integrais Impróprias com Limites de Integração Infinitos

Em diversas aplicações, especialmente em estatística, é necessário considerar a área de uma região que se estende indefinidamente para a direita ou para a esquerda ao longo do eixo dos x.

Na Figura 6.27 $(a), (b)$ e (c) ilustramos as diversas situações. As áreas de tais regiões "infinitas" podem ser calculadas usando as integrais impróprias que serão definidas a seguir.

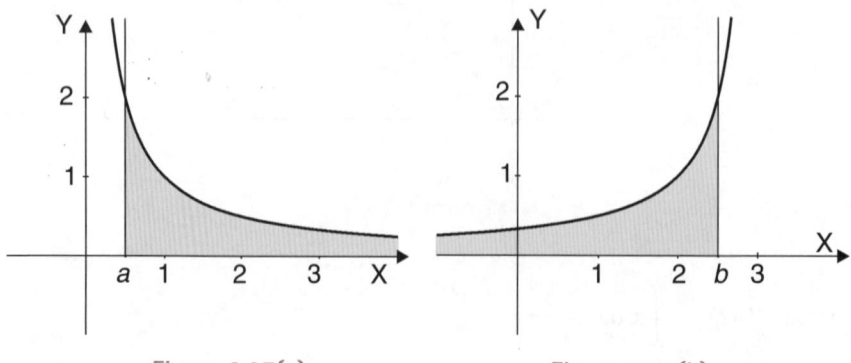

Figura 6.27(a)   Figura 6.27(b)

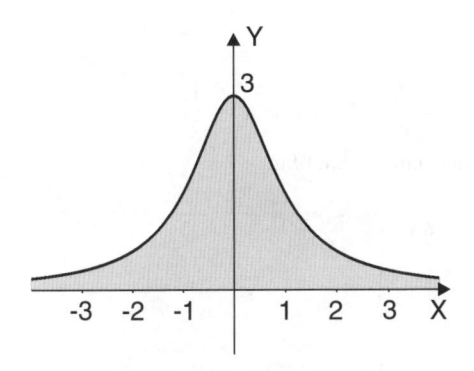

Figura 6.27(c)

6.14.5 Definição

(a) Se f é contínua para todo $x \geq a$, definimos $\int_{a}^{+\infty} f(x)dx = \lim_{b \to +\infty} \int_{a}^{b} f(x)dx$ se este limite existir.

(b) Se f é contínua para todo $x \leq b$, definimos $\int_{-\infty}^{b} f(x)dx = \lim_{a \to -\infty} \int_{a}^{b} f(x)dx$ se este limite existir.

(c) Se f é contínua para todo x, definimos $\int_{-\infty}^{+\infty} f(x)dx = \lim_{a \to -\infty} \int_{a}^{0} f(x)dx + \lim_{b \to +\infty} \int_{0}^{b} f(x)dx$ se ambos os limites existirem.

Para os itens (a) e (b), temos que, se o limite existir, a integral imprópria é dita **convergente**. Em caso contrário, ela é dita **divergente**. No caso do item (c), se ambos os limites existirem, a integral imprópria é dita **convergente**. Se pelo menos um dos limites não existir, ela é dita **divergente**.

É importante notar que o cálculo das integrais impróprias reduz-se ao cálculo de integrais definidas e de limites. Por exemplo, no item (a), calculamos a integral definida no intervalo $[a, b]$, considerando que o limite inferior a é fixo e o limite superior b é variável. A seguir, fazemos b mover-se indefinidamente para a direita, isto é, $b \to +\infty$.

As figuras 6.28 a 6.30 ilustram as diversas situações:

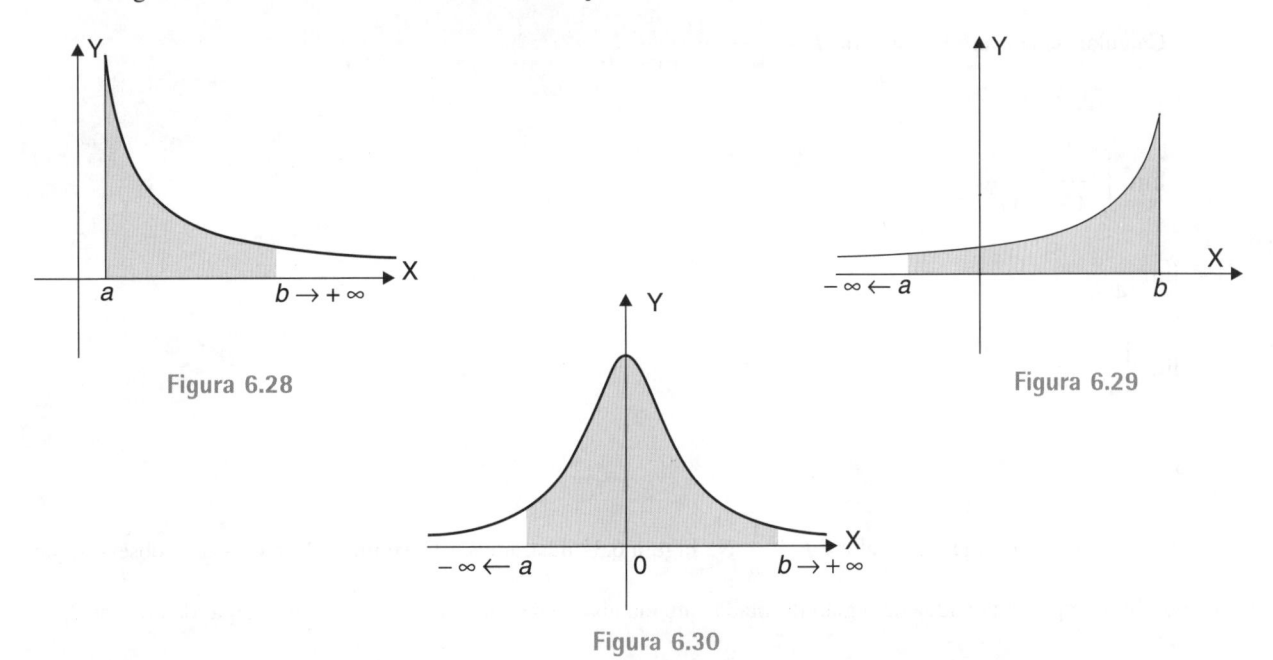

Figura 6.28

Figura 6.29

Figura 6.30

6.14.6 Exemplos

(i) Calcular a área sob a curva $y = \dfrac{1}{x^2}$ à direita de $x = \dfrac{1}{2}$.

A Figura 6.31 mostra a área que desejamos calcular.

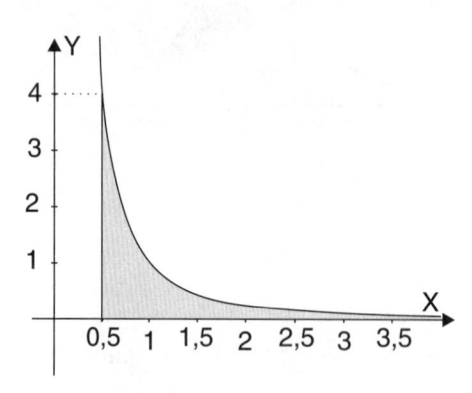

Figura 6.31

Temos:

$$I = \int_{1/2}^{\infty} \frac{dx}{x^2} = \lim_{b \to +\infty} \int_{1/2}^{b} \frac{dx}{x^2}$$

$$= \lim_{b \to +\infty} \left. -\frac{1}{x} \right|_{1/2}^{b}$$

$$= \lim_{b \to +\infty} \left[-\frac{1}{b} + \frac{1}{1/2} \right]$$

$$= 2.$$

Portanto, a integral I converge e a área procurada é dada por $A = 2$ u.a.

(ii) Calcular, se convergir, a integral $I = \int_{-\infty}^{2} \dfrac{dx}{(4-x)^2}$.

Temos:

$$I = \lim_{a \to -\infty} \int_{a}^{2} \frac{dx}{(4-x)^2}$$

$$= \lim_{a \to -\infty} \left. \frac{1}{4-x} \right|_{a}^{2}$$

$$= \lim_{a \to -\infty} \left[\frac{1}{2} - \frac{1}{4-a} \right]$$

$$= \frac{1}{2}.$$

Logo, a integral I converge e seu valor é $I = \dfrac{1}{2}$. Na Figura 6.32 ilustramos este exemplo. É interessante observar que o resultado obtido representa a área da região ilimitada, situada abaixo da curva $y = \dfrac{1}{(4-x)^2}$, à esquerda de $x = 2$.

Figura 6.32

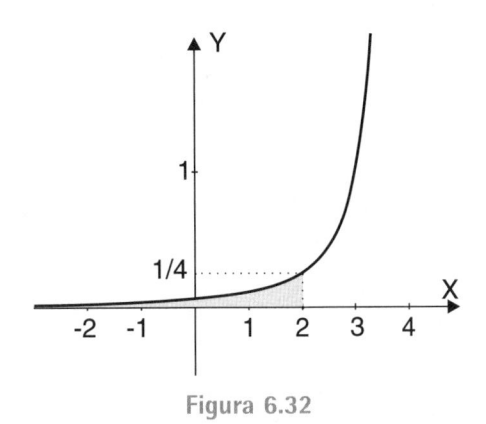

(iii) É possível encontrarmos em número finito que representa a área da região abaixo da curva $y = \dfrac{1}{x}$, $x \geq 1$?

Devemos verificar se a integral imprópria $I = \displaystyle\int_{1}^{+\infty} \dfrac{1}{x}\, dx$ converge ou diverge.

Temos,

$I = \displaystyle\lim_{b \to +\infty} \int_{1}^{b} \dfrac{dx}{x} = \lim_{b \to +\infty} \ln |x| \Big|_{1}^{b}$

$I = \displaystyle\lim_{b \to +\infty} [\ln b - \ln 1]$

$= +\infty.$

Logo, a integral imprópria diverge e, dessa forma, a resposta à pergunta formulada é não.

(iv) Calcular, se convergir, $I = \displaystyle\int_{-\infty}^{+\infty} \dfrac{dx}{x^2 + 3}$.

Temos:

$I = \displaystyle\lim_{a \to -\infty} \int_{a}^{0} \dfrac{dx}{x^2 + 3} + \lim_{b \to +\infty} \int_{0}^{b} \dfrac{dx}{x^2 + 3}$

$= \displaystyle\lim_{a \to -\infty} \dfrac{1}{\sqrt{3}} \operatorname{arc\,tg} \dfrac{x}{\sqrt{3}} \Big|_{-a}^{0} + \lim_{b \to +\infty} \dfrac{1}{\sqrt{3}} \operatorname{arc\,tg} \dfrac{x}{\sqrt{3}} \Big|_{0}^{b}$

$= \displaystyle\lim_{a \to -\infty} \dfrac{1}{\sqrt{3}} \left(0 - \operatorname{arc\,tg} \dfrac{-a}{\sqrt{3}} \right) + \lim_{b \to +\infty} \dfrac{1}{\sqrt{3}} (\operatorname{arc\,tg} b - 0)$

$= \dfrac{1}{\sqrt{3}} \left(-\left(-\dfrac{\pi}{2} \right) \right) + \dfrac{1}{\sqrt{3}} \cdot \dfrac{\pi}{2}$

$= \dfrac{\pi}{\sqrt{3}}.$

Logo, a integral imprópria converge e seu valor é $I = \dfrac{\pi}{\sqrt{3}}$.

(v) Verificar se $I = \displaystyle\int_{0}^{+\infty} \operatorname{sen} x\, dx$ converge ou diverge.

Temos:

$$I = \lim_{b \to +\infty} \int_0^b \operatorname{sen} x \, dx$$

$$= \lim_{b \to +\infty} -\cos x \Big|_0^b$$

$$= \lim_{b \to +\infty} [-\cos b + 1].$$

Como $\lim_{b \to +\infty} \cos b$ não existe, segue que a integral imprópria diverge.

(vi) Uma aplicação interessante das integrais impróprias é estimar a quantidade total de óleo ou gás natural que será produzida por um poço, dada sua taxa de produção.

Vamos supor que engenheiros de produção estimaram que um determinado poço produzirá gás natural a uma taxa de $f(t) = 700e^{-0,2t}$ milhares de metros cúbicos mensais, onde t é o tempo desde o início da produção.

Estimar a quantidade total de gás natural que poderá ser extraída desse poço.

Como queremos conhecer o potencial de produção do poço, assumimos que o mesmo será operado indefinidamente. Então, a quantidade total de gás natural que poderá ser extraída é dada por:

$$I = \int_0^{+\infty} 700 e^{-0,2t} \, dt$$

$$= \lim_{T \to +\infty} \int_0^T 700 \, e^{-0,2t} dt$$

$$= 700 \lim_{T \to +\infty} \int_0^T e^{-0,2t} dt$$

Vamos resolver primeiro a integral indefinida

$$I_1 = \int e^{-0,2t} dt.$$

Fazendo a substituição $u = -0,2t$, $du = -0,2 dt$, vem:

$$I_1 = \int e^u \cdot \frac{du}{-0,2}$$

$$= -5 \int e^u \cdot du$$

$$= -5e^u + c$$

$$= -5e^{-0,2t} + c.$$

Portanto,

$$I = 700 \lim_{T \to +\infty} -5e^{-0,2t} \Big|_0^T$$

$$= 700 \left[\lim_{T \to +\infty} - 5e^{-0,2T} + 5 \right]$$

$$= 3.500.$$

Logo, o potencial de produção desse poço é de 3.500 milhares de metros cúbicos de gás natural.

Integrais Impróprias com Integrandos Infinitos

Na seção anterior introduzimos as integrais impróprias com limites de integração infinitos, possibilitando calcular área de regiões ilimitadas, como exemplificamos nas Figuras 6.27.

Na Figura 6.33 ilustramos outras regiões ilimitadas cuja área, em alguns casos, pode ser calculada usando integrais impróprias.

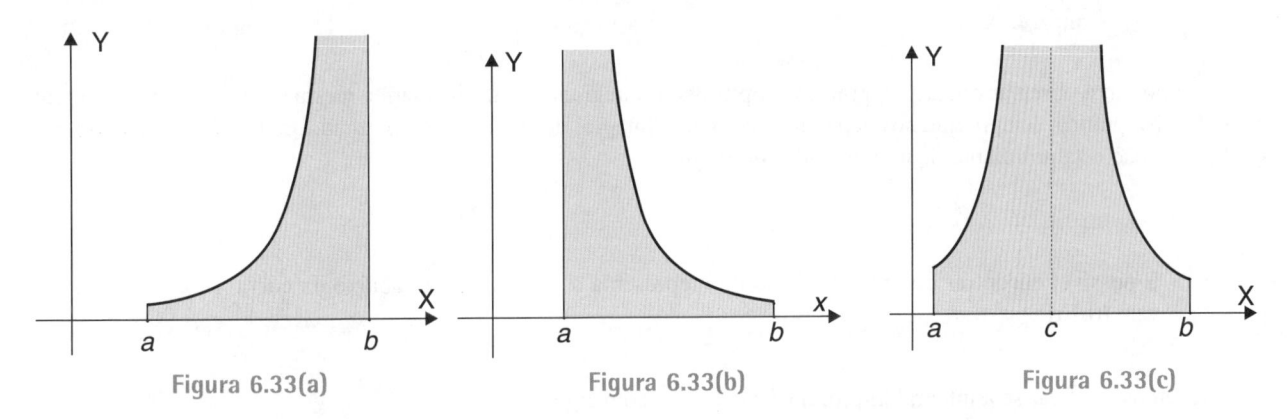

Figura 6.33(a) Figura 6.33(b) Figura 6.33(c)

Temos a seguinte definição.

6.14.7 Definição

(a) Se f é contínua em $[a, b)$ e $\lim_{x \to b^-} f(x) = \pm\infty$, definimos:

$$\int_a^b f(x)dx = \lim_{s \to b^-} \int_a^s f(x)dx$$

se este limite existir.

(b) Se f é contínua em $(a, b]$ e $\lim_{x \to a^+} f(x) = \pm\infty$ definimos:

$$\int_a^b f(x)dx = \lim_{r \to a^+} \int_r^b f(x)dx$$

se este limite existir.

(c) Se f é contínua para todo $x \in [a, b]$, exceto para $x = c \in (a, b)$, e tem limites laterais infinitos em c, definimos:

$$\int_a^b f(x)dx = \lim_{s \to c^-} \int_a^s f(x)dx + \lim_{r \to c^+} \int_r^b f(x)dx$$

se ambos os limites existirem.

Para os itens (a) e (b), temos que, se o limite existir, a integral imprópria é dita **convergente**. Em caso contrário, ela é dita **divergente**. No caso do item (c), se ambos os limites existirem, a integral imprópria é dita **convergente**. Se pelo menos um dos limites não existir, ela é dita **divergente**.

Nas figuras 6.34 a 6.36 ilustramos as três situações.

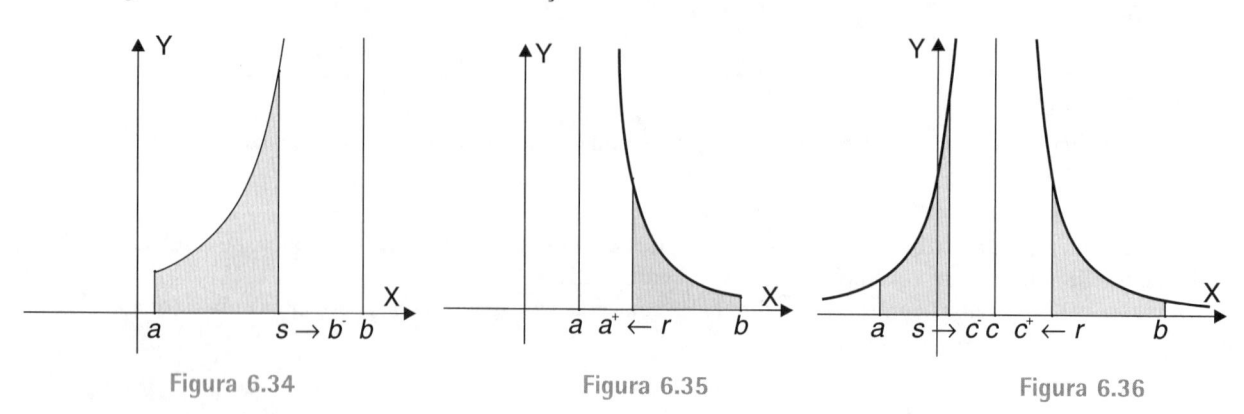

Figura 6.34   Figura 6.35   Figura 6.36

É importante observar que as integrais impróprias com integrandos infinitos têm a mesma notação que as integrais definidas. Na prática, sempre que nos deparamos com uma integral definida, devemos analisar a função integrando para verificar se não estamos diante de uma integral imprópria.

6.14.8 Exemplos

(i) É possível encontrar um número finito que representa a área da região abaixo da curva $y = \dfrac{1}{\sqrt{x}}$, no intervalo $(0,16]$?

Devemos verificar se a integral imprópria $I = \displaystyle\int_0^{16} \dfrac{dx}{\sqrt{x}}$ converge ou diverge.

Temos:

$$I = \lim_{r \to 0^+} \int_r^{16} \dfrac{dx}{\sqrt{x}}$$

$$= \lim_{r \to 0^+} 2\sqrt{x} \Big|_r^{16}$$

$$= \lim_{r \to 0^+} (8 - 2\sqrt{r})$$

$$= 8.$$

Logo, a integral imprópria converge e a área da região dada é $A = 8$ u.a.
A Figura 6.37 ilustra este exemplo.

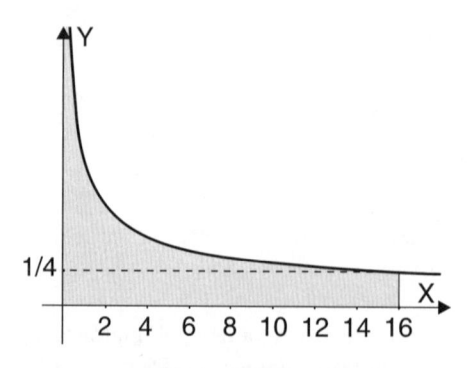

Figura 6.37

(ii) É possível encontrar um número finito que representa a área da região abaixo da curva para $y = \dfrac{1}{1-x}$, no intervalo [0, 1)?

Na Figura 6.38 apresentamos a região dada.

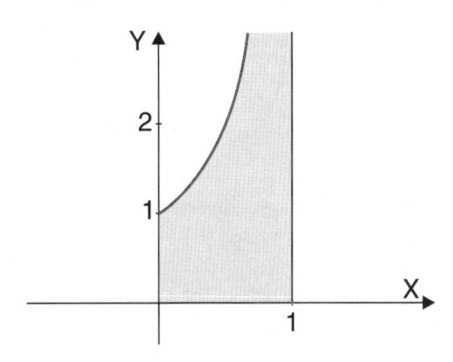

Figura 6.38

Devemos investigar se a integral imprópria $I = \displaystyle\int_0^1 \dfrac{dx}{1-x}$ converge ou diverge.

Temos:

$$I = \lim_{s \to 1^-} \int_0^s \dfrac{dx}{1-x}$$

$$= \lim_{s \to 1^-} -\ln(1-x)\Big|_0^s$$

$$= \lim_{s \to 1^-} [-\ln(1-s) + \ln 1]$$

$$= +\infty.$$

Portanto, a integral imprópria diverge, não sendo possível encontrar um número finito que representa a área da região dada.

(iii) Investigar a integral $I = \displaystyle\int_{-2}^{7} \dfrac{dx}{(x-1)^{2/3}}$.

Neste exemplo a função integrando é contínua, exceto no ponto $x = 1$. Além disso, ela tem limites laterais infinitos nesse ponto.

Temos, então,

$$I = \lim_{s \to 1^-} \int_{-2}^{s} \dfrac{dx}{(x-1)^{2/3}} + \lim_{r \to 1^+} \int_{r}^{7} \dfrac{dx}{(x-1)^{2/3}}$$

$$= \lim_{s \to 1^-} 3(x-1)^{1/3}\Big|_{-2}^{s} + \lim_{r \to 1^+} 3(x-1)^{1/3}\Big|_{r}^{7}$$

$$= \lim_{s \to 1^-} [3(s-1)^{1/3} - 3(-3)^{1/3}] + \lim_{r \to 1^+} [3 \cdot 6^{1/3} - 3(r-1)^{1/3}]$$

$$= (0 + 3\sqrt[3]{3}) + (3\sqrt[3]{6} - 0)$$

$$= 3(\sqrt[3]{3} + \sqrt[3]{6}).$$

Logo, a integral imprópria converge e seu valor é $3(\sqrt[3]{3} + \sqrt[3]{6})$. A Figura 6.39 ilustra este exemplo.

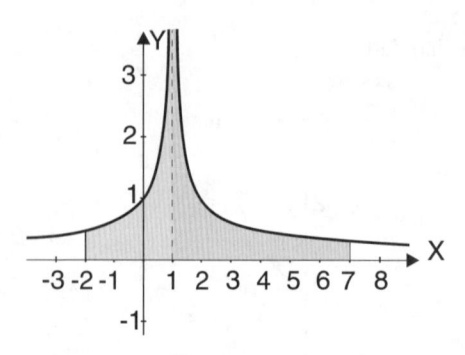

Figura 6.39

(iv) Investigar a integral $I = \int_{-2}^{7} \dfrac{dx}{(x-1)^2}$.

Como no exemplo anterior a função integrando é contínua em todos os pontos do intervalo de integração, exceto no ponto $x = 1$, onde tem limites laterais infinitos. Temos:

$$I = \lim_{s \to 1^-} \int_{-2}^{s} \dfrac{dx}{(x-1)^2} + \lim_{r \to 1^+} \int_{r}^{7} \dfrac{dx}{(x-1)^2}.$$

Vamos ilustrar, neste exemplo, como é interessante calcular separadamente os limites, pois basta um deles não existir para a integral imprópria ser divergente.

Temos:

$$\lim_{s \to 1^-} \int_{-2}^{s} \dfrac{dx}{(x-1)^2} = \lim_{s \to 1^-} \dfrac{-1}{x-1} \Big|_{-2}^{s}$$

$$= \lim_{s \to 1^-} \left(\dfrac{-1}{s-1} + \dfrac{1}{-2-1} \right)$$

$$= +\infty.$$

Logo, a integral imprópria diverge.

6.15 Exercícios

1. Dar um exemplo de uma função contínua por partes definidas no intervalo $[-4, 4]$.

2. Calcular a integral das seguintes funções contínuas por partes definidas nos intervalos dados. Fazer o gráfico das funções dadas, verificando que os resultados encontrados são coerentes.

a) $f(x) = \begin{cases} -x^2, & -2 \leq x \leq -1 \\ -x, & -1 < x \leq 1 \\ x^2, & 1 < x \leq 2 \end{cases}$

b) $f(x) = \begin{cases} x, & 0 \leq x \leq 1 \\ 2x, & 1 < x \leq 2 \end{cases}$

c) $f(x) = \begin{cases} 2, & -3 \leq x \leq -1 \\ |x|, & -1 < x \leq 1 \\ 2, & 1 < x \leq 3 \end{cases}$

3. Calcular a integral das seguintes funções contínuas por partes.

a) $f(x) = \begin{cases} \operatorname{sen} 2x, & 0 \leq x \leq \dfrac{\pi}{2} \\ 1 + \cos x, & \dfrac{\pi}{2} < x \leq \pi \end{cases}$

b) $f(x) = \begin{cases} \dfrac{1}{x+1}, & 0 \leq x \leq 2 \\ (x-1)^2, & 2 < x \leq 4 \end{cases}$

c) $f(x) = \begin{cases} \operatorname{tg} x, & 0 \leq x \leq \dfrac{\pi}{4} \\ \cos 3x, & \dfrac{\pi}{4} < x < \dfrac{\pi}{3} \end{cases}$

4. Encontrar a área sob a curva $y = e^{-x}$, $x \geq 0$.

5. Investigar a integral imprópria $\displaystyle\int_{7}^{+\infty} \dfrac{1}{(x-5)^2} dx$.

6. Mostrar que $\displaystyle\int_{1}^{+\infty} \dfrac{dx}{\sqrt{x}}$ é divergente.

7. Verificar se a integral $\displaystyle\int_{-\infty}^{0} e^{5x} dx$ converge. Em caso positivo, determinar seu valor.

8. Dar um exemplo de uma função f, tal que $\displaystyle\lim_{b\to+\infty} \int_{-b}^{b} f(x)dx$ existe, mas a integral imprópria $\displaystyle\int_{-\infty}^{+\infty} f(x)dx$ é divergente.

9. Encontrar a área sob o gráfico da curva $y = (x+1)^{-3/2}$, $x \geq 15$.

10. Encontrar a área sob o gráfico de $y = \dfrac{1}{(x+1)^2}$ para $x \geq 1$.

11. Engenheiros da Petrobras estimaram que um poço de petróleo pode produzir óleo a uma taxa de: $P(t) = 80e^{-0,04t} - 80e^{-0,1t}$ milhares de barris por mês, onde t representa o tempo, medido em meses, a partir do momento em que foi feita a estimativa. Determinar o potencial de produção de óleo desse poço a partir dessa data.

12. Investigar as integrais impróprias seguintes.

a) $\displaystyle\int_{-\infty}^{0} e^x dx$

b) $\displaystyle\int_{-\infty}^{0} x \cdot e^{-x^2} dx$

c) $\displaystyle\int_{1}^{+\infty} \ln x \, dx$

d) $\displaystyle\int_{-\infty}^{+\infty} \dfrac{dx}{9 + x^2}$

e) $\displaystyle\int_{e}^{+\infty} \frac{dx}{x(\ln x)^2}$

f) $\displaystyle\int_{0}^{+\infty} \frac{4dx}{x+1}$

g) $\displaystyle\int_{0}^{+\infty} r.e^{-rx}dx, r > 0$

h) $\displaystyle\int_{-\infty}^{+\infty} \frac{4x^3}{(x^4+3)^2} dx$

13. Determinar a área sob a curva $y = \dfrac{1}{\sqrt{4-x}}$, no intervalo [0, 4).

14. Investigar as integrais impróprias.

a) $\displaystyle\int_{0}^{1} \frac{dx}{\sqrt{1-x}}$

b) $\displaystyle\int_{-1}^{1} \frac{dx}{x^2}$

c) $\displaystyle\int_{0}^{3} \frac{dx}{\sqrt{9-x^2}}$

d) $\displaystyle\int_{0}^{5} \frac{x\,dx}{\sqrt{25-x^2}}$

e) $\displaystyle\int_{-2}^{2} \frac{x\,dx}{1-x}$

f) $\displaystyle\int_{0}^{+\infty} \frac{e^{-\sqrt{x}}}{\sqrt{x}} dx$

g) $\displaystyle\int_{1}^{+\infty} \frac{dx}{(x-1)^3}$

15. Verificar que $\displaystyle\lim_{r \to 0}\left[\int_{-1}^{r} \frac{dx}{x} + \int_{r}^{1} \frac{dx}{x}\right] = 0$, mas a integral imprópria $\displaystyle\int_{-1}^{1} \frac{dx}{x}$ diverge.

16. Encontre os valores de n para os quais a integral $\displaystyle\int_{0}^{4} x^n dx$ converge ($n \in \mathbb{Z}$).

7 Métodos de Integração

Neste capítulo, apresentaremos, inicialmente, alguns métodos utilizados para resolver integrais envolvendo funções trigonométricas.

A seguir, veremos a integração por substituição trigonométrica e a integração de funções racionais por frações parciais.

Finalmente, abordaremos as integrais racionais de seno e cosseno usando a substituição universal e as integrais envolvendo raízes quadradas de trinômios do segundo grau.

7.1 Integração de Funções Trigonométricas

7.1.1 As integrais $\int \text{sen}\, u\, du$ e $\int \cos u\, du$

As integrais indefinidas da função seno e da função cosseno estão indicadas na tabela da Seção 6.1.9. Temos:

$$\int \text{sen}\, u\, du = -\cos u + C \text{ e}$$

$$\int \cos u\, du = \text{sen}\, u + C.$$

7.1.2 Exemplos   Calcular as integrais:

(i) $\int (x+1) \text{sen}\, (x+1)^2 dx.$

Usando o método da substituição (Seção 6.3), fazemos $u = (x+1)^2$. Então, $du = 2(x+1)dx$. Temos:

$$\int (x+1) \text{sen}\, (x+1)^2 dx = \int \frac{1}{2} \text{sen}\, u\, du$$

$$= -\frac{1}{2} \cos u + C$$

$$= -\frac{1}{2} \cos (x+1)^2 + C.$$

(ii) $\int_0^1 e^{2x} \cos (e^{2x}) dx.$

Vamos, primeiro, encontrar a integral indefinida:

$$I = \int e^{2x} \cos (e^{2x}) dx.$$

Para isso, fazemos a substituição $u = e^{2x}$. Temos, então, $du = 2e^{2x}dx$. Portanto,

$$I = \int \frac{1}{2} \cos u \, du$$

$$= \frac{1}{2} \operatorname{sen} u + C$$

$$= \frac{1}{2} \operatorname{sen}(e^{2x}) + C.$$

Logo, pelo Teorema Fundamental do Cálculo, temos:

$$\int_0^1 e^{2x} \cos(e^{2x}) \, dx = \frac{1}{2} \operatorname{sen}(e^{2x}) \Big|_0^1$$

$$= \frac{1}{2}(\operatorname{sen} e^2 - \operatorname{sen} 1).$$

7.1.3 As integrais $\int \operatorname{tg} u \, du$ e $\int \operatorname{cotg} u \, du$

As integrais indefinidas da função tangente e da função cotangente são resolvidas usando o método da substituição, como foi visto no Exemplo 6.3.1 (iv). Temos:

$$\int \operatorname{tg} u \, du = \int \frac{\operatorname{sen} u}{\cos u} \, du$$

$$= -\ln|\cos u| + C$$

$$= \ln|(\cos u)^{-1}| + C$$

$$= \ln|\sec u| + C;$$

e

$$\int \operatorname{cotg} u \, du = \int \frac{\cos u}{\operatorname{sen} u} \, du$$

$$= \ln|\operatorname{sen} u| + C.$$

7.1.4 Exemplos Calcular as integrais:

(i) $\int \dfrac{\operatorname{tg}\sqrt{x}}{\sqrt{x}} \, dx$.

Fazemos $u = \sqrt{x}$. Então, $du = \dfrac{1}{2\sqrt{x}} \, dx$. Temos:

$$\int \frac{\operatorname{tg}\sqrt{x}}{\sqrt{x}} \, dx = 2 \ln|\sec \sqrt{x}| + C.$$

(ii) $\int \dfrac{\operatorname{cotg}(\ln x)}{x} \, dx$.

Fazemos $u = \ln x$. Então, $du = 1/x \, dx$. Temos:

$$\int \frac{\operatorname{cotg}(\ln x)}{x} \, dx = \ln|\operatorname{sen}(\ln x)| + C.$$

7.1.5 As integrais $\int \sec u\, du$ e $\int \csc u\, du$

Nestas integrais usamos um artifício de cálculo para podermos aplicar o método da substituição.

Na integral da secante, multiplicamos e dividimos o integrando por $\sec u + \text{tg } u$. Temos:

$$\int \sec u\, du = \int \frac{\sec u(\sec u + \text{tg } u)}{\sec u + \text{tg } u}\, du.$$

Fazemos $v = \sec u + \text{tg } u$. Então, $dv = (\sec u \cdot \text{tg } u + \sec^2 u)\, du$. Portanto,

$$\int \sec u\, du = \int \frac{dv}{v}$$
$$= \ln |v| + C$$
$$= \ln |\sec u + \text{tg } u| + C.$$

Na integral da cossecante, multiplicamos e dividimos o integrando por $\csc u - \cot g\, u$. Temos:

$$\int \csc u\, du = \int \frac{\csc u\, (\csc u - \cot g\, u)}{\csc u - \cot g\, u}\, du.$$

Fazemos $v = \csc u - \cot g\, u$. Então,

$$dv = [-\csc u \cdot \cot g\, u - (-\csc^2 u)]\, du$$
$$= (\csc^2 u - \csc u \cdot \cot g\, u)\, du.$$

Portanto,

$$\int \csc u\, du = \int \frac{dv}{v}$$
$$= \ln |v| + C$$
$$= \ln |\csc u - \cot g\, u| + C.$$

7.1.6 Exemplos   Calcular as integrais:

(i) $\int \sec(5x - \pi)\, dx.$

Fazemos $u = 5x - \pi$. Então, $du = 5\, dx$. Portanto,

$$\int \sec(5x - \pi)\, dx = \int \frac{1}{5} \sec u\, du$$
$$= \frac{1}{5} \ln |\sec(5x - \pi) + \text{tg}(5x - \pi)| + C.$$

(ii) $\displaystyle\int_{\pi/6}^{\pi/3} \frac{d\theta}{\text{sen } 2\theta}.$

Vamos, primeiro, encontrar a integral indefinida

$$I = \int \frac{d\theta}{\text{sen } 2\theta}.$$

Para isso, fazemos $u = 2\theta$. Então, $du = 2d\theta$. Portanto,

$$\int \frac{d\theta}{\operatorname{sen} 2\theta} = \int \operatorname{cosec} 2\theta \, d\theta$$

$$= \frac{1}{2}\int \operatorname{cosec} u \, du$$

$$= \frac{1}{2}\ln|\operatorname{cosec} 2\theta - \operatorname{cotg} 2\theta| + C.$$

Logo, pelo Teorema Fundamental do Cálculo, temos:

$$\int_{\pi/6}^{\pi/3} \frac{d\theta}{\operatorname{sen} 2\theta} = \frac{1}{2}\ln|\operatorname{cosec} 2\theta - \operatorname{cotg} 2\theta|\Big|_{\pi/6}^{\pi/3}$$

$$= \frac{1}{2}\ln\left|\operatorname{cosec}\frac{2\pi}{3} - \operatorname{cotg}\frac{2\pi}{3}\right| - \frac{1}{2}\ln\left|\operatorname{cosec}\frac{\pi}{3} - \operatorname{cotg}\frac{\pi}{3}\right|$$

$$= \frac{1}{2}\ln 3.$$

7.2 Integração de Algumas Funções Envolvendo Funções Trigonométricas

7.2.1 As integrais $\int \operatorname{sen}^n u \, du$ e $\int \cos^n u \, du$, onde n é um número inteiro positivo

Nestas integrais, podemos usar artifícios de cálculo com auxílio das identidades trigonométricas.

$$\operatorname{sen}^2 x + \cos^2 x = 1 \tag{1}$$

$$\operatorname{sen}^2 x = \frac{1 - \cos 2x}{2} \tag{2}$$

$$\cos^2 x = \frac{1 + \cos 2x}{2}, \tag{3}$$

visando a aplicação do método da substituição. Os exemplos que seguem ilustram os dois possíveis casos: n é um número ímpar ou n é um número par.

Estas integrais também podem ser resolvidas com o auxílio das fórmulas de redução ou recorrência, conforme veremos na Seção 7.2.11.

7.2.2 Exemplos Calcular as integrais:

(i) $\int \cos^5 x \, dx$.

Vamos, inicialmente, preparar o integrando para a aplicação do método da substituição. Observamos que o artifício que usaremos é válido sempre que n for um número ímpar.

Fatorando convenientemente o integrando e aplicando a identidade (1), temos:

$$\cos^5 x = (\cos^2 x)^2 \cdot \cos x$$
$$= (1 - \text{sen}^2 x)^2 \cos x$$
$$= (1 - 2\text{sen}^2 x + \text{sen}^4 x) \cos x$$
$$= \cos x - 2\,\text{sen}^2 x \cos x + \text{sen}^4 x \cos x.$$

Portanto,

$$\int \cos^5 x \, dx = \int (\cos x - 2\,\text{sen}^2 x \cos x + \text{sen}^4 x \cos x)\, dx$$
$$= \int \cos x \, dx - 2 \int \text{sen}^2 x \cos x \, dx + \int \text{sen}^4 x \cos x \, dx$$
$$= \text{sen}\, x - \frac{2}{3} \text{sen}^3 x + \frac{1}{5} \text{sen}^5 x + C.$$

(ii) $\int \text{sen}^3 2\theta \, d\theta$.

Usando o mesmo raciocínio do exemplo anterior, temos:

$$\text{sen}^3 2\theta = \text{sen}^2 2\theta \cdot \text{sen}\, 2\theta$$
$$= (1 - \cos^2 2\theta) \cdot \text{sen}\, 2\theta$$
$$= \text{sen}\, 2\theta - \cos^2 2\theta\, \text{sen}\, 2\theta.$$

Portanto,

$$\int \text{sen}^3 2\theta \, d\theta = \int (\text{sen}\, 2\theta - \cos^2 2\theta\, \text{sen}\, 2\theta)\, d\theta$$
$$= \int \text{sen}\, 2\theta \, d\theta - \int \cos^2 2\theta\, \text{sen}\, 2\theta \, d\theta$$
$$= -\frac{1}{2} \cos 2\theta + \frac{1}{6} \cos^3 2\theta + C.$$

(iii) $\int \text{sen}^4 x \, dx$.

Neste exemplo n é um número par. Na preparação do integrando, usamos agora as identidades (2) e (3). Temos:

$$\text{sen}^4 x = (\text{sen}^2 x)^2$$
$$= \left(\frac{1 - \cos 2x}{2}\right)^2$$
$$= \frac{1}{4}(1 - 2\cos 2x + \cos^2 2x)$$
$$= \frac{1}{4}\left(1 - 2\cos 2x + \frac{1 + \cos 4x}{2}\right)$$
$$= \frac{3}{8} - \frac{1}{2}\cos 2x + \frac{1}{8}\cos 4x.$$

Portanto,

$$\int \operatorname{sen}^4 x\, dx = \int \left(\frac{3}{8} - \frac{1}{2}\cos 2x + \frac{1}{8}\cos 4x\right) dx$$

$$= \frac{3}{8}x - \frac{1}{4}\operatorname{sen} 2x + \frac{1}{32}\operatorname{sen} 4x + C.$$

Observamos que o raciocínio usado neste exemplo é válido para as potências pares.

7.2.3 As integrais $\int \operatorname{sen}^m u \cos^n u\, du$, onde m e n são inteiros positivos

Nestas integrais, a preparação do integrando dever ser feita visando à aplicação do método da substituição, da mesma forma que foi feito em 7.2.1 e 7.2.2.

Quando pelo menos um dos expoentes é ímpar, usamos a identidade (1) e, quando os dois expoentes são pares, usamos (2) e (3) e, eventualmente, também (1).

7.2.4 Exemplos Calcular as integrais:

(i) $\int \operatorname{sen}^5 x \cdot \cos^2 x\, dx.$

Preparando o integrando, temos:

$$\operatorname{sen}^5 x \cos^2 x = (\operatorname{sen}^2 x)^2 \cdot \operatorname{sen} x \cdot \cos^2 x$$

$$= (1 - \cos^2 x)^2 \cdot \operatorname{sen} x \cdot \cos^2 x$$

$$= (1 - 2\cos^2 x + \cos^4 x)\operatorname{sen} x \cos^2 x$$

$$= \cos^2 x \operatorname{sen} x - 2\cos^4 x \operatorname{sen} x + \cos^6 x \operatorname{sen} x.$$

Portanto,

$$\int \operatorname{sen}^5 x \cos^2 x\, dx = \int (\cos^2 x \operatorname{sen} x - 2\cos^4 x \operatorname{sen} x + \cos^6 x \operatorname{sen} x)\, dx$$

$$= \int \cos^2 x \operatorname{sen} x\, dx - 2\int \cos^4 x \operatorname{sen} x\, dx$$

$$+ \int \cos^6 x \operatorname{sen} x\, dx$$

$$= \frac{-1}{3}\cos^3 x + \frac{2}{5}\cos^5 x - \frac{1}{7}\cos^7 x + C.$$

(ii) $\int \operatorname{sen}^2 x \cos^4 x\, dx.$

Preparando o integrando, temos:

$$\operatorname{sen}^2 x \cos^4 x = \operatorname{sen}^2 x \cdot (\cos^2 x)^2$$

$$= \frac{1 - \cos 2x}{2} \cdot \left(\frac{1 + \cos 2x}{2}\right)^2$$

$$= \frac{1}{8}(1 + \cos 2x - \cos^2 2x - \cos^3 2x)$$

$$= \frac{1}{8}\left[1 + \cos 2x - \frac{1 + \cos 4x}{2} - (1 - \mathrm{sen}^2 2x)\cos 2x\right]$$

$$= \frac{1}{16} - \frac{1}{16}\cos 4x + \frac{1}{8}\mathrm{sen}^2 2x \cos 2x.$$

Portanto,

$$\int \mathrm{sen}^2 x \cos^4 x \, dx = \int\left(\frac{1}{16} - \frac{1}{16}\cos 4x + \frac{1}{8}\mathrm{sen}^2 2x \cos 2x\right) dx$$

$$= \frac{1}{16}x - \frac{1}{64}\mathrm{sen}\,4x + \frac{1}{48}\mathrm{sen}^3 2x + C.$$

(iii) $\int \mathrm{sen}^4 x \cos^4 x \, dx.$

Quando m e n são iguais, também podemos usar a identidade

$$\mathrm{sen}\,x \cos x = \frac{1}{2}\mathrm{sen}\,2x. \qquad (4)$$

Temos:

$$\mathrm{sen}^4 x \cos^4 x = \left(\frac{1}{2}\mathrm{sen}\,2x\right)^4$$

$$= \frac{1}{16}(\mathrm{sen}^2 2x)^2$$

$$= \frac{1}{16}\left(\frac{1 - \cos 4x}{2}\right)^2$$

$$= \frac{1}{64}(1 - 2\cos 4x + \cos^2 4x)$$

$$= \frac{1}{64}\left(1 - 2\cos 4x + \frac{1 + \cos 8x}{2}\right)$$

$$= \frac{3}{128} - \frac{1}{32}\cos 4x + \frac{1}{128}\cos 8x.$$

Portanto,

$$\int \mathrm{sen}^4 x \cos^4 x \, dx = \int\left(\frac{3}{128} - \frac{1}{32}\cos 4x + \frac{1}{128}\cos 8x\right) dx$$

$$= \frac{3}{128}x - \frac{1}{128}\mathrm{sen}\,4x + \frac{1}{1024}\mathrm{sen}\,8x + C.$$

7.2.5 As integrais $\int \mathrm{tg}^n u \, du$ e $\int \mathrm{cotg}^n u \, du$, onde n é inteiro positivo

Na preparação do integrando, usamos as identidades

$$\mathrm{tg}^2 u = \sec^2 u - 1 \text{ e} \qquad (5)$$

$$\mathrm{cotg}^2 u = \mathrm{cosec}^2 u - 1. \qquad (6)$$

Os artifícios são semelhantes aos usados nas seções anteriores. Temos:

$$\text{tg}^n u = \text{tg}^{n-2} u \cdot \text{tg}^2 u$$
$$= \text{tg}^{n-2} u (\sec^2 u - 1)$$

e

$$\cotg^n u = \cotg^{n-2} u \cdot \cotg^2 u$$
$$= \cotg^{n-2} u (\cosec^2 u - 1).$$

7.2.6 Exemplos Calcular as integrais:

(i) $\int \text{tg}^3 3\theta \, d\theta$.

Preparando o integrando, temos:

$$\text{tg}^3 3\theta = \text{tg}\, 3\theta \cdot \text{tg}^2 3\theta$$
$$= \text{tg}\, 3\theta (\sec^2 3\theta - 1)$$
$$= \text{tg}\, 3\theta \sec^2 3\theta - \text{tg}\, 3\theta.$$

Portanto,

$$\int \text{tg}^3 3\theta \, d\theta = \int (\text{tg}\, 3\theta \sec^2 3\theta - \text{tg}\, 3\theta) d\theta$$
$$= \frac{1}{6} \text{tg}^2 3\theta + \frac{1}{3} \ln |\cos 3\theta| + C.$$

(ii) $\int \cotg^4 2x \, dx$.

Preparando o integrando, temos:

$$\cotg^4 2x = \cotg^2 2x \cdot \cotg^2 2x$$
$$= \cotg^2 2x \,(\cosec^2 2x - 1)$$
$$= \cotg^2 2x \cdot \cosec^2 2x - \cotg^2 2x$$
$$= \cotg^2 2x \cdot \cosec^2 2x - (\cosec^2 2x - 1)$$
$$= \cotg^2 2x \cdot \cosec^2 2x - \cosec^2 2x + 1.$$

Portanto,

$$\int \cotg^4 2x \, dx = \int (\cotg^2 2x \cdot \cosec^2 2x - \cosec^2 2x + 1) dx$$
$$= -\frac{1}{6} \cotg^3 2x + \frac{1}{2} \cotg 2x + x + C.$$

7.2.7 As integrais $\int \sec^n u \, du$ e $\int \cosec^n u \, du$ onde n é inteiro positivo

Estas integrais, para o caso de n ser um número par, são revolvidas utilizando as identidades (5) e (6). Temos:

$$\sec^n x = (\sec^2 x)^{\frac{n-2}{2}} \cdot \sec^2 x$$
$$= (\operatorname{tg}^2 x + 1)^{\frac{n-2}{2}} \cdot \sec^2 x$$

e

$$\operatorname{cosec}^n x = (\operatorname{cosec}^2 x)^{\frac{n-2}{2}} \cdot \operatorname{cosec}^2 x$$
$$= (\operatorname{cotg}^2 x + 1)^{\frac{n-2}{2}} \cdot \operatorname{cosec}^2 x.$$

Quando n for ímpar, devemos aplicar o método da integração por partes visto na Seção 6.5.

7.2.8 Exemplos Calcular as integrais:

(i) $\int \operatorname{cosec}^6 x \, dx.$

Preparando o integrando, temos:

$$\operatorname{cosec}^6 x = (\operatorname{cosec}^2 x)^2 \cdot \operatorname{cosec}^2 x$$
$$= (\operatorname{cotg}^2 x + 1)^2 \cdot \operatorname{cosec}^2 x$$
$$= (\operatorname{cotg}^4 x + 2\operatorname{cotg}^2 x + 1)\operatorname{cosec}^2 x$$
$$= \operatorname{cotg}^4 x \operatorname{cosec}^2 x + 2\operatorname{cotg}^2 x \operatorname{cosec}^2 x + \operatorname{cosec}^2 x.$$

Portanto,

$$\int \operatorname{cosec}^6 x \, dx = \int (\operatorname{cotg}^4 x \operatorname{cosec}^2 x + 2\operatorname{cotg}^2 x \operatorname{cosec}^2 x + \operatorname{cosec}^2 x) \, dx$$
$$= -\frac{1}{5} \operatorname{cotg}^5 x - \frac{2}{3} \operatorname{cotg}^3 x - \operatorname{cotg} x + C.$$

(ii) $\int \sec^3 x \, dx.$

Nesta integral vamos usar o método de integração por partes. Seja

$u = \sec x \quad \Rightarrow \quad du = \sec x \cdot \operatorname{tg} x \, dx$

$dv = \sec^2 x \, dx \quad \Rightarrow \quad v = \int \sec^2 x \, dx = \operatorname{tg} x.$

Então,

$$\int \sec^3 x \, dx = \sec x \cdot \operatorname{tg} x - \int \operatorname{tg} x \cdot \sec x \cdot \operatorname{tg} x \, dx$$
$$= \sec x \cdot \operatorname{tg} x - \int \operatorname{tg}^2 x \sec x \, dx$$
$$= \sec x \cdot \operatorname{tg} x - \int (\sec^2 x - 1)\sec x \, dx$$
$$= \sec x \operatorname{tg} x - \int \sec^3 x \, dx + \int \sec x \, dx.$$

Adicionando $\int \sec^3 x \, dx$ a cada membro, obtemos:

$$2\int \sec^3 x\, dx = \sec x\, \tg x + \int \sec x\, dx$$
$$= \sec x\, \tg x + \ln|\sec x + \tg x|$$

ou

$$\int \sec^3 x\, dx = \frac{1}{2}\sec x\, \tg x + \frac{1}{2}\ln|\sec x + \tg x| + C.$$

7.2.9 As integrais $\int \tg^m u\, \sec^n u\, du$ e $\int \cotg^m u\, \cosec^n u\, du$, onde m e n são inteiros positivos

Quando m for ímpar ou n for par, podemos preparar o integrando para aplicar o método da substituição.

Quando m for par e n for ímpar, a integral deve ser revolvida por integração por partes. Os exemplos que seguem ilustram os diversos casos.

7.2.10 Exemplos Calcular as integrais:

(i) $\int \tg^7 x\, \sec^6 x\, dx$.

Neste exemplo n é par. Podemos, então, preparar o integrando para aplicar o método da substituição. Temos:

$$\tg^7 x\, \sec^6 x = \tg^7 x (\sec^2 x)^2 \sec^2 x$$
$$= \tg^7 x (\tg^2 x + 1)^2 \sec^2 x$$
$$= \tg^7 x (\tg^4 x + 2\tg^2 x + 1)\sec^2 x$$
$$= \tg^{11} x\, \sec^2 x + 2\tg^9 x\, \sec^2 x + \tg^7 x\, \sec^2 x.$$

Portanto,

$$\int \tg^7 x\, \sec^6 dx = \int (\tg^{11} x\, \sec^2 x + 2\tg^9 x\, \sec^2 x + \tg^7 x\, \sec^2 x) dx$$
$$= \frac{1}{12}\tg^{12} x + \frac{1}{5}\tg^{10} x + \frac{1}{8}\tg^8 x + C.$$

(ii) $\int \tg^7 x\, \sec^5 x\, dx$.

Neste exemplo m é ímpar. Podemos, então, preparar o integrando como segue

$$\tg^7 x\, \sec^5 x = (\tg^2 x)^3 \tg x\, \sec^4 x\, \sec x$$
$$= (\sec^2 x - 1)^3 \sec^4 x\, \sec x\, \tg x$$
$$= (\sec^{10} x - 3\sec^8 x + 3\sec^6 x - \sec^4 x)\sec x\, \tg x.$$

Portanto,

$$\int \tg^7 x\, \sec^5 x\, dx = \int (\sec^{10} x - 3\sec^8 x + 3\sec^6 x - \sec^4 x)\sec x\, \tg x\, dx$$
$$= \frac{1}{11}\sec^{11} x - \frac{1}{3}\sec^9 x + \frac{3}{7}\sec^7 x - \frac{1}{5}\sec^5 x + C.$$

Observamos que, no exemplo (i), poderíamos preparar o integrando de forma idêntica à preparação do exemplo (ii), pois $m = 7$, isto é, m é ímpar. Os resultados seriam equivalentes.

(iii) $\int \text{tg}^2 x \sec^3 x \, dx$.

Reescrevendo o integrando, temos:

$$\int \text{tg}^2 x \sec^3 x \, dx = \int (\sec^2 x - 1) \sec^3 x \, dx$$

$$= \int (\sec^5 x - \sec^3 x) \, dx$$

$$= \int \sec^5 x \, dx - \int \sec^3 x \, dx.$$

Recaímos em duas integrais que devem ser resolvidas por partes, como foi feito no Exemplo 7.2.8 9(ii). Temos:

$$\int \text{tg}^2 x \sec^3 x \, dx = \int \sec^5 x \, dx - \int \sec^3 x \, dx$$

$$= \frac{1}{4} \sec^3 x \, \text{tg} \, x - \frac{1}{8} \sec x \, \text{tg} \, x - \frac{1}{8} \ln |\sec x + \text{tg} \, x| + C.$$

Observamos que as integrais $\int \sec^5 x \, dx$ e $\int \sec^3 x \, dx$ também podem ser calculadas usando a fórmula de recorrência que será dada na seção seguinte.

7.2.11 Fórmulas de Redução ou Recorrência

O método de integração por partes pode ser usado para obtermos fórmulas de redução ou recorrência. A idéia é reduzir uma integral em outra mais simples do mesmo tipo. A aplicação repetida dessas fórmulas nos levará ao cálculo da integral dada.

As mais usadas são

$$\int \text{sen}^n u \, du = \frac{-1}{n} \text{sen}^{n-1} u \, \cos u + \frac{n-1}{n} \int \text{sen}^{n-2} u \, du; \quad (7)$$

$$\int \cos^n u \, du = \frac{1}{n} \cos^{n-1} u \, \text{sen} \, u + \frac{n-1}{n} \int \cos^{n-2} u \, du; \quad (8)$$

$$\int \sec^n u \, du = \frac{1}{n-1} \sec^{n-2} u \, \text{tg} \, u + \frac{n-2}{n-1} \int \sec^{n-2} u \, du; \quad (9)$$

$$\int \text{cosec}^n u \, du = \frac{-1}{n-1} \text{cosec}^{n-2} u \, \text{cotg} \, u + \frac{n-2}{n-1} \int \text{cosec}^{n-2} u \, du. \quad (10)$$

Prova de (7): Seja

$$u^* = \text{sen}^{n-1} u \quad \Rightarrow \quad du^* = (n-1) \text{sen}^{n-2} u \cos u \, du$$

$$dv = \text{sen} \, u \, du \quad \Rightarrow \quad v = \int \text{sen} \, u \, du = -\cos u.$$

Integrando por partes, vem:

$$\int \text{sen}^n u\, du = \text{sen}^{n-1} u(-\cos u) - \int (-\cos u) \cdot (n-1) \cdot \text{sen}^{n-2} u \cdot \cos u\, du$$

$$= -\text{sen}^{n-1} u \cos u + (n-1) \int \text{sen}^{n-2} u \cos^2 u\, du$$

$$= -\text{sen}^{n-1} u \cos u + (n-1) \int \text{sen}^{n-2} u (1 - \text{sen}^2 u)\, du$$

$$= -\text{sen}^{n-1} u \cos u + (n-1) \int (\text{sen}^{n-2} u - \text{sen}^n u)\, du$$

$$= -\text{sen}^{n-1} u \cos u - (n-1) \int \text{sen}^n u\, du + (n-1) \int \text{sen}^{n-2} u\, du.$$

Somando $(n-1) \int \text{sen}^n u\, du$ em ambos os membros, obtemos:

$$n \int \text{sen}^n u\, du = -\text{sen}^{n-1} u \cos u + (n-1) \int \text{sen}^{n-2} u\, du$$

ou

$$\int \text{sen}^n u\, du = \frac{-1}{n} \text{sen}^{n-1} u \cos u + \frac{n-1}{n} \int \text{sen}^{n-2} u\, du,$$

o que prova (7).

7.2.12 Exemplo Aplicar uma fórmula de recorrência para calcular a integral

$$\int \text{sen}^5 2x\, dx.$$

Fazendo $u = 2x$, temos $du = 2\, dx$. Então,

$$\int \text{sen}^5 2x\, dx = \frac{1}{2} \int \text{sen}^5 u\, du$$

$$= \frac{1}{2} \left[\frac{-1}{5} \text{sen}^4 u \cos u + \frac{4}{5} \int \text{sen}^3 u\, du \right]$$

$$= \frac{-1}{10} \text{sen}^4 u \cos u + \frac{2}{5} \left[\frac{-1}{3} \text{sen}^2 u \cos u + \frac{2}{3} \int \text{sen}\, u\, du \right]$$

$$= \frac{-1}{10} \text{sen}^4 u \cos u - \frac{2}{15} \text{sen}^2 u \cos u - \frac{4}{15} \cos u + C$$

$$= \frac{-1}{10} \text{sen}^4 2x \cos 2x - \frac{2}{15} \text{sen}^2 2x \cos 2x - \frac{4}{15} \cos 2x + C.$$

7.2.13 Integração de funções envolvendo seno e cosseno de arcos diferentes

As identidades trigonométricas

$$\text{sen}\, a \cos b = \frac{1}{2} [\text{sen}\, (a+b) + \text{sen}\, (a-b)] \qquad (11)$$

$$\text{sen}\, a \,\text{sen}\, b = \frac{1}{2} [\cos (a-b) - \cos (a+b)] \qquad (12)$$

$$\cos a \cos b = \frac{1}{2} [\cos (a+b) + \cos (a-b)] \qquad (13)$$

auxiliam na resolução de integrais envolvendo seno e cosseno de arcos diferentes. Os exemplos seguintes ilustram alguns casos.

7.2.14 Exemplos Calcular as integrais

(i) $\int \operatorname{sen} 4x \cos 2x \, dx$.

Usando (11), vamos preparar o integrando. Temos:

$$\operatorname{sen} 4x \cos 2x = \frac{1}{2}[\operatorname{sen} 6x + \operatorname{sen} 2x].$$

Logo,

$$\int \operatorname{sen} 4x \cos 2x \, dx = \frac{1}{2} \int [\operatorname{sen} 6x + \operatorname{sen} 2x] \, dx$$

$$= \frac{1}{2} \left[\int \operatorname{sen} 6x \, dx + \int \operatorname{sen} 2x \, dx \right]$$

$$= \frac{1}{2} \left[\frac{1}{6}(-\cos 6x) + \frac{1}{2}(-\cos 2x) \right] + C$$

$$= -\frac{1}{4} \left[\frac{1}{3} \cos 6x + \cos 2x \right] + C.$$

(ii) $\int \operatorname{sen} 5x \operatorname{sen} 2x \, dx$.

Usando (12), temos:

$$\int \operatorname{sen} 5x \operatorname{sen} 2x \, dx = \frac{1}{2} \int [\cos 3x - \cos 7x] \, dx$$

$$= \frac{1}{2} \left[\int \cos 3x \, dx - \int \cos 7x \, dx \right]$$

$$= \frac{1}{2} \left[\frac{1}{3} \operatorname{sen} 3x - \frac{1}{7} \operatorname{sen} 7x \right] + C.$$

(iii) $\int \cos 5x \cos 3x \, dx$.

Usando (13), temos:

$$\int \cos 5x \cos 3x \, dx = \frac{1}{2} \int [\cos 8x + \cos 2x] \, dx$$

$$= \frac{1}{2} \left[\int \cos 8x \, dx + \int \cos 2x \, dx \right]$$

$$= \frac{1}{2} \left[\frac{1}{8} \operatorname{sen} 8x + \frac{1}{2} \operatorname{sen} 2x \right] + C$$

$$= \frac{1}{4} \left[\frac{1}{4} \operatorname{sen} 8x + \operatorname{sen} 2x \right] + C.$$

7.3 Integração por Substituição Trigonométrica

Muitas vezes, substituições trigonométricas convenientes nos levam à solução de uma integral. Se o integrando contém funções envolvendo as expressões

$$\sqrt{a^2 - u^2}, \sqrt{a^2 + u^2} \text{ ou } \sqrt{u^2 - a^2}, \text{ onde } a > 0,$$

é possível fazermos uma substituição trigonométrica adequada.

As figuras 7.1 (a), (b) e (c) nos sugerem tal substituição.

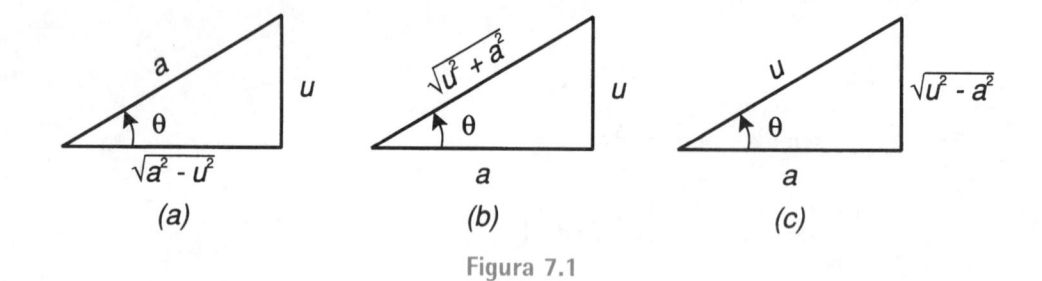

Figura 7.1

(i) A função integrando envolve $\sqrt{a^2 - u^2}$.

Neste caso, usamos $u = a \,\text{sen}\, \theta$. Então, $du = a \cos \theta \, d\theta$. Supondo que $\dfrac{-\pi}{2} \leq \theta \leq \dfrac{\pi}{2}$, temos:

$$\begin{aligned}\sqrt{a^2 - u^2} &= \sqrt{a^2 - a^2 \,\text{sen}^2\, \theta} \\ &= \sqrt{a^2(1 - \text{sen}^2\, \theta)} \\ &= \sqrt{a^2 \cos^2 \theta} \\ &= a \cos \theta.\end{aligned}$$

(ii) A função integrando envolve $\sqrt{u^2 + a^2}$.

Neste caso, usamos $u = a \,\text{tg}\, \theta$. Então, $du = a \sec^2 \theta \, d\theta$. Supondo que $\dfrac{-\pi}{2} < \theta < \dfrac{\pi}{2}$, temos:

$$\begin{aligned}\sqrt{a^2 + u^2} &= \sqrt{a^2 + a^2 \,\text{tg}^2\, \theta} \\ &= \sqrt{a^2(1 + \text{tg}^2\, \theta)} \\ &= \sqrt{a^2 \sec^2 \theta} \\ &= a \sec \theta.\end{aligned}$$

(ii) A função integrando envolve $\sqrt{u^2 - a^2}$.

Neste caso, usamos $u = a \sec \theta$. Então, $du = a \sec \theta \,\text{tg}\, \theta \, d\theta$. Supondo θ tal que $0 \leq \theta < \dfrac{\pi}{2}$ ou $\pi \leq \theta < \dfrac{3\pi}{2}$, temos:

$$\begin{aligned}\sqrt{u^2 - a^2} &= \sqrt{a^2 \sec^2 \theta - a^2} \\ &= \sqrt{a^2(\sec^2 \theta - 1)} \\ &= \sqrt{a^2 \,\text{tg}^2\, \theta} \\ &= a \,\text{tg}\, \theta.\end{aligned}$$

7.3.1 Exemplos Calcular as integrais:

(i) $\int \dfrac{\sqrt{9-x^2}}{2x^2}\,dx.$

Neste exemplo, usamos $x = 3\,\text{sen}\,\theta$. Então, $dx = 3\cos\theta\,d\theta$. Assim:

$\sqrt{9-x^2} = 3\cos\theta$, para $\dfrac{-\pi}{2} \le \theta \le \dfrac{\pi}{2}$.

Logo,

$$\int \dfrac{\sqrt{9-x^2}}{2x^2}\,dx = \dfrac{1}{2}\int \dfrac{3\cos\theta}{9\,\text{sen}^2\,\theta}\cdot 3\cos\theta\,d\theta$$

$$= \dfrac{1}{2}\int \text{cotg}^2\,\theta\,d\theta$$

$$= \dfrac{1}{2}\int (\text{cosec}^2\,\theta - 1)\,d\theta$$

$$= \dfrac{1}{2}(-\text{cotg}\,\theta - \theta) + C.$$

Devemos, agora, escrever este resultado em termos da variável original x. Sabemos que, se $x = 3\,\text{sen}\,\theta$, $-\dfrac{\pi}{2} \le \theta \le \dfrac{\pi}{2}$, então $\theta = \text{arc sen}\,\dfrac{x}{3}$.

Observando a Figura 7.1(a), vemos que:

$\text{cotg}\,\theta = \dfrac{\sqrt{9-x^2}}{x}.$

Portanto,

$$\int \dfrac{\sqrt{9-x^2}}{2x^2}\,dx = \dfrac{1}{2}\left(-\dfrac{\sqrt{9-x^2}}{x} - \text{arc sen}\,\dfrac{x}{3}\right) + C.$$

(ii) $\int \dfrac{x^2}{3\sqrt{x^2+4}}\,dx.$

Neste exemplo, usamos $x = 2\,\text{tg}\,\theta$. Então, $dx = 2\sec^2\theta\,d\theta$. Assim,

$\sqrt{x^2+4} = 2\sec\theta$, para $\dfrac{-\pi}{2} < \theta < \dfrac{\pi}{2}$.

Logo,

$$\int \dfrac{x^2}{3\sqrt{x^2+4}}\,dx = \dfrac{1}{3}\int \dfrac{4\,\text{tg}^2\,\theta}{2\sec\theta}\cdot 2\sec^2\theta\,d\theta$$

$$= \dfrac{4}{3}\int \text{tg}^2\,\theta\,\sec\theta\,d\theta$$

$$= \dfrac{4}{3}\int (\sec^2\theta - 1)\sec\theta\,d\theta$$

$$= \dfrac{4}{3}\int (\sec^3\theta - \sec\theta)\,d\theta.$$

Usando a fórmula de recorrência 7.2.11 (9), vem:

$$\int \frac{x^2}{3\sqrt{x^2+4}} dx = \frac{4}{3}\left[\frac{1}{2}\sec\theta\,\text{tg}\,\theta + \frac{1}{2}\int \sec\theta\,d\theta - \int \sec\theta\,d\theta\right]$$

$$= \frac{2}{3}\sec\theta\,\text{tg}\,\theta - \frac{2}{3}\ln|\sec\theta + \text{tg}\,\theta| + C.$$

Vamos, agora, escrever este resultado em termos da variável original x. Observando a Figura 7.1 (b), escrevemos

$$\sec\theta = \frac{\sqrt{x^2+4}}{2} \text{ e tg}\,\theta = \frac{x}{2}.$$

Portanto,

$$\int \frac{x^2}{3\sqrt{x^2+4}} dx = \frac{2}{3} \cdot \frac{\sqrt{x^2+4}}{2} \cdot \frac{x}{2} - \frac{2}{3}\ln\left|\frac{\sqrt{x^2+4}}{2} + \frac{x}{2}\right| + C$$

$$= \frac{1}{6}x\sqrt{x^2+4} - \frac{2}{3}\ln\left|\frac{\sqrt{x^2+4}+x}{2}\right| + C.$$

Este resultado poderia ainda ser escrito como

$$\int \frac{x^2}{3\sqrt{x^2+4}} dx = \frac{1}{6}x\sqrt{x^2+4} - \frac{2}{3}\ln(\sqrt{x^2+4}+x) + D,$$

onde $D = C + \frac{2}{3}\ln 2$.

(iii) $\int \frac{dx}{x^3\sqrt{x^2-16}}$.

Neste exemplo, usamos $x = 4\sec\theta$. Então, $dx = 4\sec\theta\,\text{tg}\,\theta\,d\theta$. Assim:

$$\sqrt{x^2-16} = 4\,\text{tg}\,\theta,\text{ para }0 \le \theta < \frac{\pi}{2} \text{ ou } \pi \le \theta < \frac{3\pi}{2}.$$

Logo,

$$\int \frac{dx}{x^3\sqrt{x^2-16}} = \int \frac{4\sec\theta\,\text{tg}\,\theta\,d\theta}{64\cdot\sec^3\theta\cdot 4\cdot\text{tg}\,\theta}$$

$$= \frac{1}{64}\int \frac{d\theta}{\sec^2\theta}$$

$$= \frac{1}{64}\int \cos^2\theta\,d\theta$$

$$= \frac{1}{64}\int \frac{1+\cos 2\theta}{2}d\theta$$

$$= \frac{1}{128}\int (1+\cos 2\theta)d\theta$$

$$= \frac{1}{128}\left(\theta + \frac{1}{2}\text{sen}\,2\theta\right) + C.$$

Vamos, agora, escrever este resultado em termos da variável original x. Observando a Figura 7.1 (c), escrevemos

$$\text{sen}\,\theta = \frac{\sqrt{x^2-16}}{x};\ \cos\theta = \frac{4}{x}.$$

Da identidade trigonométrica

$$\frac{1}{2}\operatorname{sen} 2\theta = \operatorname{sen} \theta \cos \theta$$

vem que

$$\frac{1}{2}\operatorname{sen} 2\theta = \frac{\sqrt{x^2 - 16}}{x} \cdot \frac{4}{x}.$$

Para substituirmos o valor de θ, devemos tomar algum cuidado. Inicialmente, observamos que a função integrando está definida para valores de $x > 4$ e $x < -4$.

Para $x > 4$, temos que $\sec \theta = \frac{x}{4} > 1$ e, portanto, $\theta = \operatorname{arc sec} \frac{x}{4}$, $0 \le \theta < \frac{\pi}{2}$.

Para $x < -4$, temos que $\sec \theta = \frac{x}{4} < -1$ e sua inversa $\left(\operatorname{arc sec} \frac{x}{4}\right)$ toma valores entre $\frac{\pi}{2}$ e π (ver Seção 2.15.4).

Como, ao fazermos a substituição $x = 4 \sec \theta$, assumimos que $\pi \le \theta < \frac{3\pi}{2}$ e, como $\sec (2\pi - a) = \sec a$, para $x < -4$, podemos escrever $\theta = 2\pi - \operatorname{arc sec} \frac{x}{4}$, $\pi \le \theta < \frac{3\pi}{2}$.

Portanto, para $x > 4$, temos:

$$\int \frac{dx}{x^3 \sqrt{x^2 - 16}} = \frac{1}{128}\left(\operatorname{arc sec} \frac{x}{4} + \frac{4\sqrt{x^2 - 16}}{x^2}\right) + C$$

e, para $x < -4$,

$$\int \frac{dx}{x^3 \sqrt{x^2 - 16}} = \frac{1}{128}\left(2\pi - \operatorname{arc sec} \frac{x}{4} + \frac{4\sqrt{x^2 - 16}}{x^2}\right) + C_1$$

$$= \frac{1}{128}\left(-\operatorname{arc sec} \frac{x}{4} + \frac{4\sqrt{x^2 - 16}}{x^2}\right) + C,$$

onde $C = \frac{\pi}{64} + C_1$.

7.4 Exercícios

Nos exercícios 1 a 35, calcular a integral indefinida.

1. $\int \dfrac{\operatorname{sen} \sqrt{x}}{\sqrt{x}} dx$

2. $\int \cos x \cdot \cos (\operatorname{sen} x) dx$

3. $\int \dfrac{\operatorname{sen} 2x}{\cos x} dx$

4. $\int x \operatorname{tg} (x^2 + 1) dx$

5. $\int \dfrac{\operatorname{cotg} (1/x)}{x^2} dx$

6. $\int \sec (x + 1) dx$

7. $\int \operatorname{sen} (\omega t + \theta) dt$

8. $\int x \operatorname{cosec} x^2 dx$

9. $\int \cos x \cdot \operatorname{tg}(\operatorname{sen} x)\,dx$

10. $\int \operatorname{sen}^3(2x+1)\,dx$

11. $\int \cos^5(3-3x)\,dx$

12. $\int 2x\operatorname{sen}^4(x^2-1)\,dx$

13. $\int e^{2x}\cos^2(e^{2x}-1)\,dx$

14. $\int \operatorname{sen}^3 2\theta \cos^4 2\theta\,d\theta$

15. $\int \operatorname{sen}^3(1-2\theta)\cos^3(1-2\theta)\,d\theta$

16. $\int \operatorname{sen}^{19}(t-1)\cos(t-1)\,dt$

17. $\int \dfrac{1}{\theta}\operatorname{tg}^3(\ln \theta)\,d\theta$

18. $\int \operatorname{tg}^3 x \cos^4 x\,dx$

19. $\int \cos^4 x\,dx$

20. $\int \operatorname{tg}^4 x\,dx$

21. $\int \dfrac{\operatorname{sen}^2 x}{\cos^4 x}\,dx$

22. $\int 15\operatorname{sen}^5 x\,dx$

23. $\int 15\operatorname{sen}^2 x \cos^3 x\,dx$

24. $\int 48\operatorname{sen}^2 x \cos^4 x\,dx$

25. $\int \cos^6 3x\,dx$

26. $\int \dfrac{-3\cos^2 x}{\operatorname{sen}^4 x}\,dx$

27. $\int \operatorname{sen} 3x \cos 5x\,dx$

28. $\int \operatorname{tg}^2 5x\,dx$

29. $\int \operatorname{sen} \omega t \operatorname{sen}(\omega t + \theta)\,dt$

30. $\int \dfrac{\cos^3 x}{\operatorname{sen}^4 x}\,dx$

31. $\int \sec^4 t \operatorname{cotg}^6 t \operatorname{sen}^8 t\,dt$

32. $\int \dfrac{x}{\sqrt{x^2-1}}\operatorname{tg}^3 \sqrt{x^2-1}\,dx$

33. $\int \sec^3(1-4x)\,dx$

34. $\int \operatorname{cosec}^4(3-2x)\,dx$

35. $\int x\operatorname{cotg}^2(x^2-1)\operatorname{cosec}^2(x^2-1)\,dx$

36. Verificar as fórmulas de recorrência (8), (9) e (10) da Seção 7.2.11.

37. Verificar as fórmulas:

   (a) $\int \operatorname{tg}^n u\,du = \dfrac{1}{n-1}\operatorname{tg}^{n-1}u - \int \operatorname{tg}^{n-2}u\,du$

   (b) $\int \operatorname{cotg}^n u\,du = \dfrac{-1}{n-1}\operatorname{cotg}^{n-1}u - \int \operatorname{cotg}^{n-2}u\,du$

38. Calcular a área limitada pela curva $y = \cos x$, pelas retas $x = \dfrac{\pi}{2}$ e $x = \dfrac{3\pi}{2}$ e o eixo dos x.

39. Calcular a área limitada por $y = 2|\operatorname{sen} x|$, $x = 0$, $x = 2\pi$ e o eixo dos x.

40. Calcular a área da região limitada por $y = \operatorname{tg}^3 x$, $y = 1$ e $x = 0$.

41. Calcular a área sob o gráfico de $y = \cos^6 x$, de 0 até π.

42. Calcular a área sob o gráfico de $y = \text{sen}^6 x$, de 0 até π.

43. Calcular a área sob o gráfico de $y = \text{sen}^3 x$, de 0 até π.

44. Calcular a área entre as curvas $y = \text{sen}^2 x$ e $y = \cos^2 x$, de $\dfrac{\pi}{4}$ até $\dfrac{3\pi}{4}$.

Nos exercícios 45 a 67, calcular a integral indefinida:

45. $\displaystyle\int \dfrac{dx}{x^2\sqrt{x^2-5}}$

46. $\displaystyle\int \dfrac{dt}{\sqrt{9-16t^2}}$

47. $\displaystyle\int \dfrac{x^3}{\sqrt{x^2-9}}\,dx$

48. $\displaystyle\int (1-4t^2)^{3/2}\,dt$

49. $\displaystyle\int x^2\sqrt{4-x^2}\,dx$

50. $\displaystyle\int x^3\sqrt{x^2+3}\,dx$

51. $\displaystyle\int \dfrac{5x+4}{x^3\sqrt{x^2+1}}\,dx$

52. $\displaystyle\int (x+1)^2\sqrt{x^2+1}\,dx$

53. $\displaystyle\int \dfrac{t^5}{\sqrt{t^2+16}}\,dt$

54. $\displaystyle\int \dfrac{e^x}{\sqrt{e^{2x}+1}}\,dx$

55. $\displaystyle\int \dfrac{x^2}{\sqrt{2-x^2}}\,dx$

56. $\displaystyle\int \dfrac{e^x}{\sqrt{4-e^{2x}}}\,dx$

57. $\displaystyle\int \dfrac{x+1}{\sqrt{x^2-1}}\,dx$

58. $\displaystyle\int \dfrac{\sqrt{x^2-1}}{x^2}\,dx$

59. $\displaystyle\int \dfrac{\sqrt{1+x^2}}{x^3}\,dx$

60. $\displaystyle\int \dfrac{(x+1)}{\sqrt{4-x^2}}\,dx$

61. $\displaystyle\int \dfrac{(6x+5)}{\sqrt{9x^2+1}}\,dx$

62. $\displaystyle\int \dfrac{(x+3)}{\sqrt{x^2+2x}}\,dx$

63. $\displaystyle\int \sqrt{4-x^2}\,dx$

64. $\displaystyle\int \sqrt{x^2-4}\,dx$

65. $\displaystyle\int \sqrt{4+x^2}\,dx$

66. $\displaystyle\int (\sqrt{1+x^2}+2x)\,dx$

67. $\displaystyle\int \left(\text{sen}\,x + \dfrac{x^2}{\sqrt{1+x^2}}\right)dx$

Nos exercícios 68 a 72, calcular a integral definida:

68. $\displaystyle\int_0^1 \dfrac{dx}{\sqrt{3x^2+2}}$

69. $\displaystyle\int_0^{a/2b} \sqrt{a^2-b^2x^2}\,dx,\ 0<a<b$

70. $\displaystyle\int_1^2 \dfrac{dt}{t^4\sqrt{4+t^2}}$

71. $\displaystyle\int_{\sqrt{2}}^{\sqrt{3}} \dfrac{dt}{t^2\sqrt{9t^2+16}}$

72. $\displaystyle\int_6^7 \dfrac{dt}{(t-1)^2\sqrt{(t-1)^2-9}}$.

Nos exercícios 73 a 76, verificar se a integral imprópria converge. Em caso positivo, determinar seu valor.

73. $\displaystyle\int_{3}^{10} \frac{dx}{x^2\sqrt{x^2-9}}$

74. $\displaystyle\int_{3}^{+\infty} \frac{dx}{\sqrt{x^2-4}}$

75. $\displaystyle\int_{0}^{1} \frac{dx}{(1-x^2)^{3/2}}$

76. $\displaystyle\int_{1}^{+\infty} \frac{dx}{x\sqrt{x^2+4}}$

7.5 Integração de Funções Racionais por Frações Parciais

No Capítulo 2, vimos que uma função racional $f(x)$ é definida como o quociente de duas funções polinomiais, ou seja,

$$f(x) = \frac{p(x)}{q(x)},$$

onde $p(x)$ e $q(x)$ são polinômios.

As integrais de algumas funções racionais simples, como, por exemplo,

$$\frac{1}{x^2}, \frac{1}{x^2+1}, \frac{2x}{x^2+1}, \frac{1}{x^2+6x+13}$$

são imediatas ou podem ser resolvidas por substituição e já foram vistas anteriormente.

Nesta seção, vamos apresentar um procedimento sistemático para calcular a integral de qualquer função racional. A idéia básica é escrever a função racional dada como uma soma de frações mais simples. Para isto, usaremos um resultado importante da Álgebra, que é dado na proposição seguinte.

7.5.1 Proposição Se $p(x)$ é um polinômio com coeficientes reais, $p(x)$ pode ser expresso como um produto de fatores lineares e/ou quadráticos, todos com coeficientes reais.

7.5.2 Exemplos

(i) O polinômio $q(x) = x^2 - 3x + 2$ pode ser escrito como o produto dos fatores lineares $x - 2$ e $x - 1$, ou seja, $q(x) = (x-2)(x-1)$.

(ii) O polinômio $q(x) = x^3 - x^2 + x - 1$ pode ser expresso como o produto do fator linear $x - 1$ pelo fator quadrático irredutível $x^2 + 1$, isto é,

$$q(x) = (x^2 + 1)(x - 1).$$

(iii) $p(x) = 3\left(x + \dfrac{1}{3}\right)(x-1)^2(x^2+3x+4)$ é uma decomposição do polinômio

$$p(x) = 3x^5 + 4x^4 - 2x^3 - 16x^2 + 7x + 4.$$

A decomposição da função racional $f(x) = \dfrac{p(x)}{q(x)}$ em frações mais simples está subordinada ao modo como o denominador $q(x)$ se decompõe nos fatores lineares e/ou quadráticos irredutíveis. Vamos considerar os vários casos separadamente. As formas das respectivas frações parciais são asseguradas por resultados da Álgebra e não serão demonstradas.

Para o desenvolvimento do método, vamos considerar que o coeficiente do termo de mais alto grau do polinômio do denominador $q(x)$ é 1. Se isso não ocorrer, dividimos o numerador e o denominador da função racional $f(x)$ por esse coeficiente.

Vamos supor, também, que o grau de $p(x)$ é menor que o grau de $q(x)$. Caso isso não ocorra, devemos primeiro efetuar a divisão de $p(x)$ por $q(x)$.

As diversas situações serão exploradas nos exemplos.

Caso 1 Os fatores de $q(x)$ são lineares e distintos.

Neste caso, podemos escrever $q(x)$ na forma

$$q(x) = (x - a_1)(x - a_2)\ldots(x - a_n),$$

onde os a_i, $i = 1, \ldots, n$, são distintos dois a dois.

A decomposição da função racional $f(x) = \dfrac{p(x)}{q(x)}$ em frações mais simples é dada por:

$$f(x) = \frac{A_1}{x - a_1} + \frac{A_2}{x - a_2} + \ldots + \frac{A_n}{x - a_n},$$

onde $A_1, A_2, \ldots, A_n$ são constantes que devem ser determinadas.

7.5.3 Exemplos

(i) Calcular $I = \displaystyle\int \dfrac{x - 2}{x^3 - 3x^2 - x + 3}\,dx$.

Solução: Temos:

$$\frac{x - 2}{x^3 - 3x^2 - x + 3} = \frac{x - 2}{(x - 1)(x + 1)(x - 3)}$$

$$= \frac{A_1}{x - 1} + \frac{A_2}{x + 1} + \frac{A_3}{x - 3}.$$

Reduzindo novamente ao mesmo denominador, vem:

$$\frac{x - 2}{(x - 1)(x + 1)(x - 3)} = \frac{(x + 1)(x - 3)A_1 + (x - 1)(x - 3)A_2 + (x - 1)(x + 1)A_3}{(x - 1)(x + 1)(x - 3)}$$

$$= \frac{(x^2 - 2x - 3)A_1 + (x^2 - 4x + 3)A_2 + (x^2 - 1)A_3}{(x - 1)(x + 1)(x - 3)}$$

$$= \frac{(A_1 + A_2 + A_3)x^2 + (-2A_1 - 4A_2)x + (-3A_1 + 3A_2 - A_3)}{(x - 1)(x + 1)(x - 3)}.$$

Eliminando os denominadores, obtemos:

$$x - 2 = (A_1 + A_2 + A_3)x^2 + (-2A_1 - 4A_2)x + (-3A_1 + 3A_2 - A_3).$$

Igualando os coeficientes das mesmas potências de x, segue que

$$\begin{cases} A_1 + A_2 + A_3 = 0 \\ -2A_1 - 4A_2 = 1 \\ -3A_1 + 3A_2 - A_3 = -2. \end{cases}$$

Resolvendo o sistema de equações, obtemos:

$A_1 = \dfrac{1}{4}$, $A_2 = \dfrac{-3}{8}$ e $A_3 = \dfrac{1}{8}$.

Portanto, a decomposição em frações parciais é dada por:

$$\frac{x - 2}{(x - 1)(x + 1)(x - 3)} = \frac{1/4}{x - 1} + \frac{-3/8}{x + 1} + \frac{1/8}{x - 3}$$

$$= \frac{1}{4} \cdot \frac{1}{x-1} - \frac{3}{8} \cdot \frac{1}{x+1} + \frac{1}{8} \cdot \frac{1}{x-3},$$

e, então,

$$I = \frac{1}{4}\int \frac{dx}{x-1} - \frac{3}{8}\int \frac{dx}{x+1} + \frac{1}{8}\int \frac{dx}{x-3}$$

$$= \frac{1}{4}\ln|x-1| - \frac{3}{8}\ln|x+1| + \frac{1}{8}\ln|x-3| + C.$$

Observamos que existe outra maneira prática para determinar os valores das constantes A_1, A_2, e A_3. Eliminando os denominadores na igualdade

$$\frac{x-2}{(x-1)(x+1)(x-3)} = \frac{A_1}{x-1} + \frac{A_2}{x+1} + \frac{A_3}{x-3},$$

obtemos

$$x - 2 = (x+1)(x-3)A_1 + (x-1)(x-3)A_2 + (x-1)(x+1)A_3.$$

Podemos, agora, determinar A_1, A_2 e A_3 tomando valores de x que anulem os diversos fatores, como segue:

$$x = 1 \rightarrow 1 - 2 = (1+1)(1-3)A_1 + (1-1)(1-3)A_2 + (1-1)(1+1)A_3$$

$$-1 = -4A_1$$

$$A_1 = \frac{1}{4};$$

$$x = -1 \rightarrow -1 - 2 = (-1+1)(-1-3)A_1 + (-1-1)(-1-3)A_2$$

$$+ (-1-1)(-1+1)A_3$$

$$-3 = 8A_2$$

$$A_2 = \frac{-3}{8};$$

$$x = 3 \rightarrow 3 - 2 = (3+1)(3-3)A_1 + (3-1)(3-3)A_2 + (3-1)(3+1)A_3$$

$$1 = 8A_3$$

$$A_3 = \frac{1}{8}.$$

(ii) Calcular $I = \displaystyle\int \frac{-4x^3}{2x^3 + x^2 - 2x - 1}dx$.

Solução: Para resolvermos este exemplo, devemos, inicialmente, preparar o integrando.

Como o grau de $p(x)$ é igual ao grau de $q(x)$, efetuamos a divisão dos polinômios. Temos:

$$\frac{-4x^3}{2x^3 + x^2 - 2x - 1} = -2 + \frac{2x^2 - 4x - 2}{2x^3 + x^2 - 2x - 1}.$$

Portanto,

$$I = \int -2\, dx + \int \frac{2x^2 - 4x - 2}{2x^3 + x^2 - 2x - 1}dx$$

$$= -2x + I_1,$$

onde $I_1 = \displaystyle\int \frac{2x^2 - 4x - 2}{2x^3 + x^2 - 2x - 1}dx$.

Para resolver I_1, ainda necessitamos preparar o integrando. Dividindo o numerador e o denominador da função integrando por 2, vem:

$$I_1 = \int \frac{1/2(2x^2 - 4x - 2)}{1/2(2x^3 + x^2 - 2x - 1)} dx$$

$$= \int \frac{x^2 - 2x - 1}{x^3 + \frac{1}{2}x^2 - x - \frac{1}{2}} dx.$$

Como as raízes de $q(x) = x^3 + \frac{1}{2}x^2 - x - \frac{1}{2}$ são $x = 1$, $x = -1/2$ e $x = -1$, temos:

$$\frac{x^2 - 2x - 1}{x^3 + \frac{1}{2}x^2 - x - \frac{1}{2}} = \frac{A_1}{x - 1} + \frac{A_2}{x + 1/2} + \frac{A_3}{x + 1}.$$

Eliminando os denominadores, obtemos:

$$x^2 - 2x - 1 = (x + 1/2)(x + 1)A_1 + (x - 1)(x + 1)A_2 + (x - 1)(x + 1/2)A_3.$$

Substituindo x pelos valores $x = 1$, $x = -1/2$ e $x = -1$, vem:

$$x = 1 \rightarrow -2 = \frac{3}{2} \cdot 2 \cdot A_1$$

$$A_1 = -\frac{2}{3};$$

$$x = -\frac{1}{2} \rightarrow 1/4 = -\frac{3}{2} \cdot \frac{1}{2} \cdot A_2$$

$$A_2 = -\frac{1}{3};$$

$$x = -1 \rightarrow 2 = -2 \cdot \frac{-1}{2} \cdot A_3$$

$$A_3 = 2.$$

Portanto,

$$\frac{x^2 - 2x - 1}{x^3 + \frac{1}{2}x^2 - x - \frac{1}{2}} = -\frac{2}{3} \cdot \frac{1}{x - 1} - \frac{1}{3} \cdot \frac{1}{x + 1/2} + 2 \cdot \frac{1}{x + 1},$$

e, então

$$I_1 = -\frac{2}{3}\int \frac{dx}{x - 1} - \frac{1}{3}\int \frac{dx}{x + 1/2} + 2\int \frac{dx}{x + 1}$$

$$= -\frac{2}{3}\ln|x - 1| - \frac{1}{3}\ln|x + 1/2| + 2\ln|x + 1| + C_1.$$

Logo,

$$I = -2x - \frac{2}{3}\ln|x - 1| - \frac{1}{3}\ln|x + 1/2| + 2\ln|x + 1| + C_1$$

$$= -2x - \frac{2}{3}\ln|x - 1| - \frac{1}{3}\ln|2x + 1| + \frac{1}{3}\ln 2 + 2\ln|x + 1| + C_1$$

$$= -2x - \frac{2}{3} \ln |x - 1| - \frac{1}{3} \ln |2x + 1| + 2 \ln |x + 1| + C,$$

onde $C = C_1 + \frac{1}{3} \ln 2$.

Caso 2 Os fatores de $q(x)$ são lineares, e alguns deles se repetem.

Se um fator linear $x - a_i$ de $q(x)$ tem multiplicidade r, a esse fator corresponderá uma soma de frações parciais da forma a seguir:

$$\frac{B_1}{(x - a_i)^r} + \frac{B_2}{(x - a_i)^{r-1}} + ... + \frac{B_r}{(x - a_i)},$$

onde $B_1, B_2, ..., B_r$ são constantes que devem ser determinadas.

7.5.4 Exemplos

(i) Calcular $\int \frac{x^3 + 3x - 1}{x^4 - 4x^2} dx$.

Solução: As raízes $q(x)$ são $x = 2$, $x = -2$ e $x = 0$, sendo que $x = 0$ tem multiplicidade 2. Assim, o integrando pode ser escrito na forma

$$\frac{x^3 + 3x - 1}{x^4 - 4x^2} = \frac{x^3 + 3x - 1}{(x - 2)(x + 2)x^2}$$

$$= \frac{A_1}{x - 2} + \frac{A_2}{x + 2} + \frac{B_1}{x^2} + \frac{B_2}{x}.$$

Eliminando os denominadores, obtemos:

$$x^3 + 3x - 1 = (x + 2)x^2 A_1 + (x - 2)x^2 A_2 + (x - 2)(x + 2)B_1 + (x - 2)(x + 2)x B_2.$$

Atribuindo a x os valores $x = 2$, $x = -2$ e $x = 0$, vem:

$x = 2 \rightarrow 13 = 4 \cdot 4 A_1, \quad A_1 = \frac{13}{16};$

$x = -2 \rightarrow -15 = -4 \cdot 4 A_2, \quad A_2 = \frac{15}{16};$

$x = 0 \rightarrow -1 = -2 \cdot 2 B_1, \quad B_1 = \frac{1}{4}.$

Por esse procedimento não conseguimos determinar o valor B_2. Para determiná-lo, tomamos uma equação conveniente do sistema obtido igualando os coeficientes das mesmas potências de x. Usando a igualdade dos coeficientes de x^3, obtemos:

$1 = A_1 + A_2 + B_2$

$1 = \frac{13}{16} + \frac{15}{16} + B_2$

$B_2 = -\frac{3}{4}.$

Portanto,

$$\frac{x^3 + 3x - 1}{x^4 - 4x^2} = \frac{13}{16} \cdot \frac{1}{x - 2} + \frac{15}{16} \cdot \frac{1}{x + 2} + \frac{1}{4} \cdot \frac{1}{x^2} - \frac{3}{4} \cdot \frac{1}{x},$$

e, então,

$$\int \frac{x^3 + 3x - 1}{x^4 - 4x^2} dx = \frac{13}{16} \int \frac{dx}{x-2} + \frac{15}{16} \int \frac{dx}{x+2} + \frac{1}{4} \int \frac{dx}{x^2} - \frac{3}{4} \int \frac{dx}{x}$$

$$= \frac{13}{16} \ln|x-2| + \frac{15}{16} \ln|x+2| - \frac{1}{4x} - \frac{3}{4} \ln|x| + C.$$

(ii) Calcular $\int_1^2 \frac{x}{8x^3 - 12x^2 + 6x - 1} dx$.

Vamos, primeiro, encontrar a integral indefinida

$$I = \int \frac{x}{8x^3 - 12x^2 + 6x - 1} dx.$$

Como o coeficiente do termo de mais alto grau do polinômio do denominador é diferente de 1, para resolvermos I, necessitamos preparar o integrando. Dividindo o numerador e o denominador da função integrando por 8, vem:

$$I = \int \frac{x/8}{x^3 - \frac{3}{2}x^2 + \frac{3}{4}x - \frac{1}{8}} dx$$

$$= \frac{1}{8} \int \frac{x}{x^3 - \frac{3}{2}x^2 + \frac{3}{4}x - \frac{1}{8}} dx.$$

O polinômio $q(x) = x^3 - \frac{3x^2}{2} + \frac{3x}{4} - \frac{1}{8}$ tem raiz $x = \frac{1}{2}$ com multiplicidade 3. Assim, o integrando pode ser escrito na forma

$$\frac{x}{x^3 - \frac{3}{2}x^2 + \frac{3}{4}x - \frac{1}{8}} = \frac{A_1}{\left(x - \frac{1}{2}\right)^3} + \frac{A_2}{\left(x - \frac{1}{2}\right)^2} + \frac{A_3}{\left(x - \frac{1}{2}\right)}.$$

Eliminando os denominadores, vem:

$$x = A_1 + \left(x - \frac{1}{2}\right) A_2 + \left(x - \frac{1}{2}\right)^2 A_3$$

$$= A_3 x^2 + (-A_3 + A_2) x + \frac{1}{4} A_3 - \frac{1}{2} A_2 + A_1.$$

Igualando os coeficientes das mesmas potências de x, segue que:

$$\begin{cases} A_3 = 0 \\ A_2 - A_3 = 1 \\ A_1 - \frac{1}{2} A_2 + \frac{1}{4} A_3 = 0 \end{cases}$$

Resolvendo o sistema de equações, obtemos:

$A_1 = \frac{1}{2}, A_2 = 1$ e $A_3 = 0$.

Portanto, a decomposição em frações parciais é dada por:

$$\frac{x}{x^3 - \frac{3}{2}x^2 + \frac{3}{4}x - \frac{1}{8}} = \frac{1}{2\left(x - \frac{1}{2}\right)^3} + \frac{1}{\left(x - \frac{1}{2}\right)^2},$$

e, então,

$$I = \frac{1}{8}\left[\frac{1}{2}\int\frac{dx}{(x-1/2)^3} + \int\frac{dx}{(x-1/2)^2}\right]$$
$$= \frac{1}{8}\left[-\frac{1}{4}\cdot\frac{1}{(x-1/2)^2} - \frac{1}{x-1/2}\right] + C$$

Logo,

$$\int_1^2 \frac{x}{8x^3 - 12x^2 + 6x - 1}\,dx = \frac{1}{8}\left[\frac{-1}{4(x-1/2)^2} - \frac{1}{x-1/2}\right]\Big|_1^2$$
$$= \frac{1}{8}\left[\frac{-1}{4(2-1/2)^2} - \frac{1}{2-1/2} + \frac{1}{4(1-1/2)^2} + \frac{1}{1-1/2}\right]$$
$$= \frac{5}{18}.$$

Observamos que o procedimento prático adotado nos exemplos anteriores para calcular as constantes das frações parciais não é eficiente neste exemplo, pois ele fornece apenas o valor de uma das constantes. No entanto, ele pode ser usado como ferramenta auxiliar.

Caso 3 Os fatores de $q(x)$ são lineares e quadráticos irredutíveis, e os fatores quadráticos não se repetem.

A cada fator quadrático $x^2 + bx + c$ de $q(x)$ corresponderá uma fração parcial da forma

$$\frac{Cx + D}{x^2 + bx + c}.$$

7.5.5 Exemplos

(i) Calcular $I = \int \frac{2x^2 + 5x + 4}{x^3 + x^2 + x - 3}\,dx$.

O polinômio $q(x) = x^3 + x^2 + x - 3$ tem apenas uma raiz real, $x = 1$. Sua decomposição em fatores lineares e quadráticos é dada por:

$$q(x) = (x-1)(x^2 + 2x + 3).$$

Podemos, então, expressar o integrando na forma

$$\frac{2x^2 + 5x + 4}{x^3 + x^2 + x - 3} = \frac{A}{x-1} + \frac{Cx + D}{x^2 + 2x + 3}.$$

Eliminando os denominadores, vem:

$$2x^2 + 5x + 4 = A(x^2 + 2x + 3) + (Cx + D)(x - 1)$$
$$= (A + C)x^2 + (2A - C + D)x + 3A - D,$$

e, então,

$$\begin{cases} A + C = 2 \\ 2A - C + D = 5 \\ 3A - D = 4. \end{cases}$$

Resolvendo o sistema, obtemos:

$$A = \frac{11}{6}; C = \frac{1}{6} \text{ e } D = \frac{9}{6}.$$

Portanto,

$$\frac{2x^2 + 5x + 4}{x^3 + x^2 + x - 3} = \frac{11}{6} \cdot \frac{1}{x - 1} + \frac{1}{6} \cdot \frac{x + 9}{x^2 + 2x + 3},$$

e, dessa forma,

$$I = \frac{11}{6}\int \frac{dx}{x - 1} + \frac{1}{6}\int \frac{x + 9}{x^2 + 2x + 3}dx$$

$$= \frac{11}{6}\ln|x - 1| + \frac{1}{6}I_1 + C,$$

onde,

$$I_1 = \int \frac{x + 9}{x^2 + 2x + 3}dx.$$

O integrando de I_1 é uma função racional cujo denominador é um polinômio quadrático irredutível. Integrais dessa forma aparecem freqüentemente na integração das funções racionais e podem ser resolvidas completando o quadrado do denominador e fazendo substituições convenientes.

Temos:

$$x^2 + 2x + 3 = (x^2 + 2x + 1) - 1 + 3$$
$$= (x + 1)^2 + 2,$$

e, portanto,

$$I_1 = \int \frac{x + 9}{(x + 1)^2 + 2}dx.$$

Fazendo a substituição $u = x + 1$, temos $x = u - 1$ e $dx = du$. Então,

$$I_1 = \int \frac{u - 1 + 9}{u^2 + 2}du = \int \frac{u + 8}{u^2 + 2}du$$

$$= \int \frac{u\,du}{u^2 + 2} + 8\int \frac{du}{u^2 + 2}$$

$$= \frac{1}{2}\ln(u^2 + 2) + \frac{8}{\sqrt{2}}\text{arc tg}\frac{u}{\sqrt{2}} + C.$$

$$= \frac{1}{2}\ln(x^2 + 2x + 3) + \frac{8}{\sqrt{2}}\text{arc tg}\frac{x + 1}{\sqrt{2}} + C.$$

Logo,

$$I = \frac{11}{6}\ln|x - 1| + \frac{1}{6}\left[\frac{1}{2}\ln(x^2 + 2x + 3) + \frac{8}{\sqrt{2}}\text{arc tg}\frac{x + 1}{\sqrt{2}}\right] + C.$$

(ii) Calcular $\int_0^1 \frac{dx}{(x^2 + x + 1)(x^2 + 4x + 5)}.$

Vamos, primeiro, calcular a integral indefinida

$$I = \int \frac{dx}{(x^2 + x + 1)(x^2 + 4x + 5)}.$$

O polinômio $q(x) = (x^2 + x + 1)(x^2 + 4x + 5)$ não possui raízes reais e já se encontra decomposto em fatores quadráticos irredutíveis. Podemos, então, escrever o integrando na forma

$$\frac{1}{(x^2+x+1)(x^2+4x+5)} = \frac{C_1 x + D_1}{x^2+x+1} + \frac{C_2 x + D_2}{x^2+4x+5}.$$

Eliminando os denominadores, vem:

$$1 = (C_1 x + D_1)(x^2+4x+5) + (C_2 x + D_2)(x^2+x+1)$$
$$= (C_1 + C_2)x^3 + (4C_1 + C_2 + D_1 + D_2)x^2$$
$$+ (5C_1 + C_2 + 4D_1 + D_2)x + 5D_1 + D_2,$$

e, então,

$$\begin{cases} C_1 + C_2 = 0 \\ 4C_1 + C_2 + D_1 + D_2 = 0 \\ 5C_1 + C_2 + 4D_1 + D_2 = 0 \\ 5D_1 + D_2 = 1. \end{cases}$$

Resolvendo o sistema, obtemos:

$$C_1 = -\frac{3}{13}; C_2 = \frac{3}{13}; D_1 = \frac{1}{13} \text{ e } D_2 = \frac{8}{13}.$$

Portanto,

$$\frac{1}{(x^2+x+1)(x^2+4x+5)} = \frac{1}{13} \cdot \frac{-3x+1}{x^2+x+1} + \frac{1}{13} \cdot \frac{3x+8}{x^2+4x+5},$$

e, assim,

$$I = \frac{1}{13}\int \frac{-3x+1}{x^2+x+1}dx + \frac{1}{13}\int \frac{3x+8}{x^2+4x+5}dx.$$

Completando os quadrados dos denominadores, vem:

$$I = \frac{1}{13}\left[\int \frac{-3x+1}{(x+1/2)^2+3/4}dx + \int \frac{3x+8}{(x+2)^2+1}dx\right].$$

Fazendo a substituição $u = x + 1/2$ na primeira integral e $v = x + 2$ na segunda, obtemos:

$$I = \frac{1}{13}\left[\int \frac{-3(u-1/2)+1}{u^2+3/4}du + \int \frac{3(v-2)+8}{v^2+1}dv\right]$$

$$= \frac{1}{13}\left[-3\int \frac{u\,du}{u^2+3/4} + \frac{5}{2}\int \frac{du}{u^2+3/4} + 3\int \frac{v\,dv}{v^2+1} + 2\int \frac{dv}{v^2+1}\right]$$

$$= \frac{1}{13}\left[-\frac{3}{2}\ln(u^2+3/4) + \frac{5}{2}\cdot\frac{2}{\sqrt{3}}\text{arc tg}\frac{2}{\sqrt{3}}u + \frac{3}{2}\ln(v^2+1) + 2\,\text{arc tg}\,v\right] + C$$

$$= \frac{1}{13}\left[-\frac{3}{2}\ln(x^2+x+1) + \frac{5\sqrt{3}}{3}\text{arctg}\frac{2x+1}{\sqrt{3}}\right.$$

$$\left.+ \frac{3}{2}\ln(x^2+4x+5) + 2\,\text{arctg}(x+2)\right] + C.$$

Logo,

$$\int_0^1 \frac{dx}{(x^2 + x + 1)(x^2 + 4x + 5)} = \frac{1}{13}\left[-\frac{3}{2}\ln 3 + \frac{5\sqrt{3}}{3}\text{arc tg}\frac{3}{\sqrt{3}} + \frac{3}{2}\ln 10\right.$$

$$\left. + 2\text{arc tg }3 - \frac{5\sqrt{3}}{3}\text{arc tg}\frac{1}{\sqrt{3}} - \frac{3}{2}\ln 5 - 2\text{arc tg}2\right]$$

$$= \frac{1}{13}\left[\frac{3}{2}\ln\frac{2}{3} + \frac{5\sqrt{3}}{3}\cdot\frac{\pi}{3} + 2\text{arctg }3 - \frac{5\sqrt{3}}{3}\cdot\frac{\pi}{6} - 2\text{arctg }2\right]$$

$$= \frac{1}{13}\left[\frac{3}{2}\ln\frac{2}{3} + \frac{5\sqrt{3}}{18}\pi + 2\text{arctg }3 - 2\text{arctg }2\right].$$

Caso 4 *Os fatores de* q(x) *são lineares e quadráticos irredutíveis, e alguns dos fatores quadráticos se repetem.*

Se um fator quadrático $x^2 + bx + c$ de $q(x)$ tem multiplicidade s, a esse fator corresponderá uma soma de frações parciais da forma

$$\frac{C_1 x + D_1}{(x^2 + bx + c)^s} + \frac{C_2 x + D_2}{(x^2 + bx + c)^{s-1}} + \ldots + \frac{C_s x + D_s}{x^2 + bx + c}$$

7.5.6 Exemplos

(i) Calcular $I = \int \frac{x+1}{x(x^2 + 2x + 3)^2}dx$.

O integrando pode ser escrito na forma

$$\frac{x+1}{x(x^2 + 2x + 3)^2} = \frac{A}{x} + \frac{C_1 x + D_1}{(x^2 + 2x + 3)^2} + \frac{C_2 x + D_2}{(x^2 + 2x + 3)}.$$

Eliminando os denominadores, vem:

$$x + 1 = A(x^2 + 2x + 3)^2 + x(C_1 x + D_1) + x(x^2 + 2x + 3)(C_2 x + D_2)$$

$$= (A + C_2)x^4 + (4A + 2C_2 + D_2)x^3 + (10A + C_1 + 3C_2 + 2D_2)x^2$$

$$+ (12A + D_1 + 3D_2)x + 9A,$$

e, então,

$$\begin{cases} A + C_2 = 0 \\ 4A + 2C_2 + D_2 = 0 \\ 10A + C_1 + 3C_2 + 2D_2 = 0 \\ 12A + D_1 + 3D_2 = 1 \\ 9A = 1. \end{cases}$$

Resolvendo o sistema, obtemos:

$$A = \frac{1}{9}; C_1 = -\frac{1}{3}; D_1 = \frac{1}{3}; C_2 = \frac{-1}{9}; D_2 = \frac{-2}{9},$$

e, assim,

$$\frac{x+1}{x(x^2 + 2x + 3)^2} = \frac{1}{9}\cdot\frac{1}{x} + \frac{1}{3}\cdot\frac{-x+1}{(x^2 + 2x + 3)^2} + \frac{1}{9}\cdot\frac{-x-2}{x^2 + 2x + 3}.$$

Portanto,

$$I = \frac{1}{9}\int \frac{dx}{x} + \frac{1}{3}\int \frac{-x+1}{(x^2+2x+3)^2}dx - \frac{1}{9}\int \frac{x+2}{x^2+2x+3}dx$$

$$= \frac{1}{9}\ln|x| + \frac{1}{3}I_1 - \frac{1}{9}I_2,$$

onde $I_1 = \int \frac{-x+1}{(x^2+2x+3)^2}dx$ e $I_2 = \int \frac{x+2}{x^2+2x+3}dx$.

A integral I_2 é análoga às que foram resolvidas no decorrer dos exemplos do Caso 3. Como naqueles exemplos, para resolvê-la completamos o quadrado do denominador e fazemos uma substituição conveniente. Temos:

$$I_2 = \int \frac{x+2}{x^2+2x+3}dx = \int \frac{x+2}{(x+1)^2+2}dx.$$

Fazendo a substituição $u = x + 1$; $x = u - 1$ e $dx = du$, vem:

$$I_2 = \int \frac{u+1}{u^2+2}du$$

$$= \int \frac{u}{u^2+2}du + \int \frac{du}{u^2+2}$$

$$= \frac{1}{2}\ln(u^2+2) + \frac{1}{\sqrt{2}}\text{arc tg}\frac{u}{\sqrt{2}} + C$$

$$= \frac{1}{2}\ln(x^2+2x+3) + \frac{1}{\sqrt{2}}\text{arc tg}\frac{x+1}{\sqrt{2}} + C.$$

Uma integral como I_1 não foi vista anteriormente. Para calculá-la, inicialmente, completamos o quadrado do denominador e fazemos a mesma substituição que fizemos para calcular I_2. Temos:

$$I_1 = \int \frac{-x+1}{(x^2+2x+3)^2}dx$$

$$= \int \frac{-x+1}{[(x+1)^2+2]^2}dx$$

$$= \int \frac{-u+2}{(u^2+2)^2}du \qquad \text{(onde } u = x+1\text{)}$$

$$= \int \frac{-u}{(u^2+2)^2}du + 2\int \frac{du}{(u^2+2)^2}$$

$$= \frac{1}{2(u^2+2)} + 2\int \frac{du}{(u^2+2)^2}.$$

Para resolver a integral $\int \frac{du}{(u^2+2)^2}$, podemos recorrer a uma substituição trigonométrica como foi visto em 7.3. Fazemos $u = \sqrt{2}\text{tg}\,\theta$. Então, $du = \sqrt{2}\sec^2\theta\,d\theta$. Assim:

$$\int \frac{du}{(u^2+2)^2} = \int \frac{\sqrt{2}\sec^2\theta\,d\theta}{(2\,\text{tg}^2\theta + 2)^2}$$

$$= \int \frac{\sqrt{2}\sec^2\theta\,d\theta}{4\sec^4\theta}$$

$$= \frac{\sqrt{2}}{4} \int \frac{d\theta}{\sec^2 \theta}$$

$$= \frac{\sqrt{2}}{4} \int \cos^2 \theta \, d\theta$$

$$= \frac{\sqrt{2}}{4} \left(\frac{1}{2} \cos \theta \, \text{sen} \, \theta + \frac{1}{2} \theta \right)$$

$$= \frac{\sqrt{2}}{8} (\cos \theta \, \text{sen} \, \theta + \theta).$$

Para retornar à variável anterior u, observamos a Figura 7.2. Temos:

$\cos \theta = \dfrac{\sqrt{2}}{\sqrt{2 + u^2}};$

$\text{sen } \theta = \dfrac{u}{\sqrt{2 + u^2}};$

$\theta = \text{arc tg } \dfrac{u}{\sqrt{2}}.$

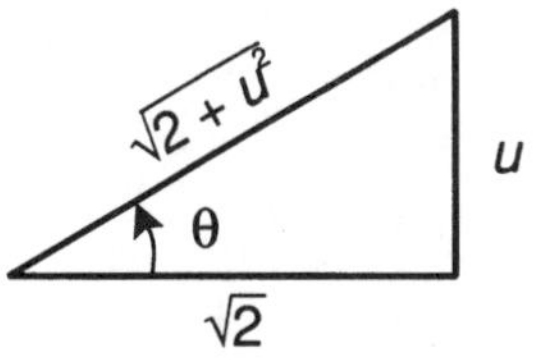

Figura 7.2

Portanto,

$$\int \frac{du}{(u^2 + 2)^2} = \frac{\sqrt{2}}{8} \left[\frac{\sqrt{2} u}{2 + u^2} + \text{arc tg} \frac{u}{\sqrt{2}} \right] + C$$

e, então,

$$I_1 = \frac{1}{2(u^2 + 2)} + \frac{2\sqrt{2}}{8} \left[\frac{\sqrt{2} u}{2 + u^2} + \text{arc tg} \frac{u}{\sqrt{2}} \right] + C.$$

Retornando à variável original x, vem:

$$I_1 = \frac{1}{2(x^2 + 2x + 3)} + \frac{\sqrt{2}}{4} \left[\frac{\sqrt{2}(x + 1)}{x^2 + 2x + 3} + \text{arc tg} \frac{x + 1}{\sqrt{2}} \right] + C.$$

Substituindo os resultados obtidos para I_1 e I_2 na integral I, obtemos:

$$I = \frac{1}{9} \ln |x| + \frac{1}{3} \left[\frac{1}{2(x^2 + 2x + 3)} + \frac{1}{2} \cdot \frac{x + 1}{x^2 + 2x + 3} + \frac{\sqrt{2}}{4} \text{arc tg} \frac{x + 1}{\sqrt{2}} \right]$$

$$- \frac{1}{9} \left[\frac{1}{2} \ln (x^2 + 2x + 3) + \frac{1}{\sqrt{2}} \text{arc tg} \frac{x + 1}{\sqrt{2}} \right] + C$$

$$= \frac{1}{9} \ln |x| + \frac{x + 2}{6(x^2 + 2x + 3)} + \frac{\sqrt{2}}{36} \text{arc tg} \frac{x + 1}{\sqrt{2}} - \frac{1}{18} \ln (x^2 + 2x + 3) + C.$$

Na resolução das integrais de funções racionais que se enquadram no Caso 4, normalmente aparecem integrais da forma

$$\int \frac{du}{(u^2 + a^2)^n}, \, n \geq 1.$$

Se $n = 1$, esta integral nos dá arco tangente. No exemplo a seguir, encontramos uma fórmula de recorrência para esta integral, para $n > 1$.

(ii) Determinar uma fórmula de recorrência para $I_n = \int \dfrac{du}{(u^2 + a^2)^n}$, $n > 1$.

Inicialmente, vamos escrever a integral dada na seguinte forma conveniente:

$$I_n = \dfrac{1}{a^2} \int \dfrac{(a^2 + u^2) - u^2}{(u^2 + a^2)^n} du$$

$$= \dfrac{1}{a^2} \left[\int \dfrac{du}{(u^2 + a^2)^{n-1}} - \int \dfrac{u^2}{(u^2 + a^2)^n} du \right].$$

Agora, vamos usar integração por partes para resolver a segunda integral. Temos:

$$\int \dfrac{u^2}{(u^2 + a^2)^n} du = \int u \cdot \dfrac{u}{(u^2 + a^2)^n} du.$$

Fazendo $\quad u^* = u \quad \Rightarrow \quad du^* = du$

$$dv = \dfrac{u\,du}{(u^2 + a^2)^n} \quad \Rightarrow \quad v = \dfrac{(u^2 + a^2)^{1-n}}{2(1 - n)},$$

vem:

$$\int \dfrac{u^2}{(u^2 + a^2)^n} du = \dfrac{u(u^2 + a^2)^{1-n}}{2(1 - n)} - \int \dfrac{(u^2 + a^2)^{1-n}}{2(1 - n)} du$$

$$= \dfrac{u(u^2 + a^2)^{1-n}}{2(1 - n)} + \dfrac{1}{2(n - 1)} \int \dfrac{du}{(u^2 + a^2)^{n-1}}.$$

Substituindo este resultado na expressão geral de I_n, obtemos:

$$I_n = \dfrac{1}{a^2} \left[\int \dfrac{du}{(u^2 + a^2)^{n-1}} - \dfrac{u(u^2 + a^2)^{1-n}}{2(1 - n)} - \dfrac{1}{2(n - 1)} \int \dfrac{du}{(u^2 + a^2)^{n-1}} \right]$$

$$= \dfrac{1}{a^2} \left[\dfrac{u(u^2 + a^2)^{1-n}}{2(n - 1)} + \dfrac{2(n - 1) - 1}{2(n - 1)} \int \dfrac{du}{(u^2 + a^2)^{n-1}} \right]$$

$$= \dfrac{1}{a^2} \left[\dfrac{u(u^2 + a^2)^{1-n}}{2(n - 1)} + \dfrac{2n - 3}{2(n - 1)} \int \dfrac{du}{(u^2 + a^2)^{n-1}} \right].$$

Logo,

$$\int \dfrac{du}{(u^2 + a^2)^n} = \dfrac{u(u^2 + a^2)^{1-n}}{2a^2(n - 1)} + \dfrac{2n - 3}{2a^2(n - 1)} \int \dfrac{du}{(u^2 + a^2)^{n-1}}.$$

(iii) Calcular $I = \int \dfrac{dx}{(4x^2 + 8x + 13)^3}$.

A integral I pode ser reescrita na forma

$$I = \int \dfrac{dx}{[4(x^2 + 2x + 1) + 9]^3}.$$

$$= \int \dfrac{dx}{[(2x + 2)^2 + 9]^3}.$$

Fazendo a substituição $u = 2x + 2$; $du = 2dx$, obtemos:

$$I = \dfrac{1}{2} \int \dfrac{du}{(u^2 + 3^2)^3}$$

Utilizando a fórmula de recorrência do exemplo anterior, vem:

$$I = \frac{1}{2}\left[\frac{u(u^2+9)^{-2}}{2\cdot 9\cdot 2} + \frac{3}{2\cdot 9\cdot 2}\int\frac{du}{(u^2+9)^2}\right]$$

$$= \frac{1}{2}\left\{\frac{u}{36(u^2+9)^2} + \frac{3}{36}\left[\frac{u(u^2+9)^{-1}}{2\cdot 9\cdot 1} + \frac{1}{2\cdot 9\cdot 1}\int\frac{du}{u^2+9}\right]\right\}$$

$$= \frac{1}{2}\left\{\frac{u}{36(u^2+9)^2} + \frac{3}{36}\left[\frac{u}{18(u^2+9)} + \frac{1}{18}\cdot\frac{1}{3}\operatorname{arc\,tg}\frac{u}{3}\right]\right\} + C$$

$$= \frac{1}{2}\left\{\frac{2x+2}{36(4x^2+8x+13)^2} + \frac{3}{36}\left[\frac{2x+2}{18(4x^2+8x+13)} + \frac{1}{54}\operatorname{arc\,tg}\frac{2x+2}{3}\right]\right\} + C$$

$$= \frac{x+1}{36(4x^2+8x+13)^2} + \frac{1}{12}\left[\frac{x+1}{18(4x^2+8x+13)} + \frac{1}{108}\operatorname{arctg}\frac{2x+2}{3}\right] + C.$$

7.6 Exercícios

Nos exercícios 1 a 23, calcular a integral indefinida.

1. $\int\dfrac{2x^3}{x^2+x}\,dx$

2. $\int\dfrac{2x+1}{2x^2+3x-2}\,dx$

3. $\int\dfrac{x-1}{x^3+x^2-4x-4}\,dx$

4. $\int\dfrac{3x^2}{2x^3-x^2-2x+1}\,dx$

5. $\int\dfrac{x^2+5x+4}{x^2-2x+1}\,dx$

6. $\int\dfrac{x-1}{(x-2)^2(x-3)^2}\,dx$

7. $\int\dfrac{(x^2+1)}{x^4-7x^3+18x^2-20x+8}\,dx$

8. $\int\dfrac{dx}{x^3-4x^2}$

9. $\int\dfrac{x^3+2x^2+4}{2x^2+2}\,dx$

10. $\int\dfrac{5\,dx}{x^3+4x}$

11. $\int\dfrac{3x-1}{x^2-x+1}\,dx$

12. $\int\dfrac{dx}{x^3+8}$

13. $\int\dfrac{x-1}{(x^2+2x+3)^2}\,dx$

14. $\int\dfrac{dx}{x(x^2-x+1)^2}$

15. $\int\dfrac{4x^4}{x^4-x^3-6x^2+4x+8}\,dx$

16. $\int\dfrac{x^2}{3x^2-\frac{1}{2}x-\frac{1}{2}}\,dx$

17. $\int\dfrac{dx}{x^3+9x}$

18. $\int\dfrac{dx}{(x^2+1)(x^2+4)}$

19. $\int\dfrac{x^3+x^2+2x+1}{x^3-1}\,dx$

20. $\int\dfrac{x^3\,dx}{(x^2+2)^2}$

21. $\int\dfrac{dx}{x^4-3x^3+3x^2-x}$

22. $\int\dfrac{x\,dx}{(x-1)^2(x+1)^2}$

23. $\displaystyle\int \frac{x^2 + 2x - 1}{(x - 1)^2(x^2 + 1)}\, dx$

24. Verificar a fórmula $\displaystyle\int \frac{du}{a^2 - u^2} = \frac{1}{2a} \ln\left|\frac{u + a}{u - a}\right| + C$

25. Calcular a área da região limitada pelas curvas

$$y = \frac{1}{(x - 1)(x - 4)},\; y = \frac{1}{(1 - x)(x - 4)},\; x = 2 \text{ e } x = 3.$$

26. Calcular a área da região sob o gráfico de $y = \dfrac{1}{x^2 + 2x + 5}$, de $x = -2$ até $x = 2$.

27. Calcular a área da região sob o gráfico de $y = \dfrac{-1}{x^2(x - 5)}$, de $x = 1$ até $x = 4$.

28. Calcular a área da região sob o gráfico de $y = \dfrac{1}{(x^2 + 3)^2}$, de $x = -2$ até $x = 2$.

29. Investigar as integrais impróprias:

   (a) $\displaystyle I = \int_{10}^{+\infty} \frac{dx}{x^2(x - 5)}$

   (b) $\displaystyle I = \int_{0}^{2} \frac{dx}{x^2(x - 5)}$

   (c) $\displaystyle I = \int_{5}^{+\infty} \frac{dx}{x^2(x - 5)}$

30. Determinar, se possível, a área da região sob o gráfico da função $y = \dfrac{1}{(x^2 + 1)^2}$, de $-\infty$ a $+\infty$.

7.7 Integração de Funções Racionais de Seno e Cosseno

Quando temos uma integral da forma

$$\int R(\cos x, \operatorname{sen} x)\, dx,$$

isto é, o integrando é uma função racional de sen x e cos x, a integral dada pode ser reduzida a uma integral de uma função racional de uma nova variável t. Para isso, fazemos a substituição:

$$t = \operatorname{tg} \frac{x}{2},\; -\pi < x < \pi. \tag{1}$$

Para exprimir a função integrando em termos da nova variável t, precisamos encontrar cos x sen x e dx em função de t. Temos:

$$\operatorname{sen} x = \frac{2 \operatorname{sen} \dfrac{x}{2} \cos \dfrac{x}{2}}{1} = \frac{2 \operatorname{sen} \dfrac{x}{2} \cos \dfrac{x}{2}}{\cos^2 \dfrac{x}{2} + \operatorname{sen}^2 \dfrac{x}{2}}$$

$$= \frac{\left(2\operatorname{sen}\frac{x}{2}\cos\frac{x}{2}\right)/\cos^2\frac{x}{2}}{\left(\cos^2\frac{x}{2}+\operatorname{sen}^2\frac{x}{2}\right)/\cos^2\frac{x}{2}}$$

$$= \frac{2\operatorname{tg}\frac{x}{2}}{1+\operatorname{tg}^2\frac{x}{2}}$$

$$= \frac{2t}{1+t^2};$$

$$\cos x = \frac{\cos^2\frac{x}{2}-\operatorname{sen}^2\frac{x}{2}}{1}$$

$$= \frac{\left(\cos^2\frac{x}{2}-\operatorname{sen}^2\frac{x}{2}\right)/\cos^2\frac{x}{2}}{\left(\cos^2\frac{x}{2}+\operatorname{sen}^2\frac{x}{2}\right)/\cos^2\frac{x}{2}}$$

$$= \frac{1-\operatorname{tg}^2\frac{x}{2}}{1+\operatorname{tg}^2\frac{x}{2}}$$

$$= \frac{1-t^2}{1+t^2}.$$

Além disso, como $t = \operatorname{tg}\frac{x}{2}$, temos $x = 2\operatorname{arc tg} t$ e, assim, $dx = \frac{2dt}{1+t^2}$.

Portanto, quando fazemos a substituição $t = \operatorname{tg}\frac{x}{2}$, podemos utilizar as fórmulas

$$\operatorname{sen} x = \frac{2t}{1+t^2};\ \cos x = \frac{1-t^2}{1+t^2}\ \text{e}\ dx = \frac{2dt}{1+t^2}. \qquad (2)$$

Observamos que a substituição (1) transforma qualquer integral de função racional de seno e cosseno numa integral de função racional de t. Por isso, ela também é conhecida como a "substituição universal" para a integração de expressões trigonométricas.

7.7.1 Exemplos

(i) Calcular $I = \displaystyle\int \frac{dx}{3+5\cos x}$.

Fazendo $x = \operatorname{tg}\frac{t}{2}$ e usando (2), vem:

$$I = \int \frac{\frac{2dt}{1+t^2}}{3+5\cdot\frac{1-t^2}{1+t^2}}$$

$$= \int \frac{\frac{2dt}{1+t^2}}{\frac{3+3t^2+5-5t^2}{1+t^2}}$$

$$= \int \frac{2dt}{8 - 2t^2}$$

$$= -\int \frac{dt}{t^2 - 4}.$$

Resolvendo esta integral pelo método das frações parciais, vem:

$$I = -\left[-\frac{1}{4}\int \frac{dt}{t+2} + \frac{1}{4}\int \frac{dt}{t-2} \right]$$

$$= \frac{1}{4}\ln|t+2| - \frac{1}{4}\ln|t-2| + C$$

$$= \frac{1}{4}\ln\left|\frac{t+2}{t-2}\right| + C.$$

Finalmente, substituindo $t = \text{tg}\,\frac{x}{2}$, obtemos:

$$I = \frac{1}{4}\ln\left|\frac{\text{tg}\,\frac{x}{2} + 2}{\text{tg}\,\frac{x}{2} - 2}\right| + C.$$

(ii) Calcular $I = \int \frac{dx}{\text{sen }x + \cos x + 2}$.

Usando a substituição $x = \text{tg}\,\frac{t}{2}$ e (2), vem:

$$I = \int \frac{\frac{2dt}{1+t^2}}{\frac{2t}{1+t^2} + \frac{1-t^2}{1+t^2} + 2}$$

$$= \int \frac{\frac{2dt}{1+t^2}}{\frac{2t + 1 - t^2 + 2 + 2t^2}{1+t^2}}$$

$$= \int \frac{2dt}{t^2 + 2t + 3}$$

$$= 2\int \frac{dt}{(t+1)^2 + 2}$$

$$= \frac{2}{\sqrt{2}}\text{arc tg}\left(\frac{t+1}{\sqrt{2}}\right) + C$$

$$= \sqrt{2}\,\text{arc tg}\left[\frac{\sqrt{2}}{2}(t+1)\right] + C.$$

Substituindo $t = \text{tg}\,\frac{x}{2}$, obtemos:

$$I = \sqrt{2}\,\text{arc tg}\left[\frac{\sqrt{2}}{2}\left(\text{tg}\,\frac{x}{2} + 1\right)\right] + C.$$

7.8 Integrais Envolvendo Expressões da Forma $\sqrt{ax^2 + bx + c}$ ($a \neq 0$)

Algumas integrais que envolvem a expressão $\sqrt{ax^2 + bx + c}$ podem ser resolvidas usando-se uma substituição conveniente.

Podemos completar o quadrado do trinômio $ax^2 + bx + c$ para visualizar a substituição.

Os exemplos seguintes apresentam casos em que, após a substituição, a integral recai numa integral tabelada ou numa integral de um dos tipos apresentados anteriormente.

7.8.1 Exemplos

(i) Calcular $I = \int \dfrac{dx}{\sqrt{x^2 + 8x + 15}}$.

Vamos completar o quadrado do trinômio $x^2 + 8x + 15$. Temos:

$$x^2 + 8x + 15 = (x + 4)^2 - 1.$$

Neste caso, a substituição conveniente é

$$u = x + 4;\, du = dx,$$

que transforma a integral I numa integral tabelada (ver 6.1.10 – (22)).

Temos:

$$I = \int \dfrac{du}{\sqrt{u^2 - 1}}$$
$$= \operatorname{arg cosh} u + C$$
$$= \ln |u + \sqrt{u^2 - 1}| + C.$$

Portanto,

$$I = \operatorname{arg cosh}(x + 4) + C \text{ ou}$$
$$I = \ln |x + 4 + \sqrt{x^2 + 8x + 15}| + C.$$

(ii) Calcular $I = \int \dfrac{3x + 2}{\sqrt{9 - 16x - 4x^2}}\, dx$.

Temos:

$$9 - 16x - 4x^2 = 25 - (2x + 4)^2.$$

Logo,

$$I = \int \dfrac{3x + 2}{\sqrt{25 - (2x + 4)^2}}\, dx.$$

Para resolver esta integral, podemos usar uma substituição trigonométrica (ver Seção 7.3). Temos:

$$2x + 4 = 5\operatorname{sen}\theta,\ \dfrac{-\pi}{2} \leq \theta \leq \dfrac{\pi}{2};$$

$$dx = \dfrac{5}{2}\cos\theta\, d\theta \text{ e}$$

$$\sqrt{25 - (2x + 4)^2} = 5\cos\theta.$$

Logo,

$$I = \int \frac{3(5/2 \operatorname{sen} \theta - 2) + 2}{5\cos\theta} \cdot \frac{5}{2} \cos\theta\, d\theta$$

$$= \int \left(\frac{15}{4}\operatorname{sen}\theta - 2\right) d\theta$$

$$= -\frac{15}{4}\cos\theta - 2\theta + C.$$

Como $2x + 4 = 5\operatorname{sen}\theta$, temos que $\operatorname{sen}\theta = \frac{2x+4}{5}$; $\theta = \operatorname{arc\,sen}\frac{2x+4}{5}$ e $\cos\theta = \frac{1}{5}\sqrt{25 - (2x+4)^2}$.

Portanto,

$$I = -\frac{15}{4} \cdot \frac{1}{5}\sqrt{25 - (2x+4)^2} - 2\operatorname{arc\,sen}\left(\frac{2x+4}{5}\right) + C$$

$$= -\frac{3}{4}\sqrt{9 - 16x - 4x^2} - 2\operatorname{arc\,sen}\left(\frac{2x+4}{5}\right) + C.$$

A seguir, apresentamos outras substituições usadas para a resolução deste tipo de integral.

Temos os seguintes casos:

(a) **O trinômio $ax^2 + bx + c$ apresenta $a > 0$.**

Neste caso, podemos usar

$$\sqrt{ax^2 + bx + c} = \pm\sqrt{a}\, x + t. \tag{1}$$

(b) **O trinômio $ax^2 + bx + c$ apresenta $c > 0$.**

Neste caso, podemos usar

$$\sqrt{ax^2 + bx + c} = xt \pm \sqrt{c}. \tag{2}$$

(c) **O trinômio $ax^2 + bx + c$ tem raízes reais.**

Usamos, para este caso, a substituição

$$\sqrt{ax^2 + bx + c} = (x - r)t, \tag{3}$$

onde r é qualquer uma das raízes do trinômio $ax^2 + bx + c$.

Os exemplos seguintes mostram esses casos.

7.8.2 Exemplos

(i) Calcular $I = \int \dfrac{dx}{x\sqrt{4x^2 + x - 3}}$.

Neste caso, o trinômio apresenta $a = 4 > 0$ e raízes reais. Portanto, podemos escolher entre as substituições dos casos (a) e (c).

Vamos escolher o caso (a), usando o sinal positivo de (1). Temos:

$$\sqrt{4x^2 + x - 3} = 2x + t.$$

Então,

$$4x^2 + x - 3 = (2x + t)^2$$

$$4x^2 + x - 3 = 4x^2 + 4xt + t^2$$

$$x - 4xt = t^2 + 3$$

$$x(1 - 4t) = t^2 + 3$$

$$x = \frac{t^2 + 3}{1 - 4t};$$

$$dx = \frac{-4t^2 + 2t + 12}{(1 - 4t)} dt$$

e

$$\sqrt{4x^2 + x - 3} = 2 \cdot \frac{t^2 + 3}{1 - 4t} + t$$

$$= \frac{-2t^2 + t + 6}{1 - 4t}.$$

Substituindo essas expressões na integral, vem:

$$I = \int \frac{\dfrac{-4t^2 + 2t + 12}{(1 - 4t)^2}}{\dfrac{t^2 + 3}{1 - 4t} \cdot \dfrac{-2t^2 + t + 6}{1 - 4t}} dt$$

$$= \int \frac{2}{t^2 + 3} dt$$

$$= \frac{2}{\sqrt{3}} \text{ arc tg} \frac{t}{\sqrt{3}} + C$$

$$= \frac{2}{\sqrt{3}} \text{ arc tg}\left(\frac{\sqrt{4x^2 + x - 3} - 2x}{\sqrt{3}}\right) + C.$$

(ii) Calcular $I = \dfrac{dx}{(x + 4)\sqrt{x^2 + 4x + 9}}.$

O trinômio $x^2 + 4x + 9$ tem $a = 1 > 0$ e $c = 9 > 0$. Portanto, podemos escolher entre os casos (a) e (b). Vamos usar (2) com o sinal positivo. Temos:

$$\sqrt{x^2 + 4x + 9} = xt + 3$$

$$x^2 + 4x + 9 = (xt + 3)^2$$

$$x = \frac{6t - 4}{1 - t^2};$$

$$dx = \frac{6t^2 - 8t + 6}{(1 - t^2)^2}$$

e

$$\sqrt{x^2 + 4x + 9} = \frac{6t - 4}{1 - t^2} t + 3$$

$$= \frac{3t^2 - 4t + 3}{1 - t^2}.$$

Substituindo esses resultados na integral, vem:

$$I = \int \frac{\dfrac{6t^2 - 8t + 6}{(1 - t^2)^2}}{\left(\dfrac{6t - 4}{1 - t^2} + 4\right) \cdot \dfrac{3t^2 - 4t + 3}{1 - t^2}} dt$$

$$= \int \frac{dt}{-2t^2 + 3t}$$

$$= -\frac{1}{2} \int \frac{dt}{t^2 - 3/2\, t}.$$

Esta integral pode ser resolvida por frações parciais (ver Seção 7.5).

Como as raízes de $q(x) = t^2 - \dfrac{3}{2} t$ são $t = 0$ e $t = 3/2$, vem:

$$\frac{1}{t^2 - \dfrac{3}{2} t} = \frac{A_1}{t} + \frac{A_2}{t - \dfrac{3}{2}}.$$

Eliminando os denominadores, obtemos:

$1 = A_1(t - 3/2) + A_2 t.$

Substituindo t pelos valores $t = 0$ e $t = 3/2$, vem:

$$t = 0 \to 1 = -\frac{3}{2} A_1$$

$$A_1 = -\frac{2}{3};$$

$$t = \frac{3}{2} \to 1 = \frac{3}{2} A_2$$

$$A_2 = \frac{2}{3}.$$

Logo,

$$I = -\frac{1}{2} \left[\int \frac{-2/3}{t} dt + \int \frac{2/3}{t - 3/2} dt \right]$$

$$= -\frac{1}{2} \cdot \frac{-2}{3} \ln |t| - \frac{1}{2} \cdot \frac{2}{3} \ln |t - 3/2| + C_1$$

$$= \frac{1}{3} \ln |t| - \frac{1}{3} \ln |2t - 3| + C.$$

Voltando à variável x, temos:

$$I = \frac{1}{3}\ln\left|\frac{\sqrt{x^2+4x+9}-3}{x}\right| - \frac{1}{3}\ln\left|\frac{2\sqrt{x^2+4x+9}-3x-6}{x}\right| + C.$$

(iii) Calcular $I = \displaystyle\int \frac{dx}{x\sqrt{x^2+x-6}}$.

Neste exemplo, $a = 1 > 0$ e o trinômio $x^2 + x - 6$ apresenta raízes reais $r_1 = 2$ e $r_2 = -3$. Podemos, então, escolher entre (1) e (3). Escolhemos (3) com $r = 2$. Temos:

$$\sqrt{x^2+x-6} = (x-2)t$$
$$x^2 + x - 6 = (x-2)^2 t^2$$
$$(x-2)(x+3) = (x-2)^2 t^2$$
$$x + 3 = (x-2)t^2$$
$$x = \frac{2t^2+3}{t^2-1};$$
$$dx = \frac{-10t}{(t^2-1)^2}$$

e

$$\sqrt{x^2+x-6} = \left(\frac{2t^2+3}{t^2-1} - 2\right)\cdot t$$
$$= \frac{5t}{t^2-1}.$$

Substituindo em I, obtemos:

$$I = \int \frac{\frac{-10t}{(t^2-1)^2}}{\frac{2t^2+3}{t^2-1}\cdot\frac{5t}{t^2-1}}\,dt$$

$$= \int \frac{-10t}{10t^3+15t}\,dt$$

$$= \int \frac{-dt}{t^2+\frac{3}{2}}$$

$$= -\frac{1}{\sqrt{\frac{3}{2}}}\text{arc tg}\frac{t}{\sqrt{\frac{3}{2}}} + C$$

$$= -\sqrt{\frac{2}{3}}\,\text{arc tg}\left(\sqrt{\frac{2}{3}}\cdot\frac{\sqrt{x^2+x-6}}{x-2}\right) + C.$$

7.9 Exercícios

Nos exercícios 1 a 14, calcular a integral indefinida.

1. $\displaystyle\int \frac{(1+\text{sen }x)}{\text{sen }x\,(1+\cos x)}\,dx$

2. $\displaystyle\int \frac{dx}{1+\text{sen }x + \cos x}$

3. $\displaystyle\int \frac{2\,dx}{\operatorname{sen} x + \operatorname{tg} x}$

4. $\displaystyle\int \frac{dx}{4 + 5\cos x}$

5. $\displaystyle\int \frac{dx}{3 + \cos x}$

6. $\displaystyle\int \frac{dx}{1 - \cos x}$

7. $\displaystyle\int \frac{1 + \cos x}{1 - \operatorname{sen} x}\,dx$

8. $\displaystyle\int \frac{dx}{3 + \operatorname{sen} 2x}$

9. $\displaystyle\int \frac{\cos(2t-1)}{2 - \cos(2t-1)}\,dt$

10. $\displaystyle\int \frac{dt}{3 + \operatorname{sen} t + \cos t}$

11. $\displaystyle\int \frac{e^x\,dx}{4\operatorname{sen} e^x - 3\cos e^x}$

12. $\displaystyle\int \frac{\cos\theta\,d\theta}{1 + \cos\theta}$

13. $\displaystyle\int \frac{dx}{\operatorname{sen} x + \cos x}$

14. $\displaystyle\int \frac{d\theta}{4 - \operatorname{sen}\theta + \cos\theta}$

15. Calcular a área sob a curva $y = \dfrac{1}{2 + \operatorname{sen} x}$, de $x = 0$ a $x = \dfrac{\pi}{2}$.

16. Calcular a área limitada pelas curvas $y = \dfrac{1}{2 + \cos x}$ e $y = \dfrac{1}{2 - \cos x}$, entre $\dfrac{-\pi}{2}$ e $\dfrac{\pi}{2}$.

Nos exercícios 17 a 33, calcular a integral indefinida:

17. $\displaystyle\int \frac{dx}{x\sqrt{5x - x^2 - 6}}$

18. $\displaystyle\int \frac{dx}{(x+4)\sqrt{x^2 + 4x + 9}}$

19. $\displaystyle\int \frac{dx}{x\sqrt{4x^2 + x - 3}}$

20. $\displaystyle\int \frac{dx}{\sqrt{1 + x + x^2}}$

21. $\displaystyle\int \frac{dx}{x\sqrt{2 + x - x^2}}$

22. $\displaystyle\int \frac{x+1}{(2x + x^2)\sqrt{2x + x^2}}\,dx$

23. $\displaystyle\int \frac{dx}{(x-1)\sqrt{x^2 - 2x - 3}}$

24. $\displaystyle\int \frac{1 - \sqrt{1 + x + x^2}}{2x^2\sqrt{1 + x + x^2}}\,dx$

25. $\displaystyle\int \frac{dx}{\sqrt{x^2 + 3x + 2}}$

26. $\displaystyle\int \frac{dx}{\sqrt{x^2 + 2x - 3}}$

27. $\displaystyle\int \frac{dx}{(2x+1)\sqrt{4x^2 + 4x}}$

28. $\displaystyle\int \frac{dx}{\sqrt{9x^2 + 12x + 5}}$

29. $\displaystyle\int \frac{dx}{(2x-1)\sqrt{x^2 - x + 5/4}}$

30. $\displaystyle\int \frac{dx}{x\sqrt{x^2 + x - 3}}$

31. $\displaystyle\int \frac{dx}{x\sqrt{x^2 - 4x - 4}}$

32. $\displaystyle\int \frac{x+3}{\sqrt{x^2 + 2x}}\,dx$

33. $\displaystyle\int \frac{dx}{\sqrt{3 - 2x - x^2}}$

8 Aplicações da Integral Definida

No Capítulo 6 estudamos a integral definida e analisamos uma importante aplicação que é o cálculo de área de regiões planas.

Neste capítulo, outras aplicações da integral definida serão discutidas.

8.1 Comprimento de Arco de uma Curva Plana Usando a sua Equação Cartesiana

A representação gráfica de uma função $y = f(x)$ num intervalo $[a, b]$ pode ser um segmento de reta ou uma curva qualquer. A porção da curva do ponto $A(a, f(a))$ ao ponto $B(b, f(b))$ é chamada *arco* (ver Figura 8.1).

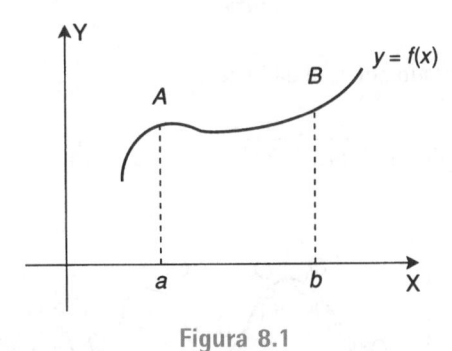

Figura 8.1

Queremos encontrar um número s que, intuitivamente, entendemos ser o comprimento de tal arco.

8.1.1 O gráfico de $y = f(x)$ num intervalo $[a, b]$ é um segmento de reta

Neste caso, observando a Figura 8.2, vemos que:

$$s = \sqrt{(b-a)^2 + (f(b) - f(a))^2}.$$

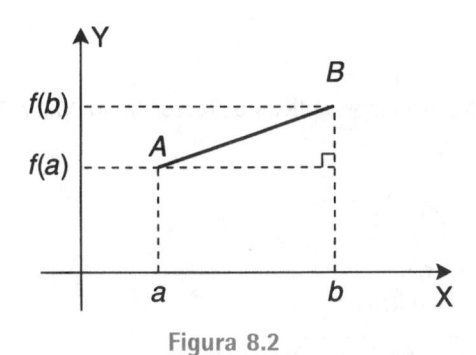

Figura 8.2

8.1.2 O gráfico de $y = f(x)$ num intervalo $[a, b]$ é uma curva qualquer

Sabemos da Geometria, que o perímetro de uma circunferência é definido como o limite dos perímetros dos polígonos regulares nela inscritos. Para outras curvas, podemos proceder de forma análoga.

Seja C uma curva de equação $y = f(x)$, onde f é contínua e derivável em $[a, b]$. Queremos determinar o comprimento do arco da curva C, de A até B (ver Figura 8.3).

Seja P uma partição de $[a, b]$ dada por:

$$a = x_0 < x_1 < x_2 < \ldots < x_{i-1} < x_i < \ldots < x_n = b.$$

Sejam $Q_0, Q_1, \ldots, Q_n$ os correspondentes pontos sobre a curva C. Unindo os pontos $Q_0, Q_1, \ldots, Q_n$, obtemos uma poligonal cujo comprimento nos dá uma aproximação do comprimento do arco da curva C, de A até B. A Figura 8.4 ilustra esta poligonal para $n = 7$.

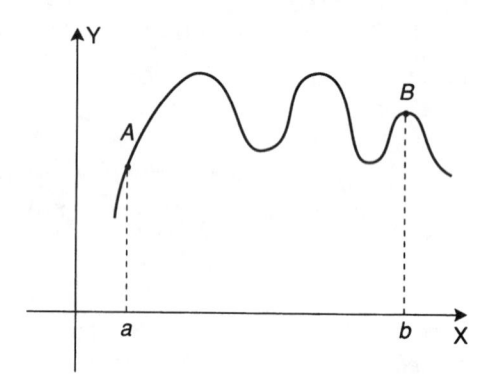

Figura 8.3

O comprimento da poligonal, denotado por l_n, é dado por:

$$I_n = \sum_{i=1}^{n} \sqrt{(x_i - x_{i-1})^2 + (f(x_i) - f(x_{i-1}))^2}. \tag{1}$$

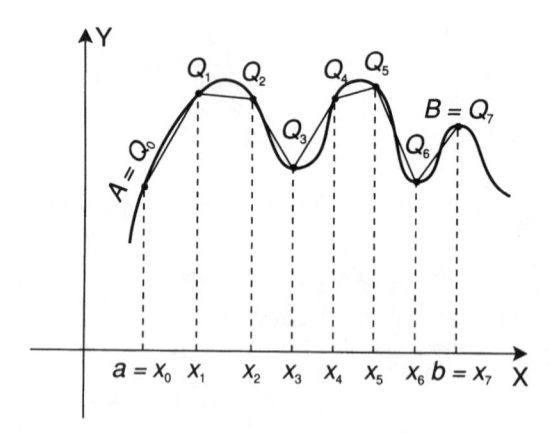

Figura 8.4

Como f é derivável em $[a, b]$, podemos aplicar o Teorema do Valor Médio (ver 5.5.2) em cada intervalo $[x_{i-1}, x_i]$, $i = 1, 2, \ldots, n$, e escrever

$$f(x_i) - f(x_{i-1}) = f'(c_i)(x_i - x_{i-1}),$$

onde c_i é um ponto do intervalo (x_{i-1}, x_i).

Substituindo este resultado em (1), obtemos:

$$l_n = \sum_{i=1}^{n} \sqrt{(x_i - x_{i-1})^2 + [f'(c_i)]^2 (x_i - x_{i-1})^2}$$

$$= \sum_{i=1}^{n} \sqrt{1 + [f'(c_i)]^2} \, (x_i - x_{i-1})$$

$$= \sum_{i=1}^{n} \sqrt{1 + [f'(c_i)]^2} \, \Delta x_i, \tag{2}$$

onde $\Delta x_i = x_i - x_{i-1}$.

A soma que aparece em (2) é uma soma de Riemann da função

$$\sqrt{1 + [f'(x)]^2}.$$

Podemos observar que à medida que n cresce muito e cada Δx_i, $i = 1, 2, \ldots, n$, torna-se muito pequeno, l_n aproxima-se do que, intuitivamente, entendemos como o comprimento do arco da curva C, de A até B.

8.1.3 Definição Seja C uma curva de equação $y = f(x)$, onde f é uma função contínua e derivável em $[a, b]$. O comprimento do arco da curva C, do ponto $A(a, f(a))$ ao ponto $B(b, f(b))$, que denotamos por s, é dado por:

$$s = \lim_{\text{máx}\,\Delta x_i \to 0} \sum_{i=1}^{n} \sqrt{1 + [f'(c_i)]^2} \, \Delta x_i \tag{3}$$

se o limite à direita existir.

Pode-se provar que, se $f'(x)$ é contínua em $[a, b]$, o limite em (3) existe. Então, pela definição da integral definida (ver 6.8.1), temos:

$$s = \int_a^b \sqrt{1 + [f'(x)]^2} \, dx. \tag{4}$$

8.1.4 Exemplos

(i) Calcular o comprimento do arco da curva dada por $y = x^{3/2} - 4$, de $A(1, -3)$ até $B(4, 4)$.

Solução: A Figura 8.5 ilustra este exemplo.

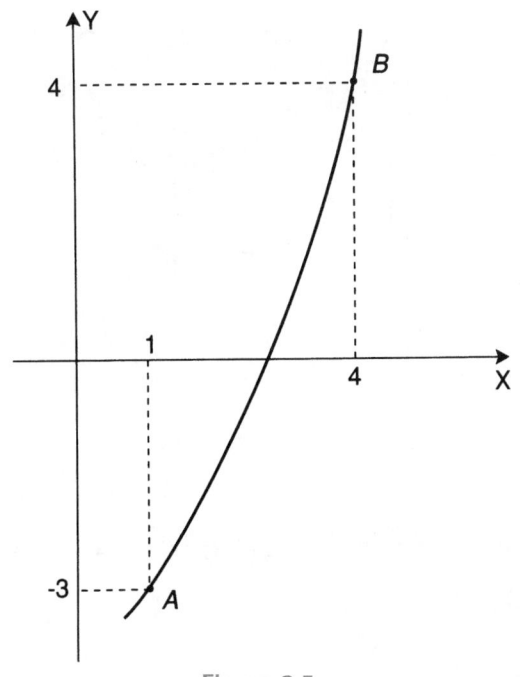

Figura 8.5

Temos: $y = x^{3/2} - 4$ e $y' = \dfrac{3}{2}x^{1/2}$. Aplicando (4), vem:

$$s = \int_1^4 \sqrt{1 + \left(\dfrac{3}{2}x^{1/2}\right)^2}\, dx$$

$$= \int_1^4 \sqrt{1 + \dfrac{9}{4}x}\, dx$$

$$= \dfrac{4}{9} \cdot \left. \dfrac{\left(1 + \dfrac{9}{4}x\right)^{3/2}}{3/2} \right|_1^4$$

$$= \dfrac{8}{27} \cdot 10^{3/2} - \dfrac{8}{27}\left(\dfrac{13}{4}\right)^{3/2}$$

$$= \dfrac{80\sqrt{10} - 13\sqrt{13}}{27} \text{ unidades de comprimento.}$$

Observamos que poucos exemplos apresentam no integrando uma função, tal que a integral possa ser resolvida por um dos métodos apresentados nos capítulos anteriores. Os métodos que dão uma solução aproximada estão além dos objetivos deste livro.

(ii) Obter uma integral definida que nos dá o comprimento da curva $y = \cos 2x$, para $0 \leq x \leq \pi$.

Temos: $y = \cos 2x$ e $y' = -2\,\text{sen}\, 2x$. Portanto,

$$s = \int_0^\pi \sqrt{1 + 4\,\text{sen}^2 2x}\, dx.$$

Podem ocorrer situações em que a curva C é dada por $x = g(y)$, em vez de $y = f(x)$. Neste caso, o comprimento do arco da curva C de $A(g(c), c)$ até $B(g(d), d)$ (ver Figura 8.6), é dado por:

$$s = \int_c^d \sqrt{1 + [g'(y)]^2}\, dy. \qquad (5)$$

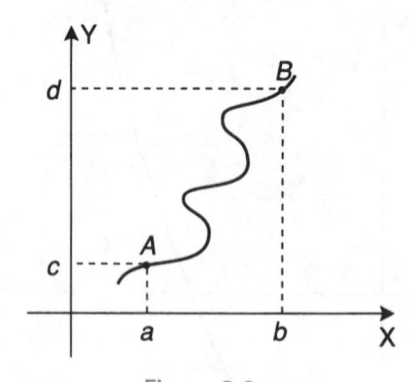

Figura 8.6

(iii) Calcular o comprimento do arco dado por $x = \dfrac{1}{2}y^3 + \dfrac{1}{6y} - 1$, $1 \leq y \leq 3$.

Neste exemplo, vamos usar (5). Temos:

$$g(y) = \dfrac{1}{2}y^3 + \dfrac{1}{6y} - 1 \text{ e } g'(y) = \dfrac{3}{2}y^2 - \dfrac{1}{6y^2}.$$

Portanto,

$$s = \int_1^3 \sqrt{1 + \left(\frac{3}{2}y^2 - \frac{1}{6y^2}\right)^2}\, dy$$

$$= \int_1^3 \sqrt{\frac{(9y^4 + 1)^2}{36y^4}}\, dy$$

$$= \int_1^3 \frac{9y^4 + 1}{6y^2}\, dy$$

$$= \int_1^3 \left(\frac{3}{2}y^2 + \frac{1}{6}y^{-2}\right) dy$$

$$= \left(\frac{3}{2} \cdot \frac{y^3}{3} + \frac{1}{6} \cdot \frac{y^{-1}}{-1}\right)\bigg|_1^3$$

$$= \frac{118}{9}.$$

8.2 Comprimento de Arco de uma Curva Plana Dada por suas Equações Paramétricas

Vamos, agora, calcular o comprimento de um arco de uma curva C, dada na forma paramétrica, pelas equações:

$$\begin{cases} x = x(t) \\ y = y(t) \end{cases}, t \in [t_0, t_1],$$

onde $x = x(t)$ e $y = y(t)$ são contínuas com derivadas contínuas e $x'(t) \neq 0$ para todo $t \in [t_0, t_1]$.

Neste caso, conforme vimos em 4.18, estas equações definem uma função $y = f(x)$, cuja derivada é dada por:

$$\frac{dy}{dx} = \frac{y'(t)}{x'(t)}.$$

Para calcular o comprimento de arco de C, vamos fazer uma mudança de variáveis em (4). Substituindo $x = x(t)$; $dx = x'(t)\, dt$, obtemos

$$s = \int_a^b \sqrt{1 + [f'(x)]^2}\, dx$$

$$= \int_{t_0}^{t_1} \sqrt{1 + \left[\frac{y'(t)}{x'(t)}\right]^2}\, x'(t)\, dt,$$

onde $x(t_0) = a$ e $x(t_1) = b$.

Portanto,

$$s = \int_{t_0}^{t_1} \sqrt{[x'(t)]^2 + [y'(t)]^2}\, dt.$$

8.2.1 Exemplo
Calcular o comprimento da hipociclóide $\begin{cases} x = 2\operatorname{sen}^3 t \\ y = 2\cos^3 t \end{cases}$.

Solução: A Figura 8.7 ilustra esta curva.

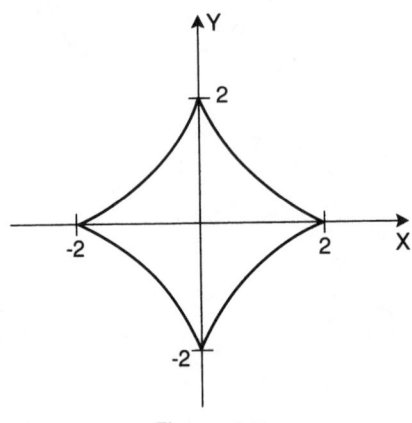

Figura 8.7

Observamos que esta curva é simétrica em relação aos eixos. Vamos, então, calcular o comprimento do arco que está descrito no primeiro quadrante, isto é,

$$\begin{cases} x = 2\operatorname{sen}^3 t \\ y = 2\cos^3 t \end{cases}, t \in [0, \pi/2].$$

Temos:

$x(t) = 2\operatorname{sen}^3 t,$ $\qquad x'(t) = 6\operatorname{sen}^2 t \cos t;$

$y(t) = 2\cos^3 t,$ $\qquad y'(t) = -6\cos^2 t \operatorname{sen} t.$

Portanto,

$$s = \int_{t_0}^{t_1} \sqrt{[x'(t)]^2 + [y'(t)]^2}\, dt$$

$$= \int_0^{\pi/2} \sqrt{(6\operatorname{sen}^2 t \cos t)^2 + (-6\cos^2 t \operatorname{sen} t)^2}\, dt$$

$$= \int_0^{\pi/2} \sqrt{36 \operatorname{sen}^4 t \cos^2 t + 36 \cos^4 t \operatorname{sen}^2 t}\, dt$$

$$= \int_0^{\pi/2} \sqrt{36 \operatorname{sen}^2 t \cos^2 t}\, dt$$

$$= \int_0^{\pi/2} 6 \operatorname{sen} t \cos t\, dt$$

$$= 6 \cdot \frac{\operatorname{sen}^2 t}{2}\Big|_0^{\pi/2}$$

$= 3$ unidades de comprimento.

Logo, o comprimento total da hipociclóide dada é $4 \cdot 3 = 12$ unidades de comprimento.

8.3 Área de uma Região Plana

Um estudo de área de regiões planas foi feito no Capítulo 6. Nesta seção, vamos calcular a área de uma região plana, quando as curvas que delimitam a região são dadas na forma paramétrica.

CAPÍTULO 8   Aplicações da integral definida   **341**

Caso 1   Cálculo da área da figura plana S, limitada pelo gráfico de f, pelas retas $x = a$, $x = b$ e o eixo dos x (ver Figura 8.8), onde $y = f(x)$ é contínua, $f(x) \geq 0\, \forall x \in [a, b]$ e é dada por:

$$\begin{cases} x = x(t) \\ y = y(t) \end{cases},\ t \in [t_0, t_1],$$

com $x(t_0) = a$ e $x(t_1) = b$.

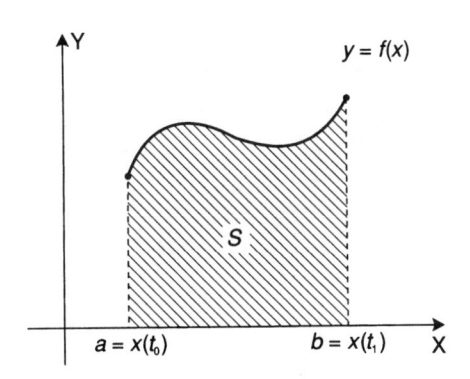

Figura 8.8

Neste caso, conforme vimos em 6.11.1, a área de S é dada por:

$$A = \int_a^b f(x)\, dx = \int_a^b y\, dx.$$

Fazendo a substituição $x = x(t)$; $dx = x'(t)\, dt$, obtemos:

$$A = \int_{t_0}^{t_1} y(t) \cdot x'(t)\, dt. \tag{1}$$

8.3.1   Exemplo   Calcular a área da região limitada pela elipse $\begin{cases} x = 2\cos t \\ y = 3\,\text{sen}\, t \end{cases}$.

A Figura 8.9 ilustra este exemplo.

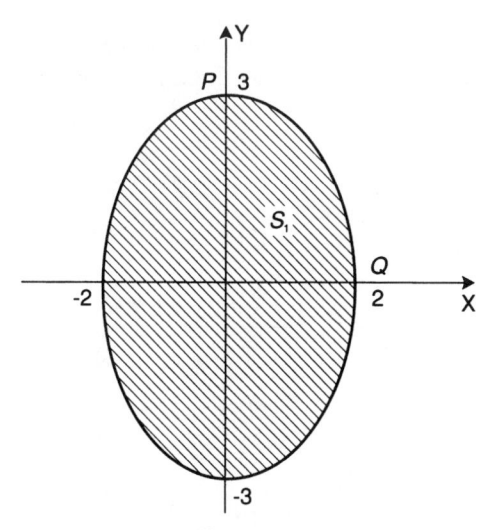

Figura 8.9

Como esta curva apresenta simetria em relação aos eixos, vamos calcular a área da região S_1, que está no primeiro quadrante.

Para aplicar (1) precisamos determinar os limites de integração t_0 e t_1. Para isso, usamos as equações paramétricas da curva. Observando a Figura 8.9, vemos que x varia de 0 a 2 e, assim, t_0 corresponde ao ponto $P(0, 3)$ e t_1 corresponde ao ponto $Q(2, 0)$ sobre a elipse.

No ponto $P(0, 3)$, temos:

$0 = 2\cos t_0$,

$3 = 3\,\text{sen}\, t_0$;

dessa forma, $t_0 = \dfrac{\pi}{2}$.

No ponto $Q(2, 0)$, temos:

$2 = 2\cos t_1$,

$0 = 3\,\text{sen}\, t_1$;

então, $t_1 = 0$.

Portanto,

$$A_1 = \int_{\pi/2}^{0} 3\,\text{sen}\, t \cdot (-2\,\text{sen}\, t)\, dt$$

$$= -\int_{0}^{\pi/2} -6\,\text{sen}^2 t\, dt$$

$$= 6\int_{0}^{\pi/2} \left(\dfrac{1}{2} - \dfrac{1}{2}\cos 2t\right) dt$$

$$= 3\left(t - \dfrac{1}{2}\,\text{sen}\, 2t\right)\bigg|_{0}^{\pi/2}$$

$$= \dfrac{3\pi}{2}\ \text{u.a.}$$

Logo, a área da região limitada pela elipse é $4 \cdot \dfrac{3\pi}{2} = 6\pi$ u.a.

Caso 2 Cálculo da área da figura plana limitada pelos gráficos de f e g, pelas retas $x = a$ e $x = b$, onde f e g são funções contínuas em $[a, b]$, como $f(x) \geq g(x), \forall x \in [a, b]$, e são dadas na forma paramétrica.

A Figura 8.10 ilustra este caso.

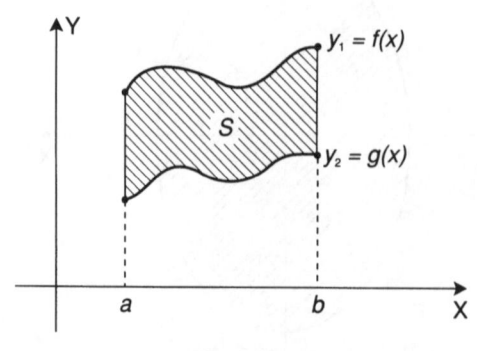

Figura 8.10

Temos que $y_1 = f(x)$ é dada por:

$$\begin{cases} x_1 = x_1(t) \\ y_1 = y_1(t), \quad t \in [t_0, t_1] \end{cases}$$

e $y_2 = g(x)$ é dada por:

$$\begin{cases} x_2 = x_2(t) \\ y_2 = y_2(t), t \in [t_2, t_3], \end{cases}$$

onde $x_1(t_0) = x_2(t_2) = a$ e $x_1(t_1) = x_2(t_3) = b$.

Usando o resultado de 6.11.5 e o caso anterior, vem:

$$\begin{aligned} A &= \int_a^b [f(x) - g(x)] \, dx \\ &= \int_a^b f(x) \, dx - \int_a^b g(x) \, dx \\ &= \int_{t_0}^{t_1} y_1(t) x_1'(t) \, dt - \int_{t_2}^{t_3} y_2(t) x_2'(t) \, dt. \end{aligned} \qquad (2)$$

8.3.2 Exemplo Calcular a área entre as elipses

$$\begin{cases} x = 2\cos t \\ y = 4\operatorname{sen} t \end{cases} \text{e} \quad \begin{matrix} x = 2\cos t \\ y = \operatorname{sen} t \end{matrix} \ .$$

A Figura 8.11 ilustra este exemplo.

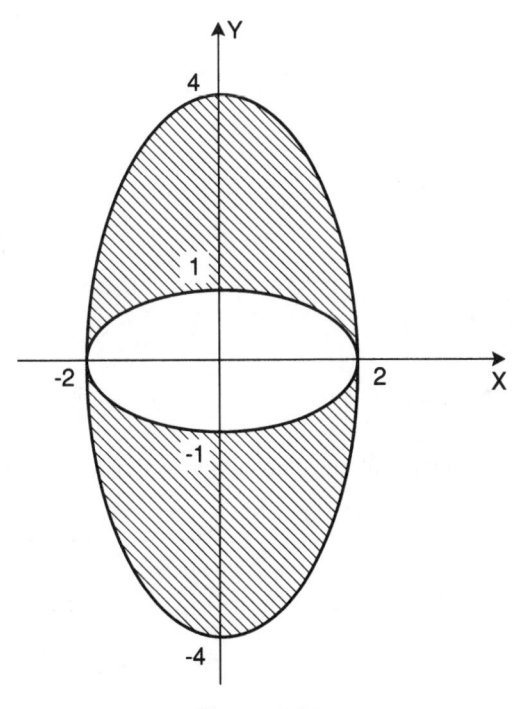

Figura 8.11

Procedendo de forma análoga ao Exemplo 8.3.1 e aplicando (2), obtemos:

$$A = 4 \int_{\pi/2}^0 [4\operatorname{sen} t \cdot (-2\operatorname{sen} t) - \operatorname{sen} t \cdot (-2\operatorname{sen} t)] dt$$

$$= 4\int_{\pi/2}^{0}(-8\,\text{sen}^2\,t + 2\,\text{sen}^2\,t)\,dt$$

$$= -4\int_{0}^{\pi/2} -6\,\text{sen}^2\,t\,dt$$

$$= 24\int_{0}^{\pi/2}\left(\frac{1}{2} - \frac{1}{2}\cos 2t\right)dt$$

$$= 12\left(t - \frac{1}{2}\,\text{sen}\,2t\right)\Big|_{0}^{\pi/2}$$

$$= 12 \cdot \frac{\pi}{2}$$

$$= 6\pi \text{ u.a.}$$

8.4 Exercícios

Nos exercícios 1 a 14, encontrar o comprimento de arco da curva dada.

1. $y = 5x - 2$, $-2 \leq x \leq 2$

2. $y = x^{2/3} - 1$, $1 \leq x \leq 2$

3. $y = \frac{1}{3}(2 + x^2)^{3/2}$, $0 \leq x \leq 3$

4. $x^{2/3} + y^{2/3} = 2^{2/3}$

5. $y = \frac{1}{4}x^4 + \frac{1}{8x^2}$, $1 \leq x \leq 2$

6. $x = \frac{1}{3}y^3 + \frac{1}{4y}$, $1 \leq y \leq 3$

7. $y = \frac{1}{2}(e^x + e^{-x})$, de $(0, 1)$ a $\left(1, \frac{e + e^{-1}}{2}\right)$

8. $y = \ln x$, $\sqrt{3} \leq x \leq \sqrt{8}$

9. $y = 1 - \ln(\text{sen}\,x)$, $\frac{\pi}{6} \leq x \leq \frac{\pi}{4}$

10. $y = \sqrt{x^3}$, de $P_0(0, 0)$ até $P_1(4, 8)$

11. $y = 4\sqrt{x^3} + 2$, de $P_0(0, 2)$ até $P_1(1, 6)$

12. $y = 6(\sqrt[3]{x^2} - 1)$, de $P_0(1, 0)$ até $P_1(2\sqrt{2}, 6)$

13. $(y - 1)^2 = (x + 4)^3$, de $P_0(-3, 2)$ até $P_1(0, 9)$

14. $x^2 = y^3$, de $P_0(0, 0)$ até $P_1(8, 4)$

Nos exercícios 15 a 21, estabelecer a integral que dá o comprimento de arco da curva dada.

15. $y = x^2$, $0 \leq x \leq 2$

16. $y = \frac{1}{x}$, de $P_0\left(\frac{1}{4}, 4\right)$ até $P_1\left(4, \frac{1}{4}\right)$

17. $x^2 - y^2 = 1$, de $P_0(3, -2\sqrt{2})$ até $P_1(3, 2\sqrt{2})$

18. $y = e^x$, de $P_0(0, 1)$ até $P_1(2, e^2)$

19. $y = x^2 + 2x - 1$, $0 \leq x \leq 1$

20. $y = \sqrt{x}$, $2 \leq x \leq 4$

21. $y = \text{sen}\,3x$, $0 \leq x \leq 2\pi$

Nos exercícios 22 a 29, calcular o comprimento de arco da curva dada na forma paramétrica.

22. $\begin{cases} x = t^3 \\ y = t^2 \end{cases}$, $1 \leq t \leq 3$

23. $\begin{cases} x = 2(t - \text{sen}\,t) \\ y = 2(1 - \cos t) \end{cases}$, $t \in [0, \pi]$

24. $\begin{cases} x = -\operatorname{sen} t \\ y = \cos t \end{cases}, t \in [0, 2\pi]$

25. $\begin{cases} x = t \operatorname{sen} t \\ y = t \cos t \end{cases}, t \in [0, \pi]$

26. $\begin{cases} x = 3t + 2 \\ y = t - 1 \end{cases}, t \in [0, 2]$

27. $\begin{cases} x = 1/3 t^3 \\ y = 1/2 t^2 \end{cases}, 0 \le t \le 2$

28. $\begin{cases} x = e^t \cos t \\ y = e^t \operatorname{sen} t \end{cases}, 1 \le t \le 2$

29. $\begin{cases} x = 2\cos t + 2t \operatorname{sen} t \\ y = 2\operatorname{sen} t - 2t \cos t \end{cases}, 0 \le t \le \dfrac{\pi}{2}$

30. Achar o comprimento da hipociclóide $\begin{cases} x = 4 \operatorname{sen}^3 t \\ y = 4 \cos^3 t \end{cases}, t \in [0, 2\pi]$

31. Achar o comprimento da circunferência $\begin{cases} x = a \cos t \\ y = a \operatorname{sen} t \end{cases}, t \in [0, 2\pi]$

32. Calcular o comprimento da parte da circunferência que está no primeiro quadrante $\begin{cases} x = 7 \cos t/4 \\ y = 7 \operatorname{sen} t/4 \end{cases}$

Nos exercícios 33 a 35, calcular a área da região limitada pelas seguintes curvas, dadas na forma paramétrica.

33. $\begin{cases} x = \cos t \\ y = \operatorname{sen} t \end{cases}$ e $\begin{cases} x = \cos t \\ y = 1/2 \operatorname{sen} t \end{cases}$

34. $\begin{cases} x = 2 \cos^3 t \\ y = 2 \operatorname{sen}^3 t \end{cases}$ e $\begin{cases} x = 2 \cos t \\ y = 2 \operatorname{sen} t \end{cases}$

35. $\begin{cases} x = t \\ y = t^2 \end{cases}$ e $\begin{cases} x = 1 + t \\ y = 1 + 3t \end{cases}$

36. Calcular a área da parte da circunferência $\begin{cases} x = 2 \cos t \\ y = 2 \operatorname{sen} t \end{cases}$ que está acima da reta $y = 1$.

37. Calcular a área da região delimitada pela elipse $\begin{cases} x = 3 \cos t \\ y = \operatorname{sen} t \end{cases}$.

38. Calcular a área da região limitada à direita pela elipse $\begin{cases} x = 3 \cos t \\ y = 2 \operatorname{sen} t \end{cases}$ e à esquerda pela reta $x = \dfrac{3\sqrt{3}}{2}$.

39. Calcular a área da região entre as curvas $\begin{cases} x = 4 \cos t \\ y = 2 \operatorname{sen} t \end{cases}$ e $\begin{cases} x = \cos t \\ y = \operatorname{sen} t \end{cases}$.

40. Calcular a área entre o arco da hipociclóide $\begin{cases} x = 3 \cos^3 t \\ y = 3 \operatorname{sen}^3 t \end{cases}, t \in \left[0, \dfrac{\pi}{2}\right]$ e a reta $x + y = 3$.

41. Calcular a área delimitada pela hipociclóide $\begin{cases} x = 4 \operatorname{sen}^3 t \\ y = 4 \cos^3 t \end{cases}$.

42. Calcular a área da região S, hachurada na Figura 8.12.

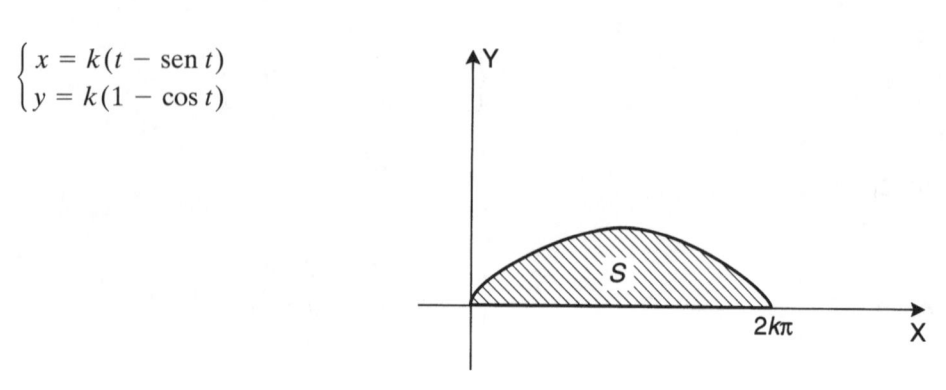

$$\begin{cases} x = k(t - \operatorname{sen} t) \\ y = k(1 - \cos t) \end{cases}$$

Figura 8.12

8.5 Volume de um Sólido de Revolução

Fazendo uma região plana girar em torno de uma reta no plano, obtemos um sólido, que é chamado *sólido de revolução*. A reta ao redor da qual a região gira é chamada *eixo de revolução*.

Por exemplo, fazendo a região limitada pelas curvas $y = 0$, $y = x$ e $x = 4$ girar em torno do eixo dos x, o sólido de revolução obtido é um cone (ver Figura 8.13).

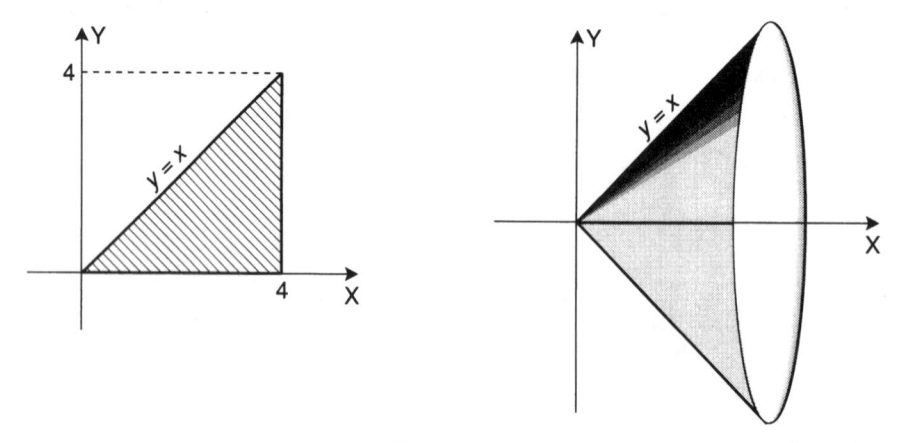

Figura 8.13

Se o retângulo delimitado pelas retas $x = 0$, $x = 1$, $y = 0$ e $y = 3$ girar em torno do eixo dos y, obtemos um cilindro (ver Figura 8.14).

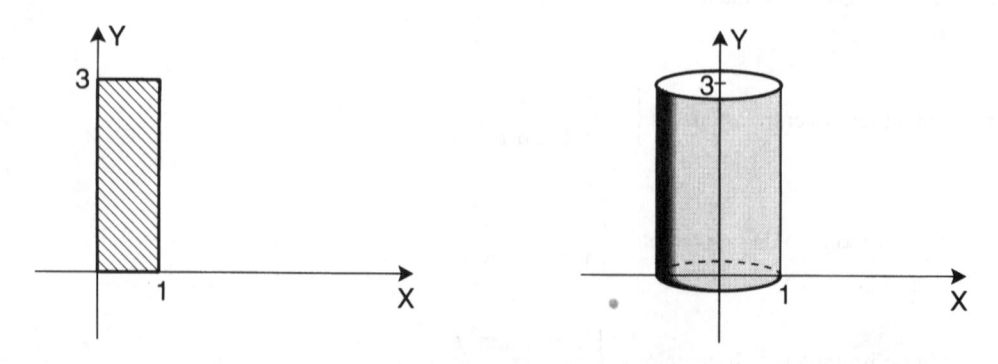

Figura 8.14

Consideremos, agora, o problema de definir o volume do sólido T, gerado pela rotação em torno do eixo dos x, da região plana R vista na Figura 8.15.

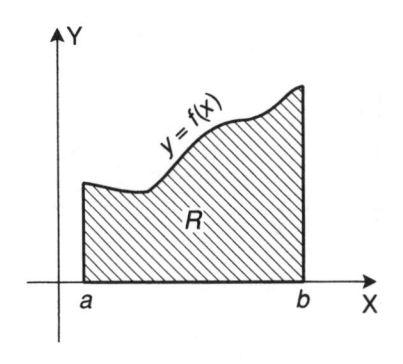

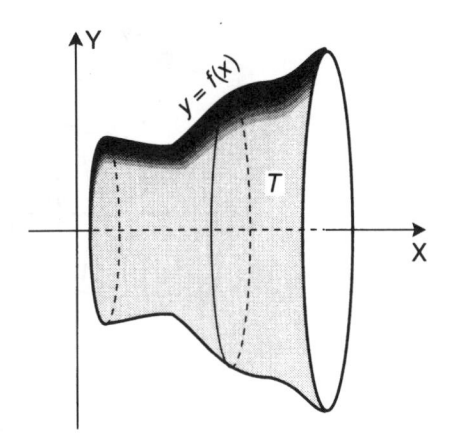

Figura 8.15

Suponhamos que $f(x)$ é contínua e não negativa em $[a, b]$.
Consideremos uma partição P de $[a, b]$, dada por:

$$a = x_0 < x_1 < ... < x_{i-1} < x_i < ... < x_n = b.$$

Seja $\Delta x_i = x_i - x_{i-1}$ o comprimento do intervalo $[x_{i-1}, x_i]$.

Em cada intervalo $[x_{i-1}, x_i]$, escolhemos um ponto qualquer c_i.

Para cada i, $i = 1, ..., n$, construimos um retângulo R_i, de base Δx_i e altura $f(c_i)$. Fazendo cada retângulo R_i girar em torno do eixo dos x, o sólido de revolução obtido é um cilindro (ver Figura 8.16), cujo volume é dado por:

$$\pi[f(c_i)]^2 \Delta x_i.$$

A soma dos volumes dos n cilindros, que representamos por V_n, é dada por:

$$V_n = \pi[f(c_1)]^2 \Delta x_1 + \pi[f(c_2)]^2 \Delta x_2 + ... + \pi[f(c_n)]^2 \Delta x_n$$

$$= \pi \sum_{i=1}^{n} [f(c_i)]^2 \Delta x_i,$$

e nos dá uma aproximação do volume do sólido T (ver Figura 8.17).

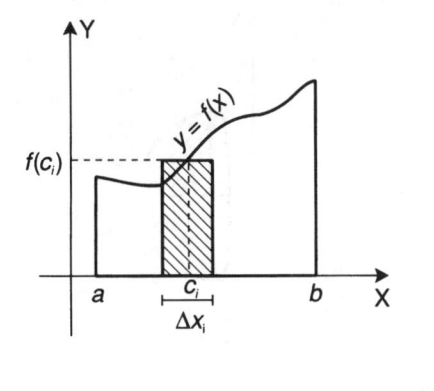

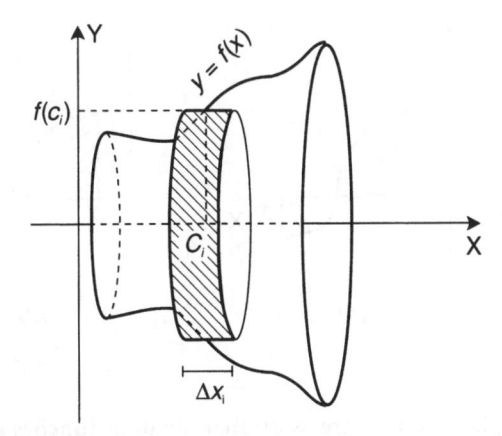

Figura 8.16

Podemos observar que à medida que n cresce muito e cada $\Delta x_i, i = 1, ..., n$, torna-se muito pequeno, a soma dos volumes dos n cilindros aproxima-se do que, intuitivamente, entendemos como o volume do sólido T.

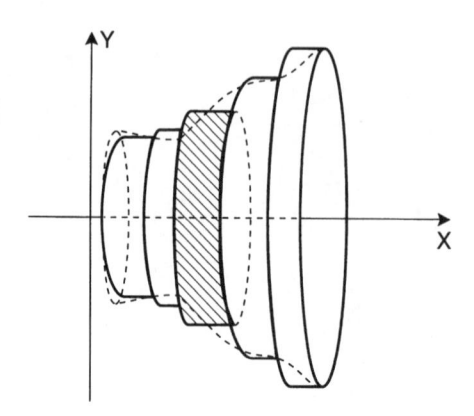

Figura 8.17

8.5.1 Definição Seja $y = f(x)$ uma função contínua não negativa em $[a, b]$. Seja R a região sob o gráfico de f de a até b. O volume do sólido T, gerado pela revolução de R em torno do eixo dos x, é definido por:

$$V = \lim_{\text{máx } \Delta x_i \to 0} \pi \sum_{i=1}^{n} [f(c_i)]^2 \Delta x_i. \tag{1}$$

A soma que aparece em (1) é uma soma de Riemann da função $[f(x)]^2$. Como f é contínua, o limite em (1) existe, e, então, pela definição da integral definida, temos:

$$V = \pi \int_a^b [f(x)]^2 dx. \tag{2}$$

A fórmula (2) pode ser generalizada para outras situações:

(1) A função $f(x)$ é negativa em alguns pontos de $[a, b]$.

A Figura 8.18 (c) mostra o sólido gerado pela rotação da Figura 8.18 (a), ao redor do eixo dos x, que coincide com o sólido gerado pela rotação, ao redor do eixo dos x, da região sob o gráfico da função $|f(x)|$ de a até b (ver Figura 8.18 (b)). Como $|f(x)|^2 = (f(x))^2$, a fórmula (2) permanece válida neste caso.

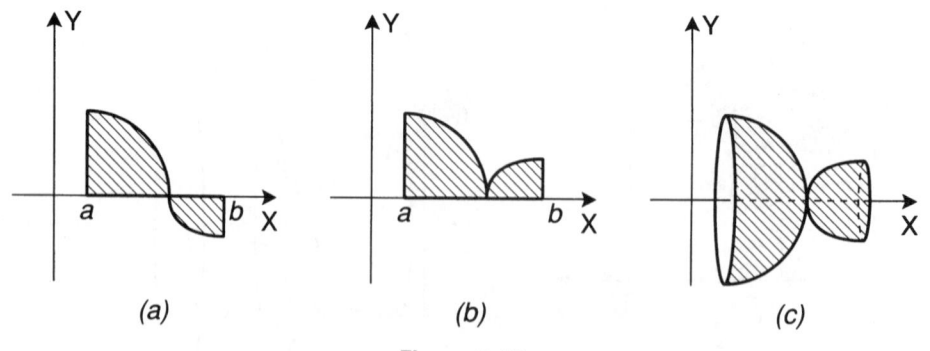

(a)   (b)   (c)

Figura 8.18

(2) A região R está entre os gráficos de duas funções $f(x)$ e $g(x)$ de a até b, como mostra a Figura 8.19.

Supondo $f(x) \geq g(x), \forall\, x \in [a, b]$, o volume do sólido T, gerado pela rotação de R em torno do eixo dos x, é dado por:

$$V = \pi \int_a^b ([f(x)]^2 - [g(x)]^2)\, dx. \tag{3}$$

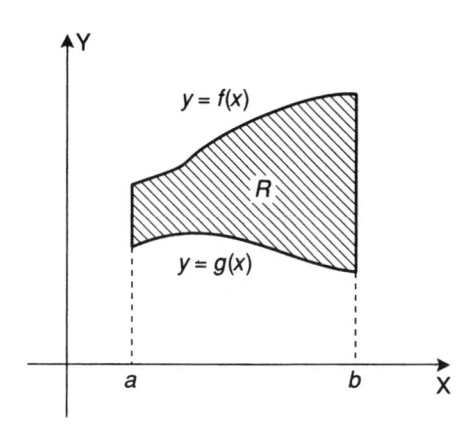

Figura 8.19

(3) Ao invés de girar ao redor do eixo dos x, a região R gira em torno do eixo dos y (ver Figura 8.20).

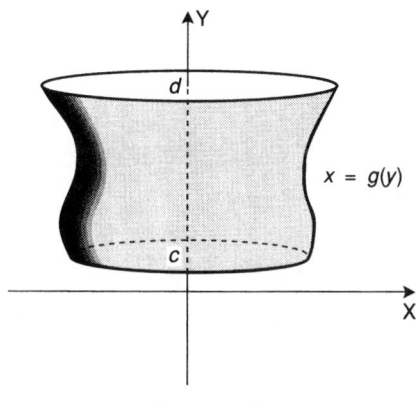

Figura 8.20

Neste caso, temos:

$$V = \pi \int_c^d [g(y)]^2 dy. \qquad (4)$$

(4) **A rotação se efetua ao redor de uma reta paralela a um dos eixos coordenados.**

Se o eixo de revolução for a reta $y = L$ (ver Figura 8.21), temos:

$$V = \pi \int_a^b [f(x) - L]^2 dx. \qquad (5)$$

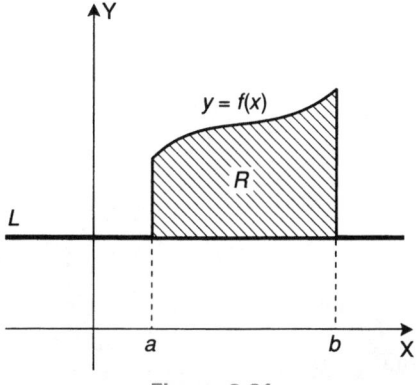

Figura 8.21

Se o eixo de revolução for a reta $x = M$ (ver Figura 8.22), temos:

$$V = \pi \int_c^d [g(y) - M]^2 dy. \qquad (6)$$

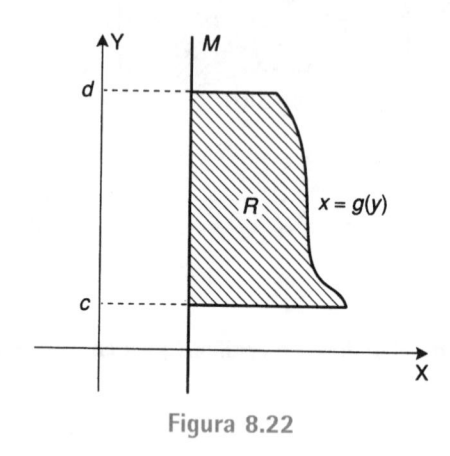

Figura 8.22

8.5.2 Exemplos

(i) A região R, limitada pela curva $y = \dfrac{1}{4}x^2$, o eixo dos x e as retas $x = 1$ e $x = 4$, gira em torno do eixo dos x. Encontrar o volume do sólido de revolução gerado.

Na Figura 8.23 vemos a região R e o sólido T gerado pela rotação de R em torno do eixo dos x.

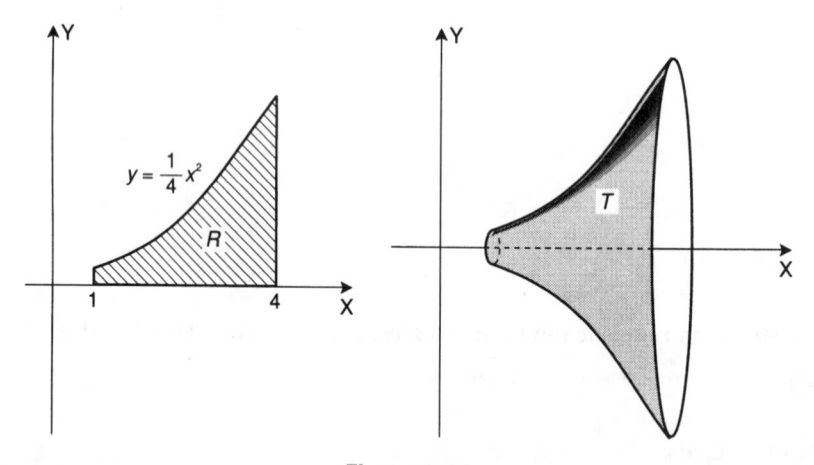

Figura 8.23

Aplicando a fórmula (2), temos:

$$V = \pi \int_1^4 \left(\frac{1}{4}x^2\right)^2 dx$$

$$= \frac{\pi}{16} \cdot \frac{x^5}{5}\bigg|_1^4$$

$$= \frac{\pi}{80}[4^5 - 1^5]$$

$$= \frac{1.023}{80}\pi \text{ unidades de volume (u.v.).}$$

(ii) Calcular o volume do sólido gerado pela rotação, em torno do eixo dos x, da região limitada pela parábola $y = \frac{1}{4}(13 - x^2)$ e pela reta $y = \frac{1}{2}(x + 5)$.

Na Figura 8.24 podemos ver a região R e o sólido T, gerado pela rotação de R em torno do eixo dos x.

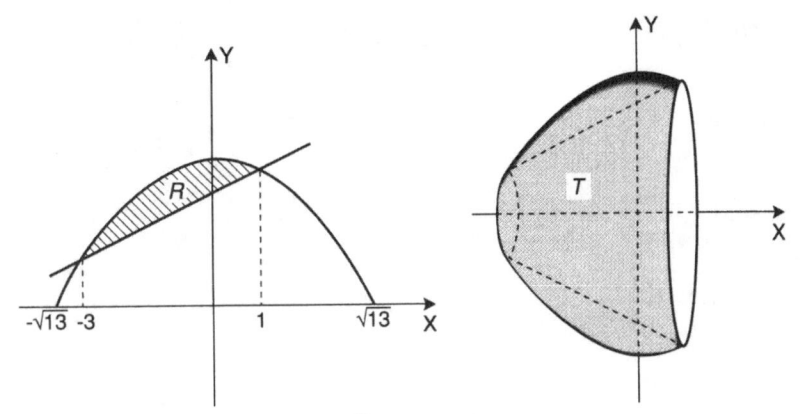

Figura 8.24

Aplicando a fórmula (3), vem

$$V = \pi \int_{-3}^{1} \left\{ \left[\frac{1}{4}(13 - x^2) \right]^2 - \left[\frac{1}{2}(x + 5) \right]^2 \right\} dx$$

$$= \pi \int_{-3}^{1} \left[\frac{1}{16}(169 - 26x^2 + x^4) - \frac{1}{4}(x^2 + 10x + 25) \right] dx$$

$$= \frac{\pi}{16} \int_{-3}^{1} (69 - 40x - 30x^2 + x^4) \, dx$$

$$= \frac{\pi}{16} \left[69x - 20x^2 - 10x^3 + \frac{x^5}{5} \right]_{-3}^{1}$$

$$= \frac{\pi}{16} \left[69 - 20 - 10 + \frac{1}{5} + 207 + 180 - 270 + \frac{243}{5} \right]$$

$$= \frac{1.024\pi}{80}$$

$$= 24{,}05 \text{ u.v.}$$

(iii) Calcular o volume do sólido gerado pela rotação, em torno do eixo dos x, da região entre o gráfico da função $y = \operatorname{sen} x$ e o eixo dos x, de $\frac{-\pi}{2}$ até $\frac{3\pi}{2}$.

A Figura 8.25 mostra a região R e o sólido gerado pela rotação de R em torno do eixo dos x.

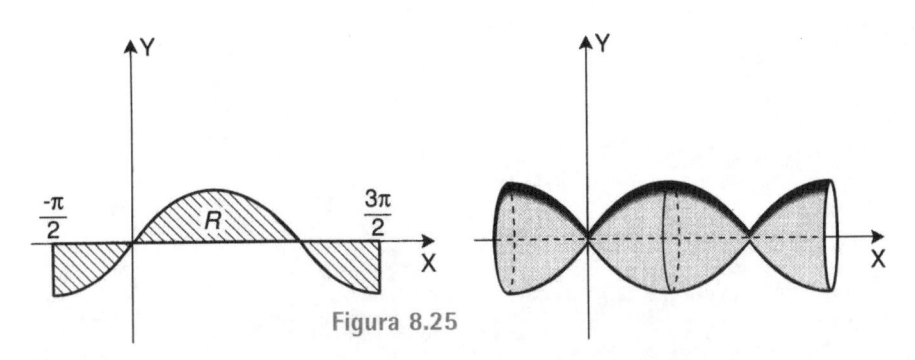

Figura 8.25

Aplicando a fórmula (2), temos:

$$V = \pi \int_{-\pi/2}^{3\pi/2} (\operatorname{sen} x)^2 dx$$

$$= \pi \int_{-\pi/2}^{3\pi/2} \left(\frac{1}{2} - \frac{1}{2}\cos 2x\right) dx$$

$$= \pi \left(\frac{1}{2}x - \frac{1}{4}\operatorname{sen} 2x\right)\Big|_{-\pi/2}^{3\pi/2}$$

$$= \pi \left(\frac{1}{2}\cdot\frac{3\pi}{2} - \frac{1}{4}\operatorname{sen}\left(2\cdot\frac{3\pi}{2}\right) + \frac{1}{2}\cdot\frac{\pi}{2} + \frac{1}{4}\operatorname{sen}\left(2\cdot\frac{-\pi}{2}\right)\right)$$

$$= \pi \left(\frac{3\pi}{4} - 0 + \frac{\pi}{4} + 0\right)$$

$$= \pi^2 \text{ u.v.}$$

(iv) A região limitada pela parábola cúbica $y = x^3$, pelo eixo dos y e pela reta $y = 8$, gira em torno do eixo dos y. Determinar o volume do sólido de revolução obtido.

Podemos ver a região R e o sólido de revolução T, gerado pela rotação de R em torno do eixo dos y, na Figura 8.26.

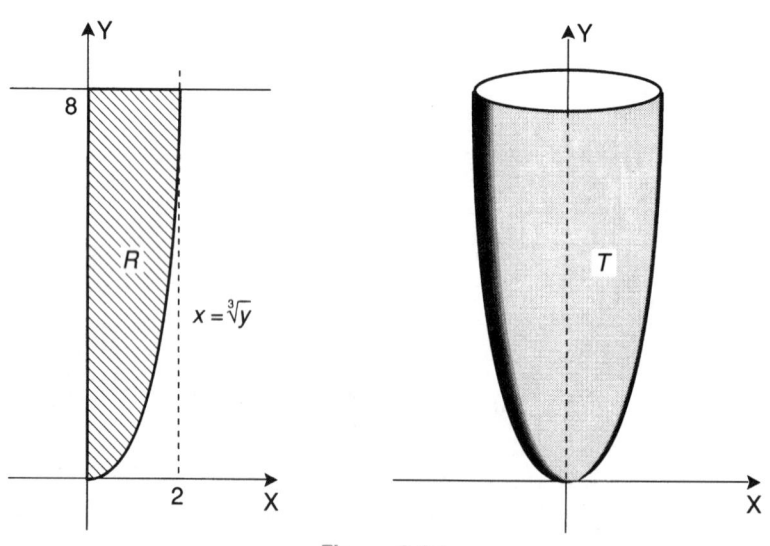

Figura 8.26

Para calcular o volume de T, vamos aplicar a fórmula (4). Temos:

$$V = \pi \int_c^d [g(y)]^2 dy$$

$$= \pi \int_0^8 [\sqrt[3]{y}]^2 dy$$

$$= \pi \cdot \frac{3}{5} y^{5/3}\Big|_0^8$$

$$= \frac{3\pi}{5} 8^{5/3}$$

$$= \frac{96\pi}{5} \text{ u.v.}$$

(v) Determinar o volume do sólido gerado pela rotação, em torno da reta $y = 4$, da região limitada por $y = 1/x$, $y = 4$ e $x = 4$.

A região R e o sólido gerado pela rotação de R em torno da reta $y = 4$ podem ser vistos na Figura 8.27.

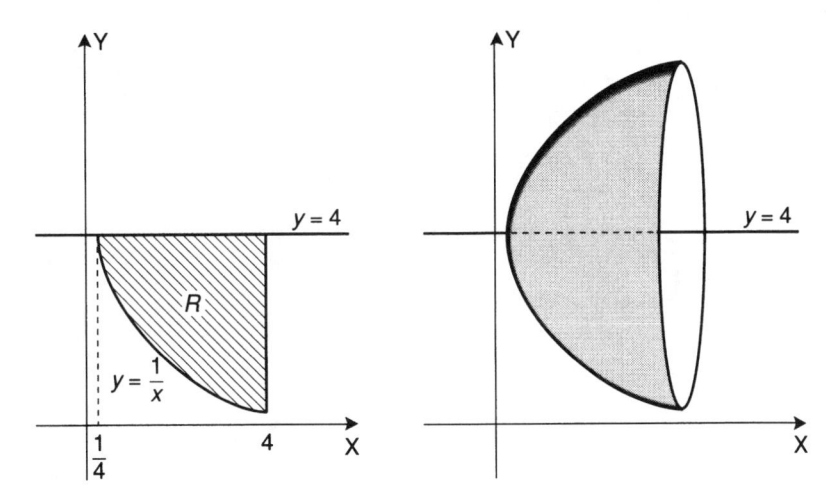

Figura 8.27

Neste exemplo, observamos que o raio da secção transversal do sólido não é $f(x) - L$, mas sim $L - f(x)$, já que $f(x) < L$. Porém, como $(f(x) - L)^2 = (L - f(x))^2$, a fórmula (5) continua válida.

Temos:

$$V = \pi \int_a^b [f(x) - L]^2 dx$$

$$= \pi \int_{1/4}^4 \left[\frac{1}{x} - 4\right]^2 dx$$

$$= \pi \int_{1/4}^4 \left(\frac{1}{x^2} - \frac{8}{x} + 16\right) dx$$

$$= \pi \left[-\frac{1}{x} - 8 \ln x + 16x\right]\Big|_{1/4}^4$$

$$= \pi \left(-\frac{1}{4} - 8 \ln 4 + 64 + 4 + 8 \ln \frac{1}{4} - 4\right)$$

$$= \pi \left(\frac{255}{4} - 8 \ln 16\right) \text{ u.v.}$$

(vi) A região R, delimitada pela parábola $x = \frac{1}{2} y^2 + 1$ e pelas retas $x = -1$, $y = -2$ e $y = 2$ gira em torno da reta $x = -1$. Determinar o volume do sólido de revolução obtido.

Podemos ver a região R e o sólido gerado pela rotação de R, em torno da reta $x = -1$, na Figura 8.28.
Aplicando a fórmula (6), temos:

$$V = \pi \int_c^d [g(y) - M]^2 dy$$

$$= \pi \int_{-2}^2 \left[\frac{1}{2} y^2 + 1 - (-1)\right]^2 dy$$

$$= \pi \int_{-2}^{2} \left(\frac{1}{2}y^2 + 2\right)^2 dy$$

$$= \pi \int_{-2}^{2} \left(\frac{1}{4}y^4 + 2y^2 + 4\right) dy$$

$$= \pi \left(\frac{y^5}{20} + \frac{2y^3}{3} + 4y\right)\Big|_{-2}^{2}$$

$$= \pi \left(\frac{32}{20} + \frac{16}{3} + 8 + \frac{32}{20} + \frac{16}{13} + 8\right)$$

$$= \frac{448\,\pi}{15} \text{ u.v.}$$

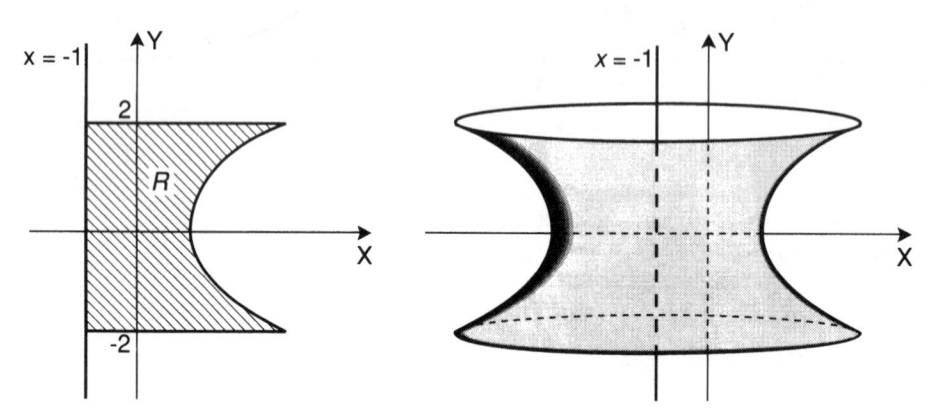

Figura 8.28

8.6 Área de uma Superfície de Revolução

Quando uma curva plana gira em torno de uma reta no plano, obtemos uma superfície de revolução.

Vamos considerar o problema de determinar a área da superfície de revolução S obtida quando uma curva C, de equação $y = f(x)$, $x \in [a, b]$, gira em torno do eixo dos x (ver Figura 8.29).

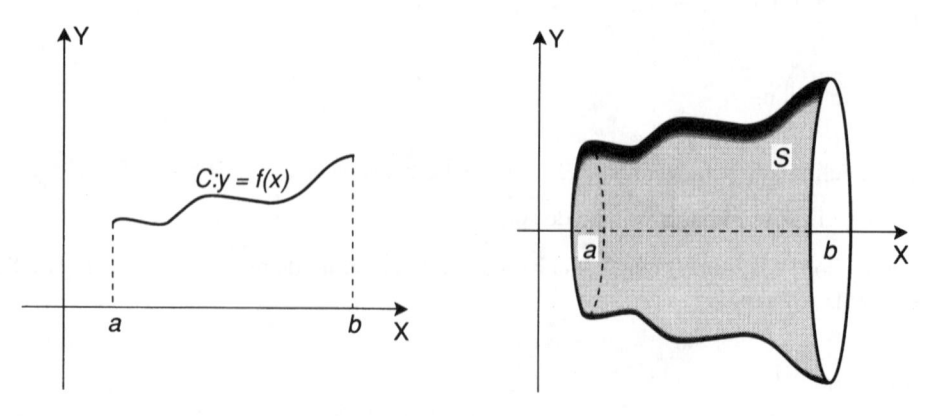

Figura 8.29

Vamos supor que $f(x) \geq 0$, para todo $x \in [a, b]$, e que f é uma função derivável em $[a, b]$.

Como fizemos para o cálculo do volume de um sólido de revolução, dividimos o intervalo $[a, b]$ em n subintervalos através dos pontos:

$$a = x_0 < x_1 < ... < x_{i-1} < x_i < ... < x_n = b.$$

Sejam $Q_0, Q_1, ..., Q_n$ os correspondentes pontos sobre a curva C. Unindo os pontos $Q_0, Q_1, ..., Q_n$, obtemos uma linha poligonal que aproxima a curva C.

A Figura 8.30 ilustra esta poligonal para $n = 7$.

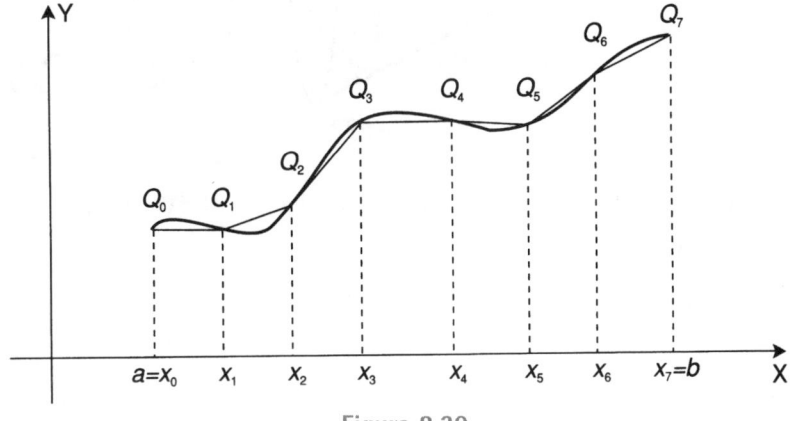

Figura 8.30

Fazendo cada segmento de reta desta linha poligonal girar em torno do eixo dos x, a superfície de revolução obtida é um tronco de cone, como mostra a Figura 8.31.

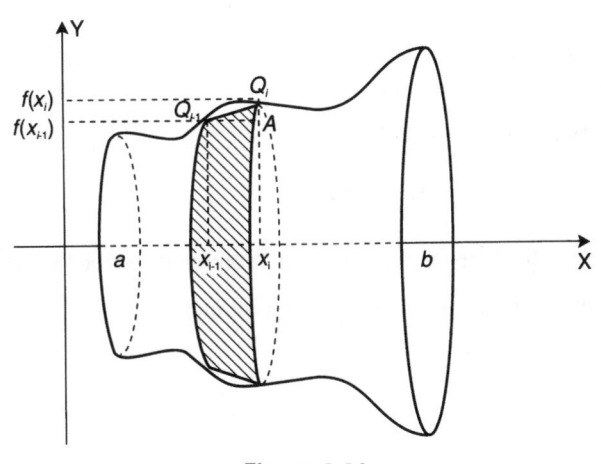

Figura 8.31

Da geometria elementar, sabemos que a área lateral do tronco de cone é dada por:

$$A = \pi(r_1 + r_2)L,$$

onde r_1 é o raio da base menor, r_2 é o raio da base maior e L é o comprimento da geratriz do tronco de cone (ver Figura 8.32).

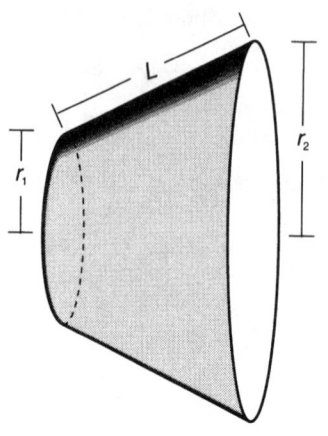

Figura 8.32

Portanto, a área lateral do tronco de cone que visualizamos na Figura 8.31 é dada por:

$$A_i = \pi[f(x_{i-1}) + f(x_i)]\Delta s_i$$
$$= 2\pi\left[\frac{f(x_{i-1}) + f(x_i)}{2}\right]\Delta s_i$$
$$= 2\pi f(c_i)\Delta s_i, \tag{1}$$

onde Δs_i é o comprimento do segmento $\overline{Q_{i-1}Q_i}$ e c_i é um ponto no intervalo $[x_{i-1}, x_i]$ tal que

$$f(c_i) = \frac{f(x_{i-1}) + f(x_i)}{2}. \tag{2}$$

Observamos que podemos garantir a existência de $c_i \in [x_{i-1}, x_i]$ que satisfaz (2), pelo Teorema do Valor Intermediário (Teorema 3.18.9), já que f é contínua em $[a, b]$.

Analisando o triângulo retângulo $Q_{i-1}AQ_i$ da Figura 8.31, vemos que:

$$\Delta s_i = \sqrt{(x_i - x_{i-1})^2 + (f(x_i) - f(x_{i-1}))^2}. \tag{3}$$

Como f é derivável no intervalo $[a, b]$, podemos aplicar o Teorema do Valor Médio em cada $[x_{i-1}, x_i], i = 1, \ldots, n$. Então, para cada $i = 1, 2, \ldots, n$, existe um ponto $d_i \in (x_{i-1}, x_i)$ tal que:

$$f(x_i) - f(x_{i-1}) = f'(d_i)(x_i - x_{i-1})$$
$$= f'(d_i)\Delta x_i,$$

onde $\Delta x_i = x_i - x_{i-1}$.

Substituindo em (3), vem:

$$\Delta s_i = \sqrt{(\Delta x_i)^2 + [f'(d_i)]^2(\Delta x_i)^2}$$
$$= \sqrt{1 + [f'(d_i)]^2}\Delta x_i.$$

Substituindo, agora, este resultado em (1), obtemos:

$$A_i = 2\pi f(c_i)\sqrt{1 + [f'(d_i)]^2}\Delta x_i.$$

Esta expressão nos dá a área lateral do tronco de cone gerado pela rotação, em torno do eixo dos x, do segmento de reta $\overline{Q_{i-1}Q_i}$.

Somando as áreas laterais de todos os troncos de cone gerados pela rotação dos segmentos que compõem a linha poligonal, obtemos uma aproximação da área da superfície S, dada por:

$$\sum_{i=1}^{n} A_i = 2\pi \sum_{i=1}^{n} f(c_i)\sqrt{1 + [f'(d_i)]^2}\,\Delta x_i.$$

Podemos observar que, quando n cresce muito e cada Δx_i torna-se muito pequeno, a soma das áreas laterais dos n troncos de cone aproxima-se do que, intuitivamente, entendemos como a área da superfície S.

8.6.1 Definição Seja C uma curva de equação $y = f(x)$, onde f e f' são funções contínuas em $[a, b]$ e $f(x) \geq 0, \forall\, x \in [a, b]$. A área da superfície de revolução S, gerada pela rotação da curva C ao redor do eixo dos x, é definida por:

$$A = \lim_{\text{máx } \Delta x_i \to 0} 2\pi \sum_{i=1}^{n} f(c_i)\sqrt{1 + [f'(d_i)]^2}\,\Delta x_i. \tag{4}$$

A soma que aparece em (4) não é exatamente uma soma de Riemann da função $f(x)\sqrt{1 + [f'(x)]^2}$, pois aparecem dois pontos distintos c_i e d_i. No entanto, é possível mostrar que o limite em (4) é a integral desta função. Temos, então:

$$A = 2\pi \int_a^b f(x)\sqrt{1 + [f'(x)]^2}\,dx. \tag{5}$$

Observamos que, se ao invés de considerarmos uma curva $y = f(x)$ girando em torno do eixo dos x, considerarmos uma curva $x = g(y), y \in [c, d]$ girando em torno do eixo dos y, a área será dada por:

$$A = 2\pi \int_c^d g(y)\sqrt{1 + [g'(y)]^2}\,dy. \tag{6}$$

8.6.2 Exemplos

(i) Calcular a área da superfície de revolução obtida pela rotação, em torno do eixo dos x, da curva dada por $y = 4\sqrt{x}, \frac{1}{4} \leq x \leq 4$.

Temos:

$$A = 2\pi \int_a^b f(x)\sqrt{1 + [f'(x)]^2}\,dx$$

$$= 2\pi \int_{1/4}^{4} 4\sqrt{x} \cdot \sqrt{1 + \frac{4}{x}}\,dx$$

$$= 2\pi \int_{1/4}^{4} 4\sqrt{x} \cdot \frac{\sqrt{x+4}}{\sqrt{x}}\,dx$$

$$= 8\pi \int_{1/4}^{4} \sqrt{x+4}\,dx$$

$$= 8\pi \left.\frac{(x+4)^{3/2}}{3/2}\right|_{1/4}^{4}$$

$$= \frac{16\pi}{3}\left(8^{3/2} - \left(\frac{17}{4}\right)^{3/2}\right)$$

$$= \frac{2\pi}{3}(128\sqrt{2} - 17\sqrt{17})\ \text{u. a.}$$

A Figura 8.33 ilustra este exemplo.

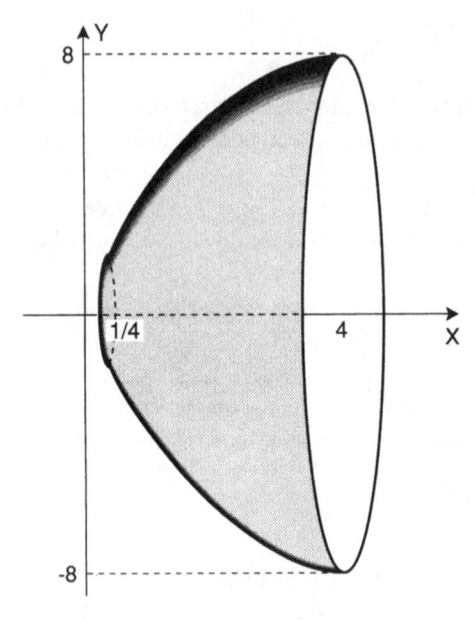

Figura 8.33

(ii) Calcular a área da superfície de revolução obtida pela rotação, em torno do eixo dos y, da curva dada por $x = y^3, 0 \leq y \leq 1$.

Temos:

$$A = 2\pi \int_c^d g(y)\sqrt{1 + [g'(y)]^2}\,dy$$

$$= 2\pi \int_0^1 y^3 \sqrt{1 + (3y^2)^2}\,dy$$

$$= 2\pi \int_0^1 y^3 \sqrt{1 + 9y^4}\,dy.$$

Vamos, agora, calcular a integral indefinida $I = \int y^3 \sqrt{1 + 9y^4}\,dy$. Fazendo a substituição $u = 1 + 9y^4$, temos $du = 36y^3\,dy$. Então,

$$I = \frac{1}{36}\int u^{1/2}\,du$$

$$= \frac{1}{36} \cdot \frac{2}{3} u^{3/2} + C$$

$$= \frac{1}{54}(1 + 9y^4)^{3/2} + C.$$

Portanto,

$$A = \frac{2\pi}{54}(1 + 9y^4)^{3/2}\bigg|_0^1$$

$$= \frac{\pi}{27}(10\sqrt{10} - 1) \text{ u.a.}$$

A Figura 8.34 ilustra este exemplo.

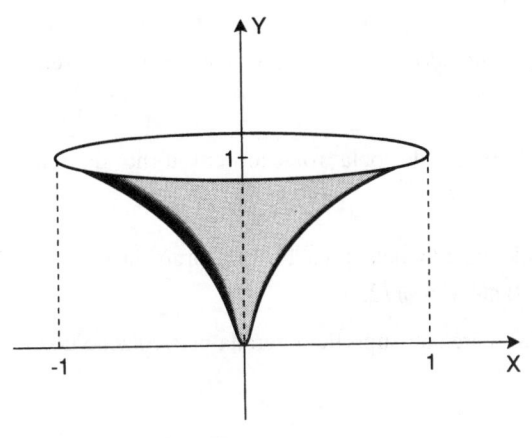

Figura 8.34

8.7 Exercícios

Nos exercícios 1 a 5, determinar o volume do sólido de revolução gerado pela rotação, em torno do eixo dos x, da região R delimitada pelos gráficos das equações dadas.

1. $y = x + 1, x = 0, x = 2$ e $y = 0$

2. $y = x^2 + 1, x = 0, x = 2$ e $y = 0$

3. $y = x^2$ e $y = x^3$

4. $y = \cos x, y = \operatorname{sen} x, x = 0$ e $x = \dfrac{\pi}{4}$

5. $y = x^3, x = -1, x = 1$ e $y = 0$

Nos exercícios 6 a 10, determinar o volume do sólido de revolução gerado pela rotação, em torno do eixo dos y, da região R delimitada pelos gráficos das equações dadas.

6. $y = \ln x, y = -1, y = 2$ e $x = 0$

7. $y = x^3$ e $y = x^2$

8. $x = y^2 + 1, x = \dfrac{1}{2}, y = -2$ e $y = 2$

9. $y = \dfrac{1}{x}, x = 0, y = \dfrac{1}{4}$ e $y = 4$

10. $x = 3 + \operatorname{sen} y, x = 0, y = \dfrac{-5\pi}{2}$ e $y = \dfrac{5\pi}{2}$

Nos exercícios 11 a 16, determinar o volume do sólido de revolução gerado pela rotação das regiões indicadas, ao redor dos eixos dados.

11. $y = 2x - 1, y = 0, x = 0, x = 4$; ao redor do eixo dos x

12. $y^2 = 2x, x = 0, y = 0$ e $y = 2$; ao redor do eixo dos y

13. $y = 2x^2, x = 1, x = 2$ e $y = 2$; ao redor do eixo $y = 2$

14. $x = y^2$ e $x = 2 - y^2$; ao redor do eixo dos y

15. $y = x + x^2, y = x^2 - 1$ e $x = 0$; ao redor do eixo $y = 1$

16. $y = x^{2/3}$ e $y = 4$; ao redor dos eixos $x = -9, y = 0$ e $x = 0$

17. Encontrar o volume do sólido gerado pela rotação, em torno do eixo dos x, da região limitada por $y^2 = 16x$ e $y = 4x$.

18. Calcular o volume do sólido gerado pela rotação, em torno da reta $y = 2$, da região limitada por $y = 1 - x^2, x = -2, x = 2$ e $y = 2$.

19. Calcular o volume do sólido gerado pela rotação, em torno da reta $y = 2$, da região limitada por $y = 3 + x^2, x = -2, x = 2$ e $y = 2$.

20. Determinar o volume do sólido gerado pela rotação, em torno da reta $y = -2$, da região limitada por $y = \cos x, y = -2, x = 0$ e $x = 2\pi$.

21. Determinar o volume do sólido gerado pela rotação, em torno da reta $y = 2$, da região entre os gráficos de $y = \operatorname{sen} x, y = \operatorname{sen}^3 x$ de $x = 0$ até $x = \pi/2$.

Nos exercícios 22 a 27, calcular a área da superfície gerada pela rotação do arco de curva dado, em torno do eixo indicado.

22. $y = 2x^3, 0 \le x \le 2$; eixo dos x

23. $x = \sqrt{y}, 1 \le y \le 4$; eixo dos y

24. $y = x^2, -2 \le x \le 2$; eixo dos x

25. $y = \dfrac{1}{2}x, 0 \le x \le 4$; eixo dos x

26. $y = \sqrt{4 - x^2}, 0 \le x \le 1$; eixo dos x

27. $y = \sqrt{16 - x^2}, -3 \le x \le 3$; eixo dos x

28. Calcular a área da superfície obtida pela revolução do arco da parábola $y^2 = 8x, 1 \le x \le 12$, ao redor do eixo dos x.

29. Calcular a área da superfície do cone gerado pela revolução do segmento de reta $y = 4x, 0 \le x \le 2$:

   (a) ao redor do eixo dos x;

   (b) ao redor do eixo dos y.

8.8 Coordenadas Polares

Até o presente momento localizamos um ponto no plano por meio de suas coordenadas cartesianas retangulares. Existem outros sistemas de coordenadas. Um sistema bastante utilizado é o sistema de coordenadas polares.

No sistema de coordenadas polares, as coordenadas consistem de uma distância e da medida de um ângulo em relação a um ponto fixo e a uma semi-reta fixa.

A Figura 8.35 ilustra um ponto P num sistema de coordenadas polares.

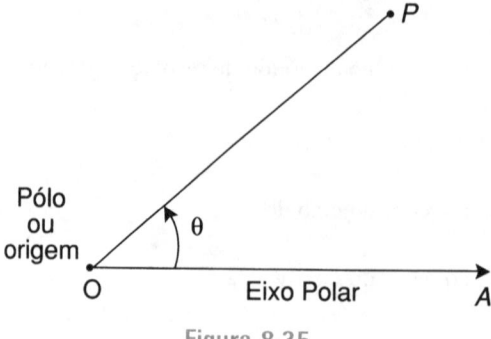

Figura 8.35

O ponto fixo, denotado por O, é chamado *pólo* ou *origem*.

A semi-reta fixa $\overrightarrow{OA}$ é chamada *eixo polar*.

CAPÍTULO 8   Aplicações da integral definida   361

O ponto P fica bem determinado através do par ordenado (r, θ), onde $|r|$ representa a distância entre a origem e o ponto P, e θ representa a medida, em radianos, do ângulo orientado AÔP.

Usaremos as seguintes convenções:

(i) Se o ângulo AÔP for descrito no sentido anti-horário, então $\theta > 0$. Caso contrário, teremos $\theta < 0$.

(ii) Se $r < 0$, o ponto P estará localizado na extensão do lado terminal do ângulo AÔP.

(iii) O par ordenado $(0, \theta)$, θ qualquer, representará o pólo.

Observamos que, muitas vezes, o segmento $\overline{OP}$ é chamado *raio*.

8.8.1 Exemplos

(i) Representar num sistema de coordenadas polares os seguintes pontos:

a) $P_1(2, \pi/4)$
b) $P_2(-2, \pi/4)$
c) $P_3(-2, -\pi/4)$
d) $P_4(2, -\pi/4)$.

A Figura 8.36 (a) e (b) representa os pontos P_1 e P_2, respectivamente.

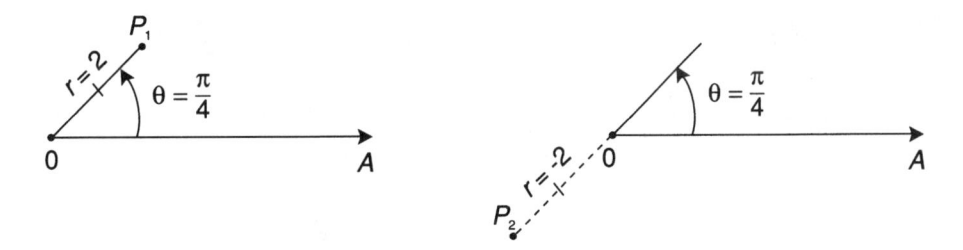

Figura 8.36

A Figura 8.37 (a) e (b) mostra os pontos P_3 e P_4, respectivamente.

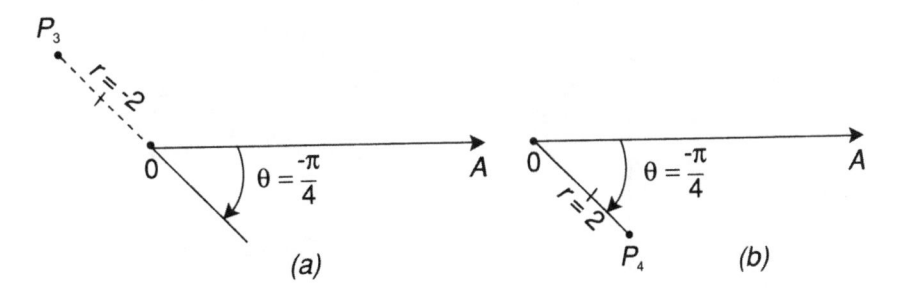

Figura 8.37

(ii) "O ponto P tem um número ilimitado de pares de coordenadas polares."

Verificar esta afirmação para o ponto da Figura 8.38.

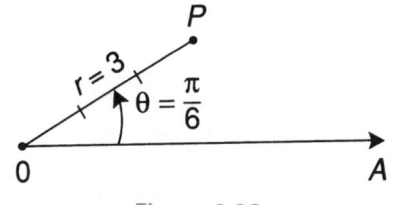

Figura 8.38

A Figura 8.39 mostra diversos pares de coordenadas polares do ponto P. Podemos observar que este ponto pode ser representado por todos os pares ordenados da forma:

$$\left(3, \frac{\pi}{6} + 2k\pi\right), k \in Z$$

ou

$$\left(-3, \frac{7\pi}{6} + 2k\pi\right), k \in Z.$$

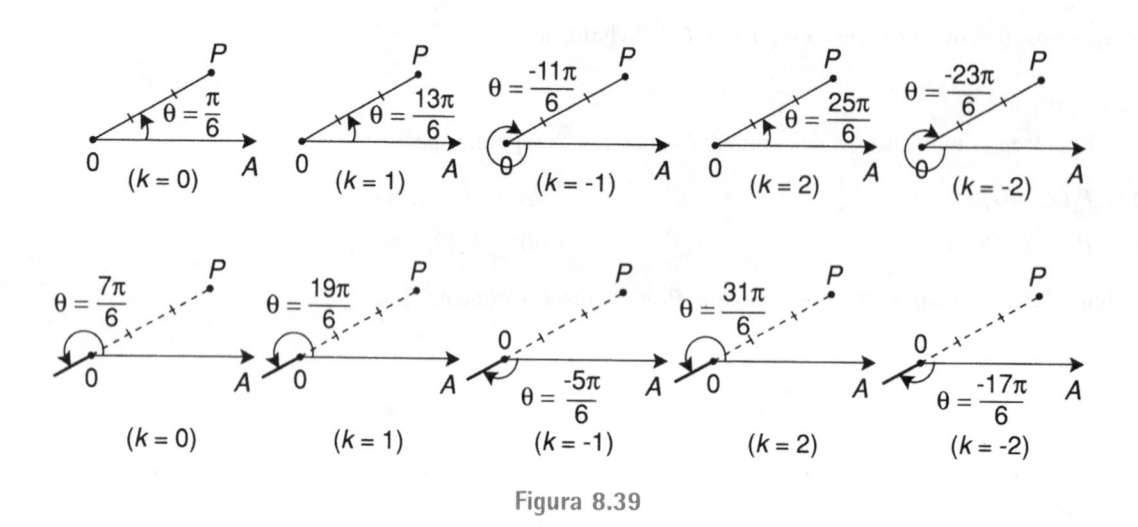

Figura 8.39

8.8.2 Relação entre o Sistema de Coordenadas Cartesianas Retangulares e o Sistema de Coordenadas Polares

Em várias situações surge a necessidade de nos referirmos a ambas, coordenadas cartesianas e coordenadas polares de um ponto P. Para viabilizar isto, fazemos a origem do primeiro sistema coincidir com o pólo do segundo sistema, o eixo polar com o eixo positivo dos x e o raio para o qual $\theta = \pi/2$ com o eixo positivo dos y (ver Figura 8.40).

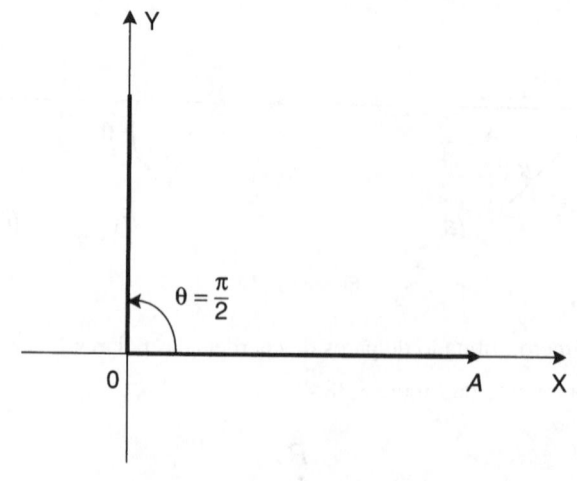

Figura 8.40

Supondo que P seja um ponto com coordenadas cartesianas (x, y) e coordenadas polares (r, θ), vamos analisar o caso em que o ponto P está no primeiro quadrante.

A Figura 8.41 (a) e (b) ilustra o caso para $r > 0$ e $r < 0$, respectivamente.

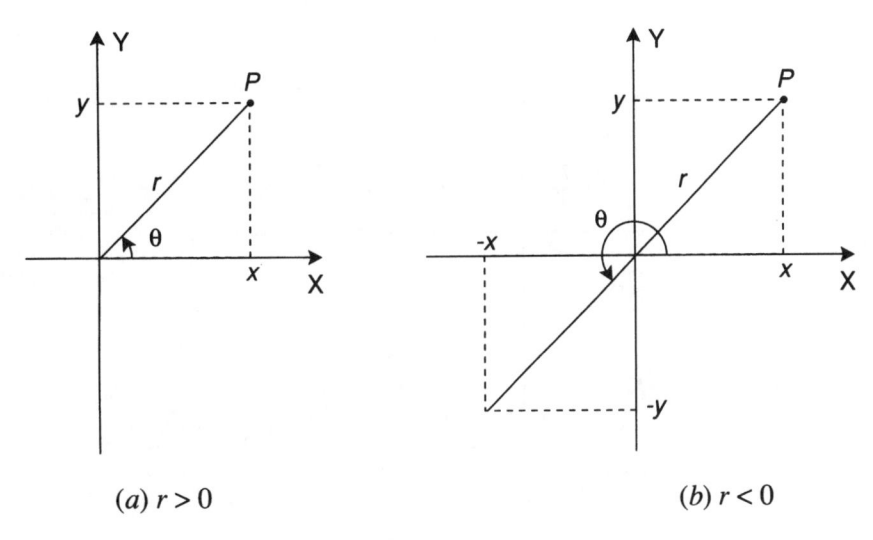

CAPÍTULO 8 Aplicações da integral definida   363

(a) $r > 0$ (b) $r < 0$

Figura 8.41

Podemos observar que:

(i) Para $r > 0$, temos

$\cos\theta = \dfrac{x}{r}$ e $\operatorname{sen}\theta = \dfrac{y}{r}$.

(ii) Para $r < 0$, temos

$\cos\theta = \dfrac{-x}{-r} = \dfrac{x}{r}$ e $\operatorname{sen}\theta = \dfrac{-y}{-r} = \dfrac{y}{r}$.

Portanto,

$$x = r\cos\theta \qquad \qquad (1)$$
$$y = r\operatorname{sen}\theta.$$

Pode-se verificar a validade das relações encontradas, no caso em que o ponto P se encontra sobre um dos eixos ou num outro quadrante.

Usando (1), podemos deduzir outra relação muito usada.

Elevando ambos os membros das equações em (1) ao quadrado, podemos escrever:

$x^2 = r^2\cos^2\theta$
$y^2 = r^2\operatorname{sen}^2\theta$.

Adicionando membro a membro, obtemos:

$x^2 + y^2 = r^2\cos^2\theta + r^2\operatorname{sen}^2\theta$ ou $x^2 + y^2 = r^2$.

Portanto,

$r = \pm\sqrt{x^2 + y^2}$.

8.8.3 Exemplos

(i) Encontrar as coordenadas cartesianas do ponto cujas coordenadas polares são $(-4, 7\pi/6)$.

Solução: A Figura 8.42 ilustra este ponto.

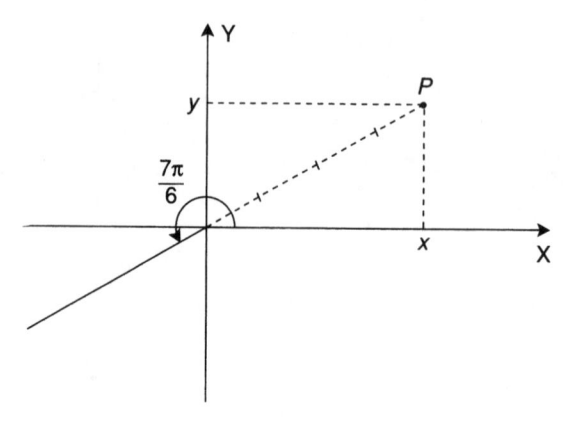

Figura 8.42

Temos:

$x = r \cos \theta$ e $y = r \,\text{sen}\, \theta$

$= -4 \cos \dfrac{7\pi}{6}$ $= -4 \,\text{sen}\, \dfrac{7\pi}{6}$

$= -4 \left(-\dfrac{\sqrt{3}}{2} \right)$ $= -4 \left(-\dfrac{1}{2} \right)$

$= 2\sqrt{3}$ $= 2.$

Portanto, $(2\sqrt{3}, 2)$ são as coordenadas cartesianas do ponto dado.

(ii)   Encontrar (r, θ), supondo $r < 0$ e $0 \leq \theta < 2\pi$ para o ponto P, cujas coordenadas cartesianas são $(\sqrt{3}, -1)$.

Solução: A Figura 8.43 ilustra o ponto P.

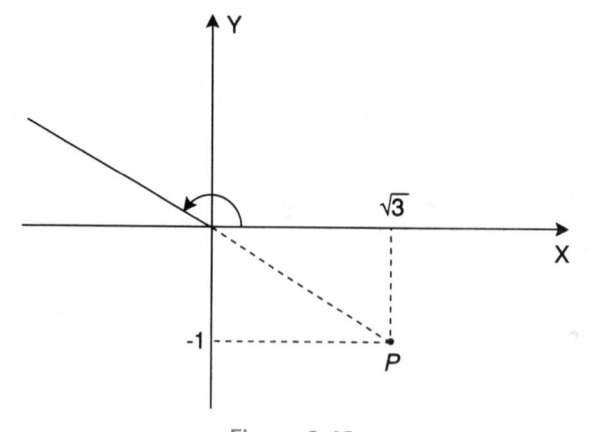

Figura 8.43

Temos:

$r = -\sqrt{x^2 + y^2}$

$= -\sqrt{3 + 1}$

$= -2;$

$$\cos\theta = \frac{x}{r} = \frac{\sqrt{3}}{-2} = -\frac{\sqrt{3}}{2} \text{ e}$$

$$\text{sen}\,\theta = \frac{y}{r} = \frac{-1}{-2} = \frac{1}{2}.$$

Portanto, $\theta = \frac{5\pi}{6}$.

8.8.4 Gráficos de Equações em Coordenadas Polares.

O gráfico de $F(r, \theta) = 0$ é formado por todos os pontos cujas coordenadas polares satisfazem a equação. É comum apresentarmos a equação numa forma explícita, isto é:

$$r = f(\theta).$$

Na prática, os seguintes procedimentos poderão nos auxiliar no esboço do gráfico:

(i) calcular os pontos máximos e/ou mínimos;

(ii) encontrar os valores de θ para os quais a curva passa pelo pólo;

(iii) verificar simetrias. Se,

– a equação não se altera quando substituirmos r por $-r$, existe simetria em relação à origem;

– a equação não se altera quando substituirmos θ por $-\theta$, existe simetria em relação ao eixo polar (ou eixo dos x);

– a equação não se altera quando substituirmos θ por $\pi - \theta$, existe simetria em relação ao eixo $\theta = \frac{\pi}{2}$ (eixo dos y).

8.8.5 Exemplos

(i) Esboçar a curva $r = 2(1 - \cos\theta)$.

Como a equação não se altera ao substituirmos θ por $-\theta$, isto é,

$$r = 2(1 - \cos\theta) = 2(1 - \cos(-\theta)),$$

concluímos que existe simetria em relação ao eixo polar. Logo, basta analisar valores de θ tais que $0 \leq \theta \leq \pi$.

Para $0 \leq \theta \leq \pi$, encontramos um ponto de máximo $(4, \pi)$ e um ponto de mínimo $(0, 0)$. Observamos que, considerando $r = f(\theta)$, os pontos de máximos e mínimos podem ser encontrados de maneira análoga aos da Seção 5.7.

A Tabela 8.1 mostra alguns pontos da curva, cujo esboço é mostrado na Figura 8.44.

Tabela 8.1

θ	r
0	0
$\frac{\pi}{3}$	1
$\frac{\pi}{2}$	2
$\frac{2\pi}{3}$	3
π	4

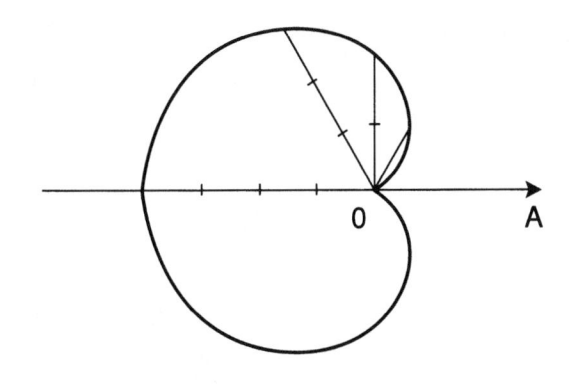

Figura 8.44

(ii) Esboçar a curva $r = 2\cos 2\theta$.

Analisando as simetrias, temos que:

(a) A curva é simétrica em relação ao eixo dos x, pois

$$r = 2\cos(-2\theta) = 2\cos 2\theta.$$

(b) A curva é simétrica em relação ao eixo dos y, pois

$$r = 2\cos[2(\pi - \theta)] = 2\cos(2\pi - 2\theta) = 2\cos 2\theta.$$

Logo, basta fazer uma tabela para $0 \leq \theta \leq \pi/2$.

Em $0 \leq \theta \leq \dfrac{\pi}{2}$, a curva passa pelo pólo quando $\theta = \dfrac{\pi}{4}$, pois

$$r = f\left(\frac{\pi}{4}\right) = 2\cos 2 \cdot \frac{\pi}{4} = 2\cos\frac{\pi}{2} = 0.$$

Podemos ainda verificar que, para $0 \leq \theta \leq \dfrac{\pi}{2}$, temos um ponto de máximo $(2, 0)$ e um de mínimo $(-2, \pi/2)$.

Usando a Tabela 8.2 e os resultados anteriores, esboçamos a curva vista na Figura 8.45.

Tabela 8.2

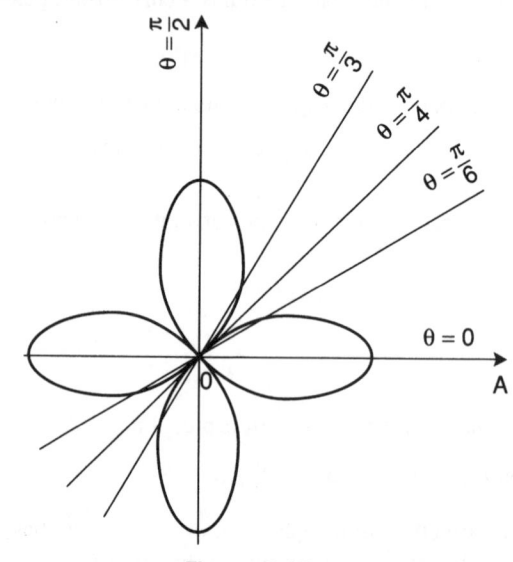

θ	r
0	2
$\dfrac{\pi}{6}$	1
$\dfrac{\pi}{4}$	0
$\dfrac{\pi}{3}$	-1
$\dfrac{\pi}{2}$	-2

Figura 8.45

8.8.6 Algumas Equações em Coordenadas Polares e Seus Respectivos Gráficos

(1) Equações de retas.

(a) $\theta = \theta_0$ ou $\theta = \theta_0 \pm n\pi$, $n \in Z$ é uma reta que passa pelo pólo e faz um ângulo de θ_0 ou $\theta_0 \pm n\pi$ radianos com o eixo polar (ver Figura 8.46).

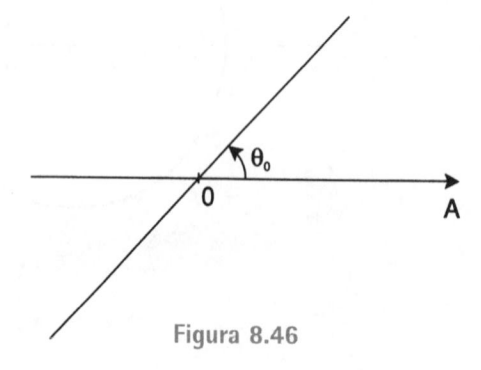

Figura 8.46

(b) $r\,\text{sen}\,\theta = a$ e $r\cos\theta = b$, $a, b \in \mathbb{R}$ são retas paralelas aos eixos polar e $\pi/2$, respectivamente (ver Figura 8.47).

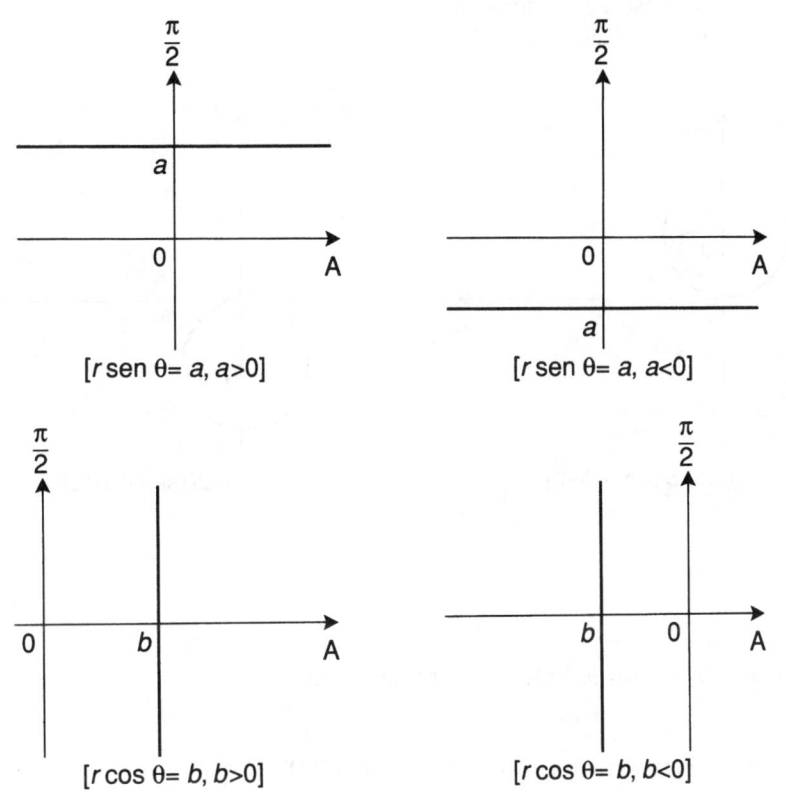

[$r\,\text{sen}\,\theta = a, a>0$]

[$r\,\text{sen}\,\theta = a, a<0$]

[$r\cos\theta = b, b>0$]

[$r\cos\theta = b, b<0$]

Figura 8.47

(2) Circunferências.

(a) $r = c$, $c \in \mathbb{R}$ é uma circunferência centrada no pólo e raio $|c|$ (ver Figura 8.48).

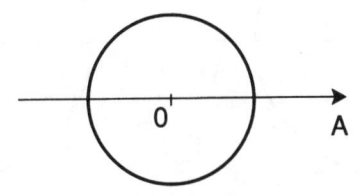

Figura 8.48

(b) $r = 2a\cos\theta$ é uma circunferência de centro no eixo polar, tangente ao eixo $\theta = \pi/2$:
  – se $a > 0$, o gráfico está à direita do pólo;
  – se $a < 0$, o gráfico está à esquerda do pólo (ver Figura 8.49).

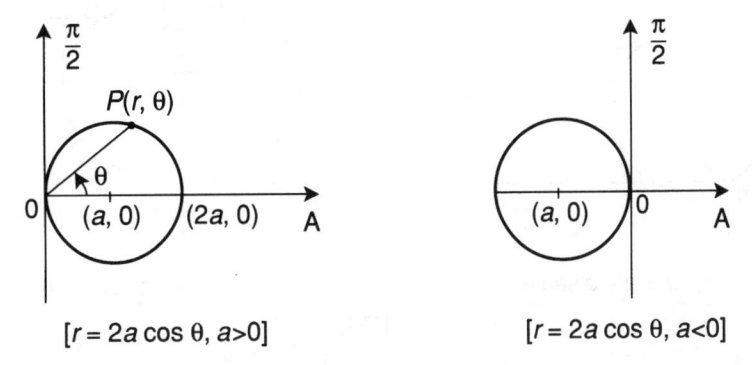

[$r = 2a\cos\theta, a>0$]

[$r = 2a\cos\theta, a<0$]

Figura 8.49

(c) $r = 2b\,\text{sen}\,\theta$ é uma circunferência de centro no eixo $\frac{\pi}{2}$ e que tangencia o eixo polar:
- se $b > 0$, o gráfico está acima do pólo;
- se $b < 0$, o gráfico está abaixo do pólo (ver Figura 8.50).

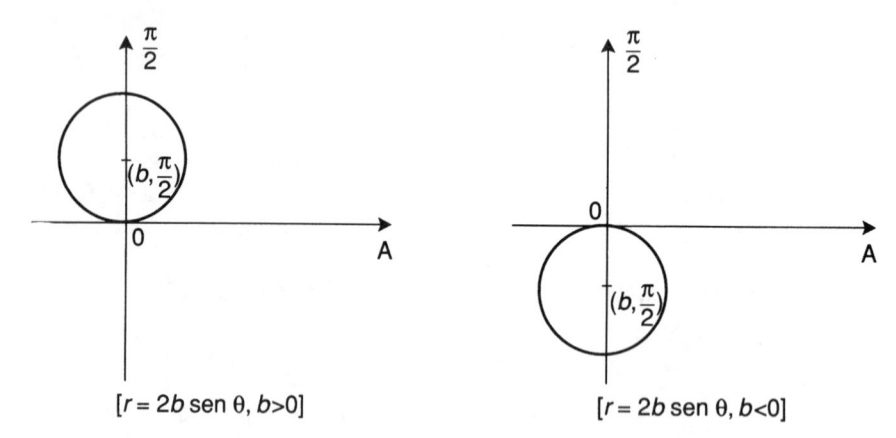

[$r = 2b\,\text{sen}\,\theta$, $b>0$]   [$r = 2b\,\text{sen}\,\theta$, $b<0$]

Figura 8.50

(3) Limaçons.

$r = a \pm b\cos\theta$ ou $r = a \pm b\,\text{sen}\,\theta$, onde $a, b \in \mathbb{R}$ são limaçons.

Temos:

- se $b > a$, então o gráfico tem um laço (ver Figura 8.51);

$r = a + b\cos\theta$ $r = a - b\cos\theta$

[$b>a$]

$r = a + b\,\text{sen}\,\theta$ $r = a - b\,\text{sen}\,\theta$

[$b>a$]

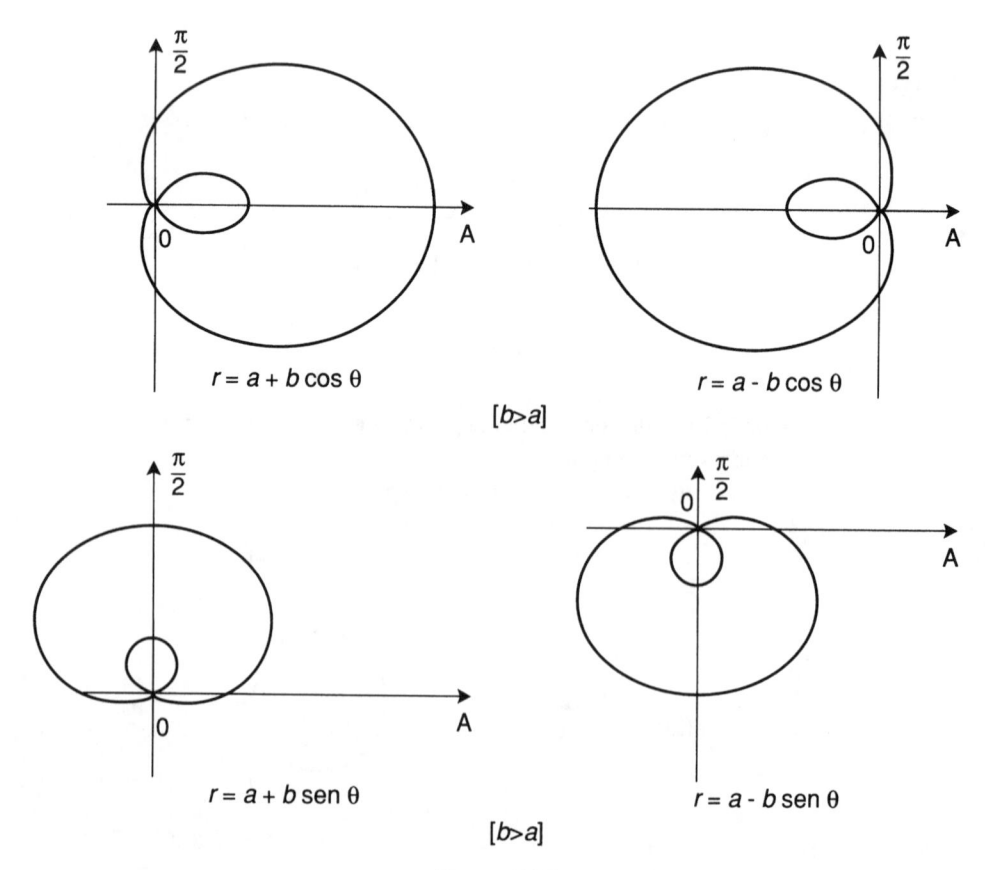

Figura 8.51

– se $b = a$, então o gráfico tem o formato de um coração, por isso é conhecido como *Cardióide* (ver Figura 8.52);

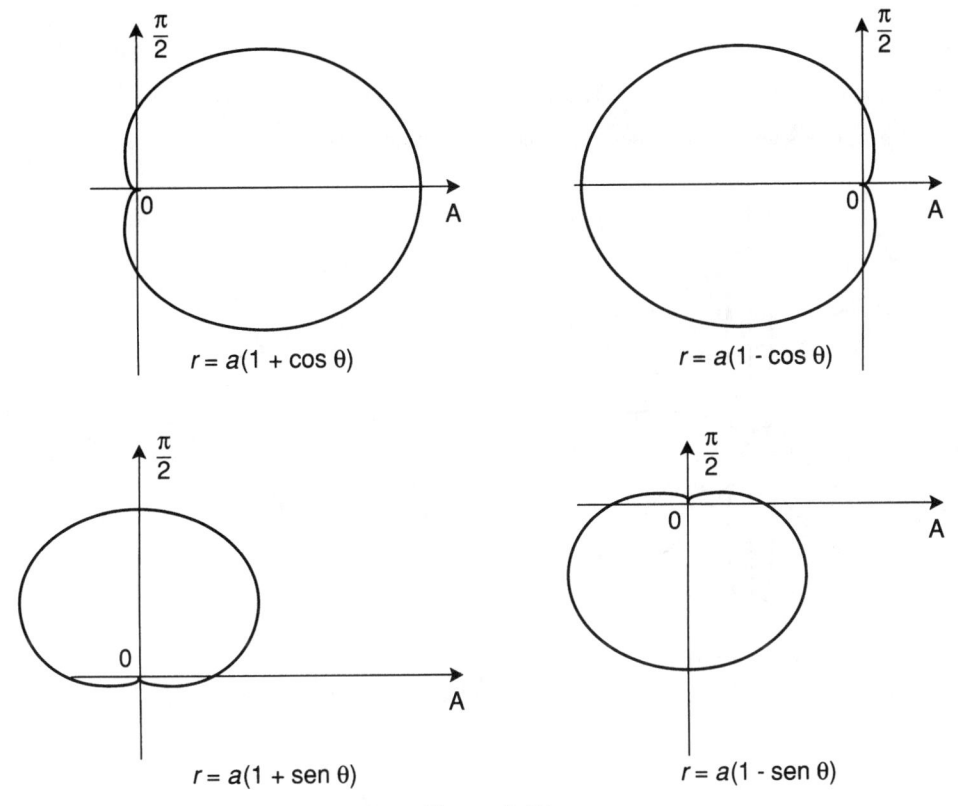

$r = a(1 + \cos \theta)$

$r = a(1 - \cos \theta)$

$r = a(1 + \text{sen } \theta)$

$r = a(1 - \text{sen } \theta)$

Figura 8.52

– se $b < a$, então o gráfico não tem laço (ver Figura 8.53).

$r = a + b \cos \theta$

$r = a - b \cos \theta$

[b<a]

$r = a + b \text{ sen } \theta$

$r = a - b \text{ sen } \theta$

[b<a]

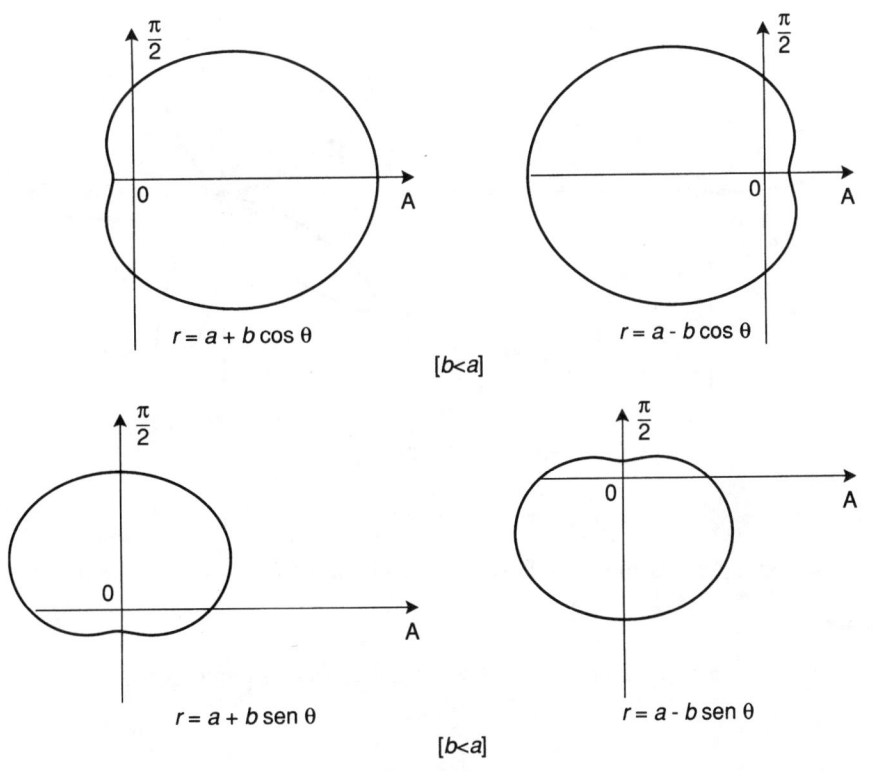

Figura 8.53

Observamos que na Figura 8.51 usamos $a = 1$ e $b = 2$, na Figura 8.52 usamos $a = b = 1$ e na Figura 8.53 usamos $a = 3$ e $b = 2$.

(4) Rosáceas.

$r = a \cos n\theta$ ou $r = a \operatorname{sen} n\theta$, onde $a \in \mathbb{R}$ e $n \in \mathbb{N}$ são rosáceas:

- se n é par, temos uma rosácea de $2n$ pétalas (ver Figura 8.54);

$r = a \cos n\theta$ $r = a \operatorname{sen} n\theta$

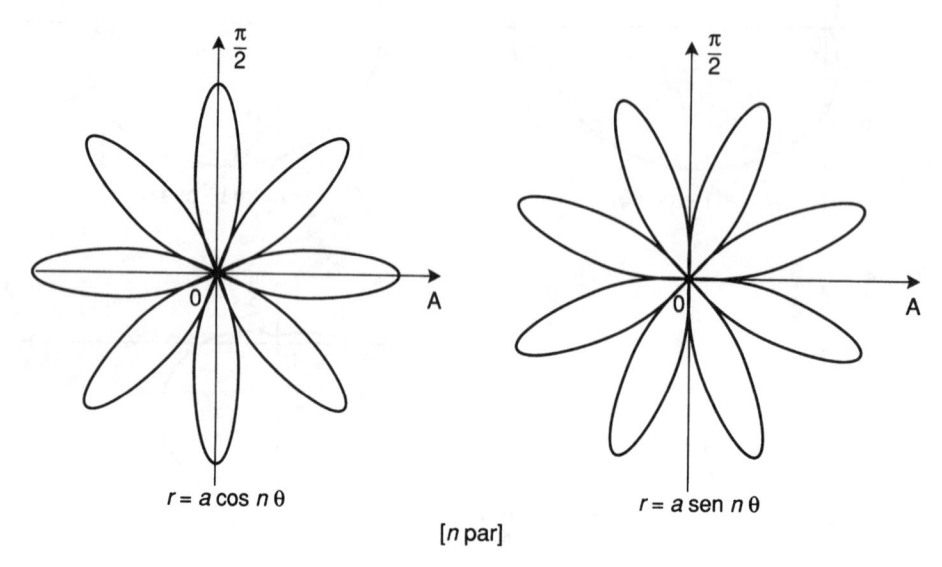

[n par]

Figura 8.54

- se n é ímpar temos uma rosácea de n pétalas (ver Figura 8.55).

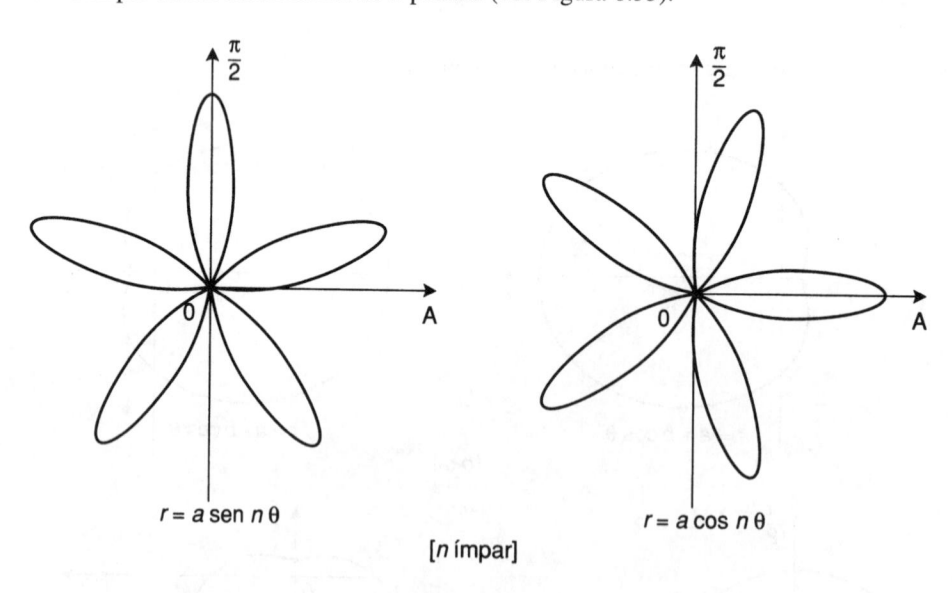

$r = a \operatorname{sen} n\theta$ $r = a \cos n\theta$

[n ímpar]

Figura 8.55

Observamos que na Figura 8.54 usamos $a = 1$ e $n = 4$, na Figura 8.55 usamos $a = 1$ e $n = 5$.

(5) Lemniscatas.

$r^2 = \pm a^2 \cos 2\theta$ ou $r^2 = \pm a^2 \operatorname{sen} 2\theta$, onde $a \in \mathbb{R}$ são lemniscatas (ver Figura 8.56).

$r^2 = a^2 \cos 2\theta$

$r^2 = -a^2 \cos 2\theta$

$r^2 = a^2 \operatorname{sen} 2\theta$

$r^2 = -a^2 \operatorname{sen} 2\theta$

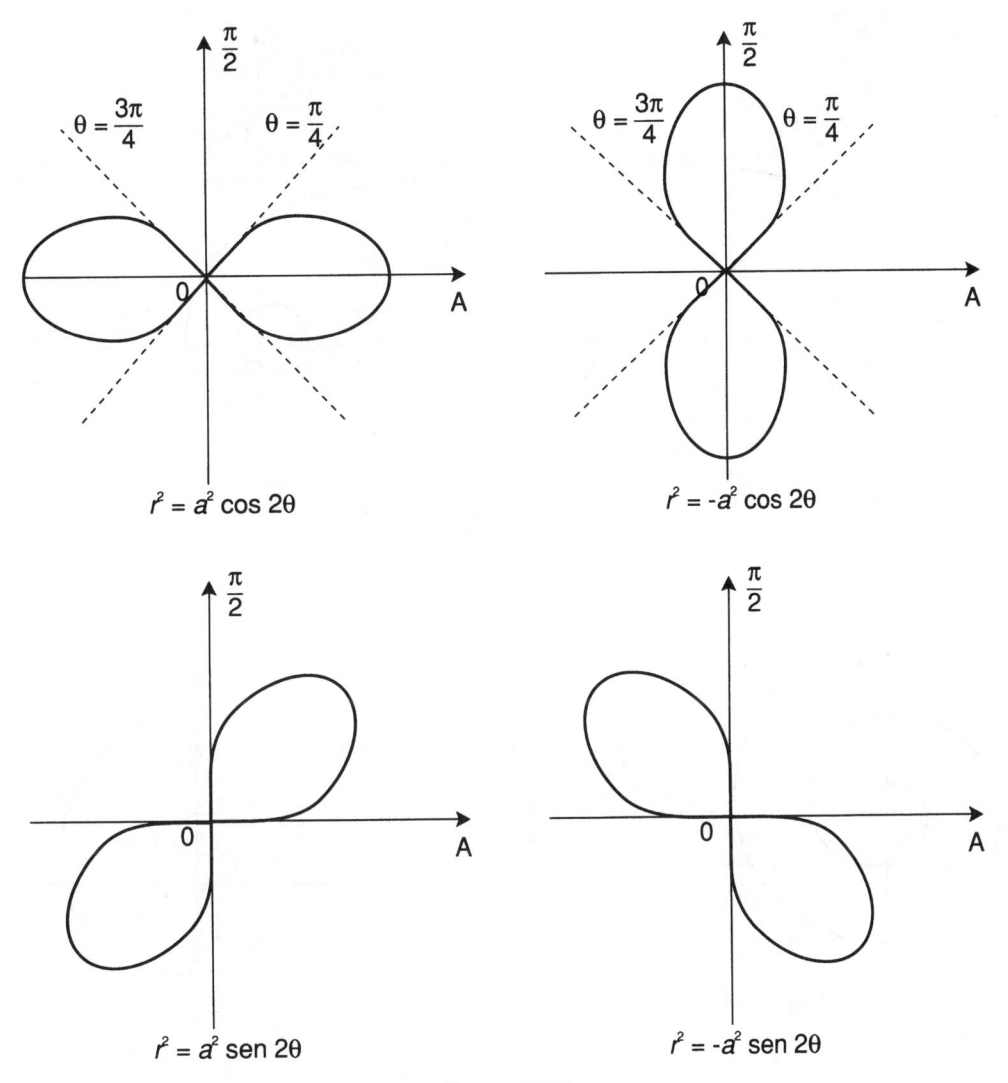

Figura 8.56

Observamos que na Figura 8.56 usamos $a = 1$.

(6) Espirais.
As equações seguintes representam algumas espirais:

(a) $r\theta = a, a > 0$ — espiral hiperbólica;

(b) $r = a\theta, a > 0$ — espiral de Arquimedes;

(c) $r = e^{a\theta}$ — espiral logarítmica;

(d) $r^2 = \theta$ — espiral parabólica.

As Figuras 8.57 a 8.60 ilustram estas espirais.

$r\theta = a\,(\theta>0)$

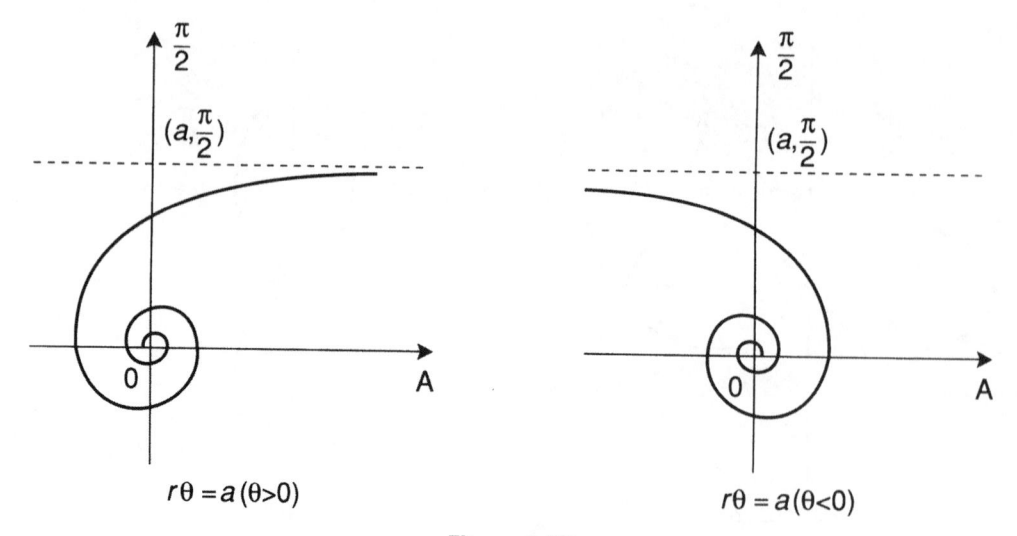

$r\theta = a\,(\theta<0)$

Figura 8.57

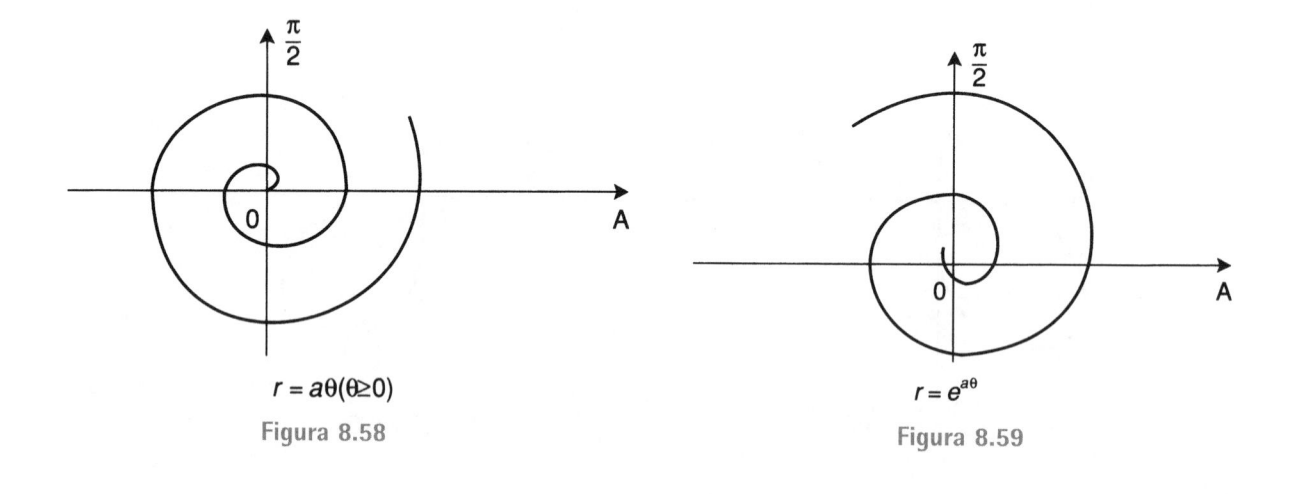

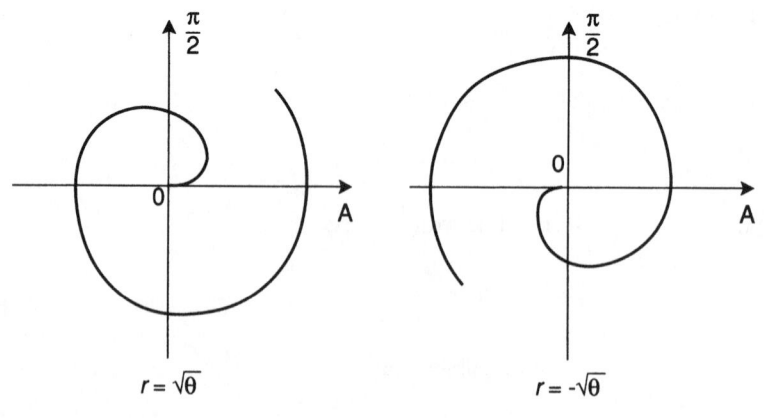

$r = a\theta\,(\theta\geq 0)$

Figura 8.58

$r = e^{a\theta}$

Figura 8.59

$r = \sqrt{\theta}$

$r = -\sqrt{\theta}$

Figura 8.60

8.9 Comprimento de Arco de uma Curva dada em Coordenadas Polares

Seja uma curva C dada pela sua equação polar

$r = f(\theta)$. (1)

Sabemos da Seção 8.8.2, que

$x = r\cos\theta$

$y = r\,\text{sen}\,\theta$. (2)

Aplicando (1) em (2), vem:

$x = f(\theta)\cos\theta$

$y = f(\theta)\,\text{sen}\,\theta$.

Essas equações podem ser consideradas como as equações paramétricas da curva C, para $\theta \in [\theta_0, \theta_1]$. Então, conforme vimos em 4.18, temos:

$\dfrac{dx}{d\theta} = f'(\theta)\cos\theta - f(\theta)\,\text{sen}\,\theta;$

$\dfrac{dy}{d\theta} = f'(\theta)\,\text{sen}\,\theta + f(\theta)\cos\theta.$

Portanto,

$$\left(\dfrac{dx}{d\theta}\right)^2 + \left(\dfrac{dy}{d\theta}\right)^2 = (f'(\theta)\cos\theta - f(\theta)\,\text{sen}\,\theta)^2 + (f'(\theta)\,\text{sen}\,\theta + f(\theta)\cos\theta)^2$$

$$= f'(\theta)^2\cos^2\theta - 2f'(\theta)f(\theta)\cos\theta\,\text{sen}\,\theta$$

$$+ f(\theta)^2\text{sen}^2\theta + f'(\theta)^2\text{sen}^2\theta$$

$$+ 2f'(\theta)f(\theta)\,\text{sen}\,\theta\cos\theta + f(\theta)^2\cos^2\theta$$

$$= f'(\theta)^2[\cos^2\theta + \text{sen}^2\theta] + f(\theta)[\cos^2\theta + \text{sen}^2\theta]$$

$$= f'(\theta)^2 + f(\theta)^2.$$

Substituindo estes resultados na fórmula obtida na Seção 8.2, obtemos:

$$s = \int_{\theta_0}^{\theta_1} \sqrt{f'(\theta)^2 + f(\theta)^2}\,d\theta.$$

8.9.1 Exemplos

(i) Calcular o comprimento da cardióide $r = 1 + \cos\theta$.

Solução: Observando a Figura 8.52, verificamos a simetria em relação ao eixo polar. Calculamos, então, o comprimento da curva somente para $\theta \in [0, \pi]$.

Temos,

$$s = \int_0^\pi \sqrt{(-\operatorname{sen}\theta)^2 + (1 + \cos\theta)^2}\, d\theta$$

$$= \int_0^\pi \sqrt{\operatorname{sen}^2\theta + 1 + 2\cos\theta + \cos^2\theta}\, d\theta$$

$$= \int_0^\pi \sqrt{2(1 + \cos\theta)}\, d\theta$$

$$= \int_0^\pi \sqrt{2}\sqrt{2\cos^2\frac{\theta}{2}}\, d\theta$$

$$= \int_0^\pi 2\cos\frac{\theta}{2}\, d\theta$$

$$= 2 \cdot 2 \operatorname{sen}\frac{\theta}{2}\bigg|_0^\pi$$

$$= 4 \text{ unidades de comprimento (u.c.)}.$$

Portanto, o comprimento total da cardióide $r = 1 + \cos\theta$ é 8 u.c.

(ii) Encontrar a integral que dá o comprimento da curva $r = 1 - 2\cos\theta$.

A Figura 8.61 mostra o gráfico para $\theta \in [0, \pi]$. Observamos que esta limaçon apresenta simetria em relação ao eixo polar. Podemos escrever:

$$s = 2\int_0^\pi \sqrt{(2\operatorname{sen}\theta)^2 + (1 - 2\cos\theta)^2}\, d\theta$$

$$= 2\int_0^\pi \sqrt{4\operatorname{sen}^2\theta + 1 - 4\cos\theta + 4\cos^2\theta}\, d\theta$$

$$= 2\int_0^\pi \sqrt{5 - 4\cos\theta}\, d\theta.$$

Figura 8.61

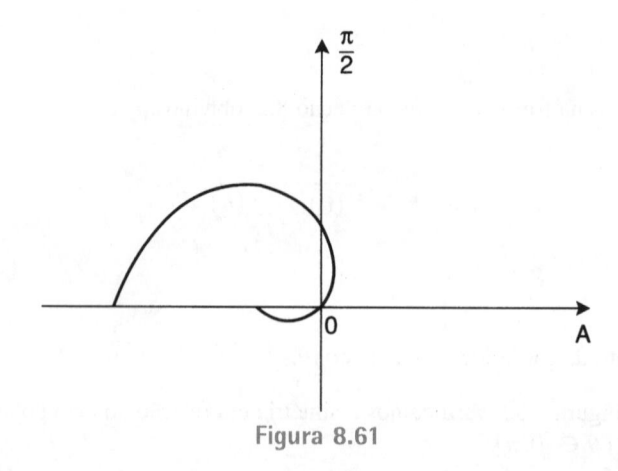

(iii) Determinar o comprimento da espiral $r = e^\theta$, para $\theta \in [0, 2\pi]$.

A Figura 8.62 mostra a espiral para $\theta \in [0, 2\pi]$.

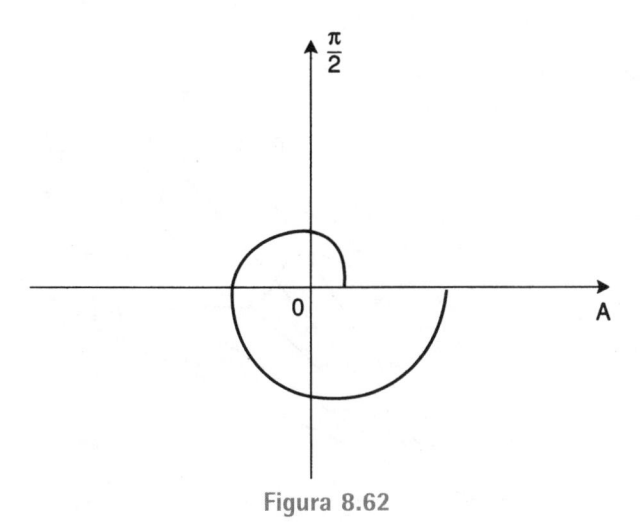

Figura 8.62

Temos:

$$s = \int_0^{2\pi} \sqrt{(e^\theta)^2 + (e^\theta)^2}\, d\theta$$

$$= \int_0^{2\pi} \sqrt{2e^{2\theta}}\, d\theta$$

$$= \int_0^{2\pi} \sqrt{2}\, e^\theta\, d\theta$$

$$= \sqrt{2}\, e^\theta \Big|_0^{2\pi}$$

$$= \sqrt{2}\,(e^{2\pi} - e^0)$$

$$= \sqrt{2}\,(e^{2\pi} - 1) \text{ u.c.}$$

8.10 Área de Figuras Planas em Coordenadas Polares

Queremos encontrar a área A da figura delimitada pelas retas $\theta = \alpha$ e $\theta = \beta$ e pela curva $r = f(\theta)$ (ver Figura 8.63).

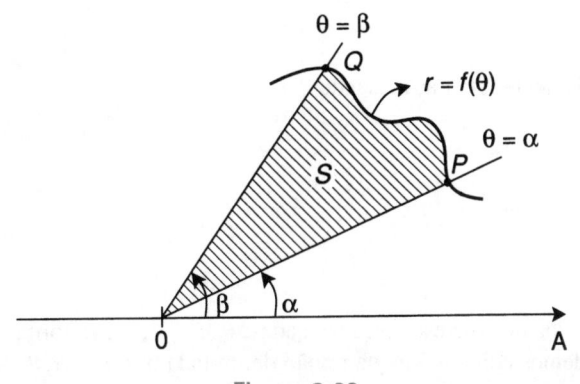

Figura 8.62

Seja f uma função contínua e não negativa em $[\alpha, \beta]$. Consideremos uma partição P de $[\alpha, \beta]$ dada por:
$$\alpha = \theta_0 < \theta_1 < \theta_2 < ... < \theta_{i-1} < \theta_i < ... < \theta_n = \beta.$$
A Figura 8.64 exemplifica esta partição para $n = 4$.

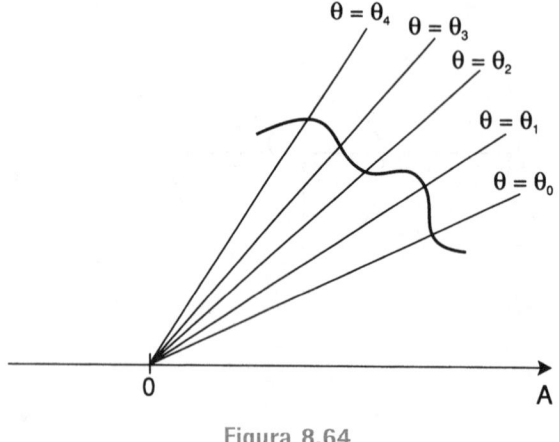

Figura 8.64

Para cada $[\theta_{i-1}, \theta_i]$, $i = 1, ..., n$, vamos considerar um setor circular de raio $f(\rho_i)$, e ângulo central $\Delta\theta_i$, onde $\theta_{i-1} < \rho_i < \theta_i$ e $\Delta\theta_i = \theta_i - \theta_{i-1}$ (ver Figura 8.65).

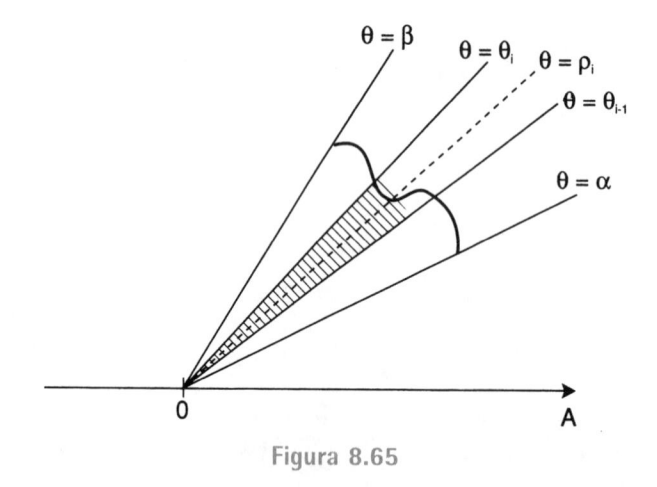

Figura 8.65

A área de i-ésimo setor circular é dada por:

$$\frac{1}{2}[f(\rho_i)]^2 \Delta\theta_i.$$

Logo, a área A é aproximadamente igual a A_n, sendo

$$A_n = \sum_{i=1}^{n} \frac{1}{2}[f(\rho_i)]^2 \Delta\theta_i$$

$$= \frac{1}{2} \sum_{i=1}^{n} [f(\rho_i)]^2 \Delta\theta_i.$$

Podemos observar que à medida que n cresce muito e cada $\Delta\theta_i, i = 1, ..., n$, torna-se muito pequeno, A_n aproxima-se do que, intuitivamente, entendemos como a área da região delimitada por $\theta = \alpha, \theta = \beta$ e $r = f(\theta)$.

Portanto, escrevemos:

$$A = \lim_{\text{máx } \Delta\theta_i \to 0} \frac{1}{2} \sum_{i=1}^{n} [f(\rho_i)]^2 \Delta\theta_i$$

ou

$$A = \frac{1}{2} \int_{\alpha}^{\beta} [f(\theta)]^2 \, d\theta.$$

8.10.1 Exemplos

(i) Encontrar a área da região S, limitada pelo gráfico de $r = 3 + 2\,\text{sen}\,\theta$.

A Figura 8.66 mostra a região S. Observando a simetria em relação ao eixo $\pi/2$, podemos escrever:

$$A = 2 \cdot \frac{1}{2} \int_{-\pi/2}^{\pi/2} (3 + 2\,\text{sen}\,\theta)^2 \, d\theta$$

$$= \int_{-\pi/2}^{\pi/2} (9 + 12\,\text{sen}\,\theta + 4\,\text{sen}^2\theta) \, d\theta$$

$$= \int_{-\pi/2}^{\pi/2} \left(9 + 12\,\text{sen}\,\theta + 4 \cdot \frac{1 - \cos 2\theta}{2}\right) d\theta$$

$$= 9\theta - 12\cos\theta + 2\left(\theta - \frac{1}{2}\text{sen}\,2\theta\right)\Big|_{-\pi/2}^{\pi/2}$$

$$= 9 \cdot \frac{\pi}{2} + 2 \cdot \frac{\pi}{2} - 9 \cdot \frac{-\pi}{2} - 2 \cdot \frac{-\pi}{2}$$

$$= 11\pi \text{ u.a.}$$

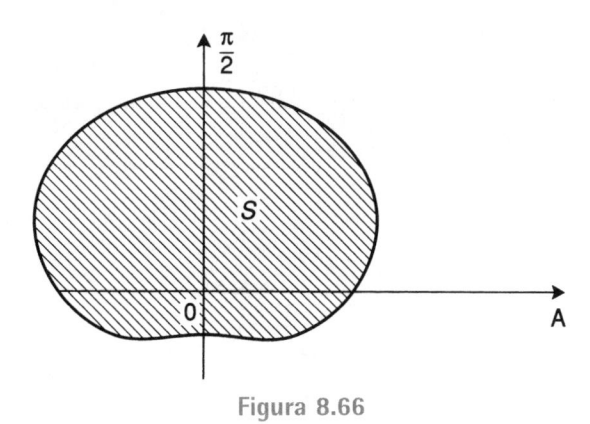

Figura 8.66

(ii) Encontrar a área da região S, interior à circunferência $r = 2\cos\theta$ e exterior à cardióide $r = 2 - 2\cos\theta$.

Resolvendo o sistema

$$\begin{cases} r = 2\cos\theta \\ r = 2 - 2\cos\theta, \end{cases}$$

encontramos os pontos de intersecção das duas curvas.

Temos:

$2\cos\theta = 2 - 2\cos\theta$

$4\cos\theta = 2$

$\cos = \dfrac{1}{2}.$

Assim, $\theta = \dfrac{\pi}{3}$ e $\theta = \dfrac{5\pi}{3}$.

A Figura 8.67 mostra a região S.

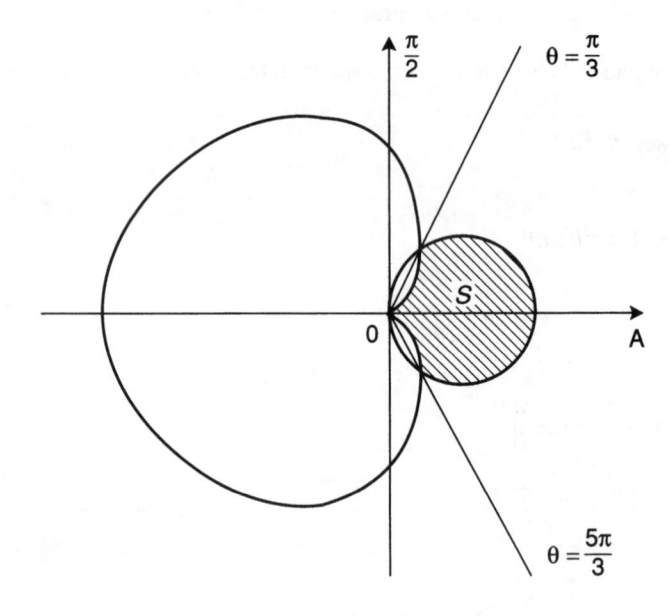

Figura 8.67

Observando a simetria, geometricamente podemos visualizar que a área procurada é dada por:

$A = 2(A_1 - A_2)$, onde

$A_1 = \dfrac{1}{2}\displaystyle\int_0^{\pi/3} (2\cos\theta)^2 d\theta$

e

$A_2 = \dfrac{1}{2}\displaystyle\int_0^{\pi/3} (2 - 2\cos\theta)^2 d\theta.$

Portanto,

$A = \displaystyle\int_0^{\pi/3} \left[(2\cos\theta)^2 - (2 - 2\cos\theta)^2\right] d\theta$

$= \displaystyle\int_0^{\pi/3} (4\cos^2\theta - 4 + 8\cos\theta - 4\cos^2\theta)\, d\theta$

$= \displaystyle\int_0^{\pi/3} (8\cos\theta - 4)\, d\theta$

$$= 8\,\text{sen}\,\theta - 4\theta \Big|_0^{\pi/3}$$

$$= 8\,\text{sen}\,\frac{\pi}{3} - 4\frac{\pi}{3}$$

$$= 4\sqrt{3} - \frac{4\pi}{3} \text{ u.a.}$$

8.11 Exercícios

1. Demarcar os seguintes pontos no sistema de coordenadas polares.

    (a) $P_1(4, \pi/4)$
    (b) $P_2(4, -\pi/4)$
    (c) $P_3(-4, \pi/4)$
    (d) $P_4(-4, -\pi/4)$

2. Em cada um dos itens, assinalar o ponto dado em coordenadas polares e depois escrever as coordenadas polares para o mesmo ponto, tais que:

    (i) r tenha sinal contrário;
    (ii) θ tenha sinal contrário.

    (a) $(2, \pi/4)$
    (b) $(\sqrt{2}, -\pi/3)$
    (c) $(-5, 2\pi/3)$
    (d) $(4, 5\pi/6)$

3. Demarcar os seguintes pontos no sistema de coordenadas polares e encontrar suas coordenadas cartesianas.

    (a) $(3, \pi/3)$
    (b) $(-3, \pi/3)$
    (c) $(3, -\pi/3)$
    (d) $(-3, -\pi/3)$

4. Encontrar as coordenadas cartesianas dos seguintes pontos dados em coordenadas polares.

    (a) $(-2, 2\pi/3)$
    (b) $(4, 5\pi/8)$
    (c) $(3, 13\pi/4)$
    (d) $(-10, \pi/2)$
    (e) $(-10, 3\pi/2)$
    (f) $(1, 0)$

5. Encontrar um par de coordenadas polares dos seguintes pontos:

    (a) $(1, 1)$
    (b) $(-1, 1)$
    (c) $(-1, -1)$
    (d) $(1, -1)$

6. Usar

    (a) $r > 0$ e $0 \leq \theta \leq 2\pi$;
    (b) $r < 0$ e $0 \leq \theta < 2\pi$;
    (c) $r > 0$ e $-2\pi < \theta \leq 0$;
    (d) $r < 0$ e $-2\pi < \theta \leq 0$.

    para escrever os pontos $P_1(\sqrt{3}, -1)$ e $P_2(-\sqrt{2}, -\sqrt{2})$, em coordenadas polares.

7. Transformar as seguintes equações para coordenadas polares

    (a) $x^2 + y^2 = 4$
    (b) $x = 4$

(c) $y = 2$

(d) $y + x = 0$

(e) $x^2 + y^2 - 2x = 0$

(f) $x^2 + y^2 - 6y = 0$

8. Transformar as seguintes equações para coordenadas cartesianas.

(a) $r = \cos\theta$

(b) $r = 2\,\text{sen}\,\theta$

(c) $r = \dfrac{1}{\cos\theta + \text{sen}\,\theta}$

(d) $r = a,\ a > 0$.

Nos exercícios 9 a 32 esboçar o gráfico das curvas dadas em coordenadas polares.

9. $r = 1 + 2\cos\theta$

10. $r = 1 - 2\,\text{sen}\,\theta$

11. $r = a \pm b\cos\theta$
$a = 2$ e $b = 3$; $a = 3$ e $b = 2$; $a = b = 3$

12. $r = \cos 3\theta$

13. $r = 2\cos 3\theta$

14. $r = 2\,\text{sen}\,2\theta$

15. $r = 2 - \cos\theta$

16. $r = 2 - \text{sen}\,\theta$

17. $r = a \pm b\,\text{sen}\,\theta$
$a = 2$ e $b = 3$; $a = 3$ e $b = 2$; $a = b = 2$

18. $r\cos\theta = 5$

19. $r = 2\,\text{sen}\,3\theta$

20. $\theta = \pi/4$

21. $\theta = \pi/9$

22. $5r\cos\theta = -10$

23. $r^2 = 4\cos 2\theta$

24. $r = 3\theta,\ \theta \geq 0$

25. $r = 4\,\text{sen}\,\theta$

26. $r = e^{-\theta},\ \theta \geq 0$

27. $r = \sqrt{2}$

28. $r = 10\cos\theta$

29. $r = 2|\cos\theta|$

30. $r = 12\,\text{sen}\,\theta$

31. $r = e^{\theta/3}$

32. $r = 2\theta$

Nos exercícios 33 a 37, encontrar o comprimento de arco da curva dada.

33. $r = e^\theta$, entre $\theta = 0$ e $\theta = \pi/3$

34. $r = 1 + \cos\theta$

35. $r = 2a\,\text{sen}\,\theta$

36. $r = 3\theta^2$, de $\theta = 0$ até $\theta = 2\pi/3$

37. $r = e^{2\theta}$, de $\theta = 0$ até $\theta = 3\pi/2$.

38. Achar o comprimento da cardióide $r = 10(1 - \cos\theta)$.

Nos exercícios 39 a 46, encontrar a integral que dá o comprimento total da curva dada.

39. $r^2 = 9\cos 2\theta$

40. $r = 3\,\text{sen}\,3\theta$

41. $r = 4\cos 4\theta$

42. $r^2 = 9\,\text{sen}\,2\theta$

43. $r = 2 - 3\cos\theta$

44. $r = 4 - 2\,\text{sen}\,\theta$

45. $r = 3 + 2\cos\theta$ **46.** $r = 4 + 2\,\text{sen}\,\theta$

Nos exercícios 47 a 56, calcular a área limitada pela curva dada.

47. $r^2 = 9\,\text{sen}\,2\theta$ **48.** $r = \cos 3\theta$ **49.** $r = 2 - \cos\theta$

50. $r^2 = 16\cos 2\theta$ **51.** $r = 3\,\text{sen}\,2\theta$ **52.** $r = 3 - 2\cos\theta$

53. $r = 4(1 + \cos\theta)$ **54.** $r = 4(1 - \cos\theta)$

55. $r = 4(1 + \text{sen}\,\theta)$ **56.** $r = 4(1 - \text{sen}\,\theta)$

57. Encontrar a área da intersecção entre $r = 2a\cos\theta$ e $r = 2a\,\text{sen}\,\theta$.

58. Encontrar a área interior ao círculo $r = 6\cos\theta$ e exterior a $r = 2(1 + \cos\theta)$.

59. Encontrar a área interior ao círculo $r = 4$ e exterior à cardióide $r = 4(1 - \cos\theta)$.

60. Encontrar a área da região do primeiro quadrante delimitada pelo primeiro laço da espiral $r = 2\theta$, $\theta \geq 0$ e pelas retas $\theta = \pi/4$ e $\theta = \pi/3$.

61. Encontrar a área da região delimitada pelo laço interno da limaçon $r = 1 + 2\,\text{sen}\,\theta$.

62. Encontrar a área da região interior ao círculo $r = 10$ e à direita da reta $r\cos\theta = 6$.

63. Calcular a área da região entre as curvas:

(a) $2r = 3$ e $r = 3\,\text{sen}\,\theta$; (b) $2r = 3$ e $r = 1 + \cos\theta$.

8.12 Massa e Centro de Massa de uma Barra

Inicialmente, vamos descrever o conceito de centro de massa de um sistema constituído por um número finito de partículas, localizadas sobre um eixo L, de peso e espessura insignificantes.

Vamos supor que o eixo L esteja na posição horizontal e imaginemos que ele possa girar livremente em torno de um ponto P, como se nesse ponto fosse colocado um apoio (ver Figura 8.68).

Figura 8.68

Se colocarmos sobre L um objeto de peso w_1 a uma distância d_1, à direita de P, o peso do objeto fará L girar no sentido horário (ver Figura 8.69 (a)). Colocando um objeto de peso w_2, a uma distância d_2 à esquerda de P, o peso desse objeto fará L girar no sentido anti-horário (ver Figura 8.69(b)).

(a) (b)

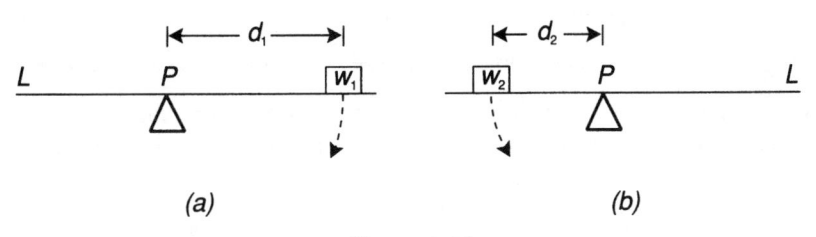

Figura 8.69

Colocando simultaneamente os dois objetos sobre L (ver Figura 8.70), o equilíbrio ocorre quando

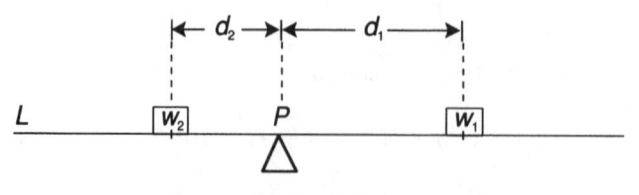

$$w_1 d_1 = w_2 d_2. \tag{1}$$

Figura 8.70

Este resultado é conhecido como *Lei da Alavanca* e foi descoberto por Arquimedes. Na prática, podemos constatá-la quando duas crianças se balançam numa gangorra.

Vamos, agora, orientar L e fazê-lo coincidir com o eixo dos x do sistema de coordenadas cartesianas. Se duas partículas de peso w_1 e w_2 estão localizadas nos pontos x_1 e x_2, respectivamente (ver Figura 8.71), podemos reescrever (1) como

$$w_1(x_1 - P) = w_2(P - x_2) \text{ ou } w_1(x_1 - P) + w_2(x_2 - P) = 0.$$

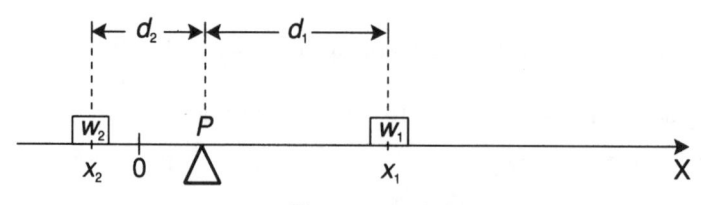

Figura 8.71

Supondo que n partículas de pesos $w_1, w_2, \ldots, w_n$ estejam colocadas nos pontos $x_1, x_2, \ldots, x_n$, respectivamente, o sistema estará em equilíbrio ao redor de P, quando

$$\sum_{i=1}^{n} w_i(x_i - P) = 0. \tag{2}$$

Como o peso de um corpo é dado por $w = mg$, onde g é a aceleração da gravidade e m é a massa do corpo, considerando g constante, podemos reescrever (2) como

$$\sum_{i=1}^{n} m_i g(x_i - P) = 0,$$

ou de forma equivalente,

$$\sum_{i=1}^{n} m_i(x_i - P) = 0.$$

A soma $\sum_{i=1}^{n} m_i(x_i - P)$ mede a tendência do sistema girar ao redor do ponto P e é chamada *momento do sistema em relação a P*. Quando o momento é positivo, o giro se dá no sentido horário. Quando o momento é negativo, o giro se dá no sentido anti-horário e, obviamente, quando o momento é nulo o sistema está em equilíbrio.

Se o sistema não está em equilíbrio, movendo o ponto P, podemos encontrar um ponto $\overline{x}$, de tal forma que ocorra o equilíbrio, isto é, um ponto $\overline{x}$ tal que o momento do sistema em relação a $\overline{x}$ seja nulo. O ponto $\overline{x}$ deve satisfazer

$$\sum_{i=1}^{n} m_i(x_i - \overline{x}) = 0.$$

Resolvendo esta equação para $\bar{x}$, obtemos

$$\sum_{i=1}^{n} m_i x_i - \sum_{i=1}^{n} m_i \bar{x} = 0$$

ou

$$\bar{x} \sum_{i=1}^{n} m_i = \sum_{i=1}^{n} m_i x_i$$

ou ainda,

$$\bar{x} = \frac{\sum_{i=1}^{n} m_i x_i}{\sum_{i=1}^{n} m_i}. \tag{3}$$

O ponto $\bar{x}$ que satisfaz (3) é chamado *centro de massa* do sistema dado.

Sob a hipótese da aceleração da gravidade ser constante, $\bar{x}$ também é chamado *centro de gravidade do sistema*.

É interessante observar que, na expressão (3), o numerador do lado direito é o momento do sistema em relação à origem e que o denominador é a massa total do sistema.

Queremos, a seguir, mostrar como a integração pode ser usada para estender essas idéias a um sistema que, ao invés de ser constituído por um número finito de partículas, apresenta uma distribuição contínua de massa.

Consideremos uma barra horizontal rígida, de comprimento l. Se a sua densidade linear ρ, que é definida como massa por unidade de comprimento, é constante, dizemos que a barra é homogênea. Neste caso, intuitivamente, percebemos que a massa total da barra é dada por ρl e que o centro de massa deve estar localizado no ponto médio da barra.

Suponhamos, agora, que temos uma barra não homogênea. Localizamos a barra sobre o eixo dos x, com as extremidades nos pontos a e b, como a Figura 8.72.

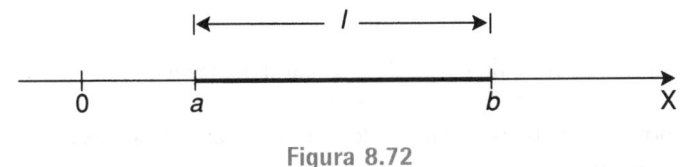

Figura 8.72

Seja $\rho(x)$, $x \in [a, b]$ uma função contínua que representa a densidade linear da barra. Para encontrar a massa total da barra, vamos considerar uma partição P de $[a, b]$, dada pelos pontos

$$a = x_0 < x_1 < ... < x_{i-1} < x_i < ... < x_n = b.$$

Sejam c_i um ponto qualquer do intervalo $[x_{i-1}, x_i]$ e $\Delta x_i = x_i - x_{i-1}$. Então, uma aproximação da massa da parte da barra entre x_{i-1} e x_i é dada por:

$$\Delta m_i = \rho(c_i) \Delta x_i$$

e

$$\sum_{i=1}^{n} \Delta m_i = \sum_{i=1}^{n} \rho(c_i) \Delta x_i \tag{4}$$

constitui uma aproximação da massa total da barra.

Podemos observar que, à medida que n cresce muito e cada $\Delta x_i \to 0$, a soma (4) se aproxima do que intuitivamente entendemos como massa total da barra.

Assim, como (4) é uma soma de Riemann da função contínua $\rho(x)$, podemos definir a massa total da barra como

$$m = \int_a^b \rho(x)\,dx \qquad (5)$$

Para encontrarmos o centro de massa da barra, precisamos primeiro encontrar o momento da barra em relação à origem.

Procedendo de acordo com as hipóteses e notações anteriores, obtemos que $c_i \Delta m_i$ é uma aproximação do momento em relação à origem, da parte da barra que está entre x_{i-1} e x_i e que

$$\sum_{i=1}^n c_i \Delta m_i = \sum_{i=1}^n c_i \rho(c_i) \Delta x_i \qquad (6)$$

é uma aproximação do momento da barra em relação à origem.

Como a soma (6) é uma de Riemann da função contínua $x\rho(x)$, podemos definir o momento da barra em relação à origem como

$$M_0 = \int_a^b x\rho(x)\,dx. \qquad (7)$$

Então, entendendo a expressão (3) para a barra, obtemos o seu centro de massa $\bar{x}$, que é dado por

$$\bar{x} = \frac{1}{m}\int_a^b x\rho(x)\,dx. \qquad (8)$$

8.12.1 Exemplos

(i) Usando (8), verificar que o centro de massa de uma barra homogênea está no seu ponto médio.

Solução: Seja l o comprimento da barra e ρ a sua densidade linear. Localizando a barra sobre o eixo dos x com extremidades nos pontos a e b, temos:

$$m = \int_a^b \rho\,dx$$

$$= \rho \int_a^b dx$$

$$= \rho(b-a)$$

$$= \rho l \text{ unidades de massa;}$$

$$\bar{x} = \frac{1}{m}\int_a^b x\rho\,dx$$

$$= \frac{\rho}{\rho l}\int_a^b x\,dx$$

$$= \frac{1}{l}\left.\frac{x^2}{2}\right|_a^b$$

$$= \frac{1}{2l}(b^2 - a^2)$$

$$= \frac{1}{2l}(b-a)(b+a).$$

Como $b - a = l$, temos $\bar{x} = \frac{b+a}{2}$, ou seja, $\bar{x}$ está sobre o ponto médio da barra.

Neste exemplo, fica claro que a localização do centro de massa em relação à barra não depende da posição da barra em relação à origem. Na prática, podemos sempre escolher a posição mais conveniente de forma a facilitar os cálculos.

(ii) Uma barra mede 6 m de comprimento. A densidade linear num ponto qualquer da barra é proporcional à distância desse ponto a um ponto q, que está sobre o prolongamento da linha da barra, a uma distância de 3 m da mesma. Sabendo que na extremidade mais próxima a q, a densidade linear é 1 kg/m, determinar a massa e o centro de massa da barra.

Solução: A Figura 8.73 mostra a barra localizada sobre o eixo dos x.

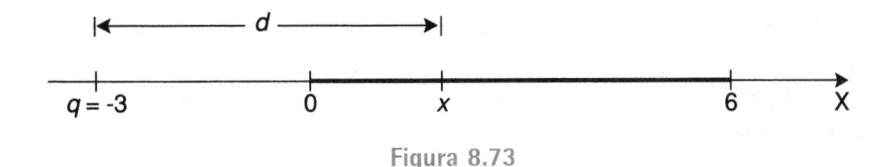

Figura 8.73

A distância de um ponto x da barra até q é dada por:

$d = x - (-3)$

$= x + 3$.

Como a densidade é proporcional à distância d, temos:

$\rho(x) = k(x + 3)$,

onde k é uma constante de proporcionalidade.

Como $\rho(0) = 1$ kg/m, substituindo na expressão anterior, vem

$1 = k(0 + 3)$ ou

$k = \frac{1}{3}.$

Portanto,

$\rho(x) = \frac{1}{3}(x + 3), \forall x \in [0, 6].$

A massa da barra é dada por

$$m = \int_0^6 \rho(x)\,dx$$

$$= \frac{1}{3}\int_0^6 (x+3)\,dx$$

$$= \frac{1}{3}\left(\frac{x^2}{2} + 3x\right)\bigg|_0^6$$

$$= \frac{1}{3}(18 + 18)$$

$$= 12 \text{ kg}.$$

O centro de massa $\bar{x}$ é dado por

$$\bar{x} = \frac{1}{m}\int_0^6 x\rho(x)\,dx$$

$$= \frac{1}{12}\int_0^6 x \cdot \frac{1}{3}(x+3)\,dx$$

$$= \frac{1}{36}\left[\frac{x^3}{3} + \frac{3x^2}{2}\right]\Big|_0^6$$

$$= \frac{1}{36}[72 + 54]$$

$$= 3,5.$$

Portanto, o centro de massa está localizado sobre a barra, a uma distância de 3,5 m da extremidade mais próxima a q.

(iii) Determinar o centro de massa de uma barra de 5 m de comprimento, sabendo que num ponto q, que dista 1m de uma das extremidades, a densidade é 2 kg/m e que nos demais pontos ela é dada por $(2 + d)$ kg/m, onde d é a distância até o ponto q.

Solução: Localizamos a barra sobre o eixo dos x como mostra a Figura 8.74.

Figura 8.74

Então, podemos expressar a densidade da barra pela função

$$\rho(x) = \begin{cases} 2, & x = 4 \\ 2 + (4 - x) = 6 - x, & 0 \le x < 4 \\ 2 + (x - 4) = x - 2, & 4 < x \le 5. \end{cases}$$

A massa da barra é dada por

$$m = \int_0^5 \rho(x)\,dx$$

$$= \int_0^4 (6 - x)\,dx + \int_4^5 (x - 2)\,dx$$

$$= \left(6x - \frac{x^2}{2}\right)\Big|_0^4 + \left(\frac{x^2}{2} - 2x\right)\Big|_4^5$$

$$= (24 - 8) + \left(\frac{25}{2} - 10 - 8 + 8\right)$$

$$= \frac{37}{2}\text{ kg.}$$

O centro de massa dado por:

$$\bar{x} = \frac{1}{m}\int_0^5 x\rho(x)\,dx$$

$$= \frac{2}{37}\left[\int_0^4 x(6-x)\,dx + \int_4^5 x(x-2)\,dx\right]$$

$$= \frac{2}{37}\left[\left(3x^2 - \frac{x^3}{3}\right)\bigg|_0^4 + \left(\frac{x^3}{3} - x^2\right)\bigg|_4^5\right]$$

$$= \frac{2}{37}\left[48 - \frac{64}{3} + \frac{125}{3} - 25 - \frac{64}{3} + 16\right]$$

$$= \frac{76}{37}$$

$$\cong 2{,}05.$$

Portanto, o centro de massa está sobre a barra, a uma distância aproximada de 2,05 m da extremidade mais distante ao ponto q dado.

8.13 Momento de Inércia de uma Barra

Inicialmente, vamos descrever o significado intuitivo do momento de inércia. Para isso, vamos considerar uma barra constituída por partes iguais, de madeira e aço, como mostra a Figura 8.75.

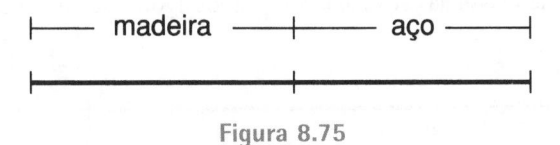

Figura 8.75

Suponhamos que a barra possa girar livremente em torno de um eixo perpendicular L, que passa por uma de suas extremidades. Se aplicarmos uma força F na outra extremidade da barra, como mostra a Figura 8.76, faremos com que ela gire em torno do eixo L.

Se o eixo passar pela extremidade de madeira, obteremos uma determinada aceleração angular. Se trocarmos as posições, isto é, se o eixo de rotação passar pela extremidade de aço, aplicando a mesma força F na extremidade de madeira, teremos uma aceleração angular muito maior que a anterior.

Além disso, se mudarmos o ponto de aplicação da força para uma posição mais próxima do eixo L, em ambos os casos a aceleração angular diminuirá. Na prática, podemos observar isso quando abrimos ou fechamos uma porta.

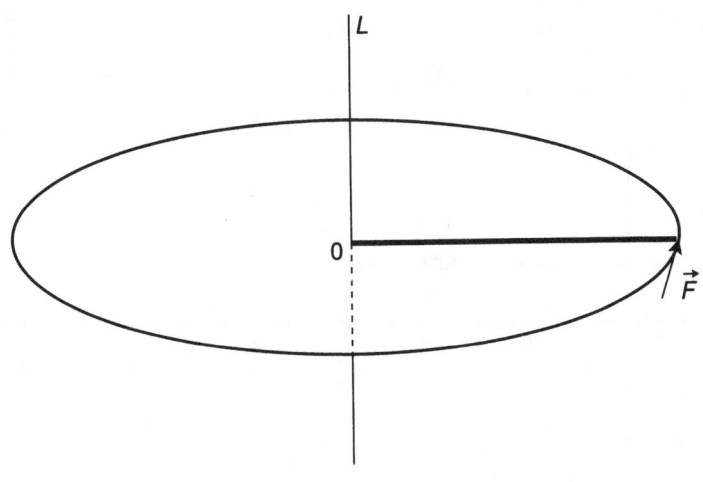

Figura 8.76

Vemos assim que, para uma mesma força, a aceleração angular depende da distância e da distribuição da massa da barra em relação ao eixo de rotação.

Vamos, agora, fazer uma analogia com o movimento de translação. Observando a Segunda Lei de Newton, que pode ser expressa como

$$F = m \cdot a \quad \text{ou} \quad a = \frac{1}{m}F,$$

vemos que a massa pode ser interpretada como uma medida da capacidade do corpo de resistir à aceleração. Se a força é constante, quanto maior a massa, menor será a aceleração.

De acordo com nossas considerações anteriores, no movimento de rotação, a grandeza análoga à massa no movimento de translação é uma grandeza que depende da distância de cada ponto do corpo ao eixo de rotação e da distribuição da massa do corpo, em relação a esse eixo. Essa grandeza é chamada inércia de rotação ou *momento de inércia* e pode ser interpretada como uma medida da capacidade do corpo de resistir à aceleração angular em torno de um eixo L.

8.13.1 Definição
O momento de inércia de uma partícula de massa m_i, em relação a um eixo L, é definido como

$$I_L = m_i d_i^2,$$

onde d_i é a distância perpendicular da partícula ao eixo L.

Se temos um sistema de n partículas, o momento de inércia do sistema em relação a L é definido como a soma dos momentos de inércia, em relação a L, de todas as partículas, isto é,

$$I_L = \sum_{i=1}^{n} m_i d_i^2.$$

Como fizemos para o centro de massa na seção anterior, vamos agora estender a definição 8.13.1 para a barra horizontal rígida da Figura 8.77.

Figura 8.77

Suponhamos que a densidade linear da barra é dada por uma função contínua $\rho(x)$, $x \in [a, b]$.

Seja P uma partição de $[a, b]$, dada pelos pontos

$$a = x_0 < x_1 < ... < x_{i-1} < x_i < ... < x_n = b.$$

Sejam c_i um ponto qualquer no intervalo $[x_{i-1}, x_i]$ e $\Delta x_i = x_i - x_{i-1}$. Então, uma aproximação do momento de inércia em relação a um eixo L, da parte da barra entre x_{i-1} e x_i, é dada por:

$$d^2(c_i)\Delta m_i = d^2(c_i)\rho(c_i)\Delta x_i,$$

onde $d(c_i)$ é a distância do ponto c_i ao eixo L (ver Figura 8.78).

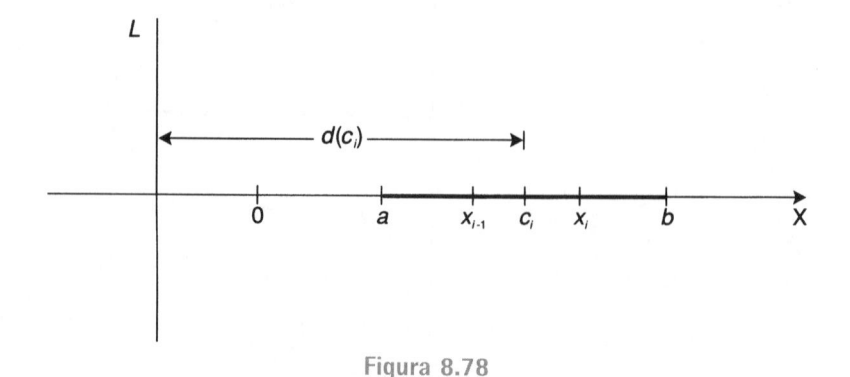

Figura 8.78

A soma

$$\sum_{i=1}^{n} d^2(c_i)\Delta m_i = \sum_{i=1}^{n} d^2(c_i)\rho(c_i)\Delta x_i \quad (1)$$

constitui uma aproximação do momento de inércia da barra em relação ao eixo L.

Como (1) é uma soma de Riemann da função contínua $d^2(x)\rho(x)$, podemos definir o momento de inércia da barra, em relação ao eixo L, por:

$$I_L = \int_a^b d^2(x)\rho(x)\,dx. \quad (2)$$

8.13.2 Exemplos

(i) Determinar o momento de inércia da barra do Exemplo 8.12.1 (ii), em relação a um eixo perpendicular L, que passa por $x = -3$ (ver Figura 8.73).

Solução: No Exemplo 8.12.1 (ii), vimos que a densidade linear da barra é dada por:

$$\rho(x) = \frac{1}{3}(x+3), \forall x \in [a,b]$$

e que a distância de um ponto qualquer x da barra até o eixo L, é dada por:

$d(x) = x + 3$.

Portanto, usando a fórmula (2), vem

$$I_L = \int_0^6 (x+3)^2 \frac{1}{3}(x+3)\,dx$$

$$= \frac{1}{3}\int_0^6 (x+3)^3\,dx$$

$$= \frac{1}{3}\frac{(x+3)^4}{4}\bigg|_0^6$$

$$= \frac{1}{12}[9^4 - 3^4]$$

$$= 540\,\text{kg}\cdot\text{m}^2.$$

(ii) Uma barra de 4 m de comprimento é formada por dois materiais A e B, de densidades constantes, como mostra a Figura 8.79. Supondo que as densidades de A e B são dadas por $\rho_1 = 1$kg/m e $\rho_2 = 2$kg/m, respectivamente, determinar:

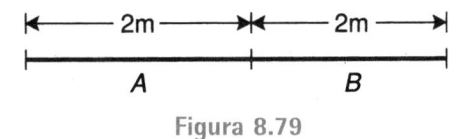

Figura 8.79

(a) O momento de inércia da barra em relação a um eixo perpendicular L_1, que passa na extremidade da barra feita pelo material A.

(b) O momento de inércia da barra em relação a um eixo perpendicular L_2, que passa na extremidade oposta da barra.

Solução:
(a) A Figura 8.80 mostra a barra localizada sobre o eixo dos x e o eixo de rotação L_1.

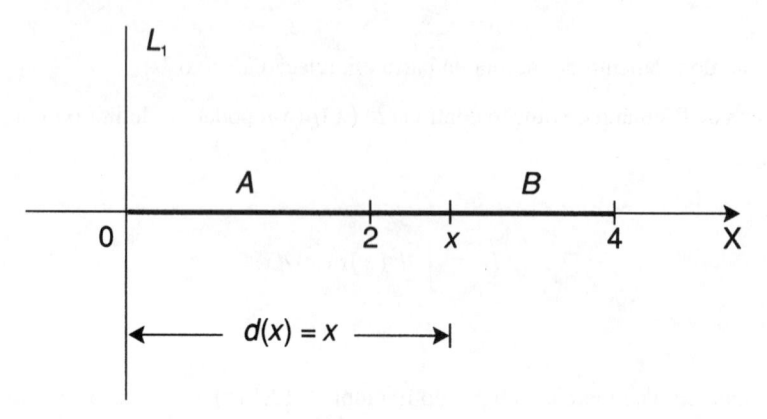

Figura 8.80

Usando a fórmula (2), temos:

$$I_{L_1} = \int_0^2 x^2 \cdot 1\, dx + \int_2^4 x^2 \cdot 2\, dx.$$

$$= \left.\frac{x^3}{3}\right|_0^2 + 2\left.\frac{x^3}{3}\right|_2^4$$

$$= 40\,\text{kg} \cdot \text{m}^2.$$

(b) A Figura 8.81 mostra a barra localizada sobre o eixo dos x e o eixo de rotação L_2.

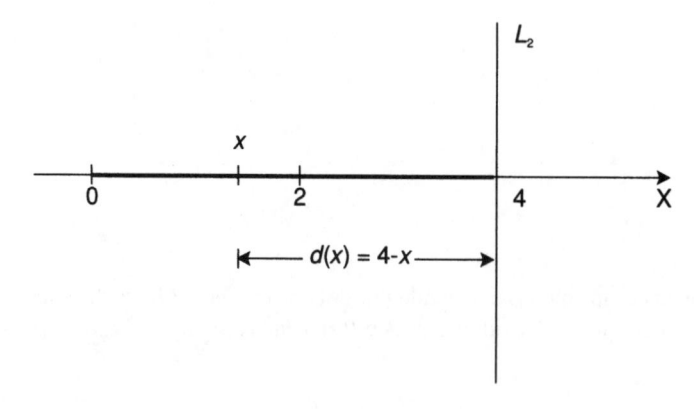

Figura 8.81

Usando a fórmula (2), temos:

$$I_{L_2} = \int_0^2 (4-x)^2 \cdot 1\, dx + \int_2^4 (4-x)^2 \cdot 2\, dx$$

$$= \left.\frac{-(4-x)^3}{3}\right|_0^2 - 2\left.\frac{(4-x)^3}{3}\right|_2^4$$

$$= -\frac{8}{3} + \frac{64}{3} + \frac{16}{3}$$

$$= 24 \text{kg} \cdot \text{m}^2.$$

Observamos que estes resultados confirmam nossa percepção intuitiva, discutida na parte inicial desta seção. No caso do item (a), a barra possui uma capacidade maior de resistir à rotação em torno de L porque a sua parte mais densa está mais afastada de L. Assim, para obtermos uma mesma aceleração angular, precisamos aplicar uma força maior que no caso do item (b).

Os resultados obtidos também nos mostram como o momento de inércia de um corpo depende do eixo de rotação considerado.

8.14 Trabalho

Na Física, o conceito de força pode ser usado para descrever o ato de empurrar ou puxar um objeto. Por exemplo, necessitamos de uma força para

- levantar um objeto do solo;
- empurrar um automóvel.

Intuitivamente, sabemos que a força necessária para levantar um objeto do solo é uma *força constante*, isto é, sua intensidade não varia enquanto está aplicada ao objeto. No entanto, para empurrar um automóvel é necessário uma *força variável*, pois no início do movimento aplicamos uma força maior do que aquela aplicada quando o carro está em movimento.

Se aplicamos uma força F a um objeto, fazendo-o deslocar-se a uma determinada distância d, na direção da força, podemos determinar o trabalho W realizado por F sobre o objeto.

Se a força é constante, definimos W por

$$W = F \cdot d.$$

Se a força é variável, definimos W usando a integral definida.

8.14.1 Trabalho realizado por uma força variável

Suponhamos que um objeto se desloca sobre um eixo L e esteja sujeito a uma força variável F. Sem perda de generalidade, seja L o eixo dos x. Suponhamos que $F = F(x)$ é uma função contínua em $[a, b]$.

Queremos definir o trabalho realizado pela força F sobre o objeto, quando este se desloca de $x = a$ até $x = b$, com $a < b$.

Consideremos uma partição P de $[a, b]$, dada por:

$$a = x_0 < x_1 < x_2 < \ldots < x_{i-1} < x_i < \ldots < x_n = b.$$

Sejam c_i um ponto qualquer do intervalo $[x_{i-1}, x_i]$ e $\Delta x_i = x_i - x_{i-1}$.

Então, uma aproximação do trabalho realizado pela força $F = F(x)$ sobre o objeto, quando este se desloca no i-ésimo intervalo, é dada por:

$$W_i = F(c_i) \Delta x_i.$$

Assim, uma aproximação do trabalho realizado pela força $F = F(x)$ sobre o objeto, quando este se desloca de a até b é dada por:

$$\sum_{i=1}^{n} F(c_i) \Delta x_i. \tag{1}$$

Podemos observar que à medida que n cresce muito e cada $\Delta x_i \to 0$, a soma (1) se aproxima do que intuitivamente entendemos como o trabalho total W, realizado pela força $F(x)$ sobre o objeto, quando este se desloca de a até b.

Como (1) é uma soma de Riemann da função contínua $F(x)$, podemos definir W por

$$W = \int_a^b F(x)\,dx. \tag{2}$$

8.14.2 Exemplo Uma criança rolando uma pedra utiliza uma força de $120 + 25\,\text{sen}\,x$ Newtons sobre ela, quando esta rola x metros. Quanto trabalho deve a criança realizar, para fazer a pedra rolar 2 m?

Solução: A Figura 8.82 ilustra a situação. No ponto O inicia-se o movimento. Queremos calcular o trabalho W realizado pela força $F(x) = 120 + 25\,\text{sen}\,x$, sobre a pedra, quando esta se desloca de 0 até 2.

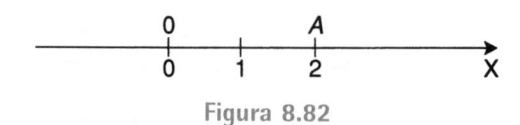

Figura 8.82

Usando (2), temos:

$$W = \int_0^2 (120 + 25\,\text{sen}\,x)\,dx$$

$$= (120x - 25\cos x)\Big|_0^2$$

$$= 120 \cdot 2 - 25\cos 2 - 120 \cdot 0 + 25\cos 0$$

$$= 240 - 25\cos 2 + 25$$

$$= (265 - 25\cos 2)\,\text{N} \cdot \text{m} \;(\text{Newtons} \cdot \text{metros} = \text{Joules}).$$

8.14.3 Trabalho resultante da distensão e compressão de uma mola

A força $F(x)$ necessária para distender uma mola x unidades além de seu comprimento natural é dada por:

$$F(x) = kx, \tag{3}$$

onde k é uma constante, chamada *constante da mola* (ver Figura 8.83).

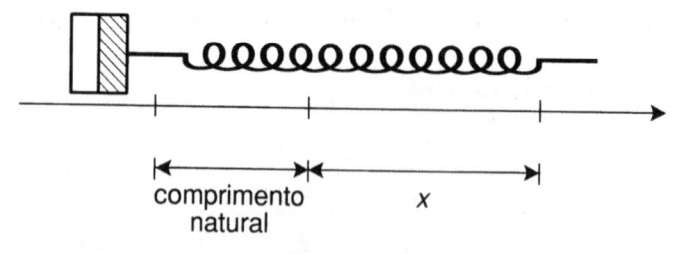

Figura 8.83

As molas reais obedecem à equação (3), que é conhecida como *Lei de Hooke*.

Colocamos a mola ao longo dos x com a origem no ponto onde começa o esticamento (ver Figura 8.84).

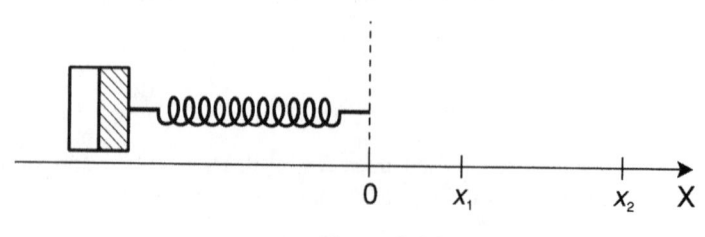

Figura 8.84

O trabalho realizado para que a mola se estenda de x_1 até x_2 é dado por:

$$W = \int_{x_1}^{x_2} kx\, dx. \tag{4}$$

Observamos que esta fórmula também pode ser usada para a compressão de molas.

8.14.4 Exemplos

(i) Uma mola tem um comprimento de 0,5 m. Uma força de 4N é exigida para conservar a mola esticada 0,6 m. Calcular o trabalho realizado para que a mola se estenda de seu comprimento natural até um comprimento de 1,2 m.

Solução: Colocamos a mola ao longo do eixo dos x como mostra a Figura 8.85.
Inicialmente, precisamos encontrar a constante da mola. Pela Lei de Hooke, vem

$$F(x) = kx$$

Como $F(0,6) = 4$, temos:

$$k \cdot 0{,}6 = 4$$

$$k = \frac{4}{0{,}6}$$

$$k = \frac{20}{3}.$$

Logo, $F(x) = \frac{20}{3}x$.

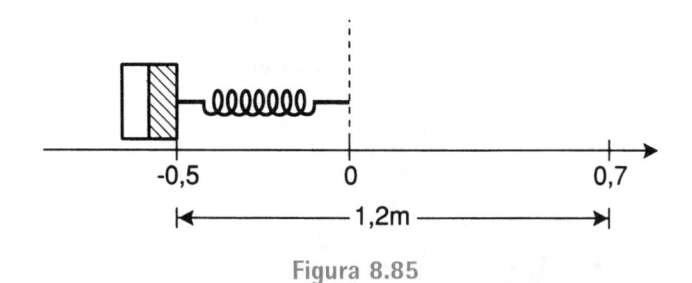

Figura 8.85

Portanto, usando (4) e visualizando os limites de integração na Figura 8.85, temos:

$$W = \int_0^{0,7} \frac{20}{3} x\, dx$$

$$= \frac{20}{3} \frac{x^2}{2} \Big|_0^{0,7}$$

$$= \frac{10}{3} (0{,}7)^2$$

$$= \frac{49}{30}\, J \text{ (Joules)}.$$

(ii) A constante da mola de um batente numa estação de carga é de 26×10^4 N/m. Achar o trabalho efetuado ao se comprimir a mola de 10 cm.

A Figura 8.86 ilustra este exemplo. Temos que $F(x) = 26 \times 10^4 x$.

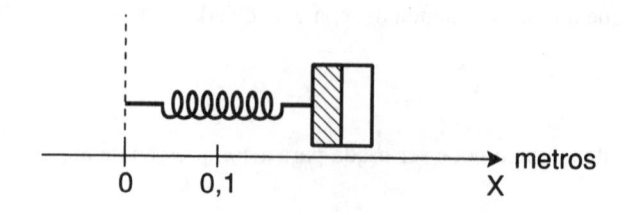

Usando (4), vem

$$W = \int_0^{0,1} 26 \times 10^4 x \, dx$$

$$= 26 \times 10^4 \left. \frac{x^2}{2} \right|_0^{0,1}$$

$$= 13 \cdot 10^4 \cdot (0,1)^2$$

$$= 1.300 \text{ J}.$$

Podemos usar a integral para calcular Trabalho em outras situações práticas. Basta identificar um sistema de coordenadas adequado e definir a força variável para a situação considerada.

Os exemplos seguintes mostram o caso de esvaziamento de tanques pela parte superior.

8.14.5 Exemplos

(i) Um tanque tem a forma de um cilindro circular reto de raio igual a 4 m e altura 8 m. Supondo que esteja cheio de água (o peso da água por m³ é 9.807 Newtons), achar o trabalho efetuado para esvaziar o tanque pela parte superior, considerando que a água seja deslocada por meio de um êmbolo, partindo da base do tanque.

Solução: A Figura 8.87 mostra o tanque com o êmbolo a y metros do fundo.

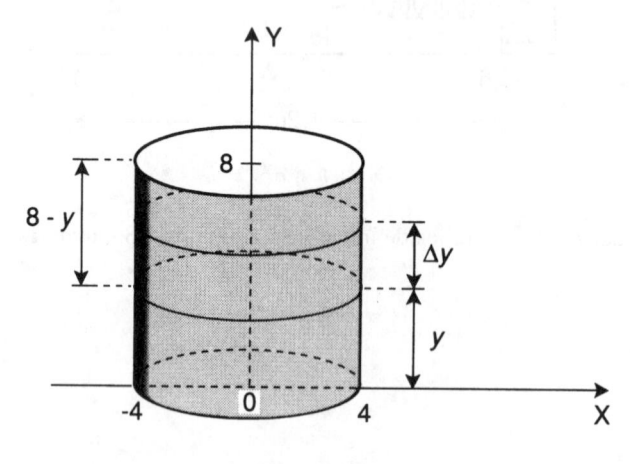

Figura 8.87

A força elevatória é igual ao peso da água sobre o êmbolo. Como volume de água acima do êmbolo é dado por $\pi r^2 (8 - y)$, temos:

$$F(y) = \pi r^2 (8 - y) \cdot 9.807$$

ou,

$$F(y) = \pi \cdot 4^2 \cdot (8 - y) \cdot 9.807$$

$$= 156.912 \pi (8 - y).$$

Portanto, o trabalho necessário para esvaziar o tanque é

$$W = \int_0^8 156.912\pi(8-y)\,dy$$

$$= 156.912\pi \int_0^8 (8-y)\,dy$$

$$= 156.912\pi \left(8y - \frac{y^2}{2}\right)\bigg|_0^8$$

$$= 156.912\,\pi \left(8 \cdot 8 - \frac{8^2}{2}\right)$$

$$= 5.021.184\,\pi J.$$

(ii) Um tanque tem a forma do cone circular reto, de altura 10 m e raio da base 5 m. Se o tanque está cheio de água, encontrar o trabalho realizado para bombear a água pelo topo do tanque.

Solução: Seja y a distância, em metros, até o ponto de baixo do tanque (ver Figura 8.88).

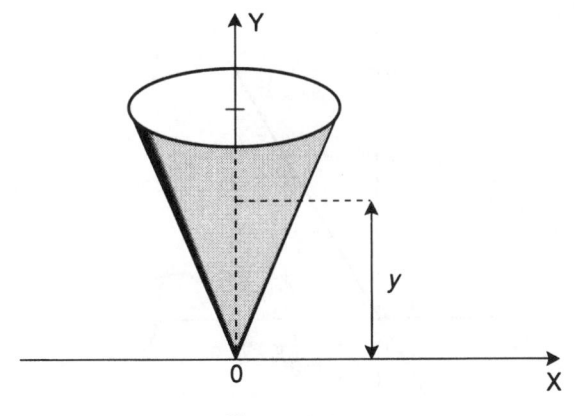

Figura 8.88

Consideremos uma partição de P de $[0, 10]$ dada por

$$0 = y_0 < y_1 < y_2 < ... < y_{j-1} < y_j < ... < y_n = 10.$$

Os planos horizontais nas alturas $y = y_j, j = 0, 1, ..., n$, dividem o tanque em n fatias.

Vamos aproximar a j-ésima fatia por um disco de raio igual ao raio do tanque na altura y_j e espessura igual a $\Delta y_j = y_j - y_{j-1}$ (ver Figura 8.89).

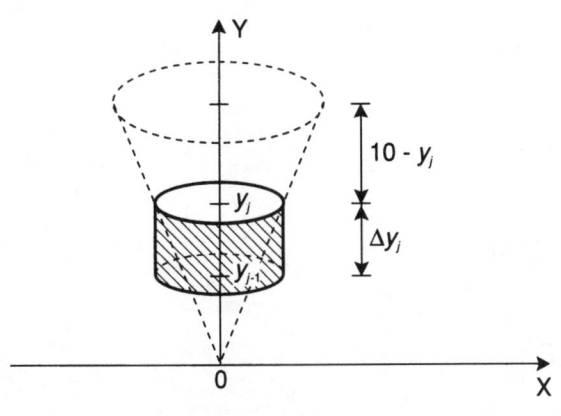

Figura 8.89

Como o cone intercepta o plano xy segunda a reta que passa por $(0, 0)$ e $(5, 10)$ (ver Figura 8.90), temos que o raio do j-ésimo disco é dado por $\frac{1}{2}y_j$.

O j-ésimo disco tem volume

$$\pi\left(\frac{y_j}{2}\right)^2 \Delta y_j m^3$$

e o peso da água correspondente é

$$9.807\pi\left(\frac{y_j}{2}\right)^2 \Delta y_j \text{ kg}.$$

O topo deste disco está a $10 - y_j$ metros do topo do tanque. Assim, necessitamos

$$9.807\pi\left(\frac{y_j}{2}\right)^2 \Delta y_j (10 - y_j) \text{ m} \cdot \text{kg}$$

de trabalho para bombear a água até o topo.

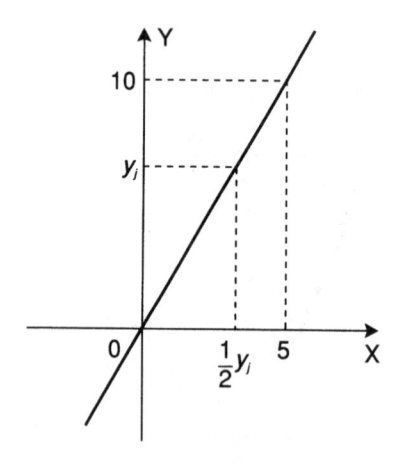

Figura 8.90

A soma

$$\sum_{j=1}^{n} 9.807\pi\left(\frac{y_j}{2}\right)^2 (10 - y_j)\Delta y_j$$

é uma solução aproximada.

A quantidade exata de trabalho para bombear toda a água até o topo do tanque é

$$W = \int_0^{10} 9.807\pi\left(\frac{y}{2}\right)^2 (10 - y)\, dy$$

$$= \frac{9.807\pi}{4} \int_0^{10} y^2 (10 - y)\, dy$$

$$= 2.451{,}75\pi \int_0^{10} (10y^2 - y^3)\, dy$$

$$= 2.451{,}75\pi \left(10\frac{y^3}{3} - \frac{y^4}{4}\right)\Big|_0^{10}$$

$$= 2.451{,}75\pi\left(10 \cdot \frac{10^3}{3} - \frac{10^4}{4}\right)$$

$$= 2.043125\pi \, \text{J}.$$

8.15 Pressão de Líquidos

Podemos também aplicar a integral definida para encontrar a força causada pela pressão de um líquido sobre uma chapa submersa no líquido, ou sobre um lado do recipiente que o contém.

Da Física, sabemos que, se um recipiente fechado, como um balão, está cheio de líquido e se forças externas, como a gravidade, não são consideradas, então a força exercida pelo líquido sobre uma chapa plana colocada dentro do recipiente, é independente da posição da chapa. A força tem a direção perpendicular à chapa e é proporcional a sua área.

A constante de proporcionalidade entre a força exercida sobre a chapa e sua área é chamada *pressão do líquido*, e tem como unidade de medida a unidade de força por unidade de área. Por exemplo,

$$P = \frac{F}{A} \, \text{Newtons/m}^2.$$

No caso de uma piscina cheia de água a pressão é causada pela gravidade e aumenta com a profundidade da água.

Para um líquido qualquer, a pressão P exercida pelo líquido num ponto sob a superfície do mesmo, a uma profundidade h, é dada por:

$$P = wh,$$

onde w é o peso do líquido por unidade de volume.

Como a pressão varia com a profundidade, a força total numa região plana não horizontal, que está submersa numa porção de líquidos, é dada por uma integral.

A seguir, vamos determinar a força total sobre uma chapa plana, submersa em um líquido, verticalmente, como mostra a Figura 8.91.

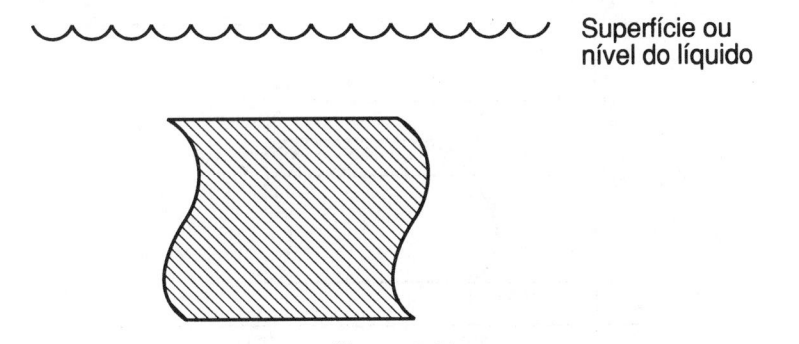

Figura 8.91

Escolhendo o sistema de eixos coordenados adequadamente, podemos supor que a chapa tem a forma da região do plano xy limitada por $y = c, y = d, x = f(y)$ e $x = g(y)$, onde f e g são funções contínuas em $[c, d]$ e $f(y) \geq g(y), \forall y \in [c, d]$ (ver Figura 8.92)

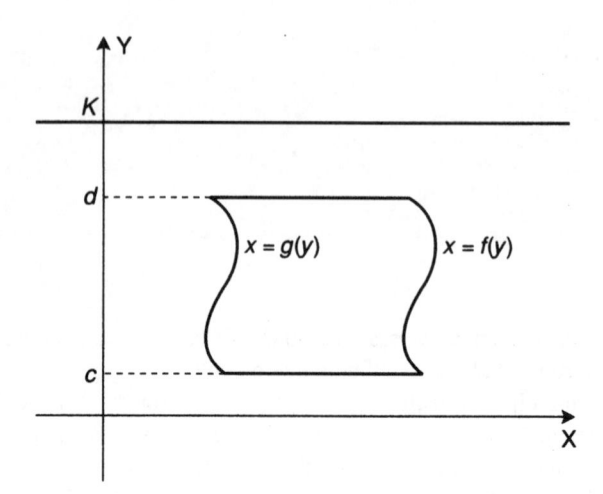

Figura 8.92

Vamos supor que o nível do líquido contenha a reta $y = k$.
Seja P uma partição de $[c, d]$ dada por

$$c = y_0 < y_1 < y_2 < \ldots < y_{j-1} < y_j < \ldots < y_n = d.$$

Seja s_j um ponto qualquer do intervalo $[y_{j-1}, y_j]$ e $\Delta y_j = y_j - y_{j-1}$.
A chapa pode ser aproximada por n retângulos de largura

$$L_j = f(s_j) - g(s_j)$$

e altura

$H_j = \Delta y_j$ (ver Figura 8.93).

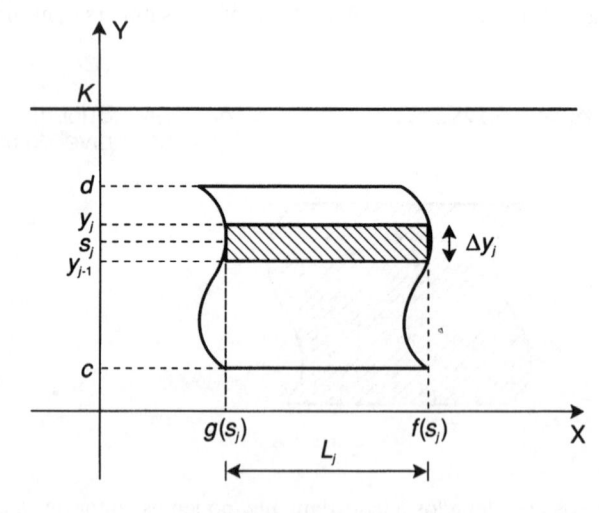

Figura 8.93

A área do j-ésimo retângulo é dada por:

$$A_j = L_j \cdot H_j$$
$$= [f(s_j) - g(s_j)]\Delta y_j.$$

Se Δy_j é pequeno, então todos os pontos do retângulo estão aproximadamente à mesma distância, $k - s_j$, do nível do líquido. Logo, a pressão em qualquer ponto do retângulo pode ser aproximada por:

$$w \cdot (k - s_j).$$

CAPÍTULO 8 Aplicações da integral definida

A força no j-ésimo retângulo é aproximadamente igual a

$$w(k - s_j)[f(s_j) - g(s_j)]\Delta y_j.$$

A força total sobre a chapa é aproximadamene igual a

$$\sum_{j=1}^{n} w(k - s_j)[f(s_j) - g(s_j)]\Delta y_j. \tag{1}$$

Podemos observar que à medida que n cresce a cada $\Delta y_j \to 0$, a soma (1) se aproxima do que intuitivamente entendemos como a força total sobre a chapa. Como (1) é uma soma de Riemann da função contínua

$$w(k - y)[f(y) - g(y)],$$

podemos definir a força total sobre a chapa como

$$F = \int_{c}^{d} w(k - y)[f(y) - g(y)]\,dy. \tag{2}$$

8.15.1 Exemplos

(i) Um depósito de água tem extremidades verticais com a forma de um trapézio isósceles de base menor igual a 4 m, base maior 12 m e altura 8 m. Determinar a força total sobre uma extremidade, quando o depósito está cheio de água.

Solução: A Figura 8.94 ilustra o trapézio num sistema de coordenadas cartesianas.

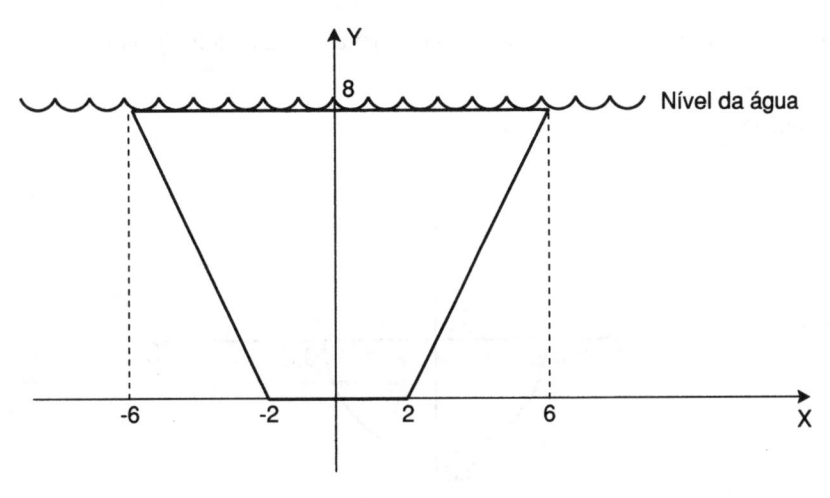

Figura 8.94

Como a figura apresenta simetria em relação ao eixo dos y, vamos analisar só a região do primeiro quadrante. Esta região está delimitada por:

$$y = 0, y = 8, x = 0 \text{ e } x = \frac{y + 4}{2}.$$

O nível da água contém a reta $y = 8$.
O peso da água por metro cúbico é conhecido, da Física, como $w = 9.807$ Newtons.
Usando (2), temos:

$$F = 2\int_{0}^{8} 9.807(8 - y) \cdot \frac{y + 4}{2}\,dy$$

$$= 9.807\int_{0}^{8} (8 - y)(y + 4)\,dy$$

$$= 9.807 \int_0^8 (32 + 4y - y^2)\,dy$$

$$= 9.807 \left(32y + 4\frac{y^2}{2} - \frac{y^3}{3} \right)\bigg|_0^8$$

$$= 9.807 \left(32 \cdot 8 + 2 \cdot 8^2 - \frac{8^3}{3} \right)$$

$$= 2092225{,}38 \text{ Newtons.}$$

(ii) Uma chapa semicircular de 0,2 m de raio acha-se submersa verticalmente num líquido, como mostra a Figura 8.95. Determinar a força exercida sobre um lado da chapa, sabendo-se que o líquido pesa 10^4 N por m³.

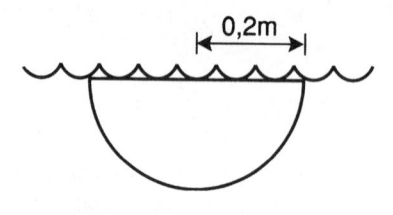

Figura 8.95

Solução: A Figura 8.96 mostra a chapa colocada num sistema de coordenadas cartesianas.

Devido à simetria em relação ao eixo dos y, vamos considerar a região delimitada por $y = -0{,}2$, $y = 0$, $x = 0$ e $x = \sqrt{0{,}04 - y^2}$.
O nível da água contém a reta $y = 0$.

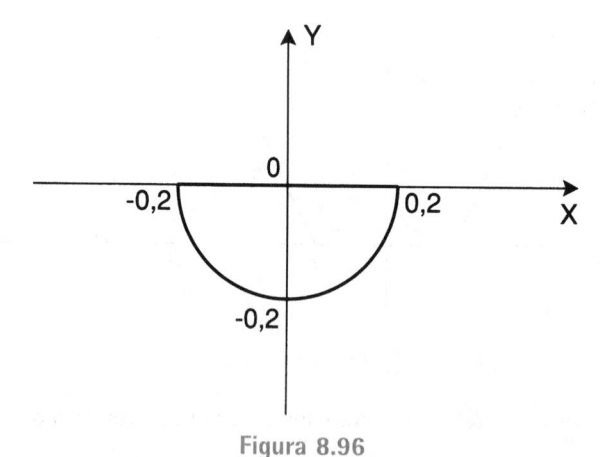

Figura 8.96

Usando (2), temos

$$F = 2 \int_{-0{,}2}^0 10^4 (0 - y)\sqrt{0{,}04 - y^2}\,dy$$

$$= 2 \cdot 10^4 \int_{-0{,}2}^0 -y\sqrt{0{,}04 - y^2}\,dy$$

$$= 2 \cdot 10^4 \left(\frac{1}{2} \frac{(0{,}04 - y^2)^{3/2}}{3/2} \right)\bigg|_{-0{,}2}^0$$

$$= \frac{20000}{3} \cdot 0{,}04^{3/2}$$

$$\cong 53{,}33 \text{ Newtons.}$$

8.16 Excedentes de Consumo e Produção

Em geral as pessoas consideradas aqui como consumidores adquirem mercadorias porque elas lhes proporcionam uma satisfação considerada a melhor. Quão melhor será a satisfação das pessoas, em conjunto, por poderem adquirir um produto do mercado? Esta pergunta pode ser respondida utilizando-se integração, calculando-se o Excedente do consumidor que é a diferença entre o preço que um consumidor estaria disposto a pagar por uma mercadoria e o preço que realmente paga.

Para calcular o excedente do consumidor é necessário conhecer a curva da demanda. Vamos supor que $p = f(x)$ é a função demanda, contínua, que relaciona o preço $\overline{p}$ de um bem de consumo com a quantidade x demandada. Para um preço fixado pelo mercado, denotado por $\overline{p}$, tem-se a quantidade demanda de $\overline{x}$ unidades. A Figura 8.97 mostra um exemplo de curva da demanda de um produto A.

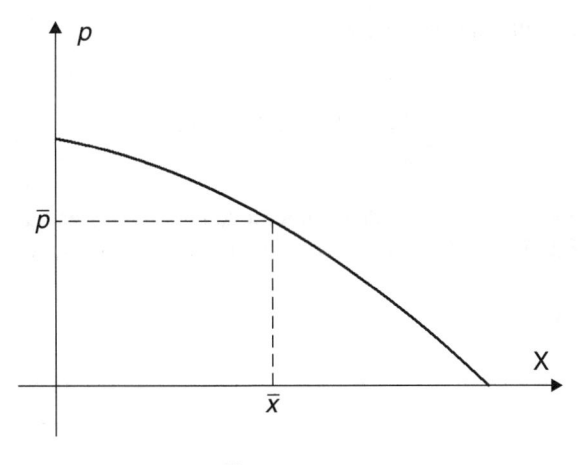

Figura 8.97

Vamos dividir o intervalo $[0, \overline{x}]$ em n subintervalos com comprimentos iguais, Δx, como mostra a Figura 8.98.

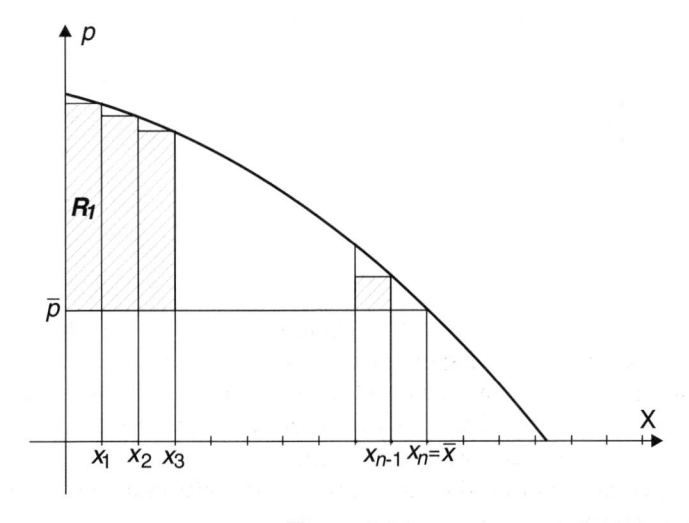

Figura 8.98

Observa-se que existem consumidores que pagariam um preço unitário de pelo menos $p = f(x_1)$ unidades monetárias pelas primeiras Δx unidades em vez do preço de mercado definido como $\overline{p}$ unidades monetárias por unidade. A quantia economizada por esses consumidores é aproximadamente igual a:

$$f(x_1)\Delta x - \overline{p}\,\Delta x = [f(x_1) - \overline{p}]\Delta x$$

que é a área do retângulo denotado por R_1.

Continuando esse raciocínio podemos escrever que a quantia total aproximada economizada pelos consumidores ao comprarem $\overline{x}$ unidades da mercadoria é:

$$\sum_{i=1}^{n} f(x_i)\Delta x - \overline{p}\,\overline{x}.$$

O primeiro termo dessa expressão é uma soma de Riemann da função demanda no intervalo $[0, \overline{x}]$. Fazendo $n \to \infty$, obtemos a expressão que fornece o cálculo exato para o **excedente de consumo** do produto, denotado por CS:

$$CS = \lim_{n \to \infty} \left[\sum_{i=1}^{n} f(x_i)\Delta x - \overline{px} \right] = \int_0^{\overline{x}} f(x)\,dx - \overline{px}.$$

Podemos também visualizar a última expressão como

$$CS = \int_0^{\overline{x}} [f(x) - \overline{p}]\,dx.$$

Geometricamente o excedente de consumo pode ser interpretado como a área da figura limitada superiormente pela curva de demanda $p = f(x)$ e inferiormente pela reta $p = \overline{p}$ no intervalo $[0, \overline{x}]$, como ilustra a Figura 8.99.

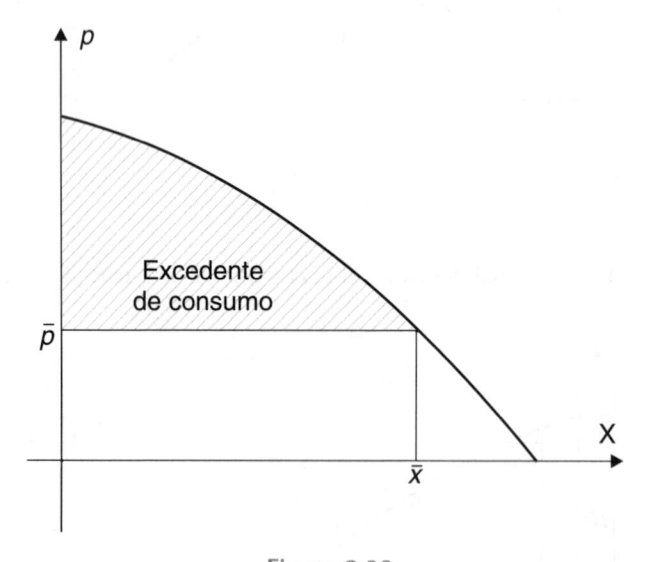

Figura 8.99

Com o mesmo raciocínio podemos considerar a função oferta $p = g(x)$ que relaciona o preço unitário p de um bem e a quantidade x que o fornecedor tornará disponível no mercado àquele preço.

Vamos supor que $\overline{p}$ seja o preço fixo de mercado estabelecido para o específico bem e que com este preço a quantidade a ser colocada no mercado será de $\overline{x}$ unidades. Assim, concebe-se que os fornecedores que colocarem o bem no mercado com um preço mais baixo terão a chance de lucrar mais.

A diferença entre o que os fornecedores realmente recebem e o que eles estariam dispostos a receber é chamada de **excedente de produção** que denotamos por PS.

De forma análoga ao excedente de consumo podemos concluir que:

$$PS = \overline{p}\,\overline{x} - \int_0^{\overline{x}} g(x)\,dx$$

ou

$$PS = \int_0^{\overline{x}} [\overline{p} - g(x)]dx$$

sendo $g(x)$ a função oferta, $\overline{p}$ o preço unitário de mercado e $\overline{x}$ a quantidade em oferta.

Na Figura 8.100 podemos visualizar o excedente de produção. Geometricamente, temos a área delimitada superiormente por $p = \overline{p}$ e inferiormente por $p = g(x)$ no intervalo $[0, \overline{x}]$.

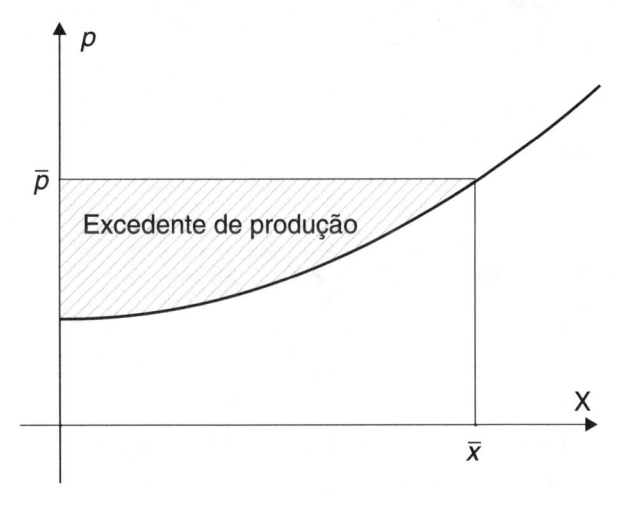

Figura 8.100

É interessante observar graficamente (ver Figura 8.101) o Excedente de Consumo e Produção em um único sistema cartesiano, usualmente utilizado no contexto econômico-financeiro para análises de mercado. Neste caso o preço de mercado é o preço de equilíbrio.

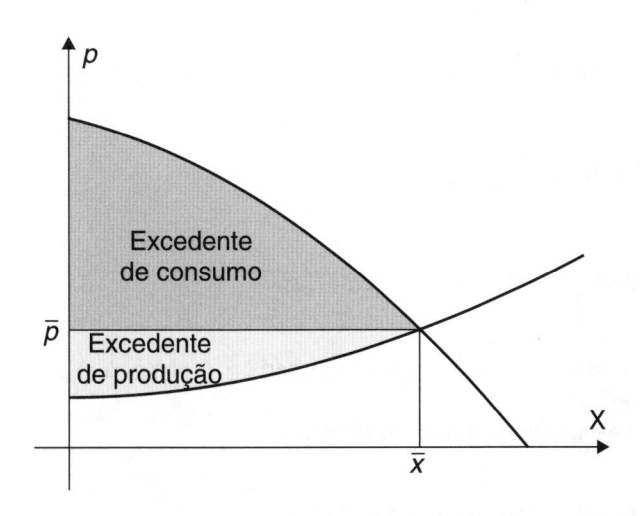

Figura 8.101

8.16.1 Exemplos

(i) Para as bicicletas da marca A de 10 marchas a função demanda é dada por $p = f(x) = -0{,}00152x^2 + 0{,}095x + 196{,}26$ e a função oferta $p = g(x) = 0{,}000964x^2 + 0{,}04464x + 53{,}59$, sendo que p é o preço unitário em reais e x a quantidade de bicicletas demandada (ou ofertada). Determinar os excedentes de consumo e de produção supondo que o preço de mercado é igual ao preço de equilíbrio.

Solução: A Figura 8.102 apresenta o gráfico das duas funções com o ponto de equilíbrio destacado. As regiões que mostram graficamente o excedente de consumo e de produção estão assinaladas.

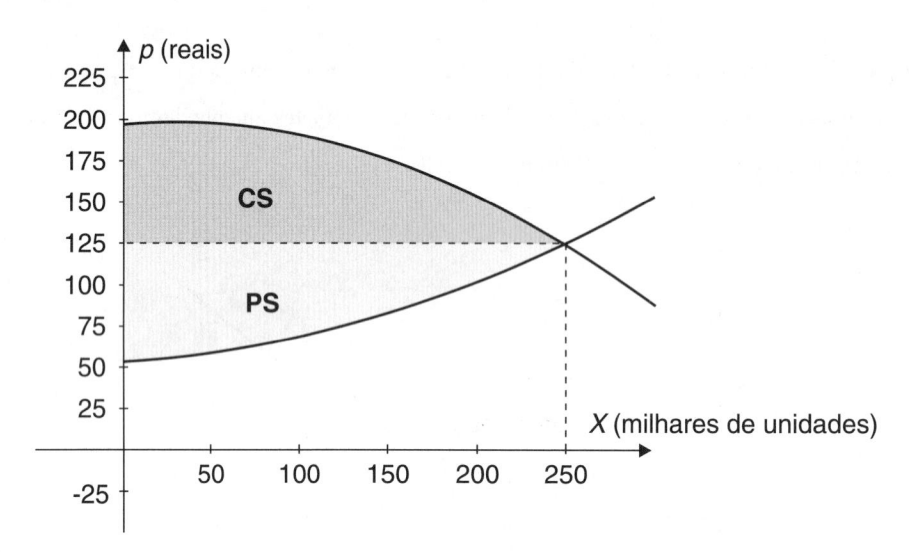

Figura 8.102

Lembramos que o ponto de equilíbrio pode ser encontrado algebricamente resolvendo a equação:

$$-0{,}00152x^2 + 0{,}095x + 196{,}26 = 0{,}000964x^2 + 0{,}04464x + 53{,}59$$

ou

$$0{,}002484x^2 - 0{,}05036x - 142{,}67 = 0$$

que tem como solução positiva aproximadamente o valor $x = 250$.

O excedente de consumo é encontrado usando-se a integral

$$CS = \int_0^{250} [-0{,}00152x^2 + 0{,}095x + 196{,}26 - 125]\,dx$$

$$= \int_0^{250} [-0{,}00152x^2 + 0{,}095x + 71{,}26]\,dx$$

$$= \left. \frac{-0{,}00152x^3}{3} + 0{,}095\frac{x^2}{2} + 71{,}26x \right|_0^{250} = 12.867{,}08$$

Assim, a diferença entre o preço que os consumidores estariam dispostos a pagar por uma bicicleta e o preço que realmente pagam é de R$ 12.867,08.

O excedente de produção é encontrado usando-se a integral

$$PS = \int_0^{250} [125 - (0{,}000964x^2 + 0{,}04464x + 53{,}59)]\,dx$$

$$= \int_0^{250} [-0{,}000964x^2 - 0{,}04464x + 71{,}41]\, dx$$

$$= -0{,}000964\frac{x^3}{3} - 0{,}04464\frac{x^2}{2} + 71{,}41x \Big|_0^{250} \cong 11.436{,}66.$$

Assim, a diferença entre o que os fornecedores realmente recebem e o que eles estariam dispostos a receber é igual a R$11.436,66.

(ii) A função demanda para uma certa peça de reposição de motores de barco é dada por $p = -0{,}01x^2 - 0{,}1x + 4$, sendo p o preço unitário em reais e x a quantidade demandada, medida em unidades. Determine o excedente de consumo se o preço de mercado é estabelecido a R$ 2,00 cada peça.

Solução: A Figura 8.103 mostra o gráfico da função demanda e a área que representa o excedente de consumo.

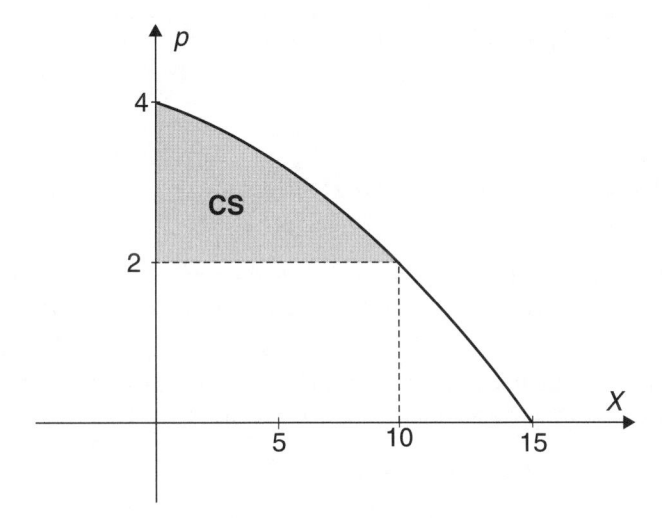

Figura 8.103

Observamos que para o preço de mercado estabelecido, a quantidade demandada é $x = 10$ unidades.
Temos:

$$CS = \int_0^{10} [-0{,}01x^2 - 0{,}1x + 4 - 2]\, dx$$

$$= \int_0^{10} [-0{,}01x^2 - 0{,}1x + 2]\, dx$$

$$= -1{,}01\frac{x^3}{3} - 0{,}1\frac{x^2}{2} + 2x \Big|_0^{10} \cong 11{,}66$$

Assim, a diferença entre o preço que os consumidores estariam dispostos a pagar por uma peça e o preço que realmente pagam é de R$ 11,66.

8.17 Valores Futuro e Presente de um Fluxo de Renda

Podemos medir o valor de um fluxo de renda de duas maneiras: valor futuro e valor presente.

Para entender o significado, podemos supor que uma rede de supermercados gera um fluxo de renda por um certo período de tempo, por exemplo, por 5 anos. À medida que a renda é realizada, ela é reinvestida e rende juros a uma taxa fixa. O fluxo de renda futura, acumulado durante os 5 anos, é a quantia de dinheiro que a rede de supermercados possui ao final desse período.

O valor presente de um fluxo de renda também pode ser obtido utilizando-se integrais.

8.17.1 Definição O valor futuro acumulado, ou total, após T anos de um fluxo de renda de $R(t)$ unidades monetárias por ano, rendendo juros compostos continuamente à taxa de r por ano é dado pela integral definida

$$VF = e^{rT} \int_0^T R(t)e^{-rt}dt.$$

Para entender o surgimento desta integral basta acompanhar os passos que seguem:

(1) Dividir o intervalo de tempo $[0, T]$ em n subintervalos de mesmo comprimento, denotados por Δt. A Figura 8.104 mostra essa partição.

Figura 8.104

(2) Observar que a renda gerada durante cada intervalo de tempo de comprimento Δt é dada aproximadamente por $R(t_i)\Delta t$, para $i = 1, 2, 3, ..., n$.

(3) O valor futuro desta quantia, daqui a T anos, calculado como se fosse ganho no instante t_i, é igual a $[R(t_i)\Delta t]e^{r(T-t_i)}$ unidades monetárias. Observamos que está sendo usada a fórmula de juros compostos continuamente.

(4) A soma dos valores futuros do fluxo de renda gerado ao longo de cada subintervalo de tempo é aproximadamente igual ao valor futuro acumulado no decorrer de T anos ou

$$VF_{aproximado} = R(t_1)e^{r(T-t_1)} + R(t_2)e^{r(T-t_2)}\Delta t + ... + R(t_n)e^{r(T-t_n)}\Delta t$$

$$= e^{rT} \sum_{i=1}^{n} R(t_i)e^{-rt_i}\Delta t$$

(5) A soma apresentada em (4) é uma soma de Riemann da função $e^{rT}R(t)e^{-rt}$ o que nos leva à definição dada em 8.7.1.

Em alguns momentos o interesse está no valor presente do fluxo de renda, denotado por VP. Neste caso tem-se:

$$VP = \int_0^T R(t)e^{-rt}dt.$$

8.17.2 Exemplo

(1) Qual é o valor presente acumulado de um fluxo contínuo de receitas que dura 2 anos à taxa constante de R\$ 3.000,00 por ano e é descontado à taxa nominal de 6% por ano?

Neste caso estamos diante do cálculo simples de valor presente do fluxo de renda, ou seja,

$$VP = \int_0^T R(t)e^{-rt}dt$$

$$= \int_0^2 3.000 \times e^{-0,06t}dt$$

$$= 3.000 \times \frac{-1}{0,06} e^{-0,06t}\Big|_0^2$$

$$= -50.000(e^{-0,06 \times 2} - 1)$$

$$\cong 5.653,98.$$

(2) Os dados dessa discussão auxiliam na análise de investimentos. Vamos supor que a reforma de uma grande loja pode ser desenvolvida a partir de dois diferentes planos de obra:
- Plano A – desembolso de R$ 230.000,00;
- Plano B – desembolso de R$ 150.000,00.

No estudo realizado estimou-se que o plano A vai propiciar um fluxo de renda líquida gerado à taxa de R$ 620.000,00 por ano e o plano B a taxa de R$ 520.000,00 por ano no decorrer dos próximos dois anos. Se a taxa de juros pelos próximos cinco anos for de 10% ao ano, qual dos dois planos gerará maior renda líquida ao final dos dois anos?

O valor presente acumulado de cada plano é calculado como segue:

$$VP_{\text{Plano A}} = \int_0^2 620000 \times e^{-0,1t} dt \qquad \text{e} \qquad VP_{\text{Plano B}} = \int_0^2 520000 \times e^{-0,1t} dt$$

$$\cong 1.123.869,33 \qquad\qquad\qquad \cong 942.600,08$$

Para dar a resposta ao problema vai ser necessário subtrair o desembolso inicial. Assim, para o Plano A tem o valor de R$ 893.869,33 e para o Plano B o valor de R$ 792.600,08. Portanto, a melhor opção sob esta análise é o Plano A, pois poderá gerar uma renda líquida maior no período de dois anos.

8.18 Exercícios

1. Encontrar a massa total e o centro de massa de uma barra de 12 cm de comprimento, se a densidade linear da barra num ponto P, que dista x cm da extremidade esquerda, é $(5x + 7)$ kg/cm.

2. Encontrar a massa total e o centro de massa de uma barra de comprimento 3m, se a densidade linear da barra num ponto situado a x m do extremo é $(5x^2 + 3)$ kg/m.

3. Calcular a massa total e o centro de massa de uma barra de 5m de comprimento, sabendo que a densidade linear num ponto é uma função do 1° grau da distância total deste ponto ao extremo direito da barra. A densidade linear no extremo direito é 5kg/m e no meio da barra é 2 kg/m.

4. Uma barra horizontal está localizada sobre os eixos dos x, como mostra a Figura 8.105.

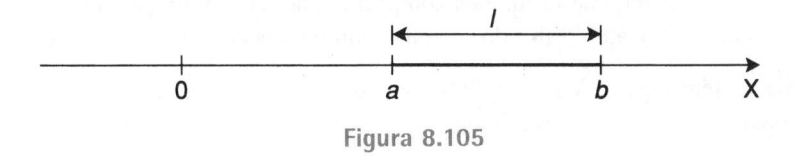

Figura 8.105

Se a densidade linear num ponto qualquer da barra é proporcional à distância deste ponto até a origem, determinar o valor da constante de proporcionalidade, de modo que a massa da barra seja $m = \dfrac{b+a}{2}$ u.m.

5. O comprimento de uma barra é 2 m e a densidade linear no extremo direito é 1kg/m. A densidade linear num ponto varia diretamente com a segunda potência da distância do ponto ao extremo esquerdo. Calcular a massa total e o centro de massa da barra.

6. Determinar o momento de inércia de uma barra homogênea de 3 m de comprimento, em relação a um eixo perpendicular, que:

   (a) passa no ponto médio da barra;   (b) passa por uma das extremidades da barra.

   Considerar a densidade linear da barra igual a 0,8 kg/m.

7. Uma barra horizontal mede 8 m de comprimento. No seu ponto médio a densidade linear é 0,8 kg/m e cresce proporcionalmente com o quadrado da distância até este ponto. Se em uma das extremidades a densidade é 16,8 kg/m, determinar a massa e o centro de massa da barra.

8. Determinar o momento de inércia da barra do exercício 7 em relação a um eixo perpendicular que:

    (a) passa no ponto médio da barra;   (b) passa por uma das extremidades da barra.

9. Achar o momento de inércia da barra dos exercícios 1 e 3 para um eixo perpendicular que:

    (a) passa pelo extremo direito;

    (b) passa pelo extremo esquerdo;

    (c) passa no ponto médio da barra.

10. Uma barra localizada sobre o eixo dos x tem extremos $x = 0$ e $x = 4$. Se a densidade linear é dada por $\rho(x) = \dfrac{1}{x+1}$, determinar a massa e o centro de massa da barra.

11. Determinar o momento de inércia da barra do Exercício 10 em relação a um eixo perpendicular que passa no ponto $x = -1$.

12. Determinar a massa e o centro de massa de uma barra que está localizada sobre o eixo dos x com extremos nos pontos $x = 0$ e $x = 1$. A densidade linear da barra é dada por $\rho(x) = e^x$.

13. Determinar o momento de inércia da barra do Exercício 12 em relação a um eixo perpendicular que passa pela origem.

14. Uma barra homogênea mede 3 m de comprimento. Se o seu momento de inércia em relação a um eixo perpendicular que passa por uma de suas extremidades é 22,5 kg.m², determinar a densidade linear da barra.

15. Uma mola tem comprimento natural de 10 m. Sob um peso de 5 N, ela se distende 3 m.

    (a) Determinar o trabalho realizado para distender a mola de seu comprimento natural até 25 m.

    (b) Determinar o trabalho realizado para distender a mola de 11 m a 21 m.

16. Uma força de 12 N é necessária para comprimir uma mola de um comprimento natural de 8 m para um comprimento de 7 m. Encontrar o trabalho realizado para comprimir a mola de seu comprimento natural para um comprimento de 2 m.

17. Uma mola tem comprimento natural de 12 m. Para comprimi-la de seu comprimento natural até 9 m, usamos uma força de 500 N. Determinar o trabalho realizado ao comprimir a mola de seu comprimento natural até 5 m.

18. Um balde pesa 5 N e contém argila cujo peso é 30 N. O balde está no extremo inferior de uma corrente de 50 m de comprimento, que pesa 5 N e está no fundo de um poço. Encontrar o trabalho necessário para suspender o balde até a borda do poço.

19. Um tanque cilíndrico reto de raio 1,2 m e altura 3 m está cheio de água. Achar o trabalho efetuado para esvaziar o tanque, pela parte superior.

20. Um tanque cilíndrico circular reto de 2 m de diâmetro e 3m de profundidade está cheio de água e deve ser esvaziado pela parte superior. Determinar o trabalho necessário para esvaziar o tanque:

    (a) considerando que a água seja deslocada por meio de um êmbolo, partindo da base do tanque;

    (b) por bombeamento.

21. Um tanque tem forma de um cone circular reto, de altura 20 m e raio da base 102 cm. Se o tanque está cheio de água, encontrar o trabalho realizado para bombear a água pelo topo do tanque.

22. Um reservatório cheio de água é da forma de um paralelepípedo retângulo de 1,40 m de profundidade, 4 m de largura e 8 m de comprimento. Encontrar o trabalho necessário para bombear a água do reservatório ao nível de 1 m acima da superfície do mesmo.

23. Uma comporta vertical de uma represa tem a forma de um retângulo de base 4 m e altura 2 m. O lado superior da comporta está a 0,5 m abaixo da superfície da água. Calcular a força total que essa comporta está sofrendo.

24. Um tanque tem forma de um prisma quadrangular de altura 1 m. Se o tanque está cheio de água e o seu lado da base mede 3 m, determinar a força decorrente da pressão da água sobre um lado do tanque.

25. Uma chapa tem a forma da região delimitada pelas curvas $y = x^2$ e $y = 4$. Se esta chapa é imensa verticalmente na água, de tal forma que seu lado superior coincide com o nível d'água, determinar a força decorrente da pressão da água sobre um lado da chapa.

26. Uma chapa retangular de 1 m de altura e 2 m de largura é imersa verticalmente num líquido, sendo que sua base inferior está a 3 m da superfície do líquido. Determinar a força total exercida sobre um lado da chapa, se o líquido pesa 4.000 N/m^3.

Nos exercícios 27 a 30, temos uma comporta de uma represa, colocada verticalmente, com a forma indicada. Calcular a força total contra a comporta.

27. Um retângulo com 30 m de largura e 10 m de altura; nível d'água: 2 m acima da base da comporta.

28. Um trapézio isósceles com 30 m de largura no topo, 20 m de largura na base e 8 m de altura; nível d'água: coincide com o topo da comporta.

29. Um triângulo isósceles com 16 m de largura no topo e 10 m de altura; nível d'água: coincide com o topo da comporta.

30. Um trapézio isósceles com 17 m de largura no topo, 9 m na base e 5 m de altura; nível d'água: 2 m acima da base da comporta.

31. O topo de um tanque tem 3 m de comprimento e 2 m de largura. As extremidades são triângulos equiláteros verticais, com um vértice apontando para baixo. Qual é a força total em uma extremidade do tanque, quando ele está cheio de um líquido que pesa 12.000 Newtons por m^3?

32. Uma chapa é limitada pela curva $y = x^{2/3}$ e a reta $y = 1$, no plano xy, com o eixo dos y apontando para cima e suas escalas medidas em metros. A chapa está submersa em óleo, cujo peso é 9.600 Newtons por m^3, com a reta $y = 1$ sobre a superfície do óleo. Qual é a força do óleo em cada lado da chapa?

33. Uma lâmina tem a forma de um triângulo retângulo de lados 3, 4 e 5 m. A lâmina está imersa verticalmente num líquido, de tal forma que a hipotenusa coincide com o nível do líquido. Determinar a força exercida pelo líquido sobre um lado da lâmina, se o peso do líquido é 6.500 N/m^3.

34. A função demanda para um certo produto é dada por $p = -2x^2 + 9$ sendo p o preço unitário em reais e x a quantidade demandada semanalmente. Determine o excedente de consumo se o preço de mercado é estabelecido a R$ 5,00 cada unidade do produto.

35. Um fornecedor de produtos de limpeza estabelece que a quantidade de mercadoria a ser colocada no mercado está relacionada com o preço p, em reais, pela função $p = x^2 + 5x + 1$. Se o preço de mercado é igual a R$ 6,00, encontrar o excedente de produção.

36. A quantidade demandada de um certo produto A está relacionada ao preço unitário p, em reais, por $p = 10 - 2x$ e a quantidade x (em unidades) que o fornecedor está disposto a colocar no mercado está relacionada ao preço unitário p por $p = \frac{3}{2}x + 1$. Se o preço de mercado é igual ao preço de equilíbrio, determine o excedente de consumo e o excedente de produção.

37. Estima-se que um investimento gerará renda à taxa de $R(t)$ igual a R$ 180.000 por ano pelos próximos três anos. Determine o valor presente deste investimento se a taxa de juros é de 6% ao ano compostos continuamente.

Apêndices

Apêndice A – Tabelas

Apêndice B – Respostas dos Exercícios

Apêndice A
Tabelas

Identidades Trigonométricas

(1) $\operatorname{sen}^2 x + \cos^2 x = 1$

(2) $1 + \operatorname{tg}^2 x = \sec^2 x$

(3) $1 + \operatorname{cotg}^2 x = \operatorname{cosec}^2 x$

(4) $\operatorname{sen}^2 x = 1/2(1 - \cos 2x)$

(5) $\cos^2 x = 1/2(1 + \cos 2x)$

(6) $\operatorname{sen} 2x = 2 \operatorname{sen} x \cos x$

(7) $\operatorname{sen} x \cos y = 1/2[\operatorname{sen}(x - y) + \operatorname{sen}(x + y)]$

(8) $\operatorname{sen} x \operatorname{sen} y = 1/2[\cos(x - y) - \cos(x + y)]$

(9) $\cos x \cos y = 1/2[\cos(x - y) + \cos(x + y)]$

Tabela de Derivadas

Nesta tabela u e v são funções deriváveis de x e c, α e a são constantes.

(1) $y = c \Rightarrow y' = 0$

(2) $y = x \Rightarrow y' = 1$

(3) $y = c \cdot u \Rightarrow y' = c \cdot u'$

(4) $y = u + v \Rightarrow y' = u' + v'$

(5) $y = u \cdot v \Rightarrow y' = u' \cdot v' + v \cdot u'$

(6) $y = \dfrac{u}{v} \Rightarrow y' = \dfrac{v \cdot u' - u \cdot v'}{v^2}$

(7) $y = u^\alpha \,(\alpha \neq 0) \Rightarrow y' = \alpha \cdot u^{\alpha - 1} \cdot u'$

(8) $y = a^u \,(a > 0, a \neq 1) \Rightarrow y' = a^u \cdot \ln a \cdot u'$

(9) $y = e^u \Rightarrow y' = e^u \cdot u'$

(10) $y = \log_a u \Rightarrow y' = \dfrac{u'}{u} \log_a e$

(11) $y = \ln u \Rightarrow y' = \dfrac{u'}{u}$

(12) $y = u^v \Rightarrow y' = v \cdot u^{v-1} \cdot u' + u^v \cdot \ln u \cdot v' \,(u > 0)$

(13) $y = \operatorname{sen} u \Rightarrow y' = \cos u \cdot u'$

(14) $y = \cos u \Rightarrow y' = -\operatorname{sen} u \cdot u'$

(15) $y = \text{tg}\, u \Rightarrow y' = -\sec^2 u \cdot u'$

(16) $y = \text{cotg}\, u \Rightarrow y' = -\text{cosec}^2 u \cdot u'$

(17) $y = \sec u \Rightarrow y' = \sec u \cdot \text{tg}\, u \cdot u'$

(18) $y = \text{cosec}\, u \Rightarrow y' = -\text{cosec}\, u \cdot \text{cotg}\, u \cdot u'$

(19) $y = \text{arc sen}\, u \Rightarrow y' = \dfrac{u'}{\sqrt{1-u^2}}$

(20) $y = \text{arc cos}\, u \Rightarrow y' = \dfrac{-u'}{\sqrt{1-u^2}}$

(21) $y = \text{arc tg}\, u \Rightarrow y' = \dfrac{u'}{1+u^2}$

(22) $y = \text{arc cotg}\, u \Rightarrow y' = \dfrac{-u'}{1+u^2}$

(23) $y = \text{arc sec}\, u,\ |u| \geq 1 \Rightarrow y' = \dfrac{u'}{|u|\sqrt{u^2-1}},\ |u| > 1$

(24) $y = \text{arc cosec}\, u,\ |u| \geq 1 \Rightarrow y' = \dfrac{-u'}{|u|\sqrt{u^2-1}},\ |u| > 1$

(25) $y = \text{senh}\, u \Rightarrow y' = \cosh u \cdot u'$

(26) $y = \cosh u \Rightarrow y' = \text{senh}\, u \cdot u'$

(27) $y = \text{tgh}\, u \Rightarrow y' = \text{sech}^2 u \cdot u'$

(28) $y = \text{cotgh}\, u \Rightarrow y' = -\text{cosech}^2 u \cdot u'$

(29) $y = \text{sech}\, u \Rightarrow y' = -\text{sech}\, u \cdot \text{tgh}\, u \cdot u'$

(30) $y = \text{cosech}\, u \Rightarrow y' = -\text{cosech}\, u \cdot \text{cotgh}\, u \cdot u'$

(31) $y = \text{arg senh}\, u \Rightarrow y' = \dfrac{u'}{\sqrt{u^2+1}}$

(32) $y = \text{arg cosh}\, u \Rightarrow y' = \dfrac{u'}{\sqrt{u^2-1}},\ u > 1$

(33) $y = \text{arg tgh}\, u \Rightarrow y' = \dfrac{u'}{1-u^2},\ |u| < 1$

(34) $y = \text{arg cotgh}\, u \Rightarrow y' = \dfrac{u'}{1-u^2},\ |u| > 1$

(35) $y = \text{arg sech}\, u \Rightarrow y' = \dfrac{-u'}{u\sqrt{1-u^2}},\ 0 < u < 1$

(36) $y = \text{arg cosech}\, u \Rightarrow y' = \dfrac{-u'}{|u|\sqrt{1+u^2}},\ u \neq 0$.

Tabela de Integrais

(1) $\int du = u + C$

(2) $\int \dfrac{du}{u} = \ln |u| + C$

(3) $\int u^\alpha\, du = \dfrac{u^{\alpha+1}}{\alpha+1} + C$ (α é constante $\neq -1$)

(4) $\int a^u\, du = \dfrac{a^u}{\ln a} + C$

(5) $\int e^u\, du = e^u + C$

(6) $\int \text{sen}\, u\, du = -\cos u + C$

(7) $\int \cos u\, du = \text{sen}\, u + C$

(8) $\int \text{tg}\, u\, du = \ln |\sec u| + C$

(9) $\displaystyle\int \operatorname{cotg} u\, du = \ln|\operatorname{sen} u| + C$

(10) $\displaystyle\int \operatorname{cosec} u\, du = \ln|\operatorname{cosec} u - \operatorname{cotg} u| + C$

(11) $\displaystyle\int \sec u\, du = \ln|\sec u + \operatorname{tg} u| + C$

(12) $\displaystyle\int \sec^2 u\, du = \operatorname{tg} u + C$

(13) $\displaystyle\int \operatorname{cosec}^2 u\, du = -\operatorname{cotg} u + C$

(14) $\displaystyle\int \sec u \cdot \operatorname{tg} u\, du = \sec u + C$

(15) $\displaystyle\int \operatorname{cosec} u \cdot \operatorname{cotg} u\, du = -\operatorname{cosec} u + C$

(16) $\displaystyle\int \frac{du}{\sqrt{a^2 - u^2}} = \operatorname{arcsen}\frac{u}{a} + C$

(17) $\displaystyle\int \frac{du}{a^2 + u^2} = \frac{1}{a}\operatorname{arc\,tg}\frac{u}{a} + C$

(18) $\displaystyle\int \frac{du}{u\sqrt{u^2 - a^2}} = \frac{1}{a}\operatorname{arc\,sec}\left|\frac{u}{a}\right| + C$

(19) $\displaystyle\int \operatorname{senh} u\, du = \cosh u + C$

(20) $\displaystyle\int \cosh u\, du = \operatorname{senh} u + C$

(21) $\displaystyle\int \operatorname{sech}^2 u\, du = \operatorname{tgh} u + C$

(22) $\displaystyle\int \operatorname{cosech}^2 u\, du = -\operatorname{cotgh} u + C$

(23) $\displaystyle\int \operatorname{sech} u \cdot \operatorname{tgh} u\, du = -\operatorname{sech} u + C$

(24) $\displaystyle\int \operatorname{cosech} u \cdot \operatorname{cotgh} u\, du = -\operatorname{cosech} u + C$

(25) $\displaystyle\int \frac{du}{\sqrt{u^2 \pm a^2}} = \ln|u + \sqrt{u^2 \pm a^2}| + C$

(26) $\displaystyle\int \frac{du}{a^2 - u^2} = \frac{1}{2a}\ln\left|\frac{u+a}{u-a}\right| + C$

(27) $\displaystyle\int \frac{du}{u\sqrt{a^2 \pm u^2}} = -\frac{1}{a}\ln\left|\frac{a + \sqrt{a^2 \pm u^2}}{u}\right| + C$

Fórmulas de Recorrência

(1) $\displaystyle\int \operatorname{sen}^n u\, du = -\frac{1}{n}\operatorname{sen}^{n-1} u \cos u + \frac{n-1}{n}\int \operatorname{sen}^{n-2} u\, du$

(2) $\displaystyle\int \cos^n u\, du = \frac{1}{n}\cos^{n-1} u \operatorname{sen} u + \frac{n-1}{n}\int \cos^{n-2} u\, du$

(3) $\displaystyle\int \operatorname{tg}^n u\, du = \frac{1}{n-1}\operatorname{tg}^{n-1} u - \int \operatorname{tg}^{n-2} u\, du$

(4) $\displaystyle\int \operatorname{cotg}^n u\, du = -\frac{1}{n-1}\operatorname{cotg}^{n-1} u - \int \operatorname{cotg}^{n-2} u\, du$

(5) $\displaystyle\int \sec^n u\, du = \frac{1}{n-1}\sec^{n-2} u \operatorname{tg} u + \frac{n-2}{n-1}\int \sec^{n-2} u\, du$

(6) $\int \operatorname{cosec}^n u \, du = -\dfrac{1}{n-1} \operatorname{cosec}^{n-2} u \, \operatorname{cotg} u + \dfrac{n-2}{n-1} \int \operatorname{cosec}^{n-2} u \, du$

(7) $\int \dfrac{du}{(u^2+a^2)^n} = \dfrac{u(u^2+a^2)^{1-n}}{2a^2(n-1)} + \dfrac{2n-3}{2a^2(n-1)} \int \dfrac{du}{(u^2+a^2)^{n-1}}$

Apêndice B
Respostas dos Exercícios

Capítulo 1

Seção 1.6

1.
   a) $(-1/2, +\infty)$;
   b) $(-\infty, 68/19)$;
   c) $(-5/3, 4/3]$;
   d) $(-\infty, 0) \cup (20/3, +\infty)$;
   e) $[-3, 3]$;
   f) $(-\infty, 1) \cup (2, +\infty)$;
   g) $[-1, 1/2]$;
   h) $(-\infty, -3) \cup (2, +\infty)$;
   i) $(-1, 1) \cup (1, +\infty)$;
   j) $(-\infty, -4] \cup [-1, 1]$;
   k) $(-\infty, 0]$;
   l) $(-\infty, -1] \cup [1, +\infty) \cup \{0\}$;
   m) $(-\infty, 3) \cup (4, +\infty)$;
   n) $(-14, -4)$;
   o) $(-\infty, 5) \cup [13/2, +\infty)$;
   p) $(2, +\infty)$;
   q) $(-\infty, -2] \cup \{1\}$;
   r) $(-\infty, -5/2] \cup (-1, 2)$;
   s) $(-\infty, -1/2)$;
   t) $[2/3, +\infty) \cup \{1/2\}$.

2.
   a) $\{-9/5, 3\}$;
   b) $\{-1/4, 11/12\}$;
   c) $\{2/5, 8/9\}$;
   d) $\{4/3, 3\}$;
   e) $\{4/11, 4\}$;
   f) $\{-7/2, 3/4\}$;
   g) $\{-11/10, 11/8\}$;
   h) $\{8\}$.

3.
   a) $(-19, -5)$;
   b) $[2/3, 2]$;
   c) $(-\infty, -2/3] \cup [7/3, +\infty)$;
   d) $(-\infty, 1) \cup (4, +\infty)$;
   i) $(-10, -2/3)$;
   f) $(-\infty, -2/3] \cup [10, +\infty)$;
   g) $(-\infty, -5) \cup (1, +\infty)$;
   h) $[9/7, 19]$;
   i) $(-\infty, -5/2] \cup [3/2, +\infty)$;
   j) $(-6, -3) \cup (-1, 2)$;
   k) $(2, 14/3) - \{3\}$;
   l) $(-\infty, 11/7] \cup [3, +\infty) - \{1/2\}$;
   m) ϕ;
   n) ϕ;
   o) $[-3/2, 0]$;
   p) $(-\infty, -2) \cup (2/3, +\infty)$;
   q) $[-2, 4] - \{-1, 3\}$;
   r) $(0, +\infty)$;
   s) $(-\infty, -7/2] \cup [-1/6, +\infty)$.

Capítulo 2

Seção 2.10

1. a) 4; b) 0; c) $\dfrac{1-4t}{t-t^2}$; d) $\dfrac{x^2-4x}{x-3}$; e) $\dfrac{15}{2}$; f) $\dfrac{t^4-4}{t^2-1}$.

2. a) $\dfrac{-263}{98}$; b) $\dfrac{1}{9}$; c) $\dfrac{9x-7}{3x-9}$; d) $\dfrac{-22t^2+38t-88}{-7t^2+53t-28}$; e) $\dfrac{20}{7(h-7)}$; f) 11/7.

3. 3; −1/2; 2   **5.** $2a+2+h$ **6.** $\dfrac{1-x}{2+7x}; \dfrac{2x+7}{x-1}$

10. a) $4\pi x^2$; b) $6x^2$; c) $\dfrac{4V}{x}+2x^2$.   **11.** $2\sqrt{16-x^2}$

12. a) 9; ∄; ∄; b) [2, 8]; c) $-4t^2-16t-7; [-7/2, -1/2]$; d) 9; ∄

13. a) ℝ; b) $[-2, 2]$; c) ℝ $- \{4\}$; d) $[2, +\infty)$; e) $(-\infty, 1] \cup [3, +\infty)$; f) $[-3, 7]$; g) ℝ;

h) ℝ $- \{a\}$; i) $[-5, 2]$; j) $(-\infty, -1) \cup [0, +\infty)$; k) ℝ $- \{0\}$; l) $[0, +\infty)$.

14. (a) $y = 3x - 1$, ℝ, ℝ

(b) $y = x^2$, ℝ, ℝ$_+$

(c) Não é função $y = f(x)$

(d) $y = -\sqrt{4-x^2}, [-2, 2], [-2, 0]$

(e) Não é função

(f) $y = \dfrac{1}{x}$, ℝ $- \{0\}$, ℝ $- \{0\}$

(g) $y = x^2 + 11$, ℝ, $[11, +\infty)$

15. As respostas gráficas não serão apresentadas.

(a) $[-2, 2), [0, 2]$

(b) ℝ, $\left\{0, \dfrac{1}{2}, 1\right\}$

(c) ℝ, $(-\infty, 0] \cup \{1\} \cup [4, +\infty)$

16. (a) $D(f) = $ ℝ

Conjunto imagem : $[-2, +\infty)$

Raízes: $-\sqrt{2}-4$ e $\sqrt{2}-4$

Ponto de mínimo em $x = -4$

Valor mínimo: -2

Intervalo de crescimento: $[-4, +\infty)$

Intervalo de decrescimento: $(-\infty, -4]$

(b) $D = \mathbb{R}$

Conjunto imagem: $(-\infty, 3]$

Raízes: $2 - \sqrt{3}$ e $2 + \sqrt{3}$

Ponto de máximo em $x = 2$

Valor máximo: 3

Intervalo de crescimento: $(-\infty, 2]$

Intervalo de decrescimento: $[2, +\infty)$

(c) $D = \mathbb{R}$

Conjunto imagem: $[0, +\infty)$

Raiz: 2

Ponto de mínimo em $x = 2$

Valor mínimo: 0

Intervalo de crescimento: $[2, +\infty)$

Intervalo de decrescimento: $(-\infty, 2]$

(d) $D = \mathbb{R}$

Conjunto imagem: $(-\infty, 0]$

Raiz: -2

Ponto de máximo em $x = -2$

Valor máximo: 0

Intervalo de crescimento: $(-\infty, -2]$

Intervalo de decrescimento: $[-2, +\infty)$

(e) $D = \mathbb{R}$

Conjunto imagem: $\mathbb{R}$

Raiz: 0

Intervalo de crescimento: $(-\infty, +\infty)$

(f) $D = \mathbb{R}$

Conjunto imagem: $\mathbb{R}$

Raízes: Uma raiz real com valor aproximado de $1{,}59$

Intervalo de decrescimento: $(-\infty, +\infty)$

(g) $D = [-3, 3]$

Conjunto imagem: $[0, 3]$

Raiz: 0

Ponto de mínimo em $x = 0$

Valor mínimo: 0

Pontos de máximo em -3 e 3

Valor máximo: 3

Intervalo de crescimento: $[0, 3]$

Intervalo de decrescimento: $[-3, 0]$

(h) $D = \mathbb{R} - \{2\}$

Conjunto imagem: $\mathbb{R} - \{0\}$

Intervalos de decrescimento: $(-\infty, 2)$ e $(2, +\infty)$

(i) $D = \mathbb{R} - \{-3\}$

Conjunto imagem: $\mathbb{R} - \{0\}$

Intervalo de crescimento: $(-\infty, -3)$ e $(-3, +\infty)$

(j) $D = [0, +\infty)$

Conjunto imagem: $[0, +\infty)$

Raiz: $x = 0$

Ponto de mínimo em $x = 0$

Valor mínimo: 0

Intervalo de crescimento: $[0, +\infty)$

18. -6

20. $4x - 21$; $4x^2 - 28x + 49$; $4x - 14$

21. a) x^2 b) $\sqrt{x}$ c) bx d) $\pm(x^2 - 3x + 5)$

22. 2 e -3; -2 e 9

24. $f_o g(x) = \begin{cases} 5x^3, & x \leq 0 \\ -x^3, & 0 < x \leq 2 \\ \sqrt{x^3}, & x > 2 \end{cases}$

25. $D(f) = [2, +\infty)$; $D(g) = [-2, +\infty)$; $D(h) = [2, +\infty)$; $D(p) = [2, +\infty)$; $D(q) = [2, +\infty)$

26. $\sqrt{x}$; $-\sqrt{x}$ **27.** $2x - 3$; $-2x + 3$

28. $x - 1$ **30.** $x < 1$ **31.** $x \in (-1, 1)$

32. (a) Na 2ª semana (b) Na 4ª semana

(c) O número de pessoas infectadas cresce lentamente no início da epidemia; num segundo momento esse número cresce rapidamente e depois volta a crescer lentamente até que a epidemia fique controlada.

33. $L = -x^2 + 602x - 1.200$

34. $C_t = 2.000 + 0,10\,x$

35. $Pn = 5 \times 2^n$, n = número de horas

36. 72

Seção 2.17

5. $f(x) = \dfrac{1}{3}x + \dfrac{7}{3}$

6. a) par b) ímpar c) não é par nem ímpar d) par
e) par f) ímpar g) não é par nem ímpar h) par i) ímpar j) ímpar

30. a) $[-1/3, 1]$ b) $1 \le x \le 100$ c) $\displaystyle\bigcup_{n \in Z} \left[n\pi, n\pi + \dfrac{\pi}{2}\right]$

39. $q = 24 - 3x$; (a) 9; (b) R$ 4,00

40. (a) 1,6 unidades monetárias

41. (a) $f(x) = \dfrac{3}{25}x + 25$; (b) R$ 22.225,00

42. (a) $R(q) = 27q$; (b) R$ 38.000,00 (c) R$ 3.000,00

43. (a) 7.300 unidades monetárias; $x = 90$

44. (a) $P = 1,6$; (b) $P = 1$

45. $c(x) = 4x^2 + \dfrac{6}{10x}$

47. Quando $a > 0$, o gráfico de $g(x)$ coincide com o gráfico de $f(x)$, deslocado a unidades para a esquerda. Quando $a < 0$, o gráfico de $g(x)$ coincide com o gráfico de $f(x)$, deslocado a unidades para a direita.

48. O gráfico de $g(x)$ coincide com o gráfico de $f(x)$, deslocado verticalmente: a unidades para cima quando $a > 0$ ou a unidades para baixo quando $a < 0$.

49. (a) $f(x) = (x - 3)^2$; deslocamento horizontal de 3 unidades para a direita.

(b) $f(x) = (x + 2)^2$; deslocamento horizontal de 2 unidades para a esquerda.

(c) $f(x) = (x-3)^2 - 4$; deslocamento horizontal de 3 unidades para a direita e deslocamento vertical de 4 unidades para baixo.

50. (a) $y = \dfrac{1}{2}(x+1)$ (b) $y = 2x + 2$ (c) $y = \sqrt[3]{x}$ (d) $y = 1 + \sqrt[3]{x-4}$

51. (a) $y = \sqrt{x}$ (b) $y = 1 + \sqrt{x}$ (c) $y = \dfrac{3}{2} + \sqrt{\dfrac{x}{2} + \dfrac{29}{4}}$ (d) $y = \ln x$

52. Se pretendo me deslocar mais de 100 km devo escolher a locadora B e em caso contrário a locadora A.

53. Quadrado de lado igual a 20 cm.

54. (a) $y = 1,8x + 32$ (c) 77 °F   (d) $-40\,°C \approx -40\,°F$

55. Aproximadamente 47 anos.

56. (a) $1,2q_1 + 1,5q_2 = 180$, sendo q_1 a quantidade de latinhas de refrigerante e q_2 a quantidade de cachorros quente.

(c) 120 cachorros quentes.

57. (a) $C_T = 12.400 + 262x$

(c) O custo fixo é o coeficiente linear da reta e o custo variável, o coeficiente angular.

58. (a) $M = M_0 e^{-0,0004279\,t}$ (b) aproximadamente 74%

59. (a) $M = M_0 e^{-0,005108\,t}$ (b) $t \cong 135,7$ anos   (c) $t \cong 371,4$ anos.

Capítulo 3

Seção 3.6

1. a) -1 b) 3   c) $\nexists$ d) -1 e) 3   f) 3

2. a) 0   b) 0   c) 0   d) $+\infty$

3. a) 0   b) 0   c) 0   d) $+\infty$ e) $-\infty$ f) 4

4. a) 0   b) 0   c) $+\infty$ d) $-\infty$ e) 1

5. a) $+\infty$ b) 1/2   c) $\nexists$ d) 1/2   e) $-\infty$

11. 0,005   **12.** 0,166...   **13.** 0,1   **14.** 1   **15.** 0,75

16. (a) (b) 0   (c) 0   (d) 0

18. 3   **19.** 8   **20.** 9   **21.** 8   **22.** 27

23. 4.096   **24.** 6/5   **25.** 5/4   **26.** 2   **27.** 5

28. −1   **29.** 9/2   **30.** $\sqrt[3]{11}$ **31.** $\sqrt[3]{23^2}$ **32.** $\dfrac{2\sqrt{2}-1}{3}$

33. $\dfrac{\sqrt{2}}{2}$ **34.** 2   **35.** $e^4 + 16$ **36.** $\sqrt[4]{7/3}$ **37.** $\dfrac{\operatorname{senh}2}{4}$

Seção 3.8

1. a) 2   b) 2   c) 2   d) 8   e) 8   f) 8

2. 4   **3.** a) 0   b) 0   c) 0

4. a) 2   b) 2   c) 2   **5.** b) 1, −1 e ∄   **7.** $\dfrac{\pi}{2}$ e $\dfrac{-\pi}{2}$

9. a) −1   b) 1   c) 0   d) −∞   e) ∄   f) 0   g) 0   h) 0

10. a) 5   b) 10   c) 0   d) 10   e) 0

Seção 3.10

1. a) 12   b) −1/4   c) −1/6   d) 17   e) −1/9   f) 12

3. a) 6   b) −9/4   c) 2/3   d) 1/3

4. −3/2   **5.** 0   **6.** 1   **7.** 7/2   **8.** $a + 1$

9. 1   **10.** −4/5   **11.** −2   **12.** 4   **13.** 1/8

14. 32   **15.** 8   **16.** 3/10   **17.** $b/2a$ **18.** 1/2

19. −1   **20.** 1/12   **21.** −1/2   **22.** b/a **23.** $1/3\sqrt[3]{a^2}$

24. 4/3   **25.** 1/9   **26.** −1/3   **27.** 1

Seção 3.13

1. a) 2   b) 1/6   **2.** a) +∞   b) 0

3. $+\infty$ **4.** 2 **5.** 0 **6.** 0 **7.** 1/2

8. $-\infty$ **9.** $+\infty$ **10.** $-5/7$ **11.** $+\infty$ **12.** 0

13. $+\infty$ **14.** 2/3 **15.** $+\infty$ **16.** 1 **17.** -1

18. 0 **19.** $-1/2$ **20.** $+\infty$ **21.** 10/3 **22.** $-\infty$

23. 0 **24.** -1 **25.** $-\sqrt{2}$ **26.** $+\infty$ **27.** $\sqrt[3]{3/2}$

28. $\sqrt{2}$ **29.** $-1/2$ **30.** 1/2 **31.** $+\infty$ **32.** $-\infty$

33. $+\infty$ **34.** $-\infty$ **35.** $+\infty$ **36.** $-\infty$ **37.** $-\infty$

38. $+\infty$ **39.** $+\infty$ **40.** $+\infty$

Seção 3.16

1. a) $y = 0; x = 4$ b) $y = 0; x = -2$ c) $y = 0; x = 2; x = 1$
   d) $y = 0; x = 3; x = -4$ e) $y = 0; x = -4$ f) $y = 0; x = 3$
   g) $x = \pm 4$ h) $y = \pm 1; x = 3; x = -4$ i) $y = 1; x = 0$
   j) $y = -1$ k) $x = 0$ l) $x = (2n + \pi/2$ para $n = 0 \pm 1, \pm 2, \pm 3...)$

5. 9 **6.** 4/3 **7.** 10/7 **8.** a/b **9.** a

10. 1/64 **11.** 0 **12.** 1/2 **13.** $-1/\pi$

14. 2/7 **15.** 5/2 **16.** -1 **17.** e **18.** e **19.** e **20.** e^{10}

21. $\ln 10$ **22.** $2/5 \ln 2$ **23.** $25 \ln 5$ **24.** $\dfrac{\ln 3}{20}$ **25.** $b - a$

26. a **27.** 1 **28.** a) e b) e^2 c) $1/e$

Seção 3.18

1. b) c) d) e) i) são contínuas;   a) f) g) h) j) não são contínuas

2. a) -1 b) $\nexists$ c) $\nexists$ d) -3 e -2 e) 0 f) $\nexists$ g) 1 h) $\nexists$

4. a) $-8/3$ b) 1 c) 2

5. a) $3, -7$ b) $x \in (3, 6)$ c) $x = -\dfrac{\pi}{6} + 2k\pi, x = \dfrac{7\pi}{6} + 2k\pi, k \in Z$ d) $\nexists$

Capítulo 4

Seção 4.7

1. a) $2x - y - 2 = 0$; $y = -1$; $2ax - y - a^2 - 1 = 0$

   b) $5x + y - 5 = 0$; $x - y + 2 = 0$

   c) $8x + 4y + 3 = 0$; $(6a - 5)x - y - 3a^2 = 0$

2. a) $x + 2y - 1 = 0$; $x = 0$; $x + 2ay - 2a^3 + a = 0$

   b) $x - 5y + 51 = 0$; $x + y - 6 = 0$

   c) $x - 2y - 4 = 0$; $x - (5 - 6a)y - 18a^3 + 45a^2 - 26a = 0$

3. $4x + 4y - 5 = 0$ 4. $6x + y + 3 = 0$; $x - 6y + 56 = 0$

5. a) $16 + 2b + h$ m/s   b) $22,1$ m/s; $22,01$ m/s; $22,001$ m/s   c) $16 + 2t$ m/s

   d) 22 m/s   e) 2 m/s²

6. a) $\dfrac{-b}{4} + c$ b) $\dfrac{2b}{t^3}$

7. a) 4   b) 8   c) –1   d) –1   e) 2/15

8. a) $-8x$ b) $4x - 1$ c) $\dfrac{-1}{(x + 2)^2}$ d) $\dfrac{-4}{(x + 3)^2}$ e) $\dfrac{-1}{(2x - 1)\sqrt{2x - 1}}$ f) $\dfrac{1}{3\sqrt[3]{(x + 3)^2}}$

9. a) $\dfrac{(x - 1)^2}{-x^2 + 2x - 2}$ b) $-\left(\dfrac{x - 1}{2 - x}\right)^2$ c) $\dfrac{2}{(x - 1)^4} - 3$ d) $\dfrac{-4}{(x - 1)^2}$

   e) $\dfrac{4x^3 - 8x^2 + 4x - 1}{(x - 1)^2}$ f) $\dfrac{-1 - 8x(x - 1)^2}{(x - 1)^2}$ g) $\dfrac{-4x}{x - 1}$

12. a) $(3/4, +\infty)$ b) $(-\infty, 3/4)$

13. $(2, 4)$, $y = 4x - 4$; $(-2, 4)$, $y = -4x - 4$ 14. 2, $(2, \dfrac{4}{3})$, $(-2, 4)$

Seção 4.10

1. $f'(3^+) = 2$; $f'(3^-) = -2$ 2. $f'(1^+) = 2$; $f'(1^-) = 1$

3. $f'(-2^+) = 2$; $f'(-2^-) = -2$ 4. $f'(-1^+) = 0$; $f'(-1^-) = 2$; $f'(1^+) = -2$; $f'(1^-) = 0$

5. $f'(-2^+) = 0$; $f'(-2^-) = 4$; $f'(2^+) = 2$; $f'(2^-) = 0$

6. b) é contínua   c) 2; −2; 2; −2   d) $f'(x) = \begin{cases} 2x, & \text{se } |x| < 1, \\ -2x, & \text{se } |x| > 1, \end{cases} D = \mathbb{R} - \{-1, 1\}$

Seção 4.12

1. $2\pi r$

2. $6x + 6$

3. $2\,a\,w$

4. $\dfrac{3}{2x^4}$

5. $18x^2 + 6x + 12$

6. $14x + 27$

7. $-27x^8 + 30x^4 + 4x^3$

8. $\dfrac{-20}{(5x - 3)^2}$

9. $2x$

10. $(s^2 - 1)(3s - 1)(15s^2 + 2) + 3(s^2 - 1)(5s^3 + 2s) + 2s(3s - 1)(5s^3 + 2s)$

11. $7(2a\,x + b)$

12. $-24u^2 + 8au + 2a$

13. $\dfrac{-14}{(3x - 1)^2}$

14. $\dfrac{2}{(t + 1)^2}$

15. $\dfrac{3t^2 - 6t - 4}{(t - 1)^2}$

16. $\dfrac{-t^2 + 4t - 2}{t^2 - 4t + 4}$

17. $\dfrac{-x^2 + 8x - 5}{(5 - x^2)^2}$

18. $\dfrac{-24}{(2x - 2)^2}$

19. $\dfrac{6x^3 + 27x^2 + 36 + 12}{(x + 2)^2}$

20. $\dfrac{t^2 - 2bt - a^2 + 2ab}{(t - b)^2}$

21. $\dfrac{-12}{x^5} - \dfrac{25}{x^6}$

22. $2x^3 - \dfrac{12}{x^7}$

24. $A = B = 1/2$

25. $4t + 1$

26. $11x + 49y + 4 = 0$

27. $x + 64y - 1026 = 0$

28. $x - y - 2\sqrt{2} + 2 = 0;\ x - y + 2 + 2\sqrt{2} = 0$

29. $(2, 2/3)\,;(1, 5/6)$

30. $a = 3\,;\ b = 2$

Seção 4.16

1. a) $9x + y - 6 = 0;\ x + 9y - 6 = 0$

   b) $x + (2 + a)^2 y + 4 + a = 0;\ x + (4 - a)^2 y - 8 + a = 0$

   c) $x = 0;\ x - \sqrt{3}y + 3 = 0;\ x - \sqrt{a}\,y + a = 0$

2. $3\sqrt{3}\,x - 3\sqrt{3}\,y - 3\sqrt{3} - 2 = 0\,;\ 3\sqrt{3}\,x - 3\sqrt{3}\,y - 3\sqrt{3} + 2 = 0$

3. a) -16 m   b) 3 m/s; 0 m/s; -9 m/s; -24 m/s   c) 0 m/s^2; -6 m/s^2; -12 m/s^2; -18 m/s^2

Apêndice B – Respostas dos exercícios

4. $-4,9$ m; $-9,8$ m e $-19,6$ m; $-19,6$ m

5. $100(3x^2 + 7x - 3)^9(6x + 7)$

6. $\dfrac{3}{a}(bx^2 + ax)^2(2bx + a)$

7. $(7t^2 + 6t)^6(3t - 1)^3[12(7t^2 + 6t) + 7(3t - 1)(14t + 6)]$

8. $\dfrac{3(7t + 1)^2(-14t^2 - 4t + 21)}{(2t^2 - 3)^4}$

9. $\dfrac{4(x + 1)}{\sqrt[3]{3x^2 + 6x - 2}}$

10. $\dfrac{3x - 2}{(3x - 1)\sqrt{3x - 1}}$

11. $\dfrac{-3}{2(t - 1)^{3/2}(2t + 1)^{1/2}}$

12. $-\dfrac{1}{3}e^{3-x}$

13. $2^{3x^2+6x}\, 6(x + 1)\ln 2$

14. $6[(7s^2 + 6s - 1)^2(7s + 3) - e^{-3s}]$

15. $e^{t/2}(1/2t^2 + 9/2t + 5)$

16. $\dfrac{2}{2x + 4}\log_2 e$

17. $\dfrac{\log_3 e}{2(s + 1)}$

18. $\dfrac{-x - 2}{x(x + 1)}$

19. $\dfrac{3(\ln a)a^{3x} - a^{3x}(6x - 6)\ln b}{b^{3x^2 - 6x}}$

20. $2t(2t + 1)^{t^2-1}\ln(2t + 1) + 2(2t + 1)^{t^2-2}(t^2 - 1)$

21. $\dfrac{b(a + bs)^{\ln(a+bs)}\ln(a + bs)}{a + bs}$

22. $\operatorname{sen}\left(\dfrac{\pi}{2} - u\right)$

23. $4\cos\theta^2\cos 2\theta - 4\theta\operatorname{sen} 2\theta\operatorname{sen}\theta^2$

24. $3\operatorname{sen}^2(3x^2 + 6x)\cos(3x^2 + 6x)(6x + 6)$

25. $6\sec^2(2x + 1) + \dfrac{1}{2\sqrt{x}}$

26. $\dfrac{6x\sec^2 x\operatorname{tg} x - 3\sec^2 x}{x^2}$

27. $e^{2x}(2\cos 3x - 3\operatorname{sen} 3x)$

28. $6\theta^2\operatorname{cosec}^2\theta^3 \cdot \operatorname{cotg}\theta^3$

29. $\dfrac{-ab\operatorname{sen} bx}{2\sqrt{\cos bx}}$

30. $2u^2\sec^2 u\operatorname{tg} u + 2u\operatorname{tg}^2 u$

31. $-a^{\operatorname{cotg}\theta}\ln a\operatorname{cosec}^2\theta$

32. $\dfrac{2\operatorname{arc\,sen} x}{\sqrt{1 - x^2}}$

33. $\dfrac{-3t}{\sqrt{1 - 9t^2}} + \operatorname{arc\,cos} 3t$

34. -1

35. $\dfrac{1}{2x\sqrt{x - 1}}$

36. $\dfrac{-2t^2}{|2t + 3|\sqrt{(2t + 3)^2 - 1}} + 2t\operatorname{arc\,cosec}(2t + 3)$

37. $\dfrac{x\operatorname{cotgh} x - \ln(\operatorname{senh} x)}{x^2}$

38. $\dfrac{-(t + 1)\operatorname{cosech}^2(t + 1)^2}{\sqrt{\operatorname{cotgh}(t + 1)^2}}$

39. $\dfrac{3}{x^2}\left(\operatorname{cosech}\dfrac{3x + 1}{x}\right)^3\operatorname{cotgh}\left(\dfrac{3x + 1}{x}\right)$

40. $\operatorname{arg\,cosh} x$

41. $\dfrac{2x^2}{1 - x^4} + \operatorname{arg\,cotgh} x^2$

42. $\dfrac{2x\operatorname{arg\,cosh} x^2}{\sqrt{x^4 - 1}}$

43. $\dfrac{10}{3}(2x^5 + 6x^{-3})^4(5x^4 - 9x^{-4})$

44. $60(3x^2 + 6x)^9(x + 1) + \dfrac{2}{x^3}$

45. $(5x - 2)^5(3x - 1)^2(135x - 48)$

46. $8(2x - 5)^3 - \dfrac{1}{(x + 1)^2} - \dfrac{1}{2\sqrt{x}}$

47. $-\dfrac{1}{3}(4t^2 - 5t + 2)^{-4/3}(8t - 5)$

48. $-\dfrac{21}{10}x^2(3x+1)^{-6/5} + 7x(3x+1)^{-1/5} + \dfrac{3}{2}(3x+1)^{-1/2}$

49. $12e^{3x^2+6x+7}(x+1)$

50. $\dfrac{e^{\sqrt{x}}}{2\sqrt{x}}$

51. $\dfrac{2^{\ln 2x}\ln 2}{x}$

52. $\dfrac{-2t^2 e^{-t^2} - e^{-t^2} - 1}{t^2}$

53. $\sqrt{\dfrac{e^t+1}{e^t-1}} \cdot \dfrac{e^t}{(e^t+1)^2}$

54. $\dfrac{2bx^2 - a}{ax}$

55. $\dfrac{7x}{7x^2 - 4}$

56. $\dfrac{2}{1-x^2}$

57. $\left(\dfrac{a}{b}\right)^{\sqrt{t}} \ln\left(\dfrac{a}{b}\right) \cdot \dfrac{1}{2\sqrt{t}}$

58. $(e^{x^2}+4)^{\sqrt{x}} \ln(e^{x^2}+4) \dfrac{1}{2\sqrt{x}} + 2x\sqrt{x}(e^{x^2}+4)^{\sqrt{x}-1} e^{x^2}$

59. $2\cos(2x+4)$

60. $-2\,\text{sen}(2\theta^2 - 3\theta + 1)(4\theta - 3)$

61. $-\text{sen}\,2\alpha$

62. 0

63. $-16(2s-3)\cotg^3(2s-3)^2 \csc^2(2s-3)^2$

64. $\dfrac{-2\cos x}{\text{sen}^3 x}$

65. $\dfrac{\cos(x+1) - \text{sen}(x+1)}{e^x}$

66. $-\text{sen}^3\dfrac{x}{2}\cos\dfrac{x}{2} + \cos^3\dfrac{x}{2}\text{sen}\dfrac{x}{2}$

67. $-2\tg t$

68. $\dfrac{3 + 2\,\text{sen}\,2x}{3x - \cos 2x}\log_2 e$

69. $-4\,\text{sen}\,2t\,e^{2\cos 2t}$

70. $\dfrac{-2}{\sqrt{9-4x^2}}$

71. $\dfrac{1}{(s+1)^2}\left(\dfrac{s+1}{\sqrt{4-s^2}} - \arcsen\dfrac{s}{2}\right)$

72. $\dfrac{2x}{x^4 - 2x^2 + 2}$

73. $2\cosh(2x-1)$

74. $2t\,\tgh(t^2-1)$

75. $16t(4t^2-3)\sech^2(4t^2-3)^2$

76. $\dfrac{-\sech(\ln x)\tgh(\ln x)}{x}$

77. $\dfrac{2\,\text{arg senh}\,x}{\sqrt{x^2+1}}$

78. $\dfrac{4x}{4-x^4}$

79. $\dfrac{-(x+1)}{x\sqrt{1-4x^2}} + \text{arg sech}\,2x$

80. a) $f'(x) = \begin{cases} -1, & x \leq 0 \\ -e^{-x}, & x > 0 \end{cases}$

b) $\dfrac{4}{4x-3}$

c) $f'(x) = \begin{cases} 2e^{2x-1}, & x > 1/2 \\ -2e^{1-2x}, & x < 1/2 \end{cases}$

81. -1

82. $\dfrac{3 + 2\sqrt{3}}{6}$

83. $1 - x$

94. a) $\dfrac{\pi(2k+1)}{4}, k \in \mathbb{Z}$

b) $k\pi, k \in \mathbb{Z}$

95. a) duas b) reta tangente 1: $(1, 2), (-1, -2)$ c) $y = 2x$; $y = -2x$
reta tangente 2: $(-1, 2), (1, -2)$

96. (a) $y = 3 + \sqrt{x + 4}$, $x \geq -4$ (b) $y = 4x - 20$ (c) $y = \dfrac{1}{4}x + 5$

Seção 4.21

1. $y^v = 0$ **2.** $y''' = 6a$ **3.** $y^{(10)} = 0$

4. $y'' = \dfrac{-3}{(3-x^2)\sqrt{3-x^2}}$ **5.** $y^{iv} = \dfrac{24}{(x-1)^5}$ **6.** $y''' = 8e^{2x+1}$

7. $y^{iv} = \dfrac{1}{e^x}$ **8.** $y'' = \dfrac{-1}{x^2}$ **9.** $y^{vii} = -a^7 \cos ax$

10. $y^v = \dfrac{1}{16} \operatorname{sen} \dfrac{x}{2}$ **11.** $y''' = 2\sec^4 x + 4\sec^2 x \cdot \operatorname{tg}^2 x$ **12.** $y'' = \dfrac{-2x}{(1+x^2)^2}$

13. a) sen x b) cos x

18. a) $\dfrac{-x^2}{y^2}$ b) $\dfrac{-3x^2 - 2xy}{x^2 + 2y}$

c) $-\sqrt{\dfrac{y}{x}}$ d) $\dfrac{1 - y^3}{3xy^2 + 4y^3 + 1}$

e) -1 f) $\dfrac{y}{\sec^2 y - x}$ g) $\dfrac{1}{e^y - 1}$

19. retas tangentes: $x - \sqrt{3}y + 2 = 0$ e $x + \sqrt{3}y + 2 = 0$
retas normais: $\sqrt{3}x + y - 2\sqrt{3} = 0$ e $\sqrt{3}x - y - 2\sqrt{3} = 0$ **21.** $(1/8; -1/16)$

23. a) $\dfrac{3}{2}t$, $t > 0$ b) $-\cotg 2t$, $t \in (0, \pi/2)$ c) $-4/3 \cotg t$, $t \in (\pi, 2\pi)$

d) $-\tg t$, $t \in (-\pi/2, 0)$ e) $\dfrac{3}{2}t^2$, $t \in \mathbb{R}$ f) $-\tg t$, $t \in (0, \pi/2) \cup (\pi/2, \pi)$

24. $2y + 3x - 6\sqrt{2} = 0$ **25.** $2\sqrt{3}x - 2y + \sqrt{3} = 0$; $x + \sqrt{3}y - 1 = 0$

26. a) $3(\Delta x)^2$ b) $\dfrac{2\Delta x}{\sqrt{x + \Delta x} + \sqrt{x}} - \dfrac{\Delta x}{\sqrt{x}}$ c) $\dfrac{-3\Delta x}{(2x + 2\Delta x - 1)(2x - 1)} + \dfrac{3\Delta x}{(2x-1)^2}$

27. a) $-0{,}000998$; $-0{,}001$ b) $-0{,}118$; $-0{,}12$ c) $-0{,}078$; $-0{,}075$

28. a) $7{,}071$ b) $3{,}9895$ c) $1{,}906$

29. a) $\dfrac{6x-4}{3x^2-4x}dx$ b) $\dfrac{-x}{e^x}dx$ c) $10x\cos(5x^2+6)\,dx$

32. 60.000 cm^3 33. $0,0044209$ 34. $11,3097 \text{ cm}^3$

35. $\pm 24.000 \text{ m}^2$ 36. $2,5\%$

Capítulo 5

Seção 5.3

1. a) 54 gramas/dia   b) 54,5 g   c) 24,4 gramas/dia

2. $-5,444\ldots$ °C/hora   3. $-c/100 \text{ cm}^3/\text{kgf/cm}^3$

4. a) 6 horas   b) 17.500 1/hora   c) 10.000 1/hora

5. a) $f(t) = 4.500 + 1.550\,t$ b) 1.550,00/ano
   c) 25,6%   d) Tenderá para zero.

6. a) 0,8 milhares de pessoas/ano   b) 0,068 milhares de pessoas   7. 1/12

8. 4,875 1/hora   9. $\dfrac{1}{\pi}$ m/hora; 10π horas   10. $\dfrac{d^2}{\sqrt{3}} \text{ m}^2$; $6\sqrt{3} \text{ m}^3/s$

11. a) $\dfrac{4\pi r^2}{3}$ b) $1,066\,\pi \text{ m}^3/s$

12. a) $15\sqrt{3} \text{ cm}^2/s$ b) 7,5 cm/s

13. 18 unidades/min   14. 119,09 km/hora   15. 1,45 m/s

16. $\sqrt[3]{\dfrac{2\pi}{3V}}$ 17. (a) custo fixo
    (b) Inicialmente o custo marginal diminui e depois passa a crescer

18. (a) 120   (b) 410   (c) 5,44; 1,2

19. $E = -0,087$; um pequeno aumento no preço acarretará uma diminuição muito baixa da demanda.

20. (a) $\dfrac{y(60-0,12y)}{15+60y-0,06y^2}$ (b) 0,57; o aumento de 1% na renda, acarretará um aumento de $\cong 0,57\%$ na demanda

Seção 5.10

1. a) $\sqrt{6}$
   c) $\dfrac{4\sqrt{3}}{3}$
   d) $\dfrac{-2\sqrt{3}}{3}$
   e) arc sen$2/\pi$
   g) arc sec $2/\sqrt{\pi}$
   h) $\dfrac{-\sqrt{2}}{2}$

3. $0; -2; 2$

5. a) $\nexists$;
   b) $3/2$;
   c) 1;
   d) -1;
   e) 0;
   f) $\nexists$;
   g) $0; -3$;
   h) $\dfrac{\pi}{2} + k\pi, k \in Z$;
   i) $k\pi, k \in Z$;
   j) $\dfrac{3\pi}{4} + k\pi, k \in Z$;
   k) 0;
   l) $0; 3; -3$;
   m) $\nexists$
   n) $3/2$;
   o) 0.

6. a) $(-\infty, +\infty)$ crescente
   b) $(-\infty, +\infty)$ decrescente
   c) $[-1, +\infty)$ crescente; $(-\infty, -1]$ decrescente
   d) $(-\infty, -2] \cup [2/3, +\infty)$ crescente; $[-2, 2/3]$ decrescente
   e) $(-\infty, -\sqrt{7/3}] \cup [\sqrt{7/3}, +\infty)$ crescente; $[-\sqrt{7/3}, \sqrt{7/3}]$ decrescente;
   f) $\left[\dfrac{2\pi}{3} + 2n\pi, \dfrac{4\pi}{3} + 2n\pi\right], n \in Z$ decrescente; $\left[\dfrac{-2\pi}{3} + 2n\pi, \dfrac{2\pi}{3} + 2n\pi\right], n \in Z$ crescente
   g) $(-\infty, +\infty)$ crescente
   h) $(-\infty, +\infty)$ decrescente
   i) $(-\infty, +1]$; crescente; $[1, +\infty)$ decrescente
   j) $(-\infty, 0] \cup [2, +\infty)$ crescente; $[0,1) \cup (1,2]$ decrescente
   k) $(-\infty, 1] \cup [1, +\infty)$ crescente; $[-1, 0) \cup (0, 1]$ decrescente
   l) $\left[0, \dfrac{3\pi}{4}\right] \cup \left[\dfrac{7\pi}{4}, 2\pi\right]$ crescente; $\left[\dfrac{3\pi}{4}, \dfrac{7\pi}{4}\right]$ decrescente

7. a) $7; -5$
   b) $5; -4$
   d) $100; -4/27$
   e) $1/2; -1/2$
   f) $2; 0$
   g) $\dfrac{e^2 + e^{-2}}{2}; 1$

h) tgh 2; tgh –2   i) 1; –1   j) 1; 0

k) 0; –1

9. a) $\nexists$; 3/7   b) 2; $\nexists$ c) –7; 1

d) $\nexists$; 1   e) $\nexists$; 0   f) 8; 0

g) $\nexists$; $\nexists$ h) $\nexists$; –3/2   i) 2; –2

j) $-1 + \sqrt{5}$; $-1 - \sqrt{5}$ k) –2; –4/5   l) 64/5; 0

11. $a = 3; b = -3$ 12. a é qualquer real; $b = -3a$; $c = 0$; d é qualquer real

14. a) $(5/3, f(5/3)); (-\infty, 5/3)$ côncava para cima; $(5/3, +\infty)$ côncava para baixo

b) $(-1/3, f(-1/3)); (2, f(2)); (-\infty, 1/3) \cup (2, +\infty)$ côncava para cima; $(-1/3, 2)$ côncava para baixo

c) $\nexists$; $(-4, +\infty)$ côncava para cima; $(-\infty, -4)$ côncava para baixo

d) $(2/3, f(2/3)); (2/3, +\infty)$ côncava para cima; $(-\infty, 2/3)$ côncava para baixo

e) $(-2 \pm \sqrt{2}, f(-2 \pm \sqrt{2})); (-\infty, -2 - \sqrt{2}) \cup (-2 + \sqrt{2}, +\infty)$ côncava para cima; $(-2, \sqrt{2}, -2 + \sqrt{2})$ côncava para baixo

f) $\nexists; (-1, +\infty)$ côncava para baixo

g) $(-6, f(-6)); (-6, +\infty)$ côncava para cima; $(-\infty, -6)$ côncava para baixo

h) $(\pi, f(\pi)); (0, \pi)$ côncava para cima; $(\pi, 2\pi)$ côncava para baixo

i) $\nexists; (-\infty, 1)$ côncava para baixo

j) $(2, 0); (-\infty, 2)$ côncava para cima; $(2, +\infty)$ côncava para baixo

Seção 5.12

1. a) 1º pedaço $\dfrac{4l}{4 + \pi}$; 2º pedaço $\dfrac{l\pi}{4 + \pi}$

b) Deve-se fazer somente um círculo de raio $\dfrac{l}{2\pi}$

2. $(1, 1)$ ou $(-1, -1)$ 3. 67 dias   4. 35; 35

5. $a/6$

6. raio da base $\sqrt[3]{\dfrac{V}{2\pi}}$; altura $\sqrt[3]{\dfrac{4V}{\pi}}$

7. 8 km do encontro da canalização l com a perpendicular que passa por A.

8. (a) $q = 650$ (b) $q \cong 82$ (c) $q = 0$

9. (a) F representa o custo fixo

   (b) O custo marginal decresce à medida que o nível de produção aumenta

   (c) ∄   (d) $q = 125.000$

10. quadrado de lado $\sqrt{288}$ cm

11. $(1/\sqrt{2}, 1)$; $\sqrt{2}$; equação da tangente pedida é $y + \sqrt{2}x - 2 = 0$

13. 1/3 da altura do cone dado   14. $(1, 2)$ 15. $22{,}01$ cm $\times$ $26{,}91$ cm

16. base 0,88 m; altura 0,44 m   17. $\pi/4$ 18. 84,56 km da cidade

19. $\sqrt{8}$ m   20. $3x + 4y - 24 = 0$ 21. $a = 100\,\text{m}; r = \dfrac{100}{\pi}\,\text{m}$

22. raio da base 7/3 m; altura 2 m   23. 1.000   24. raio $\sqrt{\dfrac{2}{3}}R$; altura $\dfrac{2R}{\sqrt{3}}$

25. $a = \dfrac{40\sqrt{3}}{3}$; $b = 10\sqrt{3}$ 26. $2\text{m} \times \dfrac{\sqrt{6}\,\text{m}}{2} \times \dfrac{\sqrt{6}\,\text{m}}{2}$ 27. 4,5 cm $\times$ 6 cm

Seção 5.14

1. 0   2. -1 3. 6/5

4. ∞ 5. $-11/26$ 6. $-1/6$

7. 0   8. 5/2   9. $+\infty$

10. $-1/2$ 11. $+\infty$ 12. 0

13. 1   14. $+\infty$ 15. ∞

16. 1   17. ∞ 18. 0

19. -1
20. 1
21. 1

22. 0
23. $1/2$
24. 1

25. 0
26. 0
27. $1/12$

28. e^3
29. 1
30. $1/e$

31. 1
32. π
33. 1

34. ∞
35. 1
36. $1/e^6$

37. 1
38. $1/5$
39. 1

40. e^2
41. 1
42. ∞

43. e^2

Seção 5.16

2. a) $1 + \dfrac{x^2}{2} + \dfrac{x^4}{24}$; $\dfrac{\text{senh } z}{5!} x^5$

   b) $x - \pi + \dfrac{(x-\pi)^3}{3}$; $\dfrac{[16 \sec^4 z \cdot \text{tg } z + 8 \sec^2 z \, \text{tg}^3 z](x - \pi)^4}{4!}$

   c) $1 + \dfrac{1}{2}(x-1) - \dfrac{1}{8}(x-1)^2 + \dfrac{1}{16}(x-1)^3$; $\dfrac{-15}{16z^3\sqrt{z}} \cdot \dfrac{1}{24}(x-1)^4$

   d) $1 - x^2 + \dfrac{x^4}{2}$; $\dfrac{e^{-z^2}}{120}(160z^3 - 120z - 32z^5)x^5$

3. $-0{,}6822$; $|R_4(0,5)| < 0{,}2$

4. $\dfrac{1}{2}(x-\pi)^2 - \dfrac{1}{24}(x-\pi)^4 + \dfrac{1}{720}(x-\pi)^6$; $\cos\left(\dfrac{5\pi}{6}\right) \cong -0{,}8660331$; $\left|R_6\left(\dfrac{5\pi}{6}\right)\right| \leq 0{,}00002$

7. a) $\nexists$
   b) $5/12$ é ponto de mínimo
   c) 4 é o ponto de mínimo
   d) $\nexists$
   e) 0 é ponto de máximo; $\pm 2/\sqrt{3}$ são pontos de mínimo
   f) -5 é ponto de máximo; 5 é ponto de mínimo

Capítulo 6

Seção 6.2

11. $x - \text{arc tg } x + c$

12. $x - \dfrac{1}{x} + c$

13. $\sec x + c$

14. $3 \text{ arc sen } x + c$

15. $2 \text{ arc sec } x + c$

16. $\dfrac{8x^3}{3} - \dfrac{9x^2}{2} + 6x - 2\ln|x| - \dfrac{1}{x} + c$

17. $\dfrac{1}{2}e^t + \dfrac{2}{3}t^{3/2} + \ln|t| + c$

18. $-\cos\theta + c$

19. $2\cosh x + c$

20. $\dfrac{t^2}{2} + \dfrac{2}{3}t^{3/2} + \dfrac{3}{4}t^{4/3} + \dfrac{4}{5}t^{5/4} + \dfrac{5}{6}t^{6/5} + c$

21. $\dfrac{-3}{\sqrt[3]{x}} - 5\ln|x| + c$

22. $\dfrac{2^t}{\ln 2} - \sqrt{2}e^t + \text{senh}\, t + c$

23. $\text{sen}\, x + \text{tg}\, x + c$

24. $\dfrac{1}{a^2}\text{arctg}\, x + c$

25. $x - 2\,\text{arctg}\, x + c$

26. $\dfrac{t^4}{2} - \dfrac{7t^3}{3} + 2t^2 + 4t + c$

27. $e^t - \dfrac{8}{5}t^{5/4} - \dfrac{3}{2t^2} + c$

28. $\dfrac{1}{2}\ln|x| + c$

29. $\text{tg}\, x + c$

30. $\dfrac{x^5}{5} - \dfrac{2}{3}x^3 + x + c$

31. $\begin{cases} 2\ln|t| + c, & \text{se } n = 1 \\ \dfrac{t^{1-n}}{(n - 1/2)(1 - n)} + c, & \text{se } n \neq 1 \end{cases}$

32. $\dfrac{3}{5}x^{5/3} + \dfrac{x^2}{2} - \dfrac{1}{10}$

33. $2x - \text{sen}\, 2x$

34. $-\dfrac{1}{x} + x - \dfrac{3}{2}$

35. $\dfrac{\pi(\sqrt{2} - 2)}{8}$

36. $\cos x + 1$

Seção 6.4

1. $\dfrac{1}{22}(2x^2 + 2x + 3)^{11} + c$

2. $\dfrac{7}{24}(x^3 - 2)^{8/7} + c$

3. $\dfrac{5}{8}(x^2 - 1)^{4/5} + c$

4. $\dfrac{-5}{9}(4 - 3x^2)^{3/2} + c$

5. $\dfrac{1}{6}(1 + 2x^2)^{3/2} + c$

6. $\dfrac{3}{8}(e^{2t} + 2)^{4/3} + c$

7. $\ln(e^t + 4) + c$

8. $-e^{1/x} - \dfrac{2}{x} + c$

9. $\dfrac{\text{tg}^2 x}{2} + c$

10. $\dfrac{\text{sen}^5 x}{5} + c$

11. $\dfrac{1}{4}\sec^4 x + c$

12. $-2\ln|\cos x| - 5x + c$

13. $\dfrac{1}{2} \operatorname{sen} 2e^x + c$

14. $\dfrac{1}{4} \operatorname{sen} x^2 + c$

15. $\dfrac{-1}{5} \cos(5\theta - \pi) + c$

16. $\dfrac{1}{4} (\operatorname{arcsen} y)^2 + c$

17. $\dfrac{2}{b} \ln|a + b \operatorname{tg} \theta| + c$

18. $\dfrac{1}{4} \operatorname{arc tg} \dfrac{x}{4} + c$

19. $\dfrac{1}{2 - y} + c$

20. $\dfrac{3}{4} \operatorname{sen}^{4/3} \theta + c$

21. $(\ln x)^2 + c$

22. $\dfrac{\operatorname{senh} 2a\, x}{a} + 2x + c$

23. $\dfrac{1}{9} (3t^2 + 1)^{3/2} + c$

24. $\dfrac{2}{3} \operatorname{arc tg} \dfrac{2(x + 5/2)}{3} + c$

25. $\dfrac{-\sqrt{3}}{2} \ln \left| \dfrac{x + \sqrt{3} - 2}{\sqrt{3} + 2 - x} \right| + c$

26. $\dfrac{1}{4} \operatorname{arc tg} \dfrac{e^x}{4} + c$

27. $2\sqrt{x + 3} - 2 \ln \left| \dfrac{2 + \sqrt{x + 3}}{2 - \sqrt{x + 3}} \right| + c$

28. $\dfrac{-3}{\ln 3x} + c$

29. $\dfrac{-1}{4} \cos 4x + x + c$

30. $\dfrac{2^{x^2}}{\ln 2} + c$

31. $\dfrac{1}{6} e^{3x^2} + c$

32. $\dfrac{-1}{2 + t} + c$

33. $\ln |\ln t| + c$

34. $\dfrac{-4}{3} (1 - 2x^2)^{3/2} + c$

35. $\dfrac{1}{12} (e^{2x} + 2)^6 + c$

36. $\sqrt{4t^2 + 5} + c$

37. $-\ln|3 - \operatorname{sen} x| + c$

38. $\dfrac{-1}{2(1 + \sqrt{v})^4} + c$

39. $\dfrac{2}{7} (1 + x)^3 \sqrt{1 + x} - \dfrac{4}{5} (1 + x)^2 \sqrt{1 + x} + \dfrac{2}{3} (1 + x) \sqrt{1 + x} + c$

40. $\dfrac{-1}{5} e^{-x^5} + c$

41. $\dfrac{1}{2} \operatorname{sen} t^2 + c$

42. $\dfrac{8}{27} (6x^3 + 5)^{3/2} + c$

43. $\dfrac{1}{3} (\operatorname{sen} 2\theta)^{3/2} + c$

44. $\dfrac{1}{5} \operatorname{tg}(5x + 3) + c$

45. $\dfrac{-1}{2(5 - \cos \theta)^2} + c$

46. $\ln |\operatorname{sen} u| + c$

47. $-\dfrac{2}{5a} (1 + e^{-at})^{5/2} + c$

48. $2 \operatorname{sen} \sqrt{x} + c$

49. $\dfrac{2}{5} (t - 4)^2 \sqrt{t - 4} + \dfrac{8}{3} (t - 4) \sqrt{t - 4} + c$

50. $\dfrac{-1}{6} \cos 2x^3 + x^4 + c$

Seção 6.6

1. $\dfrac{-x}{5} \cos 5x + \dfrac{1}{25} \operatorname{sen} 5x + x$

2. $(x - 1) \ln(1 - x) - x + c$

3. $\dfrac{e^{4t}}{4}\left(t - \dfrac{1}{4}\right) + c$

4. $\dfrac{(x+1)}{2}\operatorname{sen} 2x + \dfrac{1}{4}\cos 2x + c$

5. $\dfrac{x^2}{2}\left[\ln 3x - \dfrac{1}{2}\right] + c$

6. $\cos^2 x\,\operatorname{sen} x + \dfrac{2\operatorname{sen}^3 x}{3} + c$

7. $\dfrac{2}{5}e^x\left[\operatorname{sen}\dfrac{x}{2} + 2\cos\dfrac{x}{2}\right] + c$

8. $\dfrac{2}{3}x\sqrt{x}\ln x - \dfrac{4}{9}x\sqrt{x} + c$

9. $-\dfrac{1}{2}\operatorname{cosec} x \operatorname{cotg} x + \dfrac{1}{2}\ln|\operatorname{cosec} x - \operatorname{cotg} x| + c$

10. $\dfrac{x^2}{a}\operatorname{sen} ax + \dfrac{2x}{a^2}\cos ax - \dfrac{2}{a^3}\operatorname{sen} ax + c$

11. $-x\operatorname{cotg} x + \ln|\operatorname{sen} x| + c$

12. $x\operatorname{arc\,cotg} 2x + \dfrac{1}{4}\ln(1 + 4x^2) + c$

13. $\dfrac{be^{ax}}{a^2 + b^2}\left[-\cos bx + \dfrac{a}{b}\operatorname{sen} bx\right] + c$

14. $\dfrac{2}{a}\sqrt{ax + b}\,[\ln(ax + b) - 2] + c$

15. $-\dfrac{x^2}{3}(1 - x^2)\sqrt{1 - x^2} - \dfrac{2}{15}(1 - x^2)^2\sqrt{1 - x^2} + c$

16. $x[\ln^3 2x - 3\ln^2 2x + 6\ln 2x - 6] + c$

17. $x\operatorname{arc\,tg} ax - \dfrac{1}{2a}\ln(1 + a^2 x^2) + c$

18. $-\dfrac{x^3}{4}\cos 4x + \dfrac{3}{16}x^2\operatorname{sen} 4x + \dfrac{3x}{32}\cos 4x - \dfrac{3}{128}\operatorname{sen} 4x + c$

19. $-xe^{-x} + c$

20. $\dfrac{x^3}{3}\left[\ln x - \dfrac{1}{3}\right] + c$

21. $e^x[x^2 - 2x + 2] + c$

22. $x\operatorname{arc\,sen}\dfrac{x}{2} + \sqrt{4 - x^2} + c$

23. $(x - 1)\operatorname{tg} x + \ln|\cos x| + c$

24. $\dfrac{4}{25}\left[e^{3x}\operatorname{sen} 4x + \dfrac{3}{4}e^{3x}\cos 4x\right] + c$

25. $\dfrac{x^{n+1}}{n+1}\left[\ln x - \dfrac{1}{n+1}\right] + c$

26. $x\ln(x^2 + 1) - 2x + 2\operatorname{arc\,tg} x + c$

27. $x\ln(x + \sqrt{1 + x^2}) - \sqrt{1 + x^2} + c$

28. $\dfrac{x^2}{2}\operatorname{arc\,tg} x - \dfrac{1}{2}x + \dfrac{1}{2}\operatorname{arc\,tg} x + c$

29. $e^{x^2}\left[\dfrac{x^4}{4} - x^2 + 1\right] + c$

30. $\dfrac{1}{4}\left[x^2 + x\operatorname{sen} 2x + \dfrac{1}{2}\cos 2x\right] + c$

31. $e^x[x^2 + 4x + 5] + c$

32. $\dfrac{2}{3}x(x + 1)\sqrt{x + 1} - \dfrac{4}{15}(x + 1)^2\sqrt{x + 1} + c$

33. $\frac{1}{2} x \cos(\ln x) + \frac{1}{2} x \sen(\ln x) + c$ 34. $x \arccos x - \sqrt{1-x^2} + c$

35. $\frac{1}{2}[\sec x \tg x + \ln|\sec x + \tg x|] + c$ 36. $-\frac{1}{x} e^{1/x} + e^{1/x} + c$

Seção 6.11

1. a) 8   b) $\frac{23}{3}$
   c) –1/6   d) 43

3. $-\frac{5}{7}$ 4. $-\frac{\pi}{4}$

5. a) positivo;   b) nulo;
   c) positivo;   d) negativo.

6. a) $\sqrt{x+4}$ b) $\frac{2y}{y^2+9}$ c) $\theta \sen \theta$

7. a) 9   b) 4   c) 2
   d) –1/2   e) 4   f) 4

11. a) 15 ; 20   b) 0 ; 192
    c) 0 ; 9   d) 0 ; 720

12. $\frac{81}{10}$ 13. 48   14. $\frac{31}{160}$

15. $\frac{844}{5}$ 16. 2/3   17. 0

18. $\frac{2\sqrt{2}}{3}[\sqrt{5}-2]$ 19. 4   20. 25

21. $\frac{17}{3}$ 22. $4 \ln 3$ 23. 2/15

24. $\frac{26}{3}$ 25. $\frac{5}{36}$ 26. $\frac{116}{15}$

27. $\frac{\pi}{4}$ 28. $\frac{15}{64}$ 29. 2

30. $2\sqrt{2} + \frac{8\sqrt{5}}{3}$ 31. $\frac{31}{2} - 5\ln 2$ 32. $2\ln 2 - 3/4$

33. 9/2

34. $-\dfrac{16}{3}$

36. a) 0 b) 0 c) $\dfrac{16}{15}$

Seção 6.13

1. 1/3
2. 4/3
3. 9/2
4. 48
5. $\dfrac{32}{3}$
6. 1/6
7. 115/6
8. 1/2
9. $e-1$
10. 1/2
11. $8\ln 2 - 3$
12. $e^4 - 5$
13. 8
14. 8
15. $e - \dfrac{1}{e}$
16. $\dfrac{1}{2}\left[\dfrac{\pi}{2} - \ln 2\right]$
17. $e - 3/2$
18. $\dfrac{1}{8}(\pi^2 + 8\pi - 8)$
19. 32/3
20. $\dfrac{\sqrt{3}}{2} - \dfrac{5\pi}{24} + 1$
21. $\ln 12$
22. 4/3
23. 72
24. $\dfrac{125}{6}$
25. $2\left[8 - \dfrac{3}{\ln 2}\right]$
26. 1
27. $4[e - 1/e]$
28. 7/3
29. $e - 3/2$
30. $\ln 2$; $16(1 + 2\ln 2)$

Seção 6.15

2. a) 0 b) $\dfrac{7}{2}$ c) 9

3. a) $\dfrac{\pi}{2}$ b) $\ln 3 + \dfrac{26}{3}$ c) $\ln\sqrt{2} - \dfrac{\sqrt{2}}{6}$

4. 1 u.a.
5. Converge e é igual a $\dfrac{1}{2}$.
7. Converge; $\dfrac{1}{5}$.

9. $\dfrac{1}{2}$ u.a.
10. $\dfrac{1}{2}$ u.a.
11. 1.200 milhares de barris.

12. a) Converge; 1 b) Converge; $-\dfrac{1}{2}$ c) Diverge

d) Converge; $\dfrac{\pi}{3}$ e) Converge; e f) Diverge

g) Converge; 1   h) Converge; 0

13. 4 u.a.

14. a) Converge; 2   b) Diverge

c) Converge; $\dfrac{\pi}{2}$ d) Converge; 5   e) Diverge

f) Converge; 2   g) Diverge

16. $n \geq 0$.

Capítulo 7

Seção 7.4

1. $-2\cos\sqrt{x} + c$ **2.** $\text{sen}(\text{sen}\, x) + c$ **3.** $-2\cos x + c$

4. $\dfrac{1}{2}\ln|\sec(x^2+1)| + c$ **5.** $-\ln|\text{sen}\, 1/x| + c$

6. $\ln|\sec(x+1) + \text{tg}(x+1)| + c$ **7.** $\dfrac{-1}{w}\cos(wt+\theta) + c$

8. $\dfrac{1}{2}\ln|\text{cosec}\, x^2 - \cotg x^2| + c$ **9.** $\ln|\sec(\text{sen}\, x)| + c$

10. $-\dfrac{1}{2}\cos(2x+1) + \dfrac{1}{6}\cos^3(2x+1) + c$

11. $\dfrac{-1}{3}\text{sen}(3-3x) + \dfrac{2}{9}\text{sen}^3(3-3x) - \dfrac{1}{15}\text{sen}^5(3-3x) + c$

12. $-\dfrac{1}{4}\text{sen}^3(x^2-1)\cos(x^2-1) - \dfrac{3}{8}\text{sen}(x^2-1)\cos(x^2-1) + \dfrac{3}{8}(x^2-1) + c$

13. $\dfrac{1}{4}(e^{2x}-1) + \dfrac{1}{8}\text{sen}(2e^{2x}-2) + c$ **14.** $\dfrac{-1}{10}\cos^5 2\theta + \dfrac{1}{14}\cos^7 2\theta + c$

15. $-\dfrac{1}{8}\text{sen}^4(1-2\theta) + \dfrac{1}{12}\text{sen}^6(1-2\theta) + c$

16. $\dfrac{1}{20}\text{sen}^{20}(t-1) + c$ **17.** $\dfrac{1}{2}\text{tg}^2(\ln\theta) + \ln|\cos(\ln\theta)| + c$ **18.** $\dfrac{1}{4}\text{sen}^4 x + c$

19. $\dfrac{1}{4}\cos^3 x\,\text{sen}\, x + \dfrac{3}{8}\cos x\,\text{sen}\, x + \dfrac{3}{8}x + c$

Apêndice B – Respostas dos exercícios 441

20. $\dfrac{1}{3} \text{tg}^3 x - \text{tg } x + x + c$ 21. $\dfrac{1}{3} \text{tg}^3 x + c$

22. $-15 \cos x + 10 \cos^3 x - 3\cos^5 x + c$

23. $5 \,\text{sen}^3 x - 3\,\text{sen}^5 x + c$ 24. $2\cos^3 x \,\text{sen}\, x - 8\cos^5 x \,\text{sen}\, x + 3\,\text{sen}\, x \cos x + 3x + c$

25. $\dfrac{1}{18} \cos^5 3x \,\text{sen}\, 3x + \dfrac{5}{72} \cos^3 3x \,\text{sen}\, 3x + \dfrac{5}{48} \cos 3x \,\text{sen}\, x + \dfrac{5}{16} x + c$

26. $\text{cotg}^3 x + c$ 27. $\dfrac{-1}{16} \cos 8x + \dfrac{1}{4} \cos 2x + c$ 28. $\dfrac{1}{5} \text{tg}\, 5x - x + c$

29. $\dfrac{1}{2} t \cos \theta - \dfrac{1}{4w} \,\text{sen}\,(2wt + \theta) + c$ 30. $\dfrac{-1}{3\,\text{sen}^3 x} + \dfrac{1}{\text{sen}\, x} + c$

31. $\dfrac{1}{8} t - \dfrac{1}{32} \,\text{sen}\, 4t + c$ 32. $\dfrac{1}{2} \text{tg}^2 \sqrt{x^2 - 1} + \ln |\cos \sqrt{x^2 - 1}| + c$

33. $-\dfrac{1}{8} \sec(1-4x)\text{tg}(1-4x) - \dfrac{1}{8} \ln |\sec(1-4x) + \text{tg}(1-4x)| + c$

34. $\dfrac{1}{2} \text{cotg}(3-2x) + \dfrac{1}{6} \text{cotg}^3(3-2x) + c$

35. $-\dfrac{1}{6} \text{cotg}^3 (x^2 - 1) + c$

38. 2 u.a.   39. 8 u.a.   40. $\left[\dfrac{\pi}{4} - \dfrac{1}{2} + \dfrac{1}{2}\ln 2\right]$ u.a.

41. $\dfrac{5}{16}\pi$ u.a.   42. $\dfrac{5}{16}\pi$ u.a.   43. $\dfrac{4}{3}$ u.a.

44. 1 u.a.   45. $\dfrac{1}{5} \dfrac{\sqrt{x^2 - 5}}{x} + c$ 46. $\dfrac{1}{4} \text{arc sen}\, \dfrac{4t}{3} + c$

47. $\left(\dfrac{1}{3}x^2 + 6\right)\sqrt{x^2 - 9} + c$ 48. $\dfrac{1}{4} t(1-4t^2)\sqrt{1-4t^2} + \dfrac{3}{16} \text{arc sen}\, 2t + \dfrac{3}{8} t\sqrt{1-4t^2} + c$

49. $2 \,\text{arc sen}\, \dfrac{x}{2} + \dfrac{x\sqrt{4-x^2}}{2} - \dfrac{x(4-x^2)\sqrt{4-x^2}}{4} + c$

50. $\dfrac{1}{5}\sqrt{(x^2+3)^5} - \sqrt{(x^2+3)^3} + c$

51. $\dfrac{-5\sqrt{1+x^2}}{x} - \dfrac{2\sqrt{1+x^2}}{x^2} - 2\ln \left|\dfrac{\sqrt{1+x^2} - 1}{x}\right| + c$

52. $\dfrac{1}{4} x(x^2+1)\sqrt{x^2+1} + \dfrac{3}{8} x\sqrt{x^2+1} + \dfrac{2}{3}(x^2+1)\sqrt{x^2+1} + \dfrac{3}{8} \ln \left|\sqrt{x^2+1} + x\right|$

53. $\dfrac{1}{5}(t^2+16)^2 \sqrt{t^2+16} + \dfrac{32}{3}(t^2+16)\sqrt{t^2+16} + 256\sqrt{t^2+16} + c$

54. $\ln|\sqrt{e^{2x}+1}+e^x|+C$

55. $\arcsen\left(\dfrac{x}{\sqrt{2}}\right)-\dfrac{1}{2}x\sqrt{2-x^2}+C$

56. $\arcsen\left(\dfrac{e^x}{2}\right)+C$

57. $\sqrt{x^2-1}+\ln|x+\sqrt{x^2-1}|+c$

58. $\ln|x+\sqrt{x^2-1}|-\dfrac{\sqrt{x^2-1}}{x}+c$

59. $\dfrac{-\sqrt{1+x^2}}{2x^2}+\dfrac{1}{2}\ln\left|\dfrac{\sqrt{1+x^2}-1}{x}\right|+c$

60. $-\sqrt{4-x^2}+\arcsen\dfrac{x}{2}+c$

61. $\dfrac{2}{3}\sqrt{9x^2+1}+\dfrac{5}{3}\ln\left|\sqrt{9x^2+1}+3x\right|+c$

62. $\sqrt{x^2+2x}+2\ln|x+1+\sqrt{x^2+2x}|+c$

63. $2\arcsen\dfrac{x}{2}+\dfrac{x\sqrt{4-x^2}}{2}+c$

64. $\dfrac{x\sqrt{x^2-4}}{2}-2\ln|x+\sqrt{x^2-4}|+c$

65. $\dfrac{x\sqrt{4+x^2}}{2}-2\ln\left|\sqrt{4+x^2}+x\right|+c$

66. $\dfrac{1}{2}x\sqrt{1+x^2}+x^2+\dfrac{1}{2}\ln\left|x+\sqrt{1+x^2}\right|+c$

67. $-\cos x+\dfrac{1}{2}x\sqrt{1+x^2}-\dfrac{1}{2}\ln\left|\sqrt{1+x^2}+x\right|+c$

68. $\dfrac{1}{\sqrt{3}}\ln\left(\dfrac{\sqrt{3}+\sqrt{5}}{\sqrt{2}}\right)$

69. $\dfrac{a^2}{b}\left(\dfrac{\pi}{12}+\dfrac{\sqrt{3}}{8}\right)$

70. $\dfrac{1}{48}(\sqrt{2}+2\sqrt{5})$

71. $-\dfrac{1}{16}\left(\sqrt{\dfrac{43}{3}}-\sqrt{17}\right)$

72. $\dfrac{1}{9}\left(\dfrac{\sqrt{27}}{6}-\dfrac{4}{5}\right)$

73. $\dfrac{\sqrt{91}}{90}$

74. Diverge

75. Diverge

76. $\dfrac{\ln(\sqrt{5}+2)}{2}$

Seção 7.6

1. $x^2-2x+2\ln|x+1|+c$

2. $\dfrac{2}{5}\ln\left|x-\dfrac{1}{2}\right|+\dfrac{3}{5}\ln|x+2|+c$

3. $\dfrac{1}{12}\ln|x-2|+\dfrac{2}{3}\ln|x+1|-\dfrac{3}{4}\ln|x+2|+c$

4. $\dfrac{3}{2}\ln|x-1|+\dfrac{1}{2}\ln|x+1|-\dfrac{1}{2}\ln\left|x-\dfrac{1}{2}\right|+c$

5. $x+7\ln|x-1|-\dfrac{10}{x-1}+c$

6. $3\ln\left|\dfrac{x-2}{x-3}\right|-\dfrac{1}{x-2}-\dfrac{2}{x-3}+c$

7. $\ln\left(\dfrac{x-2}{x-1}\right)^2+\dfrac{1}{x-2}-\dfrac{5}{2(x-2)^2}+c$

8. $\dfrac{1}{16}\ln\left|\dfrac{x-4}{x}\right|+\dfrac{1}{4x}+c$

9. $\dfrac{x^2}{4}+x-\dfrac{1}{4}\ln(x^2+1)+\operatorname{arc\,tg} x+c$

10. $\dfrac{5}{4}\left[\ln|x|-\dfrac{1}{2}\ln(x^2+4)\right]+c$

11. $\dfrac{3}{2}\ln|x^2-x+1|+\dfrac{1}{\sqrt{3}}\operatorname{arc\,tg}\dfrac{2x-1}{\sqrt{3}}+c$

12. $\dfrac{1}{12}\ln|x+2|-\dfrac{1}{24}\ln|x^2-2x+4|+\dfrac{1}{4\sqrt{3}}\operatorname{arc\,tg}\dfrac{x-1}{\sqrt{3}}+c$

13. $\dfrac{-x-2}{2(x^2+2x+3)}-\dfrac{1}{2\sqrt{2}}\operatorname{arc\,tg}\dfrac{x+1}{\sqrt{2}}+c$

14. $\ln|x|-\dfrac{1}{2}\ln|x^2-x+1|+\dfrac{5\sqrt{3}}{9}\operatorname{arc\,tg}\dfrac{2x-1}{\sqrt{3}}+\dfrac{x+1}{3(x^2-x+1)}+c$

15. $4x+\dfrac{4}{9}\ln|x+1|-4\ln|x+2|+\dfrac{68}{9}\ln|x-2|-\dfrac{16}{3(x-2)}+c$

16. $\dfrac{1}{3}x+\dfrac{1}{10}\ln\left|x-\dfrac{1}{2}\right|-\dfrac{2}{45}\ln\left|x+\dfrac{1}{3}\right|+c$

17. $\dfrac{1}{9}\left[\ln|x|-\dfrac{1}{2}\ln(x^2+9)\right]+c$

18. $\dfrac{1}{3}\operatorname{arc\,tg} x-\dfrac{1}{6}\operatorname{arc\,tg}\dfrac{x}{2}+c$

19. $x+\dfrac{5}{3}\ln|x-1|-\dfrac{1}{3}\ln|x^2+x+1|+c$

20. $\dfrac{1}{2}\ln(x^2+2)+\dfrac{1}{x^2+2}+c$

21. $\ln\left|\dfrac{x-1}{x}\right|+\dfrac{1}{x-1}-\dfrac{1}{2(x-1)^2}+c$

22. $\dfrac{1}{4}\left(\dfrac{1}{x+1}-\dfrac{1}{x-1}\right)+c$

23. $\ln|x-1|-\dfrac{1}{x-1}-\dfrac{1}{2}\ln(x^2+1)-\operatorname{arc\,tg} x+c$

25. $\dfrac{4}{3}\ln 2$ u.a.

26. $\dfrac{1}{2}\left[\operatorname{arc\,tg}\dfrac{3}{2}-\operatorname{arc\,tg}\left(-\dfrac{1}{2}\right)\right]$ u.a.

27. $\left[\dfrac{2}{25}\ln 4+\dfrac{3}{20}\right]$ u.a.

28. $\left[\dfrac{\sqrt{3}}{9}\operatorname{arc\,tg}\dfrac{2}{\sqrt{3}}+\dfrac{2}{21}\right]$ u.a.

29. a) $\dfrac{\ln 2}{25}-\dfrac{1}{50}$ b) Diverge   c) Diverge

30. $\dfrac{\pi}{2}$.

Seção 7.9

1. $\dfrac{1}{4}\operatorname{tg}^2\dfrac{x}{2}+\operatorname{tg}\dfrac{x}{2}+\dfrac{1}{2}\ln\left|\operatorname{tg}\dfrac{x}{2}\right|+c$

2. $\ln\left|\operatorname{tg}\dfrac{x}{2}+1\right|+c$

3. $\ln\left|\operatorname{tg}\dfrac{x}{2}\right|-\dfrac{1}{2}\operatorname{tg}^2\dfrac{x}{2}+c$

4. $\dfrac{1}{3}\ln\left|\dfrac{\operatorname{tg}\dfrac{x}{2}+3}{\operatorname{tg}\dfrac{x}{2}-3}\right|+c$

5. $\dfrac{\sqrt{2}}{2} \operatorname{arc tg}\left(\dfrac{\operatorname{tg}\dfrac{x}{2}}{\sqrt{2}}\right) + c$

6. $\dfrac{-1}{\operatorname{tg}\dfrac{x}{2}} + c$

7. $-2\ln\left|\operatorname{tg}\dfrac{x}{2} - 1\right| - \dfrac{2}{\operatorname{tg}\dfrac{x}{2} - 1} + \ln\left(\operatorname{tg}^2\dfrac{x}{2} + 1\right) + c$

8. $\dfrac{\sqrt{2}}{4} \operatorname{arc tg}\left(\dfrac{3\operatorname{tg} x + 1}{2\sqrt{2}}\right) + c$

9. $-\operatorname{arc tg}\left(\operatorname{tg}\dfrac{2t-1}{2}\right) + \dfrac{2}{\sqrt{3}} \operatorname{arc tg}\left(\sqrt{3}\operatorname{tg}\dfrac{2t-1}{2}\right) + c$

10. $\dfrac{2}{\sqrt{7}} \operatorname{arc tg}\left[\dfrac{2\operatorname{tg}\dfrac{t}{2} + 1}{\sqrt{7}}\right] + c$

11. $\dfrac{1}{5}\ln\left|\dfrac{\operatorname{tg}\dfrac{e^x}{2} - \dfrac{1}{3}}{\operatorname{tg}\dfrac{e^x}{2} + 3}\right| + c$

12. $-\operatorname{tg}\dfrac{\theta}{2} + 2\operatorname{arc tg}\left(\operatorname{tg}\dfrac{\theta}{2}\right) + c$

13. $\dfrac{1}{\sqrt{2}}\ln\left|\dfrac{\operatorname{tg}\dfrac{x}{2} - 1 + \sqrt{2}}{\operatorname{tg}\dfrac{x}{2} - 1 - \sqrt{2}}\right| + c$

14. $\dfrac{2}{\sqrt{14}} \operatorname{arc tg}\left(\dfrac{3\operatorname{tg}\dfrac{\theta}{2} - 1}{\sqrt{14}}\right) + c$

15. $\dfrac{\pi\sqrt{3}}{9}$ u.a.

16. $\dfrac{2\sqrt{3}}{9}\pi$ u.a.

17. $-\sqrt{\dfrac{2}{3}} \operatorname{arc tg}\sqrt{\dfrac{2(3-x)}{3(x-2)}} + c$

18. $\dfrac{1}{3}\ln\left|\dfrac{\sqrt{x^2 + 4x + 9} - x - 7}{\sqrt{x^2 + 4x + 9} - x - 1}\right| + c$

19. $\dfrac{2}{\sqrt{3}} \operatorname{arc tg}\left(\dfrac{\sqrt{4x^2 + x - 3} - 2x}{\sqrt{3}}\right) + c$

20. $-\ln|1 - 2\sqrt{1 + x + x^2} + 2x| + c$

21. $\dfrac{1}{\sqrt{2}}\ln\left|1 - \dfrac{2\sqrt{2}(\sqrt{2 + x - x^2} - \sqrt{2})}{x}\right| + c$

22. $\dfrac{-1}{\sqrt{2x + x^2} - x} - \dfrac{1}{\sqrt{2x + x^2} - x - 2} + c$

23. $\operatorname{arc tg}\left(\dfrac{\sqrt{x^2 - 2x - 3} - x + 1}{2}\right) + c$

24. $\dfrac{1}{4}\ln\left|\dfrac{\sqrt{1 + x + x^2} - x + 1}{\sqrt{1 + x + x^2} - x - 1}\right| - \dfrac{3}{2(\sqrt{1 + x + x^2} - x + 1)} + c$

25. $\dfrac{1}{4}\ln\left|\dfrac{x + 1 + \sqrt{x^2 + 3x + 2}}{x + 1 - \sqrt{x^2 + 3x + 2}}\right| + c$

26. $-\ln|\sqrt{x^2 + 2x - 3} - x - 1| + c$

27. $\operatorname{arc tg}(2\sqrt{x^2 + x} - 2x - 1) + c$

28. $\dfrac{-1}{3}\ln|2 - \sqrt{9x^2 + 12x + 5} + 3x| + c$

29. $\dfrac{1}{2}\ln\left|\dfrac{2\sqrt{x^2 - x + 5/4} - 2x - 1}{2\sqrt{x^2 - x + 5/4} - 2x + 3}\right| + c$

30. $\dfrac{2}{\sqrt{3}} \operatorname{arc\,tg}\left(\dfrac{\sqrt{x^2 + x - 3} - x}{\sqrt{3}}\right) + c$

31. $\operatorname{arc\,tg}\left(\dfrac{\sqrt{x^2 - 4x - 4} - x}{2}\right) + c$

32. $-\dfrac{1}{2}\dfrac{1}{\sqrt{x^2 + 2x} - x - 1} + \dfrac{1}{2}(\sqrt{x^2 + 2x} - x) - 2\ln|\sqrt{x^2 + 2x} - x - 1| + c$

33. $-2\operatorname{arctg}\left(\dfrac{\sqrt{3 - 2x - x^2} - \sqrt{3}}{x}\right) + c$

Capítulo 8

Seção 8.4

1. $4\sqrt{26}$ u.c.

2. $\dfrac{1}{27}\left[(9 \cdot 2^{2/3} + 4)^{3/2} - 13\sqrt{13}\right]$ u.c.

3. 12 u.c.

4. 12 u.c.

5. $\dfrac{123}{32}$ u.c.

6. $\dfrac{53}{6}$ u.c.

7. senh 1 u.c.

8. $1 + \dfrac{1}{2}\ln\dfrac{3}{2}$ u.c.

9. $\ln\left|\dfrac{\sqrt{2} - 1}{2 - \sqrt{3}}\right|$ u.c.

10. $\dfrac{8}{27}(10\sqrt{10} - 1)$ u.c.

11. $\dfrac{1}{54}(37\sqrt{37} - 1)$ u.c.

12. $(54\sqrt{2} - 17\sqrt{17})$ u.c.

13. $\dfrac{80\sqrt{10} - 13\sqrt{13}}{27}$ u.c.

14. $\dfrac{8}{27}(10\sqrt{10} - 1)$ u.c.

15. $\displaystyle\int_0^2 \sqrt{1 + 4x^2}\,dx$

16. $\displaystyle\int_{1/4}^4 \dfrac{\sqrt{x^4 + 1}}{x^2}\,dx$

17. $\displaystyle\int_{-2\sqrt{2}}^{2\sqrt{2}} \sqrt{\dfrac{1 + 2y^2}{1 + y^2}}\,dy$

18. $\displaystyle\int_0^2 \sqrt{1 + e^{2x}}\,dx$

19. $\displaystyle\int_0^1 \sqrt{4x^2 + 8x + 5}\,dx$

20. $\displaystyle\int_2^4 \sqrt{1 + \dfrac{1}{4x}}\,dx$

21. $\displaystyle\int_0^{2\pi} \sqrt{1 + 9\cos^2 3x}\,dx$

22. $\dfrac{1}{27}(85\sqrt{85} - 13\sqrt{13})$ u.c.

23. 8 u.c.

24. 2π u.c.

25. $\left[\dfrac{\pi}{2}\sqrt{1 + \pi^2} + \dfrac{1}{2}\ln(\pi + \sqrt{1 + \pi^2})\right]$ u.c.

26. $2\sqrt{10}$ u.c.

27. $\dfrac{1}{3}(5\sqrt{5} - 1)$ u.c.

28. $\sqrt{2}(e^2 - e)$ u.c.

29. $\dfrac{\pi^2}{4}$ u.c.

30. 24 u.c.

31. $2a\pi$ u.c.

32. $\dfrac{7}{2}\pi$ u.c.

33. $\dfrac{1}{2}\pi$ u.a.

34. $\dfrac{5\pi}{2}$ u.a.

35. $\dfrac{1}{6}$ u.a.

36. $\left(\dfrac{4\pi}{3} - \sqrt{3}\right)$ u.a.

37. 3π u.a.

38. $\left(\pi - \dfrac{3}{2}\sqrt{3}\right)$ u.a.

39. 7π u.a.

40. $\dfrac{144 - 27\pi}{32}$ u.a.

41. 6π u.a.

42. $3\pi k^2$ u.a.

Seção 8.7

1. $\dfrac{26\pi}{3}$ u.v

2. $\dfrac{206}{15}\pi$ u.v.

3. $\dfrac{2}{35}\pi$ u.v.

4. $\dfrac{\pi}{2}$ u.v.

5. $\dfrac{2}{7}\pi$ u.v.

6. $\dfrac{\pi}{2}\left(e^4 - \dfrac{1}{e^2}\right)$ u.v.

7. $\dfrac{\pi}{10}$ u.v.

8. $\dfrac{397}{15}\pi$ u.v.

9. $\dfrac{15\pi}{4}$ u.v.

10. $\dfrac{95}{2}\pi^2$ u.v.

11. $\dfrac{172}{2}\pi$ u.v.

12. $\dfrac{8}{5}\pi$ u.v.

13. $\dfrac{152}{15}\pi$ u.v.

14. $\dfrac{16}{3}\pi$ u.v.

15. $\dfrac{3}{2}\pi$ u.v.

16. $\dfrac{2.304}{5}\pi$ u.v. ; $\dfrac{1.024}{7}\pi$ u.v.; 64π u.v.

17. $\dfrac{8}{3}\pi$ u.v.

18. $\dfrac{412}{15}\pi$ u.v.

19. $\dfrac{412}{15}\pi$ u.v.

20. $9\pi^2$ u.v.

21. $\left(\dfrac{4}{3}\pi - \dfrac{3}{32}\pi^2\right)$ u.v.

22. $\dfrac{\pi}{54}(577\sqrt{577} - 1)$ u.a.

23. $\dfrac{\pi}{6}(17\sqrt{17} - 5\sqrt{5})$ u.a.

24. $53{,}226$ u.a.

25. $4\sqrt{5}\,\pi$ u.a.

26. 4π u.a.

27. 48π u.a.

28. $\dfrac{8\pi}{3}(28\sqrt{7} - 3\sqrt{6})$ u.a.

29. a) $16\sqrt{17}\,\pi$ u.a.

b) $4\sqrt{17}\,\pi$ u.a.

Seção 8.11

2. a) $\left(-2, \dfrac{5\pi}{4}\right); \left(2, \dfrac{-7\pi}{4}\right)$

b) $\left(-\sqrt{2}, -\dfrac{4\pi}{3}\right); \left(\sqrt{2}, \dfrac{5\pi}{3}\right)$

c) $\left(5, \dfrac{5\pi}{3}\right); \left(-5, \dfrac{-4\pi}{3}\right)$

d) $\left(-4, \dfrac{11\pi}{6}\right); \left(4, \dfrac{-7\pi}{6}\right)$

Apêndice B – Respostas dos exercícios

3. a) $\left(\dfrac{3}{2}, \dfrac{3\sqrt{3}}{2}\right)$ b) $\left(-\dfrac{3}{2}, \dfrac{-3\sqrt{3}}{2}\right)$

   c) $\left(\dfrac{3}{2}, \dfrac{-3\sqrt{3}}{2}\right)$ d) $\left(-\dfrac{3}{2}, \dfrac{3\sqrt{3}}{2}\right)$

4. a) $(1, -\sqrt{3})$ b) $(-1{,}5307\,;\,3{,}6955)$ c) $\left(\dfrac{-3\sqrt{2}}{2}, \dfrac{-3\sqrt{2}}{2}\right)$

   d) $(0, -10)$ e) $(0, 10)$ f) $(1, 0)$

5. a) $\left(\sqrt{2}; \dfrac{\pi}{4}\right)$ b) $\left(\sqrt{2}, \dfrac{3\pi}{4}\right)$

   c) $\left(\sqrt{2}, \dfrac{5\pi}{4}\right)$ d) $\left(\sqrt{2}, \dfrac{7\pi}{4}\right)$

6. a) $P_1\left(2, \dfrac{11\pi}{6}\right); P_2\left(2, \dfrac{5\pi}{4}\right)$ b) $P_1\left(-2, \dfrac{5\pi}{6}\right); P_2\left(-2, \dfrac{\pi}{4}\right)$

   c) $P_1\left(2, \dfrac{-\pi}{6}\right); P_2\left(2, \dfrac{-3\pi}{4}\right)$ d) $P_1\left(-2, \dfrac{-7\pi}{6}\right); P_2\left(-2, \dfrac{-7\pi}{4}\right)$

7. a) $r = \pm 2$ b) $r\cos\theta = 4$ c) $r\,\text{sen}\,\theta = 2$

   d) $\theta = \dfrac{3\pi}{4} + k\pi,\ k \in \mathbb{Z}$ e) $r = 2\cos\theta$ f) $r = 6\,\text{sen}\,\theta$

8. a) $x^2 + y^2 - x = 0$ b) $x^2 + y^2 - 2y = 0$

   c) $x + y = 1$ d) $x^2 + y^2 = a^2$

33. $\sqrt{2}(e^{\pi/3} - 1)$ u.c. 34. 8 u.c. 35. $2a\pi$ u.c.

36. $\left[\dfrac{8}{27}(9 + \pi^2)^{3/2} - 8\right]$ u.c. 37. $\dfrac{\sqrt{5}}{2}(e^{3\pi} - 1)$ u.c. 38. 80 u.c.

39. $12\displaystyle\int_0^{\pi/4} \dfrac{d\theta}{\sqrt{\cos 2\theta}}$ 40. $18\displaystyle\int_0^{\pi/6} \sqrt{9\cos^2 3\theta + \text{sen}^2 3\theta}\, d\theta$

41. $64\displaystyle\int_0^{\pi/8} \sqrt{16\,\text{sen}^2 4\theta + \cos^2 4\theta}\, d\theta$ 42. $12\displaystyle\int_0^{\pi/4} \dfrac{d\theta}{\sqrt{\text{sen}\,2\theta}}$

43. $2\displaystyle\int_0^{\pi} \sqrt{13 - 12\cos\theta}\, d\theta$ 44. $4\displaystyle\int_{-\pi/2}^{\pi/2} \sqrt{5 - 4\,\text{sen}\,\theta}\, d\theta$

45. $2\displaystyle\int_0^{\pi} \sqrt{13 + 12\cos\theta}\, d\theta$ 46. $4\displaystyle\int_{-\pi/2}^{\pi/2} \sqrt{5 - 4\,\text{sen}\,\theta}\, d\theta$

47. 9 u.a. 48. $\dfrac{\pi}{4}$ u.a. 49. $\dfrac{9\pi}{2}$ u.a.

50. 16 u.a. 51. $\dfrac{9\pi}{2}$ u.a. 52. 11π u.a.

53. 24π u.a. 54. 24π u.a. 55. 24π u.a.

56. 24π u.a.

57. $\dfrac{a^2(\pi - 2)}{2}$ u.a.

58. 4π u.a.

59. $(32 - 4\pi)$ u.a.

60. $\dfrac{37\pi^3}{2.592}$ u.a.

61. $\left(\pi - \dfrac{3\sqrt{3}}{2}\right)$ u.a.

62. $(100\operatorname{arc\,cos} 3/5 - 48)$ u.a.

63. a) $\left(\dfrac{3\pi}{2} - \dfrac{9\sqrt{3}}{8}\right)$ u.a.   b) $\dfrac{14\pi - 9\sqrt{3}}{8}$ u.a.

Seção 8.17

Observação. Nos exercícios que envolvem o centro de massa, é dada a sua posição sobre um eixo coordenado cuja origem coincide com a extremidade esquerda da barra.

1. 444 kg ; 7,62 cm

2. 54 kg ; 2,125 m

3. 10 kg; 3,75 m

4. $\dfrac{1}{b - a}$

5. $\dfrac{2}{3}$ kg; $\dfrac{3}{2}$ m

6. a) $1{,}8$ kg $\cdot$ m^2 b) $7{,}2$ kg $\cdot$ m^2

7. 49,07 kg; 4 m

8. a) 443,73 kg $\cdot$ m^2 b) 1.228,8 kg $\cdot$ m^2

9. Para barra do ex.1: a) 12.672 kg $\cdot$ cm^2 b) 29.952 kg $\cdot$ cm^2 c) 5.328 kg $\cdot$ cm^2
Para barra do ex. 3: a) 20,83 kg $\cdot$ m^2 b) 145,83 kg $\cdot$ m^2 c) 20,83 kg $\cdot$ m^2

10. $\ln 5$ u.m. ; $\left(\dfrac{4}{\ln 5} - 1\right)$ u.c.

11. 12 u.m.i.

12. $(e - 1)$ u.m.; $\dfrac{1}{e - 1}$ u.c.

13. $(e - 2)$ u.m.i.

14. 2,5 kg/m

15. a) 187,5 J   b) 100 J

16. 216 J

17. 4.083,33 J

18. 1875 J

19. 63.549,36 J

20. a) 44.131,5 π J   b) 44.131,5 π J

21. 340.106,66 π J

22. 746.901,12 J

23. 117.684 N

24. 14.710,5 N

25. 167.372,8 u. força

26. 2×10^4 N

27. 588.420 N

28. 7.322.560 N

29. 2.615.200 N

30. 197.447,6 N

31. 12×10^3 N

32. 2.194,28 N

33. 312×10^2 N

34. R$ 3,77

35. R$ 2,24

36. R$ 6,61 e R$ 4,96

37. R$ 494.189,36

Bibliografia

ANTON, H. *Calculus with analytic geometry.* Nova York: John Wiley and Sons, 1980.

ÁVILA, G. S. S. *Cálculo diferencial e integral.* Brasília: Editora Universidade de Brasília, 1979.

APOSTOL, T. M. *Calculus.* Nova York: Wiley International Edition. 1967.

GOLDSTEIN, L. J.; LAY, D. C. e SCHNEIDER, D. I. *Cálculo e suas aplicações.* São Paulo: Hemus Livraria Editora Limitada, 1981.

HOFFMAN, L. D. *Cálculo: um curso moderno e suas aplicações.* Rio de Janeiro: Livros Técnicos e Científicos Editora, 1983.

KAPLAN, W. e LEWIS, D. J. *Cálculo e álgebra linear.* Rio de Janeiro: Livros Técnicos e Científicos Editora Ltda., 1972.

LANG, S. *Cálculo.* Rio de Janeiro: Ao Livro Técnico S/A, 1970.

LEITHOLD, L. *O cálculo com geometria analítica.* São Paulo: Editora Harper & Row do Brasil Ltda., 1977.

LIMA, E. *Análise real,* Vol. 1. Rio de Janeiro: IMPA, CNPq, 1989.

PISKOUNOV, N. *Cálculo diferencial e integral.* Porto: Lopes da Silva Editora, 1982.

ROMANO, R. *Cálculo diferencial e integral.* São Paulo: Editora Atlas, 1981.

SIMMONS, G. F. *Cálculo com geometria analítica.* São Paulo: Makron Books/McGraw-Hill, 1987.

SPIVAK, M. *Calculus:cálculo infinitesimal.* Espanha: Editorial Reverte S/A, 1974.

SWOKOWSKI, E. W. *Cálculo com geometria analítica.* São Paulo: Makron Books/McGraw-Hill, 1983.